劉興岳／著

戰略與民主

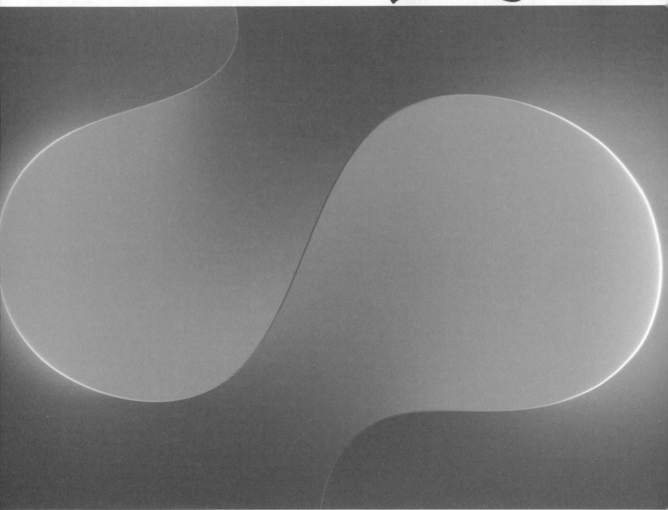

謹以此書

****

紀念

先父母

****

獻給我的家人

****

***

他們離鄉背井，投身軍旅，但有許多人

血染疆場，埋骨異地，再也沒有回到故里。

紀念

千千萬萬爲國捐軀的英勇三軍將士！

****

****

紀念

爲爭取民主自由被國家暴力戕害的受難先進！

****

****

自序

凡走過應留下痕跡

　　這本書是筆者在國防管理學院與醒吾技術學院任教多年所累積的成果。

　　在國防管理學院與醒吾技術學院服務的二十多年時間，筆者度過了這一生中最美好的時光。自由的學術環境，規律的教學生活，使你可以悠遊在一個自在的思維空間，享受做學問的樂趣，這本書正是這麼一個環境下的產物。而一本學術性的創作是一個困惑、思索、突破等不斷重覆的過程。在困惑時你灰心喪氣，在思索時你竭盡枯腸，在突破時你興奮莫名，個中的苦與樂若非親身參與外人實難體會，然而終有苦盡甘來之時，遲到的果實卻也最感甜美。

　　許多師長、同學、同事都對我提供了指導與協助，因此在這本書即將出版之際，我要對他們致上最誠摯的謝意！

　　我要謝謝在國防管理學院以及醒吾技術學院任教時共事的一些同仁，這些同事的學術專業與道德情操都讓人欽佩及值得學習，與他們的互動使我獲益良多，和他們的相處充滿了愉悅的回憶。

　　國立政治大學企業管理研究所的許士軍教授、黃國隆教授、司徒達賢教授等，他們不僅是我，也是千萬學子在管理與企業管理學術的啓蒙老師，他們對台灣企管教育的貢獻當然是不需要我來強調。個人在此要對諸位恩師的教誨，敬致眞誠的感謝。

最後我要感謝四位我在陸軍官校求學時的同學：現任醒吾科技大學總務長的張思誠同學、曾任校友會會長的陳文雄同學、曾任義守大學院長的薄喬萍博士以及曾任次長與院長的陳友武將軍。四年的同窗苦讀，和睦的相處，無私的奉獻，我們畢業後各奔西東鮮少見面但相同的興趣使我們一直保持聯繫，在學術上還是共同切磋互通有無，和他們半世紀的交往相視莫逆綿亙同窗時的珍貴友誼，在他們的指導支持下使我得以兼顧教學與研究，埋首自我實現的空間度過寂寞的筆耕歲月，我以能與他們共學共事為榮。

　　當然，這本書的完成還獲得了其他許許多多的人支持與協助，我未能在此一一致意，我祈求他們諒解，感謝並祝福他們。

劉興岳　謹識

中華民國 111 年 8 月

目次

第一篇
導論與方法學及管理基礎篇

本篇包含六章

第一章　導論暨戰略觀念演進的簡介

第一節　本書的撰寫動機、結構與研究方法

壹、本書的撰寫動機

　　相信任何人都會同意筆者的看法，那就是自有人類以來就有各種不同形式的衝突，社會與社會之間，國家與國家之間，衝突的極至就是戰爭。實在不需要強調戰爭的危險與重要，國家的興亡，人民生命的安危都與戰爭的勝敗息息相關。為了要贏得戰爭，事前的準備，戰爭的經過等等，其籌畫工作之繁重自是不在話下。對戰爭的準備包含了武力的建構、士官兵的培訓、敵我關係的判斷、戰略思維的辨證等等，構成了一個極為複雜的體系。

　　基於對上述種種的興趣就構成了筆者撰寫本書的第一個動機，筆者將上述種種的研究使用了一個簡單的統稱：「戰略」，這就是本書名稱《戰略與民主》的第一個部分。

　　再者，戰略的學術研究引導著戰略思維，各國的戰略學術研究就是軍事深造教育「戰爭學院」（War College）的職責（不同的國家對軍事深造教育有不同的名稱，如「陸軍大學」），戰爭學院又是各國軍事部門培育高級將領的學術重鎮。因此，戰爭學院學術的研究發展與各種軍事教育的實施關係到軍官的培育，責任重大，也會影響戰爭的成敗。我國的戰略教育創始於滿清末年至今已有百年的歷史，但有關我國戰略教育的發展過程，大概僅有少數高級將領知曉外，可能一般中下層軍官均無從得知。而在此百年中，我國歷經軍閥割據，全國統一，八年抗戰，國共內戰，而至政府遷台等，戰亂頻繁。對這一段歷史過程，戰略教育的成敗得失，定是有舉足

輕重的影響，但似是缺乏學術性的探討。

上述可說明戰略學術研究的不足之處，也指出學術研究的方向。職是之故，從歷史面由兵家與戰略家著手來探討東西方戰略思想的演進；從教育面來探討我國戰略教育與養成較育的發展過程；以及從管理面來探討建構軍事戰略內涵，就有其必要性，這也是筆者撰寫本書的第二個動機，而其內容都包含在本書的第一部分中。

本書的第二部分「民主」，乍看之下，「戰略」與「民主」兩者是不同的名詞，似乎沒有太大的關聯，然而實則關係重大。從世界歷史演變的過程可以看出對於大多數國家而言，武力的掌控、訓練與運作都屬於軍人的專職並且設有專門的部門負責，現在稱之為「國防部」，古時候中國的周朝則稱之為「司馬」。

不同的政府體制對於國家軍事武力的掌控與管理也有不同的做法，例如古時的皇權體制和現今的專制體制，執政者必須要牢牢的控制軍事武力，皇權體制下的君主一旦不能控制軍隊就可能會導致改朝換代，因為槍桿子出政權是在世界歷史上常有的事。在現今很多的民主制度國家中政權的更迭是經由選舉的制度，軍事強人想要干政的可能性非常的少。

政治是軍事的上層結構，因此對民主政治政府體制的探討就構成了本書的第二個重要部分，在這一部分本書探討的重點是在於政府體制形成是如何合理化的，正如同皇權體制視「君權神授」（Divine right of kings）為其政權合理化的來源，但在民主政治下，政府的權力源自於何處在學理上必定要有一個合理的思維，這就是本書第二個部分要探討的重點。本書企圖使用演繹邏輯的方式來探討民主政治政府權力的產生，毫無疑問的，任何人想要研究民主政治則開啟現代民主政治的兩位思想巨擘洛克（John Locke）與盧梭（Jean-Jacques Rousseau）的著作是必須要參考的。本書也將在最後一章總結中探討民主政府對軍事武力的掌控方式。

因此，對民主政治政府體制的探討構成了筆者撰寫本書的第三個動機，就是基於這三個動機促使本人著手撰寫《戰略與民主》一書。

貳、本書的結構

本書定名為《戰略與民主》共分為四篇，計十八章。各篇內容重點如下：

第一篇：導論與方法學及管理基礎篇

第一篇是本書其後數篇觀念的先導，本書在隨後的各篇中所要用的基本觀念，如方法學、管理觀念等等都會在本篇中先做討論與介紹，以爲後續數篇的撰寫作爲準備。在本書第一章中也簡單介紹了軍事戰略觀念的源起以及在企業管理上有關策略觀念的形成過程。

第二篇：戰略篇

本篇是本書的重點，包含了軍事作戰的一些重要的觀念，諸如戰略歷史、戰略思想、戰略教育與戰略管理等等。在戰略歷史與戰略思想方面本書探討了我國軍隊西化的經過、滿清武備教育的發展以及東西方著名的戰略家與軍事思想家。在軍事教育方面本書探討了我國軍事基礎教育與深造教育的發展過程。在戰略管理上本篇將管理的觀念以及企業的策略管理觀念用之於軍事戰略的管理。

第三篇：民主篇

本篇只有一章，主要在探討現代民主思想形成的過程，筆者綜合了洛克與盧梭的兩本著作《政府論次講》（*Second Treatise of Government*）與《社會契約論》（*Social Contract*）並且加以綜整與略爲修改，筆者將洛克一個最重要的觀念「自然權利」（Natural Rights）（亦有譯爲「天賦人權」）依洛克與盧梭之意修改爲「基本人權」，並認爲「基本人權」是民主思想一個具公理性質的前提，將這個前提與盧梭的「社會契約論」結合就構成了民主政治的最上層結構，再運用演繹邏輯的思維方式由這個上層結構向下推演，則民主政府下一層的結構都可以由此推導而出。

第四篇：總結篇

本篇是以第二篇、第三篇的觀念作爲基礎對於蔣介石的軍事思想以及對儒家思想的做了探討與評論。在最後一章筆者以總結論作爲本書的結束。

參、本書撰寫的研究方法

邏輯與科學方法是自然科學與社會科學做學術研究的根本，本書的撰寫自然也不能例外，本書的研究大量的使用了「歸納法」（induction）、「演繹法」（deduction）以及少部分的「溯因法」（abduction）（或稱「逆向演繹法」）與「類比法」（analogy）。（有關邏輯與科學方法的基本觀念請參閱本

書第二章。）

　　演繹法是按照一定的邏輯規則從若干命題（前提）直接引出一個命題（結論）的推理方式。其特點是：「前提」與「結論」之間有「蘊涵關係」（即必然聯繫），如果前提正確，並採用正確的推理形式，則導出的結論一定正確。演繹法是從普遍到特殊的推論，其特點在於它對結論獲得的「必然性」，對於它所探討的主體具有高度的「解釋」能力及「預測」能力。（詳細內容請參閱本書第二章）

　　歸納法是一種非演繹推理形式，它與演繹法不同之處在於它是一種由特殊到普遍的推論。在使用歸納法作推論時，其「結論」表達出某些超出「前提」中所說的內容；這種「結論」並不從「前提」中邏輯必然地推演出來，因此它推演的結論只有「或然性」。然而就科學研究而言，歸納法最大的功能就是具有科學發現的「創造性」。（詳細內容請參閱本書第二章。）

　　溯因法（abduction）是一種由「結果」推及「原因」的推理方法。溯因法的推理方向可以看作是演繹推理的「逆向」形式，這種逆推理的過程大致是：從有待解釋的事實開始，通過分析、選擇或提出某種滿意的假說，使之從這個假說出發，再加上其他背景知識和前提條件能夠演繹出待解釋的事實的特稱命題來，由此即可過渡到對「假說」的置信。溯因法突破了狹隘的歸納主義那種只重視經驗事實，並以此導致科學發現的研究模式，能充分發揮研究者的主觀創意（詳細內容請參閱本書第二章）。

　　類比法（analogy）是根據兩個或兩類事物在某些「屬性」或「關係」上的相同或相似，而推出它們在其他方面也可能相同或相似的一種邏輯方法。類比法的推理過程是；首先比較兩個或兩類不同對象，找出它們的相同點或相似點，然後以此為根據，把已知對象的某些屬性或關係推移到另一被考察的對象上，獲得某種理解和啟發（詳細內容請參閱本書第二章）。

　　對上述諸種方法的使用，筆者運用歸納法得到一些原理、原則，透過溯因法找出民主政治的最上層具有公理性質的前提，並且以這個前提以及各種不同的原理、原則為主導，運用演繹的方式展開，將本書的內涵形成一個完整的體系。

肆、對本書的導讀

本書既然是筆者運用了邏輯與科學方法以學術為導向來編寫的一本書，因此就有一些觀念必須在此先作介紹與說明。

邏輯在西方是古希臘時代就有的一門探討如何使思想正確的學問，到了十六世紀中至十七世紀後半，西方由邏輯而發展出科學方法，透過科學方法的運用，在西方產生了改變人類歷史與打破東西方雙方平衡的重要運動「科學革命」（Scientific Revolution）。繼「科學革命」之後，進入到十八世紀，西方的思想家想把十七世紀「科學革命」的成果予以普遍化，並將它們運用到人性、社會、神的探討領域上，用科學的方法來診治人類在經濟、社會、政治和宗教上的宿疾。這個改革運動稱為「啟蒙運動」（the Enlightenment），就是這兩個運動使世界進入到現代的文明（詳細內容請參閱本書第二章及第九章）。

邏輯與科學方法的特色就是思維絕對的理性，但是對中國而言無論是古代皇權時期的中國或是進入到民國時期的中國，到現在筆者都沒有看到一個在中國能夠改變中國人思維的「科學革命」與「啟蒙運動」，有人認為在民國初年的「新文化運動」與「五四運動」是一個中國現代的啟蒙運動，但包括筆者在內的很多人都認為那不是一個成功的啟蒙運動，因為直到現在中國的政治制度並沒有因此得到改變。

因此對筆者撰寫本書而言就會面臨到一個必然的後果，那就是要用一個理性的態度來探討現在台灣甚至包含海峽對岸的共產中國，無論在政治和軍事等各方面的問題就會面臨一個思想上的衝突，這個衝突就是學術研究的理性、中性、客觀與政治、軍事等實務上價值觀、意識形態是不同的。這種衝突在本書第四篇總結時，各位讀者就可以看到筆者以一個理性的態度，對蔣介石的軍事思想與傳統中國的儒家思想提出了猛烈的批判甚至於是全般的否定，這個結果就是學術與實務兩者之間觀念的衝突所導致（請參閱本書第十六章及第十七章）。這說明一個事實，毫無疑問的，筆者受到西方科學革命和啟蒙運動的影響非常之大。

另外，本書的撰寫是從學術的角度來探討戰略與民主，因此本書的讀者群基本上是以大學修習軍事、管理與政治的學生或研究生為目標讀者群。換言之，本書並不是以一般大眾具市場導向的通俗性書籍，但是一般讀者如果對本書有興趣當然筆者也是非常的歡迎，因此筆者要對一般讀者

提出閱讀的建議，在書中如果遇到以數學公式對某些觀念來做演繹的推導時，對某些數理不好的讀者是頗有難度的，因此建議將所有數學公式的推導視之爲理所當然，不要去鑽研推導的過程而來看它所得出結果的管理意義，畢竟導出的管理觀念還是比較重要的。

第二節　管理觀念的普及性

西方自十九世紀末或二十世紀初產生的「管理科學」，經過近百年演進，如今已形成一套體系，且已經成爲歐美各國各行各業管理人員共同具備的基本觀念。而以「管理科學」爲基礎，結合企業實務發展而成的「企業管理」學術，更是以企業經營爲志向者所必備的專業知識。

企業管理的觀念在實務上也導引了台灣的企業界。

台灣各企業成員之間的彼此互動以及與外國企業管理者的交往，都能具有共同的觀念而溝通順利，這不得不歸功於台灣各大專院校商學系（所）對企管學術的教學與推廣。台灣各行業企業管理觀念的一致性，毫無疑問的是台灣商學教育對促進台灣經濟建設的重大貢獻。

在西方，管理觀念的普及性不僅是存在於企業的從業人員間，美國的軍方雖是政府部門，但軍方各級軍官的管理觀念不但是上下一致的，而且是與企業界同步的甚或是超前的，甚至有些重要管理理論就是由軍方研發而產生的。也因此，退役的軍官是美國各大企業重要的人才來源管道。

管理觀念的普及性猶如產品在市場上的高占有率，當西方管理觀念形成學術主流爲社會大眾使用時，也就壓縮其他管理觀念的研究發展空間。例如在台灣或大陸有些學者倡導的中國式管理，這個學術理論的使用就有地域的侷限性，尚無法成爲普遍的市場主流。

同時，吾人當知在任何型式的組織，高級管理毫無疑問是肩負了組織成敗的重責大任，因此有關高階管理的著作也就受到重視。在企管學界以策略管理（即高階管理）爲核心的書籍，無論是西方學者或是我國學者都有相當的多的著作出版。在軍事組織方面也有爲數不少關於「戰略」的學

術性論著，但是以「管理」爲導向的戰略著作卻不多見。究其原因，乃是在台灣軍方的「管理」觀念盡管是十分的普及，但在管理的內涵方面就不如台灣的企業界在管理觀念上具有一致性。

就筆者所知，台灣的軍事院校除國防管理學院外，其他的院校只有少數科系開設有管理的課程。是以，國軍軍官之間無論是上級與下級的，或是平行階層之間的溝通，雖然經常使用「管理」一詞，但對此名詞的內涵，彼此的認知是有相當大的差異。「國防」與「戰略」兩個觀念，雖然普遍地爲我國軍方使用，但如何將兩者與「管理」結合，而形成「國防管理」或「戰略管理」，則顯然不是很成功的，這由軍方研發的成果或著作出版的數量就可看出端倪。

但是這個缺點在本書中獲得了解決，本書就是以管理爲導向的一本探討國防與戰略的書籍，本書中有許多的模式都是在表達戰略管理與國防管理的觀念，這也是本書的一個重要特色。

第三節　「戰略」與「策略」觀念的區別與發展簡介

壹、「戰略」與「策略」觀念的區別

吾人已知在企業組織中的高階管理又稱之爲「策略管理」（strategic management），而在任何國家的軍事部門，「戰略」（strategy）的觀念是軍事高級將領所必須具備，各國的國防部門皆設有「戰爭學院」職司戰略學術的研發與教學，來培育軍事高級將領。

由是吾人可發現「戰略」或「策略」是高階管理所須具備的觀念，但兩者又有何不同呢？其實在台灣學術界使用「戰略」與「策略」兩個不同名詞，皆是由英語「strategy」一詞翻譯而來的。

在西方國家無論是軍事部門、企業組織或是政府部門皆使用「strategy」、「strategic planning」以及「strategic management」等名稱。但這個觀念引進到我國後，我國的企業管理學界將上述諸名詞譯之爲「策略」、

「策略規劃」以及「策略管理」。而我國軍方則將「strategy」譯之為「戰略」。因此,「戰略」與「策略」在英語是同義語,而在我國則是不同的組織有不同的譯名。

貳、「戰略」與「策略」觀念的發展簡介

一、我國最早的戰略學術:兵學

「戰略」一詞原為軍事用語。

人類社會進化的過程中,自古便有各種不同的行為在彼此之間互動,衝突與戰爭便是其中之一。「力量」與「智謀」的結合必是敵對雙方攻防所必需,也因此逐漸興起了所謂的「兵學」。

我國春秋戰國時期也是兵學研究的鼎盛時期,「韜」、「謀」、「略」、「計」、「籌」、「策」等是我國兵家常使用的名詞。而我國的「武經七書」:《孫子》、《吳子》、《六韜》、《司馬法》、《三略》、《尉繚子》、《李靖問對》是世界上最早的戰略學術書籍,至今仍享譽全球(本書第七章將對我國著名的兵學家作更詳細介紹)。

二、西方「戰略」觀念引入我國軍方之過程

在西方,公元 580 年時東羅東皇帝毛里斯(Maurice)曾撰寫一書,書名為 *Strategikon*,並以這本書作為訓練高級將領的教材。若把拉丁文 *Strategikon* 譯為英文,這本書的名稱就是 *Strategy*,這是西方最早出現「Strategy」的用語。[1]

科學革命帶動西方在知識探討的長足進步,十八世紀的啟蒙運動使西方擺脫了黑暗時期進入了現代。啟蒙運動也開啟了軍事學術的研究,約米尼的(Jomini)《戰爭藝術》(*Summary of the Art of War*)與克勞塞維茨(Carl von Clausewitz)的《戰爭論》(*On War*)是啟蒙運動時期軍事戰略學術的經典之作。

自科學革命、工業革命(Industrial Revolution, 1776-1870)、啟蒙運動後,西方國家國力大增,戰略學術的研究也隨著武器系統的演進而快速的

---

[1] Trevor N. Dupuy, p. 208. 鈕先鍾,頁 9。

發展。

　　普魯士在公元 1810 年 10 月 15 日，將「柏林軍官學校」（Berlin Institute for Young Officers）改制爲「戰爭學院」（德語 Kriegsakademie，英譯 War Academy，我國軍方稱之爲「陸軍大學」），是西方最早以培訓將級軍官的軍事院校。[2]「Strategy」就是該校研究與教導的主要內容，此後西方各國紛紛仿效成立。在東方的日本於明治維新時全盤西化，公元 1883 年（明治十六年，清光緒九年）4 月 12 日，日本成立了陸軍大學。[3]

　　我國在清朝中葉道光、咸豐年間，內憂外患，外有西夷侵略，內則洪楊叛亂，清廷軍隊主力八旗與綠營皆不能戰，於是不得已啓用鄉勇，湘、淮兩軍乃應勢產生。同治元年（太平天國十二年，1862），李鴻章受曾國藩令招募安徽鄉勇，正式編成「淮軍」，隨即率軍赴上海，防衛太平天國軍之進攻。在此次上海保衛戰中，李鴻章親睹由美國人華爾（Ward）統領上海自衛隊「常勝軍」（Ever-Victorious Army）的威猛，「常勝軍」使用洋槍、洋炮及西式戰法大敗太平天國軍。於是李鴻章急思效法，而開啓了中國軍隊西化的一頁歷史。[4]

　　李鴻章後昇任北洋總督統籌清廷海陸兩軍之建設，然在甲午戰爭中清朝海、陸軍全盤遭日本擊敗，李鴻章的志業也毀於此一役，於是清廷乃令袁世凱新建陸軍。

　　清代的軍隊西化過程中，李鴻章與袁世凱均在各地籌辦武備學堂，培育軍事人才，但此武備學堂的層級甚低，相當於現在士官級軍事院校。

　　袁世凱主導新建陸軍後，在光緒三十二年（1906）仿德、日兩國陸軍大學制度，於保定設立陸軍軍官學堂，課程參照日本陸軍大學，以戰術、參謀業務、後方勤務、國防動員等課程爲主，這是我國最早成立的軍官深造教育學堂。[5]

　　陸軍軍官學堂聘用了不少的德、日等外國軍官擔任教官，可能就在此時期西方的「strategy」觀念進入到我國，並依日本教官的用法稱「strategy」爲「戰略」，這是早期西方戰略觀念進入我國的過程。（有關西方「戰略」觀念引入我國的過程，在本書第七、八兩章有更詳細的介

---

[2] 楊學房、朱秉一，頁 225。Byron Farwell.
[3] 《麥克爾與日本》，頁 13-15。
[4] 郭廷以，《近代中國史事日誌》。《清史稿·華爾》。
[5] 戚厚傑、林宇人，〈陸軍大學校發展始末〉。

紹。）[6]

參、西方企業界對「戰略」觀念的引用以及策略管理觀念的發展

工業革命後西方的大型企業興起，至第二次工業革命（the Second Industrial Revolution, 1871-1914）時現代的重化工業產生，企業的規模也日益龐大。企業管理的學術研究也應需要而產生，除了建構企業的功能性管理學術，學界也開始思維發展企業高階管理學術來指導企業的高階管理者。而軍事部門的「將道」正是可取法的對象，於是軍事部門「strategy」的觀念因此開始受到企業界的重視。

軍方的「strategy」觀念進入到美國企業界大約是在十九世紀後半期的第二次工業革命期間，到了二十世紀逐漸為企業使用。十九世紀後期，在美國由於企業的垂直整合以及大量投資到製造與行銷而產生了大型企業。這些大企業的高階管理者最早體認到策略性思考（strategic thinking）的重要。[7]

例如，通用汽車（General Motors）的高級主官史隆（Alfred Sloan）在1923年到1946年之間認為，一個成功的策略必須要瞭解與最主要的對手——福特汽車（Ford Motor）的競爭「優勢」（strengths）與「劣勢」（weaknesses），並且在他退休之後將這個觀點記錄下來。[8]

第二次世界大戰對美國軍方與企業界同樣都面臨一個重要的策略性問題，那就是對整個經濟而言，在稀少的資源下如何來分配資源。當時，軍方所發展的「作戰研究」（operations research）使用數量方法來做「戰略規劃」（strategic planning），這個方法也深受企業界的重視並加以運用。（台灣的企管學界將「operations research」譯為「作業研究」。）戰時的經驗使企業界瞭解到不僅是要發展新的工具與技術，更需要策略性的思考作為管理決策的導引。[9]

---

[6] 一般軍事學者多持此看法，但亦有學者認為對戰略一詞的使用，我國更早於西方。可參閱：丁肇強，頁43-48。
[7] Pankaj Ghemawat, pp. 2-3.
[8] Pankaj Ghemawat, p. 3.
[9] Pankaj Ghemawat, p. 3.

第一篇　導論與方法學及管理基礎篇

25

第二次世界大戰結束後，美國軍方討論是否將海、陸、空三軍整合成一個單位會更有效率些，對這個議題美國海軍持反對意見，並強調海軍「特殊能力」（distinctive competence）的重要。這個「特殊能力」的觀點也引起企業高層的注意。[10]

以上是軍方戰略觀念在企業界的發展情形，策略的觀念在學術界很早就受到重視，但早期有關策略的著作都是經濟學家所撰，後來才受到商學院的重視。[11]

1934 年，康莫斯（John Commons）寫了一本書強調企業組織應注意到「策略性因素」（strategic factors）。1937 年，經濟學家寇斯（Ronald Coase）發表了〈公司的本質〉（'The Nature of the Firm'），他被認為是最早的組織經濟學家，這篇論文使他獲得 1991 年諾貝爾經濟學獎。經濟學家熊彼得（Joseph Schumpeter）在 1942 年也寫了一本書，他認為企業的策略所包含的應不只是傳統個體經濟學所思考的價格決定而已。[12]

第二次工業革命時，美國不但產生了許多的大型企業，也創辦了許多商學院，1881 年成立的華頓學院（Wharton School）是美國最早設立的商學院。華頓學院與 1908 年成立的哈佛企管學院（Harvard Business School）是最早訓練高階管理者不能像個功能部門的行政人員而必須有策略性思考的兩個院校，雖然「策略」的觀念在企管學界直到 1960 年代才十分成熟。[13]

二十世紀初期，1912 年時哈佛企管學院開設了「企業政策」（Business Policy）的課程，企圖從實務中探討高階管理者的決策過程來磨練學習者的管理思維。[14]

到 1950 年代早期哈佛兩位企業政策教授史密斯（George Albert Smith, Jr.）以及克里斯坦生（C. Roland Christensen）鼓勵學生探討問題時應注意到企業的策略與競爭環境（competitive environment）的配合。[15]

到 1950 年代後期，哈佛企管學院企業政策教授安德魯斯（Kenneth Andrews）認為所有的組織以及組織內的各個部門、各個員工，都必須明確

---

[10] Pankaj Ghemawat, p. 4.
[11] Pankaj Ghemawat, pp. 4-5.
[12] Pankaj Ghemawat, pp. 4-5.
   http://nobelprize.org/economics/laureates/1991/coase-autobio.html. 1/15/2005.
[13] Pankaj Ghemawat, p. 5. http://www.wharton.upenn.edu/whartonfacts/. 1/15/2005.
[14] Pankaj Ghemawat, p. 5.
[15] Pankaj Ghemawat, p. 5.

定義他們的目的（purposes）或目標（goals），以防止他們的行動走到錯誤的方向。安德魯斯認為就像通用汽車的史隆一樣，高階管理者的主要功能就在於不斷地督導並決定企業的本質，以及設定或修正企業要達成的目標。安德魯斯的觀念與企業的個案結合成為當時哈佛企業政策課程的規範。[16]

肆、企業策略管理「SWOT」模式的產生

1960 年代時，哈佛企管研究所在課堂上的討論，將注意力逐漸集中到組織的競爭「優勢」（Strengths）與「劣勢」（Weaknesses）以及其在市場上所面臨的「機會」（Opportunities）與「威脅」（Threats）上。這就是現今廣為企管學界所使用的「SWOT」觀念最早的由來，企管學界開始對「策略」的觀念有了清晰的瞭解。[17]1963 年，一個在哈佛舉行的企業政策學術研討會使「SWOT」的觀念逐漸擴散到學術界及實務界。[18]

而在 1970 年代的早期，由於「美國商學院學會」（American Academy of Collegiate Schools of Business）的認定，「企業政策」已是商學院的必修課程。[19]

因此在 1960 年代，企管學術「企業政策」的內容開始質變，「SWOT」觀念在逐漸的成形與引用，而發展成為最初的「策略管理」（strategic management）模式。1970 年代時，學術界在策略管理上的研究有長足的進展，除了每年有定期的研討會外，1980 及 1981 兩年有兩份策略管理的期刊發行。[20]

早期軍方是以「戰史研討」來提昇將軍的戰略素養，使命、狀況、分析、比較、結論（簡稱「使狀分比結」）則是戰略性決策的重要方法。企業學界在「企業政策」的課程中，則以「企業個案研討」來培養高階管理者的管理理念。

然無論是「戰史研討」或「企業個案研討」都是企圖從個案中提煉出

---

[16] Pankaj Ghemawat, p. 5.
[17] Pankaj Ghemawat, pp. 5-6.
[18] Pankaj Ghemawat, p. 6.
[19] John E. Dittrich, p. 2.
[20] Lawrence R. Jauch and William F. Glueck, p. 19.

一些管理理念或原則，此兩者都屬於「歸納法」的一種，「歸納法」具有或然性，故常見仁見智，每人解讀亦可能不盡相同，想得到一致的見解並不容易。

　　早期的「企業政策」教學多採取「個案研討」（case study）方式進行。這種以歸納法為主的教學方式，當然也具備了歸納法的缺點。其後「策略管理」終於取代了「企業政策」而成為企管學術的高階管理課程，以「SWOT」為核心的策略管理教科書也不斷地出版。吾人認為企管學者終於從軍事的戰略觀念以及企業個案的歸納中，結合了企業的高階實務理出了一套企業的策略管理模式。因而授課的重心也由個案研討轉為課堂講授與個案研討各半的方式。如今，此模式不僅風行於企業界，政府部門暨軍事部門在進行戰略規劃（strategic planning）時也多使用此模式。

伍、西方策略管理觀念進入台灣

　　透過學術的交流，西方的企管理念與方法也進入台灣，早期台灣的各大專院校商學系所即開設有「企業政策」的課程，之後「Strategic Management」取代了「企業政策」，台灣的學界將「Strategic Management」譯為「策略管理」。「策略管理」也成為我國大學企管學系及研究所的最重要課程，並廣為業界運用。

　　民國 65 年（1976），在美國西北大學專攻策略管理的司徒達賢博士於修畢後回國在政大企管研究所教授「企業政策」。司徒達賢教授是我國最早將策略管理觀念引入臺灣企管學界的少數學者之一。

　　嗣後透過臺大、政大及其他各校的推廣下，企業功能性管理與策略管理的整體觀成為全臺灣企業界的共識。民國 86 年，臺灣大學管理學院首先開設「高階管理碩士班」（Executive Master of Business Administration, EMBA），次年政治大學、交通大學等校也陸續開設，如今 EMBA 教育在臺灣已蔚為風潮。

參考資料

中文書目

《清史稿‧華爾》，卷四百四十一，列傳二百二十二。

《麥克爾與日本》（國防部作戰次長室印，民國 59 年）。

丁肇強，《軍事戰略》（台北：中華文物供應社，民國 73 年）。

郭廷以，《近代中國史事日誌》（台北：中華書局，1987）。

鈕先鍾，《中國戰略思想史》（台北：黎明，民國 81 年初版）。

楊學房、朱秉一編，《中華民國陸軍大學沿革史暨教育憶述集》（台北：三
　　軍大學，民國 79 年）。

西文書目

Dittrich, John E., *The General Manager and Strategy Formulation* (N. Y., John Wiley & Sons, 1988).

Dupuy, Trevor N., *The Harper Encyclopedia of Military History,* 4th ed. (New York, Harper Collins, 1993).

Farwell, Byron, *The Encyclopedia of Nineteenth-Century Land Warfare*, 1st ed. (New York, W.W. Norton, 2001).

Ghemawat, Pankaj, *Strategy and the Business Landscape* (New York, Addison-Wesley, 1999).

Jauch, Lawrence R., and William F. Glueck, *Business Policy and Strategic Management* (Singapore, McGraw-Hill, 1988).

網際網路

戚厚傑、林宇人，〈陸軍大學校發展始末〉。http//www.ch815.com.征程憶
　　事，3/6/2004。

http://nobelprize.org/economics/laureates/1991/coase-autobio.html.1/15/2005.

http://www.wharton.upenn.edu/whartonfacts/.1/15/2005.

第一篇　導論與方法學及管理基礎篇

第二章　科學方法在社會科學學術研究的運用

第一節　邏輯是科學研究的根本

壹、前言

　　邏輯（logic）是使思維正確的方法，或稱爲「推理」（reasoning）、「推論」（inference）之學，早在古希臘時期就已經有了！邏輯是現代科學形成的根本，時至今日邏輯有長足的發展演變到有數理邏輯、符號邏輯等，但最常運用的也是基本的兩個方法是仍然是「演繹法」（deduction）與「歸納法」（induction），在本節中另外再介紹兩種推論的方法：「類比法」（analogy）與「溯因法」（abduction），嚴格來說這兩種方法都應屬於歸納法。

貳、演繹法

一、演繹法簡介

　　演繹法是按照一定的邏輯規則從若干命題（前提）直接引出一個命題（結論）的推理方式。其特點是：「前提」與「結論」之間有「蘊涵關係」（即必然聯繫），如果前提正確，並採用正確的推理形式，則導出的結論一定正確。但是單靠演繹法本身並不能保證結論的正確性，因爲前提是否正確並不是演繹法本身所能解決的問題。應用演繹法時要借助於歸納法、分析法、綜合法以及觀察和實驗的方法來保證和檢驗前提的眞實性。這樣，如果前提是眞的，且推理形式有效，就能把已經隱含在前提中的知識揭示

出來得到結論。[1]

　　演繹法是從普遍到特殊的推論，其特點在於它對結論獲得的「必然性」，對於它所探討的主體具有高度的「解釋」能力及「預測」能力。

　　演繹法的基本觀念可以圖 2.1 表示之。

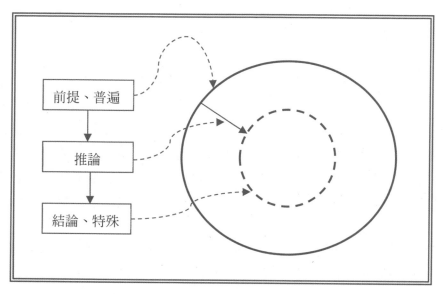

圖 2.1：演繹觀念示意圖

　　演繹法「前提」與「結論」之間的推論關係，可以表示之如表 2.1。

表 2.1：演繹法前提與結論間的推論關係

前　提	推理形式	結　論
真　實	正　確	眞　實
真　實	不正確	不確定
不真實	正　確	不確定
不真實	不正確	不確定

資料來源：李靜、宋立軍、張大松，《科學思維的推理藝術》，頁 35。

---
[1] 王海山，頁 29-30。

二、理論系統化

演繹法是使「理論系統化」的重要手段。

所謂「理論系統化」是對於某種特定研究活動中所形成的基本概念、命題，或者說對特定領域某個研究所累積的理論知識，運用一定的邏輯手段進行合理重建以構成嚴謹的體系，稱之爲「理論系統化」。理論系統化是科學理論建構的過程，而其結果則是形成「系統化理論」。[2]

三、系統化理論的最高層次：「公理」

系統化理論始於一個最上層簡單的陳述或是命題，這個簡單的陳述或是命題就是「公理」（axiom）。古代希臘數學最偉大的成就之一就是確立了思想的「公理」形式。爲了在演繹體系中建立一個陳述，必須證明這個陳述是前面建立的某些陳述的一個必然的邏輯結論；而那個些陳述又必須由更早建立的一些陳述來建立等等。因爲這個鏈條不能無限地繼續往前推，開始總要接受有限個不用證明的陳述，否則就要犯循環推理的錯誤，即從陳述 B 推出陳述 A，然後又從陳述 A 推出陳述 B，這是不可饒恕的。這些最初假定的陳述稱爲該學科的「公設」（postulates）或「公理」，而該學科的所有其它陳述應該邏輯地隱含在「公理」或「公設」之中。當一個學科的陳述被這樣排列時，我們就說這一學科被表示爲公理的形式。[3]

《哲學辭典》闡釋「公理」一詞認爲源自希臘文「axioma」，原意爲有價值的思想。

  1. 最基本和不證自明（或假定）的眞理，邏輯和數學系統即建基於其上。

  2. 不能經由其他命題演繹而得的命題，它是其他所有命題被推定產生的原始出發點。[4]

「公理」與「前提」的不同就在於公理是不證自明爲大家認同而且是演繹邏輯的最上層次，前提則是一個假設或是被推導產生的。透過公理經由演繹法可以形成一個嚴謹的思維體系，但前提則不具此功能。

---

[2] 李靜、宋立軍、張大松，頁 68-82。
[3] 歐陽絳，頁 157。
[4] 段德智、尹大貽、金常政，頁 41。

四、系統化的學術理論的結構

系統化的學術理論其結構應如圖 2.2 所示。

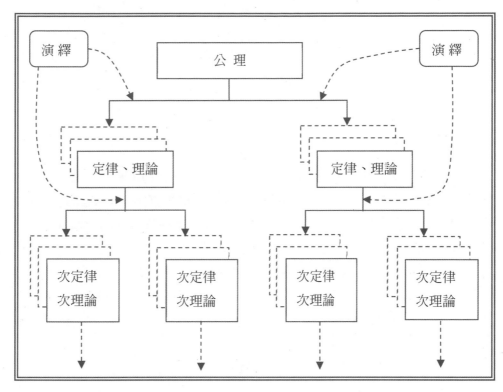

圖 2.2：系統化學術理論的結構

簡言之，在圖 2.2 中，一個「系統化」的理論應該是：

1. 理論的最高層級是少數無法以理性證明的公理。

2. 各層次之間的理論應具有演繹蘊涵的關係。

3. 各層次的理論對理論賴以構建的經驗事實，必須具有全面的解釋能力。

雖然演繹推理的「結論」實際上已隱含在它的「前提」之中，演繹法似乎並不具有創造性，但在科學研究中它仍有極為重要的作用：

1. 它是驗證理論所不可或缺的手段，數學定理的證明及其他學科理論的驗證都要用演繹法。

2. 它可以發現新的概念和新的自然規律。演繹過程中,可把前提中隱含的,未被人所了解的知識推演出來,從而確定新概念和發現新規律。

3. 演繹法有一個重要的功能在於可由高層次的原理推演出低層次的理論。

4. 演繹法是構造科學理論體系的最基本方法,也就是構建系統化理論的重要手段。[5]

參、歸納法

歸納法是從個別、特殊知識概括的推導出一般性知識的方法。它的推理前提是由觀察或實驗得出的關於個別事實的單稱判斷,其結論是把前提中的單稱判斷推廣到同一類事物全體上去的描述性或規律性的全稱判斷。[6]

歸納法是一種非演繹推理形式,它與演繹法不同之處在於它是一種由特殊到普遍的推論。在使用歸納法作推論時,其「結論」表達某些超出「前提」中所說的內容;這種「結論」並不從「前提」中邏輯必然地推演出來,因此它推演的結論只有「或然性」。然而就科學研究而言,歸納法最大的功能就是具有科學發現的「創造性」。[7]

歸納法是「當一個或許多前提爲眞時,並不能保證所推論出的結論必然爲眞的一切論證」。[8]

歸納法的基本觀念可以圖 2.3 表示之。

---

[5] 王海山,頁 29-30。
[6] 王海山,頁 29-30。
[7] 段德智、尹大貽、金常政,頁 208、267。
[8] Paul Edwards ed., p. 169. 本處引自:楊士毅,《邏輯・民主・科學:方法論導論》,頁 20。

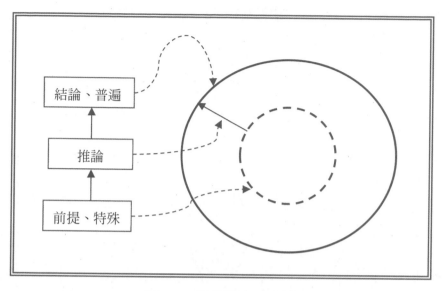

圖 2.3：歸納觀念示意圖

肆、類比法

類比法（analogy）是根據兩個或兩類事物在某些「屬性」或「關係」上的相同或相似，而推出它們在其他方面也可能相同或相似的一種邏輯方法。類比法的推理過程是：首先比較兩個或兩類不同對象，找出它們的相同點或相似點，然後以此為根據，把已知對象的某些屬性或關係推移到另一被考察的對象上，獲得某種理解和啓發。[9]

類比法的客觀基礎是各事物之間，在屬性和屬性間的相互關係上有共同性和相似性。而事物之間的這種共同性和相似性又是多種多樣的，有質料相似、屬性相似、關係相似、系統相似、結構相似等。[10]

各種類型的類比方法，就其本質而言，都是一種按照一定邏輯程序進行的「猜測性」方法，其特點是可靠性小、創造力大，能夠充分發揮思維的想像力和洞察力，特別是在探索性強而理論知識和經驗材料又不足的情況下，具有重要的啓發作用。在實際運用時，為提高類比法的創造性和可靠性，必須輔之以其他方法，特別要注意把類比推理的結果與觀察和實驗

---

[9] 王海山，頁 37、38。
[10] 王海山，頁 37、38。

結果進行比較，也就是要以歸納法來檢驗其結論的真實性。[11]

茲舉一例來說明「類比法」的運用。吾人試將毛澤東思想與馬克思（Karl Heinrich Marx）思想作一比較如圖 2.4 所示。

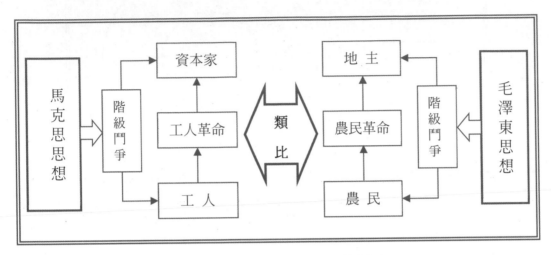

圖 2.4：毛澤東思想與馬克思想的類比

在圖 2.4 中，吾人將可發現兩者之間具有觀念上的對稱性。鄧小平亦說：「毛澤東創造性地把馬列主義運用到中國革命的各個方面，包含哲學、政治、軍事、文化與其他領域。」[12]因此，吾人可推論毛澤東農民革命思想應該是以類比方式取自於馬克思的工人革命思想。

伍、溯因法

溯因法（abduction）是一種由「結果」推及「原因」的推理方法。古希臘哲學家亞里士多德（Aristotle）最早論及，美國科學家皮爾士（C. S. Peirce）第一個將其理論化，認為它是一種發現理論的方法。溯因法的推理可以表示為：

某一現象 P 是觀察事實，

若假說 H 為真，P 則是當然的，

---

[11] 王海山，頁 37、38。

[12] 廖蓋隆，頁 19-20。

所以，H是可信的。[13]

溯因法的推理方向可以看作是演繹推理的「逆向」形式，這種逆向推理的過程大致是：從有待解釋的事實開始，通過分析，選擇或提出某種滿意的假說，使之從這個假說出發，再加上其他的背景知識和前提條件，能夠演繹出待解釋的事實的特稱命題來，由此即可過渡到對假說的置信。溯因法突破了狹隘的歸納主義的那種只重視經驗事實，並以此導致科學發現的研究模式，能充分發揮研究者的主觀創意。[14]

溯因法也是構建系統化學術理論的重要方法，正如同前述系統化學術理論是從一個「公理」透過演繹法向下推導而形成體系，而使用溯因法則是逆向演繹往上尋找上一層的定理，當透過溯因法如果能尋找到「公理」時則學術系統化就完成了！

陸、小結

吾人可將上述四種類型推論方法的差異，示之於表2.2。

表2.2：各種類型推論方法性質之比較

類型 \ 性質	特性	概率	創造性	功能
演繹推論	普遍到特殊	必然	無	解釋、預測、否證、理論構建
歸納推論	特殊到普遍	或然	高	發現、證明
類比推論	將某一事物的關係，運用到另一類似的事物	或然	甚高	發現
溯因推論	現象到原因（逆向演繹）	或然	甚高	發現

資料來源：整理自：李靜、宋立軍、張大松，《科學思維的推理藝術》。

---

[13] 王海山，頁29-30。
[14] 王海山，頁29-30。

第一篇　導論與方法學及管理基礎篇

第二節 現代科學的興起與科學方法

現代所謂的「科學」（science）源自於公元十六世紀的「科學革命」（Scientific revolution）。科學革命始於哥白尼在公元 1543 年發表的《天體運行說》（*On the Revolution of the Heavenly Bodies*）。經過一百四十五年的演進，直到公元 1687 年牛頓出版《自然哲學的數學原理》（*Mathematical Principles of Natural Philosophy*）後才算完成。科學革命時期也被稱為「天才的世紀」，這些人在數學、天文學、物理學、化學、解剖學、生物科學、地質學有很大的貢獻，使人類在自然科學上有了大的突破，對人類思想產生深遠的影響，這個思想方法上的大改革使科學意識型態成西方文化的基礎。

科學革命的成功在於他們從事科學研究時使用的方法，這些方法也被稱為「科學方法」（scientific method）。十七世紀科學革命時期的兩位方法論大師，一是英國人培根（Francis Bacon, 1561-1626），一是法國人笛卡爾（René Descartes, 1596-1650）。

培根在公元 1620 年出版了《新工具論》（*Novum Organum*），在此書中他提出一種新的治學方法：「歸納法」（Induction）。此法之特點在由特例推演出通則，他主張理論與實踐應合而為一，用實驗觀察和歸納的方法來研究問題。[15]

與培根同時代的笛卡爾則是積極提倡「演繹法」（Deduction）的人，希臘時期亞里斯多德（Aristotle）用演繹的「三段論法」指出人智的謬誤，笛卡爾則將其擴張到所有的知識領域內。他綜合代數（algebra）與幾何（geometry）而創出「解析幾何」（analytic geometry），提供了近代物理基本的數學研究法。[16]

由以上可知，科學方法是邏輯在科學研究上的運用，科學方法其基本觀念仍是離不開邏輯的範疇。

科學革命時期最早的科學家是波義耳（Robert Boyle, 1627-91），他最先綜合理性與實驗（亦即演繹法與歸納法）兩者的重要性使其成為科學方法

---

[15] 王曾才，頁 264-77。鄧元忠，頁 25-44。
[16] 王曾才，頁 264-77。鄧元忠，頁 25-44。

的主要人物。但牛頓（Sir Isaac Newton, 1643-1727）卻是集「科學革命」之大成者，他在力學、光學、數學等方面有很大的貢獻。從方法上講，他是運用「歸納法」與「演繹法」獲得上述的成就。牛頓作了許多物體墜落的實驗與觀察，使他相信宇宙就像一部機器，受到數學定律之規則而運作。為了要找出此自然定律，他先擬定一簡單的數學方程式，這個公式後來被稱為「萬有引力定律」（Law of Universal Gravitation），牛頓用這個公式來解釋他所觀察的資料。這個未經證實的數學公式僅為一抽象的假設。牛頓設定此假設後，他認為在其他的相同現象中，如月球每月繞地球的運行，亦會受此假設之規定而周轉。牛頓採用了「演繹法」的邏輯，想從他的假設中獲得一個絕對的結論。為了證實此假設，牛頓又回到經驗的觀察上，亦即「歸納法」上，對月球作實際的觀察以求驗證，終於證實了「萬有引力定律」。[17]

　　西方現代文化的基礎是從「科學方法」演變而來，這個方法也就是牛頓歸納、演繹並用的科學方法，雖說是兩者並用，其重點卻是在以經驗為主的歸納法上。[18]

　　因此「科學」一詞的定義是「以有系統的實徵性（empirical）研究方法所獲得之有組織的知識。」[19]

　　《哲學辭典》（*The Harper Collins Dictionary of Philosophy*）對「科學方法」之說明如下：

> 　　一種經驗的、實驗的、邏輯數理的概念系統，這個系統把事實組織在一種理論和推論的結構內，使它們相互關聯。在大多數情況下，科學方法預設無論發生什麼的事情都有一個特殊的「結果」和隨之而來的特殊「原因」，「結果」能夠從關於「原因」的經驗知識推演（推斷）出來，而關於「原因」的知識也能夠從關於「結果」的知識推導出來。科學方法始於系統闡釋一種嘗試性的、奏效的、能夠解釋一些現象的假設（hypothesis）。[20]

---

[17] 鄧元忠，頁 1。
[18] 鄧元忠，頁 1。
[19] 楊國樞、文崇一、吳聰賢、李亦園，頁 3。
[20] 段德智、尹大貽、金常政，頁 267。

它說明了「科學方法」的性質，也說明「演繹」（邏輯數理的）與「歸納」（經驗的、實驗的）為兩個重要的科學方法，也指出科學知識在大多數情況下其因果關係之間應具有「演繹」的關係。

吾人認為科學方法最重要的精神是在於它的「理性」與「中性」，所謂「理性」是指條理分明的思維程序，所謂「中性」是指不受價值觀、意識型態影響的思維前提。也就是科學方法的這種精神，才能使它產生科學性的知識。

第三節　科學研究的步驟

《社會及行為科學研究法》一書認為科學研究主要可分為下述步驟：（1）建立假設；（2）蒐集資料；（3）分析資料；（4）推演結論。[21]

壹、建立假設

「假設」（hypothesis）是對待解決問題所提出之暫時的或嘗試的答案。科學研究的假設可能來自研究者的猜想，也可能自某一理論推論而得。在一門成熟的科學中，往往已經有了很多的理論，研究者可根據邏輯的演繹，導出可加研究的假設，因此理論性的推論便成為假設的主要來源。在比較幼稚的科學中，現成的理論甚少，研究者便要靠自己的猜想或前人的研究來建立假設。[22]

貳、蒐集資料

建立了假設之後，便可以進而蒐集實徵性的資料（data），以便根據事實來驗證假設的真偽。為了能有效的驗證假設，研究所蒐集的資料必須儘

---

[21] 楊國樞、文崇一、吳聰賢、李亦園，頁 1。
[22] 楊國樞、文崇一、吳聰賢、李亦園，頁 1。

量直接與假設有關。[23]

參、分析資料

　　蒐集資料是為了驗證假設或解決問題,但是經由觀察或其他方法所獲得的初步資料,常是雜亂無章的,無法直接用來驗證假設或解決問題,而必須採用適當的方法先加分析,以使原始資料成為分類化、系統化及簡要化的結果。為了達到這一個目的,分析資料時常須採用種種統計方法。統計分析的主要功能有二:(1) 簡化所得的資料,以便把握其分布的情形。(2) 檢定事項與事項間關係的有與無程度。經由適當的分析,便易於得到研究的結論。[24]

肆、獲得結論

　　科學方法的最後一步是獲得結論。科學研究的結論必須根據證據,每一事項可能會同時受到數個事項的影響,經由適當的研究設計與統計分析,可以判定究竟哪些事項對所研究的主要事項發生影響,或與所研究的主要事項有關。事項本身特徵的判定或事項間關係的判定,也就是最初之研究假設的檢證 (verification)。通常,科學研究者會根據驗證假設所得的結果,推廣其適用的範圍,而得到一概括性的陳述,這種陳述可簡稱為「概判」(generalization)。如果根據「概判」再作進一步的構想,便可形成「理論」(theory) 或「定律」(law)。[25]

伍、小結

　　上述科學方法的步驟,實際上是由兩個主要的成分所組成,即「歸納法」與「演繹法」。步驟中的「建立假設」常須運用「演繹法」,以自某種理論推演出可加驗證的陳述,作為研究的假設,在高度發展的科學中(如

---

[23] 楊國樞、文崇一、吳聰賢、李亦園,頁 5、6。
[24] 楊國樞、文崇一、吳聰賢、李亦園,頁 6。
[25] 楊國樞、文崇一、吳聰賢、李亦園,頁 6、7。

物理學、化學），這種作法尤其常見。「蒐集資料」、「分析資科」及「獲得結論」三個步驟，主要是運用「歸納法」。用「歸納法」所獲得的結論，可以用來建立新的理論，或據以修改原先所根據的理論。建立新的理論或修改了舊的理論後，可以再用「演繹」的方法，從理論中導出新的假設，然後再運用「歸納法」加以驗證，並根據所得結果修改理論。如此週而復始，便可使所建立的理論愈來愈正確，卒能成爲精緻的科學知識。[26]

第四節　科學理論的建構

由前述科學研究的步驟可看出整個研究過程始於「假設」之提出，終於「理論」之獲得。從理論的形成過程來看此過程可區分爲：概念（concept）、定義（definition）、假設（hypothesis）、定律（law）、理論（theory）等階段。以下則對上述各名詞作一簡單說明，同時爲求觀念的一致性，多以《哲學辭典》之界說爲主要參考來源。

壹、概念

「概念」一詞源自拉丁文「concipere」，原意爲「設想」（conceive）。

1. 一種心理表象、一種思想、一種理念、一種任何具體或抽象程度的觀念，用於抽象思考。
2. 使人頭腦能把一事物與其他事物區分開來的認識。
3. 用專門名詞（術語）表示的事物（或形象）。
4. 有時用來指個別事物的一般抽象形式。[27]

---

[26] 楊國樞、文崇一、吳聰賢、李亦園，頁 7。
[27] 段德智、尹大貽、金常政，頁 74。

貳、定義

「定義」一詞源自拉丁文「definire」，原意為「界限、終點、與某物邊界有關」。

1. 詞語的含義。

2. 本質特徵的描述。[28]

一般來說，定義都是約定俗成的，其作用在於：

1. 如何使用詞語。

2. 弄清詞語的習慣用法。

簡言之，「定義」的目的在賦予「概念」一個特定的名稱。但在科學研究上，對「概念」賦予的是「操作性定義」（operational definition），所謂「操作性定義」是指出被定義名詞包含的動作（操作、活動、程序），而完成這項操作即為該名詞的定義。使用「操作性定義」的目的在於使被定義的概念具有實徵性、可衡量性，便於科學研究的進行。

參、假設

「假設」一詞源於希臘文「hypothesis」，原意為「假設、假定、基礎，以作為行動規則、原則而提出的東西」。

1. 沒有直接的經驗證明，為了說明某一事實或許多事實而假定（猜測）的東西。

2. 用於解釋有某種程度的經驗實體性或概率（probability）的現象而作出的一種暫時的、嘗試的解說。[29]

在科學上，一個假設有很高的預見和解釋的力量，這個假設就可提升到理論或定律的地位。

肆、定律

「科學定律」（scientific law）描述在一定具體條件下存在於現象之間的不可改變的秩序或規則的一般陳述。這種陳述被看作是對事物實際上如何

---

28 段德智、尹大貽、金常政，頁 93-95。
29 段德智、尹大貽、金常政，頁 188。

發生的解釋。在大多數情況下，科學定律的更進一步的特徵如下：

1. 它們具有寬廣的應用領域。
2. 它們以某種普遍陳述的形式表述出來。
3. 它們以無時間限制的現在時態形式表述出來，從而無論何時例舉其陳述的條件或秩序，它們都能夠被看作是真的。
4. 它們能夠受到測試程序的確認或證實。
5. 它們包含著能夠觀察到的材料。它們以一種盡可能精確的界定性的和數學的方式陳述出來。
6. 它們有預見能力。
7. 它們採取一種假設的或有條件的姿態，如果這些條件出現了，則這件事就會是這種情況。
8. 它們是一無例外的。[30]

上述的特徵 1. 說明了定律的「涵蓋性」（scope），一個定律的優劣，其決定因素之一是它的「涵蓋性」，也就是它試圖解釋現象的多寡，假如其他的條件相等，則涵蓋性愈大的定律愈好。[31]

伍、理論

《哲學辭典》對「理論」一詞的解釋是：

1. 在事物共相（universal）和觀念的相互關係層面上對事物的理解。與實踐和（或）真實存在正相反。
2. 存在於一個知識框架內對一些論題提出清楚和系統觀點的一種抽象或普遍原則。
3. 用來解釋現象的普遍、抽象和觀念化的原則。
4. 一種被設定為真，且以其為基礎來預見和（或）解釋現象，並從中演繹出進一步知識的假說、假設和概念。[32]

《社會及行為科學研究法》一書認為，「理論」是一組具有邏輯關係的「假說」或「定律」。一般性的「假設」如果獲得相當程度的證實，便成為

---

[30] 段德智、尹大貽、金常政，頁 237、238。（原書將 「law」 譯為「規律」，本書譯為「定律」。）
[31] 呂亞力，頁 35。
[32] 段德智、尹大貽、金常政，頁 455、456。

「假說」，在英文中仍稱爲「hypothesis」。各個假說或定律可能屬於同一層次，也可能屬於不同層次。大多數科學理論，都有兩層以上的假說或定律，較低層次的假說或定律係由較高層次的假說或定律演繹或推論而來，而推論所根據的是邏輯法則。在理論的上層假說或定律爲數較少，涵蓋的範圍較廣；其理論的下層的假說或定律則爲數較多，涵蓋的範圍較窄。一般而言，愈是較下層的假說或定律，其可驗證性或實徵意義（empirical meaning）愈大，而最下層的假說或定律本身，往往可以直接進行研究，從事驗證工作。愈是較上層的假說或定律，其直接的可驗證性愈小，須靠較下層的假說或定律來與現象界產生關連，因而其實徵意義是間接的，其可驗證性也是間接的。[33]

理論也可說是從一般實務的抽象概念中運用科學方法提煉而獲得，因此它對於研究的對象應該具有描述（description）、解釋（explanation）、預測（prediction）、控制（control）等功能。[34]

陸、小結

綜合以上對科學理論建構的介紹，以及前述對理論系統化的說明，吾人對科學理論的特性，應有以下的認知：

1. 理論的最高層級是少數無法以理性證明的假設、前提或公理。
2. 各層次之間的理論應具有演繹的關係。
3. 理論的上層假說或定律爲數較少，涵蓋的範圍較廣；其下層的假說或定律則爲數較多，涵蓋的範圍較窄。
4. 愈是較下層的假說或定律，其可驗證性或實徵意義（empirical meaning）愈大，而最下層的假說或定律本身，往往可以直接進行研究，從事驗證工作。愈是較上層的假說或定律，其直接的可驗證性愈小，須靠較下層的假說或定律來與現象界產生關連。
5. 吾人必須瞭解由「演繹法」推導而得的定律或理論，由於具備了「必然性」，因此只要存有一「特例」來「反證」，就可將此定律或理論推翻。但由「歸納法」導得的定律或理論，僅具有「或然

---

[33] 楊國樞、文崇一、吳聰賢、李亦園，頁 5。
[34] 楊國樞、文崇一、吳聰賢、李亦園，頁 3。

性」，就不能以「特例」來推翻它。

6. 理論對於研究的對象應該具有描述、解釋、預測、控制等功能。

7. 從一般的學術論文中可看出，對理論之表達可以使用「數學公式」、
　「圖形」或以「文字」等方法來表示。

對上述科學研究的過程，吾人亦可以圖 2.5 表示。

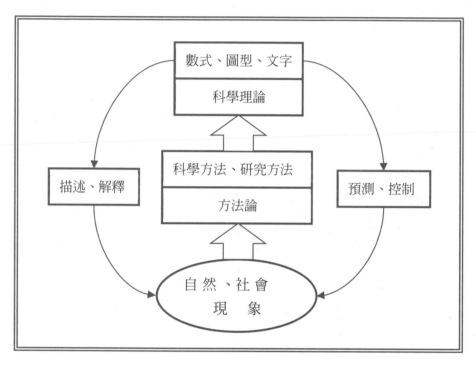

圖 2.5：科學理論建構的過程

第五節　「方法論」與「研究方法」

筆者在圖 2.5 中有提到「方法論」一詞，究竟什麼是「方法論」？
科學方法是科學革命成功的主要原因，自科學革命後就有人專注研究

科學革命所運用的「方法」上，研究的目的在探討「科學方法」本身的正確與否以及它的性質與適用性。這種將「方法」做為研究的對象所成的學科稱為「方法論」（methodology）或「方法學」。[35]科學革命時期的培根與笛卡爾都是當時的「方法論」大師。

《哲學辭典》對「方法論」一詞的界定如下：

> 源自希臘語「methodos」（方法）＋「lógos」（對……的研究）。
> 1. 對於在一門系統學科中運用的以及（或者）在使一門學科系統化中所運用的方法（程序、原則）的研究。
> 2. 屬於任何一個被組織起來的體系的原則本身。
> 3. 系統闡釋和（或者）分析在進行邏輯推論和形成概念所包含原則的邏輯學（logic）（一般譯為「邏輯」）分支。
> 4. 那種在一門學科中所運用的藉以獲得知識的程序。[36]

上述的界定 1. 說明了什麼是「方法論」，界定 2. 說明方法本身自成一個體系，界定 3. 則指出「方法論」是「邏輯學」的分支。

在楊國樞等所編之《社會及行為科學研究法》一書中，將科學研究的方法分為兩個層次，即「方法論」層次與「研究方法」（research method）層次。[37]

「方法論」所涉及的主要是科學研究方法的基本假設、邏輯、及原則，目的在探討科學研究活動的基本特徵。[38]

「研究方法」（research method）的層次比「方法論」為低，是指從事某種研究工作所實際採用的程序和步驟。「方法論」所包括的內涵比較基本，所涉及的往往是各門科學在方法上共同具有的特徵。不同門類的科學由於其研究的對象與現象不同，會使用不同的研究方法，但是各門科學對「研究方法」的運用，必須符合「方法論」的基本要求，否則其研究的科

---

[35] 何秀煌，頁 54。
[36] 段德智、尹大貽、金常政，頁 267。
[37] 楊國樞、文崇一、吳聰賢、李亦園，頁 1。
[38] 楊國樞、文崇一、吳聰賢、李亦園，頁 1。

學性便會受到懷疑。[39]

　　筆者整合以上所述的觀念認為，科學的研究其方法分為兩個層級：第一個層級就是前面所說的「科學方法」，它是使用在所有科學領域的研究上；第二個層級就是「研究方法」，它是將科學方法針對特定科學領域發展出解決問題的方法。而這兩個方法都必須受到「方法論」的檢驗。由以上的討論可知科學方法不能離開邏輯的範疇，而研究方法則是科學方法的延伸，吾人應該知道所有的研究方法不是屬於演繹法就是屬於歸納法。

　　吾人依上述討論將邏輯、方法論、科學方法與研究方法四者之關係繪之如圖 2.6 所示：

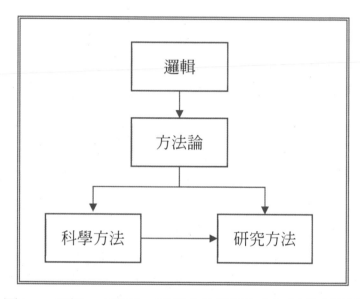

圖 2.6：邏輯、方法論、科學方法與研究方法四者之關係

---

[39] 楊國樞、文崇一、吳聰賢、李亦園，頁 1。

第六節　社會科學中常用的「研究方法」

壹、社會科學與自然科學的差異

　　時至今日,「科學」一詞與十七世紀科學革命時期也有顯著的不同,從現今的觀點來看十七世紀科學革命時期的「科學」就研究主體而言應該稱之為「自然科學」。換言之,現今所謂的「科學」一詞其涵義無論是廣度或深度較諸科學革命時期都增加了。現今的「科學」包含有「自然科學」與「社會科學」。「自然科學」又細分有物理學、化學、電機、機械、土木等等。「社會科學」有政治、經濟、心理、管理等等。

　　自然現象的存在究竟起於何時是人類無從想像的,但亙古以來自然界是周而復始,生生不息,以一種規律的方式在運轉。科學家為了研究大自然,首先建立了「量度」(measurement) 以「量化」的方式來衡量大自然,再以「歸納」的方法來瞭解大自然,最後以「演繹」的方式將大自然的「規律性質」用「定律」或「理論」的方式(特別是數學的)予以表達。而後再將各種「定律」或「理論」系統化就形成了所謂的「自然科學」,大多數自然科學的「定律」或「理論」所具備的一個特性就是持之久遠,且能放諸四海而皆準。

　　大自然也是人類的生存空間,自古以來不同人類的互動就形成了所謂的「社會現象」,而隨著時間的演進不論是科技的進步、經濟的成長、文化的演進或是為了爭奪資源所發生的戰爭行為等等,各種因素的交織互動,人類社會也不斷的在演化。達爾文(Charles Darwin, 1809-82)的「進化論」(theory of evolution)似乎也存在於人類所處的社會中,「優勝劣敗,適者生存」是一個普遍的社會現象。社會現象是如此的「動態」與「複雜」,以致科學家無從產生一種「量度」(「時間」除外)來量化「社會現象」,也就是說社會科學不容易產生像自然科學那種以「數學方式」表達且能持之久遠用之普遍的「定律」或「理論」。有學者就以這個標準來檢驗「社會科學」而認為社會科學是一門幼稚的科學。[40]

　　簡言之,「自然科學」與「社會科學」最大的不同在於「自然科學」能

---

[40] 楊國樞、文崇一、吳聰賢、李亦園,頁 29。

49

產生「普遍性定律」（general law 或 universal law）（其形式為「一切 A 是 B」），而「社會科學」所產生的大多是「或然性定律」（probability law）（其形式為「大多數 A 是 B」）。[41]

　　吾人認為由於社會現象的「動態性」、「複雜性」以及「不易量化性」也反映出社會現象的「不規律性」，使得以「歸納法」所產生的社會科學「定律」不僅是「或然性」的，而且是「時空侷限性」的，所謂「時空侷限性」是指社會科學「定律」其有效性僅存在於某一段時間的某一局部範圍內。是以，吾人認為從學術研究的角度來看，社會科學不是一門幼稚的科學，而是一個研究難度頗高的科學。

貳、社會科學的研究方法

　　「科學」既然是「以有系統的實徵性（empirical）研究方法所獲得之有組織的知識」，各種不同的學門既然被稱之為「科學」當然必定要運用「科學方法」，同時不同的學門為了解決該學門的特定問題，又發展出一些特定的「研究方法」。

　　茲將社會科學中較常用的研究法列表如表 2.3。

表 2.3：社會科學常用的研究方法

民意測驗（public opinion polls）	觀察法（observation method）
社區研究法（community approach）	郵寄問卷調查（mail survey）
內容分析法（content analysis）	文獻法（document method）
次級資料分析法（secondary data analysis）	訪談法（interview method）
歷史法（historical method）	問卷法（questionnaire method）
比較法（comparative method）	行為研究法（behavior approach）
歷史比較法（historical/comparative method）	個案研究法（case approach）
社會統計法（social statistics）	量表法（scaling method）
文化比較研究法（cross-cultural approach）	調查方法（survey method）

---

[41] 呂亞力，頁 31。

多變項分析法（multivariate analysis）	實地調查法（method of field survey）
同期組群分析（cohort analysis）	電話調查方法（telephone survey methods）
實驗方法（experimental methods）	

資料來源：王海山（主編），《科學方法百科》，頁 234-285。王玉民，《社會科學研究方法原理》。

　　並將管理科學中的重要研究方法列之於表 2.4。

表 2.4：管理科學常用的研究法

系統工程法（systems engineering method）
系統分析（system analysis）
單純法（simplex method）
線性規劃法（linear programming method）
非線性規劃法（non-linear programming method）
動態規劃法（dynamic programming method）
目標規劃法（goal programming method）
整數規劃法（integer programming method）
等候理論（queuing theory）
博奕理論（game theory）
計劃評核術（program evaluation and review technique，PERT）
要徑法（critical path method，CPM）
敏感性訓練（sensitivity training theory approach）
敏感性分析（sensitivity analysis）

資料來源：王海山（主編），頁 289-418。

　　其他在社會科學中的經濟學、生產管理、行銷管理的領域，以及自然科學中的不同學門都有各種不同的研究法，吾人在此不一一列舉。

參、社會科學研究方法的新趨勢：「質性研究」的興起

一、「量化研究」與「質性研究」

　　社會科學的兩種研究取向分別是「量化研究」（quantitative research）與

「質性研究」(qualitative research)。「量化研究」主要是運用標準化的測量工具對研究者所收集之資料進行分析,進而運用統計方法將研究現象化約為數字與數字的關聯。「質化研究」比較重視研究者是在自然的情境下與被研究對象產生互動關係,並經由被研究對象本身的觀點來瞭解她(他)在日常生活中的生活經驗與內在世界。[42]

　　這種以「演繹邏輯」為主的「量化研究」取向,在社會科學已風行了四百年之久,並且是社會科學研究群體的主流。[43]

　　然而,在社會學與心理學等以「人」為研究對象的行為科學中,基於社會現象的動態性與複雜性,是否能從科學研究中找到普遍與永恆的規則,誠然是令人質疑的。一種新的研究取向從而產生,這種取向主要源自「現象學」(phenomenology)的傳統,主張每個個體都有其獨特性,研究者只有透過被研究者的立場才能了解這些生活經驗對被研究對象的意義為何。換言之,真實的本質只有存在當下而無法進一步推論,同時這些本質也是不斷變動而非恆定的現象。這種以歸納邏輯為主但又不認為能從被研究的對象中找出永恆與普遍定律的研究方法稱為「質性研究」。[44]

　　「質性研究」是一種從整體觀點對社會現象進行全方位圖像(holistic picture)的建構和深度的了解(depth of understanding)的過程;反對將研究現象切割為單一或多重的變項(variables),並運用統計或數字作為資料詮釋的依據。[45]

　　質性研究最早使用於人類學,它源起於十九世紀晚期非西方人種與文化的民族誌,並且一直持續到現在。[46]1920 年代,社會學芝加哥學派(the Chicago school)開始將質性的研究方法運用於了解都市地區居民的生活狀況。人類學家 Mead 與 Malinowski 等人將田野觀察方法運用於了解島嶼社會生活的風俗習慣。至今,「質性研究」已廣泛被運用於教育學、社會工作、大眾傳播與護理學等專業領域。1990 年代許多前往歐、美國家接受西方思潮與研究方法訓練的學者在取得高等學位後,陸續返國擔任教職並開授有

---

[42] 潘淑滿,頁 3-4。
[43] 潘淑滿,頁 4。
[44] 潘淑滿,頁 4-5。
[45] 潘淑滿,頁 19。
[46] 張英陣,頁 7。

關質性研究理論與方法相關之課程，將質性研究的觀念引進了台灣。[47]

二、「質性研究」的性質

　　Bogdan 與 Biklen（1982）將質性研究的特質歸納有下列幾項：

1. 在自然情境下收集資料。

2. 研究者不會借重太多外來的研究工具，研究者本身就是最主要的研究工具。

3. 非常重視研究現象的描述。

4. 重視研究過程中之時間序列與社會行為之脈絡關係，而不重視研究的結果或產品。

5. 運用歸納方式將所收集資料進行分析。

6. 研究者所關心的是行為對研究對象的意義為何。[48]

三、「質性研究」與「量化研究」之比較

　　「質性研究」與「量化研究」之不同處，如表 2.5 所示：

表 2.5：「質性研究」與「量化研究」之比較

質性研究	量化研究
不嚴謹的	嚴謹的
有彈性的	固定的
主觀的	客觀的
個案研究的	社會調查的
哲學思考的	假設檢定
紮根的	抽象的

資料來源：本處引自：潘淑滿，《質性研究：理論與應用》，頁 62、63。

---

[47] 潘淑滿，頁 14。
[48] 潘淑滿，頁 20、21。

四、「質性研究」的研究方法

主要的質性研究方法有：

1. 深度訪談法（in-depth interviewing）；

2. 焦點團體訪談法（focusing group interviewing）；

3. 口述史研究法（oral history）；

4. 行動研究法（action research）；

5. 個案研究法（case studies）；

6. 參與觀察法（participant observation）；

7. 德菲法（Delphi techniques）；

8. 民族誌法（ethnography）。[49]

肆、小結

在介紹上述各種的「研究方法」後，吾人應有下列幾點認知：

1. 從學術發展的歷史可看出自然科學的產生就時間而言是先於社會科學的。

2. 社會科學除了自行發展出一些研究法外，也從自然科學中大量引進了「計量方法」以及「統計方法」。

3. 但由於「量化研究」的適用性，它無法運用於探討一些獨特且複雜的社會現象，故「質性研究」繼而興起。

4. 從學術研究的角度來看「研究方法」是問題導向的適合於實務性、微觀性的學術研究。

5. 同時，根據「演繹法」（從一般到特殊的推論）與「歸納法」（從特殊到一般的推論）的定義與性質，吾人可發現「演繹法」與「歸納法」兩者已含蓋了所有的「研究方法」。換言之，上述社會科學各種不同的「研究方法」中，不是屬於「歸納法」，就是屬於「演繹法」的運用。

6. 如果對「方法論」有一定的瞭解就應該知道對各種「研究方法」的使用必須要先確定問題的性質，其次要瞭解研究方法的前提以及適用性才不會誤用研究方法。

---

[49] 潘淑滿，參見：目錄。胡幼慧，頁 173。

第七節 社會科學學術研究的策略

　　人類的進化可能有上萬年之久，而有文字記載的歷史也有數千年，歷史的記載形成一個龐大的社會現象「資料庫」，這也是社會科學研究的寶藏。從本章對科學方法的探討以及瞭解了社會現象的特性後，吾人認為社會科學的學術研究可從下列兩種方式著手：一種是從「學術理論的層次性」著手，另一則是從「歷史演進的時間序列」著手。

壹、從學術理論的層次性著手

　　依據前述，吾人應知學術理論有層次之分（參見本章圖 2.2）。另從學術研究之實務來看，學術分工是學術研究的特色，這也就是所謂的「專業化」，而且分工有越來越細的趨勢。這種發展趨勢是很容易理解的，從實際研究的過程中吾人可發現，縮小研究的範圍容易導致「定律」或「理論」的獲得，因此學術研究的取向也就越來越微觀了。是以從社會現象的「微觀」領域著手是從事學術最簡便也最容易的做法。

　　學術的研究從學術理論的層次性著手，其觀念至為簡單，也就是先從小處著手，再由小而大的擴展。這個方法的策略有二：「一點突破策略」與「垂直整合策略」。

一、一點突破策略

　　所謂一點突破策略也就是，吾人在構建社會科學的理論時可先集中在某一微觀領域運用「歸納法」獲得一小型的理論，這種做法個人稱之為「一點突破策略」。

　　在「一點突破策略」上吾人提出下列幾點可行做法。

　　1. 現有理論的引用：這是一種「理論」的應用性或實徵性研究，以現有「理論」來解決實務面臨的問題，或是以歸納法來驗證「理論」。但這種「理論引用性」的研究，從「理論」的構建而言，它不具有創新力。

2. 現有理論的修改：基於社會定律的「時空侷限性」，現有「理論」可能無法有效解決現時的實務問題，因此可將現有「理論」修改，並以「歸納法」驗證以產生新理論。例如理論所賴以產生的「時間點」以及理論構建時所採取的「樣本」，可能與現有的「時空環境」不同，為了使原有理論更具適用性則原有理論就有修改的必要。

3. 現有理論的整合：將各種類似的「理論」整合成一新的「理論」，並使其涵蓋的範圍較原有「理論」為廣且適用性更好。

4. 歸納創新：從實務中以「歸納法」創造新「理論」。

5. 類比創新：運用「類比」方式觀察其他學科的觀念、定律、理論，以及其與社會現象的類似性而將之用於社會科學並以「歸納法」驗證。

6. 直覺或頓悟創新：以「直覺」或「頓悟」方式得到一「概念」，並認為此「概念」可解釋社會的現象，則可將此「概念」當作「假說」並以「歸納法」驗證。

二、垂直整合策略

由本文對「演繹法」的介紹可知，從學術理論系統化的觀點來看一個「系統化的理論」是具有層次性的整體，而在這個整體中其高、低層次的理論應具有「演繹」的關係。因此，吾人可將「一點突破策略」所獲得的「理論」作為基礎，運用「溯因」方式逆向推至高一層次理論，或以「演繹」方式順向推導至低一層次理論。然後，再以「歸納法」驗證，如此的縱向擴展可將理論系統化，這個方法吾人稱之為「垂直整合策略」。

貳、從歷史演進的時間序列著手

也就是從社會現象隨時間演進的歷史過程來探討社會現象發展的原因，或歸納出一些原理、原則。吾人並提出下列幾點做法。

1. 定時定點式研究：所謂「定點」就是前述的「一點突破策略」，將研究範圍集中在某一特定的微觀領域。所謂「定時」是指將研究主題侷限在歷史演進過程中某一特定的「時間」，可能是「現在」也可

能是過去的某一時間點。例如研究下列諸主題：「現階段通用公司的行銷策略」、「拿破崙的滑鐵盧之戰」、「民進黨九十年中央民代的選戰策略」均屬「定時定點式研究」。

2. 定時定點式的比較性研究：將兩個同一主題的「定時定點式研究」做一比較性的探討。例如可研究：「現階段通用公司與福特公司行銷策略之比較」、「民國九十年中央民代選舉國民黨與民進黨選戰策略之比較」均屬「定時定點式的比較性研究」。

3. 長時間定點式研究：將上述「定時定點式研究」的「時間」幅度拉長到一個大的「時段」。也就是在一個長時間幅度的不同「時間點」從事同一主題的「定時定點式研究」，這種方式的研究可瞭解研究的對象隨時間序列的變化情形，或者是研究主題隨時間順序演變的因果關係。例如可研究：「西方世界現代化的歷程」、「拿破崙的軍事思想」均屬「長時間定點式研究」。

4. 長時間定點式的比較性研究：將兩個同一類主題的「長時間定點式研究」做比較性探討。例如可先研究「中國現代化的過程」，再研究「日本現代化的過程」，然後將兩者按時間序列方式做比較，就很容易瞭解兩國發展不同的原因。

參、社會科學學術研究策略的圖示

依以上所述，將社會科學學術的研究策略其整個觀念可以圖 2.7 表示之。

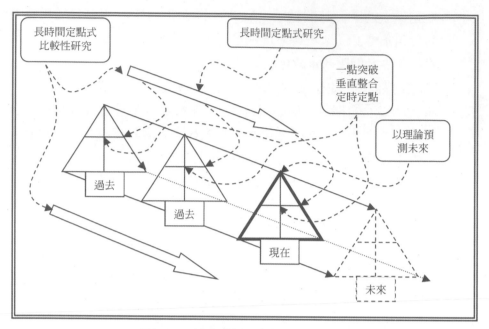

圖 2.7：社會科學學術的研究策略

　　圖中的三角形代表「社會現象」，而其「時間性」是由過去、現在到未來。前述各種研究策略分別以虛線所指之箭頭表示。

第八節　戰略學術的研究策略

壹、前言

　　「戰略」的觀念已是日趨受到重視，它不僅已由軍事的領域跨入企業管理的領域而且已經進入到各行各業。同時也擴散到各種不同組織的不同層次管理人員，上至國家戰略，下至個人的策略，我們可以說戰略的觀念是無所不在且時時刻刻的被使用者。

　　由於戰略觀念的重要性與普遍性，戰略學術的研究也蔚然成風，越來越多的「智庫」投入到戰略學術的領域。然而究竟要用什麼方法來進行戰略學術的研究，卻是很少被學者討論。

吾人認爲如果要從事「戰略」的學術研究，科學方法的使用是必須的，吾人也要瞭解「戰略」或「戰略學術」的特色，如此才能適當的、正確的將科學方法運用到戰略學術上。

貳、戰略學術的特性

一、科際整合性

　　從國家戰略的內涵來看，它包有政治、軍事、科技、文化、經濟等戰略。也就是說無論是「國家戰略」或是「軍事戰略」的學術研究不但包含有「自然科學」也包含有「社會科學」。因此戰略學術的研究必須是跨領域的，而且爲了達成任務必須將各種學科的觀念整合爲一。

二、宏觀與微觀的兼具性

　　戰略強調的是統合內部資源因應競爭的局勢，戰略思維貴在整體性、系統性，「宏觀」是戰略學術要求的重點。然而在整體資源以及內部功能性管理的整合過程中，中、低階層「微觀」學術的研究又是戰略學術不可或缺的。因此兼具「宏觀性」與「微觀性」是戰略學術研究的特色，而宏觀學術的達成必須是用整合的方式來統合各種不同的微觀學術。

三、動態性

　　自然科學中的「定律」要求的是時空的無限性，也就是定律能持之恆久且放諸四海而皆準。但在戰略學術中的「定律」可能就無法達到這個要求，原因是戰略思維會受到戰略環境的影響，特別是科技的進展使得戰略觀念必須隨之改變。

　　其次「戰略」講求出奇制勝，因此運用「歸納法」在某一時空環境下整理得到的「理論」，並不能保證「理論」再現的必然性，適用於未來的時空，所謂「盡信書不如無書」，有時某種「戰法」用久了反而是失敗的主要原因。

　　以上也說明了戰略學術的動態性，因比戰略學術的「定律」就如同社會科學一樣具有時空的侷限性。但這種限制並不會否定戰略學術研究的重

要性，所謂「運用之妙，存乎一心」，學術的成果除了累積知識以外也提供戰略家無限參考的空間，較諸隨興式的決策思維更具有勝算的機率。

上述三種特性也說明了「戰略學術」研究的困難度。

參、戰略學術的研究方法與理論系統化的策略

一、一般兵學家使用的研究方法

目前並沒有一本專門討論戰略學術研究方法的專書，但是從一些戰略名著中吾人可發現這些兵學大師的思維過程。以下試舉數例，說明一些重要兵學家其理論構建使用的方法。

約米尼（Antoine Jomini, 1779-1869）的《戰爭藝術》（*Summary of the Art of War*）是歸納了腓特烈二世（Friedrich II, 1712-1786）的「七年戰爭」（Seven Years' War）與拿破崙（Napoleon Bonaparte）戰史，而得到「內線作戰」（interior lines of operation）的觀念。

克勞塞維茲（Carl von Clausewitz, 1781-1831）也是歸納了腓特烈二世與拿破崙的戰史，寫了《戰爭論》（*On War*）一書，但整本書的表達卻是使用演繹的方式。

李德哈特（Liddell Hart, 1895-1970）從二百八十多個戰役的研究中發現只有六個是使用直接路線而獲致決定性戰果，其餘均屬於間接路線範疇，這就是他的大著《戰略論：間接路線》（*Strategy: The Indirect Approach*）觀念的源起，他運用的是歸納法。

吾人又歸納毛澤東的軍事思想，可發現他「農民革命」的觀念與馬克思的「工人革命」具有對稱的類似性（參見本章圖 2.4）。換言之，吾人認為毛澤東的農民革命思想是以「類比」方式取自於馬克思工人革命的觀念。

上述諸例，說明「演繹」、「歸納」、「類比」等方法在戰略思想上的運用。

二、戰略學術的研究策略與理論系統化

從管理的觀點來看，一個整體的戰略系統包含了高階層的「戰略管理」，中階層的「功能性管理」以及低層的「作業性管理」。中階層和低階層的管理都是「專業管理」或「微觀性管理」。而高階管理也就是「一般管理」或「宏觀性管理」，它的一個主要功能就是在統合中、低層次的管理。

從作戰過程中的科技因素來看，武器系統是克敵致勝的重要工具，不同的軍種、兵種，不同的戰略、戰術層次之間對各種不同武器系的研發、製造、運用等等，都需要「自然科學」與「社會科學」的知識，且必須將之結合在一起。

從戰略資源的使用來看，國防資源包含有軍事人力資源、軍事物力資源、軍事財力資源。此三種資源雖然不同，但軍事作戰卻必須將三者之關係釐清，從資源的供給、獲得，以及作戰而產生的資源需求，還有各種資源之間的組合比例等等，作學術性的討論務必使資源有效使用且能達到軍事目標。

從不同層次的作戰方式來看，軍事作戰又可分為兵種（步兵、砲兵、裝甲兵等）之間的協同作戰以及軍種（陸、海、空）之間的聯合作戰。因此在兵種與軍種之間的協調機制也是戰略學術的研究重點。

將整個戰略機制作一瞭解有助於正確的從事戰略學術的研究。

首先，吾人對上述不同的管理層次、不同性質的國防資源、不同的層次作戰方式等等，均可運用科學方法進行「微觀」或「專業」的學術研究，以獲致不同的研究成果。

同時，基於戰略學術的特性，在進行微觀性研究時，又必須將微觀性研究的結果再「科際整合」，將社會科學與自然科學的理論相結合。另外，也必須運用「水平整合」的觀念，整合不同部門、資源或兵種、軍種之間的水平關係。

最後，再將上述研究所得「垂直整合」，如此方能形成整體的戰略學術理論。由是，本文所述之社會科學的研究方法均可使用於戰略學術的研究。

吾人認為「科際整合」與「水平整合」是戰略學術研究與社會科學研究在方法上最大不同之處。亦即是將社會科學的研究策略加上「科際整合」與「水平整合」兩方法就構成了戰略學術的研究策略。

第一篇　導論與方法學及管理基礎篇

運用戰略學術的研究策略，就可建構如圖 2.8 所表示的系統化學術理論。

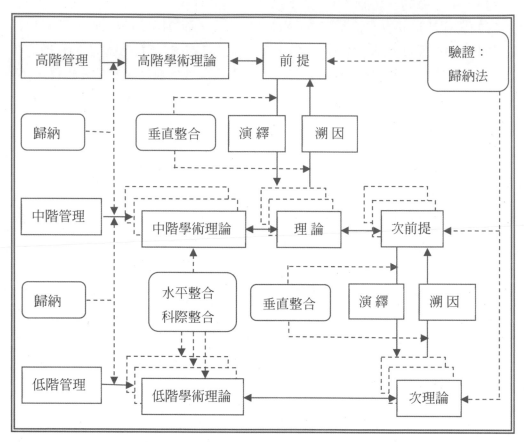

圖 2.8：戰略學術理論系統構建的過程

　　圖 2.8 清楚的表達出「戰略學術系統化理論」的結構與過程，也顯示「垂直整合」、「水平整合」與「科際整合」等策略以及「演繹」、「歸納」、「溯因」等方法在理論構建過程中的運用。在理論系統化的過程中，透過這些策略與方法來建立理論、驗證理論、開展理論、整合理論，同時依據戰略學術的動態性又必須不斷的修正理論，由此逐步的構建一套宏觀性、整體性、系統性的戰略學術理論體系。

　　科學方法是建構戰略學術的基礎，科學方法的運用使戰略學術的理論系統愈趨嚴謹，範圍也逐步擴大，使它具有高度的解釋、預測、控制等能力。系統化的戰略理論也是國防組織運作能提升效能（effectiveness）與效

率（efficiency）的保證。

第九節　結論

　　科學方法是科學研究以及科學理論構建的基礎，歸納法與演繹法是方法論中兩種最基本的方法。各種不同的研究法都是歸納法與演繹法的延伸性運用。

　　吾人從探討「科學方法」著手，繼之瞭解「社會現象」以及「戰略管理」的特性，從而發展社會科學及戰略學術的研究策略，吾人並將之簡單整理如下。

壹、從學術理論的層次性著手

一、一點突破策略

　　1. 現有理論的引用；

　　2. 現有理論的修改；

　　3. 現有理論的整合；

　　4. 歸納創新；

　　5. 類比創新；

　　6. 直覺或頓悟創新。

二、垂直整合策略

　　1. 一點突破後，再運用演繹法，向下整合；

　　2. 一點突破後，再運用溯因法，向上整合。

三、水平整合策略（戰略學術研究必須）

將軍事組織各部門、各種資源或兵種、軍種等，相互之間的水平關聯性整合。

貳、從歷史演進的時間序列著手

其方法有：

1. 定時定點式研究；
2. 定時定點式的比較性研究；
3. 長時間定點式研究；
4. 長時間定點式的比較性研究。

由以上之討論將可發現，從學術研究的角度來看，運用「研究方法」來解決微觀性問題並不是很困難，真正困難在於如何將理論「系統化」。而戰略學術需要不同層級、不同功能、不同學科的專業人力，不但要從事各領域的微觀性研究，還要將之整合成一龐大的體系，其難度當然更高，除了需要眾多的專業研發人力外，正確的研究方法與研究策略以及長時間的投入是根本的解決之道。

目前，國內一般對學術研究方法的探討其重點都在「研究方法」層次。而有關「方法論」的探討大多散見在「哲學」的領域，至於對「科學方法」的介紹更是少之又少。因此本文蒐集相關資料，將以上各種觀念做一釐清並整合，文中有關社會科學以及戰略學術的研究策略，則是個人探討「科學方法」以及從事實務性研究獲得的心得，在此一併提出供有興趣從事學術研究者參考。

參考資料

中文書目

王玉民，《社會科學研究方法原理》（台北：洪葉文化，1994 初版）。

王海山（主編），《科學方法百科》（台北：恩楷，1998 初版）。

王曾才，《西洋近世史》（台北：正中書局，民國 88 年初版）。

呂亞力，《政治學方法論》（台北：三民，民國 86 八年版）。

宋立軍、張大松，《科學思維的推理藝術》（台北：淑馨，1994）。

李靜、宋立軍、張大松，《科學思維的推理藝術》（台北：淑馨，1994）。

何秀煌，《文化‧哲學與方法》（台北：東大，民國 77 年初版）。

胡幼慧（主編），《質性研究：理論、方法及本土女性研究實例》（台北：巨
    流，1996 一版）。

段德智、尹大貽、金常政（譯），《哲學辭典》（台北：貓頭鷹，2000 初
    版）。原著：Peter A. Angeles, *The HarperCollins Dictionary of Philosophy*.

張英陣（校閱），《質化研究與社會工作》（台北：洪葉文化，2000 一版）。
    原著：Doborah K. Padgett, *Qualitative Methods in Social Work Research:
    Challenges and Rewards*.

楊士毅，《邏輯‧民主‧科學：方法論導論》（台北：書林，民國 80 年一
    版）。

楊國樞、文崇一、吳聰賢、李亦園（編著），《社會及行為科學研究法
    （上）》（台北：東華，民國 67 年初版）。

鄧元忠，《西洋近代文化史》（台北：五南，民國 79 年初版）。

歐陽絳譯，《數學史概論》（台北：曉園出版社，1997 年初版）。

廖蓋隆，《毛澤東思想史》（臺北：洪葉文化，1994 初版）。

潘淑滿，《質性研究：理論與應用》（台北：心理出版社，2003 初版）。

英文書目

Edwards, Paul ed., *The Encyclopedia of Philosophy*, Vol.4. (New York,
    Macmillan).

第三章　管理與企業管理的基本觀念

第一節　管理思想的發展過程與管理學派

　　吾人以爲自有人類以來當人類群居在一起時就有了管理行爲。古埃及人建造金字塔，人們但見其建築之宏偉，孰不知動用數十萬人耗時數十年的工程，無論在對人、對物、對事的管理上亦必有一妥善的方法。故而一些管理思想史的論著皆將埃及金字塔、中國長城的構築以及《孫子兵法》等納入到管理思想的發展過程中。

　　在中國隋朝時開始科舉考試來選拔官員，這個制度持續了一千三百年到光緒三十一年（1905）才正式下詔廢止科舉考試。這說明科舉制度並沒有與時俱進，使中國朝官的管理行爲更科學化。[1]

　　古時管理行爲的記載，散見在一些歷史書籍，但尚不能稱之爲管理學術。管理行爲學術化、科學化，當然是在科學革命以後的事。

　　現代管理科學的形成，大約始自於二十世紀初。

　　1911 年被認爲是開啓現代管理科學的一年。

　　公元 1911 年，美國人泰勒（Frederick Winslow Taylor, 1856-1915）出版了《科學管理的原則》（The Principles of Scientific Management）一書，這本書之重點在於強調將科學的方法用之於工廠的管理上。泰勒以「時間動作研究」（time-and-motion study）來衡量工人製作產品的動作以及使用的時間，研究的結果大幅簡化了員工的動作，減少產品製造的時間，使員工的工作效率倍增。泰勒的研究受到廣泛的重視，泰勒的觀念與作法被稱爲「科學管理」（Scientific Management），泰勒也被尊稱爲「科學管理之父」

---

[1] 時爲隋煬帝大業二年（西元 606 年）。參見：王壽南，頁 547。

（Father of Scientific Management）。

　　法國的實業家費堯（Henri Fayol, 1841-1925）認爲，一個成功的管理者必須瞭解管理的基本功能（managerial functions），費堯也提出了一些管理原則，他的重要著作在 1930 年被翻譯成英文。他是最早理出管理功能觀念的人，如今這個觀念已普遍爲管理的學術界與實務界所運用，現今一般管理書籍都以「規劃」（planning）、「組織」（organizing）、「領導」（leading）、「評估與控制」（evaluation and controlling）四項爲管理的基本功能。學界也有認爲管理功能就是管理者遂行管理工作的「程序」（process），故亦稱這套理念與功能爲「程序學派」（Process School）。

　　德國的社會學家韋伯（Max Weber, 1864-1920）是最早對「組織」（organizations）的問題進行理論性研究的人。他認爲最好的組織運作方式爲「科層式管理」（bureaucratic management），在這個機制下組織是「層級式結構」（hierarchical structure），以「規章」（rules）來律定各個不同層級管理者的行爲，並對勞工有明確的分工（division of labor）以增加勞工效率。他認爲在這個制度下管理者皆依法行事，私人情感性的因素減至最少，故而這種組織是最「理性」（rationality）的。韋伯的著作遲至1947年才翻譯成英文，而廣爲人知。他是管理學「組織理論」（organization theory）的先驅。

　　公元 1924 到 1933 年間，美國西方電力公司（Western Electric Company）聘請哈佛大學的教授梅育（Elton Mayo）到芝加哥的霍桑工廠（Hawthorne plant）進行一項提昇作業員效率的研究。研究中發現除了物質的誘因外，員工心理的因素以及員工群體的互動關係也會影響員工的工作效率。梅育主持的這個研究被稱爲「霍桑研究」（Hawthorne studies），這個重要的發現開啓了管理學界對人群關係的研究，專注於組織中成員的心理與社會因素對組織績效影響的研究，且成爲管理學中的一個重要學派——「行爲學派」（Behavioral School）。

　　二次大戰時，英國集合了一群數學家、物理學家以及其他的專家來解決一些作戰問題，他們發展出一種稱爲「作業研究」（operations research）的方法且運用的成效良好。其後，美國與英國軍方又發展出「系統分析」（systems analysis）之方法用以解決戰時的兵工生產與後勤等問題。戰後企業界也開始使用這些方法，而漸形成一個學派——「系統學派」（Systems School）。系統學派強調整體的觀念，而將企業組織視爲一個系統，從而探

討系統與其他系統之關係以及系統內各次系統的互動性。系統學派也強調數學模式（mathematical models）與電腦的使用，但也有學者將對「計量方法」（quantitative methods）的運用另外歸為「計量學派」（Quantitative School）。

在 1960 年中期，一些管理者發現前述的各學派並不能完全解決各種實務上的問題。於是一種新的管理觀念產生，他們認為必須視問題的情境（situations）來決定解決問題的方法。換言之，前述程序、行為、系統等學派並不能放諸四海而皆準，方法的使用必須視問題的情形而定。這個強調情境因素而整合其他學派的觀點稱之為「權變學派」（Contingency School）。

以上是管理觀念的發展經過，吾人可看出就一門科學而言，管理學的進展也不過百多年歷史而已。「程序」、「行為」、「系統」、「權變」等四種學派是目前管理學的主要內涵，當然從學術的觀點而言，管理學術的構建是點滴的累積且是隨時成長的，吾人確信未來必定有新的觀念產生。

管理的學術是逐步發展而成的，如今「管理學」已成為一項重要的學科，無論是營利或非營利機構，常見的如企業管理、國防管理、醫院管理、學校管理……，等等皆使用到管理的觀念。因此將「管理學」用到任何特定的「組織」就形成了某「組織管理」，可見管理觀念被運用的普遍性。

第二節　管理的層級與高階管理的職責

壹、管理的層級

一般組織多呈金字塔狀，上窄下寬，且包含甚多的階層，其階層如按其管理的性質來劃分，則可分為高階、中階、低階三個層次。

一、低階管理

低階管理乃是指直接面對被管理者的管理人員。

在企業組織中的低階管理者是管理工廠生產線上員工的領班。在軍事組織中則為士官級的管理者，尤以班長為最多。

低階管理者必須解決一般員工因工作所產生的問題，故低階管理者所須具備的專長多為技術性質。

二、中階管理

中階管理不直接面對被管理者但必須督導低階管理者，且又須負責處理一般組織所面臨的各種管理性事務，而這些事務是分門別類的，因此中階管理者就必須具備特定的專長方能處理特定的業務，是以中階管理又稱為「專業管理」。

在企業組織中多以功能性質來劃分各部門，此功能性質如行銷、人力資源、財務、生產、研究發展等（此五項又稱之為企業的五大功能）。故在企業組織中的中階管理又稱為「功能性管理」。企業組織中階管理的職位又劃分甚多層級，其最低層層級的職稱不一，其最高層級職位多稱之為「經理」，且其職稱前會冠以特定的專業，如行銷經理、財務經理等，以反映其專業特性。

在軍事部門的中階管理者為校、尉級軍官，這些軍官皆具備特定專長，這些專長就是軍官的官科名稱，如砲科、裝甲科、步科等。

在政府機構的中階管理者指具高等考試及格而被任官的管理者，一般稱之為事務官。這些文官依高等考試的類別也都具有特定的管理專長。事務官依法行政，其職業受法律保障，有服務的年限，也有退休福利。

中階管理者的特色在於：

1. 管理專業導向。
2. 依其專業在特定的人事管道發展，且由於受專業的限制，中階管理者不應任意變換人事管道。
3. 遵循組織的規章，善盡專業職責，貢獻專業知識，執行賦予的任務與政策。

三、高階管理

高階管理為任何組織金字塔型態的最上層者，其職責為導引組織發展方向，設定組織目標，制定組織為達成目標的策略，並督導中階管理者對

第一篇　導論與方法學及管理基礎篇

任務的執行。在企業組織的高階管理者為副總經理（含）以上的職位。在軍事部門則為將級軍官。在政府部門則為政務官。

　　高階管理者的任職不須具備特定的管理專業，但多出自於中階管理者。在企業組織的高階管理可能是出自於部門經理；在軍事部門則由上校級軍官晉任；在政府組織的政務官沒有任官資格的限制，可由事務官擢昇，也可聘自專家學者或黨政要員、國會議員。

　　高階管理者須統領整個組織各部門，但高階管理者又不甚瞭解各部門的管理專業，則高階管理者如何遂行其職責？吾人在管理實務中可發現，一個成功的高階管理者必定重用「幕僚群」，「幕僚群」的編組規模，大小不一。通常組織愈龐大，則「幕僚群」亦愈龐大。這個「幕僚群」中包含各種不同的專業幕僚，這些幕僚多出自中階管理部門，且精於分析，長於規劃，是組織中的金頭腦。「幕僚群」的職責是為組織進行「策略規劃」（strategic planning），其規劃的結果經高階管理者核可後，成為組織的「策略性計畫」（strategic plan）。各中階部門則依此計畫進行「功能性規劃」或遂行執行此計畫。

　　高階管理須具以未來為取向，放眼全球，尋求組織生存的利基（niche），因應競爭而訂定組織的目標與策略。故高階管理又稱「一般管理」（general management）或「策略管理」（strategic management）。

　　上述組織的層級可以圖 3.1 示之。

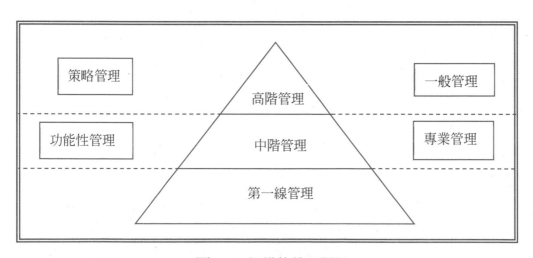

圖 3.1：組織的管理層級

貳、高階管理者的職責

吾人綜合現時學界的研究，將高階管理者應該扮演的角色歸納如下。

一、高階管理者必須是組織願景的形成者與策略（strategy）的規劃者

願景是組織美好的未來，它是整個組織的一個方向性的決策；願景可以凝聚組織成員的努力；願景必須是可達成的，但同時又具有相當的風險性。願景的形成說明組織高階管理者必須能高瞻遠矚，具備敏銳的觀察力，從曲折離奇的環境變化與周遭競爭者的興衰中，理出組織的一條坦途。

高階管理者不僅須為組織形成願景，而且必須將組織的願景依照達到的時程而轉換為組織具體的長、中、短程目標，以及組織不同層級的高、中、低層目標。

高階管理者不僅須訂定目標還必須發展達到目標的方法，這種方法的形成過程就是「策略規劃」（strategic planning），也是高階管理者重要職責。

二、高階管理者是組織整體資源的籌措與分配者

任何組織為達到目標必須使用人力、財力與物力等資源，高階管理者的一個重要職責就是為組織籌措必要的資源。

同時，任何組織都面臨到資源的稀少性與組織各部門之間的競爭性，如何將資源分配到各次級部門，如何督導各部門有效使用資源以最少的投入而達的最佳的產出，就是高階管理者的另一重要任務。

三、高階管理是組織內部管理的統合者

企業的中階管理又稱為「功能性管理」，但是無論從實務上或學術上，我們都可發現功能性管理僅能解決部分功能性管理的問題而無法解決所有的功能性管理問題。

這個道理很簡單，因為功能性部門是相互平行的機構，有相互協調與支援的職責卻無垂直的隸屬關係。因此，功能性部門之間因爭取績效，爭取資源，或因單位之間平時的私人恩怨，此等等會造成部門之間互動的不

71

良，甚者會影響部門或組織整體目標之達到。

　　對功能性部門之間問題之解決，訴之情理，或由功能性部門自行協調皆非良策，必須高階管理者出面整合，必要時高階管理可使用人事任免與調動之權來調整功能部門的人事。

第三節　企業的功能性管理

　　由歷史的演變可知，現代大型企業的形成是在工業革命以後。管理理論的形成是在二十世紀初期，有了管理的理論為基礎才逐漸構成了現代企業管理的學術體系。企業管理的學術中，功能性管理學術是最早被發展完成。企業的功能性管理也被稱為企業的中階管理，因為企業的功能性管理皆為專業導向。

　　傳統的功能性管理包含有行銷管理（marketing management）、生產與作業管理（production and operations management）、人力資源管理（human resources management）、財務管理（financial management）、科技管理（management of technology, MOT）、資訊管理（information management）。

　　茲將企業的功能性管理簡介如下。

　　行銷管理：「行銷」（marketing）的觀念在公元 1950 年代逐漸受到重視而取代傳統「銷售」（selling）的觀念。行銷的精義在於瞭解顧客的需求，並提供適當的產品或服務以滿足顧客的需求。行銷管理是行銷理念的實踐。美國行銷學者柯特勒（Philips Kotler）對行銷管理之定義為：「組織為了發展並維持與目標買主的互惠關係，以達成組織的營利目標而採取的管理措施。」

　　生產與作業管理：為運用土地、勞工、資本等生產因素以創造產品的所有工作。其內含有存貨管理、品質管理、生產排程等。

　　人力資源管理：評估人力需求並藉招募、遴選、訓練、薪酬、激勵等措施以滿足組織人力需求，激發人力潛能，達成組織人力目標。

　　財務管理：任何組織的資源無論人力、物力等皆可以財力方式表之。

財務管理就是處理組織的資源，以利組織目標的達成。其內含有財務規劃、預算、資金獲得、資金管理、信用管理、審查帳目、稅務處理以及對高層主官提出財務建議。

資訊管理：為資訊獲得、資訊處理、資訊運用的一連串管理措施。其作為包含有科技管理、軟體工程、專案管理、資料庫管理、系統分析等。

科技管理：科技管理是探索如何善加經營和運用科技的學問。科技管理是一個組織為了達成策略及運用目標，整合工程、科學和管理的專業學問，用以計畫、開發和建立組織中的科技能力。科技之發展不單單要求科學、工程上之進步與提昇，同時也需配合考量人力、原料、財務等競爭環境，使得科技能夠成為組織經營策略的一部分，幫助經營目標的達成。[2]

第四節　西方學者的策略管理模式

有關策略管理觀念（SWOT）在企管學術的發展過程在本書的第一章中有詳盡的介紹。在本節中將介紹美國企管學者在策略管理方面的著作，茲摘取在臺灣常被用到的二本教科書並將其策略管理的內含作一簡介。

壹、希爾（Hill）與瓊斯（Jones）之「策略管理」（Strategic Management）

一、觀念架構

希爾（Charles W. L. Hill）與瓊斯（Gareth R. Jones）合著之《策略管理》（Strategic Management: An Integrated Approach）一書中，將策略管理程序分為若干部分，並以圖 3.2 表示。[3]

---

[2] 交通大學科技管理研究所。
[3] Charles W. L. Hill and Gareth R. Jones, p. 4.

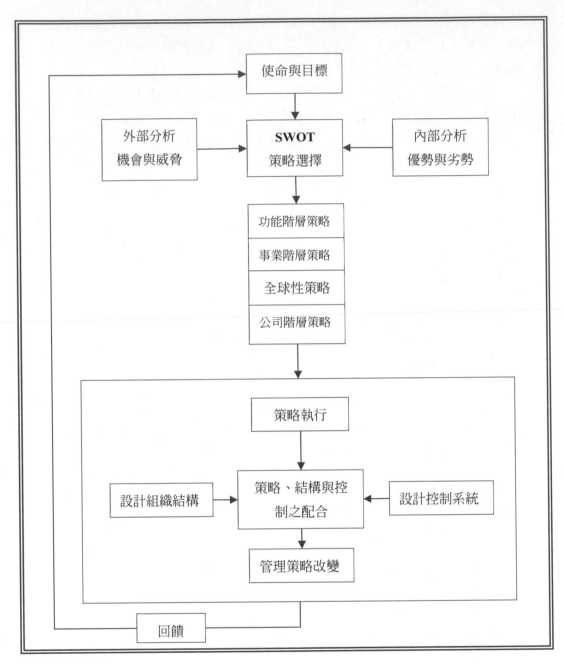

圖 3.2：希爾與瓊斯之策略管理模式

二、觀念簡介

對希爾與瓊斯所提之策略管理程序可簡單說明如下：[4]

1. 首先明確定義公司之使命（mission）與目的（goals）。

2. 外部分析（external analysis）在瞭解外在環境對公司所帶來的機會（opportunities）與威脅（threats）。外在環境分析的環境因素有三種：產業環境（industry environment）、國家環境（national environment）或更廣泛的宏觀環境（macro environment）。

3. 內部分析（internal analysis）在瞭解公司內部的優勢（strengths）、弱點（weaknesses）。建立與維持公司的競爭優勢（competitive advantage）可從效率（efficiency）、品質（quality）、創新（innovation）、顧客回應（customer responsiveness），四個因素著手。

4. 由外部分析、內部分析結果產生優勢（S）、弱點（W）、機會（O）、威脅（T）。並對上述結果進行 SWOT 研判，以產生策略性可行方案（strategic alternative）。然後，由策略性可行方案中作「策略選擇」（strategy choice），以形成達到目標最適合的策略。

5. 策略依組織的階層可分為：公司階層策略（corporate-level strategy）、全球策略（global strategy）、事業階層策略（business-level strategy）以及功能階層策略（functional-level strategy）。

6. 公司階層策略：兩個主要的策略為垂直整合（vertical integration）與多角化（diversification）。為達成上兩個策略的方法有策略聯盟（strategic alliances）、購併（acquisitions）、新投資（new ventures）、結構重整（restructure）。

7. 公司全球策略：有四種策略即全球化策略（global strategy）、國際化策略（international strategy）、複國內化策略（multidomestic strategy）、跨國策略（transnational strategy）。全球市場的進入方式有：出口（exporting）、授權（licensing）、加盟（franchising）、合資（joint venture）、全股份海外子公司（wholly owned subsidiaries）。

---

[4] Charles W. L. Hill and Gareth R. Jones, pp. 4-10.

8. 事業階層策略：事業部門階層策略有三；成本領導（cost leadership）、差異化（differentiation）、集中（focusing）。

9. 「策略執行」（strategy implementation）包含有設計組織結構（designing organizational structure）與設計控制系統（designing control systems）、將結構、控制與策略配合（matching strategy, structure and control）以及管理策略改變（managing strategic change）。

貳、羅賓士（Robbins）與庫達爾（Coultar）的「策略管理模式」

一、觀念架構

羅實士（Stephen P. Robbins）與庫達爾（Mary Coulter）合著的《管理學》（Management）中也使用了一個策略管理模式，茲將此模式以圖 3.3 示之。[5]

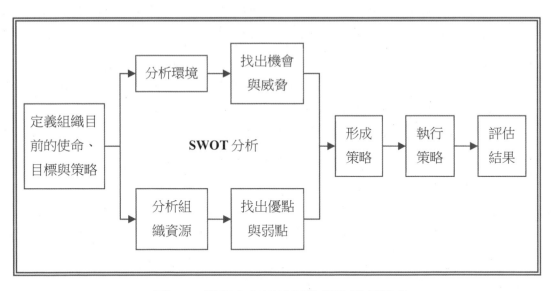

圖 3.3：羅賓士與庫達爾的策略管理模式

---

[5] 林孟彥，頁 196-218。

二、觀念簡介

羅賓士與庫達爾的策略管理模式其實也是策略管理程序的表達，此程序共有八個步驟：

步驟一：定義組織目前的使命、目標與策略（Identifying the Organization's Current Mission, Objectives and Strategies）。

步驟二：分析環境（Analyzing the Environment）。

步驟三：找出機會與威脅（Identifying Opportunities and Threats）。

步驟四：分析組織資源（Analyzing the Organization's Resources and Capabilities）。

步驟五：找出優點與弱點（Identifying Strengths and Weaknesses）。

步驟六：形成策略（Formulating Strategies）。

步驟七：執行策略（Implementing Strategies）。

步驟八：評估結果（Evaluating Results）。[6]

羅賓士與庫達爾的策略管理模式與前述希爾與瓊斯的模式一樣將策略分為三個層次。此三個層次策略分別為：

公司階層策略（Corporate-level Strategy）：包含有穩定策略（stability strategy）、成長策略（growth strategy）、減縮策略（retrenchment strategy）。

事業層次策略（Business-Level Strategy）：包含有成本領導策略（cost leadership strategy）、差異化策略（differentiation strategy）、集中策略（focus strategy）。

功能階層策略（Functional-Level Strategy）：功能階層策略主要在支持部門層次策略的競爭力。[7]

---

[6] 林孟彥，頁 196-205。
[7] 林孟彥，頁 216-18。

第五節　企業管理的整體架構

　　以上吾人已將管理的內涵以及企業管理的內容作了簡單介紹，吾人即
將上述觀念，以一整體架構表示之，如圖 3.4。

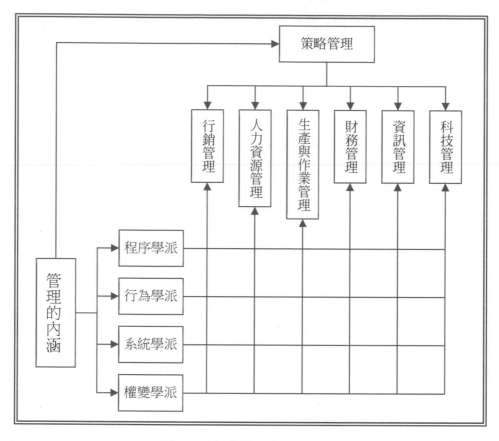

圖 3.4：企業管理的整體架構

　　圖 3.4 之最上方為策略管理即是組織的高階管理。在策略管理之下為組
織的功能性管理，此亦就是組織的中階管理。圖中之左方為管理的內涵，
從管理理論向外延伸的線，其箭頭指向組織的高階與中階管理，此表示無
論策略管理或功能性管理都是以「管理」作為架構形成的基礎。

　　圖 3.4 是以最簡單的方式來表達企業管理的整體觀念。

參考資料

中文書目

王壽南，《隋唐史》（臺北：三民，民國 75 年初版）。

林孟彥（譯），《管理學》（台北：華泰書局，2003）。原著：Stephen P. Robbins, and Mary Coulter, Management, 7th ed.

西文書目

Hill, Charles W. L., and Gareth R. Jones, Strategic Management: An Integrated Approach (Boston, Houghton Mifflin, 1998 4th ed.).

網際網路

交通大學科技管理研究所。http://www.cc.nctu.edu.tw/. 10/1/2004.

第一篇　導論與方法學及管理基礎篇

第四章　空間概念下的權變理論與目標效能函數的構建

第一節　權變管理理論簡介

壹、盧丹斯權變管理理論

本章中有關「權變理論」、「空間概念下的權變理論」與「目標效能函數之建立」等觀念，係改編自作者以下兩篇著作：

劉興岳，《空間概念下的權變理論及其在策略管理上應用之研究》（台北：金榜圖書，民國 77 年）。（未對外發售）

劉興岳，〈空間概念在權變理論上之應用──目標效能函數之建立〉《國防管理學院學報》，第九卷第二期，民國 77 年 6 月。

權變理論為管理思想中的一個重要學派，約興起於公元 1960 年代中期。[1]盧丹斯（Fred Luthans）是權變學派中一位重要的學者，他將整個管理理論用權變的觀念來解釋。他認為權變理論係以環境為著眼點從現存的管理理論中尋找一套有效的方法以達成目標。因此，權變理論企圖在環境變數（environment variables）與管理變數（management variables）之間建立函數關係。以前者為自變數（independent variables），後者為因變數（dependent variables），其函數關係若以語體說明可寫為「若（if）環境變數變動，則（then）管理變數將隨之變動」，此一觀念可以圖 4.1 表示之。[2]

---

[1] Don Hellriegel and John W. Slocum, Jr., p. 60.
[2] Fred Luthans, pp. 47-54.

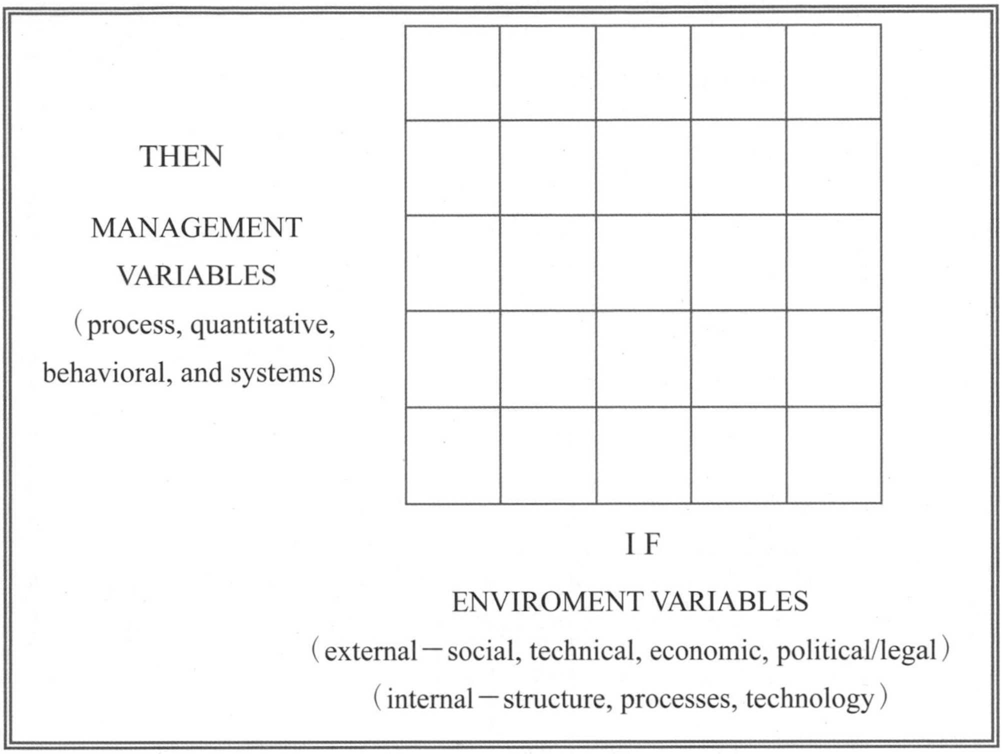

THEN

MANAGEMENT

VARIABLES

（process, quantitative,

behavioral, and systems）

I F

ENVIROMENT VARIABLES

（external－social, technical, economic, political/legal）

（internal－structure, processes, technology）

圖 4.1：盧丹斯權變理論之觀念架構

資料來源：Fred Luthans, 1976, pp. 47-54.

　　圖4.1中，環境變數包含有外部環境（external environment）與內部環境（internal environment）。外部環境有社會（social）、科技（technical）、經濟（economic）、政治法律（political/legal）等；內部環境有組織結構（structure）、管理過程（processes）、科技（technology）等。管理變數則為程序、計量、行為、系統等學派。

　　由圖 4.1，吾人可看出，權變理論對外在環境因素的重視，這是傳統的管理理論所欠缺的。

貳、一般權變管理理論

　　公元 1977 年，盧丹斯與史蒂華（Todd I. Stewart）又提出了「一般權變管理理論」（A General Contingency Theory of Management），該理論之觀念可以圖 4.2 表示之。

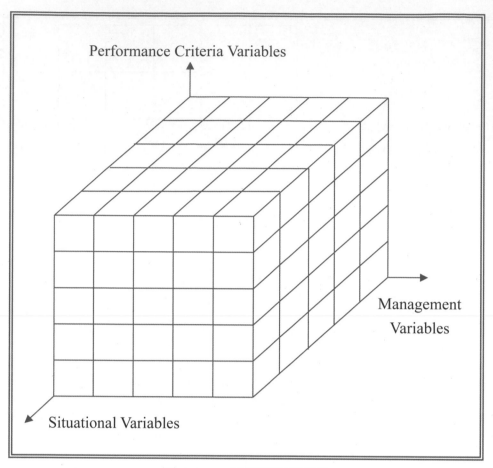

Performance Criteria Variables

Management
Variables

Situational Variables

圖 4.2：一般權變管理理論

資料來源：Fred Luthans and Todd I. Steward, "A General Contingency of Management", *Academy of Management Review*, April 1977. p.182.

　　該理論包含了三個變項：其一爲管理變數（management variables），包含了各種理論及運用的工具；其二爲情境變數（situational variables），包含一些對組織資源有互動關係之環境因素；其三爲績效標準變數（performance criteria variables），此一變數是由情境變數與管理變數互動之結果而決定的。

　　一般權變管理理論顯示了二個重要的管理意義：

1. 一般權變管理理論將原先盧丹斯權變理論中管理變數與環境變數之間的函數關係修改爲績效標準變數、情境變數與管理變數之間的函數關係。

2. 在圖 4.1 與圖 4.2 中可看出「空間觀念」在權變理論上的運用，一般
   權變理論更將空間的觀念由二維提昇至三維。

參、權變理論重視組織外在的環境因素

一、現時環境的特性

人類社會的演進由農業社會進入到工業社會，人類生存的環境也在隨
時改變中，吾人認為現時環境因素有下列幾個特性：

1. 環境變動的速度愈來愈快。

2. 環境變的愈來愈複雜。

3. 未來環境變動的不確定性愈來愈高。亦即是，對環境變動走向的預
    測愈來愈困難。

二、環境因素的重要性

環境是任何組織的生存空間，權變理論特別強調環境因素，是因為環
境因素對管理目標的達成有重大的影響。換言之，環境對管理者的重要在
於任何一個組織對環境的「依賴性」，在現實的社會任何組織都無法離開環
境而單獨生存。或者也可以說任何組織與環境之間是互動的，是相互依存
的。因此，管理者的管理作為就不能不考慮環境因素的影響。而且當管理
者的決策如果要考量環境因素時，其管理決策的複雜度與困難度自然較不
考慮環境因素時來的要更高。

而且從環境變動的特色來看，對環境因素的考量在未來的管理決策中
將愈趨重要且愈趨困難。對環境因素的重視是權變理論的重點，也是傳統
管理學派所忽略的。

第二節　空間概念下權變理論的構建與目標效能函數的定義及基本假設

壹、空間概念下權變理論的觀念產生與理論架構

　　由前述權變管理理論的簡單介紹，吾人應對權變的觀念有某種程度的了解，吾人繼則企圖將上述觀念更為推廣，且期望達到下列二目的：

1. 將「一般權變理論」作修正並探討管理目標、環境變數與管理變數之間的關係。
2. 將空間的觀念由三維提昇至更多維空間，且借空間中「距離」的觀念，建立上述變數之間的函數關係並以此函數來闡釋權變管理理論。

　　吾人稱上述理論為「空間概念下的權變理論」（以下簡稱「空間權變理論」），「空間權變理論」的觀念架構如圖 4.3 所示。

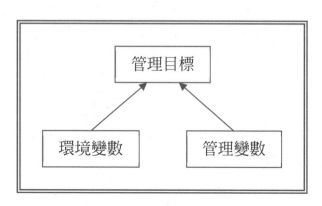

圖 4.3：空間權變理論之觀念架構

貳、目標效能函數的定義

　　由是，吾人將「一般權變理論」的績效標準變數改為「目標效能函數」（Effectiveness Function of Objective），將情境變數改為環境函數（environment variables），而管理變數維持不變。此三者的函數關係如式 4.1 所示，吾人並試以式 4.1 來表達「空間權變理論」的觀念。

$$\Phi = f(\underset{\sim}{E}, \underset{\sim}{M}) \qquad (4.1)$$

式 4.1 中

Φ：表目標效能函數（因變數）

$\underset{\sim}{E}$：表環境變數（自變數）

$\underset{\sim}{M}$：表管理變數（自變數）

吾人並將上述三種變數重新定義如下：

定義 1：

目標效能函數：管理作為達到目標之程度。

環境變數：管理者不能控制的因素所構成的集合。

管理變數：管理者可以控制的因素所構成的集合。

在定義 1 中，對三種變數的界定有下列幾個特點：

1. 對環境變數與管理變數的定義與前述理論（圖 4.1、圖 4.2）不同，以不可控制與可控制的因素來界定環境變數與管理變數除了有更大的彈性外，變數所構成的空間顯然也超越了三維，而進入了更多維的空間。

2. 這種定義的好處是可以融入系統的觀念，也就是管理者將其管理範圍之內的可控制因素視為管理變數，而其餘不可控制因素視為環境變數，這種作法使得環境變數與管理變數得以依管理者在組織中的位置不同而有所改變。亦即是依管理人員的層次來劃分，則低階管理是中階管理、中階管理是高階管理的管理變數；而高階管理是中階管理，中階管理是低階管理的環境變數。組織的外界環境對各層次的管理人員而言都是環境變數。於是權變理論與系統的觀念相結合，使得權變理論可以適用到不同層次的管理人員，也可使用於不同型式的組織。

參、目標效能變數的基本假設

欲使式 4.1 成立，必須先承認下列兩個假設：

假設 1：環境變數與管理變數內的各個因素，均為目標效能函數的自變數。

假設 2：環境變數與管理變數內的各個因素，彼此之間是相互獨立的。

上述假設之提出，使式 4.1 成立。

同時，式 4.1 顯示當環境因素變動時，則目標效能函數為之改變，此時管理者為求目標效能函數值之極大，則管理作為必須改變，直到求得新的極大值為止。於是，環境影響了管理，而式 4.1 也表達了權變理論的觀點。

由**定義** 1 及**假設** 1、**假設** 2，吾人可將式 4.1 改寫如下：

$$\Phi = f(\underset{\sim}{E}, \underset{\sim}{M}) \qquad (4.2)$$

$$\underset{\sim}{E} = \{ E_i \mid i \in N,N 為正整數（positive integer）\}$$

$$\underset{\sim}{M} = \{ M_i \mid i = 1,2,3,\ldots,n,n 是有限的（finite）\}$$

式 4.2 表示環境變數中不可控制的因素有無限個，而管理變數中可控制的因素為有限個，此無限個環境因素與有限個管理因素構成無限維的「管理空間」（management space）。而管理者即是以有限的資源，在無限維的管理空間中，追求其目標極值。

另外，為使式 4.1 能切合實際的管理現象，吾人將再增加二個假設。

首先，管理者所面臨的是一個變動的管理世界，各種不同的管理因素與環境因素都會隨時間的遷移而改變。因此，吾人提出**假設** 3 如下：

假設 3：環境變數與管理變數內的各個因素，均為時間的函數。

亦即是式 4.2 中，

$$E_i = E_i(t)$$
$$M_i = M_i(t)$$

吾人並提出**假設** 4 如下：

假設 4：環境變數與管理變數的各個因素是連續的。

此一連續性質的假設亦為權變理論的主張。[3]

傳統管理理論對組織及管理之研究，多採兩極式的看法。例如封閉組織及開放組織、民主式領導及集權式領導。權變理論則反對此種看法，而認為在二分法的兩極之間必定存在有其它不同程度的管理現象。換言之，此兩極端之間為一連續的過程。就組織的型態而言，大多數的組織不是絕對的封閉或開放，而是位於二者之間連續過程上的某一點而已。這種連續性質的假設，不僅在組織型態上是如此，對其他各種管理因素與環境因素而言，也是合理的。

依據**假設** 4，則式 4.2 可再修正如下：

$$\Phi = f(\underset{\sim}{E}, \underset{\sim}{M}) \qquad (4.3)$$
$$\underset{\sim}{E} = \{ E_{ij} \mid i \in N，j \in R，R 為實數（real number）\}$$
$$\underset{\sim}{M} = \{ M_{ij} \mid i = 1,2,3,\ldots,n，n 是有限的，j \in R \}$$

式 4.3 中，

E_{ij} 表第 i 個環境因素（此因素為連續的），j 則為此連續過程上的一點。

M_{ij} 表第 i 個管理因素（此因素為連續的），j 則為此連續過程上的一點。

簡言之，將 E_i、M_i 視為一座標軸，而其下標 j 則是座標軸上「位置」的表示。

---

[3] Fremont E. Kast and James E. Rosenzweig, p. 509.

第三節　目標效能函數的獲得

壹、管理空間中基準點之選擇

依據前述的定義及假設，吾人已建立了「管理空間」，管理空間最大的好處就是可將各種不同的環境與管理現象，使用座標系統中「位置」（position）的方式來表示。

吾人將各環境因素與管理因素在空間中之位置分為三類，即「最佳位置」、「實際位置」與「知覺位置」，並分別討論如下。

在管理空間中有各種不同的管理因素與環境因素，而每一個因素對管理目標影響的程度可以從最有利、無影響到最不利形成了一個連續的過程。亦即是每一個因素都是不可數連續「點」的集合，而吾人可擇取對目標最為有利的一點為基準點。

對環境因素而言，吾人可以令第 i 個環境因素對目標達成為最有利的一點為 E_{im}，其定義如下：

定義 2：$E_{im} = E_{ij}$，j 為對管理目標而言最有利的環境因素位置，$j \in R$。

由**定義** 2，則可將 E_{im} 之集合定義如下：

定義 3：$\underset{\sim}{E}m = \{ E_{im} \mid i \in N \}$

並稱 $\underset{\sim}{E}m$ 為「最佳環境」或「理想環境」（ideal environment），表對管理者最為有利的各種環境因素之組合。而此一組合可用空間中的一個位置來表示，吾人令 E_m 表 $\underset{\sim}{E}m$ 在管理空間中的位置，則其座標為 $(E_{1m}, E_{2m}, ..., E_{im})$，$i \in N$。

然而在管理實務上，管理者實際所面臨的環境，吾人可稱之為「實際環境」（actual environment），於是可將第 i 個環境因素中，管理者所面臨的實際位置稱之為 E_{ia}，其定義如下：

定義 4：$E_{ia} = E_{ij}$，j 表實際環境因素位置，$j \in R$。

由**定義** 4，可將 E_{ia} 之集合定義如下：

定義 5：$\underset{\sim}{E}_a = \{ E_{ia} \mid i \in N \}$

並稱 $\underset{\sim}{E}_a$ 為「實際環境」，表示管理者實際所面臨各種環境因素之組合。此組合亦可以空間中的位置來表示，令 E_a 表 $\underset{\sim}{E}_a$ 在管理空間中的位置，則其座標為 $(E_{1a}, E_{2a}, ..., E_{ia})$，$i \in N$。

同樣的觀念亦可使用於管理因素。令第 i 個管理因素中對管理目標之達成最為有利的一點為 M_{im}，其定義如下：

定義 6：$M_{im} = M_{ij}$，j 表對管理目標而言最有利的管理作為位置，$j \in R$。

由**定義** 6，則可將 M_{im} 之集合定義如下：

定義 7：$\underset{\sim}{M}_m = \{ M_{im} \mid i = 1, 2, ..., n$，$n$ 是有限的$\}$

並稱 $\underset{\sim}{M}_m$ 為「最佳管理」（ideal management），表示此種管理組合對目標之達成最為有利。$\underset{\sim}{M}_m$ 在管理空間中的位置為 M_m，其座標為 $(M_{1m}, M_{2m}, ..., M_{nm})$，$n$ 是有限的。

管理者之實際管理作為，往往不等於最佳管理作為，吾人令第 i 個管理因素中，管理者之實際作為（管理作為之實際位置）稱之為 M_{ia}，其定義如下：

定義 8：$M_{ia} = M_{ij}$，j 表實際管理作為位置，$j \in R$。

並將 M_{ia} 之集合定義如下：

定義 9：$\underset{\sim}{M}_a = \{ M_{ia} \mid i = 1, 2, ..., n$，$n$ 是有限的$\}$

稱 $\underset{\sim}{M}_a$ 爲「實際管理」（actual management），表管理者之實際管理作爲。而其在管理空間中的位置爲 M_a，座標爲 $(M_{1a}, M_{2a}, ..., M_{na})$，$n$ 是有限的。

依據**定義** 2 至**定義** 9，吾人建立了環境因素與管理因素在空間中的最佳位置與實際位置，最佳位置之座標爲 (E_m, M_m)，而實際位置之座標則爲 (E_a, M_a)，兩者間的距離則爲 $|(E_a, M_a) - (E_m, M_m)|$。且由上述的討論中，吾人應知 (E_a, M_a) 與 (E_m, M_m) 愈接近則對目標之達成愈爲有利；二者距離愈遠，則對目標之達成愈爲不利。亦即是，$|(E_a, M_a) - (E_m, M_m)|$ 之值愈大，則目標效能函數 Φ 之值愈小；$|(E_a, M_a) - (E_m, M_m)|$ 之值愈小，則 Φ 值愈大。

以上，吾人已將 E_m、M_m、E_a、M_a 等名詞作一定義並將其與目標之關係作了說明。

但是管理者在作決策時，不僅是考慮到「實際位置」或「最佳位置」的問題，更重要是基於他對環境因素與管理因素的「認知」，也就是他對環境因素與管理因素了解的程度。在管理實務上，管理者僅能對環境因素與管理因素作某種程度的了解，冀望對各因素作完全之了解並非易事，甚且爲不可能。

由是，吾人將管理者對第 i 個環境因素的了解或知覺到的位置稱之爲 E_{ip}，並定義如下：

定義 10：$E_{ip} = E_{ij}$，j 表管理者知覺到的環境因素位置，$j \in R$。

由**定義** 10，則吾人可將 E_{ip} 之集合定義如下：

定義 11：$\underset{\sim}{E}_p = \{ E_{ip} \mid i \in N \}$

並稱 $\underset{\sim}{E}_p$ 爲「認知環境」（perceived environment）。此認知環境在空間中的位置亦可以 E_p 表示，其座標爲 $(E_{1p}, E_{2p}, ..., E_{ip})$，$i \in N$。

同樣的，M_{ip} 及 $\underset{\sim}{M}_p$ 之定義分別如下：

定義 12：$M_{ip} = M_{ij}$，j 為管理者知覺到的管理作為位置，$j \in R$。

定義 13：$\underset{\sim}{M}p = \{\ M_{ip}\ |\ i=1,2,\dots,n，n$ 是有限的 $\}$

稱 $\underset{\sim}{M}p$ 為「認知管理」（perceived management），其在管理空間中的位置為 M_p，而座標則為 ($M_{1p}, M_{2p}, \dots, M_{np}$)，$n$ 是有限的。

在管理空間中，各因素之實際位置為 (E_a, M_a)，而認知到的位置為 (E_p, M_p)，兩者之間的距離為 $\left| (E_p, M_p) - (E_a, M_a) \right|$，此距離愈小則決策品質愈佳，反之則愈差。這就是一種「定位」的觀念，吾人將「管理定位」（management positioning）定義如下：

定義 14：管理定位即管理者企圖使 $\left| (E_p, M_p) - (E_a, M_a) \right|$ 之值減少的一種管理作為。

貳、目標效能函數的推導

一、靜態狀況下之目標效能函數

吾人已在管理空間中建立了六個基準點，此六個基準點分別是 E_m、M_m、E_a、M_a、E_p、M_p，根據以上討論可知目標效能函數與下列各點之間的距離有關，此距離為

$$\left| (E_a, M_a) - (E_m, M_m) \right| \quad \text{、} \quad \left| (E_p, M_p) - (E_a, M_a) \right|$$

上二距離愈大時，對目標愈不利，則 Φ 值減少；上二距離愈小時對目標愈有利，則 Φ 值愈大。此一關係，示之如數學形式，則類似式 4.4 所示。式 4.4 之推導過程，請參閱本書之附錄 1。

$$\Phi \approx$$

$$\exp\left\{-\sum_{i\in N}\left[\mu_i(E_{ia}-E_{im})\right]^2-\lambda_n^2\sum_{i\in N}(E_{ip}-E_{ia})^2-\sum_{i=1}^{n-1}\left[\lambda_i(M_{ia}-M_{im})\right]^2-\lambda_n^2\sum_{i=1}^{n-1}(M_{ip}-M_{ia})^2\right\}$$

(4.4)

式 4.4 中 μ_i、λ_i 分別爲 E_i、M_i 等因素之權數（weight）。

吾人，並將式 4.4 寫成爲通式，則

$$\Phi = E\left(\left|E_a-E_m\right|\right)M_1\left(\left|E_p-E_a\right|\right)M_2\left(\left|M_a-M_m\right|\right)M_3\left(\left|M_p-M_a\right|\right) \quad (4.5)$$

式 4.5 中，令

$$E\left(\left|E_a-E_m\right|\right) \approx \exp\left\{-\sum_{i\in N}\left[\mu_i(E_{ia}-E_{im})\right]^2\right\}$$

$$M_1\left(\left|E_p-E_a\right|\right) \approx \exp\left[-\lambda_n^2\sum_{i\in N}(E_{ip}-E_{ia})^2\right]$$

$$M_2\left(\left|M_a-M_m\right|\right) \approx \exp\left\{-\sum_{i=1}^{n-1}\left[\lambda_i(M_{ia}-M_{im})\right]^2\right\}$$

$$M_3\left(\left|M_p-M_a\right|\right) \approx \exp\left[-\lambda_n^2\sum_{i=1}^{n-1}(M_{ip}-M_{ia})^2\right]$$

式 4.5 即爲靜態狀況下考慮管理定位時之目標效能函數。

二、動態狀況之目標效能函數

動態狀況之目標效能函數，依據**假設** 3 僅須在各變數中加上時間的因素即可，是以動態狀況下之目標效能函數，僅在式 4.5 中加入時間因素。其通式可寫成如式 4.6：

$$\Phi = E\left(\left|E_a(t)-E_m(t)\right|\right)M_1\left(\left|E_p(t)-E_a(t)\right|\right)M_2\left(\left|M_a(t)-M_m(t)\right|\right)M_3$$
$$\left(\left|M_p(t)-M_a(t)\right|\right)$$

(4.6)

參、目標效能函數的管理含義

目標效能函數有下列數點的管理含義：

1. 影響管理目標達成的因素除了操之於管理者的各種管理行為（管理因素）外，還受到外在環境的影響。是以，目標效能函數也反映了權變的理念。

2. 第 i 個環境因素與管理因素對目標效能函數的影響，其值近似

$$\exp\left\{-\left[\mu_i\left(E_{ia}-E_{im}\right)\right]^2\right\} \, \cdot \, \exp\left\{-\left[\lambda_i\left(M_{ia}-M_{im}\right)\right]^2\right\}$$

3. 各種管理因素與環境因素對管理目標的影響其程度不一，其大小視各因素的權數（weight）而定。權數愈大，其影響亦愈大；權數愈小，其影響則愈小。（有關權數的影響，請參閱本書後之附錄 1 圖 2。）是以管理者的首要作為在判斷各因素的權數，應對權數較大的因素，付以更多的注意。

4. 多項因素對目標效能函數之影響，近似各單項因素對目標效能函數影響之乘積，如式 4.4 所示。

5. 管理者旨在追求卓越，也就是最佳的管理作為。但最佳管理作為也必須有最佳環境的配合，才能發揮其效果。

6. 管理者必須隨時監控各內外在因素，以使對各種因素的認知能符合實際的情形。

第四節　目標效能函數極值的尋求

在前一節中，吾人依「空間權變理論」的觀念（圖 4.3），定義了「目標效能函數」（**定義** 1），並根據**假設** 1 至**假設** 4 構建了「管理空間」。其後，吾人在空間中設立了幾個基準點，即 E_m、M_m、E_a、M_a、E_p、M_p 等，基準點的訂定使得吾人得以座標的方式來表達不同的環境現象與管理作為。同時，吾人認為目標效能受到 $\left|(E_a, M_a)-(E_m, M_m)\right|$、$\left|(E_a, M_a)-(E_p, M_p)\right|$ 等距離的影響，並根據上述關係導出目標效能函數，此函數如式 4.4、式 4.5、式 4.6 所示。

第一篇　導論與方法學及管理基礎篇

在式 4.5 中，吾人可看出目標效能函數的極大值是位於 $E_a = E_m$、$E_p = E_a$、$M_a = M_m$、$M_p = M_a$ 等處。但在管理實務上，依據「管理定位」的觀念，吾人對 E_a、E_m、M_a、M_m 等位置之所在僅有部分的認知而已，諸種管理作為正是在尋找這些點的位置。因此，以上所建立的目標效能函數只能說是管理決策的一種「描述模式」（description model）而已，而此時的管理之道也就演變成如何尋求「極值」（extreme value）的問題。

吾人回到式 4.2

$$\Phi = f(\underset{\sim}{E}, \underset{\sim}{M}) \qquad (4.2)$$

在微積分上求式 4.2 之極值有兩個步驟：

步驟一：令函數 Φ 對各個自變數的偏導數（partial derivative）均等於零。亦即是：

$$\frac{\partial f}{\partial E_1} = \frac{\partial f}{\partial E_2} = \ldots = \frac{\partial f}{\partial E_i} = \frac{\partial f}{\partial M_1} = \frac{\partial f}{\partial M_2} = \ldots = \frac{\partial f}{\partial M_n} = 0 \quad (4.7)$$

步驟二：式 4.7 為式 4.2 存在極值之必要條件（necessary condition），因可能有鞍點存在，於是必須再利用函數的第二階偏導數來做判別，以決定極值的大小。

但運用上二步驟來求函數極值有幾個先決條件，那就是必須要先知道函數的數學形式，並進而求出各變數的第一階偏導數及第二階偏導數，同時還要知道各偏導數的數值。如此則運用上述二個步驟來求函數 f 的極值在實務上是極不容易的。

但是根據函數第一階偏導數的定義以及運用式 4.7 來求函數式 4.2 的極值，在管理實務上仍是可行的方法。

式 4.7 為式 4.2 存有極值的必要條件，而式 4.7 中包含了環境變數與管理變數的各個偏導數，其中環境變數又是不可掌握的因素。但若式 4.7 為式 4.2 存有極值的必要條件，則「各個管理變數的第一階偏導數皆等於零」亦必為式 4.2 存有極值的必要條件。亦即是

$$\frac{\partial f}{\partial M_1} = \frac{\partial f}{\partial M_2} = \ldots = \frac{\partial f}{\partial M_n} = 0 \qquad (4.8)$$

式 4.8 亦為式 4.2 存有極值的必要條件。

於是,既然各環境因素為管理者不可控制的變數,吾人只有運用式 4.8 來求式 4.2 的極值所在。

式 4.8 中,$\frac{\partial f}{\partial M_i}$ 表第 i 個管理變數對 Φ 的邊際影響力,依據偏導數的定義,它表示當其他 n-1 個管理因素固定不變,而 M_i 的微小變動,使得 Φ 變動的情形。

因此,當 $\frac{\partial f}{\partial M_i}$ 為正值時,表 M_i 的微小增加,使得 Φ 值亦增加,就管理而言就必須增加 M_i 的使用。當 $\frac{\partial f}{\partial M_i}$ 為負值時,表 M_i 的微小增加,會使得 Φ 值減少,就管理而言就必須減少 M_i 的使用。

於是,運用式 4.8,吾人雖不知式 4.2 的數學形式,但只要知道 Φ 的變動情形,就可根據偏導數的定義,來尋求函數極值的位置。吾人可將 n 個第一階偏導數作一排序,然後找出有最大正值偏導數的管理變數,並增加對此管理變數的使用量;或者找出有最大負值偏導數的管理變數,並減少對此管理變數的使用量。依此原則在調整各個管理變數的微小增量(減量)的過程中,各個管理變數的邊際影響力消長不一,但其變動的結果總會導使 Φ 值的增加。

於是吾人永遠增加第一階偏導數正值最大,減少第一階偏導數負值最大的管理因素,直到各個管理因素的邊際影響力(第一階偏導數)均等於零為止,這就是函數極值且是局部極大值之所在了。

反之,若吾人永遠減少第一階偏導數正值最大,增加第一階偏導數負值最大的管理因素,直到各個管理因素的邊際影響力均等於零為止,這就是函數極值且是局部極小值之所在了。

用這種方法來求函數極值,在調整各個管理因素的過程中,目標效能函數的變動雖然不受其他 n-1 個管理因素的影響,但仍會受到其他不可控制的環境變數影響。用這種方法求函數極值,在靜態環境或環境變數的權數

很小或是在作內部管理時其效果會更好些。

　　這種運用第一階偏導數的變動來尋求目標效能函數極值的方法，當然也能推廣使用於求任何多變數函數的極值上，因此吾人可運用此觀念來求組織的資源分配。（有關組織資源分配的觀念與方法，請參閱本書第六章：「論資源分配」。）

參考資料

中文書目

劉興岳，《空間概念下的權變理論及其在策略管理上應用之研究》（台北：金榜圖書，民國 77 年）。（未對外發售）

西文書目

Hellriegel, Don., and John W. Slocum, Jr. *Management* (N. Y., Addison-Wesley, 1992, 6th ed.).

Kast, Fremont E., and James E. Rosenzweig, *Organization and Management* (N. Y., McGraw-Hill, 1974, 2nd ed.).

Luthans, Fred., *Introduction to Management: A Contingency Approach* (N. Y., McGraw-Hill, 1976).

Luthans, Fred., and Todd I. Steward, "A General Contingency of Management", *Academy of Management Review*, April 1977.

論文

劉興岳，〈空間概念在權變理論上之應用——目標效能函數之建立〉，《國防管理學院學報》，第九卷第二期，民國 77 年 6 月。

第一篇　導論與方法學及管理基礎篇

第五章 組織策略管理的整體觀念與運用

第一節 「策略管理整合模式」之獲得

壹、策略管理整合模式

本章係綜整並修改自下列三篇著作：

劉興岳，《空間概念下的權變理論及其在策略管理上應用之研究》（台北：金榜圖書，民國 77 年）。

劉興岳，〈空間概念在權變理論上之應用——目標效能函數之建立〉，《國防管理學院學報》，第九卷第二期，民國 77 年 6 月。

劉興岳、蘇建勳，〈「權變管理理論在策略管理上之運用」的持續性研究〉，《國防管理學院學報》，第十七卷第二期，民國 85 年 7 月。

吾人己在本書的第三章中簡介了「策略管理」的基本觀念。吾人並在本書的第四章中介紹了「空間概念下的權變理論」，且建構了「目標效能函數」。

試比較第三章第三節中，希爾（Charles W. L. Hill）與瓊斯（Gareth R. Jones）以及羅實士（Stephen P. Robbins）與庫達爾（Mary Coulter）四位管理學者的策略管理模式，還有一些其他未引用的學者的策略管理觀念，吾人可發現各學者就策略管理的整體觀與觀念架構是大致相同的，且都是「SWOT」模式的運用，只是在表達的方式上略有差異。

吾人若是將上述策略管理的觀念與本書第四章之空間權變理論來比較，亦有若干相似之處：

1. 兩者都是目標導向的。

2. 空間權變理論中的環境變數、管理變數與策略管理模式中的外部分

析、內部分析是十分相似的，都是在強調組織內部與外部因素的影響。

3. 層次性的管理觀念，也是策略管理與空間權變理論所強調的。

因此，吾人只要將空間權變理論的觀念架構略作修改並且融入策略管理的觀念就可發整合出一個新的策略管理模式。

吾人將空間權變理論中的環境變數修改為「環境變數分析」，將管理變數修改為「管理變數分析」，並參考各學者「策略管理模式」的觀念架構，就可得到一個整合性的模式如圖 5.1 所示。

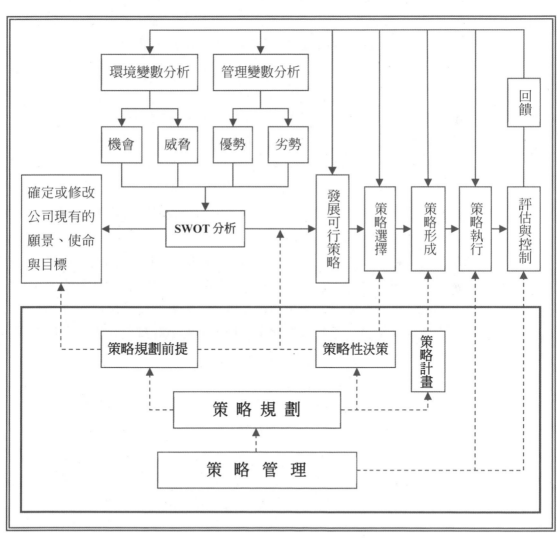

圖 5.1：策略管理整合模式

在圖 5.1「策略管理整合模式」中：

· SWOT 分析包含有環境變數分析與管理變數分析。

· SWOT 分析的結果在確定或修改公司現有的願景、使命與目標與發展可行策略。

· 策略管理為自 SWOT 分析到發展可行策略、策略選擇、策略形成、策略執行、評估與控制的一系列過程。

· 上述策略管理過程簡單可分為三個程序，即策略規劃、策略執行、評估與控制。

· 策略規劃包含有策略規劃前提、策略性決策與策略計畫。其中策略規劃前提即為 SWOT 分析中所產生的公司願景、使命與目標。策略性決策為依據前述前提**發展**可行策略與策略選擇，而形成的結果則為策略計畫。

吾人稱圖 5.1 為「策略管理整合模式」，其原因暨其目的如下：

1. 「策略管理整合模式」是綜合整理企管學術的「策略管理模式」與「空間概念下的權變理論」而得。

2. 「策略管理整合模式」自然必須合乎「管理」的觀念。

3. 此模式不僅可使用在企業管理上，吾人另一企圖是將此模式運用於一般組織，如政府部門、軍事組織等。

4. 若依前述之目的，要將此模式運用於一般組織，如政府部門、軍事組織等。則根據本書第二章「科學方法在社會科學學術研究的運用」的觀念，為使模式的適用性更為廣泛，模式的定義就必須作一般化之處理。這也是「策略管理整合模式」雖是綜理自企管的策略管理模式而得，但其內涵卻必須稍作改變。

5. 此模式不僅可使用於一般組織，且可使用於組織內不同的階層。依據策略的層次性，組織內不同的階層在遂行不同層次的策略管理時亦可使用此模式；例如公司內的策略事業單位（strategic business unit, SBU）。

6. 「目標效能函數」係「空間概念下的權變理論」數學形式的表達，由是吾人可運用目標效能函數發展更多新的策略觀念。

貳、策略管理程序

吾人將「策略管理整合模式」之實施程序，簡述如下。

一、策略規劃

策略規劃為確定組織願景、使命及目標並形成策略的過程。其過程如下。

（一）策略規劃「前提」之確定

步驟一：環境變數分析（environmental variables analysis, EVA）。環境變數為管理者不能控制的因素所構成的集合。環境變數分析旨在分析環境帶給組織的「機會」與「威脅」。

步驟二：管理變數分析（management variables analysis, MVA）。管理變數為管理者可以控制的因素所構成的集合。（環境變數與管理變數之定義，請參見本書第四章第二節：**定義一**）管理變數分析旨在分析組織的競爭「優勢」與「劣勢」。

步驟三：SWOT 分析。

步驟四：SWOT 分析的結果，是必須確定或修改公司現有的願景（vision）、使命（mission）與目標（objective）。並將願景、使命與目標定為組織「策略規劃」的決策前提，使組織成員在進行策略規劃時有所依據。

（二）策略性決策

步驟五：發展可行策略（strategic alternatives, SA）。組織策略規劃成員依據上述決策前提，發展為了達到組織目標的可行策略。

步驟六：策略選擇。為自可行策略中選擇須付諸執行的策略。

（三）策略計畫

步驟七：策略選擇的結果為組織策略的形成（formulating strategies），亦即是完成組織的策略性計畫。此計畫必須包含有：願景、使命、目標、策略、政策（policies）等。依據上述程序而形成的策略性計畫，其步驟的先後順序之間應有演繹的邏輯關係。

二、策略執行

步驟八：策略執行為對策略性計畫的實施。

三、評估與控制

步驟九：評估策略執行的實際情形，當發現實際管理作為偏離目標時，必須動用控制程序以糾正。從圖 5.1 可看出策略管理由步驟一至步驟八之程序，透過步驟九「評估與控制」再回饋到上述各步驟，由是策略管理程序的各步驟形成封閉的「環狀連鎖」，彼此是環環相扣的。

第二節　策略管理整合模式重要名詞釋義與觀念補充

壹、策略管理整合模式重要名詞釋義

吾人依策略管理程序對策略管理整合模式相關名詞及觀念作補充說明。

一、環境變數分析

依據吾人對目標效能函數的定義，函數中的環境變數為「管理者不能控制的因素所構成的集合」。

一般管理學書籍將環境變數分為兩類：其一為「一般環境」（general environment），這是指對所有組織都有影響的環境因素，包含有經濟、政治／法律、社會文化、人口統計、科技、全球化等；另一則為「特定環境」（specific environment），這是指對某特定組織有影響的環境因素，因此不同的組織其特定環境因素是不相同的。在企業組織的特定環境有產業結構、競爭廠商、供應商、消費大眾等。

兩種環境變數的分析其重點在未來,主要在研判在未來的過程中,環境變化的趨勢,以及這個趨向對組織的影響。

環境變數分析旨在瞭解環境帶來的機會與威脅。吾人認為對一般環境與特定環境未來預判的時間幅度,一般環境較重長、中期預測。而特定環境較重中、短期預測。

二、管理變數分析

管理變數為「組織內部可以控制因素的集合」,管理變數分析旨在瞭解組織的競爭優勢與劣勢。

吾人認為組織管理變數分析的作法如下。

管理功能性分析:指規劃功能、組織結構、領導風格、控制系統等之分析。

功能性管理分析:在企業組織為企業的五大功能分析。

　　　　　　　　在國防部門則為海、陸、空等軍之分析。

　　　　　　　　在陸軍則為步、砲、裝等兵種之分析。

資源管理分析:指人力、物力、財力、資訊等資源之分析。

互動性分析:指上述各種變數彼此之間配合情形的分析。

三、SWOT分析

將組織面對的機會、威脅、優勢、劣勢,作綜合性的研判。其目的在確定現在的願景、使命及目標,或者是否要修改現有的願景、使命及目標。確定願景、使命及目標後,進而發展為達成目標的可行策略,並由可行策略中選擇一個最適的策略,這個策略必須要能建立組織獨特的能力(distinctive competence),以及立於不敗的競爭優勢(sustainable competitive advantage)。

四、願景(vision)

願景是「組織美好的未來」,一個卓越的領導者會以願景來激勵組織內部的員工或說服投資大眾,當然也有會使用虛幻的願景來欺騙大眾。願景是一種意圖,它可以用書面表示(或者不用),它不是目標也不是方法。

「組織美好的未來」當然是組織發展的方向，但它既然是未來導向的，而且對未來展望的時間幅度是很長的，因此願景含有高度的風險與不確定性。

在實務上，微軟的比爾‧蓋茨（Bill Gates）發現了電腦軟體的重要性，而成就了他的事業，這就是他當時發現的「願景」；毛澤東給了中國農民一個願景：「窮人翻身」，土地改革是達成願景的方法。

但是願景是怎麼產生的？前述兩個成功的例子只能歌功頌德似的說他們是高瞻遠矚的。但從科學方法的角度來看這是不正確的，因為失敗的例子可能更多。是故在策略管理中，吾人認為運用 SWOT 分析來產生組織的「願景」，這是較科學的方法。

實務上來說世界之大，市場之多，總是有不盡的需求存在，市場的需求一直是在變動的，一種需求被滿足又會產生另一種新的需求，因此美好的未來也是會改變的，這是經濟學的原理。

願景是組織策略形成的「前提」，若組織的高階管理者對未來看法非常悲觀，他的作法如何？他應該是及早出脫現有資產，尋找更好的願景，重新再投資。既然這是高階管理現在的作法，當然這就是「策略」了！

五、使命（mission）

使命是「組織存在的原因，是一個組織能滿足社會市場需求的功能」，組織是一個「投入－產出」系統，它的產出是產品與服務，組織的產品能為市場接受的程度就是組織存在的原因。產品被市場高度的肯定，顯示組織高度的生命力；反之，組織將逐漸被淘汰。因此組織的功能必須符合社會大環境的需要，而且必須時時刻檢驗社會環境的變遷，這又是 SWOT 分析的重要任務。因此組織對使命的界定是對組織願景的信心表現。

從上述對使命的定義也可看出「願景」與「使命」的不同，吾人以表5.1 表示兩者的異同。

表 5.1:「願景」與「使命」的異同

願　　景	使　　命
相　異　處	
對未來展望的幅度較遠	對目前組織存在原因的定義
較模糊的觀念	較清晰的觀念
不一定要明文宣示	必須要明文宣示
願景為使命決定的前題	使命須隨願景變動而改變
相　同　處	
都是依附於社會大環境下的觀念	
都是隨時間而改變的	
都是高階管理者的管理理念	
都是高階管理者的策略性決策依據	
都不是組織達成目標的方法，故都不受到時間的限制	

六、目標（objective）

目標為「組織各階層管理現在的各種作為，在一段時間後期望得到的結果」。組織結構有層次之分，故組織目標亦有層級之分。按管理作為實施時間的長短，組織目標亦可分長度目標、中程目標與短程目標（期程為一年）。策略規劃的目標為長程目標，並由長程目標劃分為若干中程目標，再將中程目標劃分為若干短程目標。使命為長程目標的前提，且皆是由SWOT分析來決定的。

七、可行策略（strategic alternatives）

可行策略為「組織達到目標所有可使用方法的集合」。故「策略」是「可行策略」的子集合。「策略」是從「可行策略」中選擇而得。

八、策略（strategy）

吾人定義策略為「組織達到目標所使用方法的集合」。這個定義的好處是簡單明瞭，它是一般化的觀念，可適用於任何組織，且可使用於組織內的不同階層。故它亦是有層次性的：在企業組織策的層次有公司策略、全

球化策略、事業策略與功能性策略；在軍事組織有戰略、戰術的不同層次。

策略既是達到目標所使用方法的集合，這些重要的方法包含有：

    1. 組織結構的調整；

    2. 由於組織結構調整而產生的資源重分配；

    3. 對次一管理階層的目標賦予等。

九、政策（policy）

政策是組織對下層組織決策的指導，或作決策時的限制條件。組織高層政策源自於高層策略，它是明文的宣示，這種宣示對內可作為內部決策的導引，對外為組織意圖的公布。

十、公司（corporation）

「corporation」指「股份有限公司」：是一家完全由股東所擁有的獨立事業。[1]本書稱之為「公司」：是指集團性的企業組織，其下包含若干「事業」（business）部門。

十一、事業（business）

「business」一般稱為「企業」：是指提供產品或服務給顧客以獲利的組織。[2]本書亦稱之為「事業」，它可以單獨營運，亦可能是公司下的次級部門。

十二、策略事業單位（strategic business unit）

當公司之下的事業部門，可以或必須自行制定「策略」時，此事業部門稱之為「策略事業單位」。此時公司僅賦予「目標」以及「資源」給「策略事業單位」，公司可能僅在「策略事業單位」自行制定策略時作政策性的指導。當公司的事業部門是處於獨特的「產品－市場」區隔時，公司將該事業部門視為「策略事業單位」可能是較佳的作法。

---

[1] 藍毓仁，頁 575。

[2] 藍毓仁，頁 573。

貳、對「策略管理整合模式」運用的補充

本部分修改自：劉興岳、蘇建勳，〈「權變管理理論在策略管理上之運用」的持續性研究〉，民國 85 年。

一、對策略規劃實施的補充

策略規劃所欲達成的組織目標為「長程目標」，故策略規劃又稱為長程規劃。一般管理書籍都有介紹規劃的技術性方法，如「作業研究」即是。

吾人在此要提出長程規劃較務實且簡單的方法，其作法之步驟為：

1. 確定組織之長程目標，此為 SWOT 分析的結果（已知）。
2. 確定組織之現有狀態，此狀態亦是管理應清楚瞭解的（已知）。
3. 衡量「長程目標」與「現有狀態」的差距（可計算得知）。此一差距即為組織在長時段須完成者。
4. 若長程規劃包含有 n 個中程規劃，則將「長程目標」與「現有狀態」的差距除以 n，其結果即為中程目標，表示每個中程規劃所須完成者。再將中程目標除以中程規劃時程（年），此即為中程規劃下之每年年度計畫，也就是短程計畫。（「n」值與中程規劃的時程，均由企劃部門決定）
5. 或者，直接將「長程目標」與「現有狀態」的差距除以長程規劃時程（年），此即為每年所需完成者，這就是年度計畫（短程規劃）。
6. 若短程計畫或中程計畫受限於資源無法按時達成，則必須修訂長程目標，或延長程規劃的時程（評估與控制）。
7. 組織之中長程目標決定後，各中階管理階層即可進行長中程功能性規劃。

茲舉二例說明之。

例一：

> 設某工廠 A，其現有員工為 1200 人，全部資產為 48 億元，經工廠企劃部門評估未來願景良好，準備未來在 12 年間將公司擴大三倍。企劃部門並設定了三個中程規劃，每個中程規劃時程為四年。

由是，A 工廠長程規劃的已知條件為：長程目標為將員工增至 3600 人，資產擴充至 144 億元，長程規劃之時程為 12 年，包含有三個中程規劃，每個中程規劃的時程為四年。

依據上述規劃之步驟：

長程目標與現況之差距為員工 2400 人（3600 人－1200 人），另須增資 96 億元（144 億元－48 億元）。

將上述差距除以 3，則將長程規劃分為三個中程規劃來實施。其數值為則為 800 人/中程規劃以及 32 億元/中程規劃，此即為三個中程規劃的目標。

再將中程目標除以 4 年（中程規劃時程），可得 200 人/年以及 8 億元/年，此即為工廠之短程目標（年度目標）。表示 A 工廠之短程計畫為每年須增聘員工 200 人及每年增資 8 億元。依此計畫實施，則在 12 年後可達到預定之長程目標。

A 工廠之各部門，必須依據工廠的長中短程計畫，來形成各部門的長中短程計畫，並在年度計畫中發展更細部施行措施。

若 A 工廠受限於資源獲得無法每年增聘員工 200 人及每年增資 8 億元。則必須修改長程目標或延長長程規劃時程（此不舉例說明）。

整體目標確定後，各中階管理部門即依此進行功能性規劃。

例二：（同上例）

設某工廠 A，其現有員工為 1200 人，全部資產為 48 億元，經工廠企劃部門評估未來願景良好，準備未來在 12 年間將公司擴大三倍。企劃部門並設定了三個中程規劃，每個中程規劃時程為四年。

該工廠欲在 12 年內達到成長三倍之目標，經計算每年之成長率需為 9.6％，則 12 年之成長率為 300.4％〔$(1.096)^{12}＝3.004$〕。

第一個中程規劃之成長率目標為：144.29％

第一個中程規劃第一年之成長率目標為：109.60％

第一個中程規劃第二年之成長率目標為：120.10％

第一個中程規劃第三年之成長率目標為：131.60％

第一個中程規劃第四年之成長率目標為：144.29％

第二個中程規劃之成長率目標為：208.2 %

第二個中程規劃第一年之成長率目標為：158.14 %

第二個中程規劃第二年之成長率目標為：173.32 %

第二個中程規劃第三年之成長率目標為：189.96 %

第二個中程規劃第四年之成長率目標為：208.20 %

第三個中程規劃之成長率目標為：300.4 %

第三個中程規劃第一年之成長率目標為：288.18 %

第三個中程規劃第二年之成長率目標為：250.09 %

第三個中程規劃第三年之成長率目標為：274.10 %

第三個中程規劃第四年之成長率目標為：300.41 %

（以上各成長率均係以第一年初為基期，並與之比較而得。）

依上述每年的成長率可算得每年需增加的人力與資金。整體目標確定後，各中階管理部門即依此進行功能性規劃。

上述二例僅為規劃的概念性表達，受內外在環境的影響，規劃部門自必須隨時透過評估與控制的程序，調整各階段的目標。

二、影響策略選擇的因素

策略形成為決策者自可行策略中，選擇最適當且須付諸執行的方案。策略選擇會受到決策者個人因素的影響；諸如決策者的價值觀、人格特質以及決策時的時間壓力等。組織因素中如組織文化、歷史背景、意識型態、資源多寡等，也會影響到策略的選擇。

吾人認為決策者「個人目標」與「組織目標」的融和程度也是重要因素。當「個人目標」與「組織目標」缺乏一致性時，決策者可能會將「策略前提」作某種程度扭曲，而形成一對「個人目標」有利的組織策略。

三、高階管理與策略執行

從策略的制定與執行就可比較高階與中低階管理者的不同，吾人將不同之處列表示之，見表 5.2。

表 5.2：高階管理與中低階管理之不同

高階管理	中低階管理
組織決策前提形成者	在被授權下可參與討論
組織策略的目標形成者	中低階層接受被賦予的目標 在被授權下可參與討論目標的形成（註）
策略制定者	策略執行者，僅在事業策略單位可自行制定該部門之策略
政策制定者	政策遵循者
資源分配者	資源接受者
中低階層各部門策略制定的協調與統合者	中低階層各部門之間的策略，必須相互支援配合
註：中低階管理者不能自行形成目標，這會使組織策略無法系統化。本章下一節將討論組織策略管理系統化觀念。	

根據表 5.2，吾人認為高階管理對中低階管理者的掌控方法有四：

· 目標指派；

· 資源賦予；

· 政策指導；

· 人事任免。

四、組織管理問題產生之原因與策略評估的模式

（一）組織管理問題之產生

在討論組織管理問題產生的原因前，吾人必須從組織系統的整體觀念來瞭解組織與外界環境的互動，以及組織內部各次系統之間的互動情形。此情形吾人可以示之如圖 5.2。

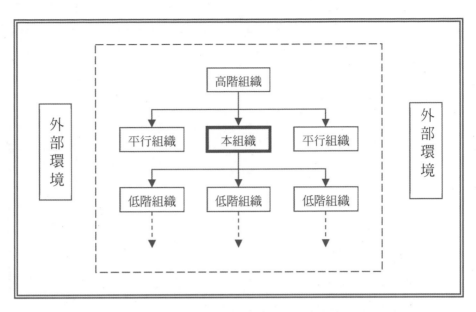

圖 5.2：組織內部及外部的互動關係

資料來源：劉興岳、鍾國華，〈軍事人力評估之研究〉，《國防管理學院學報》，第十四卷第二期，民國 82 年 7 月，頁 56。

　　由圖 5.2 的組織內部及外部互動關係，吾人可將組織管理問題產生的原因歸納如下：

　　1. 外部環境的變動所導致。

　　2. 內部管理不當所導致：

　　　　‧高階組織策略規劃不當所導致；

　　　　‧本組織對策略規劃執行不當所導致；

　　　　‧本組織與平行組織對策略規劃執行之配合不當所導致；

　　　　‧本組織之功能性管理規劃不當所導致；

　　　　‧低階組織對功能性管理規劃執行不當所導致；

　　　　‧各低階組織對功能性管理規劃執行之配合不當所導致。

（二）組織策略評估模式

　　吾人依據「策略管理整合模式」（圖 5.1）之觀念及組織管理問題產生之原因（圖 5.2），提出「策略評估模式」如圖 5.3 所示。

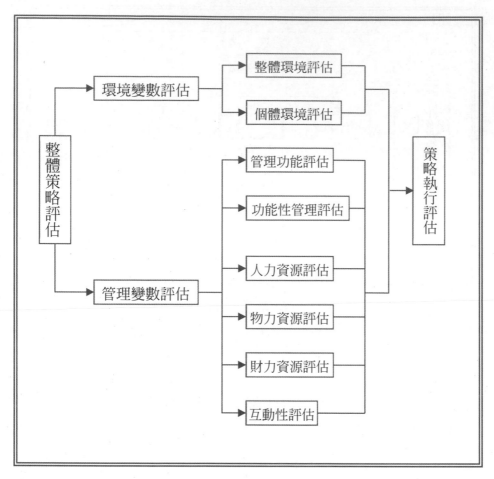

圖 5.3：策略管理評估模式

資料來源：劉興岳、鍾國華，〈軍事人力評估之研究〉，《國防管理學院學報》，第十四卷第二期，民國 82 年 7 月，頁 56。

第三節 組織策略管理系統化的性質與系統構建

壹、何謂「組織策略管理系統」

本節修改自：劉興岳、蘇建勳，〈「權變管理理論在策略管理上之運用」的持續性研究〉，《國防管理學院學報》，第十七卷第二期，民國 85 年 7 月。

吾人已知組織的結構具有層次的性質，又根據以上之討論應知組織策略亦具有層次之性質。因此如何將組織不同層次與不同部門的策略整合在一起，而不使其為各自為政的，是相互抵觸的，或是自相矛盾的。解決這個問題就是必須使組織的整體策略（包含所有不同層次及部門的策略）系統化。因此所謂「組織策略管理系統」就是「將組織不同層次與不同部門的策略，結合成為一個有效運作的整體」。

貳、組織策略管理系統化須具備的性質

一、組織策略制定的「垂直演繹」與「水平整合」

學術理論「系統化」的觀念在本書第二章中有詳細介紹。學術理論的系統化必須是高層定理與低層定理之間應具有「演繹」的關係，而戰略學術的系統化更要在水平部門之間有支援與配合的關係（參見本第二章第九節：「戰略學術的研究策略」）。吾人認為「垂直演繹」與「水平整合」這兩個觀念也是組織整體策略系統化可以借用的。

吾人即將運用「垂直演繹」與「水平整合」兩個觀念使組織策略系統化。

所謂「垂直演繹」是組織的策略性決策在由上往下的推導制定過程中，必須具有「演繹」的邏輯關係。

所謂「水平整合」是組織策略性決策的制定在平行的各部門之間應具的相互支援與配合的關係。

在策略性決策的「垂直演繹」過程中，高階管理者必須為組織整體策略決策制定「前提」（此前提即是願景、使命與目標）。以此「前提」推演

而得的「結論」又演變成第二階層組織策略性決策的「前提」，此吾人稱之為「次前提」，以與第一階層的「前提」有所區別。以第二階層組織的「次前提」所作決策推演的結果又演變成為第三階層組織策略性決策的「結論」，此「結論」吾人稱之為「次結論」。其餘，依此類推。則組織的策略性決策在垂直的關係上就有「前提－結論鏈」的「演繹」關係，這個關係在使組織垂直性的決策合理化。[3]

在策略性決策的「水平整合」過程中，吾人應知水平部門是組織內相互平行的機構，彼此互不隸屬且權力相等。在組織內部績效與資源爭奪的零和遊戲下，即使是垂直演繹的策略制定也不能保證平行部之間的策略是相輔相成的。在目標導向的決策過程中，若不在決策制定前先作協調，則水平各部門所形成的策略可能是該部門的績效良好，但卻損及組織的整體利益。因此，策略制定的水平整合也是促使組織整體策略系統化的重要作為。

各部門策略制定的水平整合，應由高階管理者主持與督導，所有水平部門主管都必須參與討論，其內容在決定各水平部門目標的主從關係，資源分配的原則以及行動方案的優先順序等。部門決策的水平整合將可使組織整體利益極大化。

組織策略系統化也顯示組織高階管理的重要，就策略形成的垂直演繹而言，高階管理者是策略系統的「前提」決定者，吾人應知一旦「前提」錯誤則將導致整個組織決策的錯誤。在策略制定的水平過程中，缺少高階管理者的督導與協調則會產生各自獨立的水平部門策略。

二、不同階層組織的「目標－策略鏈」

吾人已知「策略」為達成組織目標所使用方法的集合，根據決策的「垂直演繹」性質以及策略的層次性，吾人應知由高層「目標」而推導的「策略」，此「策略」成為次一階層所須執行並完成。亦即是次一階層組織將此「策略」當作是次一階層組織的「目標」，吾人稱此目標為「次目標」，以與第一層次目標區別。次一階層組織則依「次目標」發展達到「次

---

[3] 「前提－結論鏈」之圖型可參閱本書第二章第一節，圖 **2.2**：「系統化學術理論的結構」。

目標」的策略，此策略吾人稱之爲「次策略」。此一層次的「次策略」又成爲另一更低層次組織的「次次目標」。其餘，依次類推。

簡言之，低階策略爲達成高階策略之方法，亦即是低階策略爲高階策略之次策略，低階策略也可視之爲對高階策略之執行。因此高階策略可視之爲低階策略的目標。亦即是組織不同的層次皆有「目標」與「策略」且具有層次性，因此不同層次的「目標」與「策略」形成「鏈」（chain）形狀，吾人稱之爲不同階層組織的「目標－策略鏈」，「目標－策略鏈」是組織「垂直演繹」觀念的體現，與「前題－結論鏈」是類似的觀念。

吾人已知策略管理程序的各步驟形成「鏈狀連鎖」，因此各不同層次組織的策略均爲「鏈狀連鎖」，而「目標－策略鏈」就是勾聯不同層次「鏈狀連鎖」的重要工具。

「目標－策略鏈」的鏈形狀吾人以圖 5.4 表示。

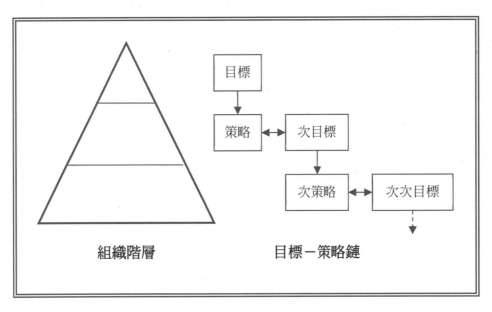

圖 5.4：不同階層組織的「目標－策略鏈」（一）

三、策略的「時間性」

吾人在本書第四章第二節「空間概念下權變理論的構建與目標效能函數的定義及基本假設」中的**假設** 3：「環境變數與管理變數內的各個因素，

均為時間的函數。」依此假設則「策略」亦應為時間的函數。亦即是令 S 表策略，則 $S=S(t)$。

策略的時間性質又可分為兩種；一為策略的「持續性」，另一則為策略的「變動性」。

吾人令 $S_i(t_1)$ 表組織在時間為 t_1 時之策略為 S_i，則當時間由 t_1 位移至 t_2 時，策略之變動有二種可能：

其一為 $S_i(t_2)=S_i(t_1)$；此表示時間移動 $\Delta t=t_2-t_1$ 的過程中，策略 S_i 沒有改變，也就是 S_i 仍然在繼續被執行，這就是策略的「持續性」。

另一種情形則為 $S_i(t_1)$ 經過 Δt 時間後，轉變為 $S_j(t_2)$，這就是策略的「變動性」。而前述的「權變性」則是導致組織策略變動的原因之一。

「垂直演繹」與「水平整合」可促使組織策略管理整體化、系統化，但並不能保證這是一個有效的策略管理系統，因為它是一個靜態的模式，一個靜態的模式是不可解決動態社會引發的策略問題。

吾人將策略管理系統內的各因素均加上「時間」性質，就可使組織策略管理系統由靜態模式變為動態模式。

四、策略的「權變性」

策略必須具有「權變性」，這個性質說明了組織的策略為什麼會改變的原因。簡言之，當環境變數與管理變數在改變時，就要檢討組織策略性決策的「前提」是否要改變，「前提」的改變會導致組織內部整個結構的改變。這也是吾人要將「權變理論」與「策略管理」結合的原因。

五、組織策略管理系統的性質

吾人依據上述討論將歸納出四個策略管理系統的性質：

一是「垂直演繹性」，這是連結不同管理階層的策略並使之合理化的主要因素。

二是「水平整合性」，這是使水平部門的策略相互關聯的重要因素。

三是「時間性」，這是使策略管理模式從靜態變為動態的主要因素。

四是「權變性」，這個性質說明策略的制定必須要隨著內部與外部因素的變動而改變。

因此，一個有效的組織策略管理系統，其性質應為。

$$系統性＝垂直演繹性＋水平整合性＋時間性＋權變性$$

組織的策略管理系統具備了上述性質才是一套前後相貫、上下相承、相互關連的整體策略。

參、「組織策略管理系統」之建構

本部分修改自：劉興岳，《空間概念下的權變理論及其在策略管理上應用之研究》（台北：金榜圖書，民國 77 年）。

吾人即將依前述觀念構建組織策略管理系統。

吾人令：

t：表時間

V：表願景

M：表使命

O：目標

EVA：表環境變數分析

MVA：表管理變數分析

$O_I(t)$、$O_{II}(t)$、$O_{III}(t)$、…表第一、二、三、……階層組織在時間 t 時之目標。

$SA_I(t)$、$SA_{II}(t)$、$SA_{III}(t)$、…表第一、二、三、……階層組織在時間 t 時之可行策略。

$S_I(t)$、$S_{II}(t)$、$S_{III}(t)$、…表第一、二、三、……階層組織在時間 t 時之策略。

$S_I(t)I$、$S_{II}(t)I$、$S_{III}(t)I$、…表第一、二、三、……階層組織在時間 t 時對策略之執行。

$S_I(t)EC$、$S_{II}(t)EC$、$S_{III}(t)EC$、…表第一、二、三、……階層組織在時間 t 時對策略之評估與控制。

對 O_I 而言，爲達此目標，第一階層組織的 SA 有無數個，令其集合爲 $SA_I(t)$，則

$$SA_I(t) = \{ SA_i(t) \mid i \in R \}$$

其中，$SA_i(t)$ 表示第 i 個策略性可行方案，而策略 $S_I(t)$ 是從 $SA_I(t)$ 中選擇而來，是以

$$S_I(t) \subseteq SA_I(t)$$

同理，令 O_{II} 表第二階層之目標，由於高階策略為低階策略之目標，是以

$$O_{II}(t) = S_I(t)$$

第二階層組織為達到 $O_{II}(t)$ 之 SA 有無數個，令其集合為 $SA_{II}(t)$，則

$$SA_{II}(t) = \{ SA_j(t) \mid j \in R \}$$

其中，$SA_j(t)$ 表示第 j 個策略性可行方法，策略 $S_{II}(t)$ 是從 $SA_{II}(t)$ 中選擇而來，因此

$$S_{II}(t) \subseteq SA_{II}(t)$$

同理，吾人可得組織第三階層之 O、SA、S 如下

$$O_{III}(t) = S_{II}(t)$$
$$SA_{III}(t) = \{ SA_k(t) \mid k \in R \}$$
$$S_{III}(t) \subseteq SA_{III}(t)$$

同理，吾人可得組織更低階層之 O、SA、S。

組織第一階層之策略管理作為，依「策略管理整合模式」可繪之如圖 5.5 所示。

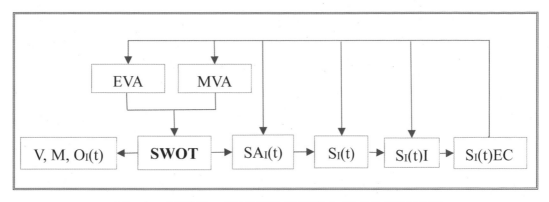

圖 5.5：組織第一階層策略管理整合模式的環狀連鎖

　　組織第二階層之策略管理作為，其目標 $O_{II}(t)$ 為轉換自 $S_I(t)$，依「策略管理整合模式」則如圖 5.6 所示。

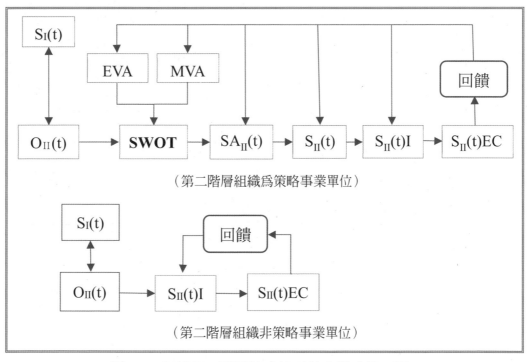

（第二階層組織為策略事業單位）

（第二階層組織非策略事業單位）

圖 5.6：組織第二階層策略管理整合模式簡示圖

圖 5.6 中有二種形態的策略管理整合模式：

其一為第二階層組織是「策略事業單位」，此表示第一階層組織僅將「目標」賦予給第二階層組織，而第二階層組織必須自行發展策略。故此時第二階層組織必須作 SWOT 分析。

其二為第二階層組織並非「策略事業單位」，故僅能執行第一階層組織所賦予的目標。

同理，吾人可得其他較低階層的策略管理作為。

吾人即可將圖 5.5 及圖 5.6 結合如圖 5.7 所示，並稱圖 5.7 為「組織策略管理系統」。（但圖 5.7 並未能顯示各部門策略的水平整合關係。）

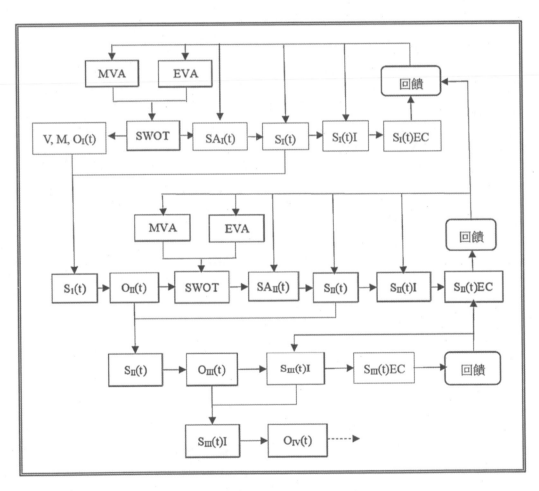

圖 5.7：組織策略管理系統圖示

圖 5.7 的策略管理系統也是「策略管理整合模式」的推廣，將組織不同階層的策略管理結合爲一整體。

圖 5.7 組織第一階層的策略管理完全依循「策略管理整合模式」之程序。

圖中的第二階層組織爲「策略事業單位」，其「目標」係第一階層賦予，也就是將第一階層的「策略」轉變爲第二階層的「目標」，故第二階層組織的策略管理整體，除了不能自訂「目標」外，其他則遵循「策略管理整合模式」之程序；圖中第二層次之評估與執行（$S_{II}(t)EC$）除了回饋至第二層次策略管理各步驟外，亦回饋到第一階層的評估與控制（$S_I(t)EC$）。

圖中之第三階層組織並非「策略事業單位」，故僅能執行第二階層組織所賦予的目標；第三階層的評估與控制（$S_{III}(t)EC$）除了回饋至第三層次策略管理各步驟外，亦回饋至第二層次之評估與執行（$S_{II}(t)EC$）。

……

同理，吾人可將圖 5.7 的內含依其爲「策略事業單位」或「非策略事業單位」推廣到組織內更多的管理階層。

圖 5.7 策略管理系統中不同層次的評估與控制形成了「評估與控制系統」。

圖 5.7 中亦顯示有組織的「目標－策略鏈」來結合不同層次的策略管理，此可表示如圖 5.8。（圖 5.8、圖 5.4 不同階層組織的「目標－策略鏈」（一）是相似的。）

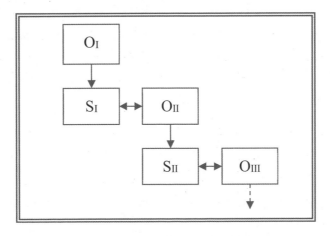

圖 5.8：不同階層組織的「目標－策略鏈」（二）

肆、組織之目標系統、可行策略系統與策略系統

本部分修改自：劉興岳，《空間概念下的權變理論及其在策略管理上應用之研究》（台北：金榜圖書，民國 77 年）。

吾人將以組織策略管理系統化之觀念「目標系統」、「可行策略系統」、「策略系統」等更簡化的方式來表達。

吾人須知 $SA_I(t) \times SA_{II}(t)$ 表 SA_I 與 SA_{II} 之「笛卡爾積集」（Cartesian product set）。[4]且

$$SA_I(t) \times SA_{II}(t) = \{ (SA_i(t), SA_j(t)) \mid SA_i(t) \subseteq SA_I(t), SA_j(t) \subseteq SA_{II}(t) \}$$

上式中 $SA_I(t) \times SA_{II}(t)$ 表示是第一及第二兩階層組織所有策略性可行方案所構成的集合，$(SA_i(t), SA_j(t))$ 為此集合之元素。

同理，

$$SA_I(t) \times SA_{II}(t) \times SA_{III}(t) = \{ (SA_i(t), SA_j(t), SA_k(t)) \mid SA_i(t) \subseteq SA_I(t), SA_j(t) \subseteq SA_{II}(t), SA_k(t) \subseteq SA_{III}(t) \}$$

式中 $SA_I(t) \times SA_{II}(t) \times SA_{III}(t)$ 表示是組織第一、第二、第三階層所有策略性可行方案所構成的集合，$(SA_i(t), SA_j(t), SA_k(t))$ 為此集合之元素。

由上述可知，笛卡爾積集之觀念可推廣到組織更多的階層，且亦可用之於表達組織各階層「目標」與「策略」所構成之集合。

吾人即可將上述觀念運用到組織其他各階層的目標與策略上，而建立組織的「目標系統」、「可行策略系統」、「策略系統」與「評估控制系統」。

令 OS 表組織「目標系統」（objective system），亦即是組織各階層目標所構成之集合，則

$$OS = O_I(t) \times O_{II}(t) \times O_{III}(t) \times \ldots$$

令 SAS 表組織「可行策略系統」（strategic alternatives system），則

---

[4] 九章出版社，頁 45、46。

$$SAS = SA_I(t) \times SA_{II}(t) \times SA_{III}(t) \times \ldots$$

令 SS 表組織之「策略系統」（strategy system），則
$$SS = S_I(t) \times S_{II}(t) \times S_{III}(t) \times \ldots$$

其中 SS 與 SAS 之關係為
$$SS \subseteq SAS$$

OS 與 SS 之關係為 SS 為 OS 的次系統，SS 是由 OS 推演而得，其關係為

$$OS \Rightarrow SS\ldots \quad \text{（「} \Rightarrow \text{」為數學符號，表「若……則」）}$$

第四節 「謀略」觀念的推導：目標效能函數在策略管理觀念上之運用

壹、戰略觀念的源起

本部分修改自：劉興岳，《空間概念下的權變理論及其在策略管理上應用之研究》（台北：金榜圖書，民國 77 年）。

本書在第一章中己將「戰略」的觀念作了簡單的介紹，本部分則討論「戰略」觀念的源起。（對「戰略」觀念更詳細的介紹可參考本書第二篇「戰略篇」。）

瑞茲（H. Joseph Reitz）認為，從人際關係與團體關係來看，「合作」與「競爭」是兩種行為型態，合作為兩個以上的人在一起工作以達成共同的目標獲取「相互」的利益。而競爭則為兩個以上的人互相競賽以獲取「相對」的利益。[5]合作與競爭的關係不但存在於組織內的個人或團體間，也存在於組織與組織之間。

---

[5] 林詩詮，頁 524-526。

鈕先鍾論及戰略觀念的起源時認為，人與人之間的關係概略地可分為兩大類，即合作與衝突。他認為人類是一種政治動物，當多數人生活在一起時就會逐漸形成政治組織而其中最基本的形式就是國家。在此種演進的過程中，個人的衝突也就會變成集體的鬥爭，而最後的形式即為戰爭。最初的戰爭只是單純的鬥力，等到雙方都知道如何鬥智時，最原始的戰略觀念已開始產生。[6]

　　格廷頓（Samuel P. Huntington）在一篇討論美國國家戰略的論文中認為，「戰略」包含了對抗、衝突、競爭，它是一種個人或群體在與他人抗爭的情境中來達成目標。[7]

　　戰略有層次之分，戰略的觀念源自於鬥爭、衝突，此觀念最先使用於軍事組織，一般都將軍事部門使用之「戰略」，稱之為「軍事戰略」（military strategy），而軍事戰略又可依層次的不同，區分有「戰略」、「戰術」（tactics）。二次大戰時同盟國聯合起來對抗軸心國，因而產生了「大戰略」（grand strategy）的觀念，戰後此觀念演變成為「國家戰略」（national strategy）。[8]

　　企業組織在營運謀利的過程中，面臨一個重要的情境因素就是「競爭」。因此，「戰略」的觀念對企業組織而言是極為重要的，於是「策略管理」也就進入了商學院。

貳、組織的環境因素之一：群際情境

　　綜合以上所述，吾人可歸納下列幾點：

1. 個人或群體與其他的個人或群體之間的關係可分為「合作」、「競爭」、「衝突」三類。
2. 上述三種「群際關係」產生的原因是由於彼此之間「相互」的利益，或「相對」的利益。
3. 戰略的觀念源自於「鬥爭」或「衝突」的群際關係。
4. 戰略的觀念可使用於不同的個人、群體或組織中。這些組織如企業組織、軍事組織、政府部門等。

---

[6] 鈕先鍾，頁 4-7。

[7] Daniel J. Kaufman, David S. Clark, and Kevin P. Sheehan edited, pp. 11-12.

[8] Daniel J. Kaufman, David S. Clark, and Kevin P. Sheehan edited, p. 12.

吾人可將上述個人、群體或組織與其他的個人、群體或組織之間的關係稱之為「群際情境」，它也是管理者所面臨的一種環境因素，並依據權變理論「連續性質」的假設，[9]將群際情境區分為二個極端；其一為「合作」，另一則為「衝突」，在這二個極端之間則為一連續過程，任何組織的群際關係都是此過程上的一個位置，例如「競爭」就是這過程上的一點。

　　吾人即可將目標效能函數運用於策略管理上。

參、衝突狀況下的可行策略

　　吾人將運用目標效能函數式 4.5[10]以導出衝突狀況下的可行策略。

　　吾人令 A、B、C、D、E 分別代表各種不同的組織，其目標效能函數分別為 Φ_A、Φ_B、Φ_C、Φ_D、Φ_E 等。且令 A、B、C、為一聯盟之群體，D、E 為另一聯盟之群體，其中 A 與 E 係處於衝突狀態。吾人將 A 與 E 之目標效能函數，依式 4.5 分別列出如圖 5.9 所示。

$$\Phi_D, \Phi_E = E\left(|E_a - E_m|\right) M_1\left(|E_p - E_a|\right) M_2\left(|M_a - M_m|\right) M_3\left(|M_p - M_a|\right)$$

$$\downarrow \qquad \downarrow \quad \leftarrow\rightarrow \quad \downarrow \quad \leftarrow\rightarrow \quad \downarrow \quad \leftarrow\rightarrow \quad \downarrow \quad \leftarrow\rightarrow$$

$$\Phi_A, \Phi_B, \Phi_C = E\left(|E_a - E_m|\right) M_1\left(|E_p - E_a|\right) M_2\left(|M_a - M_m|\right) M_3\left(|M_p - M_a|\right)$$

$$\uparrow \qquad \uparrow \quad \rightarrow\leftarrow \quad \uparrow \quad \rightarrow\leftarrow \quad \uparrow \quad \rightarrow\leftarrow \quad \uparrow \quad \rightarrow\leftarrow$$

符號說明：　↑：增加　　　←→：距離增加
　　　　　　　↓：減少　　　　→←：距離減少

$E_a(t)$：實際環境　$E_m(t)$：最佳環境　$E_p(t)$：知覺環境

$M_a(t)$：實際管理　$M_m(t)$：最佳管理　$M_p(t)$：知覺管理

圖 5.9：衝突狀況下之目標效能函數圖

---

[9] 參見本書第四章第二節：「假設 4」。
[10] 參見本書第四章第三節。

第一篇　導論與方法學及管理基礎篇

在圖 5.9 中，吾人令 A 表我方，E 表敵方。則對我而言 B、C、D、E 為我所面臨的環境因素。而對敵而言，A、B、C、D 為其所面臨的環境因素。A、E 所面臨的「群際情境」即為雙方與其他組織間關係的良好與否。

站在我之立場，希望 Φ_A 之值增加（亦即箭頭往上），而 Φ_E 之值減少（箭頭向下）；若要 Φ_A 增加，也就是要 Φ_A 之 E、M_1、M_2、M_3 等項之值增加（箭頭向上），依照目標效能函數之性質，也就是要式中 $\left|E_a - E_m\right|$、$\left|E_p - E_a\right|$、$\left|M_a - M_m\right|$、$\left|M_p - M_a\right|$ 等距離減少（兩箭頭相向）。

若要 Φ_E 之值減少，則必須使 Φ_E 中 $\left|E_a - E_m\right|$、$\left|E_p - E_a\right|$、$\left|M_a - M_m\right|$、$\left|M_p - M_a\right|$ 等距離增加（兩箭頭向背）。上述各種符號之說明均已表示在圖 5.9 中。

圖 5.9 中各符號之管理意義如下：

$\left|E_a - E_m\right|$　：← → 表環境不利；

　　　　　　　　→ ← 表環境有利。

$\left|E_p - E_a\right|$　：→ ← 表對外在環境瞭解不夠（資訊不足）；

　　　　　　　　← → 表對外在環境瞭解良好（資訊充足）。

$\left|M_a - M_m\right|$　：→ ← 表對內部之管理不善；

　　　　　　　　← → 表對內部之管理良好。

$\left|M_p - M_a\right|$　：→ ← 表對內部管理瞭解不夠（資訊不足）；

　　　　　　　　← → 表對內部管理瞭解良好（資訊充足）。

吾人將上述管理意義轉換為管理策略，並示之於圖 5.10。

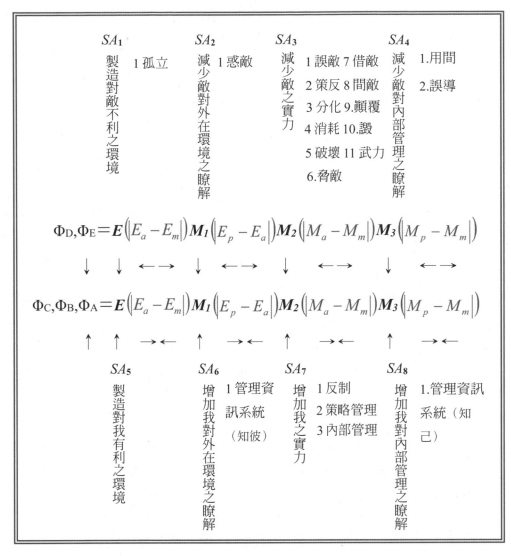

圖 5.10：衝突狀況下之可行策略

圖 5.10 中，對 A 而言，與 E 的「衝突狀況下的可行策略」（以下簡稱「衝突 SA」）可分為八大類，分別以 SA_1、SA_2、……、SA_8 表示：

圖 5.10 中之八大類可行策略為：

SA_1：表製造對敵不利之環境

SA_2：表減少敵對外在環境之了解

SA_3：表減少敵之實力

SA_4：表減少敵對內部管理之了解

SA_5：表製造對我有利之環境

SA_6：表增加我對外在環境之了解

SA_7：表增加我之實力

SA_8：表增加我對內部管理之了解

　　對上述八大可行策略，吾人又可發展出一些更詳細的方法或稱爲次可行策略。例如，SA_1 表「製造對敵不利之環境」，其可行方法（次可行策略）即爲使敵「孤立」於 B、C、D 中，於是可令 $SA_{1,1}$ 表「孤立」，$SA_{1,1}$ 爲 SA_1 之次可行策略之一。同時吾人又可發展出孤立對方之方法，如「威脅」、「利誘」、「挑撥」等，上述方法可分別以 $SA_{1,1,1}$、$SA_{1,1,2}$、$SA_{1,1,3}$ 等來表示，而這些都是 $SA_{1,1}$ 之次可行策略。

　　同理 $SA_{2,1}$ 表「惑敵」。其方法有「示強惑敵」、「示弱惑敵」、「示靜惑敵」、「示動惑敵」、「示無惑敵」、「示有惑敵」、「示寡惑敵」、「示眾惑敵」、「示飢惑敵」、「示亂惑敵」、「僞裝惑敵」、「佯動惑敵」。這些方法的目的，無非隱匿我之實虛強弱，能而示之不能、不能而示之能、用而示之不用、不用而示之用、實而示之虛、虛而示之實、多而示之少、少而示之多、近而示之遠、遠而示之近，以詐誘敵人。這一層次的十二種可行策略可分別以 $SA_{2,1,1}$、$SA_{2,1,2}$、……、$SA_{2,1,12}$ 代表。

　　$SA_{3,1}$ 表「誤敵」。其方法有「以利誤敵」、「以色誤敵」、「以間誤敵」、「以懈誤敵」、「以情誤敵」、「示順誤敵」、「示亂誤敵」、「示好誤敵」、「示變誤敵」、「示拙誤敵」、「示敗誤敵」、「使驕誤敵」、「詐降誤敵」。其目的在遣誤敵人之政策、舉措、思想、道德、經濟、使之發生錯失、謬誤、混亂、懈惰。此十三種方法可分別以 $SA_{3,1,1}$、$SA_{3,1,2}$、……、$SA_{3,1,13}$ 表示之。

　　$SA_{3,3}$ 表「分化」。此又可分爲二：即「內分」（$SA_{3,3,1}$）與「外分」（$SA_{3,3,2}$）。

　　「內分」者分化競爭對手內部；「外分」者分化競爭對手與其盟友之關係。

　　「內分」之方法有「尋求矛盾」（被動）、「製造矛盾」（主動）、「擴大矛盾」、「製造分裂」、「製造派系」、「製造對立」、「製造衝突」、「再分化」等。此八種方法分別可以 $SA_{3,3,1,1}$、$SA_{3,3,1,2}$、……、$SA_{3,3,1,8}$ 表示之。

$SA_{3,6}$ 表「脅敵」。其方法有「以威脅敵」、「以勢脅敵」、「以害脅敵」、「以暴脅敵」、「以質脅敵」、「以和脅敵」、「用氣脅敵」、「揭惡脅敵」、「揚私脅敵」。其目的在動搖敵人決心，以瓦解敵人抵抗意志。此九種方法可分別以 $SA_{3,6,1}$、$SA_{3,6,2}$、……、$SA_{3,6,9}$ 表示之。

$SA_{3,7}$ 表「借敵」。其方法有「借敵之刃」、「借敵之將」、「借敵之力」、「借敵之民」、「借敵之財」、「借敵之官」、「借敵之俘」、「借敵之間」、「借敵之謀」等。分別可以 $SA_{3,7,1}$、$SA_{3,7,2}$、……、$SA_{3,7,9}$ 表示之。

$SA_{3,8}$ 表「間敵」。其方法有「以讒間敵」、「以誘間敵」、「因隙間敵」、「因怨間敵」「造謠間敵」等。分別可以 $SA_{3,8,1}$、$SA_{3,8,2}$、……、$SA_{3,8,5}$ 表示之。

$SA_{3,10}$ 表「謬敵」。其方法有「宣傳謬敵」、「謠言謬敵」、「揭暴謬敵」、「醜跡謬敵」、「穢事謬敵」、「揭私謬敵」等。分別可以 $SA_{3,10,1}$、$SA_{3,10,2}$、……、$SA_{3,10,6}$ 表示之。

$SA_{5,1}$ 表「聯合」。此又可分為「內合」（$SA_{5,1,1}$）與「外合」（$SA_{5,1,2}$）。

「內合」者，聯合競爭對手的內部；「外合」者聯合競爭對手的敵人或盟友並與之結盟。

「外合」之方法有「聯合我之友人」、「聯合我之敵人」（次要敵人）、「聯合敵之友人」、「聯合敵之敵人」、「聯合昨日友人」、「聯合昨日敵人」、「聯合明日友人」、「聯合明日敵人」等。上述八種方法可分別以 $SA_{5,1,2,1}$、$SA_{5,1,2,2}$、……、$SA_{5,1,2,8}$ 表示之。中共對我統戰的主要策略即為「分化」、「聯合」與「孤立」，而在「聯合」的兩個重要次策略，即為「聯合次要敵人打擊主要敵人，聯合明日敵人打擊今日敵人」。

$SA_{7,1}$ 表「反制」。此表示 SA_1、SA_2、……、SA_8 等我施之於敵之策略，敵亦可能加之於我；所謂反制即為對敵可能加之於我之策略，事先進行防止與因應措施。

$SA_{7,2}$ 表「策略管理」。此表示我策略規劃、執行、評估與等諸種措施。

$SA_{7,3}$ 表「內部管理」。此應屬於組織內部各層次性、功能性及對內部資源之管理。在政府組織為政、經、軍、心等部門之管理。在軍事組織則為各軍種與兵種之管理。在企業組織則為人事、財務、行銷、生產、研發等部門之管理。

以上為「衝突 SA」的部分說明，由於組織所面臨的環境因素與管理因素很多，因此應有更多的可行策略才是，但吾人認為觀念的表達應較方法的例舉更為重要，是以吾人就不再繼續發展。

同時在上述方法中，「惑敵」、「誤敵」、「脅敵」、「借敵」、「間敵」、「讒敵」等之次可行策略，均取材自劉瑞符著《謀略通論》一書。[11]

吾人在應用權變理論進行策略管理時必須注意，在競爭狀況下管理行為不應僅是隨著環境的變動而改變，這是一種被動的觀念，而必須主動的去影響環境。換言之，在衝突狀況下，吾人不能「因敵之動而動」，而必須「使敵人因我之動而動」，這就是《孫子兵法》上所謂「致人而不致於人」的道理。

肆、合作狀況下的可行策略

在合作的狀況下，A、E 兩者彼此目標之達成有賴於對方目標之達成（相互利益）。此時對 A 而言（表我方）希望 Φ_A 之值增加同時也希望 E（表友方）之 Φ_E 值增加。

吾人根據上述討論過程即可將「合作狀況下之可行策略」（以下簡稱「合作 SA」）導出，此可行策略亦可分別八大類，均示之於圖 5.11。同理，吾人可導出更多的次可行策略以及更低層次的可行策略，但吾人在此不再重複。

---

[11] 劉瑞符。（參見書後之「謀略表解」）

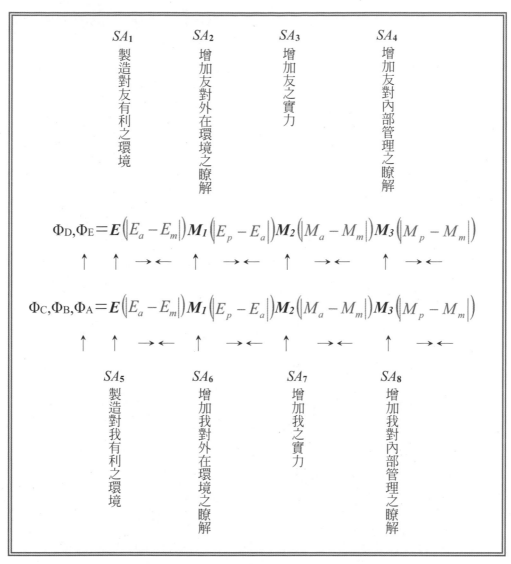

圖 5.11：合作狀況下的可行策略

伍、組織群際情境下的可行策略：「可行謀略」

　　吾人已導出衝突與合作狀況下的可行策略，在上述討論中，其實已包含了權變的觀念在內，那就是：

　　若衝突狀況，則衝突 *SA*

　　若合作狀況，則合作 *SA*

由於衝突與合作爲組織「群際情境」的兩個極端，而在兩極端之間爲一連續的過程，任何組織與其它組織的關係，均是位在此過程上的一點。因此「衝突 *SA*」與「合作 *SA*」亦應視爲兩個極端，而在兩者之間形成連續的過程，此種情形可稱之爲「組織群際情境下的可行策略」（以下簡稱「群際情境 *SA*」），此可示之如圖 5.12。

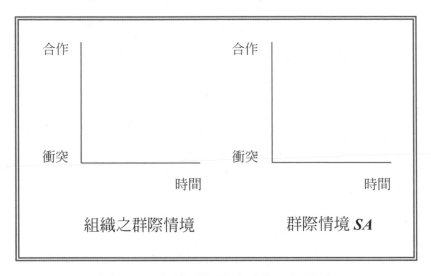

圖 5.12：組織群際情境下的可行策略

圖 5.12 中，左圖表組織面臨的「群際情境」，右圖則表示在此群際情境下的「可行策略」。圖 5.12 並依據「空間權變理論」的**假設** 3（參閱本書第四章第二節），加入了「時間」的因素，表示兩者均是時間的函數。

吾人可發現在「衝突 *SA*」中的各種方法與一般所稱的「謀略」觀念是相通的，但吾人在此必須將「謀略」觀念作一釐清。

依本文的推導，吾人應知：

1. 組織所面臨的環境因素中有一個情境因素爲「群際情境」。

2. 群際情境爲「衝突」關係與「合作」關係的連續過程，「競爭」是衝突與合作連續過程上的一點。

3. 傳統所謂的「謀略」大多是「衝突狀況」下的可行方法。

中共的統戰策略「聯合次要敵人，打擊主要敵人」，這種「謀略」就包含了「衝突」與「合作」的觀念在內。

因此，吾人認為就是組織「群際情境 SA」，它是「衝突」與「合作」連續過程上所有可行方法的集合，它包含有「衝突 SA」與「合作 SA」，當然也包含有「競爭 SA」，這些方法的集合可稱之為「可行謀略」。

簡言之：

$$可行謀略 = 群際情境 SA = 衝突 SA \leftrightarrow 競爭 SA \leftrightarrow 合作 SA$$
$$（「\leftrightarrow」表連續過程）$$

陸、群際情境下可行策略的分類以及軍事部門常用之策略

本部分修改自：劉興岳、蘇建勳，〈「權變管理理論在策略管理上之運用」的持續性研究〉，《國防管理學院學報》，第十七卷第二期，民國 85 年 7 月。

一、群際情境下可行策略的分類

群際情境可行策略中的「衝突 SA」與「合作 SA」各包含有八個可行次策略（見圖 5.10 及圖 5.11），吾人可將此八個可行次策略分為兩類：一為外略；一為內略。

「外略」如八大可行次策略之 SA_1 至 SA_6，其目的在製造對我有利之環境。

「內略」則如八大可行次策略之 SA_7 及 SA_8，其目的在增強自己的實力，其方法為對內部資源的獲得、調配（調動與分配）、運用。

二、軍事部門常用之策略

吾人將軍事部門常用之策略，綜整如下：
- 文武略：「文略」者以非武力方式影響競爭對手。

  「武略」者以武力方式影響競爭對手。
- 陰陽謀：「陰謀」者不示之於人，「陽謀」者示之於人。
- 分合略：即「分化」與「聯合」。

  分略：又分「內分」與「外分」。（參見衝突 SA：「$SA_{3,3}$」）

  合略：又分「內合」與「外合」。（參見衝突 SA：「$SA_{5,1}$」）

「分合略」依其實施方式，與「陰陽謀」配合又可分為陰分、陽分、陰合、陽合等。

‧攻守勢：「攻」者迫敵決戰；「守」者暫時放棄主動，利用時空待機轉為攻勢，尋求決戰。[12]

‧奇正兵：孫子曰：「凡戰者，以正合，以奇勝。」與敵合戰之謂「正」，即以正規方法，當然實施之謂。出敵不意之謂「奇」，出敵意表而不失敵敗亡之機也。[13]

‧內外線：在中央位置對二個或二個以上方向之敵作戰，謂之「內線作戰」；從二個或二個以上方向對中央位置之敵作戰，謂之「外線作戰」。[14]簡言之，「外線」者，分進合擊；「內線」者，各個擊破。

‧直接、間接路線：沿著敵人「自然期待的路線」，以直接方式向精神目標或物質目標進攻，稱之為「直接路線」。採取某種程度的迂迴方式，向敵進攻，以使敵人感到措手不及，難以應付，稱之為「間接路線」。[15]

吾人並在此補充一個克敵制勝的方法，此方法稱之為「策略誤導」。

所謂「策略誤導」在導使競爭對手做一錯誤決策，以達不戰而屈人之兵。

吾人依據權變理論及策略變動速度之觀念，認為「策略誤導」有三步驟，並稱之為「策略三動」。

策略三動包含有策略主動、策略機動與策略伴動：

策略主動：組織策略實施之精神在先敵之動而動，迫使對手之策略作為因我之動而動。

策略機動：指組織策略變動的靈活程度（即速度），組織策略的變動時而快，時而慢。以混淆敵人，困惑敵決策者；遲滯對手策略變動速度；在我方取得競爭優勢時將策略變被動為主動。

策略伴動：即策略欺敵。組織策略實施的主動、機動在於以策略競爭來掌控對手，達到策略遙控之目的。而以「伴動」導引敵

---

[12] 丁肇強，頁 345。
[13] 曾振註，頁 40。
[14] 丁肇強，頁 34。
[15] Daniel J. Kaufman, David S. Clark, and Kevin P. Sheehan edited, p. 6.

人至錯誤方向或預先規劃之決戰戰場。

柒、「謀略」與「策略」的關係

從以上的推導過程吾人可發現：

‧「策略」是組織「可行策略」的子集合，是自「可行策略」中選擇得到的結果。

‧「可行謀略」是「可行策略」的子集合。

換言之，組織的「策略」與「可行謀略」的交集就是組織的「策略」中所要實施的「謀略」。

組織的「策略」與「謀略」之關係如圖 5.13 所示。

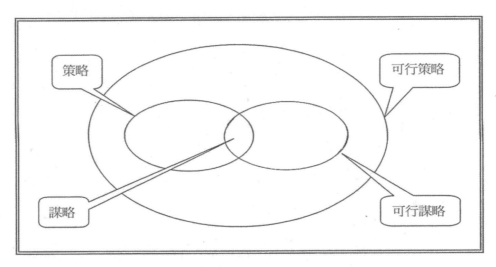

圖 5.13：組織「策略」與「謀略」的關係

吾人並認為所謂的兵學、《三國演義》、《水滸傳》以及《三十六計》等以「謀略」見長的著作，其所使用的「計謀」觀念均可運用目標效能函數推導而得，且可納入組織「群際情境 SA」的坐標系統中。

其次，「競爭」是企業所面臨的環境因素之一，企業組織較常使用的方法多為組織「群際情境 SA」中的「競爭 SA」，或「合作 SA」。但企管教育很少討論「衝突 SA」，因為其中有許多的「謀略」作為是違背商業道德或法律

規範。因此在實務上，有些管理者為了彌補這方面觀念的不足只有求助於兵學，於是類似《商戰孫子兵法》的書籍就成為坊間的暢銷書。

對「謀略」觀念的運用，吾人建議是「必須瞭解，謹慎使用」。要瞭解謀略的原因是「害人之心雖不可有，防人之心卻不可無」。謹慎使用謀略是因為除了道德與法律的因素外，「謀略」就如刀之利刃，它既可傷人但也可能會反傷害到自己。

第五節　組織策略管理系統觀念的推展

本節內容修改自劉興岳、蘇建勳，〈「權變管理理論在策略管理上之運用」的持續性研究〉，《國防管理學院學報》，第十七卷第二期，民國 85 年 7 月。

壹、策略變動的速度與影響策略速度的因素

依據吾人對「策略管理系統」的探討，吾人應知策略 (s) 為時間 (t) 的函數，由是則 ds/dt 表策略變動的速度。

當 $ds/dt=0$ 時，表策略沒有變動，或原策略在持續被執行；

當 $ds/dt \neq 0$ 時，表策略在變動。

策略的變動與否與策略管理的前提有關，當策略決策的前提改變時，策略必隨之改變。

依據吾人對策略管理觀念的探討，吾人應知影響策略性決策前提改變的因素有：

・組織外部環境的改變；

・組織內部管理因素的改變；

・由上兩項改變而導致組織願景、使命、目標的改變。

策略變動的速度有快慢之分，吾人以為策略變動速度的快慢與下列因素有關：

‧組織外部環境變動的速度；

‧組織內部資源的多寡；

‧組織內部成員抗拒改革的程度。

當組織外部環境變動的速度愈快，則組織策略的變動亦須加快，以因應外部環境帶來的機會與威脅。

組織內部資源龐大，則策略變動的速度較慢。這是因為策略的變動會導致組織結構的改變以及資源重分配的原因。

一般組織內部成員都有抗拒改革的傾向，也會減緩組織策略變動的速度。因為組織的變動會使內部成員對改變的未來有不確定感，擔心損及其既有利益。

組織策略的變動以及變動的速度，吾人以為須注意下列二點：

其一為組織策略變動與外在環境變動的時間「落差」，此落差代表組織對外在環境變動反應的「靈敏度」，靈敏度太慢的組織既不能捕捉到環境改變帶來的機會，也將會躲不過環境改變帶來的威脅。

其二為組織內部各階層策略與高層策略的匹配。在理論上，中低階管理者為對高階策略的執行，若是高階管理者快速反應環境的變化而低階管理搭配的速度過慢，此表示低階管理對策略執行的遲滯。

上述各種現象，皆必須動用「評估與控制」程序來導正。

貳、與競爭對手的互動

一、對競爭對手策略的推斷

孫子曰：「知己知彼，百戰不殆。」在與競爭對手的互動過程中瞭解對手之「策略」至為重要。

對競爭對手策略的推斷，吾人提出下列兩類研判方法。

（一）概略推定法：此方法有下列五種。

‧資情法：指資訊與情報之偵蒐。

‧順推法：依據策略管理的思維過程，研判競爭對手內外在因素及其目標，模擬並推斷其可能產生的可行策略。

‧逆推法：由於對策略之實施必定會反映在組織結構與資源分配等管理層面，因此可透過競爭對手形之於外的管理作為，來研判其藏之

137

於內的策略意圖。

・順時法：就競爭對手過去的歷史資料，依時間序列，從過去的策略以及內外在因素的變動來推斷其現在可能的策略。

・試探法：此類似「投石問路」。在與競爭對手互動時，先採取一「策略性」行動（虛晃一招），誘使競爭對手進行「策略性」的反應，以瞭解對手意圖。

（二） 精確推定法：就上述概略推定之結果，進行分析，並求其交集，以產生較精確的研判。

二、管理越位

何謂「管理越位」？吾人應知組織的結構與策略均有層次之分。組織之管理，本分工之原則，應各居其位，各司其職，各盡其責；亦即是各階層的管理者從事各階層的管理工作，不得逾越。

然而在實務上，吾人經常可發現管理者逾越其應有的管理階層，而干涉到另一階層之管理，這種狀況可稱之為「管理越位」。

管理越位又有二種情況。

一為「由上往下越位」：此即為高階管理者進行低階層管理工作，因而陷入了低階層細碎性的事務，無暇從事高層宏觀規劃，破壞了管理分工的原則。

一為「由下往上越位」：此即是低階管理者或是被授權從事高層規劃工作；或是被授權代行高階管理職務；或是低階管理者質疑高層規劃而在執行時不與之配合。諸此等皆擾亂了管理分工的秩序。

在組織沒有競爭對手的狀況下，「管理越位」的結果影響了組織管理的品質，導致「效率」（efficiency）與「效能」（effectiveness）的低落。但在競爭狀況下，「管理越位」的結果會影響組織與競爭對手互動的勝負。

三、競爭狀況下勝負的先驗

所謂「競爭狀況下勝負的先驗」是指在組織與競爭對手的互動之前，從雙方策略管理的品質來預測勝負的結果。

吾人將策略管理的層次性與規劃時程以及組織的競爭互動情形，以圖5.14 表示之。

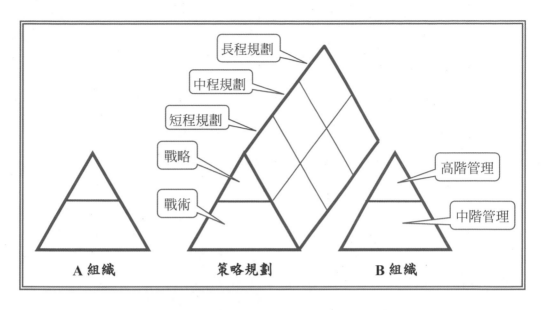

圖 5.14：策略管理的層次性與規劃時程以及組織的競爭互動

　　圖 5.14 中有三個三角形，其兩旁之三角形表兩個競爭之組織，分別為 A 組織與 B 組織，此二組織分別有高階與中階管理二層次。圖 5.14 中間之三角形表策略管理與規劃時程，策略有戰略（高階策略）、戰術（中階策略）二階層；三角形的延長部份分別表短程、中程與長程規劃。

　　吾人可就下述情況來預測 A、B 兩組織互動之勝負：

・A、B 兩組織中之高階管理者，若一為從事「戰略」規劃，一為從事「戰術」規劃，則從事戰術規劃者將未戰先敗。此是因為高階管理者「向下越位」之故。

・若 A、B 兩組織中之高階管理者，皆從事「戰略」規劃，但一為從事「長程規劃」，一為從事「短程規劃」，則從事短程規劃者將未戰先敗。這是因為戰略規劃的時間展望太短，表示高階管理者缺少願景與使命等之預判，短期間或有取勝之可能，但長期而言一旦環境改變、願景改變，則短期規劃者勢必重新調整組織結構與分配資源，而組織結構調整與資源重新分配等均不可能在短時間內完成，這個「時間落差」就是從事「短程規劃」的組織失敗之原因。

參、策略管理的原則

吾人綜整策略的觀念，提出幾項原則以供參考。此原則包含有兩類：一為理論性原則；一為實務性原則。列之如下。

一、理論性原則

指策略管理決策思維過程中應遵循之原則，此原則有三：

- ·目標導向原則；
- ·充分資訊原則；
- ·理性思維原則。

二、實務性原則

指策略管理之施行及其所形成之策略，應遵循之原則，其原則亦有三：

- ·內略透明化原則：

  內略在增強組織內部之實力。高階管理者須使組織內部各階層的管理者在決策過程中，務必瞭解組織策略的垂直演繹與水平整合之理念，使其形成的策略為組織策略管理系統之一環。這必須使組織內部決策的過程透明化方能達成。

- ·外略彈性模糊原則：

  外略在製造對我有利之環境。故所形成的外略，對組織的外界競爭對手而言應保持某種程度的模糊。模糊之目的在隱藏企圖；困惑競爭對手。在實施上，組織可將外略以政策宣示方式對外公告；亦可對外完全保密。中共建政之初就將其「人民戰爭」的國防政策對外明示，此舉果然收到嚇阻之效。組織將外略對外宣示不論是完全保密、部分宣示或對外明示等作法，完全取決於組織利益的極大化。模糊化觀念的彈性運用，吾人稱之為「外略彈性模糊原則」。

- ·內外略均衡原則：

  美蘇冷戰時期，蘇俄的國家戰略在於重視國防武力，塑造其超強形象與美國爭鋒，但疏於內部的民生建設，故經濟建設與國防建

設的不均衡發展，導致經濟改革的失敗爲蘇俄崩解的主要原因。

「內略」與「外略」構成組織整體策略，組織在策略規劃時，既須考慮外在環境的衝擊又須考量組織競爭能力的建設，其策略的制定需保持「內略」與「外略」之間的均衡。

策略的觀念源自於軍事戰略，各國的國防部門針對其國防局勢均編有「戰爭原則」，並令內部決策遵循。吾人認爲有些戰爭原則亦可適用於一般組織，這些原則有「目標原則」、「攻勢原則」、「集中原則」、「機動原則」、「節約原則」、「奇襲原則」等。[16]

第六節　組織策略管理系統觀念的運用

壹、在國家戰略上的運用

一、國家戰略思維的前提

策略管理系統的性質之一爲不同層次的策略之間具有垂直的演繹關係。因此上一層次的目標就是下一層次決策的前提，下一層次的策略爲對上一層次策略的執行。如果上下層次的決策不具備演繹關係，則目標與手段脫勾，當然管理作爲也就無從反映管理目標。

這個觀念應是淺顯易見的，但觀諸實務則並不如此。

例如在軍事戰略上，由於戰術與戰略之間產生矛盾，而導致作戰失敗的例子比比皆是。

而在國家的治理上，在台灣政黨政治的實施中，政治人物理應以國家目標爲各政黨政策形成的依據，但實則各政黨所謂的國家目標多滲入了政黨利益、意識形態，甚或是將個人利益融入到政黨目標之內。於是台灣的政黨彼此對國家利益的定義是不同的，當然彼此的政策也就不相同，再加上政黨的互動「謀略重於策略」，政黨利益大於國家利益，政黨將政權的獲

---

[16] 有關各國軍方所訂定之戰爭原則，可參閱：馮倫意編，《戰爭原則釋義》。

第一篇　導論與方法學及管理基礎篇

141

取與維持視爲生死攸關的零和遊戲，所謂的「政治競爭」就演變成爲「政治鬥爭」。

至於兩岸關係的發展更是如此，意識形態的差異是國共內戰的主因，也是現階段雙方互動的最困難之處。

因此，各政黨如果在思維決策的前提上沒有取得共識，也就不可能化鬥爭爲競爭。在西方國家這個前提就是國家的價值觀。例如美國的國家價值觀是自由 （Freedom）、生存 （Survival）、與繁榮 （Prosperity）[17]（參見本書第十三章第三節）。

西方國家的國家價值觀都是啓蒙運動時政治思潮的反映。美國的《獨立宣言》，以及法國大革命的《人權宣言》，都是受啓蒙運動時「天賦人權」思想的影響（參見本書第十五章：「論民主國家之建立與運作」）。

顯然的，在台灣的政治運作吸取了西方的政治制度，但這種以人權爲核心的理念卻遭到中國傳統思想的阻撓並沒有變成一種普遍的價值觀，而衍生的就是次一層次政治思維的分歧，再衍生的結果就是民主政治的亂象。

因此，台灣民主政治的運作，首先必須建立具有共識的價值觀，在理性思維下它才能夠形成一個系統性的國家戰略體系。吾人以爲這種理性思維的結果，不能因爲這種價值觀符合西方的標準便拒絕採用，而將「現代化」與「西化」視爲同義語，如此豈不是又犯了政治上「中學爲體，西學爲用」的錯誤。

在大陸中共專政的制度下，儘管是經濟成長傲人，軍事力量日益強大，但顯然對「天賦人權」的思想視爲毒蛇猛獸，而以國情不同加以排斥。缺少了政黨輪替的機制，一旦陷入中國傳統政權改朝換代的歷史輪迴，必定槍桿子出政權，又將是一個天下大亂日子的到臨。

二、外略在國家戰略之運用

國家戰略是一國的最高層策略，決策結果攸關國家之生存與安危，故其重要性無須再加以強調。一般認爲國家戰略包含有政治、經濟、軍事、心理及科技等戰略。因此，有關國家戰略的研究，需要不同專業領域，而更重要的是功能專業的整合，以發揮整體國力。筆者提出幾點國家外略的

---

[17] Daniel J. Kaufman, David S. Clark, and Kevin P. Sheehan edited, p. 5.

看法如下。

（一）國家外略探討之目的與思維基礎

國家外略之目的在影響國際關係，建立、維持對我有利的國際形勢以及運用對我有利的國際形勢。國家利益導向為國家外略思維的基礎與決策前提。

（二）國際關係的分類

- 依利害關係分：共同利益（盟邦）、相對利益（敵國）。
- 依重要性分：主要（盟邦、敵國）、次要（盟邦、敵國）。
- 依時間性分：立即（盟邦、敵國）、未來（盟邦、敵國）。
- 依明確程度分：確切（盟邦、敵國）、潛在（盟邦、敵國）。

（三）國際關係的性質

- 可變性：國家與其他國家是敵人或盟友的關係會隨著時間而改變。
- 連續性：敵人或盟友關係是連續過程，不是「敵友二分」，而是有程度之分的。
- 模糊性：由「可變性」與「連續性」以及策略的「時間性」之性質，可知國際關係中敵國與盟邦關係的「模糊性」。換言之，現在的盟友可能是未來潛在的敵國，現在的敵國亦可能是未來潛在的盟友。
- 敵人或盟友關係建立與維持的不對等性：盟友關係的建立與維持，較諸敵國關係的建立為困難。亦即是，由盟友轉為敵人容易，由敵人轉為盟友困難。在此性質下，若不能瞭解敵人與盟友關係的連續性質而「敵友二分」，就會形成思維的陷阱，造成一個敵人「黑洞」。亦即是，長期而言會導致「敵人」越來越多，而「盟友」越來越少，最後，終在國際關係中自陷孤立。

（四）處理國際關係的可行方法

在管理策略中「群際情境 SA」均可使用，但吾人認為最重要者為

- 聯合：參見衝突狀 SA：「$SA_{3,3}$」。
- 分化：參見衝突狀 SA：「$SA_{5,1}$」。

（五）處理國際關係的重要原則

- 敵盟關係主控性原則：在國際關係中基於國家利益應主動的掌握敵國與盟國關係並隨時調整關係好壞的程度。
- 多盟少敵原則：在國際關係中應廣結盟友，少樹敵人。

．均勢原則：支持敵國或盟邦之敵人並達到均勢狀態使相互制衡，防止單一強權產生，將可造成對我國有利的國際態勢。

（六）處理敵國之原則

當國家面對一個或一個以上之敵國時，其處理原則：

．階段性敵人原則：將敵國依主要、次要作排序並以「時間差」來區隔，利用「時間差」來處理敵我關係。亦即是，主要敵人現在處理，次要敵人未來處理。

．唯一性敵人原則：在「階段性敵人原則」下，在同一時期僅處理一個主要敵人而暫時緩和與其他敵國之關係，甚而與其他次要敵國結盟以對付主要敵人。這樣可以避免兩面作戰分散自己的力量。

三、國際情境競爭態勢分析與因應策略

（一）國際情境競爭態勢分析

在國際關係中進行「競爭定位」，亦即是依國力的強弱、影響力的大小，來分析我國與其他國家的競爭態勢，並且務實地確定在國際競爭中我國競爭力的排序。繼之，確定我國現在的敵盟關係，並在國家利益下檢討現在的敵盟關係有無調整之必要。

（二）不同競爭態勢的可行外略

「競爭定位」分析的結果可分為二類，即「競爭優勢」與「競爭劣勢」。

在「競爭優勢」的情形下，又可分為「單一超強」、「兩強併列」、「三強鼎立」等之不同情境。其可行外略視情境不同，而有不同作法；或「圍堵」、或「均勢」、或「結盟」、或「對抗」、或「聯合壟斷」等等，其目的在形成或維持立於不敗的競爭優勢。

在「競爭劣勢」的情形下，國家外略的處理可分為二階段：即先求生存，後謀發展。

在求生存階段，外略之目的應為增加敵國侵犯的阻力。必須設法將國家利益與區域安全及其他大國利益結合，採取多盟少敵原則，將我國對外關係複雜化藉助他國影響力來強化本國的國家安全。

在謀發展階段，除了他國影響力之借助外可採取階段性敵人原則，集中全力對付當前之主要威脅，而逐步由「競爭劣勢」向「競爭優勢」位

移。

　　吾人須知，在國際社會與他國的互動過程中，由於國家戰略的錯誤，國家會立即喪失競爭優勢而陷入競爭劣勢。依據策略變動速度的觀念，吾人並應知一旦國家陷入競爭劣勢而期望再向競爭優勢位移，將是一漫長且艱辛的路程，高階管理的重要由此可知。

　　無論是在競爭優勢或劣勢，對國際關係的掌控，是敵是友、或敵或友、非敵非友、亦敵亦友、反敵為友、反友為敵，乃至於無敵無友的境界等等，必須要瞭解國際關係的性質。國際關係之處理，則不外乎「可行外略」所示之各種方法的「組合」與「變化」，特別是「分合」二略的靈活使用。其原則為國家利益導向，權衡利害（兩利相權取其重，兩害相權取其輕）運用他國的影響力建立對我有利的態勢，而其目的在確保國家安全，維護全民利益。

貳、策略管理觀念在企業管理之運用

一、公司、事業（企業）、產業三者之關係

　　討論策略管理觀念在企業管理的運用之前，首先須區別公司、事業（企業）、產業三者之關係。

　　本章第一節已將「公司」與「事業」作了說明。

　　「公司」：是指集團性的企業組織，其下包含若干「事業」（business）部門。「事業」（或稱「企業」）：是指提供產品或服務給顧客以獲利的組織，它可以單獨營運，亦可能是公司下的次級部門。

　　郭婉容在《個體經濟學》論及「產業」時認為：

　　　　任何一種產品，都在該產品特定市場交易，而在這裡從事交易的人，可分為賣方與買方。就賣方而言，提供該產品於這市場的全部分子，總合起來構成一個「產業」（an industry）。產業有時由數目眾多的個別廠商（individual firm）合併起來構成，有時由少數幾家廠商構成，有時便由

一家個別廠商充當。但所謂的個別廠商，指一個獨立經營的
單位。如此，廠商是產業的成員，產業是廠商的母體。[18]

因此，吾人將「公司」、「事業」（企業）、「產業」三者之關係區別如
下：
    ・產業是由許多提供類似產品與服務的企業構成的集合。
    ・公司（集團性企業）包含了若干不同的事業（企業）部門。

二、公司的經營策略

公司的經營策略有三：
    ・由願景而推導出的各企業整體策略；
    ・企業在產業內因應競爭而產生的策略；
    ・公司對內部企業的資源分配策略。
（一）企業的願景與經營策略
企業的願景與產業未來的發展是息息相關的，企業的高階管理者必須
考量產業的下列因素：
    ・產業未來的成長趨勢。
    ・產業未來被替代的可能性：例如新科技對產業的影響。
    ・產業地理位置的遷移性：例如台灣勞力密集產業向人力成本較低國
      家遷移。
    ・產業受國際環境變動的影響：例如台灣農業受 WTO 的衝擊。
    ・全球化對產業的影響：全球化使本國產業必須與國際產業競爭，但
      也使本國企業有更大的發展空間。
    ・產業內部各企業的競爭。
企業的高階管理者，考量願景因素後，再決定其可行策略，這種策略
決定的方式，吾人稱之為「願景導向法」，其可行策略如下。
    1. 成長策略：對未來展望良好的可行方法，又可分「產業內成長」和
       「跨產業成長」：
    （1）產業內成長：
        ・擴充：擴大現有的規模。

---

[18] 郭婉容，頁 139。

・水平擴張：在其他的地理位置，增設新的據點。

（2）跨產業成長：

・垂直整合：向企業的原物料及供應商等上游產業發展及向下游的銷售管道發展。

・多角化：投入到另一新的產業發展。

2. 穩定策略：維持現有經營狀態。

3. 緊縮策略：對產業願景悲觀，縮小現有的經營規模。

4. 清算策略：對產業願景悲觀，及早將企業出售，結束營業。

5. 轉投資策略：對產業願景悲觀，結束營業，投入至新的產業發展。

（二）企業的競爭策略

企業是產業下的一個個體，其競爭來源為同一產業的其他企業，它的可行競爭策略有：

・成本領導策略；

・差異化策略；

・集中策略[19]。

（三）公司（集團企業）經營的資源分配策略

公司包含有許多的事業（企業）部門，它的經營策略在使各事業部門的各種組合，使用的資源最少及使得公司的整體利益最大。因此，公司策略的兩個重點：事業部門組織結構的調整以及資源的重分配。

公司對各事業部門的資源重分配策略與組織結構的調整是配套的，其策略有：（參見本書第六章：「論資源分配」）

・增資策略：增加事業部門的資源投入，當公司對事業部門採成長策略時。

・減資策略：減少事業部門的資源投入，當公司對事業部門採緊縮策略時。

・撤資策略：清算或出售事業部門，並回收所有資源，當公司對事業部門採清算策略時。

・維持策略：維持事業部門的現有規模，當公司對事業部門採穩定策略時。

---

[19] Charles W. L. Hill and Gareth R. Jones, p. 8.

參、小結

「策略」已是普遍的觀念，除了在企業組織、軍事單位及政府部門使用外，也擴及到其他的領域，例如政治戰略、經濟戰略、心理戰略、科技戰略、資訊戰略等。但是在上述這幾個領域，對戰略觀念的使用，僅止於概念層次，尚未形成一個明晰的系統，吾人在此提出一些見解，以供參考。從策略管理整合模式可知，整體策略的形成包含幾個重要元素是：目標、環境、資源、策略、謀略。吾人可將此觀念使用到任何領域，吾人以表 5.3 來說明此觀念在政府部門、軍事單位與企業組織的運用。

表 5.3：政府部門、軍事單位與企業組織對策略觀念的運用

	政府部門	軍事組織	企業組織
目標	國家安全	軍事目標	企業目標（營利）
環境	國際形勢	敵國軍隊	外部環境與競爭企業
資源	國家資源	軍事資源	企業資源
可行策略	國家戰略	軍事戰略	公司經營策略
可行謀略	衝突 $SA \leftrightarrow$ 競爭 $SA \leftrightarrow$ 合作 SA		

參考資料

中文書目

丁肇強,《軍事戰略》(台北:中央文物供應社,民國 73 年)。

九章出版社(編),《集合論初步》(台北:九章出版社,民國 78 年)。

林詩詮、鄭伯勳譯,《組織行為》(台北:中華企業管理發展中心,民國 70 年)。原著: H. Joseph Reitz, *Behavior in Organization.*

馮倫意(編纂),《戰爭原則釋義》(台北:黎明文化,民國 75 年)。

郭婉容,《個體經濟學》(台北:三民,民國 80 年)。

鈕先鍾,《現代戰略思想》(台北:黎明文化,民國 74 年)。

鈕先鍾(譯),《戰略論》(台北:軍事譯粹社,民國 74 年)。原著:Liddell Hart, *Strategy: The Indirect Approach.*

曾振註(譯),《唐太宗李衛公問對今註今譯》(台北:台灣商務,民國 75 年)。

劉興岳,《空間概念下的權變理論及其在策略管理上應用之研究》(台北:金榜圖書,民國 77 年)。

劉瑞符,《謀略通論》(台北:劍潭新莊,民國 42 年)。

藍毓仁(譯),《企業概論》(台北縣五股:普林斯頓,2003, 2nd)。原著: Fred Fry, L Charles R. Stoner, Richard E. Hattwick, *Business: An Integrative Approach.*

英文書目

Hill, Charles W. L., and Gareth R. Jones, *Strategic Management: An Integrated Approach* (Boston, Houghton Mifflin, 1998, 4th ed.).

Kaufman, Daniel J., David S. Clark, and Kevin P. Sheehan edited, *U.S. National Security Strategy for the 1990s* (Baltimore, The Johns Hopkins University Press, 1991).

Kaufman, Daniel J., Jeffrey S. McKitrick, Thomas J. Leney, "Framework for Analyzing National Security Policy", *U.S. National Security: A Framework for Analysis* (Mass., Lexington, Lexington Books, 1985).

第一篇 導論與方法學及管理基礎篇

論文

劉興岳，〈空間概念在權變理論上之應用——目標效能函數之建立〉，《國防管理學院學報》，第九卷第二期，民國 77 年 6 月。

劉興岳、鍾國華，〈軍事人力評估之研究〉，《國防管理學院學報》，第十四卷第二期，民國 82 年 7 月。

劉興岳、蘇建勳，〈「權變管理理論在策略管理上之運用」的持續性研究〉，《國防管理學院學報》，第十七卷第二期，民國 85 年 7 月。

第六章　論資源分配

第一節　資源與資源的性質

壹、何謂「資源」

「資源」（resource）一詞極其普遍且經常為人所使用，唯其如此欲對此名詞作明確之定義並非易事，在《大英百科全書》中就沒有此條目。

The Oxford English Dictionary（《牛津英語字典》）對資源有幾種說詞，茲列舉幾條如下：

1. 能供給一些欲望或不足的方法。（A means of supplying some want or deficiency.）

2. 國家為支援與防衛而具有的一些方法。（The collective means possessed by any country for its own support or defense.）

3. 與自然資源（natural resource）為同義語。

《大美百科全書》（中文版），則對自然資源之解釋：「為自然發生的物料，凡對人類有用或在特定可想像的技術、經濟或社會情況下會轉為有用的材料。」

吾人認為「資源」一詞最先使用於自然科學。在自然科學中「資源」是指蘊藏有「能量」（energy）的「物質」（mass），這種物質經過處理後會將能量釋放，而轉變為「力」（force），這種力可以作「功」（work）。

此後，資源一詞逐漸使用於其他的學術領域。社會科學常以「人力」、「物力」、「財力」等資源來說明一個社會或組織所具有資源的情形。就管理而言，資源可以產生「效用」（utility），效用對組織目標之達成具有貢獻。

如今隨時代的演進，資源一詞被更廣泛的使用，如「商標」、「品牌」、「資訊」、「科技」、「知識」等皆被稱之為資源。

第一篇　導論與方法學及管理基礎篇

151

貳、資源的性質

以上說明資源一詞被廣泛使用的情形，大多數人對資源有概括性的瞭解但卻又無法下一個明確的定義。但為了能有效的使用資源，必須要深刻的瞭解資源的性質才行。

吾人歸納自然科學對「資源」觀念的探討，認為資源有下列的性質：

· 資源必須具有產生某種「效用」的能力。

· 這種能力必須經過適當的處理始能發生效用。

· 資源的稀少性。人類所處世界的資源不是取之不盡用之不竭的。而一般組織所擁有的資源更是有限的。

· 資源具有「量」與「質」的性質。所謂「量」是指資源的多寡，多寡可以某種「單位」來表示。所謂「質」是指每單位資源，所能發揮的效用。

· 有些資源之間具有可交換性。例如人力、物力、財力之間的關係，有些是可以互換的。

· 資源具有「存量」與「流量」的性質。[1]

參、淀邊際分析談資源分配

人類所處的是一個資源有限的世界，而企業組織面臨到競爭的壓力，提昇品質降低成本是唯一能因應的措施，如何有效使用資源實是任何組織管理者的重要職責。經濟學就是一門討論資源分配的學問，經濟學使用了「邊際效用」（marginal utility）的觀念認為，當各種資源的邊際效用都等於零時則是資源使用的最佳狀態。經濟學中「邊際」兩字代表著微小的增量，因此「邊際效用」這觀念就相當於微積分中的「第一階導數」（first-order derivative）。換言之，經濟學已使用了「第一階導數」求函數極值的觀念作資源分配。

本章之目的即在利用「邊際」的觀念，探討組織的資源分配。

---

[1] 「存量」與「流量」的觀念，請參閱本章第八節：「資源分配的動態觀念」。

第二節　組織的目標函數與求取目標函數極值的方法

資源為任何組織達到目標所必需。是以，吾人定義組織的目標函數 f：

$$f = f(R_1, R_2, \ldots, R_n)，n\text{ 是有限的} \qquad (6.1)$$

函數內的各自變數為 R，R 表資源（resources），式 6.1 表示組織有 n 種資源。則 $\Sigma R_i (i = 1, 2, \ldots, n，n\text{ 是有限的})$ 表組織所擁有資源的總和。

資源分配的目的在如何運用各種資源而使得函數 f 存在有極大值且此時為最小的資源投入。

從微積分的觀念來看式 6.1 存在有局部極值的必要條件，是當函數各變數的第一階偏導數（first-order partial derivative）都等於零時。也就是函數 f 存在有局部極值的必要條件為

$$\partial f / \partial R_1 = \partial f / \partial R_2 = \ldots = \partial f / \partial R_n = 0 \qquad (6.2)$$

吾人在第四章第四節探討「目標效能函數極值的尋求」時曾運用第一階偏導數的變動來尋求目標效能函數極值，吾人即可使用此方法求式 6.1 變數函數的極大值所在。

因此就資源分配而言，欲尋求目標函數的局部極大值其基本觀念應該是：

當 $\partial f / \partial R_i$ 為正值時，應增加 $\triangle R_i$ 的投入；當 $\partial f / \partial R_i$ 為負值時，應減少 $\triangle R_i$ 的投入。運用這種方法來調整各種資源的投入，直到所有資源的 $\partial f / \partial R_i$ 均為零時，則已獲得目標函數的局部極大值。

第三節　資源分配的基本理念與最適資源分配模式

壹、資源分配的基本理念

吾人稱目標函數 f 的偏導數（$\partial f/\partial R_i$）爲資源 R_i 對函數 f 的「邊際貢獻」（marginal contribution）。

組織在作資源分配時爲求得目標函數的極大值，依據前述觀念吾人首先須確定各種資源的「邊際貢獻」，然後比較各個資源「邊際貢獻」值的大小：若

1. 當 $\forall \partial f/\partial R_i > 0$ 時，應先增加 $\partial f/\partial R_i$ 值最大的資源 $\triangle R_i$。（$\forall$ 表：所有的，for every）

2. 當 $\forall \partial f/\partial R_i < 0$ 時，亦即是 $\forall \partial f/\partial R_i$ 爲負值時應先減少 $\partial f/\partial R_i$ 值最小的資源 $\triangle R_i$，亦即是減少 $|-\partial f/\partial R_i|$（絕對值）最大的資源 $\triangle R_i$。

3. 當 $\forall \partial f/\partial R_i$，有些大於零（部分爲正值），有些小於零（部分爲負值）時，依比較利益原則應減少 $\partial f/\partial R_i$ 值最小的資源 $\triangle R_i$ 並且將之轉投入到 $\partial f/\partial R_i$ 值最大的資源處。這個作法的好處是不會增加組織資源投入的總量，但卻會增加資源的邊際貢獻。

上述三式即爲資源分配的基本觀念，本此觀念調整各種資源的運用，直到 $\forall \partial f/\partial R_i = 0$ 時（式 6.2），則已求得目標函數的局部極大值。

貳、最適資源分配模式

對於目標函數 $f(R_1, R_2, ..., R_n)$

組織的「資源投入」：爲 ΣR_i。

組織的「資源結構」爲組織所使用的各種資源，占資源總投入的相互比例。此比例亦是組織資源分配的量化形式。

其數式爲：$\dfrac{R_1}{\Sigma R_i} = \dfrac{R_2}{\Sigma R_i} = ... = \dfrac{R_n}{\Sigma R_i}$

在目標函數爲局部極大值時各種資源均充分發揮其邊際貢獻，故此時的「資源投入」與「資源結構」可稱之爲「最適資源投入」與「最適資源結構」。

「最適資源投入」與「最適資源結構」可稱之為「最適資源分配模式」。

「最適資源投入」：ΣR_i^o

「最適資源結構」：$\dfrac{R_1^o}{\Sigma R_i^o} = \dfrac{R_2^o}{\Sigma R_i^o} = \ldots = \dfrac{R_n^o}{\Sigma R_i^o}$

上兩式中，R 之上標 "o" 表「最適」（optimal）。

第四節　資源供給與資源需求以及資源分配的原則

壹、「資源供給」與「資源需求」

所謂「資源供給」（resources supply）是組織所能獲得的資源之來源。

所謂「資源需求」（resources demand）是組織為達目標所需的資源投入。

本處所謂的「資源供給」是指組織資源獲得的來源或資源提供者。例如在私營企業，投資的股東就是資源的供給者；在政府部門，我國最高行政部門行政院每年需編列預算送到立法院審核，則立法院就是行政機關的資源供給者，而行政院的預算編列就是一年施政的「資源需求」。

在任何組織其資源是由上而下的分配到各次一層次組織。則上層組織是資源的分配者，對下一階層而言就是資源供給者。而下一階層組織為了達成上級所賦予的目標勢必使用資源，它就是資源的需求者。

而對任何組織而言資源的供給與需求並不一定是相等的。

因此，組織在作資源分配時就會面臨到三種情形：

1. 資源供給大於資源需求；

2. 資源供給等於資源需求；

3. 資源供給小於資源需求。

第一篇　導論與方法學及管理基礎篇

貳、資源分配的原則

吾人依據資源分配的基本理念，並配合「資源供給」與「資源需求」相比較的三種情況，提出下列三種資源分配的原則，作爲資源分配的依據。

一、資源減量原則

1. 「資源減量原則1」：

   在「資源供給＞資源需求」、「資源供給＝資源需求」或「資源供給＜資源需求」時，若 $\forall_{\partial f/\partial R_i} < 0$，則應先減少 $\partial f/\partial R_i$ 值最小的資源 $\triangle R_i$。

2. 「資源減量原則2」：

   在「資源供給＜資源需求」時，必須要減少資源投入總量，此時雖 $\forall_{\partial f/\partial R_i} > 0$，亦須減少 $\partial f/\partial R_i$ 值最小的資源 $\triangle R_i$。

3. 「等比例減量原則1」：

   在「資源供給＞資源需求」、「資源供給＜資源需求」或「資源供給＝資源需求」時，若 $\partial f/\partial R_1 = \partial f/\partial R_2 = ... = \partial f/\partial R_n < 0$，理應減少各種資源的投入。但由於無法判斷何種資源的 $\partial f/\partial R_i$ 值最小，則可採等比例微量減少各種資源。

4. 「等比例減量原則2」：

   在「資源供給＜資源需求」時，理應減少各種資源的投入。即使是 $\partial f/\partial R_1 = \partial f/\partial R_2 = ... = \partial f/\partial R_n > 0$，亦必須減少資源使用。但由於無法判斷何種資源的 $\partial f/\partial R_i$ 值最小，則可採等比例微量減少各種資源。

5. 「等比例減量原則3」：

   在「資源供給＜資源需求」時，應減少各種資源的投入。此時，雖若 $\forall_{\partial f/\partial R_i} = 0$，但受限於資源的供給，亦必須採等比例微量減少各種資源。

二、資源增量原則

1. 「資源增量原則」：

   在「資源供給＞資源需求」時，若 $\forall \partial f / \partial R_i > 0$，則應先增加 $\partial f / \partial R_i$ 值最大的資源 $\triangle R_i$。

2. 「等比例增量原則」：

   在「資源供給＞資源需求」時，若 $\partial f / \partial R_1 = \partial f / \partial R_2 = ... = \partial f / \partial R_n > 0$，則可採等比例微量增加各種資源。

三、內部調整原則

在「資源供給＞資源需求」、「資源供給＝資源需求」以及「資源供給＜資源需求」時：

若 $\forall \partial f / \partial R_i$ 值，有些資源為正值（部分＞0），有些資源為負值（部分＜0）時，可將 $\partial f / \partial R_i$ 值最小的資源減少 $\triangle R_i$，並將之轉投入到 $\partial f / \partial R_i$ 值最大資源處。

在「資源供給＝資源需求」時：雖然 $\forall \partial f / \partial R_i > 0$，由於無法增加資源需求，亦可採此原則調動資源，調動資源至 $\partial f / \partial R_1 = \partial f / \partial R_2 = ... = \partial f / \partial R_n > 0$ 為止。或是至 $\forall \partial f / \partial R_i = 0$ 為止。

第五節　不同資源供給與資源需求時的資源分配

壹、「資源供給＞資源需求」時的資源分配

當「資源供給＞資源需求」時因為組織決策者可不必考量資源的獲得，可依資源的邊際貢獻調動各種資源，直到 $\forall \partial f / \partial R_i = 0$ 的條件出現為止。若 $\forall \partial f / \partial R_i = 0$，則已達到目標函數局部極大值。

在調動各種資源的過程中，若 $\forall \partial f / \partial R_i \neq 0$，則會出現 $\forall \partial f / \partial R_i > 0$、$\forall \partial f / \partial R_i < 0$ 以及 $\forall \partial f / \partial R_i$ 部分＞0、部分＜0 等三種情形，此三種情形之處理方法如下：

1. 在 $\forall \partial f / \partial R_i < 0$ 時：

應依前述「資源減量原則 1」處理。但在減量過程中，若達到 $\partial f / \partial R_1 = \partial f / \partial R_2 = ... = \partial f / \partial R_n < 0$ 時，則採「等比例減量原則 1」處理。將資源減少到 $\forall \partial f / \partial R_i = 0$ 時停止，此時已達到目標函數局部極大值。

2. 在 $\forall \partial f / \partial R_i > 0$ 時：

應採資源增量原則處理，在資源增量的過程中，資源邊際貢獻遞減，目標函數條件式有三種可能出現的情形：

(1) 在「資源供給＞資源需求」資源增量的過程中，各種資源邊際貢獻已遞減至 $\forall \partial f / \partial R_i = 0$。此時不能增加資源投入，此時已達到目標函數局部極大值。

(2) 在增量過程中，若達到 $\partial f / \partial R_1 = \partial f / \partial R_2 = ... = \partial f / \partial R_n > 0$ 時，則採「等比例增量原則」處理。一直到 $\forall \partial f / \partial R_i = 0$，此時已達到目標函數局部極大值。

(3) 在「資源供給＞資源需求」資源增量的過程中，若已達到「資源供給＝資源需求」但 $\partial f / \partial R_1 = \partial f / \partial R_2 = ... = \partial f / \partial R_n > 0$，由於不能再增加資源的投入則此時已達到目標函數局部極大值。

3. 在 $\forall \partial f / \partial R_i$ 部分＞0、部分＜0 時：

應採「內部調整原則」處理。在處理過程中，若達到 $\forall \partial f / \partial R_i < 0$ 時，則依前述「資源減量原則 1」之原則處理；若達到 $\forall \partial f / \partial R_i > 0$ 時，則依前述採「資源增量原則」處理；若為 $\forall \partial f / \partial R_i = 0$，則已達到目標函數局部極大值。

綜合上述在「資源供給＞資源需求」時，目標函數局部極大值的條件式為：

1. $\forall \partial f / \partial R_i = 0$，且「資源供給＞資源需求」或「資源供給＝資源需求」。

2. $\partial f / \partial R_1 = \partial f / \partial R_2 = ... = \partial f / \partial R_n > 0$，且「資源供給＝資源需求」。

貳、「資源供給＝資源需求」時的資源分配

組織在「資源供給＝資源需求」時，決策者之資源處理受到「供給＝需求」的限制條件，資源分配的原則為：

1. 無論各種資源邊際貢獻的大小如何，即使是各種資源的邊際貢獻均為正值，都不能增加資源的需求。
2. 因此當各種資源的邊際貢獻均為正值，或是各種資源的邊際貢獻為部分正值，部分負值時，可採「內部調整原則」處理，調動資源至 $\partial f/\partial R_1=\partial f/\partial R_2=\ldots=\partial f/\partial R_n>0$ 為止；或到 $\forall \partial f/\partial R_i=0$ 時停止，則已達到目標函數局部極大值。
3. 當各種資源的邊際貢獻均為負值時，則必須減少資源的需求。則此時已到達「資源供給＞資源需求」之狀態，則資源的調配應按「資源供給＞資源需求」之原則處理。

綜合上述在「資源供給＝資源需求」時，目標函數局部極大值的條件式為：

1. $\forall \partial f/\partial R_i=0$。
2. $\partial f/\partial R_1=\partial f/\partial R_2=\ldots=\partial f/\partial R_n>0$。

參、「資源供給＜資源需求」的資源分配

在「資源供給＜資源需求」的狀況下，組織決策者必須減少資源投入，直到「資源供給＝資源需求」或「資源供給＞資源需求」時為止。故無論是 $\forall \partial f/\partial R_i=0$、$\forall \partial f/\partial R_i<0$、$\forall \partial f/\partial R_i>0$ 或是 $\forall \partial f/\partial R_i \neq 0$，都必須減少資源的使用一直到「資源供給＝資源需求」時為止。

在依資源的邊際貢獻調動各種資源的過程中，可採取下列減少資源的方法：

1. 若 $\forall \partial f/\partial R_i=0$：
   此式雖是目標函數局部極大值，但由於「資源供給＜資源需求」，故仍必須減少資源的投入，可採「等比例減量原則 3」處理，一直到「資源供給＝資源需求」時為止。

2. 在 $\forall \partial f/\partial R_i<0$ 時：
   應採「資源減量原則 1」處理。但在減量過程中，若達到 $\partial f/\partial R_1=\partial f/\partial R_2=\ldots=\partial f/\partial R_n<0$ 時，則採「等比例減量原則 1」處理，一直到「資源供給＝資源需求」時為止。
   在減量過程中，若已達到 $\forall \partial f/\partial R_i=0$，而資源供給仍然小於資源需

159

求則依「等比例減量原則 3」處理至「資源供給＝資源需求」為止。若在減量過程中已到達「資源供給＝資源需求」，然 $\forall \partial f / \partial R_i < 0$，則必須繼續減少資源之使用，則此時已到達「資源供給＞資源需求」狀態，則依「資源供給＞資源需求」之資源處理原則調配資源。

3. 在 $\forall \partial f / \partial R_i > 0$ 時：
   由於「資源供給＜資源需求」，必須減少資源投入，故應採「資源減量原則 2」處理。但在調整過程中，若達到 $\partial f / \partial R_1 = \partial f / \partial R_2 = \ldots = \partial f / \partial R_n > 0$ 時，則採「等比例減量原則 2」處理。資源一直減少到「資源供給＝資源需求」時，此時有關資源的調配則依前述「資源供給＝資源需求」之方法處理。

4. 在 $\forall \partial f / \partial R_i$ 部分＞0、部分＜0 時：
   應採「內部調整原則」處理。處理之結果：若為 $\forall \partial f / \partial R_i = 0$，則依「等比例減量原則 3」方式處理；若為 $\forall \partial f / \partial R_i < 0$，則依上述 2. 之方式處理；若為 $\forall \partial f / \partial R_i > 0$，則依上述 3. 方式處理。

綜合上述，在「資源供給＜資源需求」時，無論是 $\forall \partial f / \partial R_i < 0$ 或是 $\forall \partial f / \partial R_i > 0$，都必須減少資源的投入，一直到「資源供給＝資源需求」時停止。但若是在到達「資源供給＝資源需求」時，仍然 $\forall \partial f / \partial R_i < 0$，則必須繼續減少資源而到達「資源供給＞資源需求」的情形。

是故在「資源供給＜資源需求」時的目標函數局部極大值的條件式，與「資源供給＞資源需求」以及「資源供給＝資源需求」是相同的。

肆、不同供需情形的目標函數極大值的條件式

綜整以上所述，吾人可知「資源供給＞資源需求」、「資源供給＜資源需求」或「資源供給＝資源需求」等三種情況下，其目標函數局部極大值之條件式均相同，茲列之於表 6.1。

表6.1：不同資源供給與需求時目標函數局部極大值條件式

資源供給與需求	目標函數局部極大值條件式
資源供給＞資源需求 資源供給＝資源需求 資源供給＜資源需求	1. $\forall \partial f/\partial R_i = 0$，且「資源供給＞資源需求」或「資源供給＝資源需求」。 2. $\partial f/\partial R_1 = \partial f/\partial R_2 = \ldots = \partial f/\partial R_n > 0$，且「資源供給＝資源需求」。

　　由是吾人依據表 6.1 可歸納出兩個重要的資源分配條件式，在此條件式下會得到目標函數的局部極大值，且此條件式適用於前述三種不同的資源供需情況：

1. 在資源供給大於資源需求時，將資源調配（調動分配）到各種資源的邊際貢獻均相等且等於零時爲止。

2. 在資源供給等於資源需求時，將資源調配到各種資源的邊際貢獻均相等且大於零或等於零時爲止。

　　但依據前述討論吾人可發現在上述條件式中（見表 6.1），當「資源供給＝資源需求」時，且又出現 $\forall \partial f/\partial R_i = 0$ 的機率很小。

第六節　資源分配的實施

　　吾人即將本文論資源分配的思維邏輯，依目標函數的極值之條件、資源分配的諸原則以及資源供需之不同，將組織「最適資源結構」的建構流程繪之如圖 6.1。

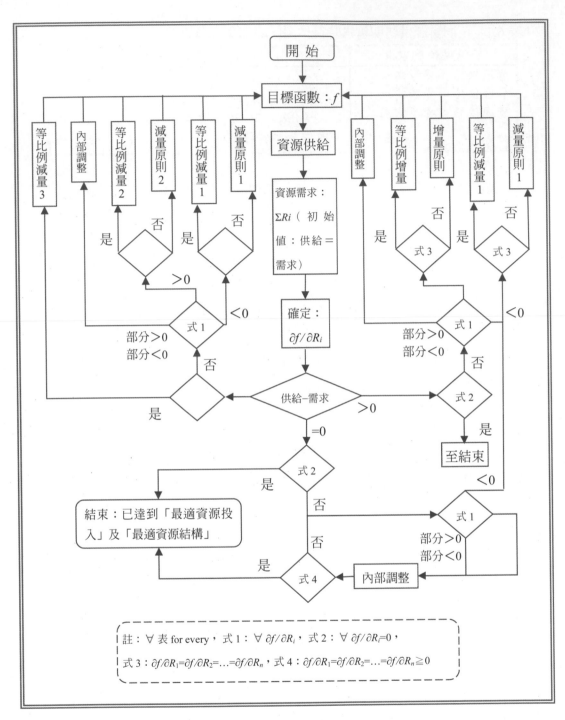

圖 6.1：最適資源結構建構流程圖

第七節　組織對各部門的資源分配策略

壹、組織對各部門資源分配的短程導向與長程導向策略

　　吾人應知組織之構成包含有次一階層的各個部門，組織亦必須將資源分配到次一層次的各個部門。因此如何對各部門資源分配，亦是組織的重要決策。

　　吾人提出兩種對各部門的資源分配策略：其一為「短程導向」資源分配；其二為「長程導向」資源分配。

　　「短程導向」資源分配係以各部門的「短程績效」作為組織對各部門的資源分配之依據。

　　「長程導向」資源分配係以「部門願景」作為組織對各部門的資源分配之依據。

貳、組織對各部門的資源分配的短程導向策略

　　組織內次一層級的各個部門對組織目標「短程績效」的衡量，可反映於該部門每年的投資報酬率。

　　對於一個有正值投資報酬率的部門，吾人可假設對此部門資源作微量增加，而此一增加的資源對組織目標的邊際貢獻為正值；而對此部門資源的微量減少，會減少對組織目標的邊際貢獻。

　　同理，對於一個有負值投資報酬率的部門，吾人亦可假設對此部門資源的微量增加，此一增加的資源對組織目標的邊際貢獻為負值；而對此部門資源的微量減少，會增加對組織目標的邊際貢獻。

　　由是，吾人可將本章前述運用「邊際」觀念所得之各種資源分配策略，用之於組織對各部門的資源分配上。吾人並據此提出「短程導向」策略資源分配策略如下。

　　　1. 短程擴張策略：部門的「短程績效」為正值時，增加對該部門的資源投入，擴張部門規模。
　　　2. 短程緊縮策略：部門的「短程績效」為負值時，減少對該部門的資源投入，緊縮部門規模。

3. 短程內部調整策略：將緊縮策略部門的資源轉投入到擴張策略的部門。

參、組織對各部門資源分配的長程導向策略

「長期導向」的資源分配策略與「部門願景」有關，而願景與長程目標是組織策略規劃的重要考量因素，故此策略是「部門願景」與「策略規劃」導向的。

對各部門短程導向資源分配的最大缺失就是未考量部門的長程目標，因此若部門「願景」良好但短期運作不佳時，究竟應採用短程的「緊縮策略」，還是要犧牲短期利益而採取長程的「擴張策略」，這就是短期導向的缺點。

吾人將組織各部門的長程導向資源分配策略，列之如下。[2]

1. 長程擴張策略：當部門願景展望良好時，應增加部門的資源，擴張部門規模。
2. 長程緊縮策略：當部門願景展望不佳時，應減少部門的資源，縮小部門規模。
3. 長程內部調整策略：將願景展望不佳部門的資源減少，並轉投入到願景展望良好的部門。
4. 穩定策略：部門願景展望良好，但目前既不增加部門資源也不減少部門資源。
5. 撤資策略：將願景展望不佳部門之資產及早出售（即使是目前營運良好）。
6. 轉投資策略：成立新事業部門。將撤資策略或長程緊縮策略部門的資源，轉投入到願景展望看好的新事業部門。

---

[2] 有關策略管理、願景形成及企業的因應策略等觀念，可參考本書第五章各節。

第八節　資源分配的動態觀念

壹、資源變動的速度

設組織的目標函數 $f(R_1, R_2, \ldots, R_n)$ 為時間的函數，即 $R_i = R_i(t)$，則 dR/dt 為資源 R 變動的速度。則將目標函數對時間微分可得下式：

$$df/dt = \sum \frac{\partial f}{\partial R_i} \frac{dR_i}{dt} \qquad (6.3)$$

式 6.3 中，df/dt 表目標函數變動的速度，dR_i/dt 表資源 R_i 變動的速度。

貳、資源的「存量」與「流量」

「存量」（stock）與「流量」（flow）是兩個經常為人使用的名詞，在經濟學上對此二名詞的定義如下。

存量：存在於某一時點的數量。

流量：在單位時間內產生的數量。[3]

依上述定義則流量就是存量隨時間的變化率。

社會各種組織所擁有的資源亦可用「存量」與「流量」的觀念來表達。

資源的「存量」是資源在某一時點的狀態，資源的「流量」則是資源變動的速度。

換言之，設 $R_i = R_i(t)$，則 R_i 就是資源的「存量」，而 dR_i/dt 就是資源變動的「流量」。

吾人可用一個簡單的例子來說明「存量」與「流量」的觀念。

在一般人家中所使用的浴池，浴池中的積水就代表水的「存量」。浴池上水龍頭的「進水」與浴池底部排水管的「排水」則代表「流量」。水龍頭的進水代表流入之量，會使浴池池水的存量增加。排水管的排水表流出之量，會使浴池池水的存量減少。

---

[3] 張清溪、許嘉棟、劉鶯訓、吳聰敏，頁 73。

吾人在上述舉例中可得到下述「存量」與「流量」的一般化觀念：

1. 流量有流入之量，表存量在增加；流量有流出之量，表存量在減少。
2. 流入之量與流出之量兩者之和，稱之為「淨流量」。
3. 淨流量為正，表流入之量大於流出之量，會使存量增加。淨流量為負，表流入之量小於流出之量，會使存量減少。
4. 存量增加（減少）等於淨流量隨時間的累積（減）。
5. 在負淨流量下，存量將在有限的時間內耗盡。

吾人並將社會現象中「存量」與「流量」的觀念以表 6.2 表示之。

表 6.2：社會現象中「存量」與「流量」的觀念

存　量	流　量
資　本	投　資
財　產	所　得
本　金	利　息
國防資源	國防預算
國家資源	國民生產毛額

參、資源運動的管道

資源的變動也就是在位移，因此必須要有「管道」讓它位移，例如「人事管道」就是人力資源在組織中運動的「管道」。政府的外匯制度就是外匯流通的管道，政治可禁止外匯流通也可讓社會大眾持有外匯，當政府採取禁止政策時，地下管道就產生了。證券、基金、債券等皆是財力資源流通的管道。資源通過「管道」在運動，運動必定有其目的地。因此，「管道」也就是各種資源通往目的地的交通道路。

社會是廣納各種資源之處，社會中各種不同的「組織」是資源的擁有與管理者，組織透過「市場」與其他組織進行資源交換。這種資源交換行為，可以以物易物，也可以財購物或者售貨取財。

社會如要使各種資源發揮效用，無非是「人盡其材，地盡其利，物盡其用，貨暢其流」。如果沒有管道讓各種資源流動，則各種資源就像一灘死

水，靜止在原處。當社會在互動，組織在面臨競爭時，一個靜態的資源管理終將因為速度的落後而被淘汰。

這些說明了資源運動管道的重要性，吾人並將資源流通的管道，示之於圖 6.2。

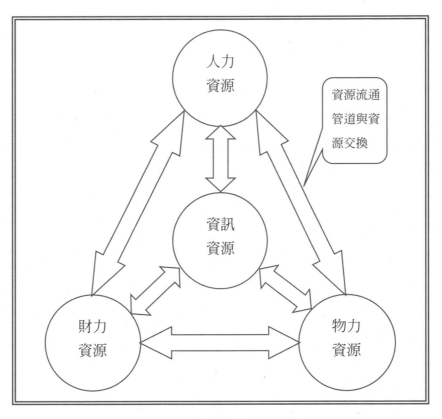

圖 6.2：資源流通管道示意圖

肆、網狀式管道的構建

一、「交通運輸」與「資源運動」的觀念類比

資源的運動與管道之觀念就如同交通運輸的觀念一樣，是非常類似的。將各種資源比擬為各種交通工具，資源運動的速度就是行車的速度，資源運動的管道就如同交通運輸的道路，資源運動的目的地就是交通運輸的車站。

所不同的是交通道路是具體可見的，但資源運動的管道卻是不具體的，它是政府的政策、制度，也可是社會文化的觀念與規範。它決定或影響了資源運動管道的存在與否，也影響了資源運動的速度與方向。

　　為了要使交通體系能更順暢就有施行交通管理的必要，這些作為包含有政策面、制度面、實務面、技術面等措施。資源運動觀念既然與交通運輸觀念相類似，因此上述各種交通管理作為當然也可類比使用到資源運動的管理上。

二、網狀式管道的觀念

　　大多數都市的交通系統設計其主要幹道多是方格式的，南北為橫，東西為縱，其街道名稱亦採用數字式方便記憶。這種方格式的系統自有其方便性，但從交通的流暢性來看其中有一好處就是可避免塞車；例如某處發生堵車，行車駕駛自會轉至另一道路，行車就自動疏散。但如果不是方格式系統；例如在高速公路上（單向行駛），一旦發生車禍就會產生大塞車。

　　在社會上，一般組織的人事管道有二個特性，一為專業性，二為單向性（只昇不降）。吾人將組織單向式人事管道，示之於圖 6.3。由圖 6.3 可知，一旦在上位者久任一職，則在下位者只有枯候久等，久而久之就形成人事管道堵塞，組織人力資源的位移形同止水。繼續留任者，士氣低落，心有不滿者，則另謀他就。

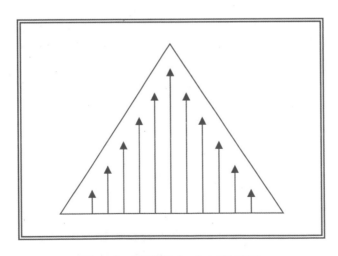

圖 6.3：組織單向式人事管道

三、網狀式管道的構建

因此為使資源流通順暢，社會對資源運動管道的設計，就應如方格式的交通道路系統採取網狀式的管道。吾人以組織人事管道為例，將單向式人事管道改繪為網狀式人事管道，如圖 6.4 所示。

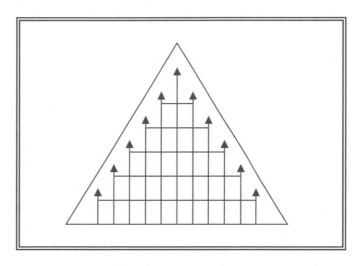

圖 6.4：組織網狀式人事管道

社會資源運動的管道設計自不需像圖 6.4 的那麼方正，它可能像蜘蛛網似的。其設計原則與目的就是要讓各種資源能自由自在，四通八達的流通。在自由經濟的市場機制下，社會資源的擁有者自會尋找一對目標最為有利的管道運動，並且進行交換。

圖 6.4 的組織網狀式人事管道，它可使人力資源在某一瓶頸位置轉換到另一管道上。在人事管理的制度上，只要使員工具有第二專長或特定的專業再訓練，就可使員工在組織的水平方向轉換跑道。當然在金字塔式的組織，其人事管道越往上昇越狹窄，組織最大的瓶頸就是稀少的高階管理職位。此時為穩定人力資源只有在年資的計算，薪資的調整，退休福利上多方面完整規劃，才能產生留住人才的誘因。

第九節　促進社會資源有效運用的必要條件

　　社會欲促使資源有效的運用，在制度設計上一定會有某些原理或原則。吾人依據「資源運動」與「交通運輸」的觀念，再加上企業管理、經濟學的學理，而提出下列幾點以供參考。

　　第一：「**社會多元化**」。社會多元化就是社會必須容納各種不同目標的組織、不同價值觀的群體、不同的族群。社會是一群人與組織的集合，個人有其特定的專才與志向，組織有其特定的目標，只有多元化的社會才能容納萬事萬物使其有發展的空間。

　　相對於多元化社會的就是「單元化」的社會。「單元化」社會是一個被壟斷被操縱的社會，單元社會的社會資源受少數群體掌控，這些群體基於某種意識型態或群體利益就會排斥非我群體。因此在單元社會下，符合單元價值觀或意識意態的群體其資源就會有發展的空間。但從整個社會資源的使用來看，顯然是不符合整體社會利益的。

　　第二：「**市場自由化**」。經濟學在討論各種型態的市場時，強調了完全競爭市場的重要，而認為這個市場會使組織資源最有效的運用。因此在多元化社會下的「市場自由化」就是要創造競爭的機制，使各種組織面臨「優勝劣敗，適者生存」的壓力，而提供價廉物美的產品來滿足消費者的需求。

　　第三：「**資源運動交通化**」。（不再贅述）

　　第四：「**資訊充分化**」。從社會整體的資源流動而言，必須使資源的持有者充分的瞭解資源運動的管道、市場的所在、市場的行情等等。對上述資訊掌握的越充分對資源的運用越為有利。

　　第五：「**資源交通網狀化**」。（不再贅述）

　　第六：「**資源運動秩序化**」。資源運動秩序化在訂定資源運動的遊戲規則，使各種資源得以有秩序的暢通。

　　吾人認為上述六點原則是社會資源能有效運用的必要條件，它是從制度面來為各不同組織製造一個良好的經營環境，從而導使社會整體資源有效的使用。

參考資料

中文書目

《大美百科全書》（中文版）。

張清溪、許嘉棟、劉鶯訓、吳聰敏，《經濟學（下冊）》（台北：雙葉書廊，民國 80 年二版）。

西文書目

The Oxford English Dictionary（《牛津英語字典》）。

第二篇
戰略篇

本篇包含八章，其內容有戰略歷史、
戰略思想、戰略教育與戰略管理。

第七章 中國兵學家簡介

第一節 中國古代學術的豐收時期：春秋戰國時代

壹、春秋戰國時代

春秋戰國是中國歷史上一個動亂時代，也是一個學術大豐收的時代。

商朝末年，紂王無道，西伯發（周武王）十一年伐紂，與紂王戰於牧野。紂王戰敗，自殺於鹿臺，殷亡。西伯發滅紂後，定都於鎬京，國號周（史稱西周）。[1]

西周經過三百多年，傳位至周幽王，幽王寵愛褒姒，乃廢申后立褒姒為皇后，並廢申后所生的太子宜臼，而立褒姒之子伯服為太子。此舉引起申侯的大怒，申侯乃申后之父，申侯於是聯合繒國、西戎、犬戎興兵攻擊幽王，殺幽王於驪山之下，時為周幽王十一年（前 771），西周亡。[2]

幽王死，申侯與諸侯共立太子宜臼為王，稱周平王，是年即為周平王元年（前 770），並東遷至雒邑（今河南洛陽），史稱東周。但也由於平王是由諸侯擁立，因此自東周起，諸侯勢力擴張，各自稱雄，皇室對諸侯逐漸失去了約束。

自平王東遷到周威烈王廿三年（前 403），周王封晉之大夫韓、趙、魏三家為諸侯止（史稱三晉），凡 367 年稱為「春秋時代」。

自韓、趙、魏三家分晉到秦滅六國（秦始皇廿六年，前 221）共 183 年為「戰國時代」。

在春秋時期，諸侯列國，弱肉強食，相互兼併，由周初的一千二百餘國，到春秋初期時只剩下一百六十餘國，到了春秋晚期成為燕、齊、中山、晉、魯、衛、宋、鄭、陳、蔡、秦、楚、吳、越等十餘國，而以晉、

---

[1] 司馬遷，《史記》，〈周本紀〉。
[2] 司馬遷，《史記》，〈周本紀〉。

楚、齊、秦四個主要強國對立的局勢，其中以晉爲最強，楚次之，齊、秦又次之。

自三家分晉進入戰國時期後，到周顯王廿九年（前 340）的前後六十年間是秦、楚、齊、燕、韓、趙、魏等七雄，勢均力敵的平衡局面。

秦國自秦孝公四年任商鞅爲相（周顯王十年，前 359），變法圖強，逐漸強大，七雄的平衡局勢開始動搖，於是蘇秦合縱、張儀連橫之說興起。從周顯王三十二年楚、韓、趙朝於秦惠王，到周赧王十九年（前 296）楚懷王死於秦，這前後四十年間，六國聯合抗秦。

秦昭王十四年（周赧王廿二年，前 293），昭王以白起爲將，繼之任范雎爲相，秦以白起統領軍事配合范雎的遠交近攻政策，開始對六國發動攻擊，歷時七十餘年，到秦始皇二十六年（前 221），秦滅齊、衛，始皇帝統一中國。

早在始皇帝統一中國前，東周已被秦昭王滅亡。周赧王五十九年（秦昭王五十一年，前 256）秦將摎攻韓，陷陽城、負黍（今河南登封）。周赧王大恐，密謀聯合各諸侯，締盟攻秦。秦昭王怒，遂進兵攻周，赧王朝於秦，頓首受罪，盡獻其邑卅六，人口三萬。秦接受赧王的奉獻並釋回赧王，同年赧王亦死，周亡。東周自平王東遷至赧王死，歷時 515 年。[3]

貳、春秋戰果的學術發展概況

春秋戰國是古代中國政治的一個大混亂時期，從周初的一千多個國家到春秋時的一百多個國家，從戰國七雄到秦滅六國，這五百五十多年間諸侯相互交伐、兼併，征戰不已。但春秋戰國也是中國學術思想大放光彩的時期，吾人將當時的各家學派以及主要的思想家列表如表 7.1。

---

[3] 司馬遷，《史記》，〈周本紀〉。

第二篇 戰略篇

表 7.1：春秋戰國的學術宗派與思想家

	春　秋	戰　國
儒　家	孔丘、卜商、子思	孟軻、荀況
墨　家	墨翟、禽滑釐	宋鈃、相里勤、相夫氏、鄧陵氏
道　家	李耳、列禦寇	楊朱、莊周
法　家	管仲	李悝、申不害、商鞅、韓非子
名　家	鄧析	惠施、公孫龍
陰陽家		鄒衍、鄒奭
縱橫家		蘇秦、張儀
兵　家	司馬穰苴、孫武	吳起、孫臏、尉繚
雜　家		呂不韋

資料來源：整理自：陳致平，《中華通史（一）》。

　　吾人對春秋戰國的學術思想作一簡單的歸納：

- 春秋時代歷時 361 年，戰國時代歷時 187 年。戰國時代正如其名是一個年年交戰的時代，社會變遷較春秋時期更爲快速也是個人才輩出的時代。從表 7.1 可看出就學術思想的發展而言，戰國時代的成就更甚於春秋時代。

- 在戰國時代因爲戰爭之故，諸侯爲了國家存亡無不整軍經武變法圖強。因此法家與兵家最受各國君主重視，登朝爲官，儒、墨、道等家則多在野爲民。[4]

- 春秋戰國時代的兵家，多以兵書著名，如司馬穰苴之《司馬法》、孫武之《孫子》、吳起之《吳子》、孫臏之《孫臏兵法》、尉繚之《尉繚子》。其中《孫子》、《吳子》、《司馬法》、《尉繚子》即爲「武經七書」中的四本書，可見春秋戰國時兵學思想之興盛。

- 除上述諸兵家外，當時其他著名的軍事家還有伍子胥（楚人入吳）、樂毅（燕人）、廉頗（趙人）、趙奢（趙人）、李牧（趙人）、白起（秦人）、王翦（秦人）等。

---

[4] 陳致平，頁 484。

第二節　中國兵學的精華以及重要的兵學家

壹、中國兵學的精華：「武經七書」

　　春秋戰國時期諸侯之間征戰不已，能富國強兵的人才極受重視，雖然出了不少的兵學家，但各國對武備人才的培育並沒有一套制度化的作法。

　　中國的科舉制度始於隋朝，但到了唐朝才開始有武備人才的甄選與培訓。

　　唐武則天長安二年（702）開始設「武舉」制度選拔武官，其考試之方法多以術科為主，如騎射、步射、馬槍等。[5]

　　宋代繼承唐制，北宋仁宗天聖七年（1029）閏二月，置武舉以待方略智勇之士。[6]仁宗皇祐元年（1049）九月，罷武舉。[7]宋英宗治平元年（1064）九月，復置武舉。[8]

　　宋仁宗在天聖七年設置武舉後，於天聖八年（1030）六月制定了「武舉法」，「先閱騎射，而試之以策為去留，弓馬為高下，每遇制舉則試焉。」[9]

　　宋仁宗在慶曆三年（1043）五月，設置武學。「置武學於武成王廟。以太常丞阮逸為武學教授。」[10]這可能是我國最早的高級武官教育機構，以教育的方式來培養武備人才。雖然仁宗在同年八月罷武學，但到神宗熙寧五年（1072）六月時又恢復了武學，「詔于武成王廟置武學，選文武官知兵者為教授。」[11]

　　可能因為兵法是武舉的考試項目，也是武學教授的重要課目，所以仁宗在慶曆三年（1043）設置武學後，十月就詔修兵書。「乙卯，詔修兵書，翰林學士承旨丁度提舉，集賢校理曾公亮、朱寀為檢閱官。」[12]仁宗到了嘉

---

[5] 唐武則天長安二年正月乙酉：「初設武舉。武舉之制，有長垛、馬射、步射、平射、筒射、馬槍、翹關、負重、身材之選。」參見：司馬光，《資治通鑑》，卷二百七。
[6] 李燾，《續資治通鑑長編》，卷一百七。
[7] 李燾，《續資治通鑑長編》，卷一六七。
[8] 畢沅，《續資治通鑑》，卷六二。李燾，《續資治通鑑長編》，卷二百二。
[9] 畢沅，《續資治通鑑》，卷三八。
[10] 李燾，《續資治通鑑長編》，卷一四一。
[11] 李燾，《續資治通鑑長編》，卷二三四。
[12] 李燾，《續資治通鑑長編》，卷一四四。

祐六年（1061）四月又下詔編校兵書：「命大理院寺丞郭固編校祕閣所藏兵書。先是置官編校書籍，而兵書與天文為祕書，獨不預，大臣或言固知兵法，即以命之。然兵書殘缺者多，不能徧補也。」[13]從這兩筆史書的記載，可以發現仁宗時對兵書的編修並不是很理想。

到宋神宗時，在元豐三年（1080）四月乙未，「詔校定《孫子》、《吳子》、《六韜》、《司馬法》、《三略》、《尉繚子》、《李靖問對》等書，鏤板行之。」[14]這就是對後世我國軍事思想有重大影響的「武經七書」。[15]

自宋朝以後，我國歷代各朝皆實施武舉制度，一直到清朝末葉受到西方入侵的影響改而引近西方的軍制。光緒二十七年（1901）七月，清廷命各省西法練兵，廢除武舉制度。

「武經七書」是當今中國最重要的文化資產之一，是留傳後世中國古代軍事思想的經典著作，也是研究中國軍事思想所必讀的。不過吾人在研讀「武經七書」時，也有幾點須注意的：

- ·「武經七書」中，除《三略》、《李靖問對》外大多成書於春秋戰國時期，由於年代甚久因此有些書的實際撰者以及成書日期都不很確定，甚或有書被認為係後人偽作，例如《六韜》。
- ·由於兵書的重要性後人紛紛解讀「武經七書」也產生了很多的版本，其中尤以《孫子》的版本最多。

但「武經七書」畢竟是中國古人的創作，吾人認為從研究古代中國軍事思想的角度來看，考究作者的真偽並不是最重要的。因此，對上述兩點事項，本書也就不刻意去探討。

貳、中國重要的兵學家

「武經七書」是中國兵學的經典，從這七本書的成書時間來看，春秋戰國時期是中國兵學思想最燦爛的時代。自唐初李靖的《李靖問對》之後，各朝代雖有不少武功卓著的軍事人物，在軍事思想上容或有其獨特之處，但皆不如「武經七書」來的更具原創性與更具影響力。

---

[13] 畢沅，《續資治通鑑》，卷五九。李燾，《續資治通鑑長編》，卷一九十三。
[14] 李燾，《續資治通鑑長編》，卷三百三。
[15]《李靖問對》現亦有稱《唐太宗李衛公問對》。

但到了近代，毛澤東領導中國共產黨革命成功締造了中華人民共和國後，毛澤東的思想開始受到世人的重視，許多西方戰略性的書籍已視毛澤東為戰略家，毛澤東思想也成為政治人物所必須瞭解。美國前國家安全顧問季辛吉（Henry Kissinger）於公元 1971 年前往中國大陸在晉見毛澤東時就曾說，毛澤東思想是他指定學生必讀的書籍。毛澤東顯然已在世界的戰略歷史上占有一席之地。

但是分居在台海兩地的中國人對毛澤東的看法是不同的，台灣在蔣氏政權時期視中共為「共匪」，自然共匪的刊物或毛澤東的著作都被列為禁書。然則既視匪為敵，而知己知彼是用兵之要旨，不研究毛澤東思想如何能與之互動？

中共自鄧小平主政後走改革開放路線，經濟成長驚人。毛澤東雖已走入歷史，但毛思想在中國大陸仍有其歷史意義，在世界戰略思想史上仍有其地位。

本章旨在簡介中國的兵學家，而學術貴在理性、中性，因此吾人自不應受意識形態影響，對毛澤東思想刻意貶抑或避而不談。

故本書認為孫武、吳起、呂尚、司馬穰苴、張良、尉繚子、李靖以及毛澤東等八人為中國重要的兵學家，本章以下各節將上述八人其生平與兵書內容作簡單介紹。

第三節　孫武及《孫子》簡介

兵書《孫子》又稱為《孫子兵法》，作者孫武。

孫武字長卿，春秋末期齊國人，大約出生在齊景公八年（前 540）至齊景公十三年（前 535）間。[16]

大約在齊景公三十一年（前 517），孫武對齊國的政局感到失望乃毅然離開齊國投奔到吳國。孫武奔吳後隱居在吳都（今江蘇蘇州市）郊外並結

---

[16] 楊善群，《孫子》，認為孫子出生約在公元前 535 年。吳仁傑（注譯），《新譯孫子讀本》，認為孫子出生約在公元前 540 年。

識了從楚國避亂而來的伍子胥。也就是在這數年間孫武開始著手寫兵書。

《孫子・九地篇》言：「投之無所往者，諸、劌之勇也。」這裡的「諸」是指「專諸」。吳王僚十二年（前 515），專諸以短劍刺殺吳王僚。所以，由這句話可證明《孫子》一書確實是孫子到吳國後才開始撰寫的。[17]吳王闔閭三年（前 512）孫武得伍子胥引薦進兵書於吳王闔閭。

自吳王闔閭三年（前 512）至闔閭十一年（前 504），吳以子胥、伯嚭、孫武之謀，西破強楚，北威齊、晉，南伐於越，此時為闔閭的鼎盛時期。[18]

但孫武在闔閭破楚後的去向史書記載並不明確，有學者認為孫武辭官而去，也有認為孫武在闔閭傷逝後繼續輔佐吳王夫差。

孫武的卒年，大約在吳王夫差十二年（前 484）（是年，吳王夫差誣殺大夫伍子胥。）到吳王夫差廿一年（前 475）之間。[19]

孫武死後葬於吳都（今江蘇蘇州市）郊外。[20]

宋神宗元豐三年（1080），詔校定「武經七書」，將《孫子》列為七書之首。

《孫子》一書共有十三篇，至今仍為中外所推崇，李德哈特認為《孫子》在風格上和特質上要比克勞塞維茨的《戰爭論》來的光彩。[21]科林斯（John M. Collins）認為與《孫子》比較，《戰爭論》也是望塵莫及。[22]美國的軍方也十分重視《孫子》，波灣戰爭期間聯軍統率史瓦茲柯夫將軍（Gen Norman H. Schwarzkopf）曾令所屬研讀《孫子》，美國許多軍校將《孫子》（Sun Tzu）列為軍事理論的選修課程。《孫子》一書亦有多國語言之譯本，可見其受國際之重視。

《孫子》一書共有十三篇，吾人依劉寅〔明〕（注）《武經七書直解・孫武子》，將《孫子》各篇之要旨摘錄如下。

始計篇第一：始，初也；計，謀也。此言國家將欲興師動眾，君臣必

---

[17] 楊善群，頁 97-98。

[18] 趙曄，《吳越春秋》，〈闔閭內傳〉。

[19] 楊善群，《孫子》，認為孫子卒年約在公元前 480 年。吳仁傑（注譯），《新譯孫子讀本》，認為孫子謝世於公元前年 484 年伍子胥被殺後，到公元前 475 年吳都被越師圍困以前。

[20] 《越絕書》，〈外傳記吳地傳〉言：「巫門大冢，吳王客將齊孫武冢也，去縣十里。善為兵法。」

[21] John Baylis, Ken Booth, John Garnett and Phil Williams, p. 31.

[22] 鈕先鍾，頁 7。

先定計於廟堂之上，校量彼我之情，而知其勝負也。故《孫子》以始計爲第一篇。

作戰篇第二：廟堂之上，計算已定，然後興師而與之戰。故以作戰爲第二篇。

謀攻篇第三：謀攻者，謀取人之國，謀伐人之兵也。上篇言作戰欲拙速而取勝，不欲巧久而鈍兵挫銳。此篇言謀攻，欲全爭於天下，不欲破人之國毀人之城。

軍形第四：形者，戰守之形也。軍無常形，因敵變化而爲之形。故若決積水於千仞之溪，喻其汪然而不可測，沛然而不可禦也。

兵勢第五：勢者，破敵之勢也。乘敵人有可破之勢，奮兵擊之，如破竹，如摧枯拉朽，而勢不可遏。故下文以轉圓石於千仞之山，喻其勢之險，而不能止也。

虛實第六：虛實者，彼我皆有之。我虛則守，我實則攻。敵虛則攻，敵實則備。爲將要知彼我虛實之情，而爲戰守之法耳。

軍爭第七：兩軍相對必爭，爭者，必以利而動，故篇中多以利言。利，非貨利之利，乃便利之利。利於我則我勝，利於彼則彼勝，故不得不爭也。

九變第八：九變者，用兵之變法有九也。凡用兵有常法，有變法。但知守常而不知臨時應變，亦奚益於勝哉，此孫子拳拳焉以九變言之也。

行軍第九：行軍者，師行之際，必擇其利便之處也，故篇中皆論處軍相敵之事。處軍，即所以行軍也。然不相敵之虛實動靜，非惟不可以取勝，又恐敵之反來乘我也。

地形第十：地形者，山川險易之形也。用兵不知地形，則戰守失利，故地形爲兵之助。計險阨遠近，爲上將之道，學者不可不察也。

九地第十一：九地者，謂地之勢有九也。上篇言地形，乃地理自然之形也。此篇言九地，因兵所至之地，而勢有九等之別也。上篇蓋言地形之常，此篇蓋言地勢之變。故篇內有云「九地之變，屈伸之利」此地形、九地所以分而爲二也。

火攻第十二：火攻者，用火攻敵也。傷人害物，莫此爲甚。兵乃國家不得已而用者。火攻，又其不得已者也。故曰：明主愼之，良將警之，此《孫子》所以後述之也。

用間第十三：間，罅隙也。令人乘敵罅隙而入，以探知其情也。

第四節　吳起及《吳子》簡介

兵書《吳子》又稱《吳子兵法》，相傳係吳起所著，在戰國時代與《孫子》並稱「孫吳兵法」。

吳起春秋末葉戰國初期衛國人。吳起後來到魯國，學兵法以事魯君。時齊人攻魯，魯欲以吳起為將，但吳起娶齊女為妻，魯疑之。吳起欲就功名，遂殺其妻，以表示其不與齊關連。魯人遂以吳起為將，率兵攻齊，且大敗齊軍。但這次的勝利，反而引起了魯君的猜疑，因為魯是一個小國，魯君恐怕軍事的勝利會遭引其他諸侯的圖謀，乃辭謝了吳起。吳起聽說魏文侯是一位賢君，於是吳起就離開魯國投奔魏國。[23]

魏文侯以吳起為西河守，起之為將，臥不設蓆，行不騎乘，親負糧秣，與士卒最下者同衣食，卒有病疽者，起為吮之，故能盡得士心，力拒秦、韓。此時，魏國東克中山，西卻嬴秦，南敗楚於榆關，威震天下。魏文侯在位三十八年薨（周安王十五年，前 387），子魏擊即位，是為魏武侯，同一年秦惠公薨，武侯乘秦喪亂，盡取秦河西之地。吳起在西河日久，聲望日著，魏武侯聽信魏相公叔的讒言，懷疑吳起，召吳起入朝，吳起恐怕獲罪，就逃奔楚國，時在周安王十六年，魏武侯即位的第二年。[24]

楚悼王十六年（前 386），吳起奔楚，悼王素聞起賢，便任他做令尹（宰相）。吳起教悼王明法審令，裁汰冗官，增強兵力，又稟李克治魏盡地利之作法，迫令一些貴族到邊荒之地去開墾。於是楚國南平百越，北并陳蔡，卻三晉，西伐秦，國勢逐漸強盛，但吳起的做法也遭到貴族的憎恨。楚悼王廿一年（前 381），悼王死，宗室大臣作亂而攻吳起，吳起奔走伏在悼王尸身上，吳起遭刺身亡，但擊殺吳起之貴族也刺中了悼王尸身。悼王

---

23 司馬遷，《史記》，〈孫子吳起列傳〉。
24 司馬遷，《史記》，〈孫子吳起列傳〉。

安葬後，楚肅王即位，盡誅射吳起而中王尸之貴族七十餘家。[25]

　　吳起雖以軍事著稱於戰國，但眞正使吳起千秋留名的卻是兵書《吳子》。如果《吳子》確爲吳起所著，從《吳子》的內容來看，則《吳子》大概成書於魏武侯即位以後，到吳起在楚被刺身亡的這段期間。

　　宋神宗元豐三年（1080），詔校定「武經七書」，將《吳子》列爲七書之一。

　　《吳子》共有六篇，全書多是以第三人稱的身分記述魏文侯、魏武侯與吳起有關謀國治兵的討論對話。

　　吾人依劉寅〔明〕（注）《武經七書直解・吳子》，將《吳子》經文要旨摘錄如下。

圖國第一：圖國者，謀治其國也。國治，方可以用兵。篇內有圖國兩字，故取以名篇。

料敵第二：料敵者，料敵人強弱虛實之形也。上篇言，圖國者，知已者也。此篇言料敵，知彼者也。以篇內有料敵二字，故取以名篇。

治兵第三：治兵者，整治士卒，而不使之亂也。兵治，則勝；不治，則自敗矣，況能與人戰乎。以篇內皆論治兵之道，故以名篇。

論將第四：論將者，評論爲將之道也。篇內兼論敵將之能否，而爲取勝之道，以其有論將二字，故以名篇。

應變第五：應變者，臨時應變也。行兵但知守常，而不知與時遷移，應物變化之道，倉卒之際，安能取勝！此吳子所以歷歷言之也。故以應變名篇。

勵士第六：勵士者，以功之大小，設爲宴賞之禮，而激勵立功者。篇中但言勵士之法，故以名篇。

---

[25] 司馬遷，《史記》，〈孫子吳起列傳〉。

第五節　太公望呂尚與《六韜》簡介

兵書《六韜》傳係周太公望呂尚所撰。

呂尚，東海上人。其先祖曾輔佐大禹治水有功，在虞夏之時被封於呂或封於申，姓姜氏。尚爲其後裔，後從其封姓，故曰呂尚。

太公望爲周文王與周武王的國師，周朝的開國太公望居首功。

武王十一年，誓於牧野，以太公爲師，周公爲輔，伐商紂，紂師敗績。紂反走，登鹿臺，遂追斬紂，商亡。

武王伐紂後封太公望於齊營丘（今山東臨淄）。

兵書《六韜》即以太公望之名爲撰者，《六韜》是我國軍事書籍的經典之作，如果《六韜》確爲太公望所撰，則《六韜》成書之時應該是周武王即位到太公望逝世之時，可能是我國最早的一本兵書。

但大多數學者都認爲《六韜》係後人所託造。亦有學者認爲《六韜》係當時的史官將文王、武王與太公望討論治國用兵的對話，記錄成書。[26]

宋神宗元豐三年（1080），詔校定「武經七書」，將《六韜》列爲七書之一。

《六韜》一書係以文王、武王與太公望討論治國治軍之過程，而以對話形式表之，分別是〈文韜〉、〈武韜〉、〈龍韜〉、〈虎韜〉、〈豹韜〉、〈犬韜〉等六卷，計有六十篇。

吾人參考劉寅〔明〕（注）《武經七書直解·六韜》，將《六韜》各卷各篇之要旨，錄之於下，以供參考。

〈卷一文韜〉：

文師第一：文師者，文王田於渭南，遇呂尚，與語，說之，乃載與俱歸，立爲師也。

盈虛第二：盈虛者，氣化盛衰，人事得失之所致也。氣化盛，人事治，爲盈。氣化衰，人事失，爲虛。

國務第三：國務者，治國之大務。如篇內所云「愛民之道」是也。

大禮第四：大禮者，論君臣之禮也。取書內大禮二字以名篇。

明傳第五：明傳者，以至道之言，明傳之子孫也。取書中明傳二字，

---

[26] 徐培根，頁 27-32。

以名篇。

六守第六：六守者，以仁義忠信勇謀六者，守之而不失也。以書內有六守二字，故取以名篇。

守土第七：守土者，保守吾國之土疆也。文王問守土。故取以名篇。

守國第八：守國，保守國家之道也。文王問守國，故取以名篇。

上賢第九：上賢者，以賢者爲上，以不肖者爲下也。以書內有上賢二字，故取以名篇。

舉賢第十：舉賢者，舉用賢才也。以文王問舉賢，故取以名篇。

賞罰第十一：賞罰者，賞有功而罰有罪也。以文王問賞罰之道，故以名篇。

兵道第十二：兵道者，用兵之道也。以武王問兵道，故以名篇。

〈卷二武韜〉：

發啓第十三：發啓者，開發啓迪其憂民之道也。取書中發字啓字，以名篇。

文啓第十四：文啓者，以文德啓迪其民也。蓋取書中之義，以名篇。

文伐第十五：文伐者，以文事伐人，不用交兵接刃而伐之也。以文王問文伐之法，故取以名篇。

順啓第十六：順啓者，順天下人心而啓導之也。此亦取書義，以名篇。

三疑第十七：三疑者，欲攻強、離親、散眾，恐力之不能而疑之也。以武王問三疑，故以名篇。

〈卷三龍韜〉：

王翼第十八：王翼者，王之羽翼也。所謂腹心、謀士、天文、地理、兵法、通糧、奮威、伏金鼓、股肱、通才、權士、耳目、爪牙、羽翼、遊士、術士、方士、法算，凡一十八等，共用七十二人。此但言其行師之際，在將之左右者，七十二人。名雖不同，其所以羽翼王者則一。故總以王翼名篇。

論將第十九：論將者，評論將帥之賢否也。以武王問論將，故以名篇。

選將第二十：選將者，簡選士之能者，而任之爲將。蓋取書中之義，以名篇。

立將第二十一：立將者，建立大將也。武王問立將，故以名篇。

將威第二十二：將威者，論將之不可無威也。有威而可畏，謂之威。人畏將之威，以守則固，以戰則勝矣。以武王問將何以爲威，故以名篇。

厲軍第二十三：勵軍者，激勵軍士使前進者。武王欲三軍攻城爭先登，野戰爭先赴，非激勵其軍，安能使之如此。故以勵軍名篇。

陰符第二十四：陰符者，暗爲符節，以通主將之意，不使人知也。

陰書第二十五：陰書者，暗通主將之言，不使人知也。

軍勢第二十六：軍勢者，行軍破敵之勢也。孫子論兵勢以轉圓石於千仞之山，喻其險而不可遏。太公論軍勢，以疾雷不及掩耳，迅電不及瞑目，喻其速而不可禦，其義同也。

奇兵第二十七：奇兵者，出奇取勝，應變無窮。太公因武王之問，而言其法如此，故以名篇。

五音第二十八：五音者，宮、商、角、徵、羽，各有所應也。隨其所應而制之，亦可以佐吾之勝耳。

兵徵第二十九：兵徵者，兵家勝負之徵兆也。或兇或吉，皆先見焉。爲將者，不可不知。故武王以爲問，而太公答之也。

農器第三十：農器者，以農器喻用兵之器也。天下安定，則武備不修。太公以農器即兵器，兵事即農事，此亦周家寓兵於農之意也。

〈卷四虎韜〉：

軍用第三十一：軍用者，軍之器用也。器用有備，以之戰守，則無患矣。

三陳第三十二：三陳者，天、地、人三陳也。

疾戰第三十三：疾戰者，在圍地而戰，欲疾也。

必出第三十四：必出者，言陷在圍地，而務於必出也。

軍略第三十五：軍略者，行軍之謀略也。謀略不先定，不可以行軍矣。

臨境第三十六：臨境者，與敵人臨境相拒也。

動靜第三十七：動靜者，覘視敵人動靜，設奇伏而勝之也。

金鼓第三十八：金鼓者，鼓以進之，金以止之也。此以金鼓爲篇名，而篇內卻不言金鼓者，未審何義？

絕道第三十九：絕道者，敵人絕我糧道。吾欲守之固，而無所失也。

略地第四十：略地者，戰勝深入，略人之地也。恐敵有謀，故武王以
　　爲問，而太公答之也。

火戰第四十一：火戰者，彼以火攻我，吾因火而與之戰也。

壘虛第四十二：壘虛者，敵人以虛壘疑我，我欲覘而知之也。

〈卷五豹韜〉：

林戰第四十三：林戰者，與敵相遇於林木之中，而與之戰也。

突戰第四十四：突戰者，突出奇兵，而與之戰也。

敵強第四十五：敵強者，遇敵兵之強，而出奇與之戰也。

敵武第四十六：敵武者，敵人武勇，卒與相遇，欲設計而與之戰也。

鳥雲山兵第四十七：鳥雲山兵者，遇高山盤石，與敵相拒，必結爲鳥
　　雲之陳，以取勝也。

鳥雲澤兵第四十八：鳥雲澤兵者，遇斥鹵之地，與敵相拒，必結爲鳥
　　雲之陳，以取勝也。

少眾第四十九：少眾者，以吾兵之少，遇彼兵之眾，欲設奇而取勝
　　也。

分險第五十：分險者，遇險阻之地，與敵人分守相拒也。

〈卷六犬韜〉：

分合第五十一：分合者，吾三軍散爲數處，今欲聚爲一陳，并力而合
　　戰也。

武鋒第五十二：武鋒者，選吾武勇鋒銳之士，伺其便則出而破敵也。

練士第五十三：練士者，簡練材勇之士，各以類聚之也。

教戰第五十四：教戰者，教之坐作進退分合解結之法也。

均兵第五十五：均兵者，車、騎、步三者，視地之險易，相參而使其
　　勢力均也。

武車士第五十六：武車士者，選擇材技之人，用車以戰，謂之武車
　　士。

武騎士第五十七：武騎士者，選擇材技之人，乘騎以戰，謂之武騎
　　士。

戰車第五十八：戰車者，以車與敵戰，務知其地形之便不便也。

戰騎第五十九：戰騎者，以騎與敵戰，而欲取勝也。

戰步第六十：戰步者，以步兵與車騎戰而欲取勝也。

吾人若是從上述《六韜》的結構來看當知武王能伐紂滅商,除了商紂的倒行逆施民心盡失外,太公的軍事思想當是重要原因。吾人試比較《六韜》與《孫子》兩書,吾人以爲《六韜》一書其整體架構與內容完整實較《孫子》來的豐富與周嚴,從學術研究的角度來看其精采實不亞於《孫子》。

第六節　司馬穰苴與《司馬法》簡介

　　司馬穰苴,嬀姓,田氏,名穰苴,春秋時代後期齊國的將軍、大夫、軍事家、軍事理論家,先祖爲田完。田穰苴活躍於前 6 世紀末至前 5 世紀初,輔助齊景公,因官拜大司馬,因此又被稱爲司馬穰苴。[27]

　　齊國至齊景公時(即位於周靈王廿四年,前 548)遭到晉國與燕國的侵略,兩次戰爭齊國都打了敗仗,景公頗爲憂慮,臣相晏嬰認爲田穰苴文能服眾,武能威敵,乃將穰苴推薦給景公。景公召見穰苴,對談兵事,甚爲說服,於是任穰苴爲將軍,以對抗晉燕。[28]

　　穰苴上任就用軍法殺了景公的寵臣莊賈,樹立軍威。穰苴關懷士兵的居住、飲食、健康與士卒打成一片,深得士兵擁戴,紛紛勇赴戰場。晉國聽說穰苴的軍威,立刻罷兵回國,燕國也渡黃河撤兵,穰苴於是乘勢追擊,將過去的失土都收回來。景公乃召見穰苴並封爲大司馬,後世乃以司馬穰苴尊稱之。但穰苴的成就也引起他人的忌憚,大夫鮑氏,貴族高氏、國氏等人在景公前進讒言,齊景公三十年(前 518)景公罷了穰苴的官職,穰苴因之病發猝死。[29]

　　劉寅〔明〕(注)《武經七書直解‧司馬法》對古「司馬法」及《司馬穰苴兵法》的編撰過程有詳細的敘述,茲摘錄如下:

---

[27] 司馬穰苴,維基百科。
[28] 司馬遷,《史記》,〈司馬穰苴列傳〉。
[29] 司馬遷,《史記》,〈司馬穰苴列傳〉。

司馬法者，周大司馬之法也。司馬掌邦政，統六師，平邦國，乃六卿之列，入則佐天子以治國，出則總戎兵以定亂。……周武既平殷亂，封太公於齊，後子仮為齊侯，故其法傳於齊。桓公之世，管仲用之，變而為節制之兵，遂能九合諸侯，一匡天下。景公之世，田穰苴用之，又變而為權詐之兵，遂能卻燕晉之師。景公以穰苴有功，封為司馬之官，後世子孫號為司馬氏。至齊威王時追論古司馬法，方成此書。

　　因此，《司馬法》最早可能是源自於太公兵法《六韜》，齊威王時命大夫收錄古時的「司馬法」，並將穰苴用兵之法也編在一起，稱曰《司馬穰苴兵法》，後世稱之為《司馬法》。[30]由是觀之，《司馬法》應該成書於齊威王在位之時，大約在公元前379年至公元前343年之間，這已是司馬穰苴死後一百五十多年了。

　　宋神宗元豐三年（1080），詔校定「武經七書」，將《司馬法》列為七書之一。

　　今本《司馬法》共有三卷五篇，吾人參考劉寅〔明〕（注）《武經七書直解・司馬法》，並將《司馬法》各卷各篇之要旨，錄之於下。

〈卷上〉：

　　仁本第一：仁本者，以仁為根本也。因首有仁本二字，故以名篇。

　　天子之義第二：天子之義者，君道也。君道者無所不備，而獨以義言者，義主果斷。書曰，以義制事。兵，又事之大者，非義不能果斷而裁制，此所以獨以義言也。以首有天子之義四字，故以名篇。

〈卷中〉：

　　定爵第三：爵者，公卿大夫百執事之爵也。爵定則上下有分而不亂。以首有定爵二字，故以名篇。此篇文義，多不可曉。

〈卷下〉：

　　嚴位第四：嚴位者，嚴整其位也。以首有位欲嚴三字，故以嚴位名篇。篇內，亦多闕文誤字。

---

30 司馬遷，《史記》，〈司馬穰苴列傳〉。陳致平，頁484。

用眾第五：用眾者，用眾以戰也。以首有用眾二字，故以名篇。

第七節　張良與《三略》簡介

　　兵書《三略》分上略、中略、下略，相傳為太公兵法，秦末黃石公將此書傳于張良，故又稱《黃石公三略》，劉邦奠定漢朝天下，得力於張良之籌策甚多。

　　張良字子房，又被尊稱為留侯（留，地方名，現江蘇沛縣），戰國末期韓國人。

　　秦始皇十七年（前 230），秦滅韓，良悉散家財求客刺秦王為韓報仇。二十九年，始皇東遊至陽武博浪沙（今河南陽武縣），張良令力士操鐵椎狙擊始皇，誤中副車。始皇大怒，求，弗得；令天下大索十日。良乃改名，亡匿下邳（今江蘇邳縣）。[31]

　　張良在下邳時，黃石公授以兵書《三略》。

　　秦二世皇帝二年（前 208），臘月，張良聚集了少年百餘人，遇見了沛公（劉邦）。時沛公帶領了數千人在下邳搶掠地盤，於是張良遂歸屬沛公。沛公拜張良為廄將。良數以太公兵法說沛公，沛公善之，常用其策。[32]

　　劉邦於秦二世皇帝二年起兵，在張良、蕭何、韓信等文臣武將襄助下，與項羽進行楚漢相爭。高帝五年（前 202）十二月，劉邦在垓下擊敗項羽，統一全國。

　　高帝六年（前 201），正月，封功臣。高帝曰：「運籌策帷幄中，決勝千里外，子房功也。」乃封良為留侯。[33]

　　漢惠帝六年（前 189），夏，留文成侯張良薨。[34]

　　宋神宗元豐三年（1080），詔校定「武經七書」，將《三略》列為七書之一。

---

[31] 司馬遷，《史記》，〈留侯世家〉。司馬光，《資治通鑑》，〈秦紀二〉，卷七。
[32] 司馬遷，《史記》，〈留侯世家〉。
[33] 司馬遷，《史記》，〈留侯世家〉。司馬光，《資治通鑑》，〈漢紀三〉，卷十一。
[34] 司馬光，《資治通鑑》，〈漢紀四〉，卷十二。

劉寅〔明〕（注）《武經七書直解‧三略》對《三略》有詳細解說，茲節錄如下：

　　三者，上、中、下三卷也。略者，謀略也。世以爲黃石公書授張子房於圯橋者也。……史稱張良少匿下邳，與父老遇於圯橋，出書一編，曰讀此則爲王者師，遂去。旦日視之，乃太公兵法也。《通鑑綱目》亦曰：「張良與沛公遇於留，良數以太公兵法說沛公，公善用之。常用其策。」……唐李靖亦云：「張良所學，太公六韜、三略是也。」然則三略本太公書，而黃石公或推演之以授子房。所以兵家者流，至今因以爲黃石公書也。

由上述可知《三略》亦源自於太公兵書。綜觀《三略》全文，〈中略〉內有一段經文最能表達《三略》之要旨，茲節錄如下：

　　聖人體天，賢者法地，智者師古。是故《三略》爲衰世作。〈上略〉設禮賞、別姦雄、著成敗。〈中略〉差德行、審權變。〈下略〉陳道德、察安危、明賊賢之咎。故人主深曉〈上略〉，則能任賢擒敵。深曉〈中略〉，則能御將統眾。深曉〈下略〉，則能明盛衰之源，審治國之紀。人臣深曉〈中略〉，則能全功保身。夫高鳥死，良弓藏，敵國滅，謀臣亡。亡者，非喪其身也，謂奪其威、廢其權也。封之於廟，極人臣之位，以顯其功。中州善國，以富其家，美色珍玩，以悅其心。夫人眾一合而不可卒離，威權一與而不可卒移。還師罷軍，存亡之階。故弱之以位，奪之以國，是謂霸者之略，故霸者之作，其論駁也。存社稷，羅英雄者，〈中略〉之勢也；故勢主祕焉。

第八節　尉繚子與《尉繚子》簡介

　　兵書《尉繚子》係尉繚所著，尉姓繚名，尉繚子係後人尊稱，人名即書名。有關尉繚子的出身及生平，史書記載不詳。

　　《史記‧秦始皇本紀》有尉繚子的記載，尉繚子為始皇帝時大梁人。

　　在《尉繚子》一書的開始，首篇〈天官第一〉即言：「梁惠王問尉繚子曰：『黃帝《刑德》，可以百勝有之乎？』尉繚子對曰：『刑以伐之，德以守之，非所謂天官、時日、陰陽、向背也。黃帝者，人事而已矣。……』」從〈天官第一〉所言，則尉繚當是戰國時人，曾晉見魏惠王。

　　劉寅〔明〕（注）《武經七書直解‧尉繚子》言：

> 　　尉姓，繚名。子者，後人尊而稱之也。魏惠王時人。按《漢書藝文志》云：「尉繚二十九篇。」註云：「六國時人。」劉向《別錄》云：「繚為商君學，又兵家形勢。」《尉繚》二十一篇，今此書只有二十四篇耳。《史記》亦不見惠王用此人以何職，觀惠王東敗於齊，西喪地於秦，南辱於楚，其不用此人也明矣。況是時龐涓用事，嫉賢妒能，誘孫臏刖其足而黥之。恐此人一見惠王而即去，今不可考焉。

　　是以，後人多認為尉繚子應為戰國末期人，按劉寅言，尉繚當不為惠王重用，其後去向不明。雖然史書對尉繚子生平記載不詳，但其所撰《尉繚子》一書卻甚著名，對後世影響深遠。

　　宋神宗元豐三年（1080），詔校定「武經七書」，將《尉繚子》列為七書之一。

　　今本《尉繚子》共五卷，二十四篇。吾人參考劉寅〔明〕（注）《武經七書直解‧尉繚子》，並將《尉繚子》各卷各篇之要旨，錄之於下。

〈卷一〉：

　　天官第一：天官，蓋論時日支干孤虛旺相之事，即兵家陰陽書也。以其中有「天官」二字，故取以名篇。

　　兵談第二：兵談者，談論治兵之法也。蓋取書中義以名篇焉。

制談第三：制談者，談論兵之制度也。亦取書義以名篇。

戰威第四：戰威者，論戰之威也。戰無威，奚足以制勝。故取其義以名篇。

〈卷二〉：

攻權第五：攻權者，攻人之權法也。攻人而知權變之法，則攻而必取矣。故取書義以名篇。

守權第六：守權者，守城之權法也。守城而有權變之法，則守而必固矣。故以名篇。

十二陵第七：陵，喻其高大也。將帥有威、有惠、識機、善戰、善攻、能守、無過、無困、敬慎、多智、能除害、能果斷，十二事全備，則可以憑陵敵國矣。將帥多悔、作孽、偏私，又多不詳、不度、不明、不實、固陋、禍害、危亡之事，則卑鄙、怯弱，救敗之不暇，況敢憑陵敵國乎。此二十四事，而只以前十二事為十二陵也。其說未知是否。

武議第八：武議者，議論用武之道也。以內有武議二字，故取名篇。

將理第九：將理者，為將之理也。篇內皆言理斷訟獄之事。而首又有將理二字，故以名篇。

〈卷三〉：

原官第十：原官者，評論居官為治之本也。如韓子原道、原性之類。

治本第十一：治本者，為治之根本也，以篇內有治失其本四字，故取治本二字以名篇。

戰權第十二：戰權者，陳權變之法也。以書內有戰權二字，故以名篇。

重刑令第十三：重刑令者，言行軍重為之刑令也。刑令重則士卒無逃亡者，書內有重刑二字，故以名篇。

伍制令第十四：伍制令者，伍制有令也。以書內皆論伍制，故以名篇。

分塞令第十五：分塞令者，分其地而塞其處，使不得通也。

〈卷四〉：

束伍令第十六：束伍令者，約束布伍之令也。以首有束伍之令字，故以名篇。

193

經卒令第十七：經卒令者，經理士卒之禁令也。以首有經卒令字，故以名篇。

勒卒令第十八：勒卒令者，勒士卒之令，使不得諠譁失次也。

將令第十九：將令者，大將所行之令也。令嚴，則下不犯而眾心一，眾心一，則能取勝於敵矣。

踵軍令第二十：踵者，足後追跡繼踵也。踵軍，繼後之軍也。首有踵軍二字，故以名篇。

〈卷五〉：

兵教上第二十一：兵教者，教兵之法也。以其文辭眾多，故分為上下篇。

兵教下第二十二。

兵令上第二十三：兵令者，用兵之禁令也。取書中兵有常令，摘二字以名篇。

兵令下第二十四。

第九節　李靖與《李靖問對》簡介

兵書《李靖問對》（又稱《唐太宗李衛公問對》或《李衛公問對》）係唐太宗與李靖論兵之言，經編撰而成。

李靖（571-649）本名藥師，隋末唐初，雍州三原人，晚年被封為衛國公，故被尊稱為李衛公。[35]

隋朝末年，世局動亂，群雄並起。

李淵本為隋的太原（今山西太原）留守，隋煬帝大業十三年（617）時突厥數寇邊，李淵命副留守高君雅和馬邑太守王仁恭合力抗拒突厥，不幸兵敗，李淵恐為煬帝譴責，十分憂慮，於是起兵叛隋。同年，十一月，李淵率兵攻入長安，擁立煬帝之孫代王楊侑為帝，是為恭帝，遙尊煬帝為太上皇，李淵自為大丞相，封唐王。次年三月，煬帝被弒，五月，消息傳至

---

[35] 劉昫，《舊唐書》，〈李靖〉，卷六十七，列傳第十七。

長安，隋恭帝禪位於李淵，李淵即皇帝位，國號唐，改元武德，是爲唐高祖。自武德元年（618）起，高祖次第削平割據群雄，至武德七年（624）天下大定。到太宗貞觀二年（628），僅剩的梁師都敗亡，唐統一中國。[36]

李靖爲馬邑丞時察太原留守李淵有非常志，因此準備投效李淵。但李靖素與淵有隙，李淵攻入長安後，欲斬李靖，靖大呼曰：「公興義兵，欲平暴亂，乃以私怨殺壯士乎？」世民亦爲之固請，乃捨之。世民因召置幕府。[37]

高祖武德二年（619），李靖討王世充，以功授開府。

武德三年（620），二月，開州蠻冉肇則陷通州。李靖將兵八百，襲擊，斬肇則，俘五千餘人，復開、通二州。高祖甚悅，謂公卿曰：「朕聞使功不如使過，李靖果展其效。」又手敕靖曰：「既往不咎，舊事吾久忘之矣。」[38]

武德九年，六月，京城發生玄武門事變，秦王世民殺太子建成、齊王元吉。八月，太宗即皇帝位。

太宗貞觀四年（630），正月，李靖驍騎三千，夜襲突厥於定襄。二月，李靖破突厥頡利可汗於陰山。[39]

貞觀八年（634），十一月，吐谷渾寇涼州。十二月，太宗以李靖爲將，率兵討擊吐谷渾。貞觀九年（635），五月，李靖上奏平定吐谷渾。[40]

李靖精通史書，才兼文武，出將入相，功業彪炳。太宗以：「朕由是思古人有言曰：『文能附衆，武能威敵。』其卿之謂乎！」稱許他智勇雙全。又以「南平吳，北破突厥，西定吐谷渾」嘉譽其功勳。高祖亦贊曰：「古韓（信）、白（起）、衛（青）、霍（去病），豈能及也。」

貞觀二十三年（649），五月，衛公李靖薨，年七十九。[41]

李靖晚年常奉召與太宗討論兵法，後世將兩人論兵之言編撰成書，即兵書《李靖問對》。

---

[36] 王壽南，頁 75、85。

[37] 司馬光，《資治通鑑》，〈隋紀八〉，卷一百八十四。

[38] 司馬光，《資治通鑑》，〈唐紀四〉，卷一百八十八。劉昫，《舊唐書》，〈李靖〉，卷六十七，列傳第十七。

[39] 司馬光，《資治通鑑》，〈唐紀九〉，卷一百九十三。

[40] 司馬光，《資治通鑑》，〈唐紀十〉，卷一百九十四。

[41] 歐陽修，《新唐書》，〈李靖〉，卷九十三，列傳第十八。

宋神宗元豐三年（1080），詔校定「武經七書」，將《李靖問對》列為七書之一。

《李靖問對》一書，共分〈卷上〉、〈卷中〉、〈卷下〉三卷，全文係問答方式表示，其內容包括如下。

〈卷上〉：

　　論對高麗用兵

　　論奇正、虛實

　　論黃帝兵法《握機經》

　　論古兵家如太公、孫武、吳起、司馬穰苴等之兵學觀念

　　論陣法

　　論管仲制齊之法

　　論北方番漢軍雜處之置理

　　論諸葛武侯用兵之道

　　論番漢軍隊作戰戰術之不同

　　論將

〈卷中〉：

　　論教導諸將用兵之法

　　論《孫子》治力之法

　　論伍法、陣法

　　論《曹公新書》教兵之法

　　論《曹公新書》戰騎、陷騎、游騎與現時馬軍之比較

　　論車、步、騎之用法

　　論統兵之法

　　論李靖統馭部將之法

〈卷下〉：

　　論步兵與車騎作戰

　　就淝水之戰，論部隊分聚之法

　　論攻守之法

　　論《孫子》知己知彼之大要

　　論《孫子》治氣之法

　　論如何收攬李世勣為太子所用

　　論李世勣、長孫無忌、薛萬徹、李道宗等之將才

第十節　毛澤東軍事思想簡介

壹、毛澤東生平的早期

毛澤東湖南人，公元 1893 年 12 月 26 日出生於湘潭韶山的一個農民家庭。中國共產黨、中國人民解放軍和中華人民共和國的主要締造者和領導人。

1906 年秋，毛澤東到韶山井灣里私塾讀書，塾師毛宇居；毛在私塾裡繼續讀四書五經，並開始練習書法；毛不很喜歡讀經書，喜歡讀中國古代傳奇小說，曾讀過《精忠傳》、《水滸傳》、《三國演義》、《西遊記》、《隋唐演義》等。[42]

1911 年春，毛澤東到長沙考入湘鄉駐省中學讀書，首次看到中國同盟會《民立報》，知道孫中山和中國同盟會綱領、黃興在廣州領導反清武裝起義和黃花崗七十二烈士事跡，開始擁護孫等革命黨人。[43]

1911 年 10 月 10 日武昌起義後，毛澤東決心投筆從戎；10 月 22 日長沙起義，湖南獨立；月底毛參加駐長沙起義新軍第二十五混成協五十標第一營左隊當列兵；毛澤東在軍隊認眞接受軍事訓練重視研究時事和社會問題，毛澤東從《湘漢新聞》上，第一次看到新名詞「社會主義」。[44]

民國元年（1912）3 月 10 日，袁世凱在北京就任臨時大總統，毛澤東認爲革命已經結束退出軍隊決定繼續求學；毛澤東在專業選擇上，舉棋不定，變換再三，先後報考警察學堂、肥皀製造學校、法政學堂、商業學堂、公立高級商業學校；在公立高級商業學校學習一個月，感到不滿意，最後以第一名成績考入湖南全省高等中學校（後改名省立第一中學）。[45]

同年秋，由於第一中學課程有限，毛澤東認爲在校學習不如自學，便退學寄居在湘鄉會館，每日到湖南省立圖書館讀書；在半年中，廣泛涉獵 18、19 世紀歐洲社會科學和自然科學書籍；讀了嚴復譯亞當・斯密《原富》，孟德斯鳩《法意》，盧梭《民約論》（即《社約論》），約翰・穆勒《穆

---

[42] 毛澤東，維基百科。
[43] 毛澤東，維基百科。
[44] 毛澤東，維基百科。
[45] 毛澤東，維基百科。

第二篇 戰略篇

勒名學》，赫胥黎《天演論》和達爾文關於物種起源的書，還讀俄、美、英、法等國的歷史、地理書籍，以及古代希臘、羅馬的文藝作品；在圖書館第一次看到世界大地圖，興趣很大，反復細看，受到啓發。[46]

民國 2 年（1913）春，毛澤東考入湖南省立第四師範學校預科，民國 3年（1914）2月，省立第四師範學校合併於湖南省立第一師範學校。[47]

受到 1917 年俄國十月革命的影響，陳獨秀和李大釗等開始研究馬克思主義，他們主辦的《新青年》雜誌也偏離了原先「德先生」與「賽先生」的主題開始宣傳社會主義。[48]這時馬克思主義透過《新青年》雜誌被引入中國。

民國 7 年（1918）6月，毛澤東在湖南第一師範畢業。10月，經楊昌濟介紹，認識北京大學圖書館主任李大釗，徵得蔡元培同意，毛被安排在圖書館當助理員負責登記新到報刊和閱覽人姓名，由於工作關係毛時常到李大釗處請教，讀傳播馬克思主義之書刊，並參加李大釗組織之學生研討各種新思潮活動。[49]

民國 7 年（1918）10月15日，《新青年》第 5 卷 5 號發表李大釗的〈庶民的勝利〉和〈布爾什維主義的勝利〉（實際出版時間爲 1919 年 1 月）。

當時的毛澤東看到了〈布爾什維主義的勝利〉這篇論文受到很大的影響，從那時起就對社會（共產）主義理論關切，將讀書的範圍擴及馬克思、恩格斯、列寧等人的著作。[50]

民國 8 年（1919）12月，毛澤東爲領導驅逐湖南軍閥張敬堯的運動第二次到北京。在這次的停留中，毛澤東自認爲陳望道翻譯的《共產黨宣言》（德語：*Manifest der Kommunistischen Partei*，西方通稱《共產宣言》），考茨基（德語：Karl Johann Kautsky, 1854-1938）著的《階級鬥爭》（*The Class Struggle*）以及柯卡普（Thomas Kirkup, 1844-1912）著的《社會主義史》（*A history of socialism*）等三本書對他的思想影響很大。[51]

---

46 毛澤東，維基百科。
47 毛澤東，維基百科。
48 陳獨秀，維基百科。
49 毛澤東，維基百科。
50 松本一男，《毛澤東評傳》，頁 3。本處引自：陳培雄，《毛澤東戰爭藝術》，頁 47。
51 《斯諾文集》，第二卷，頁 136-7。本文引自：廖蓋隆，《毛澤東思想史》，頁 42-3。中共中央文獻研究室編，《毛澤東傳（1893-1949）》，頁 52-58。
竹內實著，黃英哲、楊宏民合譯，《毛澤東傳》，頁 47。本處引自：陳培雄，

民國 9 年（1920）之後，李大釗在北京大學等高等學校開設社會主義課程。許多知識分子拋棄對民主主義的信仰去接受馬克思、列寧主義，成為初步共產黨主義思想的青年，先後有毛澤東、周恩來、蔡和森、鄧中夏、瞿秋百、張聞天、董必武等人曾去聽課，後來這些人都成為創設中國共產黨的主要分子。[52]

筆者以為，在當時共產主義會受到知識分子的注意是因為，傳統中國的社會環境是一個階級分明、貧富不均的社會，社會結構下層的人民不僅無法溫飽而且普遍的受到歧視，卻又是無力改革只有逆來順受，於是知識分子的同情心油然而生。

民國 10 年（1921）7 月中國共產黨在上海成立，毛澤東為中國共產黨的創黨黨員。

貳、毛澤東農民革命思想的初步形成

民國 13 年（1924）1 月，孫中山在中國國民黨第一次全國代表大會上宣布實行聯俄容共政策，並發表《中國國民黨第一次全國代表大會宣言》。在蘇聯援助下於 3 月組建黃埔軍校並以蔣中正為校長。[53]在中國國民黨第一次全國代表大會的那次會議中，毛澤東代表湖南的國民黨組織出席並被選為中央候補執行委員。[54]

民國 14 年（1925）10 月 5 日，汪精衛向中國國民黨中央常務會議推薦毛代理宣傳部長，常務會議當即通過，10 月 7 日毛就職中國國民黨代理中央宣傳部長。[55]

民國 14 年（1925），毛澤東以他在湘潭休養時的農民運動經驗，發表了國共合作以來他的第一篇最重要文章〈中國社會各階級的分析〉，這篇文章在當年 12 月 1 日刊載於國民革命第二軍司令部編印的《革命》第四期上。[56]

筆者認為這篇文章的重要乃是因為毛澤東根據他調查的分析，發展出

《毛澤東戰爭藝術》，頁 47。

[52] 鄭德榮等主編，《毛澤東思想發展史》上下二卷，上卷頁 29-33。本處引自：陳培雄，《毛澤東戰爭藝術》，頁 48。

[53] 中國國民黨第一次全國代表大會，維基百科。

[54] 毛澤東生平，維基百科。

[55] 毛澤東生平，維基百科。

[56] 中共中央文獻研究室編，頁 100。

「農民革命」的思想。他說：

> 　　誰是敵人誰是朋友？我們現在可以答覆了。一切勾結帝國
> 主義的軍閥官僚買辦階級大地主反動派知識階級即所謂中國
> 大資產階級，乃是我們的敵人，乃是我們眞正的敵人；一切
> 小資產階級、半無產階級、無產階級乃是我們的朋友，乃是
> 我們眞正的朋友。那動搖不定的中產階級，其右翼應該把他
> 當做我們的敵人——即現時非敵人也去敵人不遠；其左翼可以
> 把他當做我們的朋友——但不是眞正的朋友，我們要時時提防
> 他，不要讓他亂了我們的陣線。我們眞正的朋友有多少？有
> 三萬萬九千五百萬。我們的眞正敵人有多少？有一百萬。那
> 可友可敵的中間派有多少？有四百萬。讓這四百萬算做敵
> 人，也不枉他們有一個五百萬人的團體，依然抵不住三萬萬
> 九千五百萬人的這一鋪唾沫。三萬萬九千五百萬人團結起來
> 呀！[57]

　　毛澤東認爲一切小資產階級、半無產階級、無產階級乃是我們的朋友，其人數有三萬萬九千五百萬，這些人占中國總人數將近98%，於是他又說其餘五百萬人的團體擋不住這些人的唾沫。

　　筆者在以上詳細介紹毛澤東的求知過程主要是因爲，他在北大圖書館所閱讀的《階級鬥爭》以及他在湘潭考察農民運動經驗所寫的〈中國社會各階級的分析〉，這兩篇作品使他領悟出蘇聯共黨的「工人革命」在中國是不適用的，因爲當時的中國不是一個工業化的國家，毛澤東經由類比的思考將《階級鬥爭》與〈中國社會各階級的分析〉兩個觀念相結合，於是他的「農民革命」思想就初步的形成了！而「農民革命」正是毛澤東能革命成功的關鍵因素。

　　民國15年（1926）9月，毛澤東寫了一篇題爲〈國民革命與農民運動〉的文章。毛澤東認爲若無農民從鄉村中奮起打倒地主階級之特權，軍閥和帝國主義的勢力就不會從根本上倒塌。[58]

---

[57] 〈中國社會各階級的分析〉。毛澤東寫的〈中國社會各階級的分析〉經過數次的修訂，本處引自原版本。

[58] 中共中央文獻研究室編，頁 117-118。

民國 15 年（1926）11 月任中共中央農民運動委員會書記。

民國 16 年（1927）3 月，毛澤東發表〈湖南農民運動考察報告〉，文章敘述了湖南農民所做的十四件大事，認爲都是革命的行動和完成民主革命的措施。報告提出要「推翻地主武裝，建立農民武裝」。[59]

從以上的過程可知民國 14 年（1925）到民國 16 年（1927）毛對農民運動的考察形成了他農民革命的思想。

參、毛澤東十六字訣戰術思想的形成

民國 16 年（1927）4 月寧漢分裂，中共中央在 8 月 7 日召開緊急會議（八七會議），毛澤東提出了「槍桿子取政權」以革命武裝奪取政權的思想，並被選爲中央政治局候補委員。會後，到湖南、江西邊界領導秋收暴動，但這次暴動並沒有成功。於是毛澤東率殘部千餘人竄至井岡山，創立湘贛革命根據地。

民國 17 年（1928）4 月，朱德、陳毅率領由南昌起義軍餘部和湘南農軍編成的工農革命軍到達寧岡縣和毛澤東部會師。從此毛澤東等人在國民政府統治比較薄弱的農村發展武裝鬥爭，開創了以農村包圍城市最後奪取城市和全國政權的道路。10 月，毛澤東在〈中國共產黨湘贛邊界第二次代表大會決議案〉中提出「工農武裝割據」的思想。「工農武裝割據」就是在中國共產黨領導之下，把武裝鬥爭、土地革命、建立革命政權三者結合起來。[60]

民國 19 年（1930）1 月 5 日，共產黨在贛閩地區的根據地受到政府軍隊的圍剿，有些幹部對未來的發展抱悲觀的看法（包括林彪在內），毛澤東於是分析了當時的情勢發表〈星星之火，可以燎原〉。[61]

從民國 19 年（1930）年底起，毛澤東同朱德領導紅一方面軍，以「**敵進我退，敵駐我擾，敵退我進，敵疲我打**」（「十六字訣」）積極防禦的游擊戰術，在湘贛地區多次擊退了國民政府軍隊的圍剿。而「十六字訣」也成爲共軍軍事戰術思想重要的一部分。這個戰術思想的形成來自於毛澤東、朱德在觀察井岡山地區當地土匪與清剿的政府軍周旋的經驗。當地土匪運

---

[59] 中共中央文獻研究室編，頁 126。
[60] 楊超、劉文耀，《毛澤東對中國革命道路的探索和周恩來的貢獻》。
[61] 毛澤東，〈在莫斯科共產黨和工人黨代表會議上的講話〉。

第二篇 戰略篇

用山區地勢的複雜與他們對地形的熟識，與政府軍在井岡山山區玩躲貓貓、繞圈圈的遊戲，成功的逃避了政府軍的追剿。

從民國 16 年（1927）10 月，毛澤東抵達井岡山的茨坪，建立了中國共產黨領導的第一個農村革命根據地，到民國 20 年（1931）7 月，紅軍再次擊退了國軍的「第三次圍剿」。這三次的反圍剿戰爭使紅軍累積了豐富的作戰經驗，創造出一套具有紅軍特色的戰略戰術。這套戰略戰術的基本原則包括：在敵強我弱的現實狀況下，「誘敵深入」是紅軍的基本作戰方針；運動戰是反圍剿的基本作戰形式；殲滅戰是反圍剿的基本要求，它的要點是集中優勢兵力，各個殲滅敵人，避強擊弱，慎重初戰，採取包圍迂迴，穿插分割的戰術，製造並抓住敵軍在運動中暴露出來的弱點，出其不意的發動攻擊，實施戰鬥中的速決戰。[62] 其實這些作戰方法就是「十六字訣」的運用。

民國 23 年（1934）4 月，紅軍在井岡山時李德採取短促出擊與國軍正面對抗的策略，導致第五次反圍剿戰爭失敗。由於這次戰爭的失敗，中共中央決定自江西根據地突圍。民國 23 年（1934）10 月 18 日，毛澤東參加了紅一方面軍的二萬五千里流竄（中共方面自稱為「長征」）。在流竄的途中，民國 24 年（1935）1 月中共中央政治局在貴州召開擴大會議「遵義會議」，確立了毛澤東的思想和路線以及他在中共全黨的領導地位。10 月，中共中央和紅一方面軍到達陝北保安，結束流竄。

民國 24 年（1935）10 月，長征中的中共中央到達了陝北延安。

肆、國共二次合作後毛澤東戰略與戰術思想的整合

民國 25 年（1936）12 月 12 日的西安事變，促成了國共兩黨的第二次合作。當年 12 月毛澤東在延安歸納了自井岡山以來的作戰經驗發表〈中國革命戰爭的戰略問題〉。在這篇文章中毛以辯證的方式，歸納了紅軍在井岡山反圍剿戰爭的經驗，將戰略、戰術等觀念作了系統性的整合。毛澤東將戰略與戰術的性質作了明確的說明：「我們的戰略是『以一當十』，我們的戰術是『以十當一』，這是我們制勝敵人的根本法則之一。」這句話的延伸就

---

[62] 中共中央文獻研究室編，頁 266-67。

是毛澤東後來所說：「在戰略上要藐視敵人，在戰術上要重視敵人。」[63]

　　民國 26 年（1937），抗日戰爭開始後，以毛澤東為首的中共中央堅持統一戰線中的獨立自主原則，努力發動群眾，開展敵後游擊戰爭，建立了許多抗日根據地。9 月，當共軍開赴晉北參加對日抗戰時，毛澤東對共軍作了指示，即「七分發展，二分應付，一分抗日」[64]雖然中共方面並沒有這方面的文件記載，但實際上中共確實在壯大自己的實力。在民國 26 年（1937）時中共八路軍與新四軍的總人數為 9.2 萬人，到了民國 33 年（1944）其兵力總人數增加到 47 萬餘人，到了民國 34 年（1945）4 月時更擴張到 91 萬人。[65]

　　民國 27 年（1938）5 月時毛澤東發表了〈抗日游擊戰爭的戰略問題〉一文，這篇文章成為抗戰時期共軍在敵後從事游擊戰的作戰指導。

伍、抗日戰爭初期毛澤東的「論持久戰」

　　毛澤東於民國 27 年（1938）5 月 26 日至 6 月 3 日，在延安抗日戰爭研究會上發表了「論持久戰」演講稿，是關於中國抗日戰爭方針的軍事政治著作。毛澤東在總結抗日戰爭初期經驗的基礎上，針對中國國民黨內部分人的「中國必亡論」和「中國速勝論」，以及中國共產黨內部分人輕視游擊戰的傾向，系統地闡述了中國實行持久戰以獲得對日勝利的戰略。民國 27 年（1938）8 月 23 日「論持久戰」在上海《每日譯報》和《導報》公開發表，9 月又以「譯報叢書」的名義出了單行本。[66]

---

[63] 楊超、劉文耀，《毛澤東對中國革命道路的探索和周恩來的貢獻》。
[64] 張玉法，《中國現代史》，頁 510。
　　有關「七分發展，二分應付，一分抗日」的講話，未見諸中共官方文獻。據聞毛澤東講話的文件是在民國 27 年（1938）4 月中共創黨元老之一張國燾叛逃中共時帶出來的，並常為台灣的文章引用。作者補註。
　　郭華倫，《中共史論》第四冊，第九頁，記載毛澤東的主張為：「中日之戰，是本黨發展的絕好機會，我們決定的政策是百分之七十是發展自己，百分之二十作為妥協，百分之十對日作戰。」這一說法被廣泛運用，並衍生出多種類似版本。但史丹福大學歷史教授萊曼‧范斯萊克認為毛澤東從未說過這樣的話。但同時范斯萊克還說，在某些時刻某些地方，中共的實際行為接近於這種力量劃分。參見：洛川會議，維基百科。
[65] 費正清（美）、費為愷（美），頁 711。
[66] 論持久戰。

在《論持久戰》中，毛澤東科學地預見了抗日戰爭將經歷三個階段。第一個階段，是敵之戰略進攻、我之戰略防禦的時期。第二個階段，是敵之戰略保守、我之準備反攻的時期。第三個階段，是我之戰略反攻、敵之戰略退卻的時期。毛澤東鄭重指出，第二階段是整個戰爭的過渡階段，也將是最困難的時期。這三個階段簡言之即戰略撤退、戰略相持與戰略反攻，是處於弱勢兵力對抗優勢兵力的作戰構想。

為了實現持久戰的戰略總方針，毛澤東還提出了一套具體的戰略方針。這就是在第一和第二階段中主動地、靈活地、有計劃地執行防禦戰中的進攻戰，持久戰中的速決戰，內線作戰中的外線作戰；第三階段中，應是戰略的反攻戰。[67]

筆者認為這也是毛澤東的一個重要著作，在抗日戰爭爆發的第二年有公開的專書發表，當時國民政府的許多高級將領都曾看過而且給與很高的評價。（筆者將在本書第十六章討論蔣介石軍事思想時會對《論持久戰》做更詳細的探討。）

民國 27 年（1938）10 月，毛澤東在中共擴大的六屆六中全會上提出「馬克思主義中國化」的指導原則。民國 28 年（1939）10 月 4 日，毛澤東發表〈《共產黨人》發刊詞〉闡明統一戰線、武裝鬥爭、黨的建設是中國革命克敵制勝的三大法寶。

民國 34 年（1945）抗日戰爭勝利後，國共兩黨衝突再起，毛澤東提出「針鋒相對」的鬥爭方針。民國 34 年（1945）8 月 28 日，赴重慶與蔣中正談判表明中國共產黨爭取國內和平的願望。

陸、抗日戰爭結束國共內戰開始毛澤東的十大軍事原則

民國 35 年（1946）6 月，國共全面內戰開始。7 月 20 日，毛澤東為中共中央起草〈以自衛戰爭粉碎蔣介石的進攻〉對黨內指示。9 月 16 日，毛澤東發表了〈集中優勢兵力，各個殲滅敵人〉。毛澤東同朱德、周恩來領導中國人民解放軍進行積極防禦。民國 36 年（1947）3 月至民國 37 年（1948）3 月，同周恩來、任弼時轉戰陝北，指揮西北戰場和全國的解放戰爭。

---

[67] 論持久戰。

由以上的敘述，吾入應可發現毛澤東的《論持久戰》不僅是抗日戰爭初期他對抵抗日軍的作戰構想，也是毛澤東與國軍鬥爭的作戰想法。而到了民國 36 年（1947）7 月至 9 月，中國人民解放軍按照毛澤東所規定的戰略計畫已經從戰略防禦轉入全國規模的戰略進攻階段。

民國 36 年（1947）9 月 1 日，由毛澤東起草的中共中央對黨內指示「解放戰爭第二年的戰略方針」，這個指示規定，解放戰爭第二年的基本任務，是以主力打到國民黨區域，由內線作戰轉入外線作戰，也就是由戰略防禦階段轉入戰略進攻階段。

中共中央在民國 36 年（1947）12 月 25 日至 28 日召集會議。毛澤東在會議上以「目前形勢和我們的任務」為題作了的報告。在「目前形勢和我們的任務」中，毛提出了著名的「十大軍事原則」。這十大原則是：

1. 先打分散和孤立之敵，後打集中和強大之敵。

2. 先取小城市、中等城市和廣大鄉村，後取大城市。

3. 以殲滅敵人有生力量為主要目標，不以保守或奪取城市和地方為主要目標，保守或奪取城市和地方，是殲滅敵人有生力量的結果，往往需要反覆多次才能最後地保守或奪取之。

4. 每戰集中絕對優勢兵力（兩倍、三倍、四倍、有時甚至是五倍或六倍之兵力），四面包圍敵人力求全殲，不使漏網。在特殊情況下，則採用給敵以殲滅性打擊的方法，即集中全力打擊敵正面及其一翼或兩翼，以求殲滅其一部，擊潰其另一部的目的，以便我軍能夠迅速轉移兵力殲滅他部敵軍。力求避免打那種得不償失的、或得失相當的消耗戰。這樣，在全體上我們是劣勢（就數量來說），但在每一個局部上，在每一個具體戰役上，我們是絕對的優勢，這就保證了戰役的勝利。隨著時間的推移，我們就將在全體上轉變為優勢，直到殲滅一切的人

5. 不打無準備之仗，不打無把握之仗，每戰都應力求有準備，力求在敵我條件對比下有勝利的把握。

6. 發揚勇敢戰鬥、不怕犧牲、不怕疲勞和連續作戰（即在短期內不休息的打幾仗）的作風。

7. 力求在運動中殲滅敵人。同時，注重陣地攻擊戰術，奪取敵人的據點和城市。

8. 在攻城問題上，一切敵人守備薄弱的據點和城市，堅決奪取之。一切敵人有中等程度的守備、而環境又許可加以奪取的據點和城市，相機奪取之。一切敵人強固的據點和城市，則等候條件成熟時然後奪取之。

9. 以俘獲敵人的全部武器和大部人員，補充自己。我軍人力物力的來源，主要在前線。

10. 善於利用兩個戰役之間的間隙，休息和整訓部隊。休整的時間，一般地不要過長，盡可能不使敵人獲得喘息的時間。[68]

十大軍事原則是毛澤東根據土地革命戰爭、抗日戰爭和第二次國共內戰的作戰原則和經驗發展出來的，是解放軍打敗國民政府軍的主要方法。後來毛澤東同樣用這些原則來進行韓戰與越戰。[69]作為軍事統帥的毛澤東，在總結出這十條軍事原則後，自信地說過：「以上這些，就是人民解放軍打敗蔣介石的主要方法。」[70]作為軍事統帥的鄧小平，在運用了這十條後深有體會地說過：「打得好的仗都是依靠了這十條，不依靠這十條，仗就一定不會打好。」[71]

柒、國共內戰國軍失敗中共建政與毛澤東的逝世

自民國 36 年（1947）9 月起，在以毛澤東為首的黨中央領導了遼瀋、淮海、平津三大戰役和民國 38 年（1949）4 月渡長江以後的作戰，擊敗國民政府軍隊，獲得全面勝利。

民國 38 年（1949）10 月 1 日，中華人民共和國建立，毛澤東當選為中央人民政府主席。

民國 39 年（1950）至民國 41 年（1952），在毛澤東的領導下，進行了土地改革、鎮壓反革命和其他民主改革，開展了反對貪汙、反對浪費、反對官僚主義的「三反」運動，和反對行賄、反對偷稅漏稅、反對盜騙國家財產、反對偷工減料、反對盜竊經濟情報的「五反」運動。

---

[68] 《毛澤東選集》第四卷，第 1247-48 頁。本處引自：國防大學《戰史簡編》編寫組，《中國人民解放軍戰史簡編》，頁 577-78。
[69] 十大軍事原則，維基百科。
[70] 《毛澤東選集》第 4 卷，第 1247-1248 頁。
[71] 《鄧小平軍事文集》第 2 卷，第 79-80 頁。

民國 43 年（1954），第一屆全國人民代表大會第一次會議通過了由毛澤東主持起草的《中華人民共和國憲法》，毛澤東在這次會議上當選爲中華人民共和國第一任主席，任職到民國 48 年（1959）。

　　民國 55 年（1966），由於對國內階級鬥爭形勢作出了極端的估計，毛澤東發動了「文化大革命」運動，這個運動因受林彪、江青兩個集團操縱而變得特別狂暴，遠超出了他的預計和控制，以致延續十年之久，使中國許多方面受到嚴重的破壞和損失。在「文化大革命」中，毛澤東粉碎了林彪集團的反叛陰謀。

　　中共與蘇聯的關係在韓戰之後開始惡化，民國 57 年（1968）蘇聯派兵鎮壓捷克的民主化事件，使毛澤東認爲蘇聯的威脅來的比美國嚴重，而決定改善與美國的關係。其後在美國的支持下，聯合國在民國 60 年（1971）10 月 25 日舉行的第二十六屆大會，以壓倒多數通過決議使中華人民共和國進入聯合國。

　　民國 61 年（1972）2 月 21 日，毛澤東會見來中國訪問的美國總統尼克森。同月 28 日，中美雙方在上海發表聯合公報，決定實現中美兩國關係正常化。

　　民國 65 年（1976）9 月 9 日，毛澤東在北京逝世。

拐、毛澤東軍事思想的發展與影響

　　吾人從以上毛澤東所發表的文章或對外的談話，應對毛澤東的軍事思想有概括性的瞭解，但事實上所謂的毛澤東軍事思想並不是指毛個人的思想，在中共改革開放後，中國共產黨定義毛澤東思想爲中國共產黨第一代領導人集體智慧的結晶，而不是毛澤東個人的思想。[72]廖蓋隆亦認爲老一輩的中共領導人周恩來、劉少奇、朱德、任弼時、鄧小平等對理論的形成與發展作出了貢獻，但無可否認的是毛澤東在其間扮演了關鍵性的主導角色。[73]

　　鄧小平說：「1935 年在長征途中召開的遵義會議，確立了毛澤東在黨中央和紅軍中的領導地位。」鄧小平又說：「在歷史上，遵義會議以前，我們

---

[72] 毛澤東思想，百度百科。
[73] 廖蓋隆，《毛澤東思想史》，頁 11、12。

的黨沒有形成過一個成熟的黨中央。」第一代成熟的中央領導集體，是以
毛澤東為核心的，是從遵義會議開始逐步形成的。[74]

玖、毛澤東軍事思想發展過程的總結

　　吾人依據上述，將毛澤東軍事思想發展的過程，分為下述數個時期，
並列之於表 7.2。

表 7.2：毛澤東軍事思想發展的過程

時間	毛澤東與軍事有關著作
早期毛澤東受共產主義的影響	
民國8年（1919）12月	毛澤東為領導驅逐湖南軍閥張敬堯的運動，第二次到北京。在這次的停留中，毛澤東自認為陳望道翻譯的《共產黨宣言》，考茨基著的《階級鬥爭》以及柯卡普著的《社會主義史》等三本書對他的思想影響很大。
農民革命理論的形成	
民國 14 年（1925）12月	毛澤東發表〈中國社會各階級的分析〉。
民國16年（1927）3月	毛澤東發表〈湖南農民運動考察報告〉。 農民革命是毛澤東思想的最上層大戰略的核心。
毛澤東在井岡山游擊戰戰術觀念的形成	
民國 16 年（1930）年	從1930年底起，毛澤東同朱德領導紅一方面軍以「敵進我退，敵駐我擾，敵退我進，敵疲我打」（「十六字訣」）積極防禦的游擊戰術，在湘贛地區多次擊退了國民政府軍隊的圍剿。而「十六字訣」也成為共軍戰術思想重要的一部分。
民國 16 年（1927）10月，到民國 20 年（1931）7月	毛澤東抵達井岡山的茨坪，建立了中國共產黨領導的第一個農村革命根據地。到民國20年7月，紅軍再次擊退了國軍的「第三次圍剿」。這三次的反圍剿戰爭使紅軍累積了豐富的作戰經驗，創造出一套具有紅軍特色的戰略戰術。這套戰略戰術的基本原則包括：在敵強我弱的現實狀況下，「誘敵深入」是紅軍的基本作戰方針；運動戰是反圍剿的基本作戰形式；殲滅戰是反圍剿的基本

---

[74] 龔育之，〈鄧小平論毛澤東〉。

	要求，它的要點是集中優勢兵力，各個殲滅敵人，避強擊弱，慎重初戰，採取包圍迂迴，穿插分割的戰術，製造並抓住敵軍在運動中暴露出來的弱點，出其不意的發動攻擊，實施戰鬥中的速決戰。
紅軍在井岡山反圍剿戰爭經驗的歸納	
民國 25 年（1936）12月	毛澤東在延安發表〈中國革命戰爭的戰略問題〉，毛以辯證的方式，歸納了紅軍在井岡山反圍剿戰爭的經驗，將戰略、戰術等觀念作了系統性的整合。毛澤東將戰略與戰術的性質作了明確的說明：「我們的戰略是『以一當十』，我們的戰術是『以十當一』，這是我們制勝敵人的根本法則之一。」這句話的延伸就是毛澤東後來所說：「在戰略上要藐視敵人，在戰術上要重視敵人。」
抗戰時期共軍在敵後從事游擊戰的作戰指導	
民國26年（1937）7月7日	中日戰爭開始，國共第二次合作。為了指導共軍在敵後從事游擊戰，民國27年5月時毛澤東發表了〈抗日游擊戰爭的戰略問題〉一文。從這篇文章的內容來看，它是〈中國革命戰爭的戰略問題〉的延伸，也成為抗戰時期共軍在敵後組訓農民從事游擊戰的作戰指導。
毛澤東論抗日戰爭的策略	
民國27年（1938）5月26日至6月3日	毛澤東在延安抗日戰爭研究會以「論持久戰」為題發表演講。毛澤東分析了中日兩國的國力特質，儘管中國起先居於戰略劣勢，但在中國採取持久戰的策略，經過「戰略守勢」、「戰略相持」、「戰略反攻」三個階段，中國最後必定戰勝日本。毛澤東在「論持久戰」中提到了「兵民是勝利之本」，中共認為「兵民是勝利之本」是「人民戰爭」理論產生的基礎。吾人以為「兵民是勝利之本」這個觀念其實源自於井岡山時期以土地改革動員農民，而到了抗日則以抵禦外侮來發動民眾。於是在工農割據時的「農民革命」就演變成為後來的「人民戰爭」。 「論持久戰」與「人民戰爭」是毛澤東的國防思想，這個思想的提出已使國家的防衛立於不敗之地有效的嚇阻外來勢力的侵略野心。 毛澤東提出了他的國防思想，至此毛的國防思

	想、大戰略思想、戰略思想、戰術思想已形成一個體系。
國共內戰時期毛澤東的作戰指導	
民國35年（1946）7月20日	國共內戰開始。毛澤東爲中共中央起草〈以自衛戰爭粉碎蔣介石的進攻〉對黨內指示。
民國35年（1946）9月16日	毛澤東發表了〈集中優勢兵力，各個殲滅敵人〉。中共在國共內戰第一年的戰略方針是：「戰略防禦，集中優勢兵力，各個殲滅敵人，以運動戰殲滅敵軍有生力量，不以保守或奪取地方爲主要目標。」
民國36年（1947）9月1日	由毛澤東起草的中共中央對黨內指示「解放戰爭第二年的戰略方針」，這個指示規定，解放戰爭第二年的基本任務是：「以主力打到國民黨區域，由內線作戰轉入外線作戰，也就是由戰略防禦階段轉入戰略進攻階段。」人民解放軍按照毛澤東所規定的戰略計畫，從民國 36 年 7 月至 9 月，轉入了全國規模的進攻。
民國 36 年（1947）12月 25 日至 28 日	中共中央召集會議，毛澤東在會議上以「目前形勢和我們的任務」爲題作了的報告。在「目前形勢和我們的任務」中，毛提出了著名的「十大軍事原則」。

拾、毛澤東軍事思想的歸納與影響

　　吾人將毛澤東軍事思想歸納如表 7.3。

表 7.3：毛澤東軍事思想的歸納

	軍事思想
國防思想	「論持久戰」與「人民戰爭」是毛澤東的國防思想，這個思想的提出已使國家的防衛立於不敗之地，有效的嚇阻外來勢力的侵略野心。
大戰略思想	以階級鬥爭、土地改革爲手段將農民運動發展爲「農民革命」。在抗日戰爭期間由「農民革命」演變爲「人民戰爭」。
戰略思想	在戰略上要「以一當十」；在戰略上要藐視敵人；在戰略上是持久戰。在戰略劣勢時，採戰略防禦。在戰略劣

	勢轉爲戰略優勢時，則由戰略防禦伺機轉爲戰略相持、戰略反攻。
戰術思想	在戰術上是「以十當一」；在戰術上要重視敵人；在戰術上是速決戰。（特性：運動戰、速決戰、殲滅戰）無論是戰略優勢或戰略劣勢，在戰術上總是採運動戰，集中優勢兵力，或是阻援打點，殲滅敵軍有生力量；或是圍點打援，消耗敵兵力。若無法形成局部優勢，撤退、轉進、化整爲零，避免正面衝突，放棄城鎮據點，保持有形戰力（留人不留地）。

　　吾人從上述過程將可發現從未受過軍事訓練的毛澤東，其軍事思想的形成在於中共高層能理性的思維實事求是的面對問題，從實務中理出一套戰略觀念。回顧清朝中葉的軍力發展過程，官兵八旗與綠營養尊處優，暮氣已深，剿敵無力，不得已啓用鄉勇，朝廷也就失去了對軍隊的掌控。而這些地方性質的軍隊缺乏戰略觀念的訓練，故每對外作戰失利即簽約求降，割地賠款。毛澤東持久戰與總體戰的思維，則充分運用中國地廣人多的環境特性並將之轉變爲戰略優勢。歷經了抗日戰爭與國共內戰的考驗，毛澤東的軍事思想不僅改變了中國傳統的作戰思維，也爲許多第三世界國家志在革命的人士效法。

拾壹、中共官方對毛澤東的評論

　　中國共產黨認爲毛澤東思想是其取得新民主主義革命、抗日戰爭、國共內戰勝利、建立中華人民共和國的重要理論。毛澤東思想中比較突出的內容有「星星之火可以燎原」、「槍桿子裡出政權」、「農村包圍城市」、「游擊戰十六字方針」、「群眾路線」、「團結一切可以團結的人」、「文藝爲無產階級革命服務」、「三個世界的劃分」、「繼續革命理論」等等。[75]

　　吾人以爲，雖然中共認爲毛澤東思想是中國共產黨第一代領導人集體智慧的結晶，但毫無疑問的，早期毛澤東將蘇聯共黨的工人革命轉變爲適合中國社會情勢的農民革命，應該是他思想上最大的創見。

　　吾人從毛澤東的生平簡介可看出，毛澤東的志業可分爲兩個階段。

　　其第一階段是在 1957 年以前，從毛澤東領導中國共產黨武裝叛亂到中

---

[75] 毛澤東思想，百度百科。

211

第二篇　戰略篇

華人民共和國成立，這個階段毛從事於政治領域與經濟領域的政權鞏固基本上是成功的，鄧小平認爲 1957 年以前毛澤東同志的領導是正確的。[76]

第二階段是在 1957 年開始，中共是在 1957 年展開反對資產階級右派的政治運動；1958 至 1960 年上半年中國共產黨發動主張「超英趕美」的大躍進，但反而造成國家經濟的倒退和大饑荒的發生；1959 年廬山會議上，毛澤東因爲彭德懷等人的異議而下令發動反右傾運動，進而造成社會經濟陷入困頓；而在 1966-1976 發起長達十年的文化大革命造成了社會的浩劫。歷史證明第二階段毛的政治措施顯然是失敗的。

史學家徐中約對毛澤東的評語是「革命有餘，建國不足」。[77] 這個評語說明毛澤東第一階段的志業是成功的，但第二階段卻是失敗的。毛澤東在中共建政後一直是大權在握，但他卻將中國帶到一個動亂頻頻，民不聊生的地步。

毛澤東死後，鄧小平復出，中國共產黨對毛澤東的全部革命活動和革命思想作出了全面的評價。對於毛澤東在歷史上的功過是非，鄧小平認爲雖然毛澤東晚年犯了錯誤，但「這不是說毛澤東同志晚年沒有發表過正確的意見」，鄧又說：「毛澤東思想這個旗幟丟不得，丟掉了這個旗幟，實際上就否定了我們黨的光輝歷史。」[78] 鄧小平對毛的評語是：「三分過，七分功。」

1981 年 6 月 27 日中國共產黨第十一屆中央委員會第六次全體會議一致通過〈關於建國以來黨的若干歷史問題的決議〉，決議文中對毛澤東的歷史地位和毛澤東思想的評論如下：

> 毛澤東同志是偉大的馬克思主義者，是偉大的無產階級革命家、戰略家和理論家。他雖然在「文化大革命」中犯了嚴重錯誤，但是就他的一生來看，他對中國革命的功績遠遠大於他的過失。他的功績是第一位的，錯誤是第二位元的。……

這是中國共產黨對毛澤東一生的總評。

---

[76] 沙健孫，〈鄧小平論科學地評價毛澤東和毛澤東思想〉。
[77] 計秋楓、鄭會欣，頁 791。
[78] 龔育之，〈鄧小平論毛澤東〉。

參考資料

中文書目

〈關於建國以來黨的若干歷史問題的決議〉，《中國共產黨第十一屆中央委員會第六次全體會議》。

《中華人民共和國國史百科全書（1949-1999）》（中國大百科全書出版社，1999）。

《毛澤東選集》第四卷。

《李靖問對》。

《斯諾文集》第二卷。

《越絕書》，〈外傳記吳地傳〉。

《鄧小平軍事文集》第 2 卷，（軍事科學出版社，2004 年版）。

中共中央文獻研究室（編），《毛澤東傳（1893-1949）》（北京：中央文獻出版社）。

毛澤東，〈在莫斯科共產黨和工人黨代表會議上的講話〉，1957 年 11 月 18 日。

毛澤東，《星星之火，可以燎原》，1930 年 1 月 5 日。

毛澤東，《論持久戰》。

王壽南，《隋唐史》（台北，三民，民國 75 年初版）。

司馬光〔北宋〕，《資治通鑑》，〈秦紀二〉，卷七。

司馬光〔北宋〕，《資治通鑑》，〈隋紀八〉，卷一百八十四。

司馬光〔北宋〕，《資治通鑑》，〈漢紀三〉，卷十一。

司馬光〔北宋〕，《資治通鑑》，〈漢紀四〉，卷十二。

司馬光〔北宋〕，《資治通鑑》，卷二百七。

司馬光〔北宋〕，《資治通鑑》。

司馬遷〔西漢〕，《史記》，〈司馬穰苴列傳〉。

司馬遷〔西漢〕，《史記》，〈周本紀〉。

司馬遷〔西漢〕，《史記》，〈孫子吳起列傳〉。

司馬遷〔西漢〕，《史記》，〈留侯世家〉。

司馬遷〔西漢〕，《史記》。

竹內實（著），黃英哲、楊宏民（合譯），《毛澤東傳》。

吳仁傑（注譯），《新譯孫子讀本》（台北：三民書局，2004）。

李燾編〔南宋〕，《續資治通鑑長編》。

松本一男，《毛澤東評傳》。

計秋楓、鄭會欣（譯），《中國近代史（下冊）》（香港：香港中文大學，2002）。

徐培根（註譯），《六韜新註新譯》（台北：臺灣商務，民國 73 年修訂一版）。

國防大學《戰史簡編》編寫組，《中國人民解放軍戰史簡編》（北京：解放軍出版社，2001）。

張玉法，《中國現代史》（台北：東華書局，民國 90 年增訂九版）。

畢沅〔清〕（撰），《續資治通鑑》，卷三八。

畢沅〔清〕（撰），《續資治通鑑》。

郭華倫，《中共史論》，第四冊。

陳永發，《中國共產革命七十年》（臺北：聯經，1998 初版）。

陳致平，《中華通史（一）》（台北：黎明，民國 75 年修訂一版）。

陳培雄，《毛澤東戰爭藝術》（台北：新高地出版社，1996）。

費正清（美）、費為愷（美）（編），《中華民國史 1912-1949（下）》。

鈕先鍾（譯），《大戰略》（台北：黎明文化，民國 74 年）。

愛德格‧斯諾，《斯諾文集》（新華出版社）。

楊善群，《孫子》（台北：知書房，1996 第一版）。

廖蓋隆，《毛澤東思想史》（台北：洪葉文化，1994）。

趙曄〔東漢〕（撰），《吳越春秋》，〈闔閭內傳〉。

劉建國（注譯），黃俊郎（校閱），《越絕書》（台北：三民書局，1997）。

劉昫（等撰），《舊唐書》，〈李靖〉。

劉昫（等撰）〔後晉〕，《舊唐書》。

劉寅〔明〕（注），《武經七書直解‧六韜》。

劉寅〔明〕（注），《武經七書直解‧司馬法》。

劉寅〔明〕（注），《武經七書直解‧吳子》。

劉寅〔明〕（注），《武經七書直解‧孫武子》。

劉寅〔明〕（注），《武經七書直解‧尉繚子》。

劉敬坤（譯），費正清（美），費維愷（美）（著），《劍橋中華民國史》（中國社會科學出版社，2006-12-1）。

歐陽修〔宋〕（撰），《新唐書》，〈李靖〉，卷九十三，列傳第十八。

歐陽修〔宋〕（撰），《新唐書》。

鄭德榮等主編，《毛澤東思想發展史》上下二卷。

西文書目

Baylis, John., Ken Booth, John Garnett and Phil Williams, *Contemporary Strategy* (N. Y., Holmes & Meier, 1987, 2nd ed.).

徐中約，*The Rise of Modern China,* 6th Ed. (N.Y., Oxford University Press Inc. 2000).

網際網路

http://dxp.chinaspirit.net.cn/

http://english.peopledaily.com.cn/dengxp/

http://mzd.chinaspirt.nwet.cn

十大軍事原則。

https://zh.wikipedia.org/wiki/%E5%8D%81%E5%A4%A7%E8%BB%8D%E4%BA%8B%E5%8E%9F%E5%89%87

中國國民黨第一次全國代表大會，維基百科。

https://zh.wikipedia.org/wiki/%E4%B8%AD%E5%9C%8B%E5%9C%8B%E6%B0%91%E9%BB%A8%E7%AC%AC%E4%B8%80%E6%AC%A1%E5%85%A8%E5%9C%8B%E4%BB%A3%E8%A1%A8%E5%A4%A7%E6%9C%83.

毛澤東思想，百度百科。https://baike.baidu.com/item/毛泽东思想.

毛澤東，〈中國社會各階級的分析〉。

https://www.marxists.org/chinese/big5/nonmarxists/mao/19251299.htm。

毛澤東，維基百科。 https://zh.wikipedia.org/wiki/毛澤東. 1/13/2022.

毛澤東生平，維基百科。

https://zh.wikipedia.org/wiki/%E6%AF%9B%E6%B3%BD%E4%B8%9C%E7%94%9F%E5%B9%B3.

第二篇 戰略篇

司馬穰苴，維基百科。

　https://zh.wikipedia.org/wiki/%E5%8F%B8%E9%A9%AC%E7%A9%B0%E8
　%8B%B4. 1/18/2022.

沙健孫，〈鄧小平論科學地評價毛澤東和毛澤東思想〉，人民大學複印報刊
　資料。http://rdbk1.ynlib.cn:6251/Qk/Paper/273606. 1/13/2022.

洛川會議，維基百科。

　https://zh.wikipedia.org/wiki/%E6%B4%9B%E5%B7%9D%E4%BC%9A%E8
　%AE%AE. 1/13/2022.

陳獨秀，維基百科。

　https://zh.wikipedia.org/wiki/%E9%99%88%E7%8B%AC%E7%A7%80.
　1/13/2022.

龔育之，〈鄧小平論毛澤東〉，新浪新聞中心。

　http://news.sina.com.cn/c/2006-08-31/122510884042.shtml. 1/13/2022.

楊超、劉文耀，〈毛澤東對中國革命道路的探索和周恩來的貢獻〉，中國共
　產黨新聞網。

　http://cpc.people.com.cn/GB/69112/75843/75873/5167087.html. 1/13/2022.

論持久戰。http://chinatide.net/xiachao/3-2.html. 1/13/2022.

第八章　西方戰略家與軍事思想家簡介

第一節　西方「戰略」觀念的產生與本章結構

壹、前言：戰略家、軍事思想家、政治家與政治思想家

在進行本章的討論之前，筆者必須將我所認為的「戰略家」、「軍事思想家」、「政治家」以及「政治思想家」四個名詞作一個區別。

筆者以為四者之不同在於，「軍事思想家」與「政治思想家」是以研究戰爭歷史或者是政治領域的策略發表有著作，而且能獲得學術界的肯定在歷史上留有盛名。例如克勞塞維茨（Clausewitz, Carl von）寫的《戰爭論》（*On War*, 德文 *Vom Kriege*），以及本書前一章所介紹的中國古時兵家多屬於軍事思想家，其中的《孫子》一書更是舉世聞名。

在政治思想家方面：馬基維里（Machiavelli, Niccoló）寫的《君王論》（*The Prince*）；利希留樞機主教（Richelieu, Armand- Jean du Plessis, Cardinal et duc de）「權力平衡」（balance of power）（簡稱「均勢」）的觀念。他們的思想都受到後世的重視。

軍事思想家與政治思想家的思想是公開的，具前瞻性的，受到肯定的。

而「戰略家」則是領兵作戰的將軍連戰皆捷以戰績聞名。但「戰略家」的作戰構想就是他們的致勝之道，因此他們將他的作戰構想視為機密絕不會詔示於人，故他們不會留有任何著作。而在西方歷史中最有名的戰略家當是拿破崙，但拿破崙從未著書，後世研究拿破崙的思想多是由解讀拿破崙戰史著手。

「政治家」則是在國家中握有實權的政治人物，在他們執政期間縱橫

捭闔於國際政治，以外交手段為國家創造利益使國家臻於富強。例如普魯士的首相俾斯麥（Bismarck）在他的領導下將德意志（Germany）統一並成立德意志帝國。

因此衡量一個能在軍事歷史或世界歷史上占有一席之地的英雄豪傑，多從其著書或戰績、政績著手，而本章所介紹的歷史人物大多屬於這四類。

貳、西方「戰略」觀念與「戰略」名詞的產生

在人類文明的演進過程中，戰爭的行為發生在不同的時間與地點，有些重要戰爭的勝負決定了一個朝代或國家的興盛與衰亡。人類的歷史說明了戰爭行為從未中止，過去如此，未來也必是如此。

在西方的歷史中，古希臘、羅馬時代就發生過很多著名的戰爭。例如波斯王大流士（Darius）入侵希臘的「波斯戰爭」（Persian Wars）；雅典與希臘之間的「伯羅奔尼撒戰爭」（Peloponnesian Wars）；馬其頓國王亞歷山大（Alexander, 前 336-前 323）則以他的軍事武功建立一個橫跨歐亞的帝國；羅馬與伽太基之間爆發了長達一百多年的「布匿克戰爭」（Punic War）。

「戰史」記載了軍事作戰的經過，但戰史卻幾乎不曾記錄當時軍事將領指揮作戰的用兵構想，正如同前所述，將領們從不對外透露他的作戰構想。因此要瞭解軍事作戰成功或失敗的原因，就必須解讀「戰史」用「分析」（analysis）、「歸納」（induction）等方法，從形之於外的「現象」來推敲藏之於內的「思想」。對戰史的研究是任何軍事指揮官或對軍事有興趣者，想要學習或瞭解用兵作戰所必須的。

是以，吾人以為在古時候一個成功的軍事將領，其用兵作戰的觀念可能源自於：本身的聰明才智、個人實戰的經驗、戰史研習的心得以及臨戰時的創意。

歷史的演進到了拜占庭（Byzantium）時期，東羅馬帝國（Eastern Roman）的一位將軍毛里斯（Maurice），由於他與波斯人（Persians）以及及阿瓦爾人（Avars）的戰功使他在皇帝提比流斯（Tiberius, 在位 574-82）逝世後，被選為帝國的皇帝（在位 582-602）。在他就位之前，大約在公元 580 年時曾撰寫一書書名為 *Strategikon*，並以這本書作為訓練各軍區指揮

官的教材。[1]若把拉丁文譯爲英文這本書的名稱就是 *Strategy*，這是西方第一本以《戰略》爲名的書，也可能是這個名詞第一次可考的出現。「strategikon」的語根爲希臘文中的「strategos」，這個字的意義就是「將軍」（general），所以「strategikon」的意義即爲「將軍之學」，也就是所謂的「將道」（generalship）。[2]

毛里斯在 *Strategikon* 這本書中多方面討論作戰以及領導統御等問題，其內容涵蓋有訓練、戰術行動、行政、後勤等，並且也探討在面對敵國威脅時應有的軍事作爲。[3]

其後，東羅馬皇帝李奧六世（Leo VI, 在位 886-912）大約在公元 900 年也撰寫了一書，書名爲 *Tactica*，此書對戰爭作了相當科學化的研究。[4]對於各種不同的敵人，各種不同的情況應採取何種戰法，都曾作精密的分析。「tactica」此名詞源出於希臘字「taxis」，其意義爲戰鬥單位，所以此書也就是戰鬥單位的教則。[5]

拜占庭時期，後來又有一位參謀軍官（staff officer）受到一位勇敢的皇帝佛卡斯（Nicephorus Phocas, 在位 963-69）的啓示，大約在公元 980 年寫了一本手冊（manual），這本手冊的內涵應是與軍事有關但名稱與詳細內容則不可考。這本手冊與毛里斯的 *Strategikon*、李奧六世的 *Tactica* 是拜占庭的三本重要軍事論著。[6]

其後又將近過了十個世紀到了公元 1770 年法國人梅齊樂（Paul de Maizeroy, 1719-80）始將 *Strategikon* 與 *Tactica* 這兩本書翻譯成法文，梅齊樂又根據這兩本書的書名創造出「strategy」（戰略）和「tactics」（戰術）兩個新名詞，並於 1777 年在其著作 *Theorie de la guerre*（《戰爭理論》）一書中首先使用，這就是「戰略」和「戰術」兩個現代軍事用語的起源。[7]

歷史似乎將毛里斯定位爲「戰略」名詞的創用者，但是參閱史籍，吾人應該給毛里斯更高的評價。毛里斯首開軍事學術研究的風氣，後人對「strategy」觀念的肯定與重視顯然超過他與波斯人以及對阿瓦爾人作戰的

---

[1] Trevor N. Dupuy, p. 208.
[2] 鈕先鍾，《中國戰略思想史》，頁 9。
[3] Trevor N. Dupuy, p. 233.
[4] Trevor N. Dupuy, p. 285.鈕先鍾，《中國戰略思想史》，頁 87。
[5] 鈕先鍾，《中國戰略思想史》，頁 87。
[6] Trevor N. Dupuy, pp. 233, 286.
[7] Azar Gat, pp. 39-43. 本處引自：鈕先鍾，《中國戰略思想史》，頁 88。

功勛。毛里斯對高階軍官的訓練，可能是史籍記載最早使用教育方式來培育高階軍官的人，換言之，毛里斯可能是現代軍事戰略教育的開創者。

由以上的探討，吾人可以理出以下三個結論：

1. 戰爭行為一直伴隨著人類進化的過程；

2. 毛里斯可能是第一位使用「戰略」此名詞的人；

3. 毛里斯可能是最早致力軍事學術研究以及高階軍事教育的人。

參、本章結構

探討西方戰略思想的演進，需要相當的篇幅，但本書中僅能作概略性的介紹。本章將西方重要戰略家的簡介按時間劃分為四個時期，此四時期為：

1. 啟蒙運動前的戰略家或軍事思想家；

2. 啟蒙運動時期的戰略家或軍事思想家；

3. 工業革命至第二次世界大戰時期的戰略家或軍事思想家；

4. 第二次世界大戰後戰略學術研究的發展情形。

第二節　啟蒙運動前的西方戰略家或軍事思想家

壹、馬基維里（Machiavelli, Niccoló, 1469-1527）

毛里斯之後，歐洲歷經了蠻族入侵、黑暗時期，戰略學術研究似乎也停頓了，直到文藝復興時期（Renaissance），義大利弗羅倫斯人（Florence）馬基維里寫了《戰爭藝術》（*The Art of War*, 1521）、《君王論》（*The Prince*, 1532）、《李維羅馬史論》（*The Discourses on the First Ten Books of Titus Livy*, 1531）、《弗羅倫斯史》（*Florentine History*, 1532）等書。尤以《君王論》為其代表作，甚受後世重視。

茲將《君王論》之內容簡述如下：[8]

　　馬基維里認爲君王必須建立自己的國民軍，不能依賴傭兵及外籍援軍。君王除了研究戰爭、戰術和軍隊紀律外，不應該有別的目的和思想，因爲這是一個統治者必須研究的唯一藝術。馬基維里建議，一位君王千萬不能和一個力量比他強大者結盟去攻擊第三國，除非情勢迫不得已非這麼做不可。[9]

　　馬基維里認爲君王都因某種品質而著名，好的品德使他受人尊重，但一個人不可能具有所有這些好的品德，因此君王必須審慎避免那些可能使他喪失其國的罪惡之惡名。但是他對於非此不足以衛其國之惡，則必須不惜羽毛，不以爲意。他認爲很多看來很好的事情，如果一味遵行，會帶來毀滅，而另一些看來是惡的事情，結果會給君王帶來安全和幸福。[10]

　　在討論君王應該慷慨還是吝嗇時，根據他的觀察，在他們那個時代只有被認爲吝嗇的人能做出偉大的事業來，那些不吝嗇的人泰半一事無成。[11]

　　他認爲一個君王不必完全具有前邊提到的那些好的品質，但必須裝得像有這些特質一般。具有這些品質，永遠實行這些品質，是極端危險的事，但僞裝具有這些特質卻是很有用的。一位君王，尤其是新王國的君王，不能遵行那些被認爲是美德的東西，爲了保護他的國家，行動違反守信、仁慈、仁愛和宗教是必要的。他認爲不要離開善的軌道，但在必要時，也必不辭爲惡。君王爲惡能招來怨恨，就是爲善也同樣招來怨恨，欲保其國，君王常被迫爲惡。[12]

　　以上是馬基維里《君王論》的重要觀念。

---

8 何欣，《君王論》。原著：Niccolò Machiavelli, *The Prince*.
9 何欣，頁 58-9、98。
10 何欣，頁 70-1。
11 何欣，頁 72-3。
12 何欣，頁 80、86。

馬基維里說明了君王不僅要塑造自己神聖、莊嚴、道德的形象又要能為國家利益肆行邪惡之事，當然在君主政治之下所謂的國家利益其實也就是個人利益。《君王論》成為古代許多君主所必讀而且誠摯奉行書中所言。證諸歷史，古今中外的君王，不具這種特質也就無法雄才大略。

　　馬基維里的《君王論》忠實的反映君主政治的真實面與黑暗面，他認為君王的目標是善良的，但達到目標的方法可以是非道德的，他的思想招致許多的批評，也產生了「馬基維里主義」（Machiavellism）、「馬基維里學派」（Machiavellian）等不名譽的名詞。《君王論》使馬基維里流芳百世也遺臭萬年，但無論如何，《君王論》被認為是「近代政治科學的基礎」，它已經是人類文化資產的一部分。[13]

貳、利希留樞機主教（Richelieu, Armand-Jean du Plessis, Cardinal et duc de, 1585-1642）

　　十七世紀初，歐洲爆發了宗教戰爭，哈布斯堡皇朝（Habsburg Dynasty）神聖羅馬帝國皇帝（Holy Roman Emperor, 馬提亞斯（Matthias, 在位 1612-19））試圖剷除波西米亞（Bohemia）境內新教徒（Protestants）勢力，恢復羅馬教會的一統局面，而爆發「三十年戰爭」（The Thirty Years' War, 1618-48）。[14]

　　當時的法國（France）首相利希留樞機主教（在位 1624-42）在羅馬教會位高權重，理應支持馬提亞斯之繼任皇帝斐迪南二世（Ferdinand II, 在位 1619-37）致力於恢復天主教為正統的作法。但他把法國的國家利益看的比任何宗教目標更為重要，他利用宗教的分裂資助德意志（Germany）的新教諸侯讓戰爭持續進行。利希留的目標在終止法國險惡的環境耗盡哈布斯堡的實力，防止在法國邊境出現強大的勢力。他結盟的唯一標準就是要符合法國的國家利益，他不僅與新教國家結盟甚至與回教鄂圖曼帝國（Ottoman Empire）聯盟。三十年戰爭進行到第十七年（1636）待交戰雙方民窮財盡時，利希留說服國王路易十三（Louis XIII, 在位 1610-43）加入戰爭並站在新教這一邊。公元 1648 年三十年戰爭結束，利希留阻撓哈布斯堡成功，使

---

[13] 何欣，頁 13。
[14] 王淑瓊，頁 12。

神聖羅馬帝國分裂爲三百餘個政治實體,使得德意志的統一延後約二百年。[15]直到公元 1870 年的「普法戰爭」(Franco-Prussian War, 1870-71)普魯士擊敗法國,德意志始告統一。

公元 1521 年至 1525 年哈布斯堡王朝的查理五世(Charles V, 1500-58, 在位 1519-56)與法王佛蘭西斯一世(FrancisI, 1494-1547, 在位 1515-47)發生戰爭,英王亨利八世(Henry VIII, 1491-1547, 在位 1509-47)先支持查理五世對抗法王,但到了 1525 年亨利八世又反過來幫助法國對抗神聖羅馬帝國,亨利八世的目的就在維持歐洲的「權力平衡」(balance of power)(簡稱「均勢」),不願意歐洲走向統一。換言之,早在十六世紀初「均勢」的觀念已經被使用。[16]

利希留對哈布斯堡皇朝「三十年戰爭」的處理採取的就是「均勢」政策。但利希留是最早將「國家利益至上」、「權力平衡」等觀念理論化的政治家,這些觀念都反映他的著作《政治證言》(*Political Testament*)一書中。[17]利希留的思想已超越軍事戰略層次,不僅使神聖羅馬帝國瓦解,使法國成爲當時歐洲最強的國家,也影響到後世的國際秩序,即使在現代,「均勢」的觀念仍爲政治家在處理國際關係的主流思想。

參、古斯塔夫二世(Gustavus II Adolphus, 1594-1632, 在位 1611-32)

十七世紀除了發生「三十年戰爭」外,由於火器的進步,瑞典(Sweden)國王古斯塔夫二世捨棄傳統的作戰方式,而以新的觀念改革軍事開啓了戰爭的新紀元。

十七世紀也是現代戰爭開始的時代,古斯塔夫的作法大致如下[18]:

1. 將舊式的毛瑟槍(musket)改良爲較輕、易於操作、發射速度較快的新毛瑟槍,使步兵(infantry)的火力增強。

2. 將傳統固定式火炮(gun)改爲輕型、可移動、機動力強的新型火炮,這也使他被尊稱爲現代野戰炮兵(modern field artillery)之父。

---

[15] Kissinger, pp. 56-7. 本處引自:林添貴、顧淑馨,《大外交(上)》,頁 61-71。

[16] 鄧元忠,頁 16。王德昭,《西洋通史》,頁 510-13。

[17] 林添貴、顧淑馨,《大外交(上)》,頁 61-71。

[18] Trevor N. Dupuy, *The Harper Encyclopedia of Military History,* pp. 571-580.

第二篇 戰略篇

3. 由於武器火力的增強，爲了發揮這種特性，他將部隊的作戰隊形，由傳統的「希臘方陣」（Greek Phalanx）改爲「線式隊形」（linear formation），這種作戰隊形一直持續到二十世紀還在使用。

4. 發展一種步兵、騎兵（cavalry）、炮兵聯合作戰的戰術，這也是他在作戰戰術上的最大貢獻。

5. 他是最先建立一支職業化常備軍隊（professional standing army）的國王。

6. 在軍隊編制上，他將大約五百人的步兵編制成「營」（battalion），一個「營」包含有四個「連」（company），三個「營」編成「旅」（brigade）。這也是現代軍隊編制中，旅級以下部隊編制的最早形成。[19]

7. 他是最早律定現代軍隊「旅」級軍官階級的人，他律定「旅長」或「團長」（regiment commander）爲「上校」（colonel），「營長」爲「中校」（lieutenant colonel），「連長」爲「上尉」（captain），「上尉」之下則爲「中尉」（lieutenant）。[20]

古斯塔夫使瑞典成爲北歐洲的強國，他善長「機動戰」（maneuver），先後擊敗丹麥（Denmark）、俄國（Russia）、波蘭（Poland）等國。

公元 1630 年古斯塔夫爲了維護新教徒的利益建立一個以瑞典爲首的德意志新教國家聯邦，在利希留的財政支援下加入「三十年戰爭」大敗神聖羅馬帝國斐迪南二世的軍隊。公元 1632 年，古斯塔夫在呂城（Lützen）擊敗華倫斯坦（Wallenstein），但本身亦陣亡。[21]

在古斯塔夫軍事改革的作法中，已經可以看到現代戰爭及現代軍隊編制的芻形，由於他對現代軍制與戰爭的影響，因此有人稱他爲現代戰爭之父。

---

[19] 拿破崙時期又增加了「師」（division）及「軍」（corps）的編制。

[20] 到了十七世紀末，法國國王路易十四（Louis XIV, 1643-1715）又增設了「少將」（major general）、「中將」（lieutenant general）及「元帥」（marshal）等編制，完成了現代化專業軍官的永久性階級體制。參見：Trevor N. Dupuy, *The Harper Encyclopedia of Military History,* p. 577.

[21] 王德昭，頁 542-49。鄧元忠，頁 18-23。

第三節　啟蒙運動對軍事作戰與軍事學術的影響

　　歐洲在十六世紀中期產生了「科學革命」（the Scientific Revolution, 1543-1687），這件事對人類歷史影響甚大，一般認為現代所謂的「科學」（science）實源自於科學革命（參見本書第二章）。到十八世紀，當時的思想家想把「科學革命」的成果予以普遍化，並將它們運用到人性、社會、神的探討領域上，用科學的方法來診治人類在經濟、社會、政治和宗教上的宿疾上。這個改革運動史稱為「啟蒙運動」（the Enlightenment），「啟蒙運動」時期，歐洲有上百位的大思想家，他們在宗教、哲學、經濟、政治、文學、藝術等領域有很大的貢獻，使人類文明擺脫了黑暗進入到現代[22]（參見本書第九章）。

　　「啟蒙運動」對於軍事學術的研究與軍事作戰顯然也有相當的影響，啟蒙運動時期也是「軍事天才」洋溢的世紀。如前所述，筆者將軍事歷史人物分為二種類型：一種是「立功導向」，領兵作戰英雄型的戰略家，如腓特烈二世及拿破崙；另一種是「立言導向」，學術研究型的軍事思想家或政治思想家。

　　在啟蒙運動以前歷史上多的是英雄型的戰略家，這類型的戰略家可能是因為不願讓競爭對手瞭解他的作戰想法，所以也就不曾著書或者即使有著作也不會明示他的觀念，因此他們在「立言」上的成就就不如在「立功」上來的顯赫。

　　但是到了「啟蒙運動」時期受到「科學革命」的影響，軍事學術的研究開始融入了科學的方法，產生了許多「立言導向」型的軍事思想家，這類型的思想家大都不是直接領兵作戰而是多出自於軍事幕僚或軍事教育機構，例如，約米尼與克勞塞維茨，而在「啟蒙運動」之後則有更多的人投入到軍事學術的研究。

　　腓特烈二世、拿破崙、約米尼與克勞塞維茨，他們都是「啟蒙運動」時期的「軍事天才」，吾人認為他們應該是現代軍事戰略思想的「啟蒙者」。

---

[22] 鄧元忠，頁 137。

第二篇　戰略篇

225

第四節　啓蒙運動時期的戰略家與軍事思想家

壹、腓特烈二世（Frederick II, 1712-86, 在位1740-86）

普魯士國王腓特烈二世，由於他戰功彪炳又被尊稱為腓特烈大王（Frederick the Great）。

十八世紀的上半期（1700-50）歐洲各國軍事作戰的趨勢大致如下[23]：

1. 整個歐洲基本上還是農業社會，大多數的人必須從事農耕，少部分為工業人口，再加上許多國家開始殖民海外，人口外移，因此社會對軍事人力的供給是有限的。

2. 軍隊已開始專業化、職業化，軍官多由貴族出任，對士兵的獲得則採取「傭兵制度」（mercenary），士兵程度低，多來自社會低下階層，有些甚致是流氓出身，忠誠度低。有錢的人不要當兵，因為國家需要他繳稅。基於作戰需求，訓練及管理必須非常嚴格，作戰時要防止士兵逃亡，在戰場上士兵之所以勇於作戰，不是基於對國家的忠誠，而是來自對軍官的畏懼。

3. 由於軍隊職業化，軍隊的維持成本很高，再加上軍事人力來源不易，訓練費時等因素，作戰必須節約兵力，精打細算，不能投入太多或犧牲太大。

4. 大多數國家的軍隊規模都很小，軍隊的編制、武器以及作戰隊形，與古斯塔夫時期比較沒有太大的改變。

5. 指揮官發動戰爭必須先準備充足的糧食與裝備，建立並存放於「補給倉庫」（magazines），作戰部隊不能離開補給點太遠，通常離補給點不超過四至五天的行程。同樣的，與敵軍作戰也要避免接近敵軍補給點四至五天的距離。

6. 基於前述的各種因素，因此，戰爭的性質多為有限目標（limited aim），防禦重於攻擊，儘量避免大規模會戰。

普魯士建國於十七世紀，地處歐洲中部，四周強鄰環繞，為法國、俄國、奧國（Holy Roman Empire,（Austria）)、瑞典等國所包圍，缺少天然屏

---

[23] Trevor N. Dupuy, pp. 666-70.

障，戰略位置與環境都不好。腓特烈二世為普魯士第三代國王，繼位之初即認為，欲強盛普魯士必須擴張領土。

公元 1740 年，神聖羅馬帝國皇帝查理六世（Charles VI）逝世，皇位由其女兒瑪利亞德利莎（Maria Theresa, 在位 1740-80）繼任。腓特烈二世乘機以中古時代的封建關係為藉口，率領軍隊攻入西里西亞（Silesia）而爆發了「奧地利王位繼承戰爭」（War of the Austrian Succession, 1740-48）。1748 年戰爭結束，奧國將西里西亞割讓給普魯士。西里西亞的獲得使腓特烈二世的國土與人口擴張了約一倍，而且該地有紡織工業與大量的煤礦，腓特烈二世於是將常備軍擴充到二十萬，使普魯士成為歐洲的強國。[24]

由於腓特烈二世勢力的擴張因而引起相鄰各國的警覺。公元 1756 年爆發了「七年戰爭」（Seven Years' War, 1756-63）奧、法、俄、瑞典以及撒克遜尼（Saxony）結盟對抗普魯士。腓特烈二世的盟友只有英國（England），但英國僅能給予少數財務上而非軍事上的協助。腓特烈二世在歐洲大陸必須獨自與奧、法、俄三國作戰，而這三個國家的總人口數比普魯士大十五倍。[25]

《大英百科全書光碟版》（*Encytclopedia Britannica, 2003 Deluxe Edition*）對腓特烈二世的介紹中認為面對這麼一個態勢，腓特烈二世的戰略思維是必須掌握他的兩個重要戰略資源：訓練嚴格及裝備優良的軍隊，以及處於中央位置（central position）的戰略優勢。

腓特烈二世作戰構想是：

1. 首先攻擊一個敵軍然後再攻擊另外一個。
2. 在關鍵性的地點（decisive points）集中優勢兵力採速戰速決方式攻擊敵軍。
3. 必須乘敵人的盟軍還沒有增援之前集中兵力於中央位置迎擊個別的敵軍。

腓特烈二世發展的這套作戰方法就是最典型的「內線戰略」（strategy of interior line），也是弱勢兵力對抗優勢兵力的基本戰法。[26]

---

[24] 鄧元忠，頁 206-09。
[25] 鄧元忠，頁 209。
[26] 「內線戰略」的名詞以及腓特烈二世的戰略思維是後人對他戰法的詮釋。在當時，腓特烈二世應該不會將他的想法示之於人，在腓特烈二世的著作中也沒有明確的顯示他的作戰觀念。作者加註。

第二篇 戰略篇

內線戰略又或稱為內線作戰，其觀念為在強勢兵力未形成合圍前以機動方式對強勢兵力的弱小部分，形成局部優勢各個擊破。

相較於內線作戰的，稱之為外線作戰，其觀念為將兵力分進合擊，對弱勢兵力形成包圍並殲滅之（以上為作者補充）。

筆者以為，腓特烈二世的內線作戰觀念其形成的原因是由於：戰略態勢與地理位置的因素。普魯士地處歐洲中部四周被強鄰包圍，是處於一個不利的戰略態勢，於是腓特烈二世只有利用位處中央的地利，以及訓練精良的兵力，集中他的力量在其周遭的強鄰中尋找一個弱小的鄰國，形成兵力的優勢將他擊敗，再以各個擊破的方式擊敗另外一個鄰國。腓特烈二世最不樂見的當然就是被這些強鄰包圍起來合擊普魯士。腓特烈二世的內線作戰觀念就這麼產生了！

在「七年戰爭」中腓特烈二世以機動（maneuver）、奇襲（surprise attack）、集中（concentration）、側翼攻擊（flank attack）、斜形隊形攻擊（oblique order attack）、分進合擊等戰法，[27]歷經了下列重要的會戰。

表 8.1：腓特烈二世「七年戰爭」重要戰役

年	月	日	戰 役 名 稱
1756	10	01	羅保西茲戰役（Battle of Lobosite）
1757	05	06	布拉格戰役（Battle of Prague）
	06	18	科林戰役（Battle of Kolin）
	07	26	哈斯騰貝克戰役（Battle of Hastenbeck）
	07	30	克羅斯‧雅格朵夫戰役（Battle of Gross-Jägerdorf）
	11	05	洛斯巴哈戰役（Battle of Rossbach）
	12	06	魯騰戰役（Battle of Leuthen）
1758	08	25	佐倫道夫戰役（Battle of Zorndorf）
	10	14	霍克奇戰役（Battle of Hochkirch）
1759	08	01	明登戰役（Battle of Minden）
	08	12	庫勒斯朵夫戰役（Battle of Kunersdorf）
	11	21	馬克西安戰役（Battle of Maxen）
1760	08	15	里格尼茲戰役（Battle of Liegnitz）
	11	03	土格戰役（Battle of Torgau）
1762	06	24	威希斯達戰役（Battle of Wilhelmsthal）

---

[27] 方震宇，《腓特烈大王戰史》，手稿，未出版。（方震宇：備役陸軍上校，曾任三軍大學陸軍指揮參謀學院教官，此手稿為其授課之講義。作者加註。）

| 07 | 21 | 普克斯朵夫戰役（Battle of Burkersdorf） |
| 10 | 29 | 弗萊堡戰役（Battle of Freiberg） |

資料來源：Trevor N. Dupuy, *The Harper Encyclopedia of Military History*, 4th ed., pp. 730-38.

　　腓特烈二世在「七年戰爭」中力敵全歐，僅英國在財政方面有所支援，1758 年後普魯士處境日蹙。1759 年在「庫勒斯朵夫會戰」為奧、俄軍隊擊敗，柏林兩度失陷。1762 年，俄女皇伊莉莎白（Elizabeth Petrovna, 1709-62）逝世，彼德三世（Peter III）繼位，彼德三世對腓特烈二世較為友好，他在同年將占領土地還給普魯士並簽訂聖彼德條約與普魯士結盟。瑞典繼之亦於同年簽訂漢堡條約與普魯士恢復戰前原況。彼德三世雖不久被其皇后凱薩琳二世（Catherine II, 1729-96）推翻但凱薩琳仍守中立。奧國因為沒有俄、瑞支援，乃於 1763 年與普魯士簽訂「胡勃圖斯堡條約」（Treaty of Hubertusburg），奧國再度承認西里西亞為普魯士領土，也確定了普魯士在歐洲的強國地位。[28]

　　腓特烈二世在「七年戰爭」後即不再對外興兵作戰，勤於政事二十餘年，公元 1786 年腓特烈二世以七十四歲高齡辭世。

貳、拿破崙（Napoleon Bonaparte, 1769-1821）

一、拿破崙崛起的時代背景

　　十八世紀末，法國國王路易十六（Louis XVI, 1754-93, 在位 1774-92）逐漸不能掌握國內政治局勢，到了公元 1788 年由於農業歉收經濟蕭條導致人心不安。次年（1789）7 月 11 日由於財相奈克（Jacques Necker, 1732-1804）的被免職終於引發了暴動，群眾在 7 月 14 日攻陷巴士底（Bastille）監獄釋放囚犯開始了「法國大革命」（French Revolution, 1789-99）。拿破崙崛起於法國大革命並於 1799 年擔任執政，結束長達十年的革命動亂，恢復了法國秩序也開始了拿破崙時代。[29]

　　茲將拿破崙時期之大事列之於附錄 2（見本書後）。

---

[28] 王曾才，《西洋近世史》，頁 255-57。
[29] 王曾才，《西洋近世史》，頁 349-73。

由附錄 2 可看出拿破崙的戰事由勝而敗，大致可分爲六個階段：

第一階段：1796-97 年，拿破崙被任命爲義大利軍指揮官，進兵義大利擊敗奧、義聯軍。

第二階段：1798 年，拿破崙率兵出征埃及。但戰事不利，1799 年 10 月返回法國。

第三階段：1799 年 12 月，拿破崙發動政變，任第一執政。馬崙哥戰役、霍亨林登戰役擊敗奧軍。1801 年 2 月，法奧簽定和約。

第四階段：1801 年 2 月，歐陸戰事暫停，拿破崙在海上全力對付英國。1803 年，英國對法宣戰。1805 年 10 月，英將納爾遜在特拉法加殲滅法國與西班牙之聯合艦隊。

第五階段：1805-07 年，歐陸戰事再起。烏耳木戰役（1805 年 10 月）、奧斯特里茲戰役（1805 年 12 月）、耶拿戰役（1806 年 10 月）、腓德南戰役（1807 年 6 月），拿破崙皆獲勝利，反法「第四次聯盟」瓦解。

第六階段：1808 年 3 月半島戰爭開始，拿破崙投入三十萬法軍在西班牙戰場。半島戰爭在 1814 年方始結束。在歐陸戰場，1809 年拿破崙尚能掌握優勢，但 1812 年入侵俄國，慘遭失敗。嗣後之「萊比錫戰役」、「滑鐵盧戰役」兩次均敗北。

由附錄 2 亦可看出，公元 1809 年歐洲反法「第五次聯盟」瓦解到 1812 年拿破崙侵俄之前，拿破崙在歐洲的勢力已經到了顛峰，除了巴爾幹（Balkan）之外，整個大陸在其掌握之中，核心爲法帝國（包含比利時及萊茵河左岸），外圍環繞以附庸國，而北邊和東邊則爲普、奧、俄、瑞典、丹麥（Denmark）等盟國。[30] 拿破崙征俄的失敗是拿破崙勢力衰退的開始，1813 年「萊比錫戰役」與 1815 年「滑鐵盧戰役」的兩次失敗宣告了拿破崙時代的結束。

二、拿破崙成功原因分析

吾人歸納拿破崙成功因素可分爲環境因素與個人因素。

（一）拿破崙成功的環境因素

　　1. 十八世紀後期，歐洲人口大量增加，法國由 1800 萬增加到 2600 萬，其人口總數僅次於俄國的 4400 萬，哈布斯堡皇朝的人口由 900

---

[30] 鄧元忠，頁 383-84。

萬增加到 1800 萬，德國由 1000 萬增加到 2000 萬。

2. 十八世紀中葉的「工業革命」（Industrial Revolution）導致工廠大量生產（mass production）其結果使得軍隊擴張所需的武器裝備供應無缺。對海外貿易的增加，改善了政府的財政收入。

3. 法國大革命時期所頒布的《全國皆兵法》使得法國的軍事人力供給大增且成本較低。公元 1794 年加諾（Carnot）即重建法國八十萬軍隊，這是拿破崙稱帝後掌握的最大競爭優勢。[31]

（二）拿破崙成功的個人因素

他的作戰方式：

1. 一有機會他會以欺敵以及快速的運動繞過敵人側翼到達敵方的交通線（line of communications）使敵人陷於不利態勢（disadvantage）再給以重擊。如馬崙哥、烏耳木、耶拿等戰役。

2. 面對優勢兵力的敵軍，他會先分散兵力然後再迅速的集中在關鍵性地點（critical point）形成局部優勢，重挫敵人。如瑞弗利、腓德南、德累斯登等戰役。

3. 將兵力集中在兩個敵軍的中間採取各個擊破方式，先擊潰一個敵軍，然後再攻擊另外一個。如蒙特諾替、滑鐵盧等戰役。[32]

歸納拿破崙的作戰方式有三：

- 中央位置（the central position）；
- 側翼包圍（the flanking envelopment）；
- 正面攻擊（the frontal attack）。[33]

拿破崙的戰爭原則如下：

- 攻勢（offensive）；
- 機動（mobility）；
- 奇襲（surprise）；
- 集中（concentration）；
- 保護（protection）。[34]

試將上述拿破崙的作戰觀念與腓特烈二世「七年戰爭」的作戰方法作

---

[31] Gunther Rothenberg, pp. 20-35.
[32] Trevor N. Dupuy, p. 809.
[33] 王曾才，《西洋近世史》，頁 35。
[34] Trevor N. Dupuy, p. 200-02.

一比較，就可發現兩者之間的類似性，因此我們可以認為拿破崙對腓特烈二世的戰史一定有詳盡的研究，拿破崙也被認為是「內線作戰」（operation on interior line）的專家。總結拿破崙這種新的作戰方法也顯示出他的競爭對手在戰術觀念上的落伍。

三、拿破崙失敗原因的分析：戰略環境的逆轉

自拿破崙征俄失敗的第二年也就是公元 1813 年的 2 月至 3 月，普、奧、瑞典加入了俄、英、西班牙、葡萄牙（Portugal）所成立的「第六次聯盟」（參見附錄 2），拿破崙全盛時期的附庸國與盟國紛紛背離，戰略環境逐漸對法國不利。

依歷史的過程，歸納拿破崙的失敗有五個主要的環境因素：

1. 半島戰爭的拖累；
2. 大陸系統的不實際；
3. 德意志民族意識的覺醒；
4. 征俄戰役的失利；
5. 最後軍事的敗北。[35]

四、拿破崙失敗原因的分析：最後軍事的失利

（一）作戰觀念為對手識破

拿破崙最後軍事敗北的二次戰役分別是：「萊比錫戰役」與「滑鐵盧戰役」。

拿破崙自 1796 年的「蒙特諾特戰役」開始，一直延用他的內線戰法沒有改變，因而他的作戰對手逐漸瞭解拿破崙的作戰方式，也發展出因應的對策。那就是在沒有完成戰場會師之前，任何一路兵團不但不與法軍單獨決戰反而向後退卻以引誘法軍追擊。然後，其他各路兵團則從法軍左右兩翼向法軍採取攻勢夾擊法軍。[36]

在「萊比錫戰役」時的反法聯軍對付拿破崙的策略是，盡可能的侵擾或擊潰拿破崙的各下屬部隊，在沒有形成絕對的兵力優勢前避免和拿破崙

---

[35] 鄧元忠，頁 325。
[36] 丁肇強，頁 248。

的主力部隊決戰。[37]

　　拿破崙在滑鐵盧戰役的失敗正是由於他的將軍未能成功阻隔普魯士軍隊，而使普魯士軍隊與威靈頓的軍隊在滑鐵盧戰場會合，導致拿破崙在滑鐵盧失去了優勢而告失利。

　　由此可知，反法聯軍在與拿破崙的互動過程中雖然屢屢敗戰卻也獲取了教訓，逐漸瞭解拿破崙的作戰觀念而發展出應因的對策，因而在「萊比錫戰役」與「滑鐵盧戰役」擊敗拿破崙。[38]

（二）兵力數量陷於劣勢

　　歐洲聯軍不僅逐漸瞭解拿破崙的作戰觀念而加以模仿，同時在兵力數量上也逐漸享有優勢。

　　公元 1808 年，法軍入侵西班牙的「半島戰爭」，法國有三十萬兵力被威靈頓公爵所牽制（參見附錄 2）。

　　公元 1812 年，拿破崙率軍遠征俄羅斯投入了四十五萬兵力，其中只有半數不到是法國部隊，其餘則是向德、奧、波蘭（Poles）以及義大利等國徵調而來，加上二十二萬六千人的後備部隊，其使用之總兵力高達六十七萬五千人、火炮 1393 門。拿破崙征俄的失敗使他折損了五十七萬兵力及二十萬頭戰馬。[39]

　　拿破崙自征俄失敗回到法國即開始徵兵，但由於兵源不足不得不違反兵役法徵召勉強及齡的青少年入伍當兵。拿破崙的戰馬也在征俄之戰中消耗殆盡，以致使他無法運用騎兵作偵蒐、衝擊、追擊之用。[40]

　　公元 1813 年的「萊比錫戰役」，拿破崙的兵力僅有十七萬五千人，火炮 717 門。歐洲聯軍則出動了三十二萬五千人，火炮 1384 門。1815 年的「滑鐵盧戰役」，威靈頓率領的聯軍有十二萬人，火炮 288 門，拿破崙則出動了七萬二千人，火炮 248 門。這些數字顯示拿破崙的兵力已是明顯的不如歐洲反法聯軍。[41]

---

[37] Paul K Davis, pp. 294-97.
[38] 也有其他著作持同樣看法，認為拿破崙的戰法被對手識破。參閱：Gérard Chaliand ed., p. 646. 該書認為普魯士特別瞭解拿破崙的作戰方式。
[39] Byron Farwell, pp. 710-12.
[40] Trevor N. Dupuy, pp. 294-95.
[41] Gunther Rothenberg, pp. 252-53.

五、結論

　　雖然 1815 年 6 月 18 日，拿破崙在滑鐵盧（Waterloo）被英國威靈頓公爵（Duke of Wellington）與普魯士元帥布魯赫爾（Marshal Gebhard von Blücher）所率領的反法盟軍所擊敗，並被流放到大西洋上的一個小島聖赫倫那島（Saint Helena），但這並沒有減損拿破崙在世界軍事歷史上的地位。在網路上可以搜尋到有關拿破崙作戰的一些非學術性統計，拿破崙大概從事了六十場戰爭，他的獲勝率是在90%左右，在世界歷史上為數眾多的將軍中，拿破崙作戰的勝率幾乎是排名第一的。這個數據說明拿破崙作戰的勝利絕非是偶然或運氣的原因，必定是有一個思想在導引拿破崙指揮作戰，拿破崙從未透露他的作戰觀念，但這卻是研究軍事學術或軍事作戰人士最感興趣的。

　　後世企圖對拿破崙用兵觀念之瞭解多是由分析研究「拿破崙戰史」著手，「拿破崙戰史」幾乎是各國戰爭學院必修之課。其中，解讀拿破崙軍事思想最成功的是曾擔任拿破崙軍事參謀的約米尼（Jomini），拿破崙的軍事思想已經被破解就是「內線作戰」，拿破崙也被公認為是「內線作戰」的專家。

　　只要舉一個戰史例子就可知道拿破崙軍事思想的重要。在中國抗日戰爭結束後國共內戰開始，蔣介石的政府軍就是被毛澤東率領的解放軍以「內線作戰」方式給擊敗而退守臺灣（請參考本書第十六章第五節「蔣介石戰術思想的嚴苛考驗：徐蚌會戰」）。

參、約米尼（Jomini, (Antoine-Henri), baron de, 1779-1869）

　　如前所述，受到科學革命與啟蒙運動的影響，軍事部門也開始使用科學方法來從事軍事學術的研究，企圖從「戰史」中理出一些軍事戰略的原理、原則，作為軍事指揮官領兵作戰的指導，而這正是約米尼的企圖。

　　約米尼是法國的將軍，曾擔任過拿破崙的參謀官（staff officer）且深受拿破崙的重視，因此，約米尼對拿破崙用兵作戰的觀念十分的瞭解，約米尼對腓特烈二世以及法國大革命也研究的十分詳盡，這些構成了約米尼軍事學術研究的重要資產，也就形成了他的軍事思想。[42]

---

[42] 鈕先鍾，《西方戰略思想史》，頁 213-14、219-21。

吾人以爲，從事戰略學術的研究必須要精研腓特烈二世的「七年戰爭」與「拿破崙戰史」。因爲，分析單一性的戰役從而歸納其成功或失敗的原因可能會失之偏頗，其中會存有「或然性」的因素。單一性戰役的分析僅討論其戰功以及戰役的作戰構想，但很少討論指揮官的戰略思想。然而，腓特烈二世與拿破崙在短短近十年的時間歷經十數次以上的會戰而能連戰皆捷，其成功就不能以「或然性」視之，必定有其用兵的思維爲導引，這才是後人冀欲瞭解的。

　　換言之，只有腓特烈二世的「七年戰爭」與「拿破崙戰史」才能構成軍事學術研究的樣本，從而透過歸納法理出個中的條理，從這點而言，顯然約米尼搶得了先機。公元 1838 年，約米尼發表了《戰爭藝術》（*Summary of the Art of War*）一書，這本書奠定了約米尼在軍事學術研究上的地位。

　　《戰爭藝術》主要在討論外交對戰爭的關係、軍事政策、戰略、戰術、後勤、工程等課題。但綜覽全書後，可發現全書最重要且最精彩的是在討論戰略、戰術的部分，其內容大致如下。[43]

　　　　戰略是在地圖上進行戰爭的藝術，它所研究的對象是整個的戰場，大戰術是在地面上實際調動軍隊和作戰的藝術。[44]
　　　　戰爭的藝術，不管是攻還是守，在戰場上對於兵力一定要作適當的部署，關於這一點有二條基本原理：
　　　　一、在運動上，一定要獲得自由和迅速的便利，以便用我軍的主力來打擊敵軍的一部分。
　　　　二、一定要打擊在最具決定性的方向上面，在這個方向上，敵人若敗會受到極大的損失，若勝卻不會獲得很大的利益。[45]
　　　　對於所有一切的戰爭行動，似乎是具有一條偉大的原理，這個原理在一切環境中都可以適用，它包括下列四條格言（maxims）：
　　　　一、利用戰略的行動，將我軍兵力的大部分，連續投擲在一個戰場中的決定點上，同時也投擲在敵人的交通線上面，

---

[43] 以下摘錄自：鈕先鍾，《戰爭藝術》，民 85。
[44] 鈕先鍾，《戰爭藝術》，頁 72-3。
[45] 鈕先鍾，《戰爭藝術》頁 274-5。

而盡可能不危及我方的交通線。

　　二、設法用大吃小的辦法來擊敗敵軍。

　　三、在戰場上，也是要把我軍的主力用在決定點上，或是用在有最先擊破必要的一部分敵軍戰線上面。

　　四、應該作這樣的安排，使這些兵力不僅用在決點定上，而且還要切合時機，並且具有充分的力量。[46]

　　約米尼在軍事學術上的最大貢獻就在於他對於戰爭所提出的基本原理或格言。對這些觀念的表達，約米尼創造了「中央位置」（central position）和「內線作戰」等名詞。約米尼毫不諱言認為，這些原則的發現來自於他對腓特烈二世以及拿破崙戰役的研究。[47]

　　綜合本節對腓特烈二世、拿破崙以及約米尼的介紹可發現「內線作戰」的觀念始於腓特烈二世，成熟於拿破崙，而約米尼則歸納理出這套在當時祕不示人的作戰想法，並賦予專有名詞而將之原理化、學術化，至此，腓特烈二世與拿破崙用兵思維之奧祕始為世人周知。

肆、克勞塞維茨（Clausewitz, Carl von, 1780-1831）

　　克勞塞維茨是普魯士將軍，曾參與對抗拿破崙的戰役與約米尼是同一時期但卻是敵對雙方的軍人，克勞塞維茨曾擔任普魯士「戰爭學院」（War College）院長，受過系統性（systematic）的哲學訓練且深受哲學家康德（Immanuel Kant, 1724-1804）的影響。在這種背景下很自然使他能夠將軍事方面的瞭解以及他對研究腓特烈二世及拿破崙戰役的心得，變成哲學的觀念而寫了他最負盛名的一本書《戰爭論》（On War, 德文 Vom Kriege），這本書在他生前並未全部完成且在他逝世後才出版，但卻成為普魯士及世界各地研究戰爭的教科書。也使他被尊為「現代戰略研究之父」（the father of modern strategically study）對日後的「普法戰爭」（Franco-Prussian War, 1870-71）以及對一次及二次世界大戰的參戰將軍有重大的影響。[48]

---

[46] 鈕先鍾，《戰爭藝術》頁 74。

[47] 鈕先鍾，《西方戰略思想史》，頁 220、201。
　　"strategy, Antoine Jomini". *Encytclopedia Britannica*.

[48] "strategy, Carl von Clausewitz". *Encytclopedia Britannica*.

克勞塞維茨的《戰爭論》包含有八篇：[49]

第一篇：論戰爭的性質（On the Nature of War）

第二篇：論戰爭的理論（On the Theory of War）

第三篇：戰略通論（On Strategy in General）

第四篇：戰鬥（The Engagement）

第五篇：兵力（Military Forces）

第六篇：防禦（Defense）

第七篇：攻擊（Attack）

第八篇：戰爭計畫（War Plans）

克勞塞維茨的戰略思想對世人的貢獻簡述如下：

1. 他的著作首次提出政治（political）與軍事（military）之間的領導統御（leadership）關係。

2. 他定義戰略是運用會戰（battle）來達到戰爭的目的。

3. 他認為會戰最重要是在決定性的地點（decisive spot）形成優勢（superiority），以摧毀敵人的兵力。

4. 他認為戰爭不是科學性的遊戲（scientific game）而是暴力的行動（an act of violence）。

5. 數學的（mathematical）和地形學（topographical）的因素對「戰術」的重要性較高，對「戰略」的重要性較小。

6. 戰爭是政治的工具（instrument）是使得政策延續（a continuation of policy）的另一種手段（means）。

7. 他強調軍事戰略政治戰略必須合作無間。[50]

克勞塞維茨反對十八世紀有限目標（limited objectives）的作戰觀念，也是最早倡導「總體戰」（total war）的人，他認為作戰時要攻擊敵國的領土、財產和人民。他強調戰略要注意三個重點：敵人的兵力、自己的資源以及作戰的意志。[51]

克勞塞維茨相信他已經發現了戰爭的基本原理（fundamental laws），但他認為在實際作戰時會受到太多外在因素的影響，尤其是心理（psychological）因素以及士氣（moral）的因素最為重要。因此他反對把戰

[49] 鈕先鍾，《西方戰略思想史》，頁 248-9。

[50] "strategy, Carl von Clausewitz". *Encytclopædia Britannica*.

[51] Byron Farwell, "total war", "Carl von Clausewitz".

爭的基本原理，編纂成爲準則（doctrine）。他認爲這樣會使得在戰場上將抽象的規律作武斷的運用反而會造成悲慘的後果。[52]

　　克勞塞維茨與約米尼雖然同是處於「啓蒙運動」時期，但他受到康德的影響，認爲戰爭的複雜性是不能像自然科學一樣用簡單的公式（formula）或原則（principle）來表達。[53]再加上他以哲學式嚴謹的邏輯思維來處理戰爭的複雜現象，因此《戰爭論》一書十分的冗長而難讀，這是他與約米尼的最大不同之處。但是經過長時間對戰爭問題的思索《戰爭論》是第一本對戰爭有深入的研究，且以整體性及系統性來表達的大著，使克勞塞維茨成爲贏得「兵聖」美名的兵學大師。但進入到二十世紀的後半，隨著新式長射程武器系統（long- range weapons systems）的出現，克勞塞維茨以陸戰（land warfare）爲主的戰略觀念也就逐漸式微。[54]

第五節　工業革命及科技發展對戰爭型態的影響

　　十八世紀中期，發生在英國的工業革命是現代文明史的一件大事，它奠定了近代西方經濟生活基礎。十八世紀初英國人紐昆門（Thomas Newcomen, 1663-1729）便設計低壓蒸汽唧筒（抽水機），其後英國人瓦特（James Watt, 1736-1819）將之改良設計成蒸汽機（steam engine），並在1769 年取得專利，到 1776 年後蒸汽機乃成爲工業的主要動力。1815 年，英國人史蒂芬生（George Stephenson, 1781-1848）首先使用蒸汽機引擎推動火車在鐵軌上行駛，這是工業革命開始的情形。[55]

　　工業革命一直持續進行到二十世紀初。因此亦有將工業革命劃分爲兩階段：1776 年至 1870 年爲第一階段，稱之爲「第一次工業革命」(the First Industrial Revolution）；1871 年至 1914 年爲「第二次工業革命」(the Second Industrial Revolution）。第一次工業革命的重心在英國，其主要的科技發明爲

---

[52] Trevor N. Dupuy, p. 810.
[53] 鈕先鍾，《西方戰略思想史》，頁 235-41。
[54] Trevor N. Dupuy, pp. 294-95.
[55] 鄧元忠，頁 396-404。

蒸汽機，紡織業爲當時重要的產業；第二次工業革命在十九世紀其重心在德國，二十世紀之重心在美國。此階段的重要工業爲鋼鐵業、石油業、化工業、電力、通訊以及汽車等。[56]現代歐美的大型企業幾乎都創設在第二次工業革命時期。

工業革命不久即由英國傳播到其他地區，十九世紀中葉傳至法國與比利時；1860-70 年代傳至德國；1890 年傳至俄國、義大利和奧匈帝國。[57]

吾人將工業革命時期西方的重要發明以及武器的發展列之如表 8.2。

表 8.2：工業革命時期的重要發明

年分	重 要 發 明
1776	英國人瓦特具實用價值的蒸汽機（steam engine）
1807	美國人福爾敦（Robert Fulton）製造汽船克勒芒號（Clermont）
1815	英國人史蒂文生（George Stephenson）製成第一個蒸汽引擎之火車頭
1825	9 月 27 日世界第一條鐵路連接英國之斯多克頓（Stockton）與達林頓（Darlington）通車
1829	美國與法國的第一條鐵路通車
1831	英國科學家法拉第（Michael Faraday）發明發電機
1832	美國人摩爾斯（Samuel F.B. Morse）發明電報
1831-34	亞勃特（Wilhelm Albert）在撒克遜尼（Saxony）發明電纜（cable）
1836	美國人科爾特（Samuel Colt）發明左輪手槍
1848	德國步兵已換裝後膛槍（breech-loading needle gun）
1851	第一條海底電纜鋪設（在英倫海峽）
1853	第一艘鐵甲軍艦首次在克里米亞戰爭（Crimean War）參戰
1854	英國人阿姆斯壯（William Armstrong）開始研製後膛砲
1856	英國工程師伯塞麥（Henry Bassemer）成功發展伯塞麥煉鋼法（Henry Bassemer Process）
1856	德國研製成功克盧伯（Krupp）後膛砲
1859	英國首次在野戰炮兵及海軍艦砲使用阿姆斯壯系統後膛砲
1859	葛樂瑞（La Glorie）替拿破崙三世建造第一艘裝甲艦
1860	美國人溫查士特（Oliver F. Winchester）發明連發來福槍

[56] "Industrial Revolution, Second Industrial Revolution." *Wikipedia.*
[57] 鄧元忠，頁 403。

1862	美國人葛特林（Richard J. Gatling）發明機關槍
1863	法國工程師馬丁（Pierre Émile Martin）發明再生爐（Regenerative Furnace）
1876	美國人貝爾（Alexander Graham Bell）發明電話
1876	德國人鄂圖（Nikolaus Otto）製造成內燃機（使用煤氣）
1882	美國人愛迪生（Thams A. Edison）發明電力中央傳遞系統
1883-85	英國人馬克西（Hiram Stevens Maxim）發明全自動機關槍，被稱為機關槍之父（Father of the Machine Gun）
1885	德國人戴默姆（Gottlieb Daimler）為改良製成的汽油內燃機申請專利
1885	第一艘海軍潛水艇
1886	無煙火藥發明
1892	德國人戴默勒笛塞爾（Rudolf Diesel）為改良製成的柴油內燃機申請專利
1887	德國人戴默勒（Gottlieb Daimler）發明第一部汽車
1895	義大利人馬可尼（Guglielmo Marconi）發明無線電報
1897	法國人設計七十五厘米大砲
1903	美國人萊特兄弟（Orville & Wibur Wright）發明飛機
1909	美國開始生產軍用飛機
1915	英國製造戰車（Tank）

資料來源：鄧元忠，《西洋近代文化史》，頁 348-50。王曾才，《西洋近世史》，頁 398。*Encytclopedia Britannica*, 2003 Deluxe Edition. Margiotta ed., p. 648.

　　吾人從表 8.2 中可看出，西方從工業革命到第一次世界大戰時間科技的發明情形，當然也可理解這些發明不僅對西方而言，更可說是對全世界人類在經濟、政治、文化各方面都造成了重大的影響。

　　而在武器的發展上對軍事作戰，無論是戰略、戰術或作戰方面也帶來相當大的衝擊。機關槍的發明結束了傳統的「線式隊形」作戰方式，而形成第一次世界大戰的「壕溝戰」（trench warfare）；第一次世界大戰發展的履帶式坦克車，在第二次世界大戰時成為「閃擊戰」（lightning war, 德語「blitzkrieg」）的重要工具。

　　鐵甲軍艦與軍用戰機的啟用使作戰形態進入三維空間，也改變了海軍與空軍的作戰思想。武器的殺傷威力與國家求勝的毅力，使第一次世界大戰與第二次世界大戰擴大成為「總體戰」（total war），它的破壞力對全球人

類造成了無比的損傷。

　　因此自工業革命後戰爭型態產生了劇烈的改變，也只有能因應這種改變的軍事家才能贏得戰爭的勝利。也只有具洞察力、具有創意的軍事家才能成為戰略家。

第六節　工業革命至第二次世界大戰時期的戰略家或政治家

壹、俾斯麥（Bismarck, Otto von, 1815-98）

　　俾斯麥，普魯士人，曾擔任普魯士駐俄大使及駐法大使，1862-1873 年曾擔任普魯士王國首相，開啟了德意志（Germany）統一及德意志帝國成立的一頁歷史。

　　俾斯麥擔任首相後首先不顧國會反對增稅並擴軍，並且與俄國保持良好的關係。公元 1864 年 1 月，因為「敘列斯威‧霍斯坦問題」（Schleswig-Holstein Question）而爆發了「丹麥戰爭」（the Danish War），普魯士與奧國聯合舉兵攻打丹麥。6 月，大敗丹麥，丹麥將敘列斯威與霍斯坦二地交出。[58]

　　「丹麥戰爭」後，普、奧兩國因對敘列斯威‧霍斯坦的處置問題而發生岐見，公元 1865 年兩國訂立「加斯坦因協約」（Convention of Gastein），此協約規定在問題未獲解決前敘列斯威由普魯士暫管，霍斯坦由奧國暫管。其後，俾斯麥在確定俄國不會干涉以及與義大利簽約同盟後決定對奧作戰。1866 年 6 月，爆發「普奧戰爭」（Austro-Prussian War, 又稱「七星期戰爭」（Seven Weeks War）），普魯士軍隊入侵霍斯坦，奧國則有撒克遜尼（Saxony）、漢斯‧凱塞（Hesse-Kassel）以及漢諾威（Hanover）等小邦的支持。7 月 3 日，在關鍵性的「柯尼格拉茲戰役」（Battle of Königgrätz）普軍擊敗奧軍。8 月 23 日，兩國簽訂「布拉格條約」（Treat of Prague），條約

---

[58] 鄧元忠，頁 579-80。

第二篇　戰略篇

協訂漢諾威、漢斯‧凱塞、拿索（Nassau）、法蘭克福（Frankfurt）併入普魯士，奧國被排出德意志之事務，馬恩河（the Main River）以北各邦組成「北德同盟」（North German Confederation）由普魯士領導，南德（South German）各邦保持獨立或組成單獨同盟。至此，掌握德意志權力近一世紀之久的奧國已屈居於普魯士之下。[59]

　　德意志的統一是俾斯麥的願望，但是由於南德各邦的反對一直無法實現，俾斯麥認為如果無法透過理性來合併，也許運用對外戰爭的激情可加速統一的進行。俾斯麥下一個戰爭的對象就是法國，法國的傳統政策就是分裂德意志，法國是德意志統一的最大阻礙。此外在「普奧戰爭」中法王拿破崙三世（Napoleon III）採取中立態度希望能坐收漁人之利，但沒想戰爭很快就結束了。「普奧戰爭」後拿破崙三世希望能獲得盧森堡（Luxembourg）作為補償，但遭到普魯士的反對未能如願。兩國關係迅速惡化，皆知戰爭不可避免而加緊戰備且爭取他國支持，但法國爭取與奧、意結盟並未成功。[60]

　　公元 1869 年，西班牙新王位屬意於原任國王的表親霍亨索倫‧雪馬林根的利阿坡親王（Prince Leopold of Hohenzollern-Sigmaringen），拿破崙三世認為這樣會使普魯士與西班牙聯合而對法國形成包圍的態勢。拿破崙三世要求普魯士國王命令利阿坡放棄王位但遭到拒絕，法國至為震怒。1870 年 7 月 19 日法國向普魯士宣戰，「普法戰爭」（Franco-Prussian War）開始，法軍節節敗退，9 月 2 日在決定性的「色當戰役」（Battle of Sedan）法軍慘敗，拿破崙三世投降，法國改制共和。1871 年 5 月 10 日雙方簽訂法蘭克福條約（Treaty of Frankfurt），法國割讓亞爾薩斯（Alsace）及洛林（Lorraine）西北部，賠款五十億法郎，賠款未繳清前德國得駐軍法境。[61]

　　公元 1871 年 1 月 18 日，南德各邦亦加入「北德同盟」，「德意志帝國」（German Empire）在凡爾賽宮的明鏡殿正式成立，威廉一世稱為「德帝」（German Emperor）。俾斯麥繼續擔任德意志帝國首任宰相（1871-1890）。

　　公元 1648 年的「三十年戰爭」結束，神聖羅馬帝國被分裂為三百多個政治實體。1701 年，勃蘭登堡普魯士（Brandenburg Prussia）大選侯（Great Elector）腓特烈三世（Frederick III, 1657-1713）獲得「普魯士國王」（King

---

[59] Byron Farwell, "Otto von Bismarck". Trevor N. Dupuy, pp. 908-10.
[60] 王德昭，頁 396-404、584-87。
[61] 王德昭，頁 396-404。Trevor N. Dupuy, pp. 910-16.

of Prussia）的稱號，並改號腓特烈一世（Frederick I）是爲普魯士的第一位國王。[62]其後歷經腓特烈二世的「七年戰爭」，腓特烈威廉三世（Frederick William III, 1770-1840）對抗拿破崙的戰爭。此過程歷經了一百七十年，到了 1871 年威廉一世就任「德帝」，德意志終告統一。俾斯麥無異的是德意志統一的大功臣，他在短短的十年間精心設計了「丹麥戰爭」、「普奧戰爭」、「普法戰爭」。「普奧戰爭」的結果使普魯士取得德意志的領導權，「普法戰爭」則使普魯士突破了法國自利希留時期以來的分裂的政策，而躍身爲歐洲的超級強國。

縱觀俾斯麥規劃的三次戰爭，俾斯麥可說是謀定而後動，採取了外交、軍事相互配合謹愼擴張的策略。俾斯麥在發動戰爭前必先運用外交手法孤立對方，在確定沒有他國的干涉後再開啓戰端。法國拿破崙三世在未能爭取到他國的支持（特別是奧國的支持）以及備戰不足下怒而興師（利阿坡親王繼承西班牙王位問題），輕啓「普法戰爭」可以說是未戰先敗。

俾斯麥似乎也瞭解「師出有名」的道理，在發動戰爭前必先製造事端陷對手於戰爭，「普奧戰爭」是如此，而「普法戰爭」時拿破崙三世更是中了俾斯麥的計謀。俾斯麥在戰後則極盡可能的安撫戰敗國消除敵意，也就是如此奧國在戰敗後婉拒了法國結盟的要求。

俾斯麥前後執政三十年縱橫捭闔於歐洲政壇，前十年以三次戰爭統一德意志。之後，俾斯麥瞭解德國再進一步的擴張，必將導致全面戰爭而危害帝國安全，因此他的政策轉趨保守。此後俾斯麥折衝尊俎，致力於現況的維持以及倡導歐洲和平有二十年之久，這使他贏得歐洲各國政要的尊敬。1888 年威廉一世逝世，其後的繼任國王威廉二世（William II, 1859-1941, 在位 1888-1918）實行擴張政策，這顯然與俾斯麥的作法不同。1890 年 3 月俾斯麥終於應威廉二世之命而請辭。[63]

其後，威廉二世採取「世界政策」（Weltpolitik）積極介入世界事務並擴建海軍。此時「均勢」的觀念又產生了作用，歐洲各國合縱連橫的結果，自公元 1879 年至 1907 年的 28 年間結成了二個敵對集團，分別是德、奧匈帝國（Austro-Hungarian Empire）、義大利組成的「三國同盟」（Triple Alliance）以及英、法、俄組成的「三國協約」（Triple Entente）。公元 1914

---

[62] Market House Books Ltd Comp., *Encyclopedia of World History*, p. 91.
[63] 王德昭，頁 597、601-02、732。

年，終於因為奧匈帝國皇儲斐迪南（Francis Ferdinand）的遇刺事件爆發了第一次世界大戰（WW I, 1914-18），戰爭的結果德、奧匈等國失敗。奧匈帝國分裂，德皇威廉二世則於 1918 年 11 月 9 日宣布退位，逃往荷蘭。第一次世界大戰後德國統一依舊但卻改制「威瑪共和」（Weimar Republic），然而四十七年前俾斯麥建立的德意志帝國則已終結。[64]

貳、毛奇（Moltke, Helmuth von, 1800-91）

　　毛奇是普魯士以及德國的參謀總長（Chief of the Prussian and German General Staff, 1858-88），「丹麥戰爭」、「普奧戰爭」、「普法戰爭」等戰爭的作戰籌劃者。俾斯麥、毛奇與盧恩（Albrecht von Roon, 1803-79, 1859 起擔任陸軍大臣（Minister of War））三人聯手在短短十三年內改寫了歐洲的地圖。[65]

　　工業革命產生了許多科技與武器的發明（參見表 **8.2**），在諸多發明中對公元 1870 年「普法戰爭」前的歐洲戰場有重大影響的是通訊設施的改進（電報電纜的發明），武器裝備的改良（德國及法國步兵換裝後膛槍）以及鐵路運輸系統的構築。在鐵路興建方面法國整個鐵路建築計畫在 1860 年代完成，德國在 1850 年代完成他們的鐵路系統。[66]

　　公元 1858 年毛奇接任參謀總長，他是第一位軍人瞭解到電報及鐵路（railways）對軍事作戰的重要性。鐵路運輸使軍隊的部署、運動以及後勤補給的能量大增，速度更快且不受天候及路況的影響。在毛奇接任參謀總長的當時，部隊的指揮官受到路況及天候的限制，為了便於指揮作戰時總是盡可能將部隊部署在只有幾平方英哩的狹小戰場，幾乎所有的士兵都可以聽得到他發號施令。

　　從一般戰史的作戰地圖中可發現滑鐵盧戰役時，拿破崙與威靈頓雙方部隊展開的正面寬度約為 4 至 5 公里。但鐵路的出現使得戰線可延伸到幾百英哩，以前在側翼攻擊時只能動用幾個營的兵力，而鐵路運輸及電報的使用則可動員並指揮數個師的兵力。[67]

---

[64] 李邁先，頁 21-22、38、45、66。王德昭，頁 704-05。
[65] Byron Farwell, "Helmuth von Moltke".
[66] 何欣，頁 345。
[67] 王德昭，頁 396-404。Trevor N. Dupuy, pp. 910-16.

毛奇體認到新科技的產生必須要有新的作戰觀念，而這種新作戰觀念的實施首先必須改造參謀本部。他擔任參謀總長後要求參謀軍官必須具有更開擴的視界，要瞭解全國複雜的鐵路時刻表，要能精確計算大量的人員、牲畜、裝備，並且要能妥善的安排裝載及運送。同時，毛奇也瞭解現時一般部隊指揮官對下屬控制的方式將無法因應未來戰場擴大的趨勢，他要求指揮官將現有以簡單、明確的「作戰命令」（operation orders）嚴格掌控部屬的方式，改為「一般性指示」（general directives）的領導方式，讓部屬有更大的決策權來處理戰場的變化。[68]

　　吾人可以體會毛奇的新式作戰觀念所產生的影響，參謀本部必須在作戰前研擬戰略構想，並且要把構想轉換成動員計畫、鐵路運送計畫以及更詳盡的細部作戰計畫，一旦作戰命令下達，全國的部隊就如同機器般有條不紊的運轉。

　　毛奇的觀念使得參謀本部作業能量的需求大增，對作業計畫的品質要求也更為嚴苛，當然也就需要最優秀的軍官來執行這項任務。

　　同時，所謂集中兵力於決定性地點的機動戰也因為鐵路的產生而有所修正，毛奇利用鐵路運輸，可以在數百英哩之外集結數個師的兵力對敵軍進行側翼攻擊或迂迴包圍。這種規模的機動力以及「分進合擊」的作戰方式，對敵人所產生的奇襲效果以及衝擊的震撼是可以想像的。分進合擊的作戰方式又稱為「外線作戰」（operation on exterior line），是相對於以各個擊破為主的「內線作戰」，是優勢兵力對付劣勢兵力的一種作戰方法。因此，由這個作戰歷史的演進過程來看，毛奇應是近代最先使用「外線作戰」的將軍。

　　毛奇的作戰觀念在「丹麥戰爭」中作了測試，而在對奧國的「七星期戰爭」中獲得成功。1866 年在俾斯麥的指導下，普魯士動員了三個軍團二十五萬六千人的兵力，在長達 260 英哩（約 420 公里）的戰線上於決定性的「柯尼格拉茲戰役」獲得勝利擊敗奧國。鐵路運輸所發揮的機動力以及部隊使用後膛槍的火力優勢是戰勝奧國的主要原因。「普奧戰爭」後毛奇針對戰爭中所發生的缺點對參謀本部的新系統作了些改革，準備迎接「普法戰爭」。[69]

---

[68] Trevor N. Dupuy, pp. 910-16.
[69] Trevor N. Dupuy, pp. 910-16.

「普奧戰爭」後俾斯麥準備對法國作戰，他曾詢問毛奇以及盧恩有關備戰的情形，毛奇及盧恩認為，到 1869 年的年底將有能力擊敗法國。俾斯麥開始設計激怒拿破崙三世，1870 年「普法戰爭」爆發，戰前法國的軍事顧問報告拿破崙三世認為有贏得戰爭的把握，因為法國的軍隊在 1866 年已經重整（reorganization），且換裝使用新式的後膛來福槍（chassepot rife）並且也發明了早期的機關槍（Mitrailleuse）。[70]

　　戰爭一開始，毛奇在十八天之內就動員了三十八萬的兵力部署到前線，法軍的作戰計畫顯然不是很周嚴，法國的部隊不僅到達前線較晚而且補給也不足夠。同年 9 月的「色當戰役」普軍擊敗法軍，拿破崙三世及八萬三千大軍投降。「普法戰爭」的勝利證明毛奇統率「戰爭機器」（military machine）的優越性，也因此毛奇在 1870 年 10 月被封為伯爵（Graf (count)），而在 1871 年 6 月晉升為元帥（field marshal）。[71]

　　「普法戰爭」之後，毛奇繼續擔任參謀總長有十七年之久，此期間他一直在思維德國在面對東邊俄國的威脅，以及西邊法國威脅的兩面作戰構想。毛奇在出任參謀總長之前並沒有完整的部隊經歷，起初參謀本部的軍官對他暗抱輕視的心理，但最後毛奇終於贏得大家的尊敬。1888 年，也就是在俾斯麥辭去首相職位的前一年，毛奇請辭參謀總長職位退休還鄉由瓦德西（Alfred von Waldersee）繼任。[72]

　　歐洲最負盛名的普魯士參謀本部起始於腓特烈二世，後經沙恩霍斯特（Scharnhorst）及克勞塞維茨的經營，到了毛奇時終於將之發揚光大舉世聞名。毛奇主導下的參謀本部以邏輯式嚴謹的思維，以學術性的研究對戰爭作精緻詳細的規劃，使它贏得對奧、法的戰爭，也使普魯士躋身歐陸強國，毛奇實功不可沒。[73]之後，世界各國紛紛仿效這個制度，歐洲各國在 1870 年以後相繼設立參謀本部，美國在 1903 年，英國在 1906 年，也成立了參謀本部的組織。[74]

---

[70] Trevor N. Dupuy, pp. 910-16. Byron Farwell, "Franco-German War".
[71] Trevor N. Dupuy, pp. 910-16. Byron Farwell, "Franco-German War".
[72] 王德昭，頁 396-404。Trevor N. Dupuy, pp. 910-16.
[73] Trevor N. Dupuy,, p. 899.
[74] Byron Farwell, "general staff".

參、史里芬（Schlieffen, Alfred, Graf von, 1833-1913）

史里芬是德國元帥也是戰略家，毛奇擔任參謀總長時史里芬也在參謀本部服務，曾經參與「普奧戰爭」以及「普法戰爭」的作戰規劃，1891 年繼瓦德西之後接任參謀總長（1891-1905）。史里芬擔任參謀總長時針對法俄聯盟制訂了他的兩面作戰計畫，也就是著名的「史里芬計畫」（Schlieffen Plan）。

這個計畫旨在利用德國所具之優點：準備周詳、行動迅速、交通便利以及內線作戰等，史里芬的作戰構想是，用一支最小的兵力，並且利用奧軍所能提供的協助，把俄軍阻止在東方戰場上；而在西部戰場則傾全國兵力速戰速決從右翼迂迴一舉殲滅法軍，然後轉移兵力到東戰場再將俄軍擊潰。[75]

在這個構想下，「史里芬計畫」部署了十個師和局部性部隊在東線以監視俄國；在西線則集結七個兵團的兵力來對付法國。在西線戰場的右翼採取攻勢，共部署了五個兵團（35.5 個軍），在左翼採取守勢部署了兩個兵團。[76] 一旦戰爭開始，西線右翼先迂迴比利時、荷蘭，對法國展開側翼閃電攻擊，預計於六周內攻占巴黎迫使法停戰。同時封鎖海岸阻止英國越海增援，然後揮師東向對付兵員雖多但動員緩慢之俄國。如此，即可避免兩面作戰的危險於短期內獲得勝利。[77]

「史里芬計畫」基本上可以說是將內線作戰、機動戰等觀念，作更大膽、更大規模、更高層次的運用。在第一次世界大戰時，德國即是以「史里芬計畫」為作戰構想，但史里芬之繼任參謀總長毛奇（Helmuth von Moltke, 1849-1916）[78] 將西線戰場左右兩翼的兵力部署作了調整，減少了右翼兵力。這使德軍速戰速決的目的沒有達到，交戰雙方隨即進入持久戰，後來終於因為美國的參戰導致德、奧等國的失敗。

---

[75] 李則芬，頁 18。

[76] 鈕先鍾，《西方世界軍事史（三）》，頁 172。

[77] 李邁先，頁 47。Byron Farwell, "Alfred von Schlieffen".

[78] 一般稱俾斯麥時代的參謀總長毛奇為「老毛奇」，史里芬之後的繼任參謀總長為「小毛奇」，小毛奇為老毛奇之姪。

肆、魯登道夫〔Ludendorff, Erich, 1865-1937〕

魯登道夫是普魯士將軍，在第一次世界大戰後期主導德國的軍事政策與軍事戰略，魯登道夫對德國的敗戰必須負很大責任。

第一次世界大戰於 1914 年爆發，初期德國援用史里芬東守西攻速戰速決的作戰方式但沒有成功。1916 年德國在凡而登（Verdun）的攻勢失敗後，德皇任命興登堡將軍（Paul von Hindenburg, 1847-1934）為參謀總長，興登堡以及他的副手魯登道夫兩人成為德國軍事的最高負責人。[79]

由於陸上戰爭無法獲致勝利，興登堡與魯登道夫等人不顧首相荷勒衛（Theobald von Bethmann Hollweg）的反對而主張無限潛艇戰爭（unrestricted submarine warfare）計畫，用切斷英國糧食補給來贏勝利。1917 年 2 月 1 日，德國宣布無限潛艇政策，美國隨即在 2 月 3 日與德國斷交並於 4 月 6 日向德國宣戰。[80]

1917 年，俄國發生革命沙皇（Tsar）被推翻，共黨政府退出戰局，使德國沒有東顧之憂，於是魯登道夫在 1918 年 3 月 1 日將東線兵力西調，趁美軍未登陸前發動攻擊準備一舉擊潰英法的聯軍。但魯登道夫顯然高估了德軍的戰力而告失敗。[81] 1918 年 11 月 11 日交戰國雙方宣布停戰，第一次世界大戰結束。

德國的無限潛艇政策導致美國參戰以及 1918 年攻勢的失利，是第一次世界大戰德國戰敗的主要原因，魯登道夫是這二個政策的主要設計者。

從歷史的演進可看出古代雖有不少長期戰爭，但自工業革命以來戰爭多傾向於速戰速決。第一次世界大戰時交戰國雙方皆認為戰爭將很快結束，但是戰爭持續了將近四年又三個月。[82]為了贏得勝利參戰國投入了大量的人員、裝備與金錢。交戰國雙方動員及損傷估計如下表 8.3 所示。

表 8.3：第一次世界大戰交戰國雙方動員及損失情形

	英、法、俄集團	德、奧集團
總人口數	二億四千五百萬人	一億一千五百萬人
動員兵力	四千二百一十萬人	二千二百八十五萬人

---

[79] Holmes ed., p. 407.
[80] 王曾才，《世界現代史》（上），頁 73。
[81] 王曾才，《世界現代史》（上），頁 68-69。
[82] Byron Farwell, p. 55.

戰死兵力	四百八十八萬人	三百一十三萬人
受傷兵力	一千二百八十萬人	八百四十一萬人
平民死亡	三百一十五萬人	三百四十八萬人
財力費用	一千九百三十八億美元	八百六十二億美元

資料來源：王曾才，《世界現代史》（上）（台北：三民，民 89 修訂三版），
頁 79。Trevor N. Dupuy, *The Harper Encyclopedia of Military History,* 4th ed., p. 1083.

　　總之，第一次世界大戰死亡的人數為西方自 1790 年至 1913 年間所有主要戰爭的兩倍。[83]以上的數據顯示第一次世界大戰參戰國投入資源的龐大以及犧牲的慘重。

　　1935 年，魯登道夫以他在第一次世界大戰指揮德軍作戰的經驗為基礎，發表了《總體戰》（*The Total War,* 德文 *Der Totale Krieg*）一書，在這本書中他反對克勞塞維茨「戰爭是政治延伸的一種手段」的看法，魯登道夫認為「和平僅是戰爭中的一段短暫的過程，在戰爭中必須動員全國物理以及心理的力量，所以政治必須服從戰爭的指導」。[84]

　　魯登道夫是第一次世界大戰的敗戰將軍，但儘管他的論點十分偏頗並不為人贊同，可是《總體戰》一書使他在軍事戰略的歷史上占有一席之地。

伍、馬漢（Mahan, Alfred Thayer, 1840-1914）

　　馬漢是美國海軍軍官以及歷史學家。公元 1859 年，馬漢畢業於美國海軍官校旋即服務於美國海軍。1884 年，馬漢應新成立的海軍戰爭學院（Naval War College）院長盧斯（Stephen Luce）之邀，至海軍戰爭學院講授海軍歷史及戰術。其後在 1886-89 年馬漢擔任海軍戰院院長。[85]

　　馬漢在海軍戰院服務的經歷對他至為重要，使他傾力於海軍學術的研究。1890 年馬漢出版《海權對歷史的影響，1660-1783》（*The Influence of Sea Power upon History, 1660-1783*）（一般多將此書簡譯為《海權論》）。在這本

---

[83] Byron Farwell, p. 79.
[84] Byron Farwell, "Ludendorff".
[85] Byron Farwell, "Alfred Thayer Mahan".

第二篇　戰略篇

書中馬漢從歷史的觀點討論海權對國家的重要。1892 年馬漢又出版了《海權對法國革命及帝國的影響，1793-1812》(*The Influence of Sea Power upon the French Revolution and Empire, 1793-1812*)。這本書則強調軍事與商業兩者對海洋控制的相互影響與重要性並認為戰爭的勝負結果將取決於對海洋運輸的控制。這二本書出版的年代正是工業革命 (Industrial Revolution, 1750-1900) 後期，海軍已從木造艦進入到鐵甲艦時代西歐列強且紛紛殖民海外。因此，馬漢這二本書特別受到英國與德國的重視也促使兩國在第一次世界大戰前爭相擴建海軍。1896 年馬漢自海軍退休，並於 1914 年逝世。在逝世之前他曾預言德、奧等國將在第一次世界大戰中戰敗。[86]

早在古希臘時期波斯王大流士就曾以船艦攻打希臘，自此海上作戰也是軍事歷史的重要一部分。馬漢是少數最早從事海軍學術研究的學者尤其是他的第一本書《海權論》對當時以及後世各國的海軍兵力整建有重大影響。

陸、杜黑 (Douhet, Giulio, 1869-1930)

杜黑是義大利將軍，他曾受過砲兵訓練。在 1912-15 年，他擔任義大利航空營 (Aeronautical Battalion) 的指揮官，這也是義大利最早的航空單位。1911-12 年「義土戰爭」(Italo-Turkish War) 時義大利曾派飛機臨空偵察土耳其軍情 (時在 1911 年 10 月 23 日)，九天後又有飛行員在敵人陣地上投擲了四顆手榴彈。此後也曾派飛機至土耳其陣地上空作偵察並照相 (時在 1912 年 2 月 24-25 日)，這是歷史上首次使用飛機從事作戰任務。杜黑立刻發現空中武力 (air power) 的重要性，並於 1921 年發表了他最重要的一本書《制空權》(*Il dominio dell'aria*) (英譯本 *The Command of the Air* 於 1942 年出版)。[87]

公元 1903 年 12 月 17 日美國萊特兄弟 (Wilbur and Orville Wright) 製造了第一架飛機並且試飛成功。1909 年美國開始生產軍用飛機開啟了現代航空兵力。第一次世界大戰前義大利就已使用飛機作軍事用途。1914 年第一次世界大戰爆發時各國已有千架飛機參戰。到 1918 年 11 月大戰結束時各國

---

[86] Byron Farwell, "Alfred Thayer Mahan".
[87] Byron Farwell, "Giulio Douhet", "military aircraft".

飛機總數已增加到 10201 架。而英國則在 1918 年 4 月 1 日成立了世界上第一個獨立的皇家空軍（Royal Air Force）取代原有的飛行兵團（Royal Flying Corps）。但早期的軍機大多擔任地面砲兵的火力指導、空中偵察或照相等。到 1915 年 7 月德國人製造了弗克爾式（Fokker）單翼（monoplane）戰鬥機並在飛機螺旋槳間裝置機槍，才開始了戰鬥機的空中纏鬥。在第一次世界大戰末期的「康布萊戰役」（Battle of Cambrai）中，德國首次使用軍機低空掃射英軍的塹壕及砲兵陣地（1917 年 11 及 12 月）。[88]

　　簡言之，早期各國對軍機的運用多是從事小規模的戰鬥任務，空中作戰對整個戰局的勝負不會有重大的影響。但是杜黑對空中武力的運用顯然有更前瞻的想法，杜黑在《制空權》一書中主張，以大量轟炸方式摧毀敵人城市瓦解敵人的作戰意志以獲取戰爭的勝利。也因此他主張裁減陸軍及海軍的兵力，另外增建獨立的且與陸、海軍平等的空中武力。杜黑是空戰理論家的先驅，他被認為是現代戰略空軍之父（The father of strategic air power），他的觀念在第二次世界大戰前就已受到重視而被各國廣泛的採用。[89]

柒、富勒（Fuller, John Frederick Charles, 1878-1966）

　　富勒是英國的將軍也是歷史學家。他曾就讀於英國山德赫司特皇家軍事學院（Royal Military College Sandhurst）。1898 年進入陸軍服務。[90]

　　富勒進入軍旅的時代也正是現代坦克車（tank）研製成功的時期。在第一次世界大戰末期英國已派遣坦克車至法國。1916 年 9 月 15 日英軍在「索穆第一次會戰」（The First Battle of the Somme）中出動了 49 輛坦克車，那是坦克車首次出現於戰場但是作戰的功效很有限。[91]

　　公元 1916 年 12 月，富勒被調任英國坦克部隊的首席參謀（chief staff），這是他軍旅生涯的一件大事。1917 年 11 月 20 日在富勒的規劃下，英國第三軍團（Third Army）動用了 476 輛坦克車在「康布萊戰役」（Battle of Cambrai）對德軍發動奇襲，這也是軍事史上第一次使用大規模的坦克車參

---

[88] 吳國盛，頁 810-11。Byron Farwell, p. 246. Byron Farwell, "military aircraft".
[89] Byron Farwell, "Giulio Douhet". Trevor N. Dupuy, p. 1089.
[90] Trevor N. Dupuy, p. 399.
[91] Byron Farwell, "tank, World War I", "Alfred Thayer Mahan". Trevor N. Dupuy, p. 854.

與作戰。雖然「康布萊之役」英軍由於缺乏預備隊而告失利，但卻使富勒體認了裝甲部隊作戰的威力，此後他一直主張建立機械化的英國陸軍，也寫了不少有關裝甲作戰的論文，富勒是現代裝甲作戰的開創者。[92]

　　公元 1930 年富勒晉升少將（Major General）而於 1933 年退休。此後，他即致力於寫作，富勒一生寫了 45 本有關軍事的書，他的重要著作有《大戰中的坦克車》（*Tanks in the Great War*, 1920）、《戰爭的變革》（*The Reformation of War*, 1923）、《論未來戰爭》（*On Future War*, 1923）、《非傳統戰士的回憶錄》（*Memoirs of an Unconventional Soldier*, 1936）。尤其是他的論文《野戰勤務規程 III》（*Field Service Regulations* III, 1937）受到德國、俄國、捷克斯拉夫（Czechoslovak）等國參謀本部的重視而被採用為學習的教材。[93]

　　公元 1923 年富勒在康貝里（Camberley）的參謀學院（Staff College）擔任教官時有鑑於戰史研究資料的缺乏，富勒開始搜集資料準備撰寫一本有關戰爭歷史的書，這項工作持續了將近三十年。在 1954-56 年富勒出版了《西方世界軍事史，三卷》（*A Military History of the Western World, 3 vol.*），富勒將人類歷史從古埃及、希臘、羅馬時期，一直到第二次世界大戰為止的決定性戰爭作了系統的整理。這是一本有關人類戰爭歷史的巨著也是他傳世最著名的論述，富勒被認為是二十世紀重要的軍事思想家。[94]

捌、李德哈特（Liddell Hart, Sir Basil (Henry), 1895-1970）

　　英國的軍事歷史學家、戰略家以及「機械化戰爭」的倡導者。

　　李德哈特曾就讀於劍橋大學（Cambridge University）主修近代史。1914年第一次世界大戰爆發，李德哈特離開劍橋大學投入軍隊而成為英國陸軍的軍官並赴法參戰。1916 年參與「索穆河戰役」（Battle of the Somme）遭到德軍毒氣殺傷，就醫期間開始研究軍事。第一次世界大戰後，李德哈特曾參與修訂英國陸軍《步兵訓練（Infantry Training）》手冊（1920）。他提出「洪水泛濫式」（expanding torrent）攻擊戰術，強調在進攻中堅決插入敵人陣地以滲透性戰術（infiltration tactics）擴大戰果。李德哈特也是少數率

---

[92] Trevor N. Dupuy, p. 168, 339. Byron Farwell, p. 246.
[93] Byron Farwell, "Fuller", "Alfred Thayer Mahan".
[94] Trevor N. Dupuy, p. 339. 鈕先鍾，《西方世界軍事史（一）》。參見「原序」。

先主張使用空中武力（air power）及機械化坦克作戰（mechanized tank warfare）的軍事思想家，他主張坦克車應該盡可能的大規模且集中式的使用。[95]

公元 1927 年李德哈特因為健康因素以上尉官階退伍。此後曾擔任倫敦《每日電訊報》（The Daily Telegraph）軍事記者（1925-35），《泰晤士報》（The Times）軍事專欄評論（1935-39）和《大英百科全書》（Encyclopedia Britannica）軍事編輯。也曾擔任陸軍大臣（secretary of state of war）霍爾‧貝利沙（Leslie Hore-Belisha）的私人軍事顧問（1937-38）致力於軍事改革，但因為與某些軍事將領意見分歧而辭職。此後李德哈特專心致力於軍事理論、軍事歷史的研究和著述，發表有三十多部軍事著作和大量的論文。主要代表作有《戰爭革命》（The Revolution in Warfare, 1946）、《西方的防禦》（Defense of the West, 1950）、《嚇阻或防衛》（Deterrent or Defense, 1960）、《第二次世界大戰史》（History of the Second World War, 1971）等。[96]

公元 1941 年李德哈特出版了《間接路線的戰略》（The Strategy of Indirect Approach），1954 年李德哈特將此書修訂並以新書名《戰略：間接路線》（Strategy：The Indirect Approach）再版。1967年，他又加了一章〈論游擊戰〉將該書擴大再版，這是李德哈特傳世最著名的一本書。李德哈特自稱曾研究過 30 個戰爭包括 280 多個戰役，他發現其中只有六次是用直接路線獲致決定性的戰果，其餘均屬於間接路線範疇。李德哈特認為「戰略」是「分配和運用軍事工具以達到政策目的的藝術」（The art of distributing military means to fulfill the ends of policy.）。所謂「間接路線」（indirect approach）也就是以「機動」（mobility）、「奇襲」（surprise）的方式擾亂敵軍並削弱敵軍抵抗的力量。[97]

李德哈特的軍事理論在德國受重視的程度似乎遠大於英、法兩國。李德哈特的「洪水泛濫式」攻擊理論以及他與富勒將軍強調使用機械化坦克部隊作戰的觀念，被德軍採用而形成以裝甲作戰為基礎的「閃擊戰」

[95] Byron Farwell, "Liddell Hart", "Alfred Thayer Mahan". 中國軍事百科全書編審委員會編，頁 164。Trevor N. Dupuy, pp. 505-06.

[96] Byron Farwell, "Liddell", "Alfred Thayer Mahan". 中國軍事百科全書編審委員會編，頁 164。Trevor N. Dupuy, p. 339.

[97] 鈕先鍾，《西方戰略思想史》，頁 469-71。Byron Farwell, "Liddell", "Alfred Thayer Mahan".

第二篇 戰略篇

（blitzkrieg），也使得德軍在第二次世界大戰的 1939-41 年期間主宰了歐陸戰場。[98]

第七節　第二次世界大戰後戰略學術的研究趨勢與實施

壹、第二次世界大戰後戰略學術研究的趨勢

　　由於第二次世界大戰對參戰各國造成的巨大破壞，以及人員、百姓的慘重傷亡；再加上二次大戰後核子武器的快速發展與核子武器的威力，因此產生了一個新的戰略情境，針對這一情境二次大戰前的戰略思維勢必受到嚴苛的檢驗，以核子武器為討論重點的新戰略思維於焉誕生。於是，戰略的觀念在第二次世界大戰結束後有了顯著的改變。

　　以下是戰略思維改變趨勢的歸納：

1. 「戰略」原指軍事部門的「將道」，但自第二次世界大戰後，戰略觀念以自國防部門擴及至其他的領域，如政府各部門以及企業組織等。

2. 在國防部門的戰略、戰術觀念是按軍事作戰的編組層級來劃分，亦即是戰略觀念具有「層級性」的性質。第二次世界大戰後國家最高階層對戰略觀念的運用稱之為「國家戰略」，並依戰略層級性質在國家戰略之下又分有政治、軍事、心理、經濟、科技等戰略。

3. 第二次世界大戰後，戰略觀念已不是軍事部門所獨有，政府各部門、社會各行業都有研究戰略的人才或機構，這些機構一般稱之為「智庫」（Think Tank）。

4. 由於第二次世界大戰後戰略學術研究的膨渤發展，各國國防部門開始將原有軍事教育的「戰爭學院」（陸軍大學）與大學學制結合，甚至提昇至大學研究所層級。

---

[98] Byron Farwell, "Liddell", "Alfred Thayer Mahan".

貳、第二次世界大戰後的核子戰略家與機構

一、第二次世界大戰後的核子戰略家

茲將 1950 年代中期重要的核子戰略家列之如表 8.4。

表 8.4：第二次世界大戰後的核子戰略家

作　者	著　述　及　發　表　年　分
渥斯特（A.Wohlstetter）	《戰略空軍基地之選定與運用》（*Selection and Use of Strategic Air Bases*），1954（1962 年始解除機密等級）。
考夫曼（W. W. Kaufmann, ed.）	《軍事政策與國家安全》（*Military Policy and National Security*），1956。
季辛吉（H. A. kissinger）	《核子武器與外交政策》（*Nuclear Weapons and Foreign Policy*），1957。
奧茲古德（R. E. Osgood）	《有限戰爭：美國戰略之挑戰》（*Limit War: the Challenge to American Strategy*），1957。
渥斯特（A.Wohlstetter）	《微妙的恐怖平衡》（*The Delicate Balance of Terror*）， 1959 年元月外交事務季刊（*Foreign Affairs*）。
布洛迪（B. Brodie）	《飛彈時代的戰略》（*Strategy in the Missile Age*），1959。
凱恩（H. Kahn）	《論熱核子戰爭》（*On Thermonuclear War*），1960。
謝林（T. C. Schelling）	《衝突之戰略》（*The Strategy of Conflict*），1960。
季辛吉（H. A. kissinger）	《選擇之必要》（*The Necessity for Choice*），1960。
布爾（H. Bull）	《武器競爭管制》（*The Control of the Arms Race*），1961。
史耐德（G. Snyder）	《嚇阻與國防：邁向國家安全的一種理論》（*Deterrence and Defense: Toward a Theory of National Security*），1961。
謝林與哈百齡（T. C. Schelling and M. Halperin）	《戰略與武器管制》（*Strategy and Arms Control*），1961。
克諾爾與雷德（K.	《有限戰略戰爭》（*Limited Strategic War*），

Knorr and T. Read）	1962。
哈百齡（M. Halperin）	《核子時代的有限戰爭》（*Limited War in the Nuclear Age*），1963。
考夫曼（W. W. Kaufmann）	《麥納瑪拉戰略》（*The McNamara Strategy*），1964。
摩京梭（H. J. Morgenthau）	《核子戰略的四個矛盾》（*The Four Paradoxes of Nuclear Strategy*），1964 年 3 月美國政治學雜誌（*American Political Science Review*）。
凱恩（H. Kahn）	《論高昇衝突：隱喻與情況》（*On Escalation:Metaphors and Scenarios*），1965。
謝林（T. C. Schelling）	《武器與影響》（*Arms and Influence*），1966。
克諾爾（K. Knorr）	《論核子時代的兵力運用》（*On the Uses of Military Powers in the Nuclear Age*），1966。

資料來源：John Baylies, Ken Booth, John Garnett & Phil Williams, *Contemporary Strategy* I, 2nd ed., (New York, Holmes & Meier, 1987). 國防部史政編譯局譯，當代戰略（上）（台北：國防部史政編譯局，民國 80 年）。

綜觀表 8.4 所列各著作皆發表於 1957-66 年間，此期間正是美、俄超強發展核子武器初期，因而引起學者對核子戰略的爭辯，這些論述正是辯論產生的成果。[99]

二、各國國防部所設的戰略院校

茲將各國國防部門所設的戰略學術院校，列之於表 8.5。

表 8.5：各國國防部所設的戰略階層院校（部分國家）

學　校　名　稱	設　立　年　分　及　校　址
美 國	
國防大學 National Defense university	成立於 1976 年，位於 Fort Lesley J. McNair, Washington, DC。教學部門包含下列院校：National War College, Information Resources Management

[89] 國防部史政編譯局譯，頁 61-67。

	College, Industrial College of the Armed Forces, Joint Forces Staff College, School for National Security Executive Education.
國家戰爭學院 National War College	成立於 1946 年，1976 年合併於國防大學。1994 年起頒發碩士學位。
三軍工業大學 Industrial College of the Armed Forces (ICAF)	成立於 1946 年，1976 年合併於國防大學。1995 年起頒發碩士學位。
美國陸軍戰爭學院 U. S. Army War College	成立於 1951 年，其前身爲 Army War College（1901-40）。位於 Carlisle Barracks, Pennsylvania。
海軍戰爭學院 Naval War College	成立於 1884 年，1992 年開始頒授碩士學位。位於 Newport, Rhode Island。
空軍戰爭學院 Air War College	成立於 1946 年，位於 Maxwell Air Force Base, Alabama。
陸戰隊戰爭學院 Marine Corps War College	成立於 1990 年，位於 Quantico, Virginia。
中	共
中國人民解放軍國防大學	成立於 1985 年，位於北京市。1990 年和 1993 年，國防大學在指揮院校中，分別首批被國務院學位委員會批准爲碩士和博士學位授權單位。
日	本
日本防衛研究所 National Institute for Defense Studies	其最早前身爲 1952 年創立之 National Safety College，1985 年改名爲日本防衛研究所。位於東京。
德	國
德國聯邦國防軍指揮學院	其前身是高級軍官學校，1810 年創建於柏林，學院原址在巴特‧埃姆斯，1958 年遷至漢堡。1972 年，聯邦德國將參謀學院和國防學院併入聯邦國防指揮學院。
英	國
英國國防學院 The Defence Academy of the United Kingdom	2002 年，合併下列學校成立； Royal College of Defence Studies (RCDS), Joint Services Command and Staff College (JSCSC), Royal Military College of Science (RMCS),

	Defence Leadership Centre (DLC), Conflict Studies Research Centre (CSRC), Defence School of Finance and Management (DSFM), Armed Forces Chaplaincy Centre (AFCC), Welbeck College (Welbeck).
英國皇家國防研究院 Royal United Services Institute for Defence and Security Studies	1831 年，威靈頓公爵（Duke of Wellington）創設。
法 國	
法國高等國防研究院	創建於 1948 年。
中 華 民 國	
國防大學	民國 89 年 5 月 8 日，國防部將原三軍大學、中正理工學院、國防管理學院及國防醫學院等四所學院合併，成立「國防大學」。校本部位於桃園龍潭。

資料來源：美國國防大學，National Defense university, http://www.ndu.edu/.
　　　　　美國陸軍戰爭學院，http://www.carlisle.army.mil/.
　　　　　美國陸戰隊戰爭學院，http://www.mcu.usmc.mil/MCWAR/.
　　　　　12/23/2004.
　　　　　美國空軍戰爭學院，http://www.au.af.mil/au/awc/awchome.htm.
　　　　　1/2/2005.
　　　　　英國國防學院，
　　　　　http://www.defenceacademy.mod.uk/DefenceAcademy. 12/23/2004.
　　　　　英國皇家國防研究院，http://www.rusi.org/upload/. 12/23/2004.
　　　　　法國高等國防研究院，http://mil.anhuinews.com/system/.
　　　　　12/23/2004.
　　　　　德國聯邦國防軍指揮學院，http://www.pladaily.com.cn/.
　　　　　12/23/2004.
　　　　　日本防衛研究所，http://www.nids.go.jp/. 12/23/2004.
　　　　　中華民國國防大學，http://www.ndu.edu.tw/. 5/31/2004.
　　　　　中國軍網，http://www.chinamil.com.cn/site1/2006ztpd/2006-
　　　　　09/13。
　　　　　William E. Simons ed., *Professional Military Education in the United States: A Historical Dictionary*, Greenwood, Westport, 2000.

三、各國之智庫

茲將各國重要的智庫，列之於表 8.6。

表 8.6：各國較重要的智庫（部分國家）

名 稱 與 所 在 地	名 稱 與 所 在 地
美	國
American Enterprise Institute for Public Policy Research (AEI), Washington, DC.	Asia Society, New York.
Berkeley Roundtable on the International Economy (BRIE), Berkeley, CA.	The Brookings Institution (BI), Washington, DC.
Center for National Policy (CNP), Washington, DC.	The Carter Center, Atlanta, GA.
Center for Strategic & International Studies (CSIS), Washington, DC.	Council on Foreign Relations (CFR), New York, NY.
The Chicago Council on Foreign Relations (CCFR), Chicago, IL.	Center of International Studies, Princeton University (CIS), Princeton, NJ.
East-West Center (EWC), Honolulu, HI.	East Asian Institute (EAI), Columbia University (EAI), New York, NY.
Economic Policy Institute (EPI), Washington, DC.	Foreign Policy Research Institute (FPRI), Philadelphia, PA.
The Heritage Foundation, Washington, DC.	Economic Strategy Institute (ESI), Washington, DC.
Institute for International Economics (IIE), Washington, DC.	Hudson Institute, Indianapolis, IN, United States.
National Center for Policy Analysis, Dallas, TX.	National Bureau of Economic Research, Cambridge, MA.
Social Science Research Council (SSRC), New York, NY.	RAND Corporation (RAND), Santa Monica, CA.
英	國
Adam Smith Institute (ASI), London.	Centre for Defence Studies (CDS), London.
Centre for Economic Policy Research, London.	Centre for European Reform (CER), London.

The Foreign Policy Centre (FPC), London.	Institute for European Environmental Policy, London.
Institute for Public Policy Research, London.	The Institute of Economic Affairs (IEA), London.
The International Institute for Strategic Studies(IISS), London.	Royal United Services Institute for Defence Studies (RUSI), London.
The Royal Institute of International Affairs, London.	New Economics Foundation (NEF), London.
中 共	
China Development Institute (CDI), Guangdong.	Development Research Center of the State Council of PRC (DRC), Beijing.
Energy Research Institute, State Development Planning Commission (ERI, SDPC), Beijing.	Institute of National Economy Shanghai Academy of Social Sciences (INESASS), Shanghai.
Institute of World Economics and Politics, Chinese Academy of Social Sciences, Beijing.	Shanghai Institute for International Studies (SIIS), Shanghai.
中 華 民 國	
Chung-Hua Institution for Economic Research, Taipei.	Institute of International Relations (IIR), Taipei.
National Policy Foundation (NPF), Taipei.	Sun Yat-Sen Institute for Social Sciences and Philosophy (ISSP), Taipei.
The World Economics Society (WES), Taipei.	
日 本	
The Economic Research Institute for Northeast Asia (ERINA), Niigata.	The Institute for Future Technology, Tokyo.
Institute for International Policy Studies, Tokyo.	Institute for Policy Science, Japan (IPS), Tokyo.
Institute of Developing Economies, Japan External Trade Organization, Chiba.	Institute of Research and Innovation (IRI), Tokyo.

The International Centre for the Study of East Asian development (ICSEAD), Fukuoka.	International Development Center of Japan, Tokyo.
Japan Center for Economic Research, Tokyo.	Japan Institute of International Affairs, Tokyo.
Mitsubishi Research Institute, Inc. (MIRI), Tokyo.	National Institute for Research Advancement, Tokyo.
Nippon Research Institute, Tokyo.	Systems Research & Development Institute of Japan (SRDI), Tokyo.

資料來源：總合研究開發機構（National Institute for Research Advancement）. "Think Tank Information", http://www.nira.go.jp/ice/nwdtt/. 12/23/2004.

　　表 8.6 資料係摘自日本智庫「總合研究開發機構」（National Institute for Research Advancement）之網站（http://www.nira.go.jp/ice/nwdtt/），該網站列有全球各國之智庫名稱並可連結進入各智庫網站搜尋資訊。

　　美國海軍深造教育「海軍研究學校」（Naval Postgraduate School, http://www.nps.edu/Home.aspx）亦設有一網站 Navigating The Military Internet （http://library.nps.navy.mil/home）該網站中列有各國智庫及美國軍事院校之名稱並可連結進入搜尋。

　　表 8.6 所列之美國傳統基金會（The Heritage Foundation）、國際戰略研究中心（Center for Strategic & International Studies）、蘭德公司（RAND Corporation）、美國企業公共政策研究所（American Enterprise Institute for Public Policy Research），英國的國際戰略研究所（The International Institute for Strategic Studies），以及我國的國關中心（Institute of International Relations）均為國際知名的智庫。

第八節 東西方戰略觀念的比較與結論

壹、國家地理位置對國防思想的影響

本書雖限於篇幅無法對東西方戰略觀念的演進做詳細的探討，但透過本書對重要戰略家的簡介，也可對東西雙方戰略思維窺知一二。

一個國家的地理位置攸關著國家的貧富、安危與他的國防思想，而研究地理環境與國家安危的關係稱之為「地略」，或稱「地緣政治」。

吾人綜觀歷史，從地略的角度來看至少有下列幾個地理因素會影響國家的命運：

一是國家的地區位置，如國家的緯度是處於溫帶、熱帶、寒帶。

二是國土的面積的大小與人口的多寡。

三是天然屏障。

四是鄰近的國家。

依據上述四點可知：一個大國必須是地大人口多；國家的資源與地理位置密切相關；處於兩個大國中間的小國必然是夾縫中求生存；有高山海洋為屏障的國家較不容易被他國入侵。從上列幾個因素來分析很容易瞭解一個國家命運的好與壞。

毫無疑問的，國家的地理環境會影響一個國家的國防思想。

美國的地理環境在國土之東方有大西洋，國土之西方有太平洋，故美國的國防思想是將國土的防衛線推向大西洋與太平洋的彼岸，簡言之，就是拒敵千里之外，美國在太平洋最西的防衛線就是第一島鏈。美國將中南美洲諸國視為其後花園不希望他國尤其是共產國家的勢力的介入，1962 年的古巴飛彈危機其原因正是蘇聯在古巴部署飛彈所導致。

自第二次世界大戰結束後美國成為世界的超強，這也就形成了美國國防思想第二個主軸，那就是「防止一個對美國有威脅的第二強權產生」，在這個觀念之下美國運用經濟手段瓦解了蘇聯與日本，而現階段的目標正是中共，這就是產生美中貿易大戰的主要原因。

傳統英國的國防思想是不希望歐陸大國的勢力跨越英倫海峽，故他的海軍建設的兵力要超過德法兩國的海軍兵力總和。

法國是歐陸國家，他的傳統政策就是阻止普魯士的統一。

傳統德國面臨西邊的法國與東方的俄國，故 1891 年接任參謀總長的史里芬針對法俄聯盟制訂了東守西攻的兩面作戰計畫，也就是著名的「史里芬計畫」。

　　中國就土地位置而言是一個大國，但統一的中國是不利於周遭國家。國共內戰時蘇聯的史達林就曾建議毛澤東不要渡過長江，國共雙方分長江而治。換言之，分裂的中國有利於周邊國家的國家利益。

　　以上諸例，在在說明地緣政治的重要性。

貳、中國與西方國家國防思想的差異

　　從歷史演進來看，中國與西方各國的國防思想是有顯著的不同。

　　自古以來中國就是一個大國，歷朝歷代能影響到中國國家安全的就是中國北方的游牧民族，而面對北方異族的侵略中國總是採取守勢作為。中國守勢國防思想的明證就是長城的修築，這條綿延萬里的防衛工事，自西元前 700 年的戰國時期時開始構築，耗時二千多年，到明朝時為了防止關外的蒙古與滿人還在大規模修建。[100]

　　中國的守勢國防思主要是決定在國家的地理環境。中國萬里長城的構築大致與十五英吋同雨量線（15 inch isohyet line）吻合，也就是說在長城以北以西的地方，每年平均降雨量低於 15 英吋無法耕種農作物，是游牧民族馳騁的地區。這些游牧民族遇有災荒或者趁中國分裂之際可能大舉來犯，中國即使採取攻勢也不能解決這個地理上的問題。[101]而中國地大物博，歷來英雄豪傑相互爭鬥，逐鹿中原，志在一統全國維繫王朝政權於不墜，於是入侵他國反而不是當務之急。

　　而地處歐洲的西方國家，由於國土面積狹小資源缺乏，向外擴張爭取更多的空間是重要的生存之道。歷史顯示，歐洲各國一旦國力鼎盛就意欲侵略他國，為了防止單一強權產生，「均勢」就成為歐洲各國的重要政略思維。自十五世紀起西方崛起，歐洲各國不僅是強權爭霸也在海外爭奪殖民地。因此西方國家的國防思想是向外發散的、侵略的。

---

[100] 長城，維基百科。
[101] 黃仁宇，頁 66。

簡言之，傳統的中國採取的是守勢國防思想，而西方各國採取的是擴張的國防思想。

參、從戰略學術的演進看東西方戰略觀念的差異

中國的春秋戰國時期在一個強凌弱，眾欺寡的時代，富國強兵之道自是受到重視而兵學也順勢興起。兵學主在探討用兵之道，而兩軍交戰時考量的因素甚多，可說是上自天文，下至地理。其中，交戰前的算計，雙方兵力的形勢與用兵時之謀略，尤為兵學的重點。試觀《孫子》十三篇，當可知其整體內容包含有相當於現今所謂之國防計畫（始計第一）、動員計畫（作戰第二）、國家戰略（謀攻第三）、軍事戰略（軍形第四）、戰爭藝術（兵勢第五）、機動戰（虛實第六）、統帥術（九變第八）、用兵術（行軍第九）、地形學（地形第十）、地略學（九地第十一）、情報戰（用間第十三）等。[102]

《孫子》十三篇含蓋用兵作戰的整體內涵，是中國兵學的代表。中國兵學正是軍事作戰特質的反映，軍事武器系統日益更新，然軍事作戰的特質卻恆常不變，於是中國兵學受各國重視的程度也就歷久不衰。

西方自啟蒙運動時開始了戰略學術的研究，由於工業革命的影響軍事武器系統不斷的在創新，於是新武器的研發成為克敵制勝所必需而科技的創新對軍事戰略、戰術的影響就成為戰略家研究的重點。例如毛奇對鐵道運輸以及通訊的重視，杜黑的《制空權》，馬漢的《海權論》，富勒對坦克戰術的運用以及現代的核子戰略家等，無不顯示西方軍事家對科技的重視。

但這種以武器系統對戰爭影響為導向的兵學研究，其學術價值就會受到武器系統不斷的演進而僅具有時空的侷限性，而成為戰略學術歷史中的一部分。一個新武器的產生自然會改變了戰爭的型態，也將舊的軍事思維送進了歷史。

不過吾人亦不能否認的是西方兵學對戰爭實務的影響。武器系統的發展正是西方強國在霸權爭奪以及殖民海外時的重要致勝因素，卻也是現代中國兵學思想的盲點。

---

[102] 魏汝霖，《孫子今註今釋》，目錄。

肆、結論：從戰略觀點看中國未來的可能發展

　　當長城不再是邊防要塞而變成了觀光聖地，當全球化時代的到來，中國勢必改變其保守的戰略思維緩步的邁向世界。一個新的戰略態勢逐漸形成，以中共統治下的中國而言受到兩種力量的衝擊。

　　在中共與他國的互動中，民主的政治制度以及西方的人權觀念將會感染給中國的百姓。中共到底要和平演變還是會持續一黨專政，中共政權是否會陷入傳統中國朝代興衰的歷史窠臼，這可能是中共領導者的首要思考。

　　對外在世界而言，中國的崛起對亞洲鄰國是一種威脅，均勢思想必將在亞洲發酵，中國將是世界強權在合縱連橫中制衡的對象，而未來情勢的演變取決於各國國力的發展與各國對國力運用的戰略思維。

　　無論如何，傳統中國的守勢國防思想將一去不返。雖然現在已進入到高科技戰爭時代，但吾人以為在國防上，「人民戰爭」的觀念仍舊有其重要性，將可確保中國在國土防衛上立於不敗。因此可以預言的是，不論未來戰略形勢如何的演變，自滿清中葉開始積弱不振的中國都將如毛澤東所言：「中國人民站起來了！」

參考資料

中文書目

丁肇強，《軍事戰略》（台北：中華文物供應社，民國 73 年）。

中國軍事百科全書編審委員會編，《中國軍事百科全書》（第一冊）（北京：軍事科學出版社，1997 一版）。

方震宇，《腓特烈大王戰史》，手稿，未出版。

王淑瓊（譯），《三十年戰爭》（台北：麥田，民國 88 年初版）。

王曾才，《世界現代史》（上）（台北：三民，民國 89 年修訂三版）。

王曾才，《西洋近世史》（台北：正中，1999 臺初版）。

王德昭，《西洋通史》（台北：五南，民國 82 年二版）。

何欣（譯），《君王論》（台北：台灣中華，民國 73 年十三版）。

吳國盛，《科學的歷程》（下）（長沙：湖南科學技術出版社，1997 一版）。

李則芬，《中外戰爭全史（十）》（台北：黎明文化，民國 74 年）。

李邁先，《西洋現代史》（台北：三民，民國 89 年初版）。

林添貴、顧淑馨（譯），《大外交（上）》（台北：智庫文化，1998 一版）。

國防部史政編譯局（譯），《當代戰略》（上）（台北，國防部史政編譯局，民國 80 年）。

鈕先鍾（譯），《西方世界軍事史（一）》（台北：軍事譯粹社，民國 57 年初版）。

鈕先鍾（譯），《西方世界軍事史（三）》（台北：軍事譯粹社，民國 57 年初版）。

鈕先鍾，《中國戰略思想史》（台北：黎明，民國 81 年初版）。

鈕先鍾，《西方戰略思想史》（台北：麥田，1995）。

黃仁宇，《放寬歷史的視界》（台北：允晨文化，民國 78 年）。

鄧元忠，《西洋近代文化史》（台北：五南，民國 82 年初版）。

英文書目

Baylis, John, Ken Booth, John Garnett & Phil Williams, *Contemporary Strategy* I (New York, Holmes & Meier, 1987, 2nd ed.).

Chaliand, Gérard ed., *The art of war in world history: from antiquity to the nuclear* (Berkeley and Los Angeles, University of California, 1994).

Davis, Paul K., *100 Decisive Battles: From Ancient Times to the present* (New York, Oxford University, 2001).

Dupuy, Trevor N., *The Harper Encyclopedia of Military History,* 4th ed. (New York, Harper Collins, 1993).

Encyclopedia Britannica, 2003 Deluxe Edition.

Farwell, Byron, *The Encyclopedia of Nineteenth-Century Land Warfare*, 1st ed. (New York, W.W. Norton, 2001).

Gat, Azar, *The Origins of military though*: *From the Enlightenment to Clausewitz* (New York, Oxford University, 1991).

Holmes, Richard ed., *The Oxford Companion to Military History* (New York, Oxford University, 2001).

Kissinger, Henry, *Diplomacy* (New York, Touchstone, 1995, First Touchstone ed.).

Machiavelli, Niccolò, *The Prince*.

Margiotta, Franklin D. ed., *Brassey's Encyclopedia of Land Forces and Warfare* (Washington, Brassey's, 1996, First paperback ed.) .

Market House Books Ltd Comp. *Encyclopedia of World History* (New York, Oxford University, 1998) .

Rothenberg, Gunther, *The Art of Warfare in the Age of Napoleon*, First Midland Book ed. (Bloomington: Indiana University, 1978).

Rothenberg, Gunther, *The Napoleonic Wars* (London, Cassell, 1999).

Simons, William E. ed., *Professional Military Education in the United States: A Historical Dictionary* (Westport, Greenwood, 2000).

網際網路

'Industrial Revolution, Second Industrial Revolution.' *Wikipedia,* http://en.wikipedia.org/wiki/. 1/14/2005.

Navigating The Military Internet. http://library.nps.navy.mil/home.

中國軍網。http://www.chinamil.com.cn/site1/2006ztpd/2006-09/13.

中華民國國防大學。http://www.ndu.edu.tw/.

日本防衛研究所。http://www.nids.go.jp/.

第二篇 戰略篇

法國高等國防研究院。http://mil.anhuinews.com/system/.

長城，維基百科。http://zh.wikipedia.org/wiki/%E9%95%BF%E5%9F%8E.

美國空軍戰爭學院。http://www.au.af.mil/au/awc/awchome.htm.

美國海軍研究學校。"Naval Postgraduate School"，
　http://www.nps.edu/Home.aspx.

美國國防大學。National Defense university，http://www.ndu.edu/.

美國陸軍戰爭學院。http://www.carlisle.army.mil/.

美國陸戰隊戰爭學院。http://www.mcu.usmc.mil/MCWAR/.

英國皇家國防研究院。http://www.rusi.org/upload/.

英國國防學院。http://www.defenceacademy.mod.uk/DefenceAcademy.

德國聯邦國防軍指揮學院。http://www.pladaily.com.cn/.

總合研究開發機構（National Institute for Research Advancement），"Think
　Tank Information". http//:www.nira.go.jp/.

第九章 西方之興起與清廷維新圖強的過程

第一節 十九世紀前西方興起之過程

壹、十九世紀前西方興起過程簡述

一、十五世紀時西方的對外開展

在世界歷史的演進過程中，十五世紀是一個重要的世紀，因為在這個世紀西方的國力超越了東方。

所謂的「西方」，在十五世紀前是指一些位於歐洲的國家，這些國家在歐洲地區相互影響爭戰與茁壯，當時這些西方國家的影響力都侷限在歐洲及其鄰近地區。但在十五世紀末到十六世紀初發生的兩個歷史事件對人類造成深遠的影響。這二個重要的事件就是新大陸與新航道的發現，這事件擴大了西方對世界的知識使西方走入近代，也使歐洲走向世界。

公元 1492 年 8 月 3 日，意大利熱內亞的哥倫布（Cristopher Columbus, 1446-1506）在西班牙卡斯提爾女王（Castile）伊沙貝拉一世（Isabella I）的支持下率領三艘帆船（最大者百噸）和八十三名水手從西班牙的巴洛斯（Palos）出發（巴洛斯是現在西班牙西南部小鎮）越過大西洋，在 1492 年 10 月 12 日到達了美洲的巴哈馬群島（Bahama Islands）中的瓦特林島（Watling Island）這就是新大陸的發現。[1]

1497 年 7 月，葡萄牙人達迦馬（Vasco da Gama, 1469-1542）率領只有四艘船的葡萄牙船隊和一百六十名水手，從里斯本（Lisbon）出發向南行繞過了好望角（Cape of Good Hope），於 1498 年 5 月 16 日到達了印度西南岸的

---

[1] 陸盛，頁 189-96。王曾才，《西洋近世史》，頁 13-20。張靜芬，頁 133-34。

卡里科特（Calicut），這是西方的船隊第一次到達亞洲。

　　葡萄牙航海家麥哲倫（Ferdinand Magellan, 1480-1521）也在西班牙的支持下率領五艘帆船、二百六十名水手，於 1519 年開始他的環球航行，雖然麥哲倫不幸為菲律賓土著殺死，但他手下的航海員卡諾（Sebastian del Cano）駕駛僅剩的一隻船以及十八名水手，於 1522 年繞過了好望角回到里斯本，實現了第一次環球航行。[2]

　　新航路與新大陸的發現使西方走出了歐洲，造成了環球航運交通的新形勢，促進了新知識和新技術的發達，從而擴大了歐洲的文化內容也導致了世界的歐化（the Europeanization of the World）。在經濟上，新航路和世界地理大發現使商業革命（the Commercial Revolution）加速進行，中世紀式的小型地方貿易變成世界性的貿易；在政治上則導致歐洲各國重商主義（Mercantilism）的興起，商業革命持續進行到工業革命為止。[3]

二、西方的興起：十六世紀至十九世紀

　　西方興起的過程不僅止於新航路與新大陸的發現。就在 1522 年西方發現環球新航路的十九年後，另外一個重要的革新運動也開始進行，那就是十六世紀中至十七世紀後半的「科學革命」（Scientific Revolution）。科學革命始於哥白尼（Nicolaus Copernicus, 1473-1543）在公元 1543 年發表的《天體運行說》（*On the Revolution of the Heavenly Bodies*），經過一百四十五年的演進，直到公元 1687 年牛頓（Isaac Newton, 1642-1727）《自然哲學的數學原理》（*Mathematical Principles of Nature Philosophy*）一書出版後才算完成。

　　繼「科學革命」之後進入到十八世紀，西方的思想家想把十七世紀「科學革命」的成果予以普遍化，並將它們運用到人性、社會、神的探討領域上，用科學的方法來診治人類在經濟、社會、政治和宗教上的宿疾。這個改革運動稱為「啟蒙運動」（the Enlightenment）（參見本書第八章第三節）。啟蒙運動在政治思想方面有不少的先賢對現代的民主政治產生重大的影響，較重要的有如下。

　　洛克（John Locke, 1632-1704）反對「君權神授」（The divine right of kings）學說，而提出每個人都有「生命、自由、財產」與生俱來的權利，

---

[2] 陸盛，頁 189-96。王曾才，《西洋近世史》，頁 13-20。張靜芬，頁 133-34。
[3] 王曾才，《西洋近世史》，頁 25-38。

他認為政府的設立只是為了保護這種權利。

孟德思鳩（Charles de Secondat, Baron de la Brede et de Montesquieu, 1689-1755）的三權分立說，主張在政治體制中立法、行政、司法分立而且互相制衡。

盧梭（Jean Jacques Rousseau, 1712-78）的《社會契約論》（*The Social Contract*, 1762）則主張以社會契約的方式建立國家社會（civil society），而把個人權利交付社會，他認為人的社會結合絕不是自然所造成的而是屬於一種契約作用。傳統社會的那個契約是強凌弱的契約，故需要一新的契約代替，此新的契約係由全體一致通過的契約。[4]

科學革命與啓蒙運動是西方的思想革命，對西方文明的現代化有重要的影響。科學革命使西方的「知識」從宗教與《聖經》的權威束縛中解脫出來，開啓了現代的學術體系。而啓蒙運動時期的思想家，則是否定了君主制度權力來源的「君權神授」說，使西方從君主政治威權的束縛中解脫，為現代的政治體制奠立了基礎也使「天賦人權」（natural rights）（也有稱之為「自然權利」）成為西方各民主國家普世的觀念。

啓蒙運動對軍事思想以及軍事學術的研究也有重大影響，腓特烈大帝、拿破崙、克勞塞維茨、約米尼都是那個時代的重要兵學家，也是現代軍事思想的啓蒙者（參見本書第八章第四節）。

隨著思想革命而起的是政治的革命。

1776 年 7 月 4 日，美國發表「獨立宣言」（Declaration of Independence），宣布獨立。獨立宣言揭示了「人生而平等」（All men are created equal.）的理念，每個人都具有「不可讓與的權利」（unalienable rights），這些主要有「生存、自由和追求幸福」（life, liberty and the pursuit of happiness）的權利。這個理念就是美國立國的精神。[5]

1789 年 7 月 14 日，法國大革命爆發推翻了帝制開啓共和體制。受到美國獨立宣言的影響，法國大革命時制訂了「人權宣言」（Declaration of the Rights of Man and of Citizen）。宣言的第一條也揭示「人生而自由，權利平等」（All men are born free and equal in rights.（Article 1））的理念。第二條則說明這些權利是「自由、財富、安全、反抗被壓迫」的權利。（The rights

---

[4] 王曾才，《西洋近世史》，頁 289-94。鄧元忠，頁 169、170、252。
[5] "*Declaration of Independence.*"

of liberty, private property, the inviolability of the person, and resistance to
oppression.（Article 2））[6]

　　吾人從美國「獨立宣言」以及法國大革命「人權宣言」的內含可看
出，啓蒙運動時的思想家對西方各國政治制度產生的重大影響。

　　由於科學革命奠定的知識基礎以及海外市場的大量需求，導致英國在
1760 年代開始了影響深遠的「工業革命」（Industrial Revolution, 1760-
1910），這個革命不久便傳遍到歐美各國，且持續進行到二十世紀初。工業
革命使生產方法由機器取代了人工，產生了工業的資本主義制度
（Capitalism）以及現代的大型企業。工業革命時期不斷有新科技與武器裝
備的發明（參見本書第八章第五節），戰爭的型態與作戰方法也隨著大幅的
改變。商業利益的誘因再加上新的科技與武器爲後盾使西方得以縱橫五湖
四海，恣意侵略，殖民世界。

　　由上述的簡介可知，十九世紀前西方現代化的過程就是起始自十五世
紀的一連串快速革新運動過程。

　　　世界地理大發現：公元 1492 年哥倫布發現新大陸；1497 年葡萄牙人達
　　　　　　　　　　　迦馬發現新航路。
　　商業革命：自世界地理大發現持續至工業革命。
　　科學革命：公元 1543 年到公元 1687 年。
　　啓蒙運動：十八世紀。
　　工業革命：十八世紀中到二十世紀初；現代資本主義的產生。

　　這些運動在歐洲各國之間有密切的互動關係，也就是這些運動可能起
始自歐洲某一國家但迅速的影響到其他的國家，因此造成整個歐洲的現代
化而不是歐洲某一國家的現代化。這些運動發生的先後有一定的因果關
係：由世界地理大發現導致了商業革命；由思想革命（科學革命與啓蒙運
動）導致了政治革命、工業革命，整個進化過程的最後結果導致了西方的
興起與世界的歐化。

---

[6] *"Declaration of the Rights of Man and of Citizen."*

第二節　東方的衰落

壹、中國的衰弱

　　十五、十六世紀正當歐洲開始走向世界時對東方來說也是一個輝煌的世紀，但卻也是一個好景不長的時代，自此以後東方的各主要國家逐漸衰落而受到西方強國的侵略。

　　在中國的明朝，其建國初期也是其國勢頂盛之時。鄭和在明成祖永樂三年（1405）六月十五日率領艦隊出使南洋，計有大船六十二艘，小船二百二十五艘，軍民二萬七千八百人。大船長四十四丈，寬十八丈十呎，次級船長三十七丈，寬十五丈，這是當時世界上最龐大的艦隊，永樂五年（1407）九月二日鄭和回到南京。鄭和前後七次下南洋，最後一次在明宣宗宣德六年至宣德八年（1431-43）。七次航行，橫越印度洋，遠至波斯灣、紅海，到達非洲東岸的木骨都束（Magadoxo）、卜剌哇（Brawa，木骨都束以南）、竹步（Jubb，卜剌哇以南）。[7]當時鄭和到達非洲東岸後若再向西南航行，當可到達好望角，甚或進入歐洲。但鄭和最後一次出航回國後，船員被遣散，船艦被擱置廢棄，航海圖被兵部尚書劉大夏焚毀。百年之後，日本海寇蹂躪中國沿海，明朝竟無可用的船艦戍守海疆。[8]

　　鄭和在公元 1443 年第七次下南洋回國後，過了半個世紀，歐洲開始了新航路與新大陸探險。數據顯示哥倫布、達迦馬、麥哲倫等人的船隊無論在噸位與人員上都無法與鄭和的船隊相比較。這說明了一個事實，十五世紀之後，當西方正快速發展時，中國明朝的政治與經濟卻呈現靜止或不進反退的狀態。因此有學者認為十五世紀為東西方盛衰的分水嶺。在十五世紀前，東方文明優於西方；十五世紀時，雙方勢力均等；到十五世紀後，西方文明優於東方。這個現象的形成是因為西方的快速革新，因而能後來居上超越了東方。

---

[7] 木骨都束、卜剌哇、竹步應為現非洲東岸 Somalia 國之 Mogadishu、Baraawe、Jumboo 三城市。作者加註。

[8] 張靜芬，頁 117-29。黃仁宇，頁 217-18。陳致平，《中華通史（九）》，頁 116-33。陳致平，《中華通史（十）》，頁 253。

貳、鄂圖曼帝國的崩解

在亞洲的另一個強國乃是鄂圖曼帝國（the Ottoman Empire），1326 年帝國正式建立，此後勢力日大，1345 年進入東南歐，1453 年攻入君士坦丁堡，滅亡了東羅馬帝國。在蘇里曼大帝（Suleiman the Magnificent, 1494-1566, 在位時期 1520-66）時代，其領土東至黑海及波斯灣，西抵阿爾吉爾（Algiers）北到布達佩斯（Budapest），大部分的東南歐、匈牙利一部分，以及近東和北非均在其掌握之中，1529 年且包圍維也納。[9]

蘇里曼大帝逝世後不久，1571 年鄂圖曼的海軍被教皇庇護五世（Pius V）組織的十字軍在希臘海岸以外的勒班多灣（Lepanto）殲滅。從此，土耳其的海上勢力從未恢復。1699 年，土耳其人與最後一次遠征的十字軍戰爭終了，鄂圖曼將匈牙利、德蘭斯斐尼亞（Transylvania）讓與奧地利，以聶斯德河（Dniester R.）以北之地讓與波蘭，而亞德里亞海的商業據點則讓給威尼斯，鄂圖曼帝國自此漸趨瓦解。[10]

參、日本的圖強

在東方，日本是唯一擺脫衰落而成為現代化的國家。

十六世紀的日本是一個群雄並起的戰國時代，織田信長在不斷的征戰中幾乎統一天下，但不幸因家臣叛變而被害，其部將豐臣秀吉在織田之後於 1590 年（天正十五年）完成了全國的統一，而成為日本的實際統治者。1598 年，秀吉病逝。經過短期的爭戰，1603 年（慶長八年）德川家康（1542-1616）受命為征夷大將軍開幕府於江戶，開啟了以世襲為制統治日本二百六十年的德川幕府時代。

德川幕府開始的時代西方勢力也開始進入日本，雖有文化、商業的交往，也時有衝突發生，但幕府一直維持鎖國政策。鴉片戰爭（1840-42）後幕府透過荷蘭人得知中國失敗的消息，但幕府極力防止此消息廣泛傳播仍繼續實行鎖國政策。1844 年，荷蘭國王致函幕府要求開港通商但為日本拒絕。1853 年（嘉慶六年），美國東印度艦隊司令官培里（Mathew C. Perry）率領四艘軍艦到達浦賀（橫濱之南）遞交了國書要求開港，並約定次年再

---

[9] 王曾才，《世界通史》，頁 406-7。
[10] 李方晨，頁 20-21。

來。日本政府接受了國書,但並未作出答覆。1854 年(安政元年),培里依約再度率艦進入江戶灣要求答覆。幕府被迫在橫濱簽訂「日美親善和約」,這是日本對外簽訂的第一個不平等條約。不久,俄、英、法、荷等國亦締結友好條約。[11]

1867 年,日本孝明天皇死後,由年僅十五歲的明治天皇(在位 1867-1912)繼位。是年,幕府第十五代將軍德川慶喜將大政奉還天皇,結束德川幕府的時代,開啓了「明治維新」的現代化過程。日本在明治天皇時制訂憲法,開始產業革命及修改對外的不平等條約,使得日本成爲亞洲唯一的現代化國家。[12]

明治天皇即位後的第二十七年,日本對中國發動了甲午戰爭(1894-95)。又十年後,日本對俄國發動日俄戰爭(1904-05)。兩次戰爭的勝利,使日本廁身強國之林,日本也加入侵略中國的行列直到第二次大戰戰敗時才停止。

第三節　十九世紀前西方列強對中國的侵略

壹、西方勢力進入亞洲與中國

自新航路與新大陸發現後,西方勢力向外擴張殖民,葡萄牙與西班牙首先來到亞洲且深入中國。

1514 年,葡萄牙人首次到達廣東。約在 1515 年前後,葡人擅自占領廣東香山縣的澳門。1557 年(明嘉靖三十六年),取得澳門爲其貿易根據地,澳門成爲中國對外的第一個租借地。自麥哲倫發現菲律賓後,1542 年(明嘉靖二十一年)西班牙正式占領菲律賓,1571 年建立馬尼拉(Manila)爲菲律賓首府。[13]

繼葡、西之後,荷蘭人也來到亞洲。1596 年(明萬曆二十四年)第一

---

[11] 林明德,頁 218。
[12] 林明德,頁 218。
[13] 陳致平,《中華通史(十)》,頁 263-68。

艘荷蘭船隻到達南洋群島。1602 年，荷蘭組織東印度公司（Dutch East India Company）以開發遠東並屢次擊敗葡萄牙海軍。此後荷蘭奪取了葡萄牙在印度東岸暨錫蘭島上的大部分屬地，並囊括爪哇、蘇門答臘、婆羅洲、西里伯斯與麻六甲群島，建立了荷屬東印度群島（Dutch East Indians）。1619 年（明萬曆四十七年）建置巴達維亞（Batavia）府於爪哇，為東印度群島首都。[14]

明萬曆三十一年（1603），荷蘭兵艦到達中國海岸，初停泊在澳門遂與葡萄牙人發生衝突。天啟二年（1622），荷蘭派十五艘兵艦進攻澳門，結果為葡萄牙人擊敗，荷蘭人乃轉攻中國的澎湖列島。當時，明朝並未在澎湖設防，於是澎湖列島被荷蘭一舉攻下。後來荷蘭與明朝進行交涉但談判破裂遂與明朝發生戰爭，時在天啟四年（1624）。交戰結果荷蘭人被明朝海軍擊敗雙方達成和議，荷蘭人遂撤離澎湖轉而占據臺灣。[15]

荷蘭人占據臺灣對在菲律賓的西班牙人構成了威脅。1626 年（明天啟六年），西班牙海軍自呂宋北上擊敗荷蘭人而占領了臺灣北端的雞籠（基隆）與滬尾（淡水）遂與荷蘭人一北一南分據臺灣。十五年後，1641 年（明崇禎十四年）荷蘭人進行反攻復將西班牙人逐走而統一了臺灣。直到1661 年（清順治十八年）荷蘭人始被鄭成功驅逐。總計荷蘭人占領臺灣達三十八年之久。[16]

繼西、葡之衰落，英、法興起後，英、法的勢力亦進入中國。

1596 年，英國女王伊莉莎白一世曾送國書至中國，但遇颱風而未到達。1620 年，有一英船「Unicorn」號由爪哇往日本順道停泊澳門，此為英國最早來中國之船。1637 年（崇禎十年），英人威代爾（Weddell）率艦抵澳門意欲通市為葡人拒絕。威代爾乃至廣東欲與官吏交涉但受到葡人中傷，當英船駛抵虎門時與虎門守兵發生衝突，守者遂炮擊英船，雙方交戰數小時，砲臺被英攻陷。此役結果英人將砲臺歸還中國，中國亦允許英人通商，是為中英通商之始。[17]

清康熙二十三年（1684），清廷開放海禁，除澳門外於廣州、廈門、寧波、鎮江分設四個海關與外國通商，英人始得清廷許可於廣州正式設立商

---

[14] 陳致平，《中華通史（十）》，頁 264-68。
[15] 陳致平，《中華通史（十）》，頁 268。
[16] 陳致平，《中華通史（十）》，頁 269-70。
[17] 武堉幹，頁 8-10。陳致平，《中華通史（十一）》，頁 230。

館。到乾隆二十二年（1757）清廷取消了三個海關而集中於廣州一地，並在廣州設了「十三家行館」作爲中西買賣的中間人。[18]

貳、十九世紀西方列强對中國的侵略開始：中英鴉片戰爭

乾隆五十八年（1793），英國派遣使臣馬戛爾尼伯爵（Lord George Macartney）以補祝乾隆的八旬萬壽爲辭，來到中國謁見乾隆皇帝於熱河的避暑山莊。到了嘉慶二十一年（1816）英國再派使節亞墨哈斯爵士（Lord Amherst）來到中國晉見嘉慶皇帝。但這兩次覲見都由於英國使節不肯行三跪九叩之禮使得清帝頗不愉快。因此，英使要求兩國建立邦交、互派使節、通商貿易等均被拒絕使得中英關係日漸惡化。[19]

早在明神宗（在位 1573-1620）時，葡商即從印度販鴉片至中國。至英國成立東印度公司負責對外商務，東印度公司以本國商品輸出到印度，自印度將鴉片運往中國以換取茶絹、銀幣。由於鴉片的貿易，使中國銀幣大量流出國外，物價高漲，百姓吸食鴉片也產生社會問題。清廷在乾隆年間曾禁止販賣鴉片，嘉慶二十一年（1816）又嚴申前令，禁止買賣，然嗜者已深，戒絕不易，私運鴉片買賣，有變本加厲之勢。朝廷於道光十一年（1831）及道光十八年又下令嚴禁鴉片。[20]

道光十三年（1833），英政府取消了東印度公司的壟斷權，對中國的貿易開放給各廠商自由競爭，並改派官吏駐廣州爲商務監督，主持中英通商事宜。道光十六年（1836），英人查理・義律（Charles Elliot）來華代理商務監督。義律一方面向清廷表示負責兩國商務與和好，另則暗中報告英政府，謂對中國交涉必以武力爲後盾。英國外務大臣帕麥士東（Lord Palmerston）便訓令駐東印度的艦隊派軍艦至中國海面巡弋。[21]

道光十九年（1839）正月二十五日，兩廣總督林則徐到達廣東，即令十三洋行轉諭各洋商將鴉片全數繳出，並在虎門海灘將沒收的二萬多箱鴉

---

[18] 武堉幹，頁 8-10。陳致平，《中華通史（十一）》，頁 230。
[19] 陳致平，《中華通史（十一）》，頁 230-31。
[20] 武堉幹，頁 29-40。陳致平，《中華通史（十一）》，頁 239-40。
   國防部史政編譯局，頁 427。
[21] 陳致平，《中華通史（十一）》，頁 238-39。

片全部銷毀。義律便調遣了兩條兵船駛近九龍，以索食爲名開炮示威。[22]

　　義律向英政府報告衝突經過並稱兩國已開始交戰。1840 年（道光二十年）一月十六日，英維多利亞女王（Victoria, 1819-1901, 在位 1837-1901）於國會發表演說要求對華用兵，國會以九票之多數通過對中國作戰。英政府派喬治‧義律（Admiral George Elliot）（是查理‧義律的堂兄）統率陸軍，伯麥（Gordon Bremer）統率海軍軍艦十六艘，武裝汽船四艘，運輸艦二十八艘，陸軍一萬五千人於五月到達廣州海面。[23]

　　鴉片戰爭自道光二十年（1840）五月開始，英軍挾其新式軍艦之威力，沿海北上，攻陷了廈門、定海、鎮海、寧波，並占領香港。道光二十二年（1842）夏天，英軍攻陷了乍浦、寶山、上海，由吳淞口進入長江。六月十三日，攻下鎮江。七月初六英軍在南京登陸，安巨砲於紫金山，準備轟城。清廷被迫，急於求和。七月二十四日，英國全權大使濮鼎查（Sir Henry Pottinger）與清廷代表耆英、伊里布、牛鑑在英軍旗艦孔華麗號（H. M. S. Cornwallis）上簽訂了中國歷史上的第一個不平等條約——「南京條約」。[24]

　　南京條約內容之重點如下：
　　1. 開廣州、福州、廈門、寧波、上海五口通商。
　　2. 將香港永遠割讓與英國。
　　3. 賠款二千一百萬銀元。

參、十九世紀西方對中國的全面侵略

　　中英鴉片戰爭暴露了滿清大帝國的眞正實力，列強瞭解到清廷的軟弱無能，自此西方列強開始以戰爭的方式或以戰爭爲威脅對中國展開全面侵略，以獲取商業利益。吾人綜整自鴉片戰爭起到清政府被推翻前，西方對中國重要的戰爭侵略或簽訂的不平等條約，並列示如表 9.1。

---

[22] 陳致平，《中華通史（十一）》，頁 241-42。
[23] 國防部史政編譯局，頁 27。
[24] 陳致平，《中華通史（十一）》，頁 246-47。

表 9.1：西方對中國重要的戰爭侵略與簽訂的不平等條約

年　分	戰　爭　名　稱	不　平　等　條　約
道光二十至二十二年（1840-42）	中英鴉片戰爭	中英南京條約
道光二十三年（1843）		中英商約
道光二十四年（1844）		中美、中法商約
道光二十六年（1846）		中英舟山條約
道光二十九年（1849）		中英廣東通商條約
咸豐八年（1858）		中俄璦琿條約
咸豐七年至八年（1857-58）	第一次英法聯軍之役	中英、中法、中美、中俄四國天津條約
咸豐九年至十年（1859-60）	第二次英法聯軍之役	中英、中法北京條約
咸豐十年（1860）		中俄北京續約
光緒二年（1876）		中英煙臺條約
光緒七年（1881）		中俄伊犁條約
光緒八年（1882）		中俄喀什噶爾東北界約
光緒九年（1883）		中俄塔城界約
光緒十年至十一年（1884-85）	中法戰爭	中法天津和約
光緒十二年（1886）		中法安南邊境通商條約
光緒十二年（1886）		中英緬甸條約
光緒十三年（1887）		中法安南界務條約
光緒十三年（1887）		中葡澳門租借條約
光緒十六年（1890）		中英議訂藏印條約
光緒十九年（1893）		中英議訂藏印通商交涉游牧條約
光緒二十年（1894）		中英續議滇緬條約
光緒二十年至二十一年（1894-95）	中日甲午戰爭	中日馬關條約
光緒二十一年（1895）		中法境界及陸路通商續約
光緒二十二年（1896）		中俄密約

光緒二十三年（1897）		中英續訂緬甸條約
光緒二十四年（1898）		中德膠澳租借條約
光緒二十四年（1898）		中俄旅順大連租借條約
光緒二十四年（1898）		中英威海衛租借條約 中英九龍租借條約
光緒二十五年（1899）		中法廣州灣條約
光緒二十六年（1900）	八國聯軍之役	辛丑和約（簽約國有英、法、美、俄、德、日、意、奧、西班牙、比利時、荷蘭等十一國）
光緒三十一年（1905）		中日滿州善後協訂
光緒三十二年（1906）		中英印藏條約
宣統元年（1909）		中日東三省五案條款

資料來源：陳致平，《中華通史（十一）》，頁 66-82、231-434。

第四節　清朝末葉的三次維新圖強

壹、受挫折的自強運動

　　鴉片戰爭後清廷少數開明之士即主張吸取西方的長處。欽差大臣林則徐是最早倡導借鑒西方思想的人，他命人翻譯澳門、新加坡和印度的報紙收集西洋地理、歷史、政治和法律的情報。林則徐將一些外國的資料交給魏源（1794-1856），魏源在道光二十四年（1844）以這些資料編撰成一部五十卷的大作《海國圖志》，這部書的序言明白表示：「是書何以作？曰：爲以夷攻夷而作；爲以夷款夷而作；爲師夷長技以制夷而作。」[25]

---

[25] 計秋楓、鄭會欣，頁 274。

之後，受到鴉片戰爭與英法聯軍失利的刺激以及常勝軍的影響（有關「常勝軍」之介紹，請參見本書第十章第四節），曾國藩、左宗棠、李鴻章等曾與洋人有過交往的大臣深知西方洋槍、洋炮的厲害，感覺到非效法洋人將無法救亡圖存。遂倡導購器製械學習西洋的富國強兵之策。這個倡導受到中樞恭親王奕訢及軍機大臣文祥的支持，兩人在同治時曾聯名上書條陳六事，這「六事」是：「一練兵，二製器，三造船，四籌餉，五用人，六持久。」當時臨朝聽政的慈禧太后，對他們的建議原則上大都接受。自強運動始自咸豐末年，同治初期持續至光緒中葉，歷時約三十年之久。[26]

茲將自強運動的重要措施，列如表 9.2。

表 9.2：清末自強運動的重要措施

年　分	施　政　措　施
咸豐十一年（1861）	成立「總理各國通商事務衙門」。總理對外交涉事宜，兩江總督兼管長江以南商務，稱南洋通商大臣。直隸總督兼管長江以北商務，稱北洋通商大臣。
同治元年（1862）	北京設立同文館，教授西洋語文。
同治二年（1863）	李鴻章在上海設立廣方言館，教授西洋語文。
同治四年（1865）	曾國藩在上海虹口籌設製造局，後發展成兵工廠兼造船廠。
同治五年（1866）	左宗棠在福建馬尾創設造船廠。
同治六年（1867）	李鴻章遷虹口製造局於高昌廟，建船塢，名曰「江南製造局」。
同治九年（1870）	李鴻章擴充「天津機器局」為「天津機器製造局」。
同治十一年（1872）	曾國藩與李鴻章建議選派幼童赴美留學，後陸續派出一百名左右官費留學生。 李鴻章與沈葆楨籌設官商合營之「招商局」輪船公司。
光緒元年（1875）	李鴻章籌辦鐵甲兵船。 沈葆楨派福建造船廠學生赴法國留學。
光緒元年（1875）	李鴻章派軍官卞長勝等七人赴德國學習陸軍。 沈葆楨再派福建造船廠學生三十名赴英法學習海軍與製造。
光緒四年（1878）	李鴻章創設「開平礦務局」。

---

[26] 陳致平，《中華通史（十一）》，頁 327-30。

年　分	施　政　措　施
	左宗棠創設「甘肅織呢廠」。
光緒六年（1880）	李鴻章創「水師學堂」於天津，並設「電報局」。
光緒八年（1882）	李鴻章建「旅順軍港」。並籌設「上海機器織布廠」。
光緒十年（1884）	李鴻章再派學生分赴英法德各國學習製造與駕駛。
光緒十一年（1885）	成立「海軍衙門」。 李鴻章成「立天津武備學堂」。
光緒十三年（1887）	李鴻章開辦「黑龍江漠河金礦」。
光緒十四年（1888）	李鴻章正式成立「北洋海軍」。
光緒十六年（1890）	張之洞設立「大冶鐵工廠」與「漢陽兵工廠」。
光緒十七年（1891）	李鴻章設「造紙廠」於上海。
光緒十八年（1892）	李鴻章設立「上海織布局」。
光緒十九年（1893）	張之洞設立湖北織布、紡紗、製麻、繅絲四局，與針釘、毡呢等工廠。
光緒二十年（1894）	津沽鐵路完成，天津設醫學堂，湖北設火柴公司。

資料來源：陳致平，《中華通史（十一）》，頁 331-33。

　　始自同治初的自強運動到了光緒中葉就陷於停頓狀態，主要是推動改革畢竟為少數開明人士，朝中大臣多頑固保守。待至曾國藩逝世（逝於同治十一年），李鴻章年老，恭親王奕訢為慈禧太后疏遠，而光緒二十一年（1895）的甲午戰爭，新建的海軍亦為日本摧毀，致使部分人士對新的軍事建設表示懷疑。慈禧太后更被頑固分子所包圍，於是洋務運動陷於停頓。

貳、康梁變法、百日維新與戊戌政變

一、康梁變法與百日維新

　　自強運動停頓後不數年受到甲午戰爭與德國強租膠州灣的影響，光緒皇帝又開始了第二次的改革那就是「康梁變法」，但這次革新運動受到守舊大老的反對依然沒有成功。

康有爲廣東南海人，生於咸豐八年（1858），飽讀經書同時對西學也略有所知。光緒十四年起康有感於時局艱危數次上書供獻變法圖強主張，但都被大臣攔下不曾上達。爲了鼓吹改革，康有爲在北京、上海成立了「強學會」號召變法圖強。但由於康有爲鋒芒太甚因此遭到守舊派的忌視，北京與上海的強學會以及發刊的《強學報》都遭到查封。[27]

先前康有爲的上書都被都察院擱置，後經翁同龢發現告知光緒皇帝，光緒皇帝看了其中一部分頗受感動。光緒二十四年，康有爲再上「統籌全局書」，光緒將康有爲的奏陳詳加參閱極爲贊同，同時有感於國事日艱乃決心變法改革。於是在同年四月二十三日下詔定國是說明，以「中學爲體，西學爲用」的宗旨宣布國家決心勵行變法。並在四月二十八日令康有爲任總理衙門行走，許其專摺奏事。另派梁啓超管理譯書局，以楊銳、劉光第、譚嗣同、林旭等四人任軍機處行走，協行新政。[28]

光緒二十四年（1898）四月二十七日開始，光緒實行新人新政，連下了一百多道詔書，其重要措施有：

1. 廢八股文，科舉考試策論。

2. 令各省府州縣普設中小學校。

3. 設立農工商總局，實行經濟建設。

4. 裁汰京內外閑散衙門與各省糧道鹽道。

5. 各軍營學習洋操改用新法操練。[29]

此外康有爲又建議設立「憲政局」，準備憲政，改稅法，裁釐金，設警察等。但未及實施，到了八月初旬突然發生政變，致「維新運動」爲之中斷。計前後施行新政僅有百日，史稱「百日維新」。

二、戊戌政變

康梁的改革引起保守人士的忌畏，也引起了慈禧太后的猜忌。所以光緒在二十四年（1898）四月二十三日下定國是詔書，二十七日慈禧太后便逼光緒下詔將翁同龢開缺回籍。慈禧太后又另外發表榮祿爲直隸總督以牽制光緒皇帝。七月十九日，光緒將懷塔布等六位禮部大臣免職；第二天即

---

[27] 陳致平，《中華通史（十一）》，頁 397-99。

[28] 陳致平，《中華通史（十一）》，頁 400-02。

[29] 陳致平，《中華通史（十一）》，頁 402。

將楊銳、劉光第、林旭、譚嗣同等四個七品小官升爲四品軍機處章京，許其專摺奏事權同軍機大臣。由於懷塔布等人的告狀，太后便面詔光緒痛加斥責。[30]

　　光緒受責惶恐，感到事態嚴重，便於七月二十八日密詔康有爲與楊銳等四章京，要其妥速密籌設法相救。康有爲等認爲在小站練兵的袁世凱是一個同情新政的實力人物。於是康有爲等向光緒皇帝祕密保舉袁世凱讓他出來保駕維護變法。不料袁世凱卻向直隸總督榮祿告密，慈禧太后得報後令榮祿派兵把守禁城，於八月五日悄然進宮將光緒皇帝幽禁於南海瀛台，對外諉稱皇帝病重由太后臨朝，三度垂簾聽政。另則偵騎四出，逮捕新黨分子。康有爲與梁啓超事前逃離北京。康有爲的胞弟康廣仁及御史楊深秀與譚嗣同、楊銳、林旭、劉光第等四軍機章京都被逮捕，於八月十三日斬首，時稱「六君子」。此後一個月內，陸續下旨，將百日維新中所推行的新政，一律取消，而用舊人行舊政。這就是「戊戌政變」，清政府繼自強運動後又一次失敗的革新運動。[31]

參、清廷最後一次的政治改革

一、義和團事變、八國聯軍及東南自保運動

　　光緒二十四年（1898）康梁變法失敗後，又二年發生義和團事變。義和團痛恨洋人又自認有神力附身，槍炮不入可以殺盡洋人，而朝廷大臣亦痛怨洋人正感抵制無方，於是在幾位守舊大臣及端郡王的支持下，宣召義和團義民入京保國。光緒二十四年夏天，從京師到天津一帶已布滿了義和團。光緒二十六年四月間，義和團燒毀了京畿一帶的火車站、鐵道、電線。各國駐京公使聞變，急調兵進京自衛，又集中軍艦於大沽口以防不測。英美德法俄諸國公使向清廷提出警告令速懲壓亂民，但清廷總理衙門置之不理，反調董福祥所部甘軍進京，協同義和團保衛國家。五月十五日，日本公使館書記官杉山彬被甘軍所殺。五月二十四日，德國公使克林德（Baron Freiherr von Ketteler）也被端郡王神虎營的武衛軍殺害。此時，義

---

[30] 陳致平，《中華通史（十一）》，頁404-05。
[31] 陳致平，《中華通史（十一）》，頁405-06。

和團到處殺人放火，事態鬧大。各國公使紛紛調兵前來中國打仗。而清廷在慈禧太后與端郡王主持下連續召開御前會議，會議結果決定對全球洋人宣戰，於光緒二十六年五月二十五日（1900 年 6 月 21 日）以光緒皇帝名義頒下了宣戰書。[32]

朝廷決定對洋人宣戰，使幾位較開明的東南封疆大臣如兩廣總督李鴻章、湖廣總督張之洞、兩江總督劉坤一和山東巡撫袁世凱等大爲驚訝，便不奉詔書相約自保。他們聯名與駐在上海的各國領事訂立了東南保護條約，表示東南各省之和平秩序與外人生命安全以及條約上的權利均負責保護，而各國領事亦須約束其軍民免生事端。這個條約獲得各國領事的承認，也因這「東南自保運動」使東南各省免受戰火波及。[33]

在義和團和董福祥攻打東交民巷公使館區時，英、美、法、俄、日、奧、義等八國兵船已齊集大沽口。五月十四日，八國聯軍從天津乘火車向北京進發開始了八國聯軍之役。義和團和官兵與聯軍混戰的結果傷亡慘重，直隸總督裕祿負傷自盡，山東巡撫李秉衡兵潰自殺。七月十九、二十日，聯軍攻入北京。慈禧太后偕同光緒皇帝與端郡王戴漪、慶親王奕劻等大臣逃出皇宮經由懷來、宣化、大同、太原一直逃至西安。聯軍在北京姦淫掠殺無所不爲，軍紀敗壞，並大肆搶劫財寶，載運回國。[34]

慈禧等逃到西安後唯恐聯軍再向西進攻，乃派大臣李鴻章、慶親王奕劻、兩江總督劉坤一、湖廣總督張之洞等積極設法與聯軍議和。而占領北京的聯軍亦極想與中國議和以結束戰爭。光緒二十七年（1901）七月二十五日，李鴻章與各國談判的結果簽訂了「辛丑和約」。十月間聯軍撤離占領了一年的北京，義和團與八國聯軍之役方始結束。[35]

二、清廷最後的改革

受到八國聯軍的刺激慈禧終於改變先意贊同改革，是以在光緒二十六年十二月逃抵西安時便下詔變法，凡是以前康梁所提的維新主張，後都次第予以頒行。

---

[32] 陳致平，《中華通史（十一）》，頁 407-11。
[33] 陳致平，《中華通史（十一）》，頁 411。
[34] 陳致平，《中華通史（十一）》，頁 411-14。
[35] 陳致平，《中華通史（十一）》，頁 416。

茲將光緒二十七年（1901）至三十三年（1907）清廷最後的改革措施，列之如表 9.3。

表 9.3：清末最後的政治改革措施

年　分	改　革　措　施
光緒二十七年 （1901）三月	下詔設立「政務處」，為統籌維新變法之機關。
七月	下詔停捐納實官，又下詔廢八股文，科舉考試論策；並停止武科考試，命各省籌設武備學堂。
八月	命各省就原有之書院改設大學堂，各府及直隸州改設中學堂，各州縣改設小學堂，又命各省選派留學生出洋肄業。
十二月	下詔特許滿漢通婚。
光緒二十八年 （1902）二月	詔編中西律例。
光緒二十九年 （1903）十一月	頒設練兵處，令全國各省一律用新法練兵。又頒布學堂章程，凡由學堂畢業考試合格者給予舉人進士等名稱，漸次以考試代替科舉。
光緒三十一年 （1905）七月	正式下詔停止鄉會試，廢除科舉考試，並舉辦經濟特科，考試出洋歸國學生。
九月	設立巡警部，將各省綠營一律改為巡警，並創設警察學堂（為中國設置警察之始）。
十一月	下詔設立學部，為中國正式設置教育部之始。
光緒三十二年 （1906）七月	下準備立憲之詔，史稱「丙午立憲運動」。
九月	頒布新官制，除總理衙門因辛丑和約已改為外務部，列在諸部之首外，另將兵部改為陸軍部，商部改為農工商部，大理寺改為大理院，增設郵傳部以管理交通事宜。其餘軍機處、翰林院、內務府等機構則仍舊。
光緒三十三年 （1907）八月	宣布於中央設立「資政院」，於各省設立「資議局」，議員由地方選舉，做為民意機構，以處理各省應興應革之事。

資料來源：整理自：陳致平，《中華通史（十一）》，頁 428-432。

表 9.3 所列的各種改革措施其實大致不出康梁變法的內涵，只不過康梁的「百日維新」要在百日內實施的革新辦法，卻在光緒最後的維新措施（實際由慈禧太后主導）要用六年的時間來推逐步推行。光緒三十四年

（1908）十月二十二日，慈禧太后病逝，而就在慈禧病故的前一天光緒皇帝也突然去世。歷史沒有給時間來評估這次改革的績效，更不給清廷持續改革的機會。

一個三歲的小孩宣統繼承滿清的大位，由其父醇親王戴灃監國攝政，當時革命風氣瀰漫，為了平抑民情，清廷在宣統三年（1911）三月宣布改組政府成立新內閣，卻已無法挽回失去的人心。宣統三年（1911）八月十九日（陽曆十月十日），武昌新軍起義。宣統三年十二月二十五日（民國元年（1912）2月12日），宣統皇帝宣布退位。

清末三次的維新運動持續進行了四十多年，一直受到慈禧太后以及守舊大臣對權勢貪戀的阻撓。相較於日本 1867 年開始的明治維新運動而言，清廷推行的自強運動較之還早了六年，但清廷的改革顯然是失敗的。這個失敗的代價對滿清而言是葬送了清廷自清世祖入關（順治元年，1644）起算二百六十八年的皇朝，但對中國人而言，卻是犧牲了整個民族的自尊與自信。

參考資料

中文書目

王曾才，《世界通史》（台北：三民，民國 90 年初版）。

王曾才，《西洋近世史》（台北：正中，1999 臺初版）。

李方晨（增訂），《世界通史（上）》（台北：亞東，民國 56 年）。

林明德，《日本史》（台北：三民，民國 78 年再版）。

武堉幹，《鴉片戰爭史》（台北：九思，民國 67 年台一版）。

計秋楓、鄭會欣（譯），《中國近代史（上冊）》（香港：香港中文大學，2002 第一版）。原著：徐中約，*The Rise of Modern China,* 6th Ed. (N.Y., Oxford University Press Inc. 2000).

國防部史政編譯局編，《中國戰史大辭典—戰役之部》（台北：國防部史政編譯局，民國 78 年）。

張靜芬，《中國古代造船與航海》（台北：臺灣商務，民國 83 年初版）。

陳致平，《中華通史（九）》（台北：黎明，民國 77 年修訂一版）。

陳致平，《中華通史（十）》（台北：黎明，民國 77 年修訂一版）。

陳致平，《中華通史（十一）》（台北：黎明，民 78 年修訂一版）。

陸盛（譯），《西洋近古史（上）》（台北：五南，民國 79 年初版）。

黃仁宇，《中國大歷史》（台北：聯經，1993 初版）。

鄧元忠，《西洋近代文化史》（台北：五南，民國 82 年初版）。

英文書目

Declaration of Independence. http://www.archives.gov.

Declaration of the Rights of Man and of Citizen. Encyclopedia Britannia.

第十章 清廷軍力的演變西化過程及武備教育的發展

第一節 清朝陸軍武力的演變及西化的開始

清朝陸軍武力演變及現代化過程，可概分下列幾個階段。

表 10.1：清朝陸軍武力演變及現代化過程

階　段	時　期	軍隊的主力
第一階段（八旗兵、綠營）	從清初至太平天國前	此一階段清廷軍隊的主力為八旗兵、綠營，其任務為統一中國。此一階段後期，各地內亂頻傳，地方乃自組鄉勇，保衛家園。
第二階段（鄉勇）	太平天國時期	此一時期八旗兵及綠營暮氣已深，無力討伐太平軍，遇敵即敗，清廷乃啓用湘軍（鄉勇），清剿洪楊。
第三階段（西化時期）	太平天國敗亡至甲午戰爭時期	此一時期太平天國敗亡，曾國藩解散湘軍，於是淮軍繼之而起取代湘軍，李鴻章主導清廷軍事建設大權。李鴻章平捻亂，並更新淮軍使用西式火器，另則建立海軍，中國軍隊的西化即開始於此一時期。然李鴻章建立的陸、海軍在甲午戰爭時慘遭日軍擊敗。 此一時期李鴻章設「天津武備學堂」開始了清廷的武備教育。
第四階段（新建陸軍）	甲午戰爭至清朝覆亡時期	甲午戰敗後，清廷決定新建陸軍，於是在北方令袁世凱在小站練兵，在南方則有張之洞督練的自強軍。 光緒二十一年（1895），袁世凱奉命在小站練兵，以中國舊有將弁多係行伍出

		身，遂決定設立學堂以造就將才。

資料來源：整理自，李則芬，《中外戰爭全史（八)》。

　　　　　陳致平，《中華通史（十一)》。

　　　　　陳致平，《中華通史（十二)》。

　　　　　郭廷以，《近代中國史事日誌》。

　　　　　郭廷以，《近代中國史綱（上)》。

　　　　　李震，《中國軍事教育史》。

第二節　第一階段清廷的軍隊主力：八旗與綠營

　　滿清未入關前以「八旗兵」統一滿洲。八旗兵原是滿洲的部族子弟兵，擅長騎射，勇於戰鬥。入關後，朝廷對這些開國的八旗子弟優渥備至。各地的駐防軍都賜給莊田，以爲產業。自此之後，八旗軍士，安居樂業，平時缺乏訓練，幾代之後乃完全喪失戰鬥精神。而八旗大臣中知兵者也越來越少。這些都給了清後期湘軍、淮軍等漢人地方武裝崛起的機會。[1]

　　滿清入關後，以兵力不敷調遣，無法控制中國內地，乃命各省收編投降的明軍。爲了別於「八旗」一律用綠色旗幟爲標誌故稱爲「綠營」。綠營兵全是漢人，但爲防漢兵作亂，綠營的重要軍官皆由滿人充任。[2]

　　在清朝大部分的時間裡綠營都是清軍的主力。但隨著太平日久，綠營內部也開始出現鬆弛腐化的現象。綠營的腐敗主要表現在空額嚴重和指揮不靈這兩方面。與八旗兵相比，綠營兵薪餉偏低，僅夠個人餬口，不能兼顧家屬，因此違禁「兼習手藝，或做小貿供籍幫貼」的現象十分普遍。綠營腐敗情狀，日甚一日，到了乾隆帝閱兵時，所見已是「射箭，箭虛發；馳馬，人墜地」。[3]

　　各地的綠營軍隊統受駐在地「總督」的節制，康乾之際爲綠營全盛時

---

[1] 李則芬，頁9。八旗，維基百科。

[2] 李則芬，頁9。

[3] 綠營，維基百科。

期。到了乾嘉之際，綠營也盛極而衰。及至太平軍起，綠營遭之即潰，至清末，綠營已名存實亡。[4]

第三節　第二階段清廷的軍隊主力：鄉勇

　　清道光咸豐年間，內憂外患，洪楊變亂，各地多組鄉團以自保。朝廷對於能抗禦洪楊的鄉勇特別鼓勵，並下旨各省之在籍大臣，督辦本鄉團練。咸豐二年（1852），曾國藩奉旨以在籍內閣學士兵部侍郎督辦團練，於是「湘勇」之名大著。繼之有李鴻章督辦之「淮勇」。另又有「黔勇」（貴州）、「辰勇」（辰州）、「平勇」（平江）等。「湘勇」與「淮勇」後來成為平定洪楊捻匪的主力，被稱為「湘軍」、「淮軍」替代「綠營」成為國家的正規軍。[5]

　　咸豐十年（太平天國十年，1860）閏三月，太平軍在南京附近擊潰江南大營（綠營）後，朝廷官兵已不可用，咸豐皇帝乃正式下詔曾國藩為兩江總督（江蘇、安徽、江西三省最高行政長官），加尚書銜，督辦江南軍務，並以左宗棠為襄辦。至是，湘軍乃正式肩負剿討太平天國之重責大任而成為清廷軍隊的主力。[6]

　　咸豐十一年（太平天國十一年，1861）十月十八日，受「英法聯軍」及李秀成攻下浙江的影響，兩宮太后下旨，派曾國藩以兩江總督名義，總統江蘇、安徽、江西、浙江四省軍務，所有四省巡撫提督以下各官，悉歸節制。曾國藩保舉沈葆禎為江西巡撫，左宗棠為浙江巡撫，李鴻章為江蘇巡撫。又令李鴻章招募安徽鄉勇，籌編「淮軍」。也由於左宗棠在浙江以及李鴻章在江蘇的進展，太平軍優勢盡失，而陷於處處受牽制之局面，也使曾國荃得以傾全力圍攻天京。[7]

　　同治元年（太平天國十二年，1862）六月，清軍已肅清長江左右兩

---

[4] 陳致平，《中華通史（十二）》，頁 63-65。
[5] 陳致平，《中華通史（十二）》，頁 65-66。
[6] 陳致平，《中華通史（十一）》，頁 296-97。
[7] 陳致平，《中華通史（十一）》，頁 298-99。

第二篇 戰略篇

翼，克復皖南和皖北。同治三年（太平天國十四年，1864）四月二十七日，洪秀全見大勢已去，服毒自殺。六月十六日，曾國荃攻破南京，李秀成被俘。七月，曾國藩殺李秀成，太平天國亡。[8]

然湘軍征戰日久，紀律漸廢，攻入南京後，大肆劫掠，江南孳貨，盡入曾軍。[9]曾國藩爲避免清廷猜忌，在太平天國滅亡後不久便裁撤湘軍，時爲同治三年（1864）七月十三日。[10]於是淮軍繼湘軍而起，李鴻章在曾國藩死後（同治十一年二月，曾國藩歿於兩江總督任上）成爲清廷掌握軍權的重臣。

第四節　第三階段清廷的軍隊主力：淮軍的西化與衰敗

壹、「常勝軍」：中國最早使用西方火器與作戰方式的地方自衛隊

道光二十二年（1842）七月，因鴉片戰爭失敗而簽訂「南京條約」。南京條約內容重點之一即爲開廣州、福州、廈門、寧波、上海五口通商。道光二十三年（1843）九月二十六日，英國首任駐滬領事巴富爾（George Balfour）到任後，上海正式開埠。

上海開埠不久，洪楊之亂亦起。咸豐三年（1853），太平軍攻下南京，並以南京爲天京。初太平軍畏於上海租界有洋人兵力，而英法等國對清廷與太平軍之內戰亦持觀望與中立態度，因此太平軍與上海英法軍尚保持良好關係。

但咸豐十年（太平天國十年，1860）閏三月，太平天國李秀成攻潰清廷的江南大營，收復南京以東丹陽、常州、蘇州一帶，李秀成爲鞏固東南決定進攻杭州、上海。由於上海清軍兵力單薄，上海官紳乃向在滬的西方人士

---

[8] 李則芬，頁 74-76。
[9] 王湘綺，《湘軍志》。
[10] 郭廷以，《近代中國史事日誌》。

求救。時值英法聯軍期間，英法正與清軍交戰，但英法爲了他們在租借的利益，決定公開承諾保護上海的安全。

當時的兩江總督何桂清亦飭江寧布政使薛煥和上海道台吳煦籌餉募勇，保衛上海。同年四月十三日，吳煦雇美國退伍軍人華爾（Frederick Townsend Ward, 1831-1862），募集了1000餘名華勇，而且還雇傭以菲律賓人爲主的 100 名「夷勇」組成了一支「洋槍隊」，並以法思爾德（Edward Forrest）、白齊文（Henry Andres Burgevine）爲副。這是中國最早使用西式軍械與作戰方式的地方自衛隊。[11]

李秀成在咸豐十年（太平天國十年，1860）四月到七月對上海發動了第一次攻擊，但爲清軍、洋槍隊及英法軍隊擊退。這也是洋槍隊第一次參與作戰。

咸豐十一年（1861）年六月，華爾在松江將洋槍隊進行了重組，改建成爲一支以華人爲主，由洋人訓練、指揮的軍隊。[12]

咸豐十一年（1861）年十二月，李秀成又親統五路大軍，對上海地區發動了第二次進攻。英艦隊司令何伯（Admiral J. Hope）、法將卜羅德（Admiral Protet）與華爾的洋槍隊都參加了這次的上海保衛戰。同治元年（1862）一月，由於洋槍隊屢次建功改名爲「常勝軍」（Ever-Victorious Army）。三月，李鴻章也率領新訓練的淮軍由安慶乘英輪赴上海參戰。這次作戰慘烈異常，雙方互有勝負。英艦隊司令何伯受傷，法將卜羅德陣亡，常勝軍副指揮白齊文亦受傷。七月，由於天京緊急，李秀成回師西援暫留部將譚紹光主持東線軍務，上海暫時解圍。[13]

同治元年（1862）七月，太平軍慕王譚詔光又舉大軍第三次進犯上海，李鴻章飛檄劉銘傳、華爾赴援上海。八月，常勝軍與英軍攻克浙江慈谿但常勝軍統領華爾陣亡，白齊文接任常勝軍統領。九月，李鴻章與白齊文大破譚紹光於青浦。同治元年十一月，白齊文因索餉不遂搶奪官銀遭李鴻章解職。同治二年（1863）二月，英國少校戈登（Charles George Gordon）接統常勝軍。戈登之軍事知識與能力甚強，李鴻章得戈登之助在同治二年（1863）二月至四月間，連克常熟、福山、太倉、崑山等地。十

[11] 郭廷以，《近代中國史事日誌》。
[12] 郭廷以，《近代中國史事日誌》。
[13] 郭廷以，《近代中國史事日誌》。

月，克復蘇州收降太平軍二十餘萬人。十一月，克無錫。於是南京以東重要都市，相繼爲淮軍收復。[14]

同治三年（1864）四月，淮軍提督劉銘傳與戈登攻下常州，時太平天國敗象已露。李鴻章以上海安全無慮，四月二十六日在崑山解散常勝軍。二十四日，天王洪秀全自殺，不久戈登亦返回英國。[15]

由於常勝軍統領華爾抵抗大平軍保衛上海的英勇，故清廷對其陣亡以中國官服收斂厚葬，李鴻章亦請朝廷優恤並於寧波、松江建祠。[16]

常勝軍對中國軍隊的西化有重要影響，當時湘軍使用之主要武器乃是小槍、抬槍，此槍係前膛裝藥裝彈，再加藥線燃放，故裝藥時易被風吹散，火線亦易被雨水浸濕。常勝軍則使用新式的洋槍，此槍雖亦是前膛裝藥裝彈，但已使用銅帽裝就火藥，後嵌銅火引，前置彈丸，板機擊燃銅帽，燃及膛中火藥，則彈丸被推送發射。兩相比較，優劣自見。[17]

在砲隊方面，湘軍與淮軍皆使用辟山砲（即明、清以來使用已達三百年的「紅夷砲」），常勝軍則使用西洋炸砲，此炮之威力遠大於辟山砲。

常勝軍不僅武器較爲精良，作戰方式亦不相同。《清史稿》對常勝軍之作戰方式記載如下：

> 咸豐十年，粵匪陷松江，煦令募西兵數十爲前驅；華人數百，半西服、半常裝，從其後。華爾誡曰：「有進無止，止者斬！」賊迎戰，槍砲雨下，令伏，無一傷者。俄突起轟擊之，百二十槍齊發，凡三發，斃賊數百。賊敗入城，躡之同入，巷戰，斬黃衣賊數人。賊遁走，遂復松江，華爾亦被創。[18]
>
> 同治元年，賊又犯松江、富林、塘橋，眾數萬，直逼城下。華爾以五百人禦之，被圍，乃分其眾爲數圓陣，陣五重，人四鄉，最內者平立，以次遞俯，槍皆外指。華爾居中吹角，一響眾應，三發，死賊數百。逐北辰山，再被創，力

[14] 郭廷以，《近代中國史事日誌》。
[15] 郭廷以，《近代中國史事日誌》。
[16] 《清史稿・華爾》，卷四百四十一，列傳二百二十二。
[17] 王爾敏，頁 95。
[18] 《清史稿・華爾》，卷四百四十一，列傳二百二十二。

疾與戰，賊始退。遂會諸軍搗敵營，殺守門者，爭先入毀
之。是役也，以寡敵眾，稱奇捷。時浦東賊據高橋，逼上
海，華爾約英、法兵守海濱，而自率所部進擊，賊大敗，加
四品翎頂。[19]

　　李鴻章率新成立的淮軍在同治元年（1862）三月赴滬，參與第二次的
上海保衛戰，四月接戰，八月時洋槍隊已有千人參加作戰。李鴻章親睹洋
槍隊之威力，立即引進洋槍及西洋炸砲改編部隊。也由於李鴻章的銳意改
革，使淮軍成為繼湘軍之後的清軍勁旅。李鴻章不僅更新淮軍裝備，且主
導清廷的海軍建設，建立了北洋海軍，更是自強運動中倡導改革的重臣。
李鴻章一生的志業，當奠基於淮軍成立之初與洋槍隊、英法軍隊共同防衛
上海的作戰經驗，也開啟了中國軍隊西化的一頁歷史。

貳、清末最早西化的軍隊淮軍與淮軍的盛衰

　　咸豐十一年（太平天國十一年，1861）十月十八日，清廷命兩江總督曾
國藩統轄江蘇、安徽、江西三省並浙江全省軍務。時李秀成將攻上海，滬
紳乃向曾國藩請兵相救，然湘軍無力分顧。十一月二十五日，曾國藩奏保
李鴻章為江蘇巡撫，並決定成立淮軍，進軍下游援救上海。李鴻章受命後
將舒、廬一帶舊有團練改編，仿湘軍章程，參酌戚繼光練兵實紀加以訓
練，兩個月內已成軍數營。同治元年（1862）元月二十四日集合於安慶，
「淮軍」正式成立。[20]

　　同治元年（1862）三月七日，李鴻章率湘淮軍自安慶乘英輪東下上海，
聯合常勝軍共同作戰，打擊李秀成。三月二十七日，清廷命李鴻章署江蘇
總督。四月四日，李鴻章率湘淮軍六千五百人全部抵上海，開始作戰。李
鴻章抵滬後，見洋軍火器威力強大，遠非湘、淮軍能作擬，乃即著手改換
洋槍，數月間改換洋槍者達千人。九月，李鴻章改各營為洋槍隊，並增添
劈山砲，以使步砲協同，增強戰力。其後，李鴻章所部各營水陸七萬人，
大部改用洋槍，劈山砲亦逐漸減少，改用「西洋炸砲」。小槍、抬槍、刀

---

[19] 郭廷以，《近代中國史事日誌》。
[20] 郭廷以，《太平天國史事日誌》。王爾敏，《淮軍志》。

矛，則盡行革去。其他如浮橋、雲梯、炮臺等技術，及「臨陣整齊靜肅，槍砲施放準則」等戰術，亦皆學人所長，去己所短。另則請華爾代覓製洋砲的洋匠及代購洋槍，以謀改進淮軍的武器裝備。[21]

同治二年（1863）初，李鴻章之親兵護衛營（張遇春的「春字營」），已有砲隊二百名參戰，此是淮軍有砲隊之始，亦是中國砲兵制度之發韌。六月，淮軍進攻蘇州時，劉銘傳、程學啓二部亦均有炸砲隊的編制。此時所用的砲彈多屬 12 磅重，其後不到一年，淮軍已擁有放射 108 磅的洋砲。至同治三年（1864）五月，蘇常之戰結束時，淮軍已有六營砲兵。[22]

太平天國時，捻匪亦乘時而起，待洪楊之亂剿平，曾國藩裁撤湘軍，淮軍則繼湘軍而起肩負平定捻亂之責。同治五年，清廷詔李鴻章為欽差大臣負責剿除東捻。同治六年，又派左宗棠為差欽大臣，督辦陝務，負責剿除西捻。同治六年冬十二月，東捻完全平定。同治七年夏六月，西捻也平定，李鴻章因功升為湖廣總督協辦大學士。

淮軍的砲兵部隊，並未因太平天國之平定而停止改進。自同治十年（1871）至光緒三年（1877），又添購最新式克虜伯（Krupp）後膛鋼砲 115 尊，並仿德國砲兵編制，成立新式砲兵十九營，並聘德國軍官李勘協（Lehmayer）來華教習三年。光緒二年（1876）春，又選派官弁七人，隨李勘協赴德學習水陸軍械技藝，以三年為期，俟學成回國，分發各營教練，此為中國在役軍官出洋學習的最早記錄。至光緒十年（1884）以後，淮軍擁有之後膛鋼砲已達 370 尊，逐漸現代化成為相當強大的砲兵部隊。[23]

光緒十一年（1885），中法議和後，李鴻章為直隸總督亦有意摹仿西法練兵，乃於光緒十一年仲夏，奏明設立「天津武備學堂」，習稱「北洋武備學堂」，訓練淮軍官兵。

淮軍是我國最早開始效法西洋軍制的軍隊，平捻亂是淮軍最大的功績，在中日甲午戰爭前淮軍是清廷軍隊的主力。然而在光緒二十年（1894）甲午戰爭時，參戰的淮軍卻慘遭日軍擊敗，李鴻章銳意西法練兵的成果毀於一戰。清廷以王文韶代直隸總督，命李鴻章往日本議和。光緒三十年以後，淮軍改編為巡防隊，已不與於正規軍之列。[24] 從此，清廷開始

---

[21] 李震，頁 554-57。郭廷以，《近代中國史事日誌》。
[22] 李震，頁 557-58。
[23] 李震，頁 558-59、578。
[24] 王爾敏，頁 387。

另建新軍，李鴻章已不再主導清軍的練兵大任，淮軍亦如湘軍一樣走入歷史。

第五節　第四階段清廷的軍隊主力：袁世凱新建陸軍

壹、袁世凱小站練兵

光緒二十年（1894），甲午戰爭初敗，洋將漢納根（Constantin von Hanneken）即建議清廷練新軍十萬。是年十月十八日，以漢納根所遞練兵節略爲救時之策（募兵十萬，派洋將訓練），命皋司胡燏棻即會同籌畫，立予施行。十二月二十七日，命胡燏棻先練十營（五千人），徐議擴充（以漢納根計畫所費不貲，中止）。胡燏棻即接替周盛傳到小站練兵（小站舊名新農鎭，現隸屬天津市津南區，位於天津市西南約 26 公里處），聘請德國教官漢納根主持訓練，此爲清末新建陸軍之始。[25]

光緒二十一年（1895）秋七月，清廷免去李鴻章直隸總督的職務詔入閣辦事，由王文韶接任直隸總督兼北洋大臣。此舉乃是清廷剝除了李鴻章主導軍事建設的大權。[26]

光緒二十一年十月初三日，督辦軍務處恭親王、翁同龢、李鴻藻等商定以胡燏棻造鐵路，袁世凱練洋隊，蔭昌挑八旗兵入武備學堂。十月二十二日，清廷乃命溫處道袁世凱督練新建陸軍（以胡燏棻之定武軍及加募之四營，共七千人編成）。[27]袁世凱乃仿德國、日本規制，以翰林徐世昌任督練處參謀，北洋武備學堂學生段祺瑞、馮國璋、王士珍分任步兵、礮兵、工兵學堂總辦兼統帶，曹錕、李純等任隊官，洋教軍以德人爲多。[28]

光緒二十一年在天津次第編練完成，名爲「定武軍」。「定武軍」在小

---

[25] 郭廷以，《近代中國史事日誌》。
[26] 《清史稿・德宗二》，卷二十四本紀二十四。
[27] 郭廷以，《近代中國史事日誌》。
[28] 郭廷以，《近代中國史綱（上）》，頁 415。

站附近設有 10 個營盤，裝備洋槍洋炮，分步、炮、工、騎 4 個兵種。步兵3000 人，炮兵 1000 人，工兵 500 人，騎兵 250 人，共計 4750 人。

貳、清廷令各省開始新法練軍

清廷決定新建陸軍後，各省亦開始新法練軍。光緒二十一年閏五月，張之洞代劉坤一督兩江總督，到任後巡閱江防，購新出後膛砲，改築西式砲台，設專將專兵領之，募德人教練新軍，名曰「江南自強軍」。[29]光緒二十二年（1896）元月，張之洞回任湖廣，春二月張之洞奏請於武昌建練新軍，大致與江南自強軍相仿，請德國軍官為總教官。[30]

至此，清廷的新軍建設大底已定，其重要者在南方是由湖廣總督張之洞總辦的湖北新軍以及兩江總督總辦的自強軍。在北方則為直隸總督總辦，袁世凱主持的新建陸軍（袁世凱於光緒二十七年接任直隸總督，光緒三十三年調軍機大臣）。但由於張之洞為書生，不諳軍旅，袁世凱則掌北洋重鎮，戍守京畿，朝廷大力支持，終使北洋陸軍為清廷勁旅，袁世凱成為手握兵權的實力人物。

光緒二十四年（1898）五月一日，朝廷正式下令全面西法練兵，詔命陸軍改練洋操，北省由新建陸軍，南省由自強軍撥派營弁，分往教練。並限於六個月內將併餉練隊及分紮處所妥議覆奏。東三省防練各營伍，由北洋武備學堂遣人教習。[31]

參、袁世凱藉練兵逐漸掌握兵權

光緒二十四年八月，清廷命袁世凱以侍郎候補，專任練兵事宜。命榮祿為軍機大臣。以裕祿為直隸總督兼北洋大臣。命榮祿管兵部事。十月，

---

[29] 郭廷以，《近代中國史事日誌》。
《清史稿·張之洞》，卷四百四十三，列傳二百二十四。
[30] 郭廷以，《近代中國史事日誌》。
[31] 郭廷以，《近代中國史事日誌》。
《清史稿·兵三防軍陸軍》，卷一百三十八，志一百十三。

榮祿乃奏設「武衛軍」，以聶士成駐蘆台爲前軍，董福祥駐薊州爲後軍，宋慶駐山海關爲左軍，袁世凱駐小站爲右軍，而自募萬人爲中軍，駐南苑。[32]

光緒二十五年（1899）十一月，由於義和拳民作亂，在外國影響力下，原山東巡撫毓賢被調爲山西巡撫，袁世凱繼任山東巡撫。袁世凱到任後大力鎮壓亂民，這些亂民遂北逃。義和團事件導致了八國聯軍之役，衛戍京畿的「武衛軍」幾乎全部潰亡，直隸總督裕祿負傷自盡，聶士成中砲陣亡。唯袁世凱的武衛右軍因駐防山東得以保存實力。

光緒二十六年（1900）三月，八國聯軍結束後，朝廷命袁世凱集新兵二十營，增立一軍，爲武衛右軍先鋒隊。[33]

庚子之亂後，自光緒二十七年到三十三年間，清廷進行了最後的一次的政治改革。

光緒二十七年（1901）七月，命各省綠營防勇限於本年裁去十分之三。朝廷命各省西法練兵，並廢除武科科舉。又令南北洋、湖北之武備學堂，山東之隨營學堂，酌量擴充，認眞訓練並命其餘各省督撫設法仿照籌建。又以各省制兵防勇，積弊甚深，飭將軍、督、撫，就原有各營，嚴行裁汰，精選若干營，分爲常備、續備、巡警等軍，更定餉章，一律操習新式槍砲。[34]

同年九月，李鴻章卒，臨逝前薦袁世凱任直隸總督。慈禧太后以袁世凱在戊戌政變時效忠后黨，小站練兵又有成效，乃以袁世凱署直隸總督兼北洋大臣。袁世凱之武衛右軍亦回駐小站。光緒二十八（1902）年五月，實授袁世凱直隸總督兼北洋大臣。[35]

光緒二十八年（1902），袁世凱奏定北洋創練常備軍營制餉章，於直隸創設軍政司分兵備、參謀、教練三處，並先練常備兵二鎮。九月，常備軍左鎮編成（後爲北洋之第二鎮），自此，中國乃有正式之陸軍。十一月，廷命河南、山東、山西各督選派將弁頭目，赴北洋學習撫練。江蘇、安徽、江西、湖南各省選派將弁頭目，赴湖北學習撫練。俟練成後即發回各省，

---

[32] 《清史稿·德宗二》，卷二十四，本紀二十四。
　　《清史稿·榮祿》，卷四百四十三，列傳二百二十四。
[33] 《清史稿·德宗二》，卷二十四，本紀二十四。
[34] 《清史稿·兵十訓練》，卷一百四十五，志一百二十。
　　郭廷以，《近代中國史事日誌》。
[35] 《清史稿·德宗二》，卷二十四，本紀二十四。

令其管帶新兵。每年由北洋、湖北請旨簡派大員分往教閱，並令袁世凱、張之洞妥議詳細章程。[36]

光緒二十九年（1903）十月，清廷置練兵處，命慶親王奕劻總理練兵事務，袁世凱、鐵良副之。[37]此舉本圖以統一全國兵權，但營制餉章，悉出袁手，袁遂以北洋大臣兼練兵大臣，全國兵力反更集於袁一人之手。[38]是年冬，選旗丁為京軍旗軍備軍（後為北洋第一鎮）。[39]

光緒三十年（1904），日俄戰事起於我國東北，北洋防務緊急，乃成北洋常備右鎮（後為北洋第四鎮）。並將武衛自強軍改編為北洋第三鎮。[40]（「鎮」相當於現代軍制中「師」的編組，「協」略等於「旅」，「標」略等於「團」，「營」名未變。）

光緒三十一年（1905）六月一日，練兵處奏，各省新軍皆名「陸軍」。[41]（此為清廷首次使用「陸軍」一詞。）是年，以京旗常備軍為第一鎮，常備軍左鎮為第二鎮，武衛自強軍為第三鎮，常備軍右鎮為第四鎮。旋以第二鎮之一部及武衛右軍先鋒隊，擴充為第五鎮。又以第三鎮之一部及武衛自強軍餘部，擴充為第六鎮。九月，舉行秋操於直隸河間，北洋新軍六鎮於是成軍。此六鎮中除第一鎮由滿人鐵良統領外，其餘五鎮都是袁的嫡系，主要將領均為小站練兵出身。[42]

肆、清末朝廷解除袁世凱兵權

光緒三十二年（1906）九月，詔更定官制。內閣、軍機處、外務、吏、禮、學部、宗人府、翰林院等仍舊。改巡警部為民政部，戶部為度支部，兵部為陸軍部，刑部為法部，工部併入商部為農工商部，理藩院為理

---

[36] 文公直，〈最近三十年軍事史〉，第一編；軍制，頁 40。收錄於：沈雲龍主編，《近代中國史料叢刊》。郭廷以，《近代中國史事日誌》。

[37] 《清史稿·兵十訓練》，卷一百四十五，志一百二十。

[38] 金兆梓，〈近世中國史〉，頁 44。收錄於：沈雲龍主編，《近代中國史料叢刊》。

[39] 文公直，〈最近三十年軍事史〉，第二編，軍史：2。收錄於：沈雲龍主編，《近代中國史料叢刊》。

[40] 文公直，〈最近三十年軍事史〉，第二編，軍史：2。收錄於：沈雲龍主編，《近代中國史料叢刊》。

[41] 郭廷以，《近代中國史事日誌》。

[42] 蕭一山，民國 56 年，頁 1413。

籓部。增設郵傳部、海軍部、軍諮府、資政院、審計院。以財政處歸度支部，太常、光祿、鴻臚三寺歸禮部。太僕寺、練兵處歸陸軍部。[43]

在這次官制的釐定中，朝廷親貴意欲乘機削督撫權，袁世凱尤爲各方所集矢。因此在十月五日，清廷准袁世凱開去各項兼差，以專責成而符新制，以陸軍第一、第三、第五、第六鎮歸陸軍部統轄，以第二、第四兩鎮暫由袁世凱調遣訓練。[44]

光緒三十三年（1907）秋七月二十一日，定限年編練陸軍三十六鎮。[45]但陸軍部雖議定全國編練三十六鎮，至清亡時實際編成僅二十六鎮。

同年七月二十七日，命張之洞、袁世凱並爲軍機大臣，以袁世凱爲外務部尙書。[46]清廷這種作法乃是爲了解除直隸總督袁世凱與湖廣總督張之洞的兵權。

伍、袁世凱的復出與清朝的滅亡

光緒三十四年（1908）冬十月癸酉，德宗崩，宣統繼位。十二月，攝政王戴灃罷袁世凱，令其回籍養疴。[47]

宣統三年（1911）八月，新軍在武昌起義。清廷隨即起用袁世凱爲湖廣總督、岑春煊爲四川總督，俱督辦剿撫事宜。九月，各省紛紛獨立，情勢緊急。由於各地統兵多爲袁的北洋舊部，且多不聽朝廷節制，清廷爲借重袁的影響力，不得已乃將袁世凱一路由湖廣總督躍昇爲內閣總理大臣。十月，詔授袁世凱全權大臣，委代表人赴南方討論大局。袁世凱與南方政府議和，雙方暗中協議，袁氏如能促成和議推翻滿清政府，則將舉袁氏爲中華民國首任大總統以酬其功。袁世凱垂涎大總統職位，於十二月逼清帝退位。

---

[43] 《清史稿·德宗二》，卷二十四，本紀二十四。
[44] 郭廷以，《近代中國史事日誌》。
[45] 郭廷以，《近代中國史事日誌》。
[46] 郭廷以，《近代中國史事日誌》。
[47] 郭廷以，《近代中國史事日誌》。

第六節　清末的海軍建設

壹、清末海軍建設政策制訂過程

清初有江防、水防，但無海軍。咸豐十一年（1861），曾國藩疏請購買外洋船砲。同治元年，總理各國事務衙門令海關總稅務司李泰國（Horatio Nelson Lay）在英國購買兵輪船大小凡七艘，是清廷在外國訂購船艦之始。同治二年九月，所訂購兵船七艘竣工，聘英員阿思本（Sherard Osborn）為幫統，酌配員勇，駕駛回華，嗣因李泰國報銷前後不符，阿思本諸多挾制，任意要求，因將兵船退回英國發賣，遣散洋員兵勇。不久，李泰國另批代購之天平輪到華，此為清廷初次向外購艦之經過。[48]

同治初，曾國藩、左宗棠諸臣建議設船廠、鐵廠。沈葆楨興船政於閩海，李鴻章築船塢於旅順，練北洋海軍，是為有海軍之始。

茲將清末海軍建設過程列如表 10.2。

表 10.2：清末海軍建設大事記

年　分	清　末　海　軍　建　設　大　事
咸豐十一年（1861）	曾國藩疏請購買外洋船砲。
同治四年（1865）	曾國藩於上海虹口設製造局。
同治五年（1866）	閩浙總督左宗棠疏請於福建省擇地設廠，購機器，募洋匠，自造火輪兵船。聘洋員日意格（Prosper Giquel）等，買築鐵廠船槽及中外公廨、工匠住屋、築基砌岸一切工程。開設學堂，招選生徒，習英、法語言文字、算學、圖畫（是為福州船政局及福州船政學堂規劃之始）。是年，左宗棠調陝甘總督，旋以沈葆楨為船政大臣（駐所在福州船政局）。
同治六年（1867）	李鴻章遷虹口製造局於高昌廟，建船塢，名曰江南製造局。
同治九年（1870）	清廷諭令以直隸總督李鴻章為統管洋務與海防欽差大臣。各支水師分別隸屬各督撫。
同治十年（1871）	琉球貢船「太平山」，在台灣南部觸礁沉沒，

---

[48] 池仲祐，〈海軍大事記〉。收錄於：沈雲龍主編，《近代中國史料叢刊續編》，第十八輯。

	遇難船員泅水上岸者有 54 人被牡丹社蕃人殺死。日本即借此事件，以琉球宗主國名義派陸軍中將西鄉從道率艦船四艘，於同治十三年（1874）三月在臺灣南部登陸，並建立「都督府」，準備占據臺灣。清廷以福州船政大臣沈葆楨爲欽差大臣，督率福建海軍軍艦 10 艘布防台灣，準備反擊日軍。這一事件由英國公使調停，清政府與日本始訂和約，中國給予日本白銀 50 萬兩作爲補償，日軍始退。此事件引起清廷內部的海防大籌議，認識到日本誠爲中國大患，並作出加強海防與建設海軍的重要決策，是爲清廷海軍建設政策制定之始。
光緒元年（1875）	清廷諭令李鴻章督辦北洋海防；兩江總督沈葆楨督辦南洋海防，並節制福建水師。
光緒五年（1879）	沈葆楨卒，李鴻章遂負責海軍全局之規劃。
光緒七年（1881）	北洋奏請以提督丁汝昌統率北洋海軍。閏三月，朝廷正式下令劃分北洋、南洋及長江沿海防務，並分別責成大臣負責。廷諭指定李鴻章負責北洋海防，丁日昌專駐南洋。五月，調長江水師提督李成謀爲統領，將船政輪船，先行練成一軍，負責閩海防務。至此，北洋、南洋、閩海三支海軍已漸形成。
光緒八年（1882）	清廷在總理各國事務衙門內設海防股，統管海軍與海防事宜。北洋海軍聘英國海軍大佐琅威理（William M. Lang）爲北洋海軍總查，職司訓諫。
光緒十年（1884）	中法戰爭，福建海軍艦隊遭法國海軍襲擊，實力損失殆盡。
光緒十一年（1885）	九月五日，清廷諭令設立海軍衙門，醇親王奕譞爲總理海軍事務大臣，慶郡王奕劻及李鴻章會辦，并由李鴻章專司北洋海軍事宜。
光緒十四年（1888）	北洋海軍正式成立，以丁汝昌爲北洋海軍提督。
光緒二十年（1894）至二十一年（1895）	中日甲午戰爭，北洋艦隊全軍覆沒。
光緒二十四年（1898）	清廷再命各省協款，整建海軍。
光緒三十年（1904）	派廣東水師提督葉祖珪總理南北洋海軍。
光緒三十三年	設立海軍處，附於陸軍部。

（1907）	
宣統元年（1909）	閏五月，任命貝勒載洵、薩鎮冰爲籌辦海軍事務大臣，統籌海軍事宜。 六月，籌辦海軍事務處成立，將南北切實收歸統一，分組巡洋、長江兩艦隊。以程璧光統領巡洋艦隊，沈壽堃統領長江艦隊。
宣統二年（1910）	十一月，清廷諭令設立海軍部。

資料來源：池仲祐，〈海軍大事記〉。收錄於沈雲龍主編，《近代中國史料叢刊續編》，第十八輯。

中國海軍百科全書編審委員會編，《中國海軍百科全書（上冊）》，1998。

郭廷以，《近代中國史事日誌》，民國52年。

貳、清末的海軍艦隊

清末海軍建設開始至辛亥革命前，轄有北洋海軍、南洋水師、福建海軍、廣東水師等4支蒸汽艦隊，分別歸北洋大臣、南洋大臣、閩浙總督、兩廣總督（湖廣總督）節制。先後共裝備蒸汽動力艦艇132艘，其中中國自行建造的48艘，從英、德等國購進的有84艘，總排水量10餘萬噸。在中法、中日戰爭中損失慘重。宣統元年時僅有艦艇35艘，統一編爲巡洋艦隊和長江艦隊。[49]

北洋海軍：

前期稱北洋水師，後期稱北洋艦隊。部署於黃海海域，主要基地在威海、旅順。北洋海軍爲清末海軍中實力最強之艦隊。主要是購自英、德，少數爲國人自造。共有戰鬥艦32艘，勤務艦2艘，總排水量約4萬餘噸。甲午海戰中，北洋海軍全隊覆沒。光緒二十一年（1895），雲貴總督王文韶接任直隸總督兼北洋大臣，清廷重建北洋海軍。清廷任命葉祖珪爲北洋海軍統領，薩鎮冰爲幫統領。宣統元年（1909），海軍統一編爲巡洋艦隊和長江艦隊，北洋海軍建制隨之終止。[50]

---

[49] 中國海軍百科全書編審委員會編，《中國海軍百科全書（下冊）》，頁480-80。
[50] 中國海軍百科全書編審委員會編，《中國海軍百科全書（上冊）》，頁51。

南洋水師：

部署在東海北部海區。主要基地在吳淞，其他基地有浙江的定海、鎮海等。光緒元年（1875），清廷諭令兩江總督籌辦南洋海防。歷時30年，至宣統元年（1909）南洋水師先後裝備有艦艇33艘，國內自行建造和從英、德、日等國購買的各占半數。總排水量2萬餘噸。光緒十一年（1885），由吳安康率艦5艘南下福建海域，支援福建海軍抵抗入侵的法艦，有2艘被擊沉。宣統元年（1909），海軍統一編為巡洋艦隊和長江艦隊，南洋水師建制隨之終止。[51]

福建海軍：

亦稱福建水師，歸閩浙總督與船政大臣軍制。首任提督李成謀。部署在東海南部海域，主要基地在福州馬尾，其他基地有基隆、馬公等。清末海軍建設中起步最早的一支艦隊，但裝備較差。至光緒十年（1884），共有艦艇14艘，總排水量1萬餘噸。多數為福州船政所屬船廠早期建造的木殼艦艇，少數由外國購進。光緒十年（1884），艦隊遭法國海軍襲擊，被擊沉艦艇9艘，實力損失殆盡。此後，一直未能恢復。宣統元年（1909），僅有艦艇4艘。海軍統一編為巡洋艦隊和長江艦隊，福建海軍建制隨之終止。[52]

廣東水師：

廣東水師部署在南海海區，歸兩廣總督、湖廣總督節制。基地設在廣州黃埔。同治年間開始建設，至光緒中成軍。首任提督吳長慶。甲午戰爭時廣東水師之廣甲、廣乙、廣丙等三艦適參加北洋海軍海上會操，因而編入戰鬥序列，廣甲、廣乙被擊毀，廣丙被日軍擄去。宣統元年（1909），海軍統一編為巡洋艦隊和長江艦隊，廣東水師建制隨之終止。[53]

宣統元年（1909）清廷擬重振海軍，首先將原分別歸北洋大臣、南洋大臣、閩浙總督、湖廣總督節制的各支海軍、水師實行統一編制，以求統一海軍的領導指揮體制。分別編為巡洋艦隊和長江艦隊，原有各支海軍及水師建制即告終止。民國成立時，巡洋艦隊改為中華民國海軍第一艦隊，長

---

[51] 中國海軍百科全書編審委員會編，《中國海軍百科全書（下冊）》，頁376-77。
[52] 中國海軍百科全書編審委員會編，《中國海軍百科全書（上冊）》，頁296。
[53] 中國海軍百科全書編審委員會編，《中國海軍百科全書（上冊）》，頁346。

江艦隊改爲中華民國海軍第二艦隊。[54]

參、清末的海軍教育

除船廠之興建外，海軍人才之培育亦是清末海軍建設之重點。最早的海軍學堂爲隸屬於福州船政的福州船政學堂，此後各洋水師陸續興辦海事學堂。茲將清末海軍重要的海軍學堂簡列如下：

福州船政學堂：

同治五年（1866），福州船政局設立時，並設福州船政學堂。下又分前學堂亦稱製造學堂。後學堂亦稱駕駛管輪學堂。民國成立後，船政前學堂改爲海軍製造學校，船政後學堂改爲馬尾海軍學校。[55]

天津水師學堂：

光緒六年（1880），李鴻章奏請於天津設水師學堂。光緒七年（1881），校舍完成，招生開學，初僅爲水師駕駛學堂。光緒八年併入天津水雷電報學堂，改組爲水師管輪學堂，規模遂逐漸完備。天津水師學堂規章多仿福建船政前後學堂。光緒二十六年（1900），八國聯軍入侵，學堂停辦。[56]

黃埔水師學堂：

其前身爲光緒三年（1877）粵督劉坤一籌建之「實學館」，後易名爲博學館。光緒十三年（1887），張之洞將博學館改爲廣東水陸師學堂。十九年（1893）又改爲黃埔水師學堂，其課程設計仿福州船政學堂與天津水師學堂。光緒三十（1904）年，黃埔水雷局附屬魚雷班併入，改稱爲黃東水師魚雷學堂。民國成立後，改爲黃埔海軍學校。[57]

昆明湖水師學堂：

光緒十二年（1886）清督辦海軍事務的醇親王奕譞奏准在頤和園昆湖側建立。十三年，正式成立，專門招收滿族子弟以培養爲海軍人才，故又稱「貴胄學堂」。光緒二十年（1894），甲午戰爭爆發，學堂

---

[54] 中國海軍百科全書編審委員會編，《中國海軍百科全書（下冊）》，頁 1798。
中國海軍百科全書編審委員會編，《中國海軍百科全書（上冊）》，頁 86-87。
[55] 包遵彭，頁 688-774。
[56] 包遵彭，頁 781-91。
[57] 包遵彭，頁 775-80。

停辦。[58]

威海水師學堂：

　　光緒十五年（1889），海軍提督丁汝昌呈請北洋大臣李鴻章代奏，請設威海水師學堂。十六年（1890），水師學堂成立，開班授課。校址在劉公島，故又稱劉公島水師學堂。光緒二十一年（1895），甲午戰爭，威海衛陷落，學堂停辦。[59]

江南水師學堂：

　　光緒十六年（1890），兩江總督兼南洋大臣曾國荃奏准成立，同年十二月開學，校址在南京下關儀鳳門。同時將原南洋的魚雷學堂裁撤併入江南水師學堂。光緒三十一年（1905），因南北洋海軍統一，設海軍總理事務處，學堂乃改隸直屬海軍部。宣統元年（1909），改名為南洋海軍學堂。民國元年，改學堂為海軍軍官學校。[60]

煙臺海軍學堂：

　　北洋海軍先後設有天津水師學堂、威海水師學堂。甲午一役，威海學堂停辦。庚子之亂，天津學堂又復解散。光緒二十九年（1903），北洋海軍重建，北洋海軍幫統薩鎮冰奉命在煙臺海軍訓練營內籌建海軍學堂，學生專修駕駛之學，俗稱舊學堂。光緒三十一年（1905），薩鎮冰總理南北洋海軍，呈准在煙臺金溝村新建校舍，於光緒三十三年落成，俗稱新學堂。以舊學堂為基礎增加招生名額，按各省人口比例，以求人才普及。民國成立後，改名為煙臺海軍學校。[61]

第七節　清末陸軍教育的發展

　　淮軍自咸豐十一年（1861）成軍至光緒十年（1884）中法戰爭時已有二十年歷史，精銳漸失，軍隊逐趨老化。李鴻章為延續淮軍戰鬥力，除引進

---

[58] 包遵彭，頁 793-97。

[59] 包遵彭，頁 798-804。

[60] 包遵彭，頁 805-12。

[61] 包遵彭，頁 813-18。

第二篇　戰略篇

新血外，部隊的訓練刻不容緩，乃從戈登之言成立武備學校。由於在同治十年（1871）時，德國已擊敗奧國與法國，統一全德且成爲歐陸強國。因此，當時的德國駐華公使巴蘭德（M. von Brandt）以及德籍天津稅務司德璀琳（Gustav Detring）乃遊說直隸總督李鴻章仿德國練軍。李鴻章見淮軍中的德國教習都能盡忠職守，勇於負責，又以北洋海軍已爲英國軍官教練。諸種因素考量下，李鴻章決意依德式訓練成立武備學堂。光緒十一年（1885）五月，李鴻章奏設「天津武備學堂」（又稱「北洋武備學堂」），委派德國軍官李寶（Major Puali）、崔發祿、哲寧、那珀、博郎、闍士、巴恩壬、艾德（Lieut. Hecht）、黎熙德（Major Richter）、敖耳（Capt. von Aver）、高恩茲等人爲教習，調淮軍將領入堂學習。此爲近代中國成立的第一所陸軍士官學校。[62]

清廷改練新軍後，光緒三十年（1904）十一月練兵處奏定官制，其軍隊之武官分「軍官」與「軍佐」兩類，軍佐包含有測繪、醫務、經理、製械、通訊等職（「軍官」相當於現今軍隊之作戰官科，「軍佐」相當於現今軍隊之後勤支援官科）。是以清末之陸軍教育又可分「軍官教育」與「軍佐教育」。軍佐教育之測繪學堂、經理學堂、軍醫學堂等，均於光緒三十年起陸續成立。由於本書之重點在戰略管理觀念之探討，故對清末陸軍教育之發展乃以軍官教育爲主，軍佐教育之發展過程不予介紹。

清末陸軍學堂的設立，概可分爲兩個階段，此兩階段可以表10.3示之。

表 10.3：清末陸軍學堂設立的兩個階段

清末陸軍學堂的設立	時　　間	籌　　設
第一階段 創始時期	光緒十一年（1885）起至光緒二十九年（1903）。	此一階段清廷武備學堂皆由地方督撫負責籌設，師資多延聘外籍人士擔任，有德、日、英、法等國人，尤以德、日人士最多。
光緒三十年清末陸軍教育政策的重大改變		
光緒三十年（1904）八月，練兵處會同兵部奏定《陸軍學堂辦法》，該辦法共有二十條文，對全國的武備學堂作了通盤的規劃，將武學教育自各		

[62] 王家儉，〈北洋武備學堂的創設及其影響〉。收錄於：中華文化復興運動推行委員會主編，《中國近代史論集·第八編自強運動（三）·軍事》。郭鳳明，頁 18-20。

	省都督撫收歸由中央統管。	
第二階段	從光緒三十年八月練兵處會同兵部奏定《陸軍學堂辦法》至清廷覆亡止。	此一階段清廷將軍事教育之興辦由地方收歸中央，統籌管理。

資料來源：整理自，郭鳳明，《清末民初陸軍學校教育》，頁 9-127。

第八節　第一階段：清光緒二十一年至二十九年的陸軍武備教育

此一時期的武備教育又可分「速成教育」與「短期訓練」兩種，茲簡介如下。

壹、清光緒十一年至二十九年的陸軍「速成教育」

速成學堂之成立，主要培訓新軍迫切需要的幹部，自軍中選拔優秀官弁，施以一至三年的軍事教育，畢業後再分發部隊服務。[63]

自光緒十一年（1885），北洋大臣李鴻章於天津創設天津武備學堂。光緒二十一年（1895）冬，兩江總督張之洞在南京創設江南陸師學堂。

光緒二十七年（1901）七月，朝廷命各省西法練兵，並廢除武科科舉。同月又諭令各直省省會設立武備學堂，於是各省始普設「武備學堂」。[64]在武昌、杭州……等地陸續設立有湖北武備學堂、浙江武備學堂、貴州武備學堂、陝西武備學堂、山西武備學堂、四川武備學堂……等等。[65]

---

[63] 郭鳳明，頁 17。
[64] 郭鳳明，頁 6、7。任方明，〈保定──中國近代軍事學堂的搖籃〉。
[65] 郭鳳明，頁 17-51。

貳、清光緒二十一年至三十年的陸軍「短期軍事訓練學堂」

光緒二十一年至三十年，各省督撫為提高官弁素養，成立陸軍學堂，辦理官弁短期軍事訓練。茲將較重要的學堂列如表10.4。

表10.4：清光緒二十一年至三十年成立較重要的陸軍短期訓練學堂

學堂名稱	創辦經過與後續發展
新建陸軍行營兵官學堂	光緒二十一年（1895），袁世凱奉命在小站練兵，以中國舊有將弁多係行伍出身，遂決定設立學堂以造就將才。二十二年（1896）四月一日開辦新建陸軍行營兵官學堂。新建陸軍行營兵官學堂計分四所，分列為德文學堂、砲兵學堂、步兵學堂及騎兵學堂。二十四年（1898）十月二十四日，新建陸軍改稱武衛右軍，新建陸軍行營兵官學堂也改為武衛右軍行營學堂。
新建陸軍講武堂與學兵營	光緒二十三年（1897）五月，袁世凱創設新建陸軍講武堂以訓練新建陸軍各哨官長。新建陸軍學兵亦須接受一年之訓練，回營後作為選拔弁目或哨長人選。
湖北防營將弁學堂	湖北防營將弁學堂其前身為湖北綠營公所。湖北綠營公所於光緒二十五年（1899）八月十四日設於武昌，以輪訓湖北防營各營官、幫帶、哨弁為宗旨。二十七年（1901）年初，湖廣總督張之洞將湖北綠營公所改設湖北防營將弁學堂，講授軍制、戰法、地形、測量、繪圖等課程。三十年（1904）七月，由於湖北常備軍已整編完竣，其培養初級軍官任務改由湖北武備普通中學堂承擔，乃將該學堂停辦。
北洋行營將弁學堂	光緒二十八年（1902）五月十六日，直隸總督袁世凱奏設北洋行營將弁學堂於保定西關，以培育北洋陸軍所需人才。修業期限八個月，所授課目有：軍制、戰法、擊法等。光緒三十年（1904）八月，練兵處奏定《陸軍學堂辦法》後，北洋行營將弁學堂不再招收學員。光緒三十一年（1905）二月，該學堂遷到新建之北洋陸軍武備學堂。
訓練各省將弁學堂暨兵目學營	光緒二十八年（1902）十一月十三日，清廷諭令河南、山東、山西各省選派將弁赴北洋學習操練。二十九年（1903）二月八日，袁世凱奏設「訓練各省將弁學堂暨兵目學營」，訓練由直隸、河南、山東、山西、熱河等地調選而來的在差在任文武官員。三十一年（1905）二月，訓練各省將弁學堂暨兵目學營移入北洋陸軍武備學

學堂名稱	創 辦 經 過 與 後 續 發 展
	堂。十二月,停辦。
廣東隨營將弁學堂	光緒三十年(1904)四月,署兩廣總督岑春煊創設於廣州。三十一年(1905)八月,練兵處以該學堂,訓期短促,恐名實難符,飭令廣東隨營將弁學堂各班學生修業期滿,即予停辦。九月,署兩廣總督岑春煊令將廣東陸軍中學堂及廣東隨營將弁學堂合併,改學廣東陸軍速成學堂。

資料來源:郭鳳明,《清末民初陸軍學校教育》,頁 51-59。

任方明,〈保定－中國近代軍事學堂的搖籃〉。

第九節　光緒三十年清末陸軍教育政策的重大改變:陸軍學堂辦法

　　由前述各表所列,清廷水陸武備學堂之設立過程可知,清廷在光緒三十年前,各水陸武備學堂都是由各省都督或巡撫自行籌設,而朝廷對武官的甄選仍循舊制,依武舉而產生。到了光緒二十七年,清廷始正式廢武舉並諭各省設武備學堂。光緒二十九年(1903)十月,清廷設置練兵處,令全國各省一律用新法練兵。練兵處成立的重要含義在於,清廷意欲將武學教育自各省都督撫收歸由中央統管。

　　由是在光緒三十年(1904)八月,練兵處會同兵部奏定《陸軍學堂辦法》,該辦法共有二十條文,對全國的武備學堂作了通盤的規劃。辦法之第二條曰:「各省現有學堂,法非不善,惟各省財力不齊,學生額數不一,章程、功課亦復不同,程度既殊,功效斯異。應統籌全局,畫一辦理,使各省如一省,各堂如一堂,收效方易。……」此一條文說明了各省自辦武備學堂的缺失,也宣示了軍事教育由中央統籌辦理的政策(參見:《練兵處新定陸軍學堂辦法》二十條)。

　　茲依《陸軍學堂辦法》二十條,綜整《陸軍學堂辦法》之大要列如表10.5。

表 10.5：光緒三十年清廷《陸軍學堂辦法》二十條〉之大要

《陸軍學堂辦法》二十條之大要
籌辦陸軍學堂，以廣儲人材，舉國劃一為準則。凡學堂等級、課程次第、學生額數、學期年分，均須預為籌定，循序辦理，方足以收實效。（辦法第一條） 　陸軍學堂分正課學堂、速成學堂及速成師範學堂。正課學堂分四等，有陸小學堂、陸軍中學堂、陸軍兵官學堂、陸軍大學堂（辦法第一條）。

正 課 學 堂（辦法第一條）	
陸軍小學堂	教以普通課及軍事初級學，並養成其忠愛、武勇、機敏、馴擾之性質，以植軍人之根本。
陸軍中學堂	教以高級普通課，及緊要軍事學，並作成其立志節、守紀律、勤服習之實際，以擴軍人之智能。
陸軍兵官學堂	教以實行兵學，分講堂、校場、野外教授演習，為造就初級軍官之所。
陸軍大學堂	教以高等兵學，統匯各科，淹通融貫，具指揮調度之能，為造就參謀及要職武官之所。

速 成 陸 軍 學 堂
惟正課學堂層累遞進，取效遲緩，應別設速成陸軍學堂及速成師範學堂，以備目前各軍武官、各堂教習之選，俟各正課學堂辦有成效，速成學堂即行停辦（辦法第一條）。 　擬在近畿開辦速成陸軍學堂，暫以八百名為定額（辦法第八條）。

講 武 堂
各省應在省垣設立講武堂一處，為現帶兵者研究武學之所，內分上級、下級兩等講堂。上級自營官以上至統將，下級自營佐以下至官長。全省帶隊各官，均須分班輪流到堂講習武備各學，其課程參照直隸、湖北將弁學堂辦法，一切閒散武員，均不得入（辦法第十三條）。 　俟新練軍隊辦有頭緒，由練兵處、兵部擇地分設步、馬、礮隊專門學堂各一所，立訂期限，抽調各軍隊官以下之員，入堂研究新學、新理及實在用法，期滿回營，轉教本隊，使全國軍隊進境程度，均歸一律（辦法第二十條）。

資料來源：《練兵處新定陸軍學堂辦法》二十條。收錄於：中華民國開國五十年文獻編纂委員會編纂，《中華民國開國五十年文獻・第一編第八冊・清廷之改革與反動（下）》，頁206。

　　《陸軍學堂辦法》的重點在正課教育制度之規劃，此制度乃在仿效日本三級軍官制度，在全國各省普設軍事學校。各省設陸軍小學堂，同於日

本軍事幼年學校；全國設陸軍中學堂四所，同於日本振武學校；保定設陸軍兵官學堂，同於日本之士官學校。[66]

第十節　第二階段：光緒三十年後至清廷滅亡的陸軍教育

依練兵處奏定之〈陸軍學堂辦法〉可知清末在光緒三十年後之陸軍教育概可分為：

正課學堂；

速成學堂；

講武堂。

茲分別簡介如下。

壹、正課學堂

一、陸軍小學堂

光緒三十一年（1905）一月二十四日，練兵處會同兵部奏定《陸軍小學堂章程》，對陸軍小學堂之編制、經費等作詳細規定，並要督撫遵照該章程辦理陸軍小學堂。[67]之後，各督撫乃將各省之武備學堂改為陸軍小學堂。

陸軍小學堂設置地點及招生數額如下：

京師設立陸軍小學堂，由練兵處直轄，預定每年招收學生百名。

直隸、江蘇、湖北、福建、廣東、雲南、四川、甘肅等省，各於總督駐紮地設立陸軍小學堂，各堂預定每年招收學生百名。

山東、河南、山西、安徽、江西、浙江、廣西、貴州、湖南、陝西、

---

[66] 中華民國軍官深造教育年鑑編輯委員會編纂，《中華民國軍官深造教育年鑑》第一次：沿革及民國五十九年，頁7。

[67] 《東方雜誌》，〈教育〉，光緒三十一年（1905）第二卷第六期，頁 109-145。本處引自：郭鳳明，頁78。

第二篇　戰略篇

新疆等省、各於巡撫駐紮地設立陸軍小學堂，各堂預定每年招收學生七十名（亦可增至百名）。

　　奉天、吉林、黑龍江等省，各於將軍駐紮地設立陸軍小學堂，各堂預定每年招收學生七十名。

　　荊州、福建、察哈爾三處駐防，各於將軍都統駐紮地設立陸軍小學堂，各堂預定每年招收學生三十名。[68]

　　自光緒三十一年起，各省陸續將該省原武備學堂改為陸軍小學。

　　陸軍小學堂修業期限為三年。其課程可分為教授（學科）與訓練（術科）兩種。教授課程有：修身、國文、外國文（日英俄德法任選一種）、歷史、地理、數學、格致、圖畫。訓練課程有：訓誡、操練、兵學等。[69]

　　陸軍小學堂學生於修業期滿後，可考入陸軍部規定之陸軍中學就讀。至宣統三年（1911）大多數陸軍小學堂都招過五期學生（有的甚至招收過六期學生）。宣統三年八月，武昌起義時，多數陸軍小學堂第三期畢業生已在陸軍中學堂就讀。[70]

二、陸軍中學堂

　　依練兵處奏定《陸軍學堂辦法》第七條規定，由練兵處會同兵部在直隸、陝西、湖北、江蘇分設第一、二、三、四陸軍中學堂。茲將陸軍中學堂、堂址、開辦時間、招生來源等，列如表 10.6。

表 10.6：清末陸軍中學堂建置及學生來源

陸軍中學堂	堂址	開辦時間	學生來源
陸軍第一中學堂	北京 清河鎮	宣統元年 七月	招收京師、直隸、山東、山西、河南、安徽、東三省及察哈爾駐防各陸軍小學堂畢業生。
陸軍第二中學堂	西安	宣統二年	招收陝西、甘肅、四川、新疆各陸軍小學堂畢業生。

---

[68] 《東方雜誌》，〈教育〉，光緒三十一年（1905）第二卷第六期，頁 110-11。本處引自：郭鳳明，頁 79。

[69] 《東方雜誌》，〈教育〉，光緒三十一年（1905）第二卷第六期，頁 122。本處引自：郭鳳明，頁 80、81。

[70] 郭鳳明，頁 86-87。

陸軍第三中學堂	武昌 南湖	宣統元年 七月	招收湖北、湖南、雲南、貴州、廣西及荊州駐防各陸軍小學堂畢業生。
陸軍第四中學堂	南京 小營	宣統元年 七月	招收江蘇、江西、浙江、福建、廣東及各該省駐防各陸軍小學堂畢業生。

資料來源：《東方雜誌》，〈教育〉，光緒三十年（1904），第一卷第十二期，頁 276。本處取自：郭鳳明，《清末民初陸軍學校教育》，頁 89。

　　各陸軍小學堂畢業生需依照陸軍部所規定日期，前往其指定陸軍中學堂參加入學考試。考試課目有：學科、數科、體格檢查及口試。體檢對暗疾及眼疾（近視、色盲等）尤為重視。須經考試及格，始可升學。[71]

　　陸軍中學堂預定每期招收新生 450 名。四所陸軍中學堂招收第一期新生，約在一千名左右。[72]

　　陸軍中學堂學生之修業年限為二年。其課程在研習各種科學，作為高級軍事學之準備，以普通學科與軍事學科並重。普通學科比高中程度略高，如國文、修身、中外史地、地理、有機化學、立體幾何、解析幾何、三角、微分、積分、倫理學、外國文（日、英、德、法任選一種）、重學。軍事學科，陸軍部規定須習完典範令、步兵操典、野外勤務、射擊教範、初級戰術、築城、兵器學等。另有基本教練（從各個教練基本動作起到營教練），以及馬術、劈刺、射擊、器械體操等戰技訓練，亦為經常訓練之重要項目。[73]

　　清末，陸軍第一、三、四中學堂各招過二期學生，陸軍第二中學堂僅招收過一期學生。辛亥武昌起義時，陸軍第一、三、四中學堂第一期畢業生九百餘入已在陸軍兵官學堂入伍生隊接受入伍生教育。當時，在校就讀之陸軍第一、三、四中學堂第二期學生及陸軍第二中學堂之第一期學生，則因辛亥革命以致校務停頓而暫告輟學。[74]

---

[71] 《東方雜誌》，光緒三十一年（1905）第二卷第六期〈教育〉，頁 109-145。本處引自：郭鳳明，頁 90。

[72] 《東方雜誌》，光緒三十一年（1905）第二卷第六期〈教育〉，頁 109-145。本處引自：郭鳳明，頁 90。

[73] 《東方雜誌》，光緒三十一年（1905）第二卷第六期〈教育〉，頁 109-145。本處引自：郭鳳明，頁 90。

[74] 郭鳳明，頁 91。

民國元年九月二十一日，陸軍部頒布「陸軍預備學校條例」把清末的陸軍中學堂改爲陸軍預備學校。[75]民國二年，將北京清河之陸軍第一中學堂改爲陸軍第一預備學校；將武昌南湖陸軍第三中學堂改爲陸軍第二預備學校。陸軍第一預備學校招收「陸軍小學及軍士學校畢業生，陸軍中學、陸軍貴冑學堂未畢業各生」。陸軍第一預備學校招收南京陸軍中學入伍生及陸軍小學畢業生。陸軍預備學校之畢業生可升送保定陸軍官校修業，故爲保定陸軍官校之預備學校。[76]

三、陸軍兵官學堂

前清光緒三十年（1904）八月，練兵處等奏定《陸軍學堂辦法》，規定陸軍中學畢業後選訓升送陸軍兵官學堂就學。宣統三年（1911）七月一日，陸軍兵官學堂第一期入伍生開訓於保定。八月十九日，武昌起義爆發後，第一期入伍生隊解散，是以陸軍兵官學堂即隨之停辦。[77]

四、陸軍軍官學堂

陸軍軍官學堂即陸軍大學堂，係軍官深造教育以教導高級軍官戰略學術爲主，關係重大，西方各國及日本均設有陸軍大學以培養高級將校，但均禁止中國軍官入學。若依《陸軍學堂辦法》，清廷規劃設立陸軍大學堂，但循序漸進，先辦陸軍小學堂，而後中學堂、兵官學堂，再興辦陸軍大學堂，則緩不濟急。因此光緒三十二年（1906）四月六日，直隸總督袁世凱乃上奏成立軍官學堂。[78]
奏摺曰：

> 練兵處定章設立陸軍大學堂，教以高等兵學，統匯各科，淹通融貫，爲造就參謀及要職武官之所。蓋練兵以儲將爲重，儲將以興學爲先，必學校之層累益高，斯將領之人才蔚

---

[75] 「陸軍預備學校條例」刊載於「政府公報（6）」，頁 123-126。本處取自：郭鳳明，頁 139。
[76] 郭鳳明，頁 139-52。
[77] 郭鳳明，頁 153。
[78] 戚厚傑、林宇人，〈陸軍大學校發展始末〉。

起。大率兵學科級，由淺入深，不入小學無以植根本，不充見習無以驗實施，不入大學無以造極詣。中國比年稍知尚武，爭往就學東瀛，然僅肄業士官、振武諸校，聯隊經驗不過數月，服習止於少尉，其造就高級軍官之大學，則不能闌入。謹遵定章，略事變通，創立軍官學校，於各鎮軍官內擇其品學超卓，才識優異者，派令入學肄習，分爲速成、深造兩科，務期指揮調度，悉協機宜，蔚爲將才，用備干城之寄。[79]

　　此一奏摺除了說明當時建軍興學偏重初級軍官之訓練外，也說明了高級將才之重要與培養機制之不足。此奏摺爲啓動中國軍事深造教育亦即是軍事戰略教育的原始文件。

　　袁世凱乃在上奏摺之同月十五日，仿德、日兩國陸軍大學制度，於保定設立陸軍軍官學堂，以爲籌辦陸軍大學堂之基礎，並暫借西關北洋行營將弁學堂舊址開課。陸軍軍官學堂乃暫時成爲造就高級參謀人員及高級軍官之所。[80]

　　陸軍軍官學堂創始時隸屬直隸總督，宣統元年（1909）改隸軍諮處，宣統三年（1911）又改隸軍諮府。陸軍軍官學堂初辦時，由段其瑞將軍督辦，張鴻逵將軍監督，並延聘日本陸軍大學教官寺西上校及櫻井雄圖中校爲先後任總教官，其重要課程亦併由外籍教官擔任。[81]

　　陸軍軍官學堂之教育期限爲二至三年。課程係參照日本陸軍大學，以戰術、參謀業務、後方勤務、國防動員等課程爲主。[82]宣統元年（1909）七月，軍諮處奏定《陸軍軍官學堂軍官學員續選辦法》時，其摺內附有「軍官學堂章程摘要」，在該章程摘要中曾詳列陸軍軍官學堂學員之分年課程。

---

[79] 沈祖憲、吳闓生撰，《容菴弟子記》，卷四，頁 9-10。收錄於：沈雲龍主編，《紀念中華民國建國六十週年史料彙刊》。

[80] 郭鳳明，頁 103。《東方雜誌》，〈教育〉，光緒三十一年（1905）第二卷第六期。
任方明，〈保定——中國近代軍事學堂的搖籃〉。
陸軍軍官學堂成立於光緒三十二年四月十五日，西曆爲 1906 年 5 月 8 日。民國後成立之陸軍大學，政府遷台後分爲陸軍大學、三軍大學，現則改制爲國防大學，均以此日爲校慶紀念日。作者加註。

[81] 郭鳳明，頁 103-4。《東方雜誌》，〈教育〉，光緒三十一年（1905）第二卷第六期。

[82] 郭鳳明，頁 103-4。《東方雜誌》，〈教育〉，光緒三十一年（1905）第二卷第六期。

茲列如表 10.7。

表 10.7：陸軍軍官學堂學員分年課程表（宣統元年七月至三年三月）

年級	課　　程
一	各國歷史、各國地理、衛生學、馬學、教育軍隊學、各隊戰法、軍制學、軍器學、築壘學、交通學、語學、混成協標圖上戰法、野外戰術實施、馬術。
二	陸軍經理、軍政、戰史、混成一協圖上戰法、一鎮圖上戰法、兵棋、參謀旅行、出師計劃、輜重勤務、兵站勤務、輸送學、兵要地理、要塞戰法、海戰要略、戰略學、國法學、語學、馬術。
三	秋操計劃、出師計劃、作戰計劃、兵站勤務、創設軍隊計劃、戰略學、戰史、一鎮及一軍圖上戰法、運用國軍法、海戰要略、兵要地理、教授兵棋法、參謀旅行、要塞戰法、國法學、國際法學、語學。
附註：「野外戰術實施」、「參謀旅行」係每年舉行一次，其所需時間爲二至三星期。	

資料來源：〈政治官報〉，第二十五冊，頁 111-12。本處取自：郭鳳明，《清
　　　　末民初陸軍學校教育》，頁 104、105。

　　陸軍軍官學堂之學員來源，初期選自新軍軍官中陸軍速成學堂及日本
陸軍士官學校畢業並曾服務軍旅二年以上之優秀青年軍官入學。自光緒三
十二年開始召訓第一期，迄宣統三年止共召訓三期。第一期學員皆爲北洋
新軍六鎮之在職優秀軍官，於光緒三十二年（1906）五月八日入學。第二
期學員除北洋六鎮之在職軍官外，並擴及江蘇、湖北等地新軍在職優秀軍
官，於光緒三十二年（1906）十月入學。[83]

　　宣統三年（1911）三月三日，軍諮處以「陸軍軍官學堂原爲籌辦陸軍大
學堂基礎，名爲軍官學堂似與設學本意尚有未符，且與陸軍部所設之兵官
學堂名目亦嫌相混」[84]。同年，陽曆 7 月，清廷將「陸軍軍官學堂」改名爲
「陸軍預備大學堂」。 八月，武昌起義後，陸軍預備大學堂第三期學員大都
返回原單位參加革命，故校務無形中停頓。[85]

---

[83] 郭鳳明，頁 103-4。《東方雜誌》，〈教育〉，光緒三十一年（1905）第二卷第六期。
　　本處引自：郭鳳明，頁 11、12。
[84] 〈政治官報〉，第四十三冊，頁 187。本處引自：郭鳳明，頁 109。
[85] 袁偉、張卓，頁 196。郭鳳明，頁 109。

陸軍軍官學堂之創設，奠定了我國深造教育基礎。民國成立後陸軍預備大學堂改爲陸軍大學，爲我國培訓將校的最高軍事學府。

五、陸軍貴冑學堂

清廷爲使滿人子弟能掌握軍政大權，乃於光緒三十一年（1905）六月開始將北京神機營舊署改建爲陸軍貴冑學堂校舍，作爲王公子弟學習武備之所。九月二十二日，練兵處及兵部奏定《陸軍貴冑學堂試辦章程》。三十二年閏四月五日，陸軍貴冑學堂落成，以馮國璋爲學堂總辦。[86]

陸軍貴冑學堂考選王公世爵暨四品以上宗室，或現任二品以上，滿漢文武大員之身體強健、漢文通順，而年齡在十八歲至二十五歲間之子弟入學。光緒三十二年（1906）閏四月五日，首期學生入學。宣統二年（1910）第二期學生 240 名入學。三年（1911）增收學生一班 60 名。[87]

陸軍貴冑學堂教育爲陸軍小學之一環，修業期限原訂五年，後改爲三年。民國成立後，廢除該學堂，其未畢業學生轉學到陸軍第一預備學校爲附課生。[88]

貳、速成陸軍學堂

《陸軍學堂辦法》第一條又認爲：「正課學堂層累遞進，取效遲緩，應別設速成陸軍學堂及速成師範學堂，以備目前各軍武官、各堂教習之選，俟各正課學堂辦有成效，速成學堂即行停辦。」據此，清末成立若干速成學堂，茲將較重要的速成陸軍學堂列如表 10.8。

表 10.8：光緒三十年後清廷所設較重要的速成陸軍學堂

學堂名稱	創辦經過與後續發展
東關武備學堂	設於保定東關。光緒三十一年（1905）正月，該學堂招考略通日文、算學之學生入學。次年，練兵處派遣該學堂畢業生至陸軍各鎭任職。
江北陸軍速成	光緒三十二年（1906）三月，江北提督劉永慶奏設。學

---

[86] 郭鳳明，頁 87-89。
[87] 郭鳳明，頁 87。
[88] 郭鳳明，頁 87-89。

第二篇 戰略篇

學堂名稱	創辦經過與後續發展
學堂	生修業期限兩年，其課程與北洋陸軍速成學堂相同。
通國武備學堂	光緒三十二年（1906）十二月五日，練兵處為造就更多陸軍人才，於保定東關設立。其學制仿日本振武學校，學生人數在千名以上。
通國陸軍速成學堂	依《陸軍學堂辦法》第八條規定，應在近畿開辦速成陸軍學堂，暫以八百名為定額。兵部乃於光緒三十二年在北洋陸軍速成學堂原址設立通國陸軍速成學堂（又名陸軍部陸軍速成學堂、協和陸軍速成學堂）。通國陸軍速成學堂招收各省旗尚未畢業武備學生及良家子弟入學。原定招收名額僅 800 名，為培育更為人才，以便應急，乃增收至 1140 名。其第一期學生蔣志清（介石）、張群、王柏齡等於光緒三十三年（1907）七月入學；第二期第一班學生則於宣統元年（1909）六月入學；其後曾招第三期。通國陸軍速成學堂畢業生共有三期 3500 餘人，為清末規模最大，章程較完備的陸軍速成學堂。畢業學生多分至各省旗新軍擔任初級幹部，有很多畢業生參加清末革命運動，對後來之國民革命軍北伐也很有貢獻。宣統三年（1911）五月，由於陸軍正課教育已有成效，陸軍部乃將通國陸軍速成學堂停辦。
伊犁武備學堂	伊犁將軍長庚為籌備邊防人才，乃於光緒三十三年（1907），創設伊犁武備學堂，九月十八日學堂開學，有百名學生入學。修業兩年，後延至三年。宣統二年（1910）九月，第一期學生畢業。同月，伊犁武備學堂停辦，改設伊犁陸軍小學堂。
四川陸軍速成學堂	光緒三十四年（1908）春，川督趙爾豐於四川武備學堂堂址開辦四川陸軍速成學堂。本學堂召收兩班學生，合計約 260 餘人。宣統二年（1910）冬，學生畢業後學堂即停辦。

資料來源：郭鳳明，《清末民初陸軍學校教育》，頁 95-99。

參、講武堂

依《陸軍學堂辦法》第十三條規定，各省應在省垣設立講武堂一處為現帶兵者研究武學之所。上級自營官以上至統將，下級自營佐以下至官長。全省帶隊各官均須分班輪流到堂講習武備各學。[89]是以，光緒三十年

---

[89] 《東方雜誌》，〈教育〉，光緒三十一年（1905）第二卷第六期。本處引自：郭鳳

後，各省督撫等紛設講武堂。茲將清末所設之講武堂列如表 10.9。

表 10.9：光緒三十年後清廷所設之講武堂

講武堂名稱	堂址	創設時間	創設者	備 註
北洋新軍講武堂	天津	光緒三十二年閏四月	袁世凱	迄宣統元年六月，已畢業學員六班740名。
吉林講武堂	吉林	光緒三十三年二月	達桂	光緒三十三年八月爲東三省講武堂裁併。
江蘇講武堂	江寧	光緒三十三年五月	端方	
東三省講武堂	奉天	光緒三十三年八月	徐世昌	
廣西講武堂	南寧	光緒三十四年六月	張鳴岐	宣統二年五月遷至桂林。
江西講武堂	南昌			宣統元年裁撤。
雲南講武堂	昆明	宣統元年八月	錫良	
四川講武堂	成都	宣統二年春	趙爾豐	
伊犁講武堂	伊犁	宣統二年九月	廣福	
湖北講武堂	武昌	宣統二年	鐵忠	
虎門講武堂	虎門		李準	
上述講武堂中，以東三省講武堂及雲南講武堂較爲重要。				

資料來源：郭鳳明，《清末民初陸軍學校教育》，頁 123。

第十一節　結論

壹、清末武備教育之缺失

　　清朝軍隊之西化始於李鴻章創立淮軍之初，光緒五年（1879）沈葆楨去世後，李鴻章亦肩負清廷海軍建設之重任。然而，甲午戰爭清廷海陸兩

明，頁 121。

軍慘敗於日本，李鴻章亦因之被罷直隸總督職。李鴻章去職，其原因在建軍不當，而李鴻章軍事教育政策之偏頗當是主因之一。簡言之，李鴻章主導之軍事教育著重於低階軍士官之訓練而不知有高級將校之培養。此由下之列舉當可瞭解。

清廷最早成立的福州船政學堂與天津水師學堂以及其他的水師學堂皆是技術導向的低層幹部訓練學堂。在陸軍教育方面，各武備學堂其程度尚不如日本的陸軍士官學校。1901 年李鴻章去世後清廷在光緒三十年（1904）八月，練兵處會同兵部奏定《陸軍學堂辦法》在保定設陸軍兵官學堂，此學堂之課程等同於日本之士官學校。[90]而在高級將帥方面，陸軍高級將領多出身行伍。北洋海軍成立時以丁汝昌爲北洋海軍提督，但丁汝昌爲陸軍將領，對海軍作戰毫無觀念。此皆可看出當時建軍與武備教育的取向。

甲午戰爭後，袁世凱曾致電報給盛宣懷，電報內容簡述如下：

> 西人用兵大概分爲四排隊，前一排散打，敗則退至第三排，後整隊，以第二排接應，輪流不斷。後排隊伍嚴整，亦以防包抄傍擊；又隊後數里，駐兵設礮，過止追兵，掩護殘卒，雖敗不潰。今前敵各軍，平時操練，亦有此法，乃臨陣多用非所學，每照擊土匪法，挑奮勇爲一簇，飛奔直前，宛同孤注；喘息未定，已逼敵軍。後隊不敢放槍，恐誤擊前隊，只恃簇前數十人，擁擠一處，易中敵彈，故難取勝。後隊又不駐兵收束，一敗即潰。請告統帥，飭各軍照西法認眞練習。[91]

這封電報的內容說明，當時淮軍自常勝軍處學到西方的作戰方式，但臨陣則所用非所學，因此對內打土匪尚可，一旦與西人作戰則一觸即潰。是以與西人交戰，淮軍只是學會了洋槍、洋炮的技術操作，若無戰術、戰略觀念的導引亦是枉然，而這正是清廷軍隊所欠缺的。

李鴻章建軍與武備學堂建設之缺失，實與當時清廷自強運動的取向有

---

[90] 中華民國軍官深造教育年鑑編輯委員會編纂，《中華民國軍官深造教育年鑑》第一次：沿革及民國五十九年，頁 7。
[91] 高陽，頁 1273-74。

關。觀諸當時「中學爲體，西學爲用」的政策，認爲西方之強在於船堅砲利，故其改革措施多在引進西方科技。他如社會、文化的更新或是政治制度的改革都不是清廷應允的。而軍事組織低層幹部人數最多，需求急迫，故從建軍實務面來看，低層幹部的培訓當列爲優先考量。這等等因素形成了李鴻章的建軍政策。

貳、清末高階武備教育之初期發展與缺失

　　袁世凱應該是清末最先瞭解高階武備教育重要性的大臣，因此在光緒三十二年（1906）四月十五日，仿德、日兩國陸軍大學制度，於保定設立陸軍軍官學堂（宣統三年（1911）三月三日改名爲「陸軍預備大學堂」，民國元年 7 月改名「陸軍大學」），[92]並暫借北洋行營將弁學堂開課，課程參照日本陸軍大學，以戰術、參謀業務、後方勤務、國防動員等課程爲主。這是我國最早成立的軍官深造教育學堂。

　　袁世凱雖是我國戰略教育的開創者，但在創辦的過程中也顯露出袁世凱企圖掌控北洋軍的私心，以及清廷與袁世凱爭奪軍權的痕跡。

　　袁世凱練兵的目的是要建立私家武裝以貫徹「兵爲將有」的思想開辦軍事學堂更是如此。他曾親口向張之洞道出其祕訣：「練兵看來複雜，主要就是練成『絕對服從命令』，『我一手拿著錢，一手拿著刀，服從的就有官有錢，不服從的就吃刀！』」他宣傳個人迷信，將其訓詞編成四言白話，令官兵背誦，宣講封建倫理，升官發財的言論，讓官兵入腦入心。[93]

　　清廷爲了掌握軍事大權，乃計畫成立貴冑學堂使滿人子弟修習武事。光緒三十一年（1905）九月二十二日，練兵處、兵部奏定《陸軍貴冑學堂試辦章程》。[94]而袁世凱深知要掌控軍權必先緊抓武備教育，因此光緒三十二年（1906）四月六日，袁世凱上奏成立陸軍軍官學堂。袁上奏後不到十日，光緒三十二年四月十五日袁世凱就在保定設立陸軍軍官學堂。而朝廷則亦在光緒三十二年（1906）閏四月五日在北京神機營舊址開辦貴冑學堂[95]，以載潤爲管理大臣，馮國璋爲總辦，張紹曾爲監督。首批招生 160 名，

---

92 袁偉、張卓，頁 196。郭鳳明，頁 109、187-89。
93 肖煜，〈保定軍事學堂（校）的時代特點和歷史意義〉。
94 郭鳳明，頁 87。
95 郭廷以，《近代中國史事日誌》。

學生均爲王公大臣子弟，清政府企圖用這所學校來壟斷高等軍事學堂的開辦權，培養一批忠於自己的軍事人才。[96]由以上陸軍軍官學堂與陸軍貴胄學堂成立的經過，就可看出清廷對袁世凱的猜忌與鬥爭的情形。

袁世凱的坐大，引起朝廷的警覺。光緒三十二年（1906）九月，清廷改兵部爲陸軍部。十月，將北洋陸軍六鎮中的四個鎮收歸陸軍部直轄，奪去袁世凱大部分兵權。十二月，將袁世凱創設之北洋速成學堂收歸陸軍部辦，改名通國陸軍速成學堂（陸軍速成學堂）。[97]光緒三十三年（1907）七月，清廷將袁世凱明昇暗降，授張之洞、袁世凱並爲軍機大臣，調離直隸總督。宣統元年（1909），將袁世凱創設的陸軍軍官學堂改隸屬於軍諮府。清廷最後雖收回了袁世凱的兵權，但終究還是不能消除袁世凱對北洋軍的影響力，這都是由於袁世凱將武學教育公器私辦的結果。

縱觀中國歷史，改朝換代，除少數外，向來是槍桿子出政權，新朝皇帝登基，收回兵權是第一要務。清初軍隊八旗與綠營向由朝廷滿臣掌控，但中葉時八旗與綠營暮氣深深，戰力全失，對外無力防禦西人侵略，對內無能平定洪楊匪亂，於是不得己啓用鄉勇，兵權乃落入漢人之手，軍隊私人化的「兵爲將有」思想油然而起。然湘軍、淮軍之領導曾國藩、李鴻章兩人深受儒家思想影響，故而對大清皇朝忠心耿耿，尚未引起動亂。待至袁世凱的北洋軍，再至民國初期袁世凱稱帝不成病故，其後衍化而成的北洋軍閥，軍隊已不受中央節制，彼此征伐，謀求私利，這些都是由於軍隊私人化的觀念所造成。

歷史史實在在說明了高級將校對國家安危的影響，值得戰略教育負責者的省思。在民主政治的現代，高階深造教育除了戰略學術的傳授外，以文統軍的軍隊國家化觀念是必須重視的。

---

[96] 戚厚傑 林宇人，〈陸軍大學校發展始末〉。
[97] 郭廷以，《近代中國史事日誌》。

參考資料

中文書目

《東方雜誌》,〈教育〉,光緒三十一年（1905）,第二卷第六期。

《東方雜誌》,〈教育〉,光緒三十年（1904）,第一卷第十二期。

《政府公報（6）》（台北文海出版社影印本,民國 60 年）。

《政治官報》,第二十五冊。

《政治官報》,第四十三冊。

《清史稿‧兵十訓練》,卷一百四十五,志一百二十。

《清史稿‧兵三防軍陸軍》,卷一百三十八,志一百十三。

《清史稿‧張之洞》,卷四百四十三,列傳二百二十四。

《清史稿‧華爾》,卷四百四十一,列傳二百二十二。

《清史稿‧榮祿》,卷四百四十三,列傳二百二十四。

《清史稿‧德宗二》,卷二十四,本紀二十四。

《練兵處新定陸軍學堂辦法》二十條。

中國海軍百科全書編審委員會編,《中國海軍百科全書（上冊）》（北京：海
潮出版社,1998）。

中國海軍百科全書編審委員會編,《中國海軍百科全書（下冊）》（北京：海
潮出版社,1998）。

中華文化復興運動推行委員會主編,《中國近代史論集‧第八編自強運動
（三）‧軍事》（台北：臺灣商務,民國 75 年）。

中華民國軍官深造教育年鑑編輯委員會編纂,《中華民國軍官深造教育年
鑑》第一次：沿革及民國五十九年（台北：國防部史政局,民國 62 年）。

中華民國開國五十年文獻編纂委員會編纂,《中華民國開國五十年文獻‧第
一編第八冊‧清廷之改革與反動（下）》（臺北：正中書局,民國 62 年）。

文公直,《最近三十年軍事史》,第一編,軍制。

文公直,《最近三十年軍事史》,第二編,軍史。

王家儉,〈北洋武備學堂的創設及其影響〉。

王湘綺,《湘軍志》。

王爾敏,《淮軍志》（台北：中央研究院近代史研究所,民國 70 年再版）。

包遵彭，《中國海軍史（下）》（台北：中華叢書編審委員會出版，民國 59 年）。

池仲祐，《海軍大事記》。

李則芬，《中外戰爭全史（八）》（台北：黎明，民國 74 年初版）。

李震，《中國軍事教育史》（台北：中央文物供應社，民國 72 年）。

沈祖憲、吳闓生撰，《容菴弟子記》，卷四。

沈雲龍主編，《近代中國史料叢刊》（台北：文海出版社）。

沈雲龍主編，《近代中國史料叢刊續編》，第十八輯（台北：文海出版社）。

沈雲龍主編，《紀念中華民國建國六十週年史料彙刊》（文海出版社）。

金兆梓，《近世中國史》。

袁偉、張卓（主編），《中國軍校發展史》（北京：國防大學，2001）。

高陽，《清朝的皇帝（三）》（台北：遠景出版）。

郭廷以，《太平天國史事日誌》（台北：臺灣商務印書館，1976）。

郭廷以，《近代中國史事日誌》（台北：中華書局，1987）。

郭廷以，《近代中國史事日誌》（臺北：中央研究院近代史研究所代售，民國 52 年）。

郭廷以，《近代中國史綱（上）》（台北：曉園，民國 83 年初版）。

郭鳳明，《清末民初陸軍學校教育》（台北：嘉新水泥公司文化基金會，民國 67 年）。

陳致平，《中華通史（十一）》（台北：黎明，民國 78 年修訂一版）。

陳致平，《中華通史（十二）》（台北：黎明，民國 78 年修訂一版）。

蕭一山，《清代通史（四）》（台北：臺灣商務，民國 56 年臺二版）。

網際網路

八旗，維基百科。https://zh.wikipedia.org/wiki/%E5%85%AB%E6%97%97. 2/20/2020.

小站練兵。http://www.tjjn.gov.cn/mljn/rwmq/201501/t20150116_1204.html. 2/20/2020.

新軍，維基百科。https://zh.wikipedia.org/wiki/%E6%96%B0%E8%BB%8D. 2/20/2020.

綠營，維基百科。https://zh.wikipedia.org/wiki/%E7%B6%A0%E7%87%9F. 2/20/2020.

任方明，〈保定——中國近代軍事學堂的搖籃〉。保定新聞網，
　　http://baoding.hebei.com.cn. 3/9/2020.

戚厚傑、林宇人，〈陸軍大學校發展始末〉。征程憶事，
　　http//www.ch815.com. 3/6/2004.

第十一章　我國軍官養成教育的發展

第一節　前言

　　各國軍事組織之結構皆類似金字塔形，上窄下寬，其人力結構亦復如此。軍事人力依層次畫分可分軍官、士官、士兵，軍官又可分為將級、校級、尉級等。不同層次之軍事人力其職位角色亦復不同。各國皆將軍事人力之任務性質依層次分為戰略、戰術、戰鬥、戰技、戰具等。低階人力如士官、士兵等皆從事戰鬥性任務，故需熟悉戰具，勤練戰技；職位累次晉升至尉、校級軍官，則邁入戰術領域；高級將領其任務則屬戰略層級。

　　各國為培訓軍事人力亦設立不同之軍事訓練與教育機構，此等機構之任務當亦以軍事人力層級而劃分，並依此而訂定其教育或訓練使命。我國現階段國軍的軍官教育體制計分為三個層級，即養成教育、進修教育、深造教育。養成教育有各軍種軍官學校，以培訓初級軍官為主；進修教育為各兵種專科學校（如砲兵學校、步兵學校等），以培訓中階兵種專業軍官為主；深造教育又分戰略教育與指參教育，戰略教育以培養高級將領為主，指參教育則在培養校級指參軍官。各國對軍官深造教育均極為重視，多設有「戰爭學院」或「國防大學」等教育機構從事戰略學術的研究與教學。

　　然，戰略學術對戰略思維之探討多與其他國家之軍事互動有關，例如假想敵國之設定、軍事資源之分配、戰略構想等等，故戰略學術多涉及國家機密。是以，一國之戰略教育對他國軍官之學習，在某些課程上多有限制。為日本創立陸軍大學之德國軍官麥克爾少校（Klemens Wilhelm Jakob Meckel, 1842-1906），因將德國陸軍大學全部課程授與日本，事後曾遭德國政府懲罰，並影響其職務昇遷。可見凡軍事進步國家，對其兵學精華及高

深軍事知識之保密，莫不如是。[1]

　　本章將討論我國軍官的養成教育，其重點有三：北洋政府時期的「保定陸軍軍官學校」與國民政府時期的「黃埔陸軍軍官學校」以及國共分裂後共產黨對紅軍幹部的軍事教育與訓練。

　　本書將在下一章探討我國軍官的戰略教育。

第二節　北洋政府時期的保定陸軍軍官學校

　　前清光緒三十年（1904）八月十九日，武昌起義爆發後，陸軍兵官學堂第一期入伍生隊解散，陸軍兵官學堂即隨之停辦。[2]民國成立後，民國元年8月，陸軍總長段祺瑞欲賡繼清廷培養軍官人才未盡之業，創辦陸軍軍官學校（以下簡稱保定軍校）於保定之東關（原通國陸軍速成學堂舊址），以接替陸軍兵官學堂。8月5日，陸軍部公布「（保定）陸軍軍官學校教育綱領」、「（保定）陸軍軍官學校教育細則」。該教育綱領第一條亦規定：保定陸軍軍官學校教育在養成完全初級軍官，授以必要之基本學術，以立他日研究高等軍學之基礎。9月21日，陸軍部頒行「保定陸軍軍官學校條例」，明訂保定軍校為造就初級軍官（連長、排長）之所。[3]

　　保定陸軍軍官學校於民國元年9月正式開學。第一任校長趙理泰，他所聘請的師資，幾乎十之八九都是北洋陸軍速成學堂的畢業生，僅有少部分是日本陸軍士官學校畢業生。[4]

　　保定陸軍軍官學校學制章程參照日本陸軍士官學校，學校設有步兵、騎兵、炮兵、工程兵、輜重兵五種兵種科系。[5]保定軍校初創校時，其課程之安排如下：平時課業的學科部分，計有軍事學的戰術學、兵器學、地形學、築壘學、軍制學、馬學、衛生學、經理學等八科，一般課程則有外國

---

[1] 楊學房、朱秉一，頁 42-43。
[2] 郭鳳明，頁 153。
[3] 郭鳳明，頁 153。
[4] 林德政，頁 42。
[5] 保定陸軍軍官學校，維基百科。

語學和典令勤務書;術科方面區分為教練與技術兩種,前者又分為校內教練與野外教練,後者則包括馬術、劈刺術與體操。特別課業方面,除了入學考試、學期考試與畢業考試外,還有工兵作業見習、測圖實習、野外戰術演習及野外築壘實習、兵器及火藥製造見習、砲煩操法、手鎗操法、兵棋等八種。[6]

保定陸軍軍官學校的學生來源在前七期僅招收陸軍預備學校(清制之陸軍中學堂)之畢業生,至第八期始擴大招考。而承襲清制的陸軍中學堂則是僅招收各省開設的陸軍小學堂畢業生,理論上在入學前已經接受 5 年的軍事專業教育(陸小 3 年、陸中 2 年),在未擴大招生之前的保定軍校畢業生是具備 7 年以上的軍事專業教育,整體素質上較為整齊。[7]

民國元年(1912)至民國 12 年(1923)期間,保定陸軍軍官學校共辦九期,畢業生有 6300 餘人;若從北洋行營將弁學堂(光緒二十八年)算起,保定各軍事學堂(校)共培養、訓練了 11,000 餘名軍官。而保定軍校的畢業生中,取得少將以上頭銜的將軍達 1,700 餘人。

民國 12 年(1923)8 月保定軍校停辦。[8]

由保定陸軍軍官學校畢業軍官所造就的將軍總數,就可了解保定陸軍軍官學校畢業生為民國初年北洋軍閥中最重要的基礎戰力,在中國所有軍事陣營中都有保定軍校的畢業生,包括北洋政府、國民政府及中國共產黨的軍隊。[9]

從以上簡介可知保定陸軍軍官學校在民國初年時,可以說是對國家最具有影響力的學校。

---

[6] 林德政,頁 73。
[7] 保定陸軍軍官學校,http://www.chuxinpeixun.com/jidi/9.html, 8/5/2022.
[8] 保定陸軍軍官學校,維基百科。
[9] 保定陸軍軍官學校,維基百科。

第三節　黃埔陸軍軍官學校創立的時代背景與創校經過

壹、黃埔陸軍軍官學校創立的時代背景

一、孫中山第二次護法運動的失敗與重建陸海軍大元帥府

民國 9 年（1920）8 月，孫中山扶植的駐閩南的粵軍陳炯明部，回粵討伐竊據廣東的桂系，爆發粵桂戰爭。10 月，陳炯明部占領廣東將桂系逐回廣西。11 月，孫中山在廣東軍民歡迎下由上海抵廣州，重組軍政府，並發起第二次護法運動（1921-1922）。

民國 10 年（1921）4 月 7 日，在廣州的國會非常會議選舉孫中山為非常大總統，委陳炯明為護法軍政府陸軍部長、內務部長。民國 10 年 6 月，廣東軍政府發動粵桂戰爭，打敗桂系，統一廣西。

民國 11 年（1922）3 月 15 日，孫中山在桂林誓師，計畫由桂入湘北伐，而陳炯明卻與湖南軍閥趙恒惕結成反孫聯盟，暗殺了擁護孫中山的粵軍參謀長鄧鏗，還囚禁廖仲愷，在後方牽制北伐力量，迫使孫中山回師廣東。

民國 11 年 5 月，孫中山由廣東進攻江西，北伐直系。6 月，陳炯明叛變，孫中山從前線返回廣州時，陳炯明炮轟總統府，史稱「六一六事變」。孫中山避入永豐艦（後改稱中山艦），8 月被迫到上海，第二次護法運動失敗，這是孫中山遭受的他一生中最慘重的一次失敗。[10]

民國 12 年（1923）1 月 4 日，孫文通電討伐陳炯明，並聯合滇軍楊希閔部、桂軍劉震寰部與擁護孫文的許崇智粵軍組成東西兩路「討賊軍」，合擊陳炯明。1 月 15 日陳炯明宣布下野，次日撤出廣州退守惠州、東江。粵討賊聯軍攻占廣州。3 月 2 日孫在廣州重建陸海軍大元帥大本營。[11]

當時盤據在廣東各地的軍隊大致上可以表 11.1 示之。

---

[10] 第二次護法運動，百度百科。
[11] 孫中山故居紀念館，〈護法運動〉。孫中山，維基百科。

表 11.1：大本營初建時期廣東各地軍隊分布概要表

所屬軍系	將　領	駐紮地	人　數
粵軍	許崇智	東江、廣州	25,000
	梁鴻楷	西江四邑及南路、東江	
	李福林	廣州河南、東江	
滇軍	朱培德等	東江、北江、廣韶沿線、廣州、廣三沿線	29,000
桂軍	劉震寰	東江、廣州	12,000
	劉玉山	東江	3,000
湘軍		東江、北江	12,000
豫軍		東江、後經鄂入豫	4,000

資料來源：羅翼群，〈孫中山回粵重建政權後的廣東政局〉，收入：中國人民政協委員會等（編），《孫中山三次在廣東建立政權》，頁 219-220。本處引自：胡其瑞（撰），《近代廣州商人與政治（1905-1926）》，國立政治大學歷史學系碩士論文，2003 年 6 月。

二、新成立的蘇聯共黨政府對中國的政治布局

　　民國 6 年（1917）3 月 12 日，處於歐戰中的帝俄爆發了二月革命，沙皇專制統治被革命的狂瀾摧垮，社會民主黨人克倫斯基上臺。消息傳到上海，正在爲民國共和前途擔憂，潛心研擬《建國方略》的孫中山「立即召集在滬國民黨議員討論此次俄變，並致電聖彼德堡臨時政府議會議長，以中國同仁身分表示祝賀」。儘管後來未見克倫斯基政府回音。[12]

　　民國 6 年（1917）11 月 7 日，列寧領導的布爾什維克武裝力量向資產階級臨時政府所在地聖彼得堡冬宮發起總攻，推翻了克倫斯基臨時政府，史稱（十月革命），建立了蘇維埃政權。[13]

　　新成立的蘇聯面臨著一個緊迫的問題——把日本與其他協約國的軍隊逐出西伯利亞東部。更大的一個問題，則是如何保證中蘇漫長邊境的和諧。蘇聯政府需要得到北京政府的外交承認（北京政府直到民國 13 年

---

[12] 崔書琴，《孫中山與共產主義》，第 18 頁。本處引自：張憲文等（著），《中華民國史》第一卷，頁 494。

[13] 俄國十月革命明明發生在 11 月，爲啥叫做十月革命呢？

（1924）仍然承認沙俄政府的殘餘代表），而且俄國的新領袖也希望將他們的革命擴展到歐洲和其他地區。[14]

民國 8 年（1919）7 月和民國 9 年（1920）9 月，加拉罕（Lev Karakhan, 1918-1920 任蘇俄外交事務全權代表）兩度發美對華宣言，自動提議放棄沙俄從滿清政府取得的各項在華權利，象徵著俄國在外交關係上的革命性觀念。[15]加拉罕的對華宣言無可否認的引起孫中山的注意。

但是加拉罕有三次對華宣言，而其條件一次比一次苛刻。

民國 8 年（1919）7 月 25 日《加拉罕第一次對華宣言》是蘇俄政權願無償歸還中東鐵路（當時中東鐵路正控制在白俄當局手中）。在民國 9 年（1920）9 月 27 日的《加拉罕第二次對華宣言》中，此前列寧關於「無條件歸還中東鐵路和遠東領土」的承諾，變成了需要中國贖回；此前「無條件歸還的所有中國領土」，也專指 1896 年之後割讓的部分。民國 12 年（1923）12 月，加拉罕以華俄通訊社的名義，發表了《第三次對華宣言》，直接刪去了歸還中東鐵路及其附屬產業和領土的文字，並照會中國外交部，要求以其修改後的文本為準。[16]

列寧眼見革命後的俄國幾乎被敵視它的資本主義國家所包圍，便於 1919 年組織了共產國際，並發展出一套瓦解列強（尤其是英、法、日、美）的策略，那就是在它們的殖民地中鼓動革命。他在 1920 年共產國際的第二次代表大會上提出了這個想法。用可能過分簡化的話說，列寧的基本想法就是支持各個殖民地國家的民族解放運動，藉此削弱列強。他相信這些解放運動必須由資產階級領導，而各國共產黨必須在革命的第一階段中，幫助資產階級民族主義者，同時維持本身的獨立，組織本身的階級力量，以備在下一個革命階段中奪權。[17]

共產國際採納了列寧的計畫，並將這項計畫作為指導它和 1920-21 年成立的中國共產黨之間關係的政策。不過這項理論後來經過多次修正；直到三年以後，蘇聯領袖詳細探究了中國的政治局勢，這才判定孫中山和他的

---

[14] 韋慕庭，《孫中山的蘇聯顧問，1920～1925》，頁 278。
[15] 韋慕庭，《孫中山的蘇聯顧問，1920～1925》，頁 278。
　 列夫・米哈伊洛維奇・加拉罕，維基百科。
[16] 王陶陶，〈蔣介石的苦澀記憶：史達林援華的背後（上）〉。
[17] 西方關於這方面的研究著作很多。本處引自：韋慕庭，〈孫中山的蘇聯顧問，1920～1925〉，見頁 278。

第二篇 戰略篇

國民黨是「資產階級民族主義者」，俄國應該加以援助。他們希望指引孫中山和改造他的黨，使兩者從俄國的革命經驗和目標看來都能更有效力。可是另一方面，俄國政府仍然爭取北京政府——孫中山所希望推翻的政府——的外交承認。[18]

三、孫中山與蘇聯政府的聯繫

孫中山一生的大半時間都是個革命領袖，他對其他各國的革命十分注意，並自認是個社會主義者，因此他對民國 6 年（1917）的俄國革命自然非常有興趣。那次革命是二十世紀初最重要的事件之一，距離中國推翻滿清的革命只有五年。[19]

自民國 9 年（1920）開始，孫中山與蘇聯方面展開了接觸。

民國 9 年（1920）秋，一位廿七歲的共產國際代表胡定康（Gregory Voitinsky）奉派來華協助發展中國共產黨。孫中山在民國 9 年 11 月在上海經由陳獨秀的引見，與胡定康首次見面。孫中山在與胡定康見面時，要求俄國在東北或海參崴處設置一個強力無線電臺，使他在廣州的新政府可以隨時知道俄國的政策，而從中吸取經驗。但顯然的是胡定康在離開西伯利亞前往中國以前還不知道上述列寧支持各個殖民地國家的民族解放運動的策略，所以並沒有在中國尋找資產階級的民族主義領袖。[20]

第二個和孫中山見面的共產國際代表，已經知道列寧的計畫了。這是個荷蘭人，名叫漢克・斯尼夫列特（Hank Sneevliet），在中國用的名字是「馬林」。第二次共產國際代表大會後，共產國際派他主持中國的新支部。他抵達上海時正是中國共產黨成立（民國 10 年 7 月）之時，馬林趕上並參加中國共產黨第一次全國代表大會的幾次會議。[21]

馬林於民國 10 年（1921）12 月在桂林與孫中山見面作了幾次談話。馬林針對中國革命問題向孫中山提出了三點建議：「改組國民黨，與社會各

---

[18] 韋慕庭，《孫中山的蘇聯顧問，1920～1925》，頁 278。

[19] 韋慕庭，《孫中山的蘇聯顧問，1920～1925》，頁 278。

[20] 胡定康對他與孫中山談話的回憶，節譯於 Eudin and North, *Soviet Russia and the East.* 頁 218-19。本處引自：韋慕庭，〈孫中山的蘇聯顧問，1920～1925〉，頁 280。張憲文等，頁 496。

[21] 韋慕庭，《孫中山的蘇聯顧問，1920～1925》，頁 280。

階層，尤其與農民勞工大眾聯合；創建軍官學校，建立革命軍的基礎；謀求中國國民黨和中國共產黨合作。」[22]

民國 11 年（1922）4 月 23 或 24 日，馬林從上海出發，經海路到歐洲。他在中國只住了不到一年，卻協助成立了中國共產黨、和孫中山討論了俄國和中國的革命（及其結盟的可能性）、對在廣州的國民黨獲得了良好的印象，發現了共產黨在當地搞工人運動的機會，而且提出了中共黨員加入國民黨內工作的主意。[23]

第三個與孫中山會晤的共產國際代表是達林（Serge Dalin）。他是少年共產國際的執行委員，到中國來參加民國 11 年（1922）5 月在廣州舉行的社會主義青年團第一次全國代表大會和第一次全國勞工大會。孫大元帥那時候剛因陳炯明阻礙北伐計畫，而從桂林返回廣州；據達林說，從 4 月 29 日到 6 月 14 日，他和孫中山經常見面。[24]達林在向共產國際報告中寫道，他向孫中山說明，蘇聯認為中國亟需組織一個國民革命的聯合戰線，並提出它可能採取的政綱，後來這件事就成為他們討論的主題。[25]

達林向國民黨提出民主革命派聯合戰線策略。國民黨的總理孫中山嚴詞拒絕了。他只許中共及青年團分子加入國民黨，服從國民黨，而不承認黨外聯合。[26]但是，孫中山向共產國際代表表示：「他們願意在該黨內提供進行共產黨宣傳的可能性。」[27]

民國 11 年（1922）8 月，蘇俄為了保證在遠東的國家利益，企求實現蘇中關係正常化，特派全權大使越飛（Adolf Joffe）率團來華與北京政府商談。下旬，越飛派代表攜函前往上海與孫中山接洽，此後至 12 月間，孫中山與越飛直接通訊聯繫，商談彼此關心的時局問題。孫中山在給越飛的信中提出：「我作為我的受壓迫的同胞的代表，同貴國政府實行合作。」但

---

[22] 蘇仲波、孫宅巍，第 76 頁。本處引自：張憲文等，頁 497。

[23] 韋慕庭，《孫中山的蘇聯顧問，1920～1925》，頁 281。

[24] S. A. Dalin, "The Great Turn: Sun Yat-sen in 1922"（俄文）收入 "Sun Yat-sen, 1866-1966" Sbornik Statei, Vospominanii, Materialov (Moscow, Glav. Red. Vost. Lit., 1966) 見頁 255-56。本處引自：韋慕庭，《孫中山的蘇聯顧問，1920～1925》，見頁 282。

[25] 韋慕庭，《孫中山的蘇聯顧問，1920～1925》，頁 281-82。

[26] 陳獨秀：《告全黨同志書》（1929 年 12 月 10 日），第 394 頁。本處引自：張憲文等，頁 497。

[27] 吳相湘，第 1510 頁。本處引自：張憲文等，頁 497。

是從蘇俄那裡，孫中山「希望得到武器、彈藥、技術、專家等方面的援助」。[28]

民國 12 年（1923）1 月 22 日，孫中山與越飛在上海進行會晤。雙方就蘇聯與共產國際援助中國革命、反對西方列強及改組國民黨與建立軍隊等問題進行了多次會談。1 月 26 日聯合發表了《孫文越飛宣言》。[29]

《孫文越飛宣言》的要點是：

1. 目前在中國不適宜實行共產主義和蘇維埃政府體制。

2. 蘇維埃政府再次確定早在 1920 年 9 月 27 日有關放棄在華特權與利益的宣言。

3. 就未來中東鐵路的管理與重組達成相互諒解。

4. 蘇維埃否認在外蒙古有任何帝國主義企圖或政策。[30]

這一宣言，是標誌孫中山確立聯俄政策的重要歷史文件。但宣言中孫中山認為：「共產組織，甚至蘇維埃制度，事實均不能引用於中國。」[31]

越飛是到那時為止，孫中山所見到的最有影響力的蘇聯官員；他對莫斯科的建議會很有分量。他們後來討論到軍事問題，越飛就叫他的首席軍事顧問葛克（A. I. Gekker）（時任駐華武官）上校到上海來參加會談；孫中山和越飛及葛克會談以後不久，便重返廣州（民國 12 年 2 月 21 日）三度成立政府。這時他對蘇俄的援助也許還沒有把握，因為他又試圖得到英、日、美等國的幫助。不過同年 3 月，克里姆林宮的領袖們決定資助孫中山的革命政府兩百萬墨西哥銀元，5 月 1 日又打電報給孫中山，表示「準備對中國提供必要的援助」。[32]

---

[28] 中共黨史資料研究室第一研究部譯：《聯共（布）、共產國際與中國國民革命運動（1920~1925）》，第 166 頁。本處引自：張憲文等，頁 498。

[29] 《孫文越飛宣言》參見《孫中山全集》第 7 卷，第 51~52 頁。本處引自：張憲文等，頁 499-500。

[30] 完整本文見 Conrad Brandt, Benjamin I. Schwartz, and John K. Fairbank, pp. 70-71. 本處引自：徐中約，頁 523-24。
《孫中山全集》第 7 卷，第 51~52 頁。

[31] 《孫文越飛宣言》參見《孫中山全集》第 7 卷，第 51~52 頁。本處引自：張憲文等，頁 499-500。

[32] A. 1. Kartunova, "Sun Yat-sen and Rusian Advisers: Based on the Documents from 1923-1924"（俄文），收入 "Sun Yat-sen, 1866-1966", *Sbornik Statei, Vospominanii, Materialov*, 頁 170-89，見頁 171；Kartunova, "Sun Yat-sen; a Friend or the Soviet People"（俄文）Voprosy Istorii KPSS 九卷十期（一九六八年十月），頁 27-38，見頁 34。本處引自：韋慕庭，《孫中山的蘇聯顧問，1920～1925》，見頁 283。

孫中山收到了這封電報；5月14日，他交給馬林（當時又到了廣州）一封電報，請他打給越飛。孫中山在電報中要求蘇聯撥付第一批款項，並表示他計畫改組國民黨，以及在中國各大城市辦報紙和雜誌。[33]

因此，到民國 12 年（1923）夏天爲止，孫中山和三位共產國際的代表（胡定康、馬林和達林）、一位高層外交官（越飛）和一位蘇聯軍官（葛克）作過試探性的會談。透過這些人的報告，蘇聯領袖們知道了孫中山是怎樣一個人，從而決定支持他。同年 6 月初，應孫中山的要求葛克上校在莫斯科挑選了五位年輕軍官（五人小組），派他們到廣州去幫孫中山改革軍隊。[34]

四、孫中山與蘇聯結盟政策的形成

韋慕庭根據他對孫中山民國 11 年（1922）8 月 14 日到民國 12 年（1923）2 月 21 日這段時期的研究，他認爲孫中山在第三次抵達廣州成立政府時，急於得到國外的援助和國內的盟友。就在這段異常忙碌的日子裡，他和蘇聯的結盟開始成形了。[35]民國 12 年（1923）1 月 26 日，孫中山與越飛在上海聯合發表的《孫文越飛宣言》代表著孫中山確立了他的「聯俄」重要政策。[36]

孫中山確立聯俄政策的動機，蘇俄方面亦甚清楚：「只是在他試圖得到資本主義大國的支持受挫和在國內政治鬥爭中遭到一系列失敗之後。同

[33] Tony Saich, "Hank Sneevliet and the Origin of the First United Front (1921-1923)", 提交第二屆中歐學術會議的論文，英國牛津，一九八五年八月二十～廿四日。本處引自：韋慕庭，《孫中山的蘇聯顧問，1920～1925》，見頁 284。

[34] A. I. Cherepanov, *As Military Adviser in Chine* (Moscow, Progress Publishers, 1982). 頁 16。這是切列潘諾夫兩本在華任職回憶錄（俄文本分別出版於一九六四年和一九六八年）的英文節譯本。其中，對蘇聯向國民革命軍施予軍事援助的經過，提供了極爲豐富的資料。本處引自：韋慕庭，《孫中山的蘇聯顧問，1920～1925》，見頁 284。亞歷山大·切列潘諾夫，《中國國民革命軍的北伐：一個駐華軍事顧問的箚記》，頁 4-6。

[35] 韋慕庭，《孫中山的蘇聯顧問，1920～1925》，頁 282。
韋慕庭（Clarence Martin Wilbur, 1908-1997），美國歷史學家。曾至華北協和華語學校學習華語，1941 年得到哥倫比亞大學博士學位，專攻中國共產主義運動。1947 年任教於哥倫比亞大學，曾擔任東亞研究室主任。1989 年將讀書手箚及函稿捐贈給中央研究院近代史研究所。1997 年去世。

[36] 《孫文越飛宣言》參見《孫中山全集》第 7 卷，第 51~52 頁。本處引自：張憲文等，頁 499-500。

第二篇 戰略篇

時，促使他這樣做的不只是想得到蘇聯的財政、軍事援助，從取得勝利的布爾什維克的革命武庫那裡借鑒某種東西，如他們的革命『工藝』、國家和軍隊建設的經驗等。」[37]至於蘇維埃制度，孫中山則持排斥態度，因爲在他的眼裡中國只有國民黨領導革命成功的前途，而沒有中國共產黨領導的「實現蘇維埃制度可以成功之情況」。

孫中山爲了進一步瞭解蘇聯的情況，並與蘇聯商談援助問題，決定組織一個代表團去蘇聯訪問。民國 12 年（1923）8 月 16 日，以蔣介石爲團長，沈定一、張太雷、王登雲爲團員的「孫逸仙博士代表團」從上海出發前往蘇聯，進行了爲期近 3 個月的參訪活動。這次訪問，加強了孫中山實行聯俄政策的決心。[38]

五、中國共產黨決定以個人身分加入國民黨

中國共產黨是在民國10年（1921）7月成立，他的成立毫無疑問是列寧基本想法下的產物：支持各個殖民地國家的民族解放運動，鼓動革命藉此削弱列強。

民國10年（1921）6月，馬林首次來到中國在上海趕上並參加中國共產黨第一次全國代表大會的幾次會議。馬林明顯地對這個當時還只有五十幾人的中國共產黨的前景表示懷疑。在他看來，蘇俄如果不能同孫中山的國民黨聯合起來，在中國將一事無成；中共如果不能在組織上同國民黨結合起來，不可能有多少前途。[39]

民國11年（1922）初，馬林向共產國際執行委員會報告說：「我建議我們的同志放棄對國民黨的排斥態度，開始在國民黨內部進行政治工作，經由這種工作，我們可以很容易地接觸到南方的工人和士兵。（國民黨內的共產黨）小團體不必放棄的獨立性；相反地，這些同志必須共同決定他們在國民黨內應該採取什麼戰術。國民黨的領袖告訴我，他們將允許共產黨在其黨內進行宣傳。我們的同志（指當時剛成立的中國共產黨）反而不贊成這一點。」[40]

---

[37] 中共中央黨史研究室第一研究部譯：《聯共（布）、共產國際與中國國民革命運動（1920~1925）》，第 13 頁。本處引自：張憲文等，頁 500。
[38] 張憲文等，頁 500。
[39] 沈志華，〈蘇聯援助下的國民革命〉。
[40] 《馬林同志對執行委員會的報告》，頁 374。本處引自：韋慕庭，《孫中山的蘇

讓共產黨人保留自己的身分加入國民黨，在國民黨內實現國共合作，這就是馬林在這篇報告中所要闡述的重要思想。他破解了蘇俄對華外交遇到的棘手問題，無疑爲蘇俄對華政策的改變提出來新思路。[41]

起初，馬林的建議未被剛成立的中國共產黨所接受。中國共產黨領導人陳獨秀等，不同意加入國民黨。[42]馬林向中國共產黨中央提出國共合作的建議也正是反映列寧的想法：這些解放運動必須由資產階級領導，而各國共產黨必須在革命的第一階段中，幫助資產階級民族主義者，同時維持本身的獨立，組織本身的階級力量，以備在下一個革命階段中奪權。

陳獨秀在另一份資料證實了馬林的說法。民國 11 年（1922）4 月 6 日，陳獨秀寫信給胡定康說，馬林建議中國共產黨和社會主義青年團加入國民黨，但他們對此激烈反對。中共黨員在廣東、上海、北京、長沙和武漢的會議中都討論了這個問題，每個地方的黨員也都不贊成。[43]

就在孫中山被陳炯明逐回上海前不久，中國共產黨於民國 11 年（1922）7 月舉行了第二次全國代表大會，並接受了組織革命黨的統一戰線——特別是同國民黨組織統一戰線——的觀念。這項新態度反映了在莫斯科舉行的遠東勞動者大會的重要主題之一，若干中共黨員出席了那次大會。這項新態度也扭轉了一年前中共第一次全國代表大會所制定的排他性政策。[44]

聯顧問，1920～1925》，見頁 281。張憲文等，頁 502。中共中央黨史研究室第一研究部編：《共產國際、聯共（布）與中國革命檔案資料叢書》第二輯，第 239 頁。本處引自：張秋實，《解密檔案中的鮑羅廷》，頁 12。

[41] 張秋實，頁 12。

[42] 張憲文等，頁 502。

[43] V. I. Glunin, "Comintern and the Formation of the Communist Movement in China（1920-1927）"（俄文），收入 Komintern i Vostok: Borba za Leninskuiu Strategiiu i i Tatiku V Natsionalno-Osvoboditel nom Dvizhenii (Moscow, Clav. Red. Vost. Lit., 1969)，頁 242-99，見頁 252。本處引自：韋慕庭，《孫中山的蘇聯顧問，1920～1925》，見頁 281。

[44] 陳公博，The Communist Movement in China: A Essay Written in 1924（Octagon Books.1966, 哥倫比亞大學東亞研究所贊助出版），其中收有中共第一次和第二次全國代表大會的檔；張國燾，The Rise of the Chinese Communist Party, 1921-1927 (The University Pres of Kansas, 1971)，頁 177-218，討論了遠東勞動者大會的情況。本處引自：韋慕庭，《孫中山的蘇聯顧問，1920～1925》，見頁 283。

第二篇 戰略篇

民國 11 年（1922）11 月至 12 月的共產國際第四次代表大會通過《綜論東方問題》，強調中國共產黨先天體質不良，主張暫與中國國民黨及若干地方領導人妥協，並提議組成統一戰線。[45]

馬林也參加了民國 12 年（1923）6 月的中國共產黨第三次全國代表大會，運用他的影響力說服大會代表同意中共黨員加入國民黨的政策。他也經常與孫中山見面，嘗試說服孫中山改組國民黨，將國民黨變成一個幫眾的黨，並放棄征服整個廣東的企圖。馬林當時主張除非孫中山改造國民黨，蘇聯不應該給他武器和金錢。[46]

六、中國國民黨的組織改造「聯俄容共」政策的確定

民國 12 年（1923）1 月 12 日，共產國際執委會通過決議，認定中國國民黨為中國共產黨唯一之夥伴，並指示中國共產黨在中國國民黨內部運作，同時要保有組織和活動自主。[47]

民國 13 年（1924）1 月列寧去世，史達林開始掌握蘇聯政策的主導權，並在不斷繼承列寧對華輸出革命政策的過程中，逐步展現出史達林對華政策的兩個主要特點。一方面，史達林在對華外交的過程中，繼承了列寧的風格，採取的是「兩頭下注」的投機主義政策策略。[48]

民國 14 年（1925）3 月，孫中山去世，在史達林的倡議下，蘇共中央政治局專門設立了負責對華外交的中國委員會，迅速增加了對華革命外交的投入，同時扶持南方親共的國民黨和北方的親蘇軍閥。[49]史達林一邊從國與國的政府管道與北洋政府進行正常的國務外交，一邊從共產國際以黨派交流的方式在中國輸出意識形態，扶植親蘇輿論和親蘇政權，從而形成對華外交的全面優勢。這種分而治之的策略，使得蘇俄在對華建交談判中大受裨益。[50]

在列寧病重時，在莫斯科實際掌控俄共（布）（「布」指布爾什維克

---

[45] 聯俄容共，維基百科。
[46] Tony Saich and Fritjof Tichelman, "Henk Sneevliet: a Dutch Revolutionary on the World Stage", *Journal of Communist Studies*，一卷二期（一九八五年）。本處引自：韋慕庭，《孫中山的蘇聯顧問，1920～1925》，見頁 284。
[47] 聯俄容共，維基百科。
[48] 王陶陶，〈蔣介石的苦澀記憶：史達林援華的背後（上）〉。
[49] 王陶陶，〈蔣介石的苦澀記憶：史達林援華的背後（上）〉。
[50] 王陶陶，〈蔣介石的苦澀記憶：史達林援華的背後（上）〉。

黨）中央和共產國際的領導人是史達林。在中國問題上史達林這時想起了鮑羅廷（Michael Borodin）。1923 年 7 月 31 日，史達林通過電話諮詢俄共（布）中央政治局委員們的意見，提出任命鮑羅庭為孫中山政治顧問的建議。

同年 8 月 2 日，俄共（布）中央政治局召開會議，建議作出了四條決定，提出了三個責成：

1. 認命鮑羅廷同志為孫逸仙的政治顧問，建議他星期四與加拉和同志一起赴任。

2. 責成鮑羅廷同志在孫逸仙的工作中遵循中國民族解放運動的利益，絕不要迷戀於在中國培植共產主義的目的。

3. 責成鮑羅廷同志與蘇聯駐北京的全權代表協調自己的工作，並通過後者向莫斯科進行書信往來。

4. 責成鮑羅廷同志定期向莫斯科送交工作報告（盡可能每月一次）。

這四個決議為鮑羅廷在中國的言行牢牢編織了一個不能逾越的藩籬：規定了鮑羅廷的工作必須與加拉罕協商並在俄共（布）中央領導之下，配合蘇俄的外交方針政策，符合蘇俄的國家利益；又規定了鮑羅廷的工作中心必須以國民黨為中心，以開展國民革命為目的。它實際上是對鮑羅廷到中國後的全部活動，言行準則和義務做出的嚴格規定。[51]

民國 12 年（1923）秋，鮑羅廷從西伯利亞進入滿洲，再到北京。9 月 29 日，他從上海南下廣州。10 月 6 日，鮑羅廷抵達廣州，與孫文第一次會面。[52]

鮑羅廷一到廣州就以自己的方式很快取得了孫中山的信任。他對孫中山說：「我到這裡來是為了獻身中國國民革命，而您的目的是反對帝國主義，這也是我們的目標。至於共產主義，中國還不具備實行的條件。」他說，在西方比如在歐洲、美洲是宣傳共產主義和推進階級戰爭。可是在東方，特別是在中國，我們的政策是促進國民革命，我們已經指示中國共產黨去集中地搞國民革命而不是共產主義。然後，鮑羅廷指出孫中山多年來屢戰屢敗，不能發展的主要原因：一是「黨中缺乏組織」；二是「革命軍起，革命黨消」，即黨與軍隊分離；三是黨的基礎不穩固。因此，鮑羅廷指

---

[51] 張秋實，頁 13-14。
[52] 余杰，《1927：民國之死》，〈鮑羅廷──揮舞紅布的鬥牛士〉。

第二篇 戰略篇

341

出要「以黨治軍」、「武力與民眾相結合」、加強對現有軍隊的政治宣傳等意見。[53]

鮑羅廷一到廣州，很快就發現自己面臨的工作環境非常艱苦，可謂困難重重主要來自四方面：

第一、國民黨的情況很糟糕，完全不具備領導國民革命的力量。

第二、廣州的政權沒有得到廣東人民的擁護。

第三、孫中山不僅在廣州的地位極不穩固，而且對國民黨的致命弱點也未給予必要的重視。

第四、廣州的共產黨和社會主義青年團組織的狀況也不好。[54]

鮑羅廷到廣州第 12 天後的 10 月 18 日，孫中山委任鮑羅廷為「國民黨組織教練員」。鮑羅廷也拉開了他改組國民黨的序幕。[55]

鮑羅廷也和廣州的中共和社會主義青年團領袖會晤，向他們私下保證中共的利益仍然高於一切。他說：「我在報紙上談的是國民黨，但對我們而言，歸根結底，我談的是擴大共產黨的影響力……絕不要忘了我們的工作事實上是在穩定共產黨，這個目標要牢牢記住。」[56]

在鮑羅廷與孫中山及其黨人合作的第一階段裡，最大的成就便是改組國民黨和召開第一次全國代表大會（民國 13 年 1 月）。國民黨的宣言和黨綱也都顯示了鮑羅廷的影響。共產國際執行委員會希望重新定義孫中山的三民主義。共產國際還希望國民黨支持中共，並建議中共盡一切力量幫助國民黨；最後，國民黨也應該瞭解到與蘇聯合力對抗帝國主義的必要。[57]

---

[53] 張秋實，頁 21-23。

[54] 張秋實，頁 29-32。

[55] 張秋實，頁 21-23。

[56] N. Mitarevsky, *World-wide Soviet Plots*, as Disclosed by Hitherto *Unpublished Documents Seized at the USSR Embassy in Peking,* 天津一九二七年出版。米塔瑞夫斯基任職於負責翻譯一九二七年四月六日搜查北京蘇聯武官處時所得檔案的委員會，他的書中摘錄了鮑羅廷在粵初期向加拉罕所作的報告，頗具參考價值；雖然不見於他處，但其歷史正確性已獲證實。這本書不可因題意偏頗而不予重視。本處引自：韋慕庭，《孫中山的蘇聯顧問，1920～1925》，見頁 285-86。

[57] "Resolution, Presidium, Communist International/Executive Committee, On the National Liberation Movement in China and the Kuomintang Party", *Kommunist* (Moscow)，四十五卷四期（一九六九年三月），頁 12-14。英文譯文由由蘇聯新聞社「諾佛斯提」（Novosti）於一九六九年四月在紐約發表。本處引自：韋慕庭，《孫中山的蘇聯顧問，1920～1925》，見頁 287。

這些觀點大部分都出現在國民黨的宣言和黨綱裡，但並非照單全收。鮑羅廷花了很大力氣，企圖寫進一句「沒收大地主和不在地地主土地、將它分給佃農」的條文，也企圖寫進一句「明白指出中國國民革命和蘇聯結成聯合戰線」的條文，但孫中山不願意這樣激烈。[58]

中國國民黨召開有中國共產黨員參加的國民黨第一次全國代表大會，通過了《中國國民黨第一次全國代表大會宣言》和黨綱，確立了「聯俄、容共、扶助農工」三大政策。會議期間孫中山下令籌辦黃埔陸軍軍官學校。[59]

貳、黃埔軍校的成立

民國 12 年（1923）8 月，孫中山派遣的「孫逸仙博士代表團」赴蘇訪問，希望得到蘇聯幫助解決的主要問題有：

> 第一，革命軍事委員會能夠派遣更多的專家到中國南方，以便按照紅軍的榜樣來訓練中國軍隊；第二，有機會瞭解紅軍的情況；第三，共同討論代表團提出的中國軍事行動計畫。

代表團在長達三個月的訪問中，共產國際作出《共產國際執委會主席團關於中國民族解放運動和國民黨問題的決議》，委託代表團團長蔣介石轉交給國民黨領導。同時代表團在與蘇聯有關方面會晤中，達成了「關於在蘇聯和中國為國民黨軍隊培訓指揮幹部的原則性協議」並就具體細節（人數、資金、培訓地點）進行了討論。[60]

在這次的訪問中「孫逸仙博士代表團」制定設立軍官學校之計畫，代表團回國後向孫中山做了情況匯報，對孫中山創建軍校起了推動作用。[61]

---

[58] 韋慕庭，《孫中山的蘇聯顧問，1920～1925》，頁 287。
[59] 袁偉、張卓，頁 256。
[60] 中共中央黨史研究室第一研究部譯：《聯共（布）、共產國際與中國國民革命運動（1920~1925 年）》，第 274 頁。本處引自：張憲文等（著），《中華民國史》第一卷，頁 513。
[61] 袁偉、張卓，頁 255-56。

就在「孫逸仙博士代表團」赴蘇訪問之前，民國 12 年（1923）10 月孫中山在廣州任大元帥時，孫中山聽由大元帥府軍政部長程潛的建議負責籌建「大本營陸軍講武學校」，又稱「軍政部講武堂」。民國 13 年（1924）春軍政部講武堂補行開學典禮，第一期招考學生四百餘名。10 月 10 日，第一期舉行畢業典禮。其後第一期學生中有 146 名併入到後來成立的黃埔軍校第一期第六隊。民國 14 年（1925）7 月，中華民國國民政府成立，該校改名「國民革命軍第六軍講武學校」。民國 15 年（1926）5 月併入黃埔軍校。講武學校立校兩年共創辦三期，為北伐戰爭培養了 700 多名骨幹。[62]

民國 13 年（1924）1 月 24 日，孫中山以大元帥名義下令籌辦「中國國民黨陸軍軍官學校」，任命蔣介石為陸軍軍官學校籌備委員會委員長。民國 13 年（1924）5 月 3 日，黃埔軍校領導機構正式成立。孫中山擔任黃埔軍校總理，蔣介石任校長，廖仲愷任黨代表，上述三人組成軍校校本部，直屬國民黨中央執行委員會，是軍校最高的領導機構。[63]

民國 13 年（1924）6 月 16 日為黃埔開學之日，孫中山偕夫人親臨主持並在該校禮堂向全體師生以「革命軍的基礎在高深的學問」為題發表演說，繼到操場出席開學儀式，下午參加閱兵式。

孫中山從蘇維埃俄國革命迅速成功的事實中，認識到要建立真正的革命軍，就要參照蘇聯模式，以蘇軍為榜樣，從而形成了其建軍、建校思想。民國 13 年（1924）年 1 月，孫中山在接見派到軍校的第一個蘇聯軍事顧問小組（五人小組中的四人）時說：「在現今的革命鬥爭中，十分需要學習俄國人。」「如果今後我黨在革命鬥爭中不學習俄國人，那麼它肯定不會成功。」「我們要按照蘇維埃的軍事制度來組織革命軍隊。」孫中山的這些話，清楚地表明瞭他的建校建軍目的和以蘇軍為榜樣的建校建軍方針。

6 月，孫中山在黃埔軍校開學典禮的演說中指出：「辦這個學校，就是仿效俄國，⋯⋯組織革命軍。」[64]孫中山又說：「我們的第一項任務是按照蘇聯的樣式建立一支軍隊，準備好北伐的根據地。」[65]

---

[62] 袁偉、張卓，頁 247-255。
[63] 烈陽化海，《抗戰雄心》〈黃埔軍校的演變（一）〉。
[64] 《孫中山選集》，第 923 頁。本處引自：黃埔軍校同學會，〈蘇聯顧問在黃埔軍校建設中的作用〉。
[65] 亞歷山大・切列潘諾夫，頁 90。

創辦一所訓練下級軍官軍校的計畫，當時已經開始著手了[66]。其中最重要的一點是，軍校學生除了接受軍事訓練以外，還得接受有系統的國民黨政治教育。這支新軍隊將是一支經過意識型態灌輸的軍隊，可以為黨的民族主義和社會主義目標而奮鬥。軍校最早的規章裡，在最高層組織中有政治部主任一職，掌管校內的政治生活；這也就是「黨代表」制。[67]

因此，孫中山創立的新型軍校的有幾個特點：

第一、實行黨代表制。各部門自上而下配有相應的黨代表，黨代表對軍校一切命令公文有副署權。以黨治軍，使軍校成為培養革命幹部的工具。

第二、建立政治工作制度。黃埔軍校以蘇聯紅軍為榜樣，設立政治部，加強政治教育和宣傳工作，以三民主義為主要政治教育，說明學生提高政治認識。

第三、貫徹軍事政治並重，學校教育與社會實踐結合的教育方針。黃埔軍校除軍事教育外，還開設內容豐富的政治課程，如國民革命概論、社會主義運動、經濟學概論、中國及世界政治經濟情況、中國政治運動、農民運動、勞工運動、帝國主義剖析等 10 門課程。

第四、國共兩黨組織並存。[68]

黨代表作為國民黨在軍隊中的代表，執行黨的方針政策，監督行政工作。對軍隊有監察領導的權力，參加部隊管理，向部隊灌輸國民革命精神，並承擔保證完成訓練及一切戰鬥任務的責任。軍事首長的一切命令，必須有黨代表簽署方能有效。[69]

---

[66] 關於黃埔軍校的最近兩項研究是《黃埔軍校史料》，廣東革命歷史博物館編，廣州人民出版社一九八二年出版；以及《黃埔軍校六十週年論文集》（兩卷），中華民國國防部史政編譯局，臺北一九八四年出版。後者收有一篇陳存恭所寫的討論俄國顧問的論文。本處引自：韋慕庭，《孫中山的蘇聯顧問，1920~1925》，頁 289-90。

[67] 「廣州國民軍軍官學校規章」，收入即將出版之 C. Martin Wilbur and Julie Lien-ying How, *Soviet Advisers and the Chinese National Revolution, 1920-1927*，文件之四。這也是 1927 年四月六日在蘇聯武官處搜查到的文件之一，日期似乎是一九二四年二月或三月。本處引自：韋慕庭，《孫中山的蘇聯顧問，1920~1925》，頁 289-90。

[68] 張憲文等，頁 516。

[69] 黃埔軍校同學會，〈黃埔軍校作為中國歷史上第一所新型軍事學校與中舊式軍校

政治部是國民黨在軍隊中的政治領導機關,是軍事首長和黨代表對部隊進行政治教育的自理機關。職責是「負擔政治教育及在學生與人民群眾中發展國民革命的意識之唯一機關。政治部對黨及黨代表負責,黨代表命令並指導政治部,務使嚴重的軍隊紀律在正確的政治認識和指導之下,以鞏固戰鬥力之基礎,使部隊成為嚴密的組織」。[70]

自黃埔陸軍官校成立後因應時局的發展曾三度遷校,分別為:

黃埔時期(民國 13 年至 16 年);

南京時期(民國 16 年至 25 年);

成都時期(民國 26 年至 38 年);

鳳山時期(民國 39 年迄今)。[71]

筆者以為,根據上述幾個特點可將新成立的軍校稱之為「蘇式軍校」,這是黃埔軍校與當時的中國清末民初袁世凱所創以軍事訓練為主的軍校或武備學堂最大不同之處。蘇式軍校的模式在第一次北伐後因為國都遷移引起的寧漢分裂而告終止,自黃埔軍校搬遷到南京以後又改為類似保定軍校以一般軍事訓練為主的學校。

參、蘇俄在軍事上援助孫中山的黃埔軍校

一、諱莫如深隱而不彰的黃埔建校歷史

在探討蘇俄在軍事上援助孫中山的黃埔軍校這些事件的時候,碰到了一些嚴重的歷史編纂學的問題。半個世紀已經過去了(到 2006 年為止),但是,蘇維埃援助和中國接受援助的記錄資料,仍然諱莫如深,隱而不彰。沒有一方面出版了它的文獻檔案,也沒有一方面向外國學者公開過最具敏感性的一部分史料。在第二手的出版物當中,人們可以發現一些零散的檔案資料線索。民國 16 年(1927)6 月對於駐北京蘇維埃大使館武官處的搜查,公開了某些被洩露出來的史料。不過在很大程度上要得到一份歷史的

的區別〉。

[70] 黃埔軍校同學會,〈黃埔軍校作為中國歷史上第一所新型軍事學校與中舊式軍校的區別〉。

[71] 陸軍軍官學校。

記載材料，還必須從舊的核心的零碎斷片中去爬梳搜集。[72]

　　另一個嚴重的問題則是意識形態方面的偏見。由於在中國革命運動兩支主要力量——國民黨人和共產黨人——之間存在著尖銳激烈的矛盾，從中共方面來說，想要對於蘇維埃援助的這個歷史階段進行不偏不倚的、實事求是地考察評價，那是幾乎是不可能的。就絕大多數的國民黨作者而言，孫中山緊密的靠攏蘇維埃俄國，這是一樁令人窘迫爲難的事件，而俄國的動機又頗爲值得懷疑。[73]

二、蘇俄對黃埔軍校的建校援助

　　雖然蘇俄對孫中山援助的資料不是很公開與詳細，但蘇俄對孫中山援助確實存在而且爲數不少。蘇俄在軍事上援助孫中山有三種方式：一是派遣軍事顧問，二是財務的援助，三是武器的援助。

　　事實上，正是由於莫斯科分別提供經費或貸款來幫助創辦黃埔軍校，中央銀行和支援國民黨改組，提供武器彈藥裝備其軍隊，國民黨人才得以在粵、滇、桂等諸多小軍閥虎視眈眈下，在廣州確立了自己的統治地位。孫中山對此看得十分清楚。在多年向列強求援失敗之後，孫中山終於找到了一個可以眞正援助他的國家，這無疑是他堅定地實行聯合蘇聯政策的關鍵所在。[74]

肆、黃埔軍校成立初期的敎隊職官與蘇俄軍事顧問

一、黃埔軍校的本國教官

　　黃埔建校初的教官來源有三：一是畢業於保定軍官學校的軍官；二是畢業於雲南講武堂的軍官。三是出身日本陸軍士官學校的軍官。出身日本陸軍士官學校者多任軍校中的高級職務；出身保定軍校者大部屬校級軍官；出身雲南等地講武堂者多爲尉級軍官。

---

[72] 韋慕庭，《孫中山：壯志未酬的愛國者》，頁 213。
[73] 韋慕庭，《孫中山：壯志未酬的愛國者》，頁 213-14。
[74] 沈志華，〈蘇聯援助下的國民革命〉。

留日士官生在黃埔軍校初期約占教官總數的 7%，黃埔軍校軍事教官或校軍帶兵官、學生隊隊職官主要由留日士官生和保定生擔任。相比較而言，留日士官生擔任的職務比保定生略高，如留日士官生何應欽為軍校戰術總教官；王柏齡為軍校教授部主任；林振雄為軍校管理部主任；錢大鈞為軍校參謀處長、代總教官、參謀長。留日士官生出身的高級將領並曾任職或兼職黃埔教官的還有：閻錫山、程潛、錢大鈞、湯恩伯、黃慕松、李鐸、方鼎英、王俊、張翼鵬、張修敬、吳思豫、張春浦、林振雄、李明灝、張軫、李國良、唐星等。

黃埔軍校初期，雲南講武堂約有學員 50 餘人，充任黃埔軍校及分校教官、隊官。雲南講武堂班底幾乎占了黃埔軍校教官隊伍的半壁江山。教務總長王柏齡，總教官何應欽；加上管理部主任林振雄，此三人皆進入黃埔軍校成立時的 7 人領導小組，都是雲南講武堂教官出身。就總人數而論，黃埔軍校教官以雲南講武堂出身者為多。據王柏齡回憶，雲南講武堂出身者占 60%，保定軍校出身者占 20%。因為級職愈低，人數愈多。

中華民國北京政府陸軍部，於民國元年（1912）10 月在保定開辦陸軍軍官學校，至民國 12 年（1923）8 月結束。11 年間，保定軍校培養 9 期共 6574 名學生。保定軍校停辦之時恰逢黃埔軍校開辦之日，許多保定畢業生被聘請到黃埔軍校任職。從民國 13 年（1924）5 月到民國 17 年（1928）3 月四年間的廣州軍校時期，僅在黃埔本校任教的保定生有 178 人。其數量遠遠超過到黃埔效力的其他軍校的畢業生。

在黃埔軍校中任教官的保定生中名聲較大的有以下 7 人：陳誠在黃埔軍校初任上尉教育副官；顧祝同在黃埔軍校初任中校戰術教官；陳繼承在黃埔軍校初任中校戰術教官；張治中在黃埔軍校初任第三期入伍生總隊上校總隊附；劉峙在黃埔軍校初任中校兵學教官；羅卓英在黃埔軍校初任入伍生團教育副官；周至柔在黃埔軍校初任兵學教官。[75]

二、黃埔軍校成立初期的蘇聯顧問

黃埔軍校的成立，蘇聯也開始派出顧問對軍校援助。孫中山在鮑羅廷的協助下要建立一支訓練精良，有政治認識，而且效忠於他和新革命主義的軍隊。

---

[75] 黃埔軍校同學會，〈黃埔軍校教官〉。

如前所述，民國 12 年（1923）6 月初，葛克上校在莫斯科挑選了五位年輕軍官（五人小組），派他們到廣州去幫孫中山改革軍隊。這五位軍官在民國 12 年 6 月 23 日抵達了北京，在民國 12 年 9 月到民國 13 年（1924）1 月到達廣州。[76]民國 13 年（1924）2 月初，孫中山第一次見到由鮑羅廷引薦五人小組的四名蘇聯顧問——雅可夫·古爾曼（Yakov Guerman）、尼古拉·捷列沙托夫 （Nikolai Tereshatov）（韋慕庭譯之爲尼可萊·特瑞沙托夫）、佛拉迪米爾·波利亞克（Vladimir Polyak），和亞歷山大·切列潘諾夫（Alexander I. Cherepanov）。[77]

蘇聯軍事顧問小組成員幫助設計黃埔軍校。承襲西方學制的傳統軍官學校（如保定軍官學校），培養一名初階軍官一般需要三年。蘇聯軍事顧問小組則根據蘇聯紅軍建軍經驗，規劃了半年完成初階軍官軍事訓練的速成學制，還根據修業期限詳細安排了各項軍事課目的教學大綱、課程設置和具體進度，並針對各科的具體內容及特點，擬定了實施辦法。根據蘇聯紅軍的新鮮經驗和中國軍隊的特點，重新修訂了典（步兵操典）、範（射擊教範）、令（各種條令條例）及 4 大教程（戰術、築城、兵器、地形）。[78]

軍校開創依始，學校的主要改組和教學工作就落在了最先到黃埔的波利亞克（當時任第一顧問組的首席顧問）、切列潘諾夫和捷列沙托夫三名蘇聯專家的肩上。蘇聯顧問們根據第一次世界大戰和蘇聯國內戰爭的戰鬥經驗，向中國軍官和教師傳授了指揮部隊作戰的新方法。[79]

鮑羅廷受孫中山的囑託，於民國 13 年（1924）4 月和加拉罕一起聯名再向莫斯科發電報派遣教官。民國 13 年 5 月，蘇軍軍長帕威爾·安德耶維奇·巴甫洛夫（P. A. Pavlov，化名高和羅夫）到達廣州，受聘孫中山首席軍事顧問、黃埔軍校軍事總顧問、蘇聯軍事顧問團團長。7 月 8 日總軍事顧問巴甫洛夫給蘇聯政府發電報，要求立即援助孫中山政府急需的武器裝備。但不幸的是在民國 13 年（1924）7 月 18 日，巴甫洛夫偕同其他蘇聯軍事顧問及

---

[76] 亞歷山大·切列潘諾夫，頁 23。
[77] 韋慕庭，《孫中山的蘇聯顧問，1920～1925》，頁 289-90。
　　亞歷山大·切列潘諾夫，頁 23。
[78] 蘇聯軍事顧問團，維基百科。
[79] A.B.勃拉戈達托夫，頁 148。

第二篇 戰略篇

航空局飛機師數人乘坐廣九列車赴增城考察前線情況，當晚，在石龍河面電船上勘察時，巴甫洛夫失足落水溺亡。[80]

巴甫洛夫在擔任軍事顧問時也作出了重大的貢獻。

巴普洛夫提議成立了以孫中山為首的軍事委員會，該委員會成員有胡漢民、廖仲愷、總司令楊希閔、粵軍司令許崇智將軍、湘軍司令譚延闓將軍、桂軍司令劉震寰將軍以及黃埔軍校校長蔣介石。

軍事委員會初期的具體工作計畫如下：

1. 在「聯軍」（指當時的滇軍、桂軍、湘軍等）中設立政治機關，在軍、師一級單位中派駐黨的負責代表，在黃埔軍校附設培養軍政工作人員的短訓班。

2. 對「聯軍」的指揮人員實施統一訓練。為此要對各軍校組織作一次檢查並創辦軍官進修學院，每期三個月。

3. 仿照俄國國內戰爭時期的樣子在廣州建立設防區，查明並動員廣州現有的一切物力，用於防禦。

4. 在敵後組織廣泛的農民運動。

5. 設立軍事檢察機制。

巴普洛夫的建議其最重要的目的就是要達到以黨領軍的政策，但這個做法顯然並不能夠得到聯軍將領們的支持。

儘管如此，巴甫洛夫改組軍隊的主張在原則上仍然具有決定存亡的意義。稍後當有可能以黃埔軍校畢業生為首，組織新型部隊時，改組軍隊主張大都得到實現。[81]

民國 13 年（1924）10 月 8 日，蘇聯軍艦「沃羅夫斯基號」通信指揮艦抵達黃埔碼頭，除了運來急需的步槍和子彈外，隨船到達的有繼任巴甫洛夫的布魯徹（Vasily Blyukher）將軍，他在中國使用的名字是「加倫」。還有另外 40 多位蘇聯軍事專家，羅加覺夫（Victor Rogachev，第二次東征軍事顧問、國民政府軍事委員會參謀團主任）、別夏斯特諾夫、吉列夫（炮兵顧問）、波洛（機槍顧問）、格米拉、澤涅克、齊利別爾特、馬米伊利克等。這些裝備與專家立即投入了鎮壓廣州商團事變。[82]

---

[80] 蘇聯軍事顧問團，維基百科。
[81] 亞歷山大·切列潘諾夫，頁 119-121。
[82] 蘇聯軍事顧問團，維基百科。
　　韋慕庭，《孫中山的蘇聯顧問，1920～1925》，頁 290-91。

民國 14 年（1925）5 月，蘇聯政府再向黃埔軍校派來 200 人的教官團。知名蘇聯顧問或教官有：

　　・尼古拉・古比雪夫（化名「季山嘉」），民國 14 年（1925）6 月來華接替與鮑羅廷不和的加侖將軍，負責顧問團工作，民國 15 年（1926）2 月 27 日獲悉蔣介石、汪精衛要解聘自己時，自動請辭。

　　・斯米諾夫（又譯爲西米諾夫），民國 13 年（1924）10 月被聘爲大本營直轄海軍局局長，民國 14 年（1925）7 月國民政府正式成立海軍局時被解聘。

　　・李糜（Remi，化名伍格爾夫），民國 13 年（1924）10 月被大元帥府聘爲航空局顧問，任代理航空處處長兼航空學校校長，1925 年 7 月國民政府正式成立航空局時被解聘。

　　・伊文諾斯基，被聘爲大元帥府軍事顧問，民國 15 年（1926）4 月 14 日，隨被解聘 10 餘人歸國。[83]

　　蘇聯顧問團是黃埔軍校的一個特殊教官群體。黃埔軍校早期的這些蘇聯顧問大多數是軍事教官，分布在政治、炮兵、步兵、工兵、軍需、交通、通訊、衛生、交際等各個教學崗位上。他們都是優秀的軍事將領，具有深厚的理論功底和豐富的作戰實踐經驗，許多人獲得過蘇聯政府頒發的勳章。蘇聯顧問根據列寧、史達林的建軍經驗，爲黃埔建校、建軍工作繪製藍圖，並根據蘇聯紅軍的經驗，幫助軍校制定教學計畫，修訂各種教程，親自參加教課並作示範。所以，黃埔軍校教授的是當時最新式、最先進的軍事技能。[84]

　　這些蘇聯軍事顧問大多數是蘇共黨員，他們來中國是爲了履行共產國際主義的義務。幾乎所有的顧問都是 25-40 歲的中、青年人；大多數人都有第一次世界大戰和俄國國內戰爭的經驗。這些軍事顧問中有相當一部分人（大約占百分之五十），都是工農紅軍事學院第四、五期畢業生。[85]

　　蘇聯軍事顧問到底有多少也沒有一個詳細的數字，但是根據研究中國現代軍事史的劉馥估計，民國 14 年時，除了由 24 位高級軍事顧問組成的顧問小組派駐廣州協助國民黨外，蘇聯駐華軍事代表團的總人數約有文武官員 1000 人。關於代表團的人數記載不一，頗有出入，不過蘇聯在這段期間

83 蘇聯軍事顧問團，維基百科。
84 黃埔軍校同學會，〈蘇聯顧問在黃埔軍校建設中的作用〉。
85 A.B.勃拉戈達托夫，頁 318。

第二篇　戰略篇

派遣數目可觀的軍事顧問人員參與黃埔建校並協助黨軍訓練作戰的事實，應該是無可置疑的。例如在民國 15 年（1926）3 月 20 日「中山艦事件」後，一次便有 300 餘顧問被撤回國，可見當時蘇聯顧問團之龐大。[86]

民國 16 年（1927）4 月 12 日，蔣介石在上海發動「四一二事件」後，在華蘇聯顧問團被勒令全部撤走。但也因為如此被史達林認為是工作的失敗，以致這些顧問回國後的下場都不好，在「大清洗」時期很多遭到整肅，其中加倫將軍被槍決。

三、黃埔軍校的課程設計

黃埔軍校的課程主要是軍事課和政治課。在後期還有一些學習文化、外語和自然科學的課程。

軍事課，軍校初創時期主要是根據學制為半年的計畫，在課程設置上首先選定最為急需的基礎科目：學科和術科。學科方面，以步兵操典、射擊教範和野外勤務等基本軍事常識，繼則教以四大教程：戰術、兵器、交通、築城。相配套的教材，有講述軍事原理、原則等內容的戰術學、兵器學、交通學、地形學、軍制學、築城學等課本。同時還有教授如何制定戰略戰術、作戰計畫、動員計畫的課程。術科方面，有制式教練、實彈射擊、馬術、劈刺以及行軍、宿營、戰鬥聯絡等，尤以單人戰鬥教練為主，繼至班、排、連、營教練。學科與術科均以講授實戰中的應用為主。除課堂講授外，還設有課外「軍事演講」制度，定期講授軍事形勢、戰役經過和先進軍事知識。除教官、顧問擔任演講外，還鼓勵學員請願演講，以求教學相長，推動軍事學術的研究。

政治課是當時黃埔軍校有別於其他軍校的顯著特點。軍校辦校初期，規定的政治課程有八門，詳細科目依次是：帝國主義的解剖、中國民族革命問題、社會發展史、帝國主義侵略史、中國近代民族革命史、各國政黨史略、三民主義、國民黨史。民國 14 年（1925），軍校的政治課多達二十六門。民國 15 年（1926）的政治教育大綱中，科目已多達四十餘種。後期科目雖然詳細於前期，但內容基本上是大體一致的，是以進行最基本的革命理論和革命知識教育為主要內容。軍校廣州時期的政治教育，在具體實

---

86 瀋陽，〈黃埔軍校的蘇聯顧問〉，文章刊載於「波特蘭先生的博客」。

施內容上主要有三個方面：三民主義教育，愛民教育，軍紀軍法教育和養成。[87]

伍、蘇聯政府對孫中山的經費援助

　　黃埔軍校初成立時，當時的廣東還沒有統一，新建立的廣東革命政府有其名無其實，尤其在財政上還沒有建立自己的家底。廣東雖然是一個很富庶的省分，可就是在這樣的省分，軍校籌備費的開支卻得不到保證。那時，廣東革命政府地處廣州一隅，陳炯明殘部盤踞惠州，鄧本殷軍閥霸占南路，廣州地區則有滇桂軍閥掣肘。這些軍閥橫徵暴斂還截留稅款，廣東革命政府財政收入有限，經濟十分困難。經費沒有來源，黃埔軍校的籌建和運作總是捉襟見肘，籌款難以為繼，甚至連工作人員的一日三餐伙食都不能保障。[88]

　　民國二十三年六月十六日蔣介石於中央陸軍軍官學校成立十週年紀念大會講〈軍校最初艱難創造的歷史〉：

> 　　本校的開創，是在國民革命最困頓的時候，是在反動軍隊和一切惡勢力包圍的一個環境當中。……第一期自民國十三年的今日開學，……其困苦艱難的情形，實在不堪言狀。……當時 總理和廖黨代表以及一般同志創辦本校是怎樣一種困難的情形呢？……我只舉一個例來講一講，大家就可以明白，就是有一天我們費盡心力，還沒有籌到伙食，第二天就沒有米可以煮飯，要斷炊了。當晚還要到廣州去找廖黨代表，拿了三百塊錢，買了米運到黃埔，然後第二天才有飯吃，這種痛苦，你們一般學生當時那裡知道呢？
>
> 　　本校在開學的時候，不過有五百個學生，……大家曉得我們成立軍官學校來訓練學生最要緊的是武器，……是從那裡來的呢？當時廣州兵工廠已為軍閥所把持，就是大元帥府想領一桿槍，也要向軍閥苦求，幸虧當時兵工廠的廠長還是我

---

[87] 黃埔軍校同學會，〈黃埔軍校的課程〉。
[88] 黃埔軍校同學會，〈黃埔軍校建校籌備〉。

們革命黨一個黨員，他奉到大元帥的命令，才用了兩三個月的苦心，祕密的拿了五百條步槍給我們黃埔學校，我們就是拿了這五百條步槍來訓練學生軍，與四面八方的一切惡劣環境、反革命勢力來奮鬥，奠定最偉大革命武力的基礎。[89]

胡其瑞發表的《近代廣州商人與政治（1905-1926）》論文曝露了當時孫中山在廣東時他的政府的財務困境。

表 11.2：1922 年度至 1925 年度廣東地區收支表（單位：萬元）

	1922 年度	1923 年度	1924 年度	1925 年度
收入	3671.8	1660.3	1208.1	7050.9
支出	3370.4	1672.4	1219.6	7028.4
軍費支出	2275.9	881.5	620.8	3594.3
收支差	301.4	-12.1	-11.5	22.5

資料來源：廣東省財政廳編，《廣東省財政記實》第三冊，頁 381-422。本處引自：胡其瑞（撰），《近代廣州商人與政治（1905-1926）》，國立政治大學歷史學系碩士論文，2003 年 6 月。

當時盤據在廣東各地的軍隊大致上可以表 **11.1** 示之，這些軍隊各在其駐防之地，劫留稅餉，包開煙賭，既不將稅款上繳大本營，又不聽命換防，遂造成 1923 年度收入銳減的情況。

從表 **11.2** 當中可見，自民國 11 年度（1922）至民國 14 年度（1925），廣東地區的財政，多半處於寅吃卯糧的窘境，特別是民國 12 年度（1923）至民國 13 年度（1924）還呈現超支的現象。若以軍費支出一項加以比較，雖然民國 12-13 年度（1923-24）的支出，反而不若前後兩年之多，但是收入方面卻也不像前後兩年優渥，特別是陳炯明於民國 12 年（1923）5 月再度起兵，直接衝擊到的，便是民國 12 年度（1923，1923.7-1924.6）的財政，而且當戰事持續拖延，至少在民國 13 年度（1924）結束之前（1925.6），都不能不受軍事動員的影響。[90]

---

[89] 《總統蔣公思想言論總集 卷十二》〈軍校最初艱難創造的歷史〉，中華民國二十三年 六月十六日。

[90] 胡其瑞，《近代廣州商人與政治（1905-1926）》。

與北方的軍閥勁敵相較除了軍事力量相對薄弱以外，國民政府的財政資源也最為困窘，瞠乎其後。例如北伐時期的國民政府，名義上雖據有廣東、廣西兩省，實際能享有稅收的部分，只限廣東一省。根據黃自進撰〈北伐時期的蔣介石與日本：從合作反共到兵戎相見〉的論文指出，以民國 14 年（1925）10 月至民國 15 年（1926）年 9 月廣東省的稅收為例，全年總收入約為 8020 萬元。可是，這一年的軍費支出，就高達 6128 萬元，占政府總支出的 76%。在入不敷出的情況下，僅憑日常稅收，國民政府的收支是無法維持平衡，政府的運作只得依賴籌餉、公債庫券、禁煙及蘇聯政府援助等特別財源才得勉強維繫。在正常稅以及綜合外來的資助都不及總支出的一半情況之下，國民政府應沒有能力長期支援北伐戰爭。[91]

　　根據余敏玲之研究，為了資助黃埔軍校的創辦與新編黨軍所需，蘇聯政府自民國 12 年（1923）起至民國 14 年（1925）止，曾多次撥款給國民政府，總金額達 305 萬盧布，折合當時中國國幣約 270 萬餘元。從黃埔軍校的創設基金，到訓練學生所需的軍備教材，無一不是來自蘇聯援助的情況之下，黃埔之所以能建校有成，蘇聯的援助實扮演關鍵性之角色。再者，以黃埔畢業生為骨幹的黨軍初建過程中，武器配備也皆是來自於蘇聯的情況之下，沒有蘇聯的援助，自然談不上國民政府的中興。不過，隨著國民政府管轄範圍的擴大以及軍隊的不斷擴編，蘇聯政府的援助，已成為杯水車薪，重要性是逐日逐月的降低。[92]

　　另根據袁南生在〈史達林時期的對華外交（二）：蘇俄對華外交的五張大牌〉一文敘述，蘇聯政府在黃埔建校之初在財政上至少援助了 1270 萬盧布，其中 270 萬盧布用於建設黃埔軍校，1000 萬盧布用於創建國民黨中央銀行。亦有資料稱，其時蘇聯每月給予國民黨中央黨部津貼三萬墨西哥銀元，黃埔軍校 10 萬粵幣，各報紙宣傳機構數百數千元不等云云。當時國民政府的蘇聯顧問和中國僱員，確是由蘇方支付工資，每月 150 至 700 港元不等。平定廣東商團叛亂時，黃埔學生軍就得到了蘇聯援助的 8000 多支莫辛步槍。[93]

---

[91] 黃自進，頁 173-74。

[92] 余敏玲，〈蘇聯對中國的軍事援助：1923-1925〉，收入中華民國史料研究中心編，《中國現代史專題研究報告》，第 18 輯，頁 638-644。本處引自：黃自進，頁 169-214。

[93] 袁南生，〈史達林時期的對華外交（二）：蘇俄對華外交的五張大牌〉。

民國 14 年（1925）蘇聯第一次撥交黃埔軍校 10 萬盧布作爲維持費，並在同一通知上告訴加倫將軍，只要黃埔軍校提出具體的預算數字，蘇聯政府可以根據實際需要繼續撥給。同年，一次又給廣東政府 45 萬盧布，作爲編練新軍的費用。[94]

由以上所引的數據資料說明了當時孫中山在廣州所面臨的財務困境，當鮑羅廷到達廣州與孫中山會面並受聘爲「國民黨組織教練員」後蘇聯政府的財務援助始源源到位。

陸、蘇聯對黃埔的武器的援助

民國 13 年（1924）10 月 8 日，蘇聯軍艦「沃羅夫斯基號」駛抵廣州時，蘇聯第一次運給軍校的步槍 8000 多支（全部配有刺刀），子彈 400 多萬發，以後還逐年增加。[95]蘇聯援助的第一批武器，足夠裝備一個師的兵力。而黃埔軍校的學生兵這時才只有三個連，因此，這批武器不僅裝備了第一支國民黨的軍隊，而且還被用來裝備了廣州市的警備部隊和工人糾察隊。[96]

民國 14 年（1925）5 月，爲了幫助南方國民黨鞏固實力，史達林簽署命令「爲組建部隊（國民黨）撥出必要的資金……爲同樣的目的撥出 2 萬枝步槍、1000 挺配備子彈的機槍、一定數額的擲彈炮和手榴彈」。（另有一說爲100 挺配備子彈的機槍）[97]在隨後的民國 15 年（1926）5 月、10 月、11 月，史達林多次召開會議決定給中國委員會撥款和批准中國委員會的半年預算開支，截至民國 16 年（1927）4 月之前，蘇聯對國民黨的援助資金超過 541萬盧布；截至民國 15 年（1926）1 月，僅廣州地區就有超過 140 個蘇聯軍官出任國民黨軍隊的顧問。這些來自蘇聯的資金、武器和人才，極大地增強了國民黨的力量，使其具備了北伐的軍事和經濟實力，就像《美國對華軍事情報報告》卷 11 中引述蘇方一篇〈廣東政府的發展〉中所言：「（廣東國民黨）創立之初，所需皆仰賴我方（蘇聯）援助。」[98]

---

[94] 黃埔軍校同學會，〈蘇聯顧問在黃埔軍校建設中的作用〉。
[95] 黃埔軍校同學會，〈蘇聯顧問在黃埔軍校建設中的作用〉。
[96] 沈志華，〈蘇聯援助下的國民革命〉。
[97] 黃埔軍校同學會，〈蘇聯顧問在黃埔軍校建設中的作用〉。
[98] 王陶陶，〈蔣介石的苦澀記憶：史達林援華的背後（上）〉。

民國 15 年（1926）蘇聯分 4 批將各種軍械運到廣州，第 1 批有日造來福槍 4000 支，子彈 400 萬發，軍刀 1000 把；第 2 批有蘇造來福槍 9000 支，子彈 300 萬發；第 3 批有機關槍 40 架，子彈帶 4000 個，大炮 12 門，炮彈 1000 發；第 4 批有來福槍 5000 支，子彈 500 萬發，機關槍 50 架，大炮 12 門。蘇聯政府先後 6 次為軍校運來大批槍炮彈藥，計有步槍 51000 枝，子彈 57400 萬發，機槍 1090 挺等。蘇聯還決定援助中國飛機 10 多架，後只運來數架，由蘇聯飛行員駕駛，參加了東征和北伐戰爭。蘇聯的大力援助，從根本上保證了軍校之訓練、建軍及其軍事鬥爭的順利進行。[99]

柒、黃埔軍校學生參與的戰鬥任務

民國 13 年（1924）3 月 27 日軍校舉行第一期新生入學考試，4 月 28 日放榜，錄取學生編成 4 個隊。11 月 30 日第一期學生考試完畢。民國 14 年（1925）6 月 25 日補行畢業典禮，共 645 人畢業。

民國 13 年（1924）8 月 14 日軍校舉行第二期新生入學考試。11 月 19 日，湘軍講武堂學生 158 人併入該校，編為第六隊。民國 14 年（1925）9 月 6 日畢業，計 449 人。

民國 14 年（1925）7 月 1 日第三期開學，共分 9 個隊與 1 個騎兵隊，不分科目。民國 15 年（1926）1 月 17 日畢業，計 1233 人。[100]

黃埔軍校學生參與的戰鬥任務：民國 13 年（1924）10 月，正當孫中山再次興師北伐，移大本營於韶關時，廣州地區發生商團叛亂事件。廣東商團頭子陳廉伯、陳恭受在英帝國主義直接支援下，組織商團軍公開叛亂妄圖推翻孫中山的革命政府，建立商人政府。14 日，孫中山以大元帥名義發出進剿叛軍命令。15 日，黃埔軍校第一期學生第 2、第 3 隊在友軍配合下，於清晨 4 時向商團軍發起進攻。一天之內，便攻占商團總部及所在廣州各據點，弭平商團叛亂。廣州革命政府得到初步穩定。[101]

民國 14 年（1925）2 月，盤據在東江的軍閥陳炯明乘孫中山應馮玉祥之邀，北上共商國事，且病重之機，自封為「救粵軍總司令」悍然發兵進犯廣州，企圖恢復其在廣東的統治。黃埔軍校校軍教導團和第二期學生以及

---

[99] 黃埔軍校同學會，〈蘇聯顧問在黃埔軍校建設中的作用〉。
[100] 黃埔軍校同學會，〈黃埔軍校各期畢業生簡介〉。
[101] 袁偉、張卓，頁 281。

第二篇 戰略篇

第三期入伍生第一營組成的學生軍 3000 人擔任東征軍主力，負責右翼作戰。東征軍在軍校校長蔣介石的領導下，在 2 月 9 日攻占東莞、10 日陷平湖、11 日陷深圳，控制廣九鐵路沿線。在 2 月 14 日進軍到東江的門戶淡水城。不過一個月，第一次東征攻克東莞、石龍、平湖、深圳、淡水、平山、海豐，直搗潮、汕、梅縣。

3 月 12 至 13 日，取得棉湖戰役的勝利。兩個月間，便打垮了陳炯明的主力，解放了東江、潮、梅廣大地區，取得了第一次東征的勝利。[102]

民國 14 年 3 月 12，孫中山在北京病逝。

第一次東征後，校軍教導團擴編為黨軍 1 旅 3 團。民國 14 年 6 月初，滇、桂軍閥楊希閔、劉震寰勾結英帝國主義和雲南軍閥唐繼堯舉兵叛亂，占領廣州。東征軍奉令撤離東江，回師平叛。6 月 12 日，向叛軍全面進攻。黃埔學生軍與其他攻擊部隊一起進擊叛軍。留在黃埔軍校的第三期入伍生也參與配合作戰。一周之內，楊劉叛亂即被平定，收服了廣州。[103]

孫中山病逝後，民國 14 年（1925）7 月 1 日，廣州革命政府由大元帥府改組為國民政府。國民政府隨即將所轄各軍改編為國民革命軍。10 月，以黨軍為基礎擴編成的國民革命軍第一軍參加了國民政府舉行的第二次東征。蔣介石任東征軍總指揮，在友軍配合下，於惠州一戰中，經近 4 天的激烈戰鬥，終於在 10 月 14 攻克號稱天險的惠州城。接著，再克河源、海風、華陽，攻站潮洲、汕頭。經一個多月戰鬥，全殲陳炯明，收復廣東全境。[104]

蘇聯顧問隨軍參與作戰，在東征、北伐期間，蘇聯顧問上自軍事總顧問加倫將軍，下至各科的顧問及教官，都和學員一樣隨隊出征，利用戰鬥間隙進行教學，邊學邊用。攻打淡水時，顧問斯捷潘諾夫、別夏斯特諾夫、德拉特文和帕洛，帶著機槍，冒著敵人的炮火，衝鋒陷陣，占領高地。東征戰役中，加倫將軍親率 10 餘名蘇聯顧問，隨同左路軍出發作戰。戰鬥中，蘇聯顧問「均背衝鋒槍徒步行進，參與第一線行動」。在攻打淡水城的戰鬥中，因雲梯不足而久攻不下。軍校首席軍事顧問切列潘諾夫冒著敵人密集的槍彈，親自到城牆下給戰士示範搭人梯的辦法，使部隊勝利地攻占了淡水城。[105]

---

[102] 袁偉、張卓，頁 281-82。國民革命軍東征，維基百科。
[103] 袁偉、張卓，頁 282。
[104] 袁偉、張卓，頁 283。
[105] 蘇聯軍事顧問團，維基百科。

民國 15 年（1926）1 月第 4 期進校，3 月 8 日開學，分步兵、炮兵、工兵、經理、政治 5 個科。第 4 期學生經歷了「中山艦事件」、第二次東征、軍校改組等重大事件，因此從入伍到畢業很少有安定授課的時間，但也使這期學生增長了在激烈的軍事、政治鬥爭中的見識，故本期學生後來比較出眾。民國 15 年（1926）10 月 4 日舉行畢業典禮，共計 2656 人畢業。[106]

民國 15 年（1926）7 月 9 日國民革命軍誓師北伐。

有關北伐戰爭的過程將在本書第十六章「論蔣介石的軍事思想」再詳細討論。

在廣州招生的軍校第 5、第 6、第 7 期學生，計有 8300 餘人，後大部轉到南京學習、畢業。其中第 6 期有 718 人、第 7 期有 666 人畢業於廣州黃埔本校。[107]

廣州黃埔軍校從民國 13 年（1924）創建到民國 19 年（1930）停辦，歷時 6 年，共招收 7 期學生，畢業 4 期計 6248 人（含第 6、第 7 期部分畢業於廣州黃埔本校的學生），培養出大批軍事政治人才，在中國現代軍事史上占有重要地位。[108]

捌、黃埔軍校的後續發展

一、南京中央陸軍軍官學校

民國 16 年（1927）3 月北伐軍攻下南京，4 月 15 日國民政府決議以此為國都，隨著政府中樞北遷，黃埔軍校也計畫遷往南京。

民國 16 年（1927）年 7 月 8 月，國民政府在南京籌備復辦中央軍事政治學校，並下令在廣州黃埔軍校的第五期學員赴南京舉行畢業典禮。同年 8 月 15 日，黃埔軍校第五期第一、二、六大隊學員共 1480 人在南京中央軍事政治學校大操場舉行畢業典禮。民國 16 年 11 月 5 日，軍事委員會令改校名為「中央陸軍軍官學校」[109]並陸續成立潮州、洛陽、湖南、湖北、……等十一所分校，均由蔣中正兼任校長，各戰區總司令兼任各分校教育主任。第 6

---

[106] 黃埔軍校同學會，〈黃埔軍校在大陸共辦了多少期，畢業了多少學生？〉。
[107] 黃埔軍校同學會，〈黃埔軍校在大陸共辦了多少期，畢業了多少學生？〉。
[108] 黃埔軍校同學會，〈黃埔軍校在大陸共辦了多少期，畢業了多少學生？〉。
[109] 黃埔軍校同學會，〈南京中央陸軍軍官學校設立的軍事指導委員〉。

第二篇 戰略篇

期和第 7 期學生,因遷校南京而分爲南京廣州兩地施教,入學和畢業雖略有差異,惟教育內容概與黃埔時期相同,自第 8 期起全部移駐南京本校接受教育。[110]

民國 17 年(1928)6 月,革命軍進入北京,北伐成功,中國正式統一。

南京中央陸軍官校自民國 16 年(1927)興辦到民國 26 年(1937)西遷成都止,歷時 10 年,共招訓學生 8 期,即陸官第 6 期至第 13 期。共計培養學生 10,122 人。[111]

南京時期中央陸軍官校參加的戰爭有:廣昌之役,民國 23 年(1934)4 月 11 日至 28 日;龍岡之役,民國 23(1934)年 5 月 1 日;井岡山五次圍剿戰役民國 19 年(1930)至民國 23 年(1934)10 月。[112]

二、成都時期的中央陸軍軍官學校

民國 26 年(1937)春、日寇侵華日急,抗日戰爭,一觸即發,校址西遷勢在必行,中央陸軍官校於 6 年 8 月,由南京出發,經九江、武漢、四川、銅梁,至 27 年 11 月到成都。第 13 期學生於民國 26 年 11 月 11 日在盧山開學。除了成都以外,因前線基層軍官匱乏,國民革命軍在各戰區開設了軍官養成學校,這些學校皆以「中央陸軍軍官學校第 X 分校」稱呼。大多數分校在民國 34 年(1945)組織精簡時均停辦。[113]

民國 34 年(1945)日本投降,抗戰勝利,但中央陸軍軍官學校並未遷回南京,仍續留成都。由於國防組織改組,國民政府軍事委員會解散,中央陸軍軍官學校在民國 35 年(1946)1 月更名爲「陸軍軍官學校」,隸屬陸軍總部。民國 36 年(1947)10 月蔣中正卸任校長,由黃埔一期畢業之關麟徵接任,蔣中正改任名譽校長。[114]

在國共內戰國軍敗戰趨勢明朗化後,成都的陸軍軍官學校本部也開始籌備遷校事宜。陸軍軍官學校在大陸最後一期 23 期學生,在民國 37 年

---

[110] 陸軍軍官學校。
[111] 陸軍軍官學校。
[112] 陸軍軍官學校。
[113] 中華民國陸軍軍官學校,維基百科。
[114] 中華民國陸軍軍官學校,維基百科。

（1948）6、7 月間有 3,000 多位考生，於 12 月 1 日入學於四川成都的陸軍官校，但卻提前於民國 37 年（1949）12 月畢業。[115]

民國 37 年（1949）9 月 20 日，黃埔一期的張耀明繼蔣介石、關麟徵之後，成為黃埔軍校第三任校長，也是黃埔軍校在大陸的最後一任校長。民國 38 年（1949）12 月，解放軍占領成都，成都陸軍官校自民國 26 年（1937）興辦到民國 38 年（1949）共招訓學生 11 期，也即第 13 期至第 23 期，由中華民國在大陸開辦的陸官到 23 期停辦，至此，陸軍軍官學校的大陸時期終告結束。[116]

三、鳳山陸軍官校

民國 39 年（1950）10 月，陸軍官校在臺灣高雄縣鳳山鎮正式復校，並於 43 年改制為四年大學教育迄今。

玖、總結

一、討論黃埔軍校的建立為什麼要從當時的大環境著手

民國 13 年（1924）6 月 16 日黃埔軍校成立，兩年後民國 15 年（1926）7 月 9 日國民革命軍誓師北伐。民國 17 年（1928）6 月攻克北京。6 月 4 日晚，張作霖坐火車離開北京抵達瀋陽附近的皇姑屯車站被日本關東軍預埋炸藥炸死。6 月 8 日，國民革命軍開入北京，光復京、津，宣布北伐結束，將北京改名北平。12 月 29 日，張學良宣布東三省易幟，全國出現形式上統一局面。

國民革命軍從創立黃埔軍校到統一全國僅歷時四年的時間，這在軍事歷史或世界歷史上毫無疑問的是一項重大的成就甚至可用「奇蹟」來形容。但是有關這段歷史的描述，國共兩黨似乎都不太願意強調當時蘇聯政府對孫中山援助的重要。當蘇聯援華顧問團的貢獻被淡化時立刻產生了一個問題——這個統一全國的歷史資產究竟該歸屬於誰？毋庸置疑，當時的黃埔軍校的校長、國民革命軍的總司令蔣介石是唯一的繼承者，事實上蔣

---

115 中華民國陸軍軍官學校，維基百科。
116 中華民國陸軍軍官學校，維基百科。

介石也將這項奇蹟視為他畢生最重要的功績，也使他成為掌握了國民政府黨政軍的唯一強人。

　　這就是筆者在撰寫黃埔陸軍官校成立的過程中強調了當時的大環境因素，特別是強調了蘇聯援華顧問團扮演角色的重要。不去探討這段歷史就不會了解黃埔軍校成立的過程與重要性以及北伐統一全國是如何成功的。

二、蘇聯對中國政治的布局

　　列寧與史達林為了穩固共黨政權採用的方法就是對外輸出革命，削弱西方的政治影響力，對中國亦是如此。蘇聯共黨除了與北洋政府打交道也與北方的軍閥，例如馮玉祥，也與南方的孫中山接觸與交往。蘇聯最終選擇了與孫中山作為合作的夥伴，而當時在廣東陷入了困境的孫中山由於無法得到美、英等國的幫助，與蘇聯的合作成為孫中山的唯一選項。聯俄容共是孫中山與蘇聯合作的共識或是先決條件，基於此一共識孫中山獲得了蘇聯的極力支持。蘇聯要求當時剛剛成立的中國共產黨以個人身分加入國民黨，其目的無非是想藉國民黨來壯大初成立共產黨，而其最終目的則是奪取國民黨的權力。就這一點而言從歷史發展的過程來看，顯然蘇聯對中國的政治布局是非常成功的。

三、國民革命軍北伐與統一全國成功的重要因素

　　看完本章所寫黃埔軍校建立時的大環境與軍校訓練的過程就可以發現，國民革命軍北伐與統一全國並不是一個「奇蹟」而是一個必然的結果，也不需要從戰爭過程去分析，就可以得知北伐與統一全國成功的原因。

　　國民革命軍北伐的過程可分為兩個階段：第一階段是民國 15 年（1926）7月9日國民革命軍誓師北伐到民國15年（1926）國民革命軍攻克了兩湖、贛、閩的主要城市為止；第二階段北伐是指民國17年（1927）4月12日蔣在上海發動清黨，4月18日國民政府遷都南京。民國16年（1927）5月，蔣介石繼續領導北伐作戰至統一全國為止。

　　筆者以為國民革命軍所以會成功，有二個原因。

　　一是國民革命軍所面臨的大環境是當時的北方的軍閥，最重要的三位軍閥是張作霖、吳佩孚、孫傳芳。這些軍閥看似軍事實力強大但實際不

然，他們之間不是團結的而是有利害關係的，很容易被分化而各個擊破。而且這些軍閥魚肉鄉民壓榨百姓完全失去了民心。

二是國民革命軍本身的因素。黃埔軍校的訓練幾乎是以蘇聯的軍事顧問為主，這些顧問團的成員大多數都有蘇聯內戰的經驗，顧問們完全將蘇聯共黨推翻沙皇軍隊的經驗復製，作為黃埔軍校教學與訓練的核心內容，筆者以為黃埔軍校的訓練奠定了國民革命北伐的成功。

筆者歸納北伐第一階段成功的因素有三：

1. 以黨領軍：這使得國民革命軍成為一個有思想有主義團結一致的堅強團體。

2. 軍事與政治結合：在政治工作方面雖然本文沒有太多的著墨，但實際上由周恩來領導的政治工作人員在動員農民、工人方面取得了重大的成就。民心倒向到國民革命軍是第一個階段北伐成功的重要因素之一。

3. 第一階段北伐時在戰前與臨戰的過程中，蘇聯軍事顧問團團長加倫將軍的出謀劃策是國民革命軍能擊敗吳佩孚、孫傳芳進展到長江附近的重要的原因。

第一階段北伐的成功，蘇聯的援助毫無疑問的是重要的關鍵因素，筆者以為第一階段北伐的成功為第二階段的北伐與統一全國奠定了勝利的基礎，沒有第一階段的成功國民革命軍就不可能統一全國。但是筆者認為這種將北伐與統一全國的成功因素歸之於蘇聯的援助可能不會為很多人信服與接受。

但反過來說，我們可以模擬一下，如果沒有蘇聯顧問團隊對黃埔軍校的援助將會是什麼樣的結果？在當時以孫中山所處於的困境很可能黃埔軍校是無法成立的，即便是黃埔軍校成立了也與當時中國所存在的一些軍事學校的教育與訓練沒有什麼太大的差別。黃埔軍校缺乏槍械與辦校的經費，黃埔軍校的教官多半出自於雲南講武學堂、保定軍校以及日本士官學校，而當時的北洋政府或者是一般軍閥的高級將領，大多數也都是由這幾個學校培訓的，可以說當時黃埔軍校所受的訓練與一般軍閥的訓練沒有什麼太大的區別。因此，黃埔軍校也就不可能產生什麼與軍閥不一樣而能出奇制勝的戰略戰術，國民革命軍與北方軍閥的戰爭充其量是陷入一種勢均力敵持久的鏖戰，筆者以為沒有蘇聯的援助，國民革命軍想要創造一個統一全國的奇蹟幾乎是不可能的事。

四、黃埔軍校成立對中國共產黨的重要性

黃埔軍校成立的重要性除了北伐成功與統一全國外，對中國共產黨也產生了重大的影響。在當時剛剛開始成立的中國共產黨參與了黃埔軍校的建立以及國民革命的北伐戰爭，在這個過程中，中國共產黨累積了軍事教育與部隊訓練的經驗，而這些經驗對於中共來說毫無疑問的，在中共井岡山開始建立軍隊時有極大的幫助。

民國 16 年（1927）4 月國民黨與共產黨第一次分裂（寧漢分裂），民國16 年 9 月毛澤東發動秋收暴動失敗後，毛澤東退走到井岡山並決定以井岡山為根據地。民國 17 年（1928）4 月 28 日，朱德、陳毅率領南昌起義餘部與湘南起義農民軍到達井岡山，和毛澤東領導的工農革命軍會師。6 月 4 日工農革命軍改稱為「中國工農紅軍」。民國 16 年（1927）12 月，毛就在井岡山礱市龍江書院創辦了教導隊，這是中國工農紅軍的第一個培訓幹部機構。[117]

民國 17 年（1928）6 月 16 日，毛澤東寫給中共湘贛省委轉中共中央「關於紅軍情況的報告」，提出「辦軍校及黨校」的建議。

民國 17 年（1928）11 月，毛澤東在〈井岡山的鬥爭〉一文中進一步闡述了建立軍事教育機構的重要性。[118]

民國 20 年（1931）8 月，中共中央給革命根據地中央局并紅軍總前的指示信中指出，必須集中力量舉辦紅軍學校。10 月，毛澤東指出，目前我們根據地不論是土地革命還是更加艱鉅的武裝鬥爭和政權建設都需要大批的幹部。乘戰爭間隙這個有利時機，要加強幹部的培訓工作，因此，打算在中央革命根據地建立一個正規的紅軍軍校。北伐時期有個「黃埔」，我們現在要辦一個「紅埔」。並指出新舊軍閥很懂得有權必有軍，有軍必治校這個道理。我們是人民的軍隊雖有人民的支持和參加，但為戰勝敵人也需要辦校、治軍，學習戰略、戰術培養自己的建軍人才。[119]民國 26 年（1937）1 月，中共將「中國人民抗日紅軍大學」更名為「中國人民軍事政治大學」（簡稱「抗日軍政大學」或「抗大」），毛澤東曾說：「昔日之黃埔，今日之抗大，是先後輝映彼此竟美的。」[120]

---

[117] 袁偉、張卓，頁 322。
[118] 袁偉、張卓，頁 327。
[119] 袁偉、張卓，頁 336-337。
[120] 袁偉、張卓，頁 425、439。

筆者以爲中共的辦校、治軍，學習戰略、戰術培養自己的建軍人才其觀念與實踐均來自於當時參與建立黃埔軍校時所獲得的經驗。更重要是中共的軍校保留了黃埔軍校時期「以黨領軍」、「軍事與政治結合」的特性，並且更發展及增加了與當時紅軍所面臨的環境而發展出的一些與實務結合的課程。說明如下。

　　在井岡山時期的課程其重點在反圍剿的「十六字訣」游擊戰的戰術觀念。

　　民國 25 年（1936）6 月 1 日，中共擴大開辦中國紅軍大學（又名「中國抗日紅軍大學」簡稱「紅大」），毛澤東還到紅大給學員們講授「中國革命戰爭的戰略問題」。[121]

　　民國 26 年（1937），毛澤東爲抗大制定的教育方針，確立在政治上授以「馬列主義理論」，在軍事上授以「持久戰」的戰略戰術。[122]毛澤東在抗大還親自講授「中國革命戰爭的戰略問題」、「論反對日本主帝國主義的策略」等課。[123]

　　民國 26 年（1937）10 月，國共二次合作抗日戰爭爆發，共黨將南方的軍隊改編爲「國民革命軍新編第四軍」簡「稱新四軍」，在新四軍的教導總隊辦學中，開辦的課程有社會發展史、中國革命運動史、新民族主義論、論持久戰等。[124]；

　　民國 37 年（1948），在齊齊哈爾的東北軍政大學一共辦了兩期，爲適應戰略進攻的需要，這兩期軍事課程教學的重點是毛澤東的「十大軍事原則」及以此爲基礎的步兵分隊戰術、技術教育。[125]

　　由以上的敘述可知，中共大多數的軍事思想和戰略學術觀念都是由中共高級幹部自行發展而成，而這些軍事思想和戰略學術都反應出當時戰略環境的變化，進而演變成爲中共軍事學校不同的課程以爲教學之用，中共的高級幹部大多也會到軍事學校去做演講和課程的講授。這應該是中共軍事院校教育的最重要特色。

---

[121] 袁偉、張卓，頁 390。
[122] 袁偉、張卓，頁 425。
[123] 袁偉、張卓，頁 425。
[124] 袁偉、張卓，頁 466-67。
[125] 袁偉、張卓，頁 516、520-21。

黃埔軍校也爲國共雙方培養了不少的高級將領，國民政府中出身黃埔的高官與高級將領實無須本文在此贅述。在中國共產黨方面，1955年9月共產黨人民解放軍授銜時，10 位元帥中有 5 位出身黃埔軍校；10 名大將中黃埔出身的有 3 位；57 名上將中有 8 出身自黃埔；177 名中將中黃埔出身的占 9 位。[126]

五、對孫中山聯俄容共政策的我見

中國國民黨第一次全國代表大會宣言的「聯俄容共」政策，是孫中山的重要政治思想，這一個政治思想對中國的未來有重大深遠的影響，但很少有歷史書籍對這個政治思想做一個評論。筆者從歷史發展的軌跡來看，孫中山的「聯俄容共」政策有長期與短期的歷史後果，就短期而言，孫中山的政策毫無疑問的是成功的，蔣介石率領的國民革命軍也確實完成了北伐與統一全國的目標。但就長期而言，中國共產黨的成立、成長、茁壯最後也擊敗了蔣介石的政府軍而贏得了天下。因此，孫中山的聯俄容共政策在長期而言是失敗的。反之，史達林支持資助孫中山的政策在短期而言是失敗的，但在長期而言是成功的。

六、蘇聯軍事顧問後來的結果

民國 16 年（1927）國民黨與共產黨第一次分裂時，蘇聯的在華的軍事顧問幾乎全部被驅逐回國，這對史達林而言代表著他支持孫中山政策的失敗。史達林憤怒之餘開始了大的清算運動，斷送了他們之中大部分人的性命。這就是1930年代末期的史大林恐怖整肅，和1941到45年的對德戰爭。[127]以下略談幾個和孫中山一起工作過人的遭遇。[128]

胡定康後來成爲蘇聯科學院和莫斯科大學的教員及資深研究員；他於1953 年 6 月 11 日去世，享年六十歲。

---

[126] 袁偉、張卓，頁 247-255。

[127] 韋慕庭，《孫中山的蘇聯顧問，1920～1925》，頁 294-95。

[128] 此處取材自 Wilbur and How 即將出版之 *Soviet Advisers and the Chinese National Revolution* 一書的後記。本處引自：韋慕庭，《孫中山的蘇聯顧問，1920～1925》，頁 294-95。

漢克・斯尼夫列特（「馬林」）1923 年結束和孫中山的合作後回到荷蘭，他脫離了共產國際，但在歐洲的左翼反對派組織中非常活躍；二次大戰期間，他領導反抗德國占領軍的地下活動，不幸被補，於 1942 年 4 月 12 日遇害，享年五十九歲。

達林從 1937 年被放逐後，就未再擔任蘇聯官職；史大林死後他回到莫斯科，寫下了他和孫中山談話的回憶，這篇文章收錄在 1968 年爲紀念孫中山百年誕辰而出版的一本論文集裡，1985 年去世。

越飛在到中國和日本談判相互承認的條約失敗後，精神崩潰，赴維也納接受治療；他在政治上屬於與史大林爭權的托洛茨基派，1927 年 11 月 17 日他憤而自殺，以示對朋友被逐出黨的抗議，當時只有四十四歲。

葛克於 1925 年成爲蘇聯駐北京大使館的武官，然後奉派前往土耳其，1934 到 37 年，他擔任紅軍參謀總部的外交處長，但 1937 年被祕密警察逮捕，同年 7 月 1 日處決，時年四十九。後來他恢復了名譽。

加拉罕當時主要的職責在北京，1926 年他回到莫斯科，繼續在外交部工作，接著又出使土耳其（1934 到 37 年）；1937 年他奉召回國，旋即被捕，同年 12 月 19 日在獄中處決，時年四十八，是史大林暴政下的又一個受害者。五年後黑魯曉夫主政期間，他恢復了名譽。

鮑羅廷活得比較久。雖然 1937 年他的在華任務一敗塗地，史大林仍允許他在莫斯科擔任一個普通的工作，但 1949 年他企圖協助安娜・路易斯壯（Anna Louise Strong）宣傳毛澤東和其他共產黨人在延安的成就，受到了牽連，兩人都被逮捕，他被放逐到偏遠的西伯利亞，於 1951 年 5 月 29 日去世，享年六十七歲。他後來也恢復了名譽。

布魯徹將軍（加倫）從中國回到俄國後青雲直上，成爲遠東特遣軍的總司令，並於 1935 年 11 月受封爲蘇聯五大元帥之一。但接著史大林就對這個頗受愛戴的英雄下手了，1938 年 11 月 9 日，布魯徹被捕處決，享年四十九歲。他如今在俄國極受敬仰。

孫中山在廣州時，另外還有十八位蘇聯男軍官和一位女軍官來華。其中三位，米拉・茱貝瑞娃 (Mira Chubereva)、斯提潘諾夫 (U. A. Stepanov)、烏格爾 (D. Uger) 死於史大林的整肅；另外三位，貝夏斯特諾夫 (T. A. Beschastnov)、佛洛培夫 (I. Vorobev)、切列潘諾夫 (A. I. Cherepanov) 參加了對德戰爭而且幸運生還。貝夏斯特諾夫於 1947 年去世；切列潘諾夫是《在中國當軍事顧問》（*As Military Adviser in China*）一書的作者，1984 年去

世，當時已高齡八十九。至於其他幾位返俄後的情況，我們還查考不出來。[129]

第四節　國共分裂後共軍的軍事教育與訓練

壹、井岡山時期共軍的軍事教育與訓練

　　民國 16 年（1927）國共寧漢分裂後共黨在漢口召開「八七會議」，確定了土地革命和武裝反抗中國國民黨的總方針。同年 8 月 1 日，以周恩來為首的前敵委員會和賀龍、葉挺、朱德、劉伯承等統領的原國民革命軍（原義勇軍）士兵 2 萬餘人，在江西省省會南昌武裝暴動，從而正式建立了由中國共產黨領導的武裝部隊（其後 8 月 1 日被定為中國人民解放軍建軍紀念日）。此事件被稱為「南昌起義」或「南昌暴動」。國民政府方面則馬上調集軍隊包圍了南昌。8 月 3 日，中共部隊撤離南昌。[130]

　　八七會議後，毛澤東前往湖南組織秋收暴動。民國 16 年（1927）9 月 9 日，毛澤東在湘贛邊界發起秋收起義，由於臨時組成的農軍經驗不足被政府軍擊潰。9 月 19 日，毛澤東率眾南去 170 公里以外的井岡山。[131]

　　民國 17 年（1928）4 月 28 日，由毛澤東領導的秋收起義隊伍與朱德等人領導的南昌起義隊伍，在江西萍鄉和宜春之間的井岡山會師，組成中國工農革命軍第四軍。民國 17 年 5 月 25 日，中共決定將工農革命軍定名「紅軍」，即中國工農紅軍第四軍。[132]

　　從此井岡山成為中共最早發展的根據地，也由於成立了正式的武裝部隊，基於黃埔建校的經驗開始了中共對部隊的教育與訓練。

[129] 韋慕庭，《孫中山的蘇聯顧問，1920～1925》，頁 294-95。
[130] 中國人民解放軍建軍紀念日，維基百科。
[131] 秋收暴動，維基百科。
[132] 中國工農紅軍，維基百科。

一、共軍初創時期成立的教導隊與教導大隊

民國 16 年（1927）12 月，就在毛澤東率領的秋收起義隊伍到達井岡山不久，毛就在井岡山礱市龍江書院創辦了教導隊，這是中國工農紅軍的第一個培訓幹部的機構。民國 17 年（1928）1 月，朱德、陳毅率領南昌起義的部隊到達湘南宜章後也成立了教導隊。這種以培養下級軍官為主要任務的教導隊流行於紅軍初創時期的各革命根據地。這種教導隊實際上是隨軍的學校，在對受訓學員進行政治教育與軍事訓練。[133]

民國 17 年（1928）4 月，毛澤東與朱德在井岡山會師後將毛朱兩部所屬的教導隊在茨坪合編成立紅四軍教導大隊。紅四軍教導大隊有選擇的運用黃埔軍校、日本士官學校、雲南講武學堂的教育訓練方法，結合井岡山根據地的需要，毛澤東、朱德、彭德懷等紅軍領導人都在教導大隊講過課。此後，其他的一些根據地也將教導隊改為教導大隊。[134]

二、紅軍初創時期成立的紅軍學校與隨營學校

中共在井岡山建立根據地後積極的擴大勢力。民國 19 年（1930）2 月，中共中央軍事部首次向中央提出將全國紅軍編為8個軍。民國 19 年（1930）3 月，各地紅軍有 62700 多人，編為 13 個軍，分布在南方 8 省 127 個縣。[135]

共黨為了要將紅軍的教育統一部署，產生了成立紅軍院校的構想。中共於民國 18 年（1929）在井岡山成立紅軍學校，但這個學校由於面對政府軍的第三次圍剿，軍校學員隨軍行動無法繼續存在下去。民國 18 年（1929）初，紅四軍在向贛南、閩西進軍時在贛南、閩西開辦了兩所紅軍學校，主要訓練基層軍事、政治骨幹人才。這些學校雖然由於軍隊的流動而存在的時間不長，卻正式開始了中國工農紅軍的院校教育。[136]

在井岡山時紅軍不斷的受到政府軍的進剿，使得集中起來的軍校成員不得不與根據地軍民一起投入戰鬥之中，無法致力於正常的軍校學習。於是一種培訓教育的新型式產生，那就是「隨營教育」。民國 18 年（1929）5 月，紅四軍在長汀創辦隨營學校。民國 18 年（1929）9 月，紅五軍在湖南平

---

[133] 袁偉、張卓，頁 322-23。
[134] 袁偉、張卓，頁 325。
[135] 中國工農紅軍，維基百科。袁偉、張卓，頁 325。
[136] 袁偉、張卓，頁 327。

第二篇 戰略篇

江縣創立了紅五軍隨營學校。到民國22年（1933）3月各地區的紅軍部隊陸續的成立隨營學校。隨營學校這種組織型式盛行於井岡山地區和紅軍初創時期的各根據地，凡是有紅軍的地方便有各級各類的紅軍學校。[137]

貳、工農紅軍正規學校的建立與發展

一、贛南、閩西革命根據地設立的中國紅軍軍官學校

民國 19 年（1930）夏至民國 20 年（1931）底，紅軍建立了軍團和方面軍並打破了政府軍的三次圍剿，根據地逐漸擴大，其中中央革命根據地（江西省南部、福建省西部，紅一方面軍）、鄂豫皖根據地（紅四方面軍）和湘鄂西根據地（紅二方面軍）都已成為擁有數百萬人口、數十個縣政權的根據地，形成了主力紅軍、地方武裝和群眾武裝相結合的武裝力量體制。這種發展壯大的原因就是培養了一批會打仗的幹部，早期的紅軍學校為此做出了貢獻。[138]

為了應付更加繁重的戰鬥任務，建立多層次、多專業的紅軍正規學校是勢在必行。民國19年（1930）4月，中共將閩西、鄂西、贛南的紅軍學校收歸中央辦理。同時成立「中國紅軍軍官學校第一分校」。民國 19 年（1930）9月，中國紅軍軍官學校第一分校開學典禮在龍岩舉行。[139]民國 19 年（1930）12 月軍官學校所在地龍岩被國民政府軍占領，閩西根據地領導機關轉移至永定縣，中國紅軍軍官學校第一分校遂改名為「閩粵贛邊紅軍學校」。[140]

二、中央軍事政治學校

民國20年（1931）9月，閩粵贛邊紅軍學校、紅一方面軍教導總隊和紅1、3 軍團隨營學校合併組成「中國工農紅軍學校」。民國 20 年（1931）11月，中國工農紅軍學校改稱「中國工農紅軍中央政治學校」，校址在中央革命根據地瑞金。民國 21 年（1932）年春，又改稱「中國工農紅軍學校」，簡

---

[137] 袁偉、張卓，頁 328-29。
[138] 袁偉、張卓，頁 331。
[139] 袁偉、張卓，頁 333-34。
[140] 袁偉、張卓，頁 336。

稱「紅校」。紅校在組織形式上最大特色是適應戰爭環境，既能學習，又能作戰。紅校既是教育單位以學習為主，又是中革軍委（中國工農紅軍革命軍事委員會）和紅一方面軍的總預備隊，隨時參加反圍剿作戰。紅校自民國 20 年（1931）秋至民國 22 年（1933）秋共辦了 6 期，培養了 11500 餘學員。

　　民國 22 年（1933）秋，值國民政府軍第五次圍剿期間中共軍委，將紅校組織變更，改分為：紅軍大學、第一步兵學校、第二步兵學校、特科學校、游擊學校。[141]

三、中國工農紅軍大學

　　民國 22 年（1933）10 月，中共將中國工農紅軍學校高級班擴建為「中國工農紅軍大學」（簡稱「紅大」）校址在瑞金，這個學校的特色是培養紅軍高級軍政人才。自民國 22 年（1933）10 月第一期入學到民國 23 年（1934）9 月第三期畢業，每期招收 200 餘人。這些學員的入學方式也不一樣，他們是中革軍委與紅軍總政治部以命令形式從紅軍中選調富有實際工作經驗的師、團幹部。

　　民國 23 年（1934）8 月，紅大制定了第四期招生計畫，但由於受到政府軍第五次圍剿失利致使紅大第四期未能如期開辦。民國 23 年（1934）年 10 月，紅大學員與師生編入部隊開始有計畫的戰略轉進與撤退（即「長征」）。

　　除瑞金的紅大外，民國 23 年（1934）11 月，紅四方面軍在川陝根據地也創辦了一所紅軍大學。[142]

四、其他根據地的紅軍學校

　　紅軍初創時期除了在井岡山根據地創辦了軍事學校外，由於軍隊的擴大對軍政人才的需求大增，因此其他各革命根據地相繼在教導隊、隨營學校的基礎上開辦教為正規的紅軍學校，大規模有計劃的培養軍政人才。這些學校有：

　　贛東北革命根據地紅軍學校；湘贛革命根據地紅軍學校；鄂豫皖和川

---

[141] 袁偉、張卓，頁 336-346。
[142] 袁偉、張卓，頁 347-51。

陝革命根據地紅軍學校；湘鄂西革命根據地紅軍學校；湘鄂贛革命根據地紅軍學校；陝甘根據地紅軍學校。[143]

以上所列各根據地紅軍學校的教學訓練實施本文不在此詳述。

參、工農紅軍在陝甘根據地的軍學學校

民國 24 年（1935）8 月，中共革命根據地的紅軍受政府軍第五次圍剿失利，中共的紅一方面軍、紅二方面軍、紅四方面軍和紅二十五軍分別從根據地開始戰略轉進，至民國 25 年（1936）10 月紅軍三個主力部隊在陝甘根據地會合。（這次戰略轉進歷史後來中共稱爲「長征」，國民政府稱爲「流竄」。）

在長征途中，中革軍委設有幹部團，紅四方面軍、紅二方面軍都開辦有紅軍學校，一邊轉進一邊訓練。[144]

一、中國紅軍大學

民國 24 年（1935）10 月，由紅一方面軍改編的陝甘支隊到達陝甘革命根據地。11 月初，中革軍委幹部團的隨營學校在子張縣的瓦窯堡與陝甘革命根據地的陝甘寧紅軍軍政學校合併組成「中國工農紅軍學校」。由於毛澤東等領導人預見抗日高潮即將來臨，決定擴大紅軍學校。民國 25 年（1936）2 月，中國工農紅軍學校奉命擴大改稱「西北抗日紅軍大學」並宣布向社會招生。[145]

爲加速培養幹部，適應抗日戰爭的需要，民國 25 年（1936）6 月 1 日中共中央決定以西北抗日紅軍大學爲基礎，擴大開辦「中國紅軍大學」（又名「中國抗日紅軍大學」，簡稱「紅大」），校址設在瓦窯堡。民國 25 年（1936）7 月，紅大隨黨中央遷至保安。紅大共編爲三個科：第 1 科，訓練團級以上幹部；第 2 科，訓練營連幹部；第 3 科，訓練班排幹部。[146]

---

[143] 袁偉、張卓，頁 364-80。
[144] 袁偉、張卓，頁 380-88。
[145] 袁偉、張卓，頁 388-89。
[146] 袁偉、張卓，頁 388-89。

二、中國人民抗日軍事政治大學

民國 25 年（1936）10 月，紅軍三大主力會師。紅四方面軍紅軍大學的高級班前往保安與紅大第 1、第 2 科會合。紅四方面軍紅軍大學的其他學員及紅二方面軍紅軍大學前往木鉢與紅大的第 3 科會合後合併。紅大的第 3 科組成一個戰鬥師，以執行戰鬥任務為主，同時對東北軍和地方勢力進行統戰工作。[147]

民國 25 年（1936）12 月，合併後的三個紅軍大學分設中國抗日紅軍大學第一、第二校。民國 26 年（1937）1 月 20 日，紅軍大學第一校遷至延安，改稱「中國人民抗日軍事政治大學」（簡稱「抗大」）。紅軍大學第二校後改為「紅軍大學慶陽步兵學校」（駐地在慶陽）。[148]

毛澤東的哲學著作《實踐論》與《矛盾論》就是在抗大的演講。

抗大學員以從部隊抽調幹部為主，並招收從全國各地奔赴延安的愛國青年。全校學員最多時達 1 萬餘人，其中女學員 1000 餘人。學習內容有馬克思列寧主義哲學、政治經濟學和科學社會主義，毛澤東的軍事思想、抗日民族統一戰線、中國革命戰爭和戰略問題、抗日游擊戰爭和軍事常識等，還有國內外形勢教育及中國共產黨的路線方針政策等教育。採取啓發式、研究式和實驗式教學方法，軍事、政治、文化並重，特別注重思想政治教育，強調理論聯繫實際，學以致用。學員邊學習，邊戰鬥，邊生產。

在抗日戰爭期間，抗大總校連續辦了八期，連同各分校共培養和訓練了十餘萬名軍事、政治幹部，其中有的成為統率千軍萬馬的高級指揮員，對於取得抗日戰爭和解放戰爭的勝利起了很大作用。抗大的教育方針和校風，成為中國人民解放軍院校建設和部隊建設的優良傳統。[149]

肆、小結

由以上的簡介可知在國共第一次分裂後到國共第二次合作以迄抗日戰爭前，紅軍在不斷的成長過程中，紅軍自建的教育與訓練體系發揮了極大的作用為紅軍培養出大量的軍、政人才。

---

[147] 袁偉、張卓，頁 390-91。
[148] 袁偉、張卓，頁 390-91。
[149] 中國人民抗日軍事政治大學，百度百科。

第二篇 戰略篇

373

參考資料

中文書目

《孫中山全集》第 7 卷。

《孫中山選集》，人民出版社，1981。

《總統蔣公思想言論總集‧卷十二》〈軍校最初艱難創造的歷史〉，中華民
國二十三年 六月十六日。

〔美〕韋慕庭（著），《孫中山：壯志未酬的愛國者》（北京：新星出版
社，2006）。

〔美〕韋慕庭（著），《孫中山的蘇聯顧問，1920～1925》，中央研究院近
代史研究所集刊第 16 期（民國 76 年 6 月），頁 277-295，中央研究院近代
史研究所。

〔蘇〕A.B.勃拉戈達托夫（著），李輝根據蘇聯莫斯科科學出版社 1979 年版
翻譯，《中國革命記事（1925-1927）》（北京：人民出版社，2018）。

〔蘇〕亞歷山大‧切列潘諾夫（著），中國社會科學院近代史研究所翻譯室
根據蘇聯科學出版社 1976 年版翻譯，《中國國民革命軍的北伐：一個駐華
軍事顧問的箚記》（中國社會科學出版社，1981）。

中共中央黨史研究室第一研究部編，《共產國際、聯共（布）與中國革命檔
案資料叢書》第二輯，北京圖書館出版社，1997 年版。

中共中央黨史研究室第一研究部譯，《聯共（布）、共產國際與中國國民革
命運動（1920~1925)》。

余敏玲，〈蘇聯對中國的軍事援助：1923-1925〉，收入中華民國史料研究中
心編，《中國現代史專題研究報告》，第 18 輯（臺北：中華民國史料研究
中心，1996）。

吳相湘（著），《孫逸仙先生傳》下冊。

林德政，《保定軍官學校之研究（1912-1924》，國立政治大學歷史學系碩士
論文（民國 69 年 6 月）。

胡其瑞（撰），《近代廣州商人與政治（1905-1926)》，國立政治大學歷史學
系碩士論文（2003 年 6 月）。

徐中約（著），計秋楓、鄭會欣（譯），《中國近代史》（下冊）（香港：中文
　　大學出版社，2002）。

袁偉、張卓（主編），《中國軍校發展史》（北京：國防大學出版社，
　　2001）。

崔書琴（著），《孫中山與共產主義》（香港亞洲出版社，1954年版）。

張秋實（著），《解密檔案中的鮑羅廷》（北京：人民出版社，2014）。

張憲文等（著），《中華民國史》第一卷（南京：南京大學出版社，2005）。

郭鳳明，《清末民初陸軍學校教育》（台北：嘉新水泥公司文化基金會，民
　　國67年）。

陳獨秀，《告全黨同志書》（1929年12月10日），中國人民解放軍政治學院
　　黨史教研室編，《中共黨史參考資料》第5冊，1979年印。

黃自進，〈北伐時期的蔣介石與日本：從合作反共到兵戎相見〉，國立政治
　　大學歷史學報第30期，2008年12月。

楊學房、朱秉一（編），《中華民國陸軍大學沿革史暨教育憶述集》（台北：
　　三軍大學，民國79年）。

廣東省財政廳編，《廣東省財政記實》第三冊。

羅翼群，〈孫中山回粵重建政權後的廣東政局〉，收入：中國人民政協委員
　　會等（編），《孫中山三次在廣東建立政權》。

蘇仲波、孫宅巍（主編），《歷史的回顧與展望》（江蘇人民出版社，1991年
　　版）。

西文書目

Brandt, Conrad., Benjamin I. Schwartz, and John K. Fairbank. *A Document History
　　of Chinese Communism* (London, 1952).

Cherepanov, A. I., *As Military Adviser in Chine* (Moscow, Progress Publishers,
　　1982).

網際網路

中國人民抗日軍事政治大學，百度百科。
　　https://baike.baidu.com/item/%E4%B8%AD%E5%9B%BD%E4%BA%BA%
　　E6%B0%91%E6%8A%97%E6%97%A5%E5%86%9B%E4%BA%8B%E6%
　　94%BF%E6%B2%BB%E5%A4%A7%E5%AD%A6. 11/11/2020.

中國人民解放軍建軍紀念日，維基百科。

　　https://zh.wikipedia.org/wiki/%E4%B8%AD%E5%9B%BD%E4%BA%BA%
　　E6%B0%91%E8%A7%A3%E6%94%BE%E5%86%9B%E5%BB%BA%E5
　　%86%9B%E7%BA%AA%E5%BF%B5%E6%97%A5. 12/12/2021.

中國工農紅軍，維基百科。

　　https://zh.wikipedia.org/wiki/%E4%B8%AD%E5%9B%BD%E5%B7%A5%
　　E5%86%9C%E7%BA%A2%E5%86%9B. 12/12/2021.

中華民國陸軍軍官學校，維基百科。

　　https://zh.wikipedia.org/wiki/%E4%B8%AD%E8%8F%AF%E6%B0%91%E
　　5%9C%8B%E9%99%B8%E8%BB%8D%E8%BB%8D%E5%AE%98%E5%
　　AD%B8%E6%A0%A1. 12/14/2021.

王陶陶（撰）〈蔣介石的苦澀記憶：史達林援華的背後（上）〉，
　　https://duoweicn.dwnews.com/TW-
　　2017%E5%B9%B4019%E6%9C%9F/10004861.htm. 9/26/2020

列夫・米哈伊洛維奇・加拉罕，維基百科。https:
　　//zh.wikipedia.org/wiki/%E5%88%97%E5%A4%AB%C2%B7%E7%B1%B3
　　%E5%93%88%E4%BC%8A%E6%B4%9B%E7%B6%AD%E5%A5%87%C2
　　%B7%E5%8A%A0%E6%8B%89%E7%BD%95. 9/17/2020.

余杰（著），《1927：民國之死》，〈鮑羅廷——揮舞紅布的鬥牛士〉。
　　https://www.upmedia.mg/news_info.php?SerialNo=15339.

沈志華，〈蘇聯援助下的國民革命〉。

　　http://www.dunjiaodu.com/qizhouzhi/2019-08-13/5186.html. 9/12/2020.

俄國十月革命明明發生在 11 月，為啥叫做十月革命呢？

　　https://kknews.cc/zh-tw/history/ek3a65n.html. 9/20/2020.

保定陸軍軍官學校，http://www.chuxinpeixun.com/jidi/9.html, 8/5/2022.

保定陸軍軍官學校，維基百科。

秋收暴動，維基百科。

　　https://zh.wikipedia.org/wiki/%E7%A7%8B%E6%94%B6%E8%B5%B7%E4
　　%B9%89. 2021/12/12

孫中山，維基百科。

　　https://zh.wikipedia.org/wiki/%E9%99%88%E7%82%AF%E6%98%8E.
　　10/24/2020.

孫中山故居紀念館，〈護法運動〉。

    http://www.sunyat-sen.org/index.php?m=content&c=index&a=show&catid=
51&id=7437. 10/25/2020.

烈陽化海（著），《抗戰雄心》〈黃埔軍校的演變（一）〉。

    https://tw.aixdzs.com/read/135/135340/p2.html. 10/21/2020.

袁南生，〈史達林時期的對華外交（二）：蘇俄對華外交的五張大牌〉，2020-
05-12，《歷史與文化》。

    http://www.senstrat.com/Article/s505.html. 9/12/2020.

國民革命軍東征，維基百科。

    https://zh.wikipedia.org/wiki/%E5%9B%BD%E6%B0%91%E9%9D%A9%E
5%91%BD%E5%86%9B%E4%B8%9C%E5%BE%81. 11/8/2020.

陸軍軍官學校。https://www.cma.edu.tw/ac_history.php. 3/14/2020.

黃埔軍校同學會，〈南京中央陸軍軍官學校設立的軍事指導委員〉。

    http://www.huangpu.org.cn/hpjx/201605/t20160504_11450258.html.
10/21/2020.

黃埔軍校同學會，〈黃埔軍校各期畢業生簡介〉。

    http://www.huangpu.org.cn/hpml/201206/t20120613_2739213.html.
10/21/2020.

黃埔軍校同學會，〈黃埔軍校在大陸共辦了多少期，畢業了多少學生？〉。

    http://www.huangpu.org.cn/hpjx/201605/t20160504_11449987.html.
11/10/2020.

黃埔軍校同學會，〈黃埔軍校作爲中國歷史上第一所新型軍事學校與中舊式
軍校的區別〉。

    http://www.huangpu.org.cn/hpjx/201605/t20160504_11450313.html.
10/21/2020.

黃埔軍校同學會，〈黃埔軍校的課程〉。

    http://www.huangpu.org.cn/hpjx/201605/t20160504_11450302.html.
12/14/2021.

黃埔軍校同學會，〈黃埔軍校建校籌備〉。

    http://www.huangpu.org.cn/hpjx/201605/t20160504_11450409.html.
10/16/2020.

黃埔軍校同學會，〈黃埔軍校教官〉。

    http://www.huangpu.org.cn/hpjx/201605/t20160504_11450303.html.
10/17/2020.

黃埔軍校同學會，〈蘇聯顧問在黃埔軍校建設中的作用〉。

    http://www.huangpu.org.cn/hpjx/201605/t20160504_11450331.html.
10/8/2020.

聯俄容共，維基百科。

    https://zh.wikipedia.org/wiki/%E8%81%AF%E4%BF%84%E5%AE%B9%E
5%85%B1. 12/12/2021.

潘陽（撰），〈黃埔軍校的蘇聯顧問〉，文章刊載於「波特蘭先生的博客」，

    https://www.blogger.com/profile/11573957202642235055. 9/28/2020.

蘇聯軍事顧問團，維基百科。

    https://zh.wikipedia.org/wiki/%E8%8B%8F%E8%81%94%E5%86%9B%E4
%BA%8B%E9%A1%BE%E9%97%AE%E5%9B%A2. 6/29/2020.

第十二章 我國軍官深造教育的發展

第一節 我國軍官深造教育發展的沿革與階段劃分

壹、前言

本書在第十一章探討我國軍官養成教育的發展，在本章將探討我國深造教育的發展過程。

貳、德、日兩國戰略教育之初期發展

戰略教育最早始於十九世紀初之普魯士。

公元 1801 年時，漢諾威（Hanover）軍官沙恩霍斯特（Gerhard Johann David von Scharnhorst, 1755-1813）獲普魯士國王腓特烈威廉三世（Frederick William III, 1770-1840）同意到普魯士服務。沙恩霍斯特的主要任務在改革自腓特烈大帝時期以來沿用已久的軍事制度。其任務之一就是將柏林軍官學校（Berlin Institute for Young Officers）昇級成國家層次的軍事學院（national academy）。[1]（克勞塞維茨於 1801 年進入柏林軍官學校就讀，1804 年以第一名成績畢業。）在沙恩霍斯特的推動下，1810 年 10 月 15 日，柏林軍官學校改制爲「戰爭學院」（德語 Kriegsakademie，英譯 War Academy，我國軍方稱之爲「陸軍大學」）。[2]

---

[1] McNair, Paper Number 52, Chapter 3, October 1996, *Scharnhorst's Clarity About War As It Actually Is*.
　楊學房、朱秉一，頁 225。

[2] McNair, Paper Number 52, Chapter 3, October 1996, *Scharnhorst's Clarity About War As It Actually Is*.
　楊學房、朱秉一，頁 225。

普魯士軍方將戰爭學院畢業的最優秀軍官派到參謀本部服務，戰爭學院也培養出多位知名的戰略家與軍事思想家，如克勞塞維茨、毛奇、史里芬等。其中，毛奇重整普魯士參謀本部配合首相俾斯麥的指導在「普奧戰爭」與「普法戰爭」中擊敗了奧國與法國，建立了德意志帝國。德國能成為歐陸強國，戰爭學院的教育與參謀本部的重整實發揮了重要的作用。第一次世界大戰後，凡爾塞條約特別條款規定德國不得設立參謀本部和戰爭學院，可見其受重視程度。[3]

日本在明治維新時，勵精圖治，全盤西化。在軍事改革上：立法訂定徵兵制；陸軍建設原本模仿法國，後因德國興起強大乃改採德國模式；海軍建設則仿英國模式；另則派員赴美國與歐洲學習軍事；軍事教育體制也陸續推動。公元 1878 年（明治十一年，清光緒四年）6 月 10 日，日本陸軍士官學校正式開學；1883 年（明治十六年，清光緒九年）4 月 12 日，日本陸軍大學成立。[4]日本陸軍大學成立之年，陸軍部長大山巖遊歷歐洲，要求德意志陸軍參謀長毛奇將軍派遣一位教師到新成立的日本陸軍大學教授陸軍幹部。被選派的麥克爾少校於 1885 年（明治十八年，清光緒十一年）抵達日本，並居日三年。[5]明治維新以「開國進取」為其「國是」（國家目標）。麥克爾被聘為日本軍事顧問兼任陸軍大學教官，講授戰略戰術，並協助改革軍制。日本對麥克爾優禮有加，麥克爾被感動，遂盡其所知，傾囊相授。麥克爾基於日本「開國進取」向外擴張政策，為之建立「精兵主義，爭取先機，緒戰必勝，保持攻擊銳力與後勤算無遺策」之兵學思想，樹立日本軍人「主動、積極、冒險犯難」的精神，並以「武士道」強化「忠君愛國」之觀念。此種思想在中日甲午戰爭（1894）、日俄戰爭（1904-1905）以迄第二次世界大戰等期間支配著日本軍人的行動。[6]

參、我國深造教育之沿革

吾人依中華民國軍官深造教育年鑑編輯委員會編纂之《中華民國軍官

Byron Farwell, *The Encyclopedia of Nineteenth-Century Land Warfare*.
Christopher Bassford, *Carl Philipp Gottlieb von Clausewitz*, 1780-1831.
[3] 楊學房、朱秉一，頁 227。
[4] 《麥克爾與日本》，頁 13-15。
[5] 杉之尾宜生，〈日本於 1945 年戰敗的原因——從日本帝國陸軍的戰爭觀來看〉。
[6] 蔣緯國，《抗日禦侮》，第十卷，頁 262-63。楊學房、朱秉一，頁 31。

深造教育年鑑》第一次：沿革及民國五十九年，將我國深造教育較重要學校之沿革，以圖 12.1 表之。

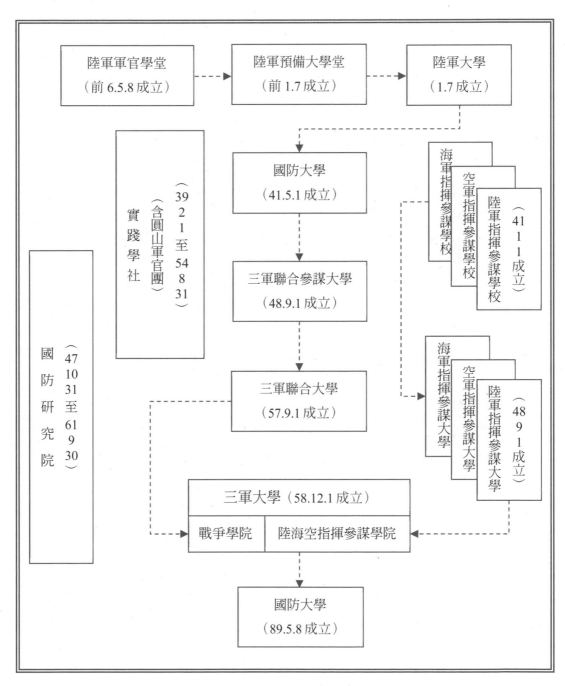

圖 12.1：我國戰略教育之沿革

資料來源：中華民國軍官深造教育年鑑編輯委員會編纂，《中華民國軍官
　　　　　深造教育年鑑》第一次：沿革及民國五十九年，〈國軍官深造
　　　　　教育沿革表〉，頁 4。國防大學。http://www.ndu.edu.tw.
　　　　　3/31/2004.

肆、我國軍官深造教育發展之階段劃分

　　吾人依圖 12.1，將我國軍官深造教育自成立初至今分為四個階段，此四
階段分別是「陸軍大學」時期、「深造教育多管道」時期、「三軍大學」
時期、「國防大學」時期，茲略述如下。

第一階段：「陸軍大學」時期，自民國前 6 年起至民國 41 年止。

第二階段：「深造教育多管道」時期，自民國 39 年至 61 年止。此階段
的深造教育機構分屬黨政軍三系統，故吾人稱為深造教育多管道時期。此
一階段之深造教育有：

　1. 中國國民黨創設之「實踐學社」（民國 39 年至 54 年）。

　2. 原陸軍大學、國防大學，經三軍聯合參謀大學、三軍聯合大學等數次
　　　改編後成為直屬國防部的「三軍大學」（民國 41 年至 58 年）。

　3. 國家戰略教育層級，直屬總統府的「國防研究院」（民國 47 年至 61
　　　年）。

第三階段：「三軍大學」時期，自民國 58 年至 89 年止。

第四階段：「國防大學」時期，自民國 89 年至民國 95 年。此時期，原
三軍大學併編國防管理學院、中正理工學院、國防醫學院，改制為「國防
大學」。民國 95 年時，國防大學組織結構又做了調整。

第二節　第一階段深造教育：「陸軍大學」時期（民前 6 年至民國 41 年）

壹、前言

前清末期之陸軍軍官學堂、陸軍預備大學堂之籌辦經過，本書第十章已有詳細介紹，茲不贅述。

民國元年 1 月中華民國成立。2 月，清帝退位，臨時大總統孫中山辭職，臨時參議院選袁世凱為臨時大總統，袁以北方局勢不穩為藉口在北京就職。同年 7 月，陸軍預備大學堂由保定遷往北京西直門內原崇元觀舊址，直轄於參謀本部。並將陸軍預備大學堂改名為「陸軍大學」。[7]

民國 17 年 6 月，國民革命軍克復北京後，總司令蔣中正親兼陸軍大學校長。其後，民國 21 年陸軍大學遷往國民政府首都所在地南京。後由於抗日戰爭、中共叛亂等之影響，陸軍大學數度遷移，最後東徙台灣。

陸軍大學召訓之主要班次有正則班、特別班、將官班（乙級）、將官班（甲級）。民國 37 年，政府另設陸軍參謀學校於南京。後因戡亂局勢逆轉，陸軍參謀學校乃併入陸軍大學。民國 41 年 5 月，國防部令陸軍大學改編為國防大學。

貳、陸軍大學召訓的班次

一、正則班

民國前 6 年（1906），陸軍官學堂成立時僅有一個班次。至民國 17 年時，因增設「特別班」，於是原有班次乃改稱為「正則班」。正則班為陸軍大學的重點班隊，其教育目的在培養各級司令部之重要幕僚及指揮官人才。召訓對象為國內外受過養成教育一年半以上之軍官學校畢業，服役軍中兩年，中尉以上，年齡在二十三歲至三十五歲之間的優秀軍官。教育期限三年。正則班自民前 6 年創立至民國 41 年 5 月結束。共召訓二十三期。[8]

---

7 郭鳳明，頁 187-89。袁偉、張卓主編，頁 196。
8 中華民國軍官深造教育年鑑編輯委員會編纂，《中華民國軍官深造教育年鑑》第一

教育重點以營至集團軍（即今日之軍團）戰術及參謀業務爲重點。

二、特別班

民國 17 年秋，國民革命軍統一全國，開始整軍，爲提昇部隊戰力培養高級指參人員，乃在陸軍大學增設「特別班」，原有班次改稱「正則班」。

特別班之修業期限二至三年，教育目的在加強高級將校之兵學修養，熟悉參謀業務及提高其作戰能力。召訓對象爲現職上校以上正、副部隊長及重要幕僚主管，由各高級司令部保薦，經統帥部核定後方可入學。教育內容概以營至集團軍之戰術及參謀業務爲重點。

特別班自民國 17 年 12 月，第一期入學起，至民國 38 年 11 月第八期畢業止，共召訓八期。[9]

三、將官班（乙級）

民國 28 年，對日抗戰軍事已趨穩定，爲提高部隊戰力，整軍廢旅。而編餘之旅長，多富作戰經驗，乃設立本班召訓教育，以增進其學術與指揮才能。民國 34 年，抗戰勝利，整編部隊，復招集現職師長、副軍長、師以上參謀長，及高級司令部少將以上主管入本班受訓。

將官班（乙級）之教育目的在統一軍事思想，增進高級將領兵學修養，瞭解參謀業務及提昇其指揮才能。教育期限一年。教育內容同特別班，但較精簡。

將官班（乙級）於民國 28 年、34 年、36 年，共召訓四期（民國 36 年召訓二期）。[10]

四、將官班（甲級）

民國 32 年，抗日戰爭已近勝利，國軍爲統一戰術思想及加強高級將領軍事學術修養，特開設將官班（甲級）召集高級將領，分別予以短期講

次：沿革及民國五十九年，頁 17。

[9] 中華民國軍官深造教育年鑑編輯委員會編纂，《中華民國軍官深造教育年鑑》第一次：沿革及民國五十九年，頁 19。

[10] 中華民國軍官深造教育年鑑編輯委員會編纂，《中華民國軍官深造教育年鑑》第一次：沿革及民國五十九年，頁 20。

習。召訓對象爲現職將級以上主管及重要幕僚。由軍令部與銓敘廳嚴格甄選。教育期限三個月。

將官班（甲級）自民國 33 年至民國 34 年，共召訓三期。[11]

參、陸軍參謀學校

抗戰勝利之初，國軍爲從事國防建設，仿美國國防大學及參謀學校制度，釐定新軍事教育體制。計劃將「陸軍大學」在校各班次畢業後，改爲「國防大學」另成立各軍種之「參謀學校」。在上述構想下，國軍於民國 37 年 7 月，成立「陸軍參謀學校」於南京，第一期學官於是年 10 月 14 日入學。

陸軍參謀學校之教育目的在培育各級指揮官及參謀人才。

民國 37 年冬，大陸戡亂戰局逆轉，陸軍參謀學校奉令隨陸軍大學南遷廣東黃埔。旋因政府緊縮各級機構，陸軍參謀學校於民國 38 年 4 月編併於陸軍大學。[12]

肆、陸軍大學之結束

民國 40 年 9 月，陸軍大學正則班第二十三期畢業，時國防部積極籌劃改行新學制，故停止召訓。民國 41 年 5 月 1 日，奉命改編爲國防大學，陸軍大學教育遂告結束。

伍、陸軍大學的發展與得失

陸軍大學自成立至結束凡 47 年，爲我國軍官深造教育奠定堅實基礎，並引進西方及日本近代之軍事思想與軍事科學，對我國兵學理論亦加以探討。陸軍大學培訓學官均爲建國、建軍之中堅，對革命開國、北伐、剿

---

[11] 中華民國軍官深造教育年鑑編輯委員會編纂，《中華民國軍官深造教育年鑑》第一次：沿革及民國五十九年，頁 20-21。
[12] 中華民國軍官深造教育年鑑編輯委員會編纂，《中華民國軍官深造教育年鑑》第一次：沿革及民國五十九年，頁 22。

共、抗日等戰役有輝煌的貢獻。[13]

但陸軍大學的教學實施仍有下列數點缺失：

1. 著重戰術研究，未能培養具備戰略素養的高級將才。

2. 正規班召訓對象為中、上尉軍官。但因當時軍中對參謀軍官求過於供，故畢業即分派至高級司令部，以上校或少將任職。因此造成該批優秀幹部與部隊職歷不能平衡發展，形成理論與實務脫節。

3. 陸軍大學為當時僅有之軍事深造學府，召訓學員以陸軍官為主。其教育內容，直到後期才有若干聯戰課程，故未能發揮三軍聯合戰力。

4. 當時教育前後承襲日、德、法、美，故在軍事思想之發展上，未能形成一套屬於本國的系統理論。[14]

由上述諸缺失可看出，陸軍大學為我國戰略教育的初創期，故多仰賴外國教官的協助，而外國教官多不願盡其所知，傾囊相授。且看下段當時陸軍大學教育長萬耀煌將軍日記的記述：

> 陸軍大學雖仿德制，初期且由日籍教官代為策劃，課程教材，亦比照日本陸軍大學擬訂。北伐成功後，又聘德國顧問施教。先後外籍教官所授者，均以野戰用兵及有關課目為主體。雖對現代戰術思想多所啟迪，但較高深之軍事理論以及戰爭指導問題，則多未傳授。抗戰期間，曾聘用法國及俄國顧問來陸大任教，當時教育長萬耀煌將軍曾要求彼等講授戰爭指導、動員及建軍等方面課程，彼等均托辭婉拒。[15]
>
> 抗戰前德籍顧問亦有相同態度，陸大在南京時期，曾任德國參謀總長之塞克特將軍，及另一德將法肯豪森，先後任中國軍事總顧問，彼等對中國軍事教育之協助，可謂不遺餘力，但尚未將克勞塞維茨《戰爭論》交與中國譯用。……陸大所有外籍教官中，僅有一歸化中國之白俄軍官布爾霖，彼

---

13 中華民國軍官深造教育年鑑編輯委員會編纂，《中華民國軍官深造教育年鑑》第一次：沿革及民國五十九年，頁23、63。

14 中華民國軍官深造教育年鑑編輯委員會編纂，《中華民國軍官深造教育年鑑》第一次：沿革及民國五十九年，頁63。

15 文見：《萬耀煌將軍日記》，湖北文獻社印。本處引自：楊學房、朱秉一，頁43。

曾任俄國陸軍大學教官及高加索地區司令。曾將其戰略學等
高深課程相授，但在抗戰時期，遭當時在中國之俄軍顧問團
反對，要求我國停止其在校任教。[16]

陸軍大學的外籍教官未能傳授戰略之學是可以理解的，例如抗戰時期
欲請俄籍顧問至陸軍大學講授戰爭指導等課程，但這無異是緣木求魚的，
以當時的戰略環境而言，中國抵抗日本中侵略愈久對俄國愈有利，因此俄
籍顧問自不會將此不利俄國的高深戰略思維傳授予我國軍官。

第三節　第二階段深造教育之一：隸屬國民黨黨務系統的「實踐學社」（民國 39 年至 54 年）

壹、「白團」的緣起

民國 38 年，國共內戰，情勢逆轉。是年 8 月，美國亦發表白皮書，中
斷對我國援助。同年 12 月，政府遷台。民國 39 年 3 月 1 日，蔣中正復行總
統職權，檢討大陸失守原因，決心改革黨務，建設台灣，反攻大陸。

民國 38 年時，我國在東京的駐日本代表團第一組組長曹士澂將軍有構
想欲藉日本軍事武力軍援台灣，因此乃擬就草案，前往正在醫院養病的岡
村寧次請他協助。岡村寧次立表贊成，以報答中華民國以及蔣中正對日本
及其本人的大恩大德。岡村寧次與曹士澂商擬具體計畫，由曹帶回台灣呈
蔣中正核示並獲同意。[17]

民國 38 年 9 月 11 日，由岡村寧次大將、彭孟緝中將爲中日雙方保證
人，曹士澂少將與富田直亮少將分別爲中日雙方代表，簽訂盟約。約定日
本軍官以中華民國軍事顧問名義，來台服務。[18]

---

[16] 文見：《萬耀煌將軍日記》，湖北文獻社印。本處引自：楊學房、朱秉一，頁 43。
[17] 林照眞，頁 12-13。
[18] 林照眞，頁 56。

民國 38 年 10 月 16 日，中國國民黨總裁蔣中正本生聚教訓之旨，爲革新黨務乃創立「革命實踐研究院」於台北陽明山，並親兼院長召訓黨政軍高級幹部。復鑑於國軍幹部轉戰數年，精神士氣與學術思想，均有待充實，乃於圓山大直營房建置「軍官訓練班」，隸屬革命實踐研究院體系之下，期於短期內使三軍中堅幹部軍事思想統一，與應乎確保台灣之急需。[19]

民國 38 年 10 月，第一批日本軍官十九名自東京祕密偷渡來台，抵台後爲了掩護身分，都換了中國姓名。爲首的是富田直亮，取中國名白鴻亮，因此這些日本來華支援的軍官又匿稱「白團」。[20]

貳、實踐學社成立的過程

民國 39 年 2 月，革命實踐研究院「軍官訓練班」（後改爲實踐學社）成立，白團成員擔任軍官訓練班教官。[21]

民國 39 年 6 月 1 日，「軍官訓練班」奉令改組爲「軍官訓練團」，中國國民黨總裁蔣中正親兼團長。圓山軍官訓練團閱歷兩年六個月，任務達成，於民國 41 年 7 月底結束，改組爲「軍事研究會」，會址由圓山遷至石牌。民國 41 年 8 月 1 日，核定軍事研究會代名爲「實踐學社」。[22]

實踐學社的教育目的，奉蔣總裁提示應以收復大陸之反攻作戰爲主旨，並授予兩項特定任務：

1. 研究高級兵學及國家戰略。

2. 舉辦黨政軍聯合作戰班之教育。[23]

白團的教官人數最高時有八十三人，民國 54 年實踐學社結束，白團也隨之解散。白團在台灣完成的重要工作有四：

1. 圓山軍官訓練團講座（爲中上級軍官的短期訓練）。

2. 實踐部隊整訓（整訓國軍第三十二師成爲模範師團）。

---

[19] 中華民國軍官深造教育年鑑編輯委員會編纂，《中華民國軍官深造教育年鑑》第一次：沿革及民國五十九年，頁 23。

[20] 林照眞，頁 58-59。

[21] 林照眞，頁 114-15。

[22] 中華民國軍官深造教育年鑑編輯委員會編纂，《中華民國軍官深造教育年鑑》第一次：沿革及民國五十九年，頁 23。

[23] 中華民國軍官深造教育年鑑編輯委員會編纂，《中華民國軍官深造教育年鑑》第一次：沿革及民國五十九年，頁 24。

3. 實踐學社講座（高級軍官長期陸大教育）。

4. 動員制度之建立。[24]

白團在台工作近二十年，培訓軍官二萬人以上，對國軍軍事教育以及人才培訓貢獻極大。然其任務是以祕密方式進行，故外界對白團的在華作爲鮮有人知。

參、實踐學社召訓的班次

自民國 39 年 6 月，圓山軍官訓練團成立，到民國 54 年實踐學社因階段性任務完成而結束止，召訓班次有：

‧圓山軍官訓練團；

‧黨政軍聯合作戰研究班；

‧兵學研究班；

‧科學軍官儲訓班；

‧高級兵學班；

‧戰術教育研究班；

‧動員幹部訓練班。

這些班隊的教學詳情不在此敘述。

肆、實踐學社的結束與貢獻

民國 52 年，美式三軍正規教育體系大致已建立完整，實踐專案必須以漸進方式移轉到正式的教育體系。民國 52 年 11 月 8 日，蔣中正乃手令：「實踐學社的聯戰教育，可否與陸軍參大高級研究班合併，歸參大教育。……」[25]

民國 54 年 7 月 3 日，實踐學社戰術教育研究班、高級兵學研究班結束。蔣中正宣布：「實踐學社不再另行召訓新班，正在受訓之班期結業後即行停辦。」[26]

---

[24] 林照眞，頁 15-16。

[25] 中華民國軍官深造教育年鑑編輯委員會編纂，《中華民國軍官深造教育年鑑》第一次：沿革及民國五十九年，頁 165。

[26] 中華民國軍官深造教育年鑑編輯委員會編纂，《中華民國軍官深造教育年鑑》第

民國 54 年 8 月 31 日，實踐學社正式結束。[27]

實踐學社的白團教官對我國役政、動員之策定有詳細的規劃，對動員幹部之培訓貢獻甚大，奠定我國動員制度基礎。

第四節　第二階段深造教育之二：國防部系統的指參及戰略教育（民國 41 年至 58 年）

壹、前言

民國 38 年政府初遷至台，美國亦發表不利台灣之白皮書，當時中國國民黨蔣總裁急欲改革黨務，整頓軍隊，於是成立革命實踐研究院（民國 38 年 10 月）並設軍官訓練班（民國 39 年 2 月設立，6 月改為「軍官訓練團」）作為革新的訓練機構。

然軍官訓練團成立不久韓戰爆發（民國 39 年 6 月 25 日），美國乃派軍參與韓戰。美國杜魯門總統除令第七艦隊巡邏台灣海峽外，美國駐華大使館代辦藍欽也抵台履新（民國 39 年 8 月）。民國 40 年 4 月，美國軍事援華顧問團成立。

美國對華態度的改變是擔心共黨侵略的骨牌效應，此後軍援、經援紛至。台灣軍隊接收美軍裝備，同時美方亦建議我國採行美式軍事教育體制。[28]於是國防部乃重新釐定學制，故而國防部在陸軍大學正則班二十三期畢業後（民國 40 年 9 月），即不再召訓。

國防部依新學制在民國 41 年 1 月成立了陸海空軍的參謀學校；並在民國 41 年 5 月將陸軍大學改為「國防大學」；民國 43 年 6 月，陸軍軍官學校改為「四年制」，正科畢業生由教育部授予學士學位。於是，國防部所屬的各軍種指揮參謀學校及國防大學就成為我國軍官深造教育除實踐學社外的第二條管道。

一次：沿革及民國五十九年，頁 166。

[27] 蔣緯國，《實踐三十年史要，下冊》，頁 8。

[28] 蔣緯國，《實踐三十年史要，下冊》，頁 5。

然反攻大陸是當時的國策，蔣總裁認爲美軍作戰強調物質戰力，這種作戰方式實不適合台灣的軍隊，因此對白團所教的日式作戰方式較爲贊同。[29]是以，雖然國防部受美軍顧問團的影響已在建設美式的軍事教育體系，但蔣總裁對「軍官訓練團」仍極重視。爲了避免引起美方的注意與反對，乃不得不作形式上的掩蔽。蔣總裁在民國 41 年 8 月將「軍官訓練團」改組爲「軍事研究會」，並核定軍事研究會對外名稱爲「實踐學社」。於是這個在名稱上毫無軍事色彩的國民黨所屬機構就成爲我國實質上的軍官深造教育單位。一直到民國 54 年實踐學社結束，陸軍之深造教育始正式全部由陸軍指揮參謀大學負責。

貳、第二階段深造教育國防部所屬各校沿革圖

　　茲依中華民國軍官深造教育年鑑編輯委員會編纂之《中華民國軍官深造教育年鑑》第一次：沿革及民國五十九年，將第二階段深造教育國防部所屬各校之沿革，繪圖如圖 12.2 所示。

---

[29] 參見民國 39 年 5 月 21 日，蔣總裁圓山軍官訓練班開學致訓辭。

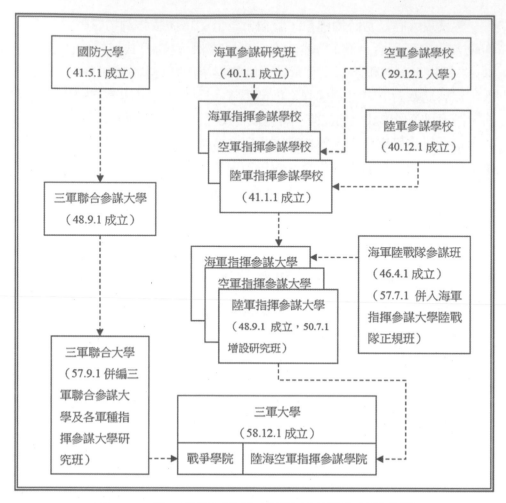

圖 12.2：第二階段深造教育國防部所屬各校沿革圖

資料來源：中華民國軍官深造教育年鑑編輯委員會編纂，《中華民國軍官
深造教育年鑑》第一次：沿革及民國五十九年。

參、第二階段深造教育國防部所屬各校之實施

　　吾人參考中華民國軍官深造教育年鑑編輯委員會編纂之《中華民國軍
官深造教育年鑑》第一次：沿革及民國五十九年一書，將第二階段深造教
育國防部所屬各校分為「指揮參謀教育」與「戰爭教育」兩層次；指參教
育又以軍種劃分為陸、海、空三軍種之指揮參謀教育，並將實施之過程彙
整如下。

一、指揮參謀教育

（一）陸軍指揮參謀教育

1. 陸軍指揮參謀學校

國軍自大陸播遷來台，基於整建之需，重新釐定學制，依新學制而成立，原定名為「陸軍參謀學校」，於民國 40 年 12 月 1 日成立，41 年 1 月 1 日奉命改為「陸軍指揮參謀學校」。

陸軍指揮參謀學校設有「正規班」，教育重點係以師戰術及參謀作業為主，並講授軍以上至軍團之作戰及參謀業務。以及介紹戰區一般概況，以奠定戰爭教育之基礎。

陸軍指揮參謀學校成立一年後，為加深陸軍高級將領戰術修養及對新制參謀業務之瞭解，奉令開辦「將官班」。

2. 陸軍指揮參謀大學

民國 48 年，蔣總統因鑒於各軍種尚缺乏其軍種大學（戰爭教育），但又礙於美軍顧問團之支援政策不包含軍種戰爭大學，乃於是年 9 月 1 日將原「陸軍指揮參謀學校」改編，更名為「陸軍指揮參謀大學」。

陸軍指揮參謀大學之重要教育班次有研究班、正規班、召訓班，其它尚有函授班、高級補習班等。

民國 57 年 9 月 1 日，國防部令將各軍種指揮參謀大學研究班與「三軍聯合參謀大學」正規班合併，成立「三軍聯合大學」，陸軍指揮參謀大學乃併入三軍聯合大學。

3. 陸軍指揮參謀學院

民國 57 年 9 月 1 日，陸軍指揮參謀大學「研究班」併入三軍聯合大學後，民國 58 年 12 月 1 日，國防部將「陸軍指揮參謀大學」改制為「陸軍指揮參謀學院」，並編併成立「三軍大學」，其教育使命一如往常。

（二）海軍指揮參謀教育

1. 海軍參謀研究班

海軍為培育各級司令部幕僚及中級以上指揮官人才，於民國 40 年元月 1 日成立「海軍參謀研究班」於左營，是為海軍深造教育之肇始。

2. 海軍指揮參謀學校

民國 41 年 1 月 1 日，國軍統一軍事教育體制，將原「海軍參謀研究班」改爲「海軍指揮參謀學校」，至是海軍指揮參謀教育正式納入國軍軍官深造教育體制。

3. 海軍指揮參謀大學

民國 48 年國軍見於軍官深造教育之軍種戰爭教育尚付闕如，乃於同年 9 月 1 日將「海軍指揮參謀學校」更名爲「海軍指揮參謀大學」。並令海軍指揮參謀大學籌辦「研究班」，傳授軍種戰爭教育。

本校校址原設於左營，於民國 56 年 12 月，奉令遷移至台北大直。海軍指揮參謀大學設有研究班、正規班（海軍）、召訓班（海軍）、陸戰隊正規班等學班。

民國 57 年 9 月 1 日，國防部令將各軍種指揮參謀大學研究班與「三軍聯合參謀大學」正規班合併，成立「三軍聯合大學」，本班乃併入三軍聯合大學。

海軍原於民國 46 年 4 月 1 日成立「海軍陸戰隊參謀班」，爲遵照國防部「國軍深造教育體制改進實施方案」，於民國 57 年 7 月 1 日將「海軍陸戰隊參謀班」併入海軍指揮參謀大學「陸戰隊正規班」。

4. 海軍指揮參謀學院

民國 57 年 9 月 1 日海軍指揮參謀大學研究班併入三軍聯合大學後，民國 58 年 12 月 1 日國防部將「海軍指揮參謀大學」改名爲「海軍指揮參謀學院」，並編併成立三軍大學，其教育使命一如往常。

（三）空軍指揮參謀教育

1. 空軍參謀學校

民國 29 年航空委員會奉蔣委員長指示創辦「空軍參謀學校」於四川成都，是爲我國空軍軍官深造教育之肇始。抗戰勝利後，空軍參謀學校於民國 35 年 9 月 1 日由成都遷南京。民國 37 年底，剿共戰事逆轉，空軍參謀學校又於是年 11 月 29 日由南京遷台灣。民國 38 年 2 月 7 日第八期學官在台灣東港復課。

2. 空軍指揮參謀學校

民國 41 年 1 月 1 日，國軍統一軍事教育體制，乃將「空軍參謀學校」改稱「空軍指揮參謀學校」。

3. 空軍指揮參謀大學

民國 48 年 9 月 1 日國軍軍官教育再度變更,「空軍指揮參謀學校」奉令改爲「空軍指揮參謀大學」傳授軍種戰爭教育。空軍指揮參謀大學設有研究班與正規班兩個學班。

民國 57 年 9 月 1 日,國防部令將各軍種指揮參謀大學研究班與「三軍聯合參謀大學」正規班合併,成立「三軍聯合大學」,空軍指揮參謀大學乃併入三軍聯合大學。

4. 空軍指揮參謀學院

民國 57 年 9 月 1 日空軍指揮參謀大學研究班併入三軍聯合大學後,民國 58 年 12 月 1 日國軍軍官深造教育改制,國防部將「空軍指揮參謀大學」改名爲「空軍指揮參謀學院」,並編併成立三軍大學,其教育使命一如往常。

二、戰略教育

(一)國防大學

民國 41 年 5 月 1 日,以陸軍大學爲基礎成立「國防大學」於台北大直。原設「國防研究」及「聯合作戰」兩系,後僅召訓聯合作戰系,第一期於 41 年 12 月日入學。其教育目標爲「培養三軍聯合作戰之指揮參謀人才」。第一至第二期之教育時間爲六個月,自第四期起延長爲八個月。

(二)三軍聯合參謀大學

民國 48 年 9 月 1 日,國防部鑒於國防大學僅召聯戰系而非以國家戰略爲著眼,名稱與內容不符;且聯戰系亦僅以參謀業務爲主,缺乏用兵之磨練,乃明令將國防大學改名爲「三軍聯合參謀大學」。

(三)三軍聯合大學

民國 57 年 9 月 1 日,奉令將「三軍聯合參謀大學正規班」及各軍種指揮參謀大學「研究班」合併,成立「三軍聯合大學」,以研究各軍種戰略及聯合作戰爲主修課程(各軍種指揮參謀大學則專責以戰術爲主之指參教育)。

從我國軍官深造教育的發展過程來看,「三軍聯合大學」的成立,開啓了我國實質上以「戰略」爲導向的深造教育。

民國 57 年底,三軍聯合大學校長余伯泉上將及副校長蔣緯國中軍擬訂

「戰略」一詞的定義，並呈奉總統核定。這也是我國軍官深造教育首次將「戰略」一詞明確定義。這個戰略定義不但列為「戰爭學院」（民國58年12月成立）的教材，同時也列入國軍軍語辭典，藉以統一整個國軍的戰略思想、說法和做法。[30]

（四）三軍大學戰爭學院

民國 58 年 12 月 1 日，三軍聯合大學改編為「戰爭學院」，同時將各軍種指揮參謀大學改名為指揮參謀學院。並併編「戰爭學院」、「陸軍指揮參謀學院」、「海軍指揮參謀學院」、「空軍指揮參謀學院」，成立「三軍大學」。

第五節　第二階段深造教育之三：直屬總統府的「國防研究院」（民國 46 年至 61 年）

壹、國防研究院成立經過

民國 46 年 10 月 10 日，中國國民黨在台北召開第八次全國代表大會，會中確定以建設台灣準備反攻為今後努力方針。革命實踐研究院為適應此一新階段之要求，爰即籌劃第三階段教育計畫。[31]

革命實踐研究院兼任院長蔣總裁乃命兼院主任陳誠副總裁召開會議，研擬第三階段教育計畫大綱草案，擬設立「國家戰略研究部」、「國家建設研究部」、「大陸革命工作訓練班」等三個機構分別實施。嗣經決定，將國防大學正籌備中之國防研究系與革命實踐研究院第三階段教育合併實施，更名為「國防研究院」，並於民國47年7月25日簽奉總裁兼院長核准施行。[32]

---

[30] 國防部民國六十二年印頒，《國軍軍語辭典》。本處引自：丁肇強，頁 59、71。
[31] 中華民國軍官深造教育年鑑編輯委員會編纂，《中華民國軍官深造教育年鑑》第一次：沿革及民國五十九年，頁 33。
[32] 中華民國軍官深造教育年鑑編輯委員會編纂，《中華民國軍官深造教育年鑑》第一次：沿革及民國五十九年，頁 33。

民國 47 年 7 月 15 日，陳副總裁兼院主任調兼行政院長，辭革命實踐研究院主任職，前教育部長張其昀奉派於同年 8 月 1 日接任主任，即遵照前案，籌組委員會，繼續進行。[33]

民國 47 年 9 月 5 日，籌備委員會正式成立。隨即舉行會議，研擬「國防研究院教育計劃大綱」，並決議分為政治、軍事、經濟、文教社會、敵情、綜合等六組，進行有關課程計劃事宜。並派員於民國 48 年 1 月 5 日赴美國考察高階層軍事教育，以資借鏡。籌備委員會籌備工作於 47 年底已大體完成，至此乃參酌赴美參訪人員建議，加以補充修訂。[34]

新創設之國防研究院與美國國家戰爭學院同一性質（兼具國防大學與工業大學雙重性質），為國家政略、戰略之綜合研究機構。經簽奉核准後，於民國 47 年 10 月 31 日正式成立。國防研究院隸屬總統府，總統兼任院長，副總統兼任副院長。校址設於陽明山原革命實踐研究院舊址，革命實踐研究院則於民國 48 年遷往木柵。[35]

貳、國防研究院之教育實施

一、教育使命

為適應復國建國之需要，慎選文武優秀幹部，研究有關國家政略戰略及國家建設，培養總體戰人才，俾能勝任政府各部門重要任務，從事國家政策之研究與執行。[36]

二、教育目標

 1. 使熟諳國家戰略因素，國家建設與總動員之要領及光復大陸作戰之遂行，與相互關係。

---

[33] 中華民國軍官深造教育年鑑編輯委員會編纂，《中華民國軍官深造教育年鑑》第一次：沿革及民國五十九年，頁 33。

[34] 中華民國軍官深造教育年鑑編輯委員會編纂，《中華民國軍官深造教育年鑑》第一次：沿革及民國五十九年，頁 33。

[35] 中華民國軍官深造教育年鑑編輯委員會編纂，《中華民國軍官深造教育年鑑》第一次：沿革及民國五十九年，頁 33-34。

[36] 中華民國軍官深造教育年鑑編輯委員會編纂，《中華民國軍官深造教育年鑑》第一次：沿革及民國五十九年，頁 33。

第二篇 戰略篇

2. 使瞭解戰爭性質及指導要領，並習得有關戰爭之知能。

3. 從國家戰略立場，促進政治軍事業務上之合作協調。

4. 養成分析、判斷與解決問題之才能。[37]

三、教育對象

1. 黨政軍高級幹部，現任主要實職或將賦予重要任務者，文官簡任職次長、司長、廳長、處長、局長、大使、公使、祕書長；武官將級人員。

2. 專家學者，以及企業界人士對國家社會有重大貢獻之事實者。[38]

四、教育期程與任務結束

民國 48 年 4 月 15 日，國防研究院第一期研究員正式開學，其教育期程每年辦一期，每期十個月。民國 61 年為積極籌劃新學制，國防研究院乃於是年 8 月奉命停止召訓，迄 11 月 16 日，該院教育結束。[39]

參、國防研究院之貢獻

國防研究院之課程設計以國家戰略為主，為我國戰略教育之最高層次，其學制類似美國現今之國防大學（含國家戰院與三軍工業大學），召訓黨政軍高級幹部，畢業學官皆出任政府政務級官員，對我國政府高層人力之培養有極大貢獻。自民國 48 年成立至 61 年結束。此後，我國官方就一直沒有以國家戰略為研究及教育的機構。

---

[37] 中華民國軍官深造教育年鑑編輯委員會編纂，《中華民國軍官深造教育年鑑》第一次：沿革及民國五十九年，頁 33。

[38] 中華民國軍官深造教育年鑑編輯委員會編纂，《中華民國軍官深造教育年鑑》第一次：沿革及民國五十九年，頁 33。

[39] 中華民國軍官深造教育年鑑編輯委員會編纂，《中華民國軍官深造教育年鑑》第二次：民國六十年至六十五，頁 1。

第六節　第三階段深造教育：「三軍大學」時期（民國 58 年至 89 年）

壹、成立經過

民國 58 年 12 月 1 日，國防部將三軍聯合大學改編爲「戰爭學院」，同時將各軍種指揮參謀大學改名爲指揮參謀學院。並併編「戰爭學院」、「陸軍指揮參謀學院」、「海軍指揮參謀學院」、「空軍指揮參謀學院」，成立「三軍大學」，開啓了我國第三階段的軍官深造教育。

民國 86 年 6 月 30 日，因應國防部「博愛專案」，三軍大學暫遷桃園龍潭武漢營區，並結合國軍精實案，建立學分制教學。

三軍大學是將戰略教育與指參教育合於一校，戰爭學院集三軍幹部接受統一教育可促進軍種間之相互認識，加強聯合作戰之指揮與計畫作爲能力，發揮三軍統合戰力。[40]

吾人並依中華民國軍官深造教育年鑑編輯委員會編纂之《中華民國軍官深造教育年鑑》第一次：沿革及民國五十九年一書（國防部史政局，民國 62 出版），將民國 59 年三軍大學之教育實施彙整如下：

貳、教育區分

三軍大學係將國軍深造教育的戰略與戰術教育合爲一體，而區分爲兩個階段實施：

1. 戰略教育

戰爭學院負責戰略及聯合（含兩棲或三棲及空降作戰）、聯盟作戰教育。

2. 軍種指參教育

各軍種指揮參謀學院負責戰術教育，及適度的軍種戰略教育。

---

[40] 國防大學。http://www.ndu.edu.tw. 5/31/2004.

參、教育目的

一、戰爭學院

以戰略研究為重點，包括總統軍事思想、政治教育、大戰略、國家戰略、軍事戰略、軍種戰略、野戰戰略等決心與狀況處置，軍制學與動員，聯合及聯盟部隊之編組指揮與運用，聯參業務及聯合作戰各種計畫作為。但將官班以研究野戰戰略為主；正規班除野戰戰略外，尚以研究軍事戰略及聯合作戰各種計畫作為重要項目。

1. 將官班：在於加強陸、海、空軍高級幹部之戰略修養及三軍聯合作戰指揮能力。
2. 正規班：在於培養與選拔三軍未來之將級指揮官與參謀人才。

二、陸軍指揮參謀學院正規班

在於培養參謀才智與領導能力，使能勝任團與師級指揮官暨師軍（含）以上階層及後勤區之一般參謀業務。

三、海軍指揮參謀學院

1. 海軍正規班：在於培養參謀才智與領導能力，使能勝任海軍各級指揮官與一般參謀業務。
2. 海軍陸戰隊正規班：在於培養參謀才智與領導能力，使能勝任陸戰隊團級指揮官暨師級（含）以上階層之參謀業務。

四、空軍指揮參謀學院

在於培養參謀才智與領導能力，使能勝任大隊、聯隊指揮官，暨聯隊（含）以上階層之一般參謀業務。

肆、三軍大學之結束、貢獻與檢討

民國 89 年 5 月 8 日，國防部命「三軍大學」與「國防管理學院」、「中正理工學院」、「國防醫學院」合併成立「國防大學」，原三軍大學結束。

三軍大學受美制軍事教育之影響以指參及戰爭教育爲重點，其戰爭教育又以軍事戰略及三軍聯合作戰爲主，形成整體性的戰略學術系統，爲我國戰略教育奠定基礎。畢業學官皆擔任國軍高級幹部，對國軍建軍及用兵人才的培育極有貢獻。

　　但三軍大學亦有下列若干缺點：

1. 雖然教官多爲本國軍官擔任，但由於國軍軍官之發展強調部隊經歷的完整，故三軍大學教官多爲短期性質，不數年即需回部隊歷練，以免斷資而影響前途。如此，教官無法在軍事學術上作長期投入。

2. 除上述缺失外，教官多缺少「方法論」與「研究法」的訓練，以致三軍大學在軍事歷史與實務上雖有大量的寶貴資料，卻未能在資料中歸納出軍事學術的原理、原則。這由三軍大學軍事書籍或論文出版的質與量即可看出。

3. 三軍大學缺少後勤的深造教育機制，於是國軍掌管後勤政策的高階職務多出自於以作戰爲導向的戰院畢業學官，這是三軍大學教育的結構性缺失。

第七節　第四階段深造教育：「國防大學」（民國89年）

壹、緣起

　　吾人由本章的論述中可概略瞭解我國軍官深造教育的經過，然自第二次世界大戰後「軍事教育大學化」是各國軍校發展的趨勢，從基礎教育到深造教育莫不如是。

　　就深造教育而言；美國在 1976 年將「國家戰院」（The National War College, NWC）和「三軍工業大學」（The Industrial College of the Armed Forces, ICAF）兩校合併成立了「國防大學」（National Defense University, NDU）。1981 年，增設了「三軍參謀學院」（The Armed Forces Staff College），即現在之「聯合參謀學院」（The Joint Forces Staff College,

JFSC）。1982 年，又增設「國防部電算研究所」（The Department of Defense Computer Institute），即「資訊資源管理學院」（The Information Resources Management College, IRMC）。1993 年，美國柯林頓總統（President William Clinton）簽署法案授權美國國防大學對國家戰院及三軍工業大學的畢業學官頒發碩士學位。[41]

日本在 1952 年 8 月，成立了「國防安全學院」（National Safety College）為高階軍官的培訓學府（初級軍官之培養為「防衛大學」(National Defense Academy)）。1985 年 4 月，國防安全學院改制為現今之「國家防衛研究所」（National Institute for Defense Studies）。[42]

中共在 1985 年 12 月 24 日經國務院、中央軍委批准將軍事、政治、後勤學院合併，在北京成立「中國人民解放軍國防大學」。國防大學設置有合同戰役指揮、軍事思想和軍事理論、國防研究、院校教育管理、軍事與政治理論和研究生教育等 10 餘個專業。在 1990 年和 1993 年，分別獲准為碩士和博士學位授權單位。（參見本書第八章第七節，表 8.5：各國國防部所設的戰略階層院校。）[43]

由以上各國軍官深造教育的實施可看出「戰略教育大學化」的趨勢，吾人以為這主要是因為戰爭形態的改變，現代化的戰爭不僅是軍事作戰而已，政治、經濟、科技、社會文化等因素皆需詳加考量，這正是一般大學的專長，因此軍事學術勢必與一般大學學術結合。同時借由大學學術的競爭特質以及研究成果公開評審的機制可增進軍事學術的研究水準，於是軍事學術也可頒發高等學位，當然軍官的素質也提昇了。

據瞭解，民國 87 年國防部即成立專案小組討論將三軍大學改制為國防大學，並決定採學校合併，校區分散方式，將三軍大學、中正理工學院、國防管理學院、國防醫學院四校合併成立「國防大學」，於民國 89 年實施。（專案小組委員帥化民將軍訪談。）

另由我國軍官深造教育的發展可看出，其教育的內涵是以戰爭教育與指參教育為主，而有關軍備、後勤的高層深造教育則是未曾設立（美國國防大學下屬之「三軍工業大學」即屬於軍備的深造教育）。由是，前國防管理學院院長帥化民將軍在其任內規劃後勤深造教育，於民國 87 年在國防管

---

[41] National Defense University.
[42] National Institute for Defense Studies.
[43] 中國軍網。

理學院的國防管理班成立「國防管理戰略班」；民國 88 年又在國防管理班下設立「國防管理指參班」，以彌補我國軍官深造教育之缺失。

帥化民將軍不僅在國防管理學院院長任內規劃後勤深造教育，同時為將戰略學術研發提昇至研究所水準，乃於民國 87 年成立「決策科學研究所」（下分戰略組與決策組），惜此一政策並未持續進行。民國 95 年 8 月，國防管理學院將該所與「資源管理研究所」合併為「資源管理暨決策研究所」。[44]

貳、國防大學設校宗旨

國防部為因應國軍建軍發展，考量未來戰爭趨勢，於民國 89 年 5 月 8 日，廣納三軍大學、中正理工學院、國防管理學院及國防醫學院等四所學院，成立「國防大學」。新成立的國防大學包括龍潭校區之校本部暨軍事學院、員樹林校區之中正理工學院、中和校區之國防管理學院及內湖校區之國防醫學院暨三軍總醫院等，另於民國 90 年元月成立「國家戰略研究中心」（國防智庫）以成為培育國防人才及研究國防事務之一流學府。[45]

國防大學隸屬國防部，並依相關教育法令之規定，兼受教育部指導。以培養國家各階層研究國家戰略人才及國軍戰術、戰略研究、國防管理、技術勤務等領導人才為宗旨，兼具國防智庫功能。得依學校特性及發展方向，建立國防事務決策研究機能與能量，並辦理基礎教育、進修教育、深造教育等各層次之教育。[46]

國防大學設校宗旨為；

1. 基於全民國防理念與需求，建立國家培育國防人才及研究國防事務之一流學府。
2. 基於國軍建軍備戰需求，培育精通戰略指參及相關軍事專業之職業軍官與社會領導人才。
3. 基於國軍軍官養成教育需求，培育具有軍人特質暨優秀學養之軍事幹部。

---

[44] 國防管理學院資源管理研究所。
[45] 國防大學。http://www.ndu.edu.tw. 5/31/2004.
[46] 國防大學。http://www.ndu.edu.tw. 5/31/2004.

4. 基於國家安全與國防事務整合需求，建立國家戰略及重大事務決策研究機制與能量，並為國防智庫。[47]

參、國防大學之教學單位

國防大學之教學部門有四，即軍事學院、中正理工學院、國防管理學院、國防醫學院。[48]

一、軍事學院

軍事學院（原三軍大學）為國軍軍事深造教育之最高學府，前身係前清時代之陸軍軍官學堂，民國初年定名為陸軍大學．隨著時代環境變遷，歷經陸大教育、聯參及指參教育、戰爭學院及各指揮參謀大學教育等三次變革時期，自民國 58 年迄今。軍事學院下設有戰略學部、陸軍指揮參謀學部、海軍指揮參謀學部、空軍指揮參謀學部。[49]

二、國防管理學院

國防管理學院前身為「軍需學校」，民國元年國父孫中山先生手令陸軍總長黃克強創建於南京，其後歷經遞嬗。民國 72 年，前參謀總長郝柏村上將為加強國防管理，促進國軍現代化，乃併編原「國防財經學院」及「國防管理學校」，而成立「國防管理學院」。國防管理學院的研發與教學之內容含蓋有國防資源管理、戰略管理、軍事法制、國防人力管理、國防財力管理、後勤管理、國防資訊管理等，為專精國防管理之學府。並以上述內涵為目的，陸續設有：資源管理暨決策研究所、法律研究所、後勤管理研究所、國防資訊研究所、國防財務管理研究所等。國防管理學院在該院之國防管理班下設有「國防管理戰略班」與「國防管理指參班」，為全軍唯一之後勤深造教育學班，專責培育高階後勤幹部。[50]

---

[47] 國防大學。http://www.ndu.edu.tw. 5/31/2004.
[48] 國防大學。http://www.ndu.edu.tw. 5/31/2004.
[49] 國防大學。http://www.ndu.edu.tw. 5/31/2004.
[50] 國防管理學院。

三、國防醫學院

　　國防醫學院創立於民前 10 年，是我國軍事院校中歷史最悠久之學府。國防醫學院之前身為軍醫學校；民國 36 年 6 月 1 日與戰時衛生人員訓練所及其分校、分所等十三個單位，合併組成國防醫學院於上海江灣。民國 38 年，隨政府遷台至台北水源地。民國 72 年 7 月 1 日，原已屬教學醫院之三軍總醫院正式歸併為國防醫學院之直屬教學醫院，使國防醫學院教育組織型態更趨密切。民國 88 年底，於「國防醫學中心整建工程」完工後，搬遷至內湖現址。[51]

　　國防醫學院之深造教育設有博士班及碩士班。[52]

　　博士班設有：「醫學科學研究所」及「生命科學研究所」（與中央研究院合辦）。

　　碩士班設有 12 個與醫護有關的研究所。

四、中正理工學院

　　中正理工學院前身為陸軍理工學院，於民國 55 年奉令改隸屬國防部，並更名為中正理工學院。相繼與海軍工程學院、聯勤測量學校合併，於民國 57 年 12 月遷至桃園大溪員樹林現址，為國軍唯一之理工學府。中正理工學院除了大學部外另有國防科學研究所，下設有應用物理組、應用化學組、兵器工程組及電子工程組。[53]

肆、國防大學軍事學院的戰略及指參教育

　　國防大學軍事學院下設有戰略學部、陸軍指揮參謀學部、海軍指揮參謀學部、空軍指揮參謀學部。

---

[51] 國防醫學院。
[52] 國防醫學院。
[53] 中正理工學院。

一、戰略學部

（一）戰略學部沿革

戰略學部即原三軍大學之戰爭學院。89 年 5 月 8 日，三軍大學改制為國防大學，重新調整組織架構，將原屬三軍大學之「戰爭學院」、「陸軍學院」、「海軍學院」、「空軍學院」等四個軍事屬性之學院，合併成立「軍事學院」。戰爭學院遂調整為「軍事學院戰略學部」。戰爭學院下設有「正規班」與「戰略研究所」兩學班。

（二）教育使命

1. 正規班：培養國軍大軍作戰及戰略規劃及指導人才。

2. 戰略研究所：

（*1*）培養國軍決策智囊人才；

（*2*）培養教育深造師資及指導教授。[54]

二、陸軍指揮參謀學部

58 年 12 月 1 日，「陸軍指揮參謀大學」改編為三軍大學之「陸軍指揮參謀學院」，原址設於台北大直。89 年 5 月 8 日，三軍大學改制為國防大學，原陸軍指揮參謀學院遂調整為「軍事學院陸軍指揮參謀學部」，隸屬國防大學軍事學院。[55]

陸軍指揮參謀學部設有「正規班」及「研究班」兩學班。[56]

三、海軍指揮參謀學部

（一）海軍指揮參謀學部沿革

民國 58 年 12 月 1 日，併編「海軍參謀大學」及「海軍陸戰隊學校指揮參謀班」成立「海軍指揮參謀學院」隸屬三軍大學。89 年 5 月 8 日，三軍大學改制為國防大學，海軍指揮參謀學院遂調整為「海軍指揮參謀學部」，隸屬國防大學軍事學院。[57]

---

[54] 國防大學。http://www.ndu.edu.tw. 5/31/2004.

[55] 國防大學。http://www.ndu.edu.tw. 5/31/2004.

[56] 國防大學。http://www.ndu.edu.tw. 5/31/2004.

[57] 國防大學。http://www.ndu.edu.tw. 5/31/2004.

（二）教育任務

　　培養海軍中（上）校級指揮官與高司參謀之指參幹部，使其具備支持國軍戰略及聯合作戰所需的海軍用兵策略思維與計畫作爲能力。[58]

四、空軍指揮參謀學部

（一）空軍指揮參謀學部沿革

　　民國 56 年 10 月 20 日空軍指揮參謀學校遷校於台北大直，並改名爲「空軍指揮參謀學院」隸屬三軍大學。89 年 5 月 8 日，三軍大學改制爲國防大學，空軍指揮參謀學院遂調整爲「空軍指揮參謀學部」隸屬國防大學軍事學院。[59]

（二）教育任務

　　培養武德及武藝兼修、建軍與用兵並重之空軍指參幹部，並藉教育學制化，提昇水準，使具國際化與專業化。[60]

伍、後記

　　民國 95 年 9 月國防部爲因應國軍未來建軍發展，調整國防大學組織結構，將「國防醫學院」改隸國防部，「政治作戰學校」更名爲「政治作戰學院」後隸屬本校；「軍事學院」解編，各「學部」回復原名爲「戰爭學院」及陸、海、空軍指揮參謀學院；「中正理工學院」及「國防管理學院」定名爲「理工學院」及「管理學院」。並於民國 96 年 8 月，搬遷至桃園市八德區新建之「率眞校區」，開展承先啓後的廣闊宏局。民國 101 年 1 月 1 日納編「語文中心」，同年 4 月 1 日納編「遠朋國建班」，爲校轄一級單位。[61]

---

[58] 國防大學。http://www.ndu.edu.tw. 5/31/2004.
[59] 國防大學。http://www.ndu.edu.tw. 5/31/2004.
[60] 國防大學。http://www.ndu.edu.tw. 5/31/2004.
[61] 國防大學。http://www.ndu.edu.tw. 8/8/2022.

第八節 結論

　　我國戰略教育的發展，始於清末的陸軍軍官學堂，歷經陸軍大學、實踐學社、三軍大學，至今日的國防大學，已有百餘年的歷史。從本章的探討中，可發現政府最高當局對它的重現，畢業的高級將領也無不戮力從公，捍衛疆土。而在歷次保國衛民的戰爭中，有無數三軍將士血染沙場，為國捐軀，寫下悲壯的史詩。

　　然從教育內容來看，我國的高階深造教育，無論是在大陸時期的陸軍大學或是來台後的實踐學院，其課程的設計與傳授皆未能到達戰略的層次，大概皆以戰術和作戰為主。由本書的探討可知，真正具戰略實質內含的深造教育始於民國 57 年 9 月 1 日成立的「三軍聯合大學」。

　　由本章的探討，從整體軍事學校的任務與目的來看，其教育內容仍偏重軍事的訓練而不重視軍事思想的研究與發展，這從戰略教育部門有關戰略思想的出版著作可看出，事實上這方面論述在我國的戰略教育部門是付諸闕如的，我國的戰略教育部門並沒有出版類似克勞塞維茨的《戰爭論》或約米尼的《戰爭藝術》之類的著作。

　　吾人以為，這種軍事思想研究的貧乏其原因有二。

　　其一，缺乏獨立思維與自我研發的精神。在陸軍大學時期，照單全收外國教官的指導而外國教官又不願傾囊相授，或者外國教官也不甚瞭解中國戰爭的性質，以致我國高階軍官所學盡為戰術或作戰等低層觀念，對戰略沒有全盤的認識。反之，中共的軍事思想為毛澤東等領導人的集體智慧，且運用唯物論的辯證法則，故其思維反能切合當時的戰略環境。

　　即使是在遷台後的三軍大學時期，雖然已開始了實質的戰略教育，教官也由國軍軍官擔任，但受晉升制度的影響，多數軍官不願久任教官一職，且教官也缺少「方法學」的訓練，因此就無法在戰略學術上有所成就。

　　其二，缺乏學術研究與批判的機制。國軍的組織體制在管理上有二大特性：一為階級服從，二為對外保密。故外界對我國深造教育的課程設計與教學內容均無從得知。而在階級服從的機制下一般軍官也不願違背上級的指示。國軍軍官的思維就是低層被高層限制在某一範圍，於是一層框住

一層。最後總統訓詞或總統嘉言錄就成為各級軍官思想的準繩,讀訓成為日常重要工作,對訓詞內容各級軍官只能背誦與詮釋,而不能批評與逾越。一般軍官如此,即使是三軍大學的戰略深造教育亦復如此。

上述二原因實為我國軍官深造教育想要發展系統性軍事思想的絆腳石。

時至今日,各國莫不重視戰略教育,且將戰略學術提昇至研究所水準。美國國家戰爭學院與海軍戰爭學院已頒發碩士學位。中共於 1985 年成立中國人民解放軍國防大學,且在 1990 年和 1993 年,分別獲准為碩士和博士學位授權單位。今日,中共國防大學已累積不少的碩博士論文,且對外公開發售(參見本書第八章第七節,表 8.5)。

在此趨勢下,前國防管理學院帥化民將軍在其院長任內,於民國 87 年成立「決策科學研究所」(下分「戰略組」與「決策組」),惜此一政策並未持續被執行。民國 95 年 8 月,國防管理學院將該所與「資源管理研究所」合併為「資源管理暨決策研究所」。這使得研究所層級的戰略教育因人事更迭而致中斷,也說明國防教育的政策缺乏一致性。更重要乃是國防決策部門似乎還未能體認現今各國對戰略教育的重視與「戰略教育大學化」的發展趨勢。

孫子曰:「兵者,國之大事,死生之地,存亡之道,不可不察也。」若說是錯誤的決策比貪污更可怕,則一國之軍事思想影響國家安危更大矣。政黨輪替,無異是一個思想解嚴時代的到臨,職司國軍軍官深造教育者是否應利用此契機,重塑軍事學術的研究環境,提昇戰略學術水準,值得國防部門深思。

參考資料

中文書目

〈蔣總裁圓山軍官訓練班開學致訓辭〉，民國 39 年 5 月 21 日。

《國軍軍語辭典》，國防部民國六十二年印頒。

《麥克爾與日本》（台北：國防部作戰次長室印，民國 59 年）。

《萬耀煌將軍日記》，湖北文獻社印。

丁肇強，《軍事戰略》（台北：中央文物供應社，民國 73 年）。

中華民國軍官深造教育年鑑編輯委員會編纂，《中華民國軍官深造教育年鑑》第一次：沿革及民國五十九年（台北：國防部史政局，民國 62 年）。

中華民國軍官深造教育年鑑編輯委員會編纂，《中華民國軍官深造教育年鑑》第二次：民國六十年至六十五（國防部史政局，民國 67 年）。

毛澤東，《毛澤東選集》，〈中國革命戰爭的戰略問題〉（1936 年 12 月）。

田震亞，《中國近代軍事思想》（臺北：臺灣商務印書館，民國 81 年）。

林照眞，《覆面部隊──日本白團在台祕史》（台北：時報文化，1996）。

袁偉、張卓（主編），《中國軍校發展史》（北京：國防大學，2001）。

高陽，《清朝的皇帝（三）》（台北：遠景，民國 77 年）。

郭廷以，《近代中國史事日誌》。

郭鳳明，《清末民初陸軍學校教育》（台北：嘉新水泥公司文化基金會，民國 67 年）。

陳培雄，《毛澤東戰爭藝術》（台北：新高地出版社，1996）。

楊學房、朱秉一（編），《中華民國陸軍大學沿革史暨教育憶述集》（台北：三軍大學，民國 79 年）。

蔣介石，〈刻苦耐勞與慷慨之必要〉，1924 年 5 月對黃埔軍校學生講話，載《蔣總統集，第一輯》。

蔣緯國（主纂），《實踐三十年史要，下冊》（台北：國防部史政編譯局，民國 71 年）。

蔣緯國（編著），《抗日禦侮》，第十卷（台北：黎明文化，民國 67 年）。

英文書目

Farwell, Byron, *The Encyclopedia of Nineteenth-Century Land Warfare* (New York, W. W. Norton & Company, 2001).

網際網路

Christopher Bassford, *Carl Philipp Gottlieb von Clausewitz*, 1780-1831. http://www.wargame.ch. 3/11/2004.

McNair, Paper Number 52, Chapter 3, October 1996, *Scharnhorst's Clarity About War As It Actually Is* (Eigentliche Krieg). http://www.ndu.edu. 3/9/2004.

National Defense University. http://www.ndu.edu/. 6/15/2004.

National Institute for Defense Studies. http://www.nids.go.jp/english/index.html. 6/15/2004.

中正理工學院。http://www.ccit.edu.tw/. 6/8/2004.

中國軍網。http://www.chinamil.com.cn/site1/2006ztpd. 9/13/2006.

杉之尾宜生，〈日本於 1945 年戰敗的原因──從日本帝國陸軍的戰爭觀來看〉（日本防衛大學防衛學教室戰史講座），民進黨，1999/11/6，《廿一世紀的中國研討會論文集》。
 http://www.future-china.org.tw/csipf/activity/19991106/mt9911_06.htm.

肖煜，〈保定軍事學堂（校）的時代特點和歷史意義〉。
 http://baoding.hebei.com.cn. 保定新聞網，3/9/2004。

國防大學。http://www.ndu.edu.tw. 5/31/2004.

國防大學。http://www.ndu.edu.tw. 8/8/2022.

國防管理學院。http://www.ndmc.edu.tw/. 6/8/2004.

國防管理學院資源管理研究所。http://www.ndmc.edu.tw/2006%20new/資源管理研究所/index.html. 11/12/2006.

國防醫學院。http://www.ndmctsgh.edu.tw/. 6/8/2004.

戚厚傑、林宇人，〈陸軍大學校發展始末〉。http//www.ch815.com. 征程憶事，3/6/2004。

第十三章　論軍事戰略與國防資源管理

第一節　前言

　　吾人已將戰略觀念發展的歷史以及我國軍官深造教育的發展情形，簡述於前。吾人在本書第一篇亦簡介了本書所使用的管理觀念。本書亦運用了 SWOT 觀念在第五章中建立了組織的整體策略管理模式。

　　本章內容，除第三節：「現階段美國的戰略觀念、模式與全球國家戰略」與第九節：「國防財力獲得與國防資源分配」外，其他部分係改編自：童兆陽、劉興岳，〈戰略管理與國防資源管理之整合模式〉，《國防管理學院學報》，第十五卷第一期，民國 83 年 1 月。

　　本章將依上述觀念，探討「軍事戰略」與「國防資源管理」的關係。

　　在軍事實務上，就軍事作戰而言，後勤支援影響戰爭成敗甚巨，拿破崙征俄之失敗以及二次大戰盟軍之勝利可為明證。而後勤支援最重要的就是將適用的資源，能適時、適量的，以適當的方式，運送到適切的地點，以維持戰力之不斷。是以，就軍事戰略而言，在決策過程中，自必須對敵我雙方之資源作明確的估算，始能產生正確的軍事計畫。

　　由於「國防資源管理」對「軍事戰略」的重要，民國 82 年時，當時國防部參謀總長劉和謙上將在作戰次長童兆陽中將的建議下曾指示，三軍大學戰爭學院開設國防資源管理課程並由國防管理學院負責課程設計與師資支援。但此計畫實施未數年即因人事更迭政策異動而終止。

　　本章將綜整：

　　1. 三軍大學在戰略學術研究的成果；
　　2. 國防管理學院在國防資源學術研究的成果；
　　3. 美國現今國家安全政策的觀念架構與實施；

4. 本書所發展的策略管理整體觀。

　並期望達到下述目的：

1. 釐清「戰略管理」與「國防資源管理」兩者之關係；

2. 發展「戰略管理與國防資源管理」的整合性模式；

3. 釐清「戰略規劃」、「國防資源管理」、「國防財力長程獲得」與「國防預算」四者之間關係，此觀念如圖 13.1 所示。

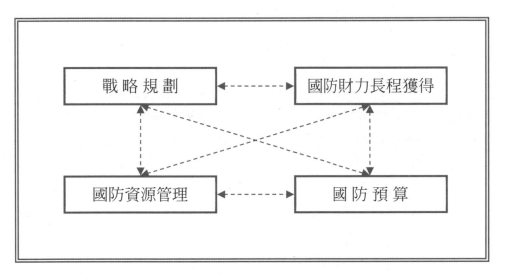

圖 13.1：戰略規劃、國防資源管理、
國防財力長程規劃與國防預算四者之關聯

第二節　我國國防部的「戰略」定義與模式

壹、我國戰略名詞定義的經過與戰略教育實質上的實施

　　從我國軍官深造教育的發展過程來看，我國以「戰略」為導向的深造教育，實開始於民國 57 年 9 月 1 日成立的「三軍聯合大學」，該校係將「三軍聯合參謀大學正規班」及各軍種指揮參謀大學「研究班」合併成立，以研究各軍種戰略及聯合作戰為主修課程。

可能是因爲教學的需要，民國 57 年底，三軍聯合大學校長余伯泉上將及副校長蔣緯國中將擬訂「戰略」一詞的定義，並呈奉總統核定。這個戰略定義不但列爲「戰爭學院」（民國 58 年 12 月成立）的教材，同時也列入國軍軍語辭典，藉以統一整個國軍的戰略思想、說法和做法。[1]

當時對「戰略」的定義爲：

> 戰略爲建立力量，藉以創造與運用有利狀況之藝術，俾得在爭取同盟目標、國家目標、戰爭目標、戰役目標或從事決戰時，能獲得最大之成功公算與有利之效果。[2]

民國 40 年 4 月，美國軍事援華顧問團成立，我國乃逐漸採行美式軍事教育體制。當時國軍各軍事院校的教育制度接受美軍的支援與指導，因此「戰略」一詞的定義係參考美軍的軍事準則以及融合我國國情而訂定。

當時美軍對「戰略」的定義爲：

> 平時與戰時，發展及運用全國政治、經濟、心理與軍事諸力量之藝術與科學。俾增加勝利之公算與有利之結果。並減少失敗之機會。[3]

三軍聯合大學的成立與「戰略」定義的界定，開始了我國實質上的「戰略教育」。

---

[1] 《國軍軍語辭典》，國防部民國六十二年印頒。本處引自：丁肇強，頁 59、71。
[2] 《國軍軍語辭典》，國防部民國六十二年印頒。本處引自：丁肇強，頁 59、71。
[3] 《華美軍語辭典（陸軍之部）上冊》，國防部民國五十九年印頒，頁 636。本處引自：丁肇強，頁 59、71。

貳、我國國防部對「戰略」等名詞的定義

吾人將現階段我國國防部對戰略等名詞之定義，列之如表 13.1。

表 13.1：現階段我國國防部對「戰略」等名詞之定義

名　詞	定　義
戰略	爲建立「力量」，藉以創造與運用有利狀況之藝術，俾得在爭取所望目標或從事決戰時，能獲得最大之成功公算與有利之效果。
國家戰略	爲建立國力，藉以創造與運用有利狀況之藝術，俾得在爭取國家目標時，能獲得最大之成功公算與有利之效果。
軍事戰略	爲建立武力，藉以創造與運用有利狀況以支持國家戰略之藝術，俾得在爭取軍事目標時，能獲得最大之成功公算與有利之效果。
戰術	乃在戰場（或預想戰場）及其附近，運用戰力，創造與運用有利狀況以支持戰略之藝術。俾得在爭取作戰目標或從事決戰時，能獲得最大之成功公算與有利之效果。

資料來源：《國軍軍語辭典》（九十二年修訂本），國防部頒行，民國 93 年 3
月 15 日。

參、我國三軍大學發展的戰略模式

以戰略、國家戰略、軍事戰略等觀念爲基礎，三軍大學也將戰略體系以及國家戰略作爲體系等觀念以簡單的模式表示。

一、戰略體系

三軍大學發展之戰略體系可以圖 13.2 表示。

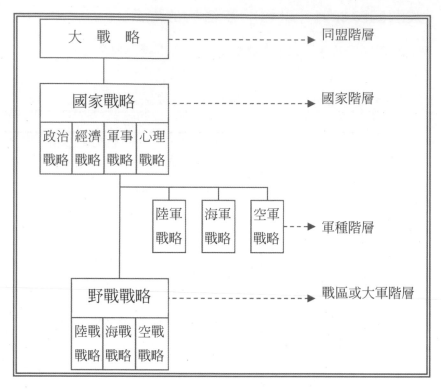

圖 13.2：戰略體系

資料來源：岳天，〈泛論國防管理（續）〉，《國防雜誌》，第三卷第二期，頁
62。

在圖 13.2 中，「大戰略」雖爲國與國間之同（聯）盟戰略階層，但在發
展的過程上，是先基於國家的利益產生國家戰略目標，再尋求具有共同利
益的友國，結爲盟國而作成同（聯）盟戰略。一旦形成同（聯）盟戰略，
則國家戰略應服從而支持之。[4]

圖 13.2 中，「國家戰略」乃建立與運用統合國力，以達成國家目標之藝
術。因此，國家戰略構想下，雖區分爲政、經、心、軍四略，但仍是整體
的、綜合的。[5]

國家戰略的次一階層的「軍事戰略」包含有陸軍戰略、海軍戰略、空
軍戰略等之「軍種戰略」。

---

[4] 岳天，頁 63。
[5] 岳天，頁 63。

在圖中，最低階層的野戰戰略爲戰區階層或大軍運用野戰兵力，在戰場形成前進，創機造勢，用兵之藝術；因作戰地域及作戰主要軍種之不同，又區分爲陸戰戰略、海戰戰略、空戰戰略。[6]

由上述戰略的基本觀念及模式來看，戰略階層雖然根據所建立和運用的力量，以及所爭取目標的不同，而區分爲大戰略、國家戰略、軍事戰略、軍種戰略和野戰戰略等不同的階層，但實際上是一個完整的體系。上一個戰略階層包含了下一個戰略階層，下一個戰略階層從屬於上一個戰略階層。彼此皆有對上支持和建議，對下指導和支援的責任與關係。[7]

二、國家戰略作爲體系

三軍大學發展之國家戰略作爲體系可以圖 13.3 表示。

圖 13.3 顯示了從「國家利益」、「國家目標」、「國家情勢判斷」、「國家戰略構想」、「國家安全諸政策」、「國家戰略諸計畫」等之思維順序及內涵。

圖中之「軍事戰略計畫」爲基於國家軍事戰略構想及軍事政策，判斷與計劃如何建設及運用三軍兵力，以準備未來戰爭及當前之備戰，支持國家戰略，達成國家目標。其內容有「建軍構想」、「兵力整建計畫」及「備戰計畫」三部分。[8]簡言之，軍事戰略計畫的內容有三：即「建軍」、「備戰」與「用兵」。[9]

「戰略」觀念之定義與「戰略作爲體系」皆發展於三軍大學成立之初，這對國軍高級將領的戰略思維能夠一致化、協調化、整合化，具有莫大的影響。時至今日，雖時空變遷，「戰略」觀念之定義與「戰略作爲體系」等觀念雖有調整，但仍具有學術的參考價值。

---

[6] 岳天，頁 64。
[7] 丁肇強，頁 62-63。
[8] 岳天，頁 64。
[9] 丁肇強，頁 78。

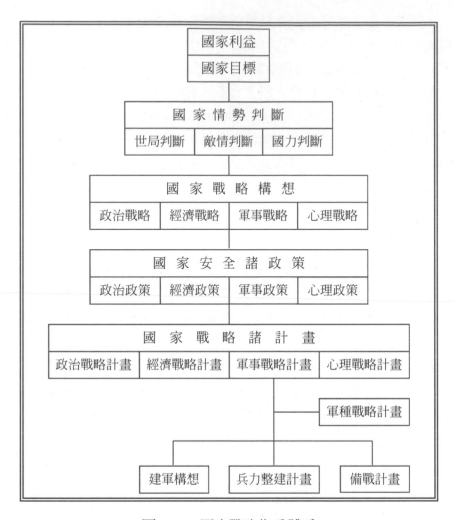

圖 13.3：國家戰略作為體系

資料來源：同圖 13.2，頁 63。

第三節　現階段美國的戰略觀念與模式

壹、現階段美國國防部對「戰略」等名詞之定義

　　吾人從網際網路中，可搜尋到現今美國國防部對「戰略」等名詞之定

義，並示之於表 13.2。

表 13.2：現階段美國國防部對「戰略」等名詞之定義

名　詞	定　　義
戰略 （strategy）	同時的以及用整合方式的，運用國家力量的手段，以達到戰區、國家或多國性目標的科學與藝術。 （The art and science of developing and employing instruments of national power in a synchronized and integrated fashion to achieve theater, national, and/or multinational objectives.）
國家戰略 （national strategy）	運用國家的外交、經濟、資訊等力量，配合著軍事武力，在平時和戰時以確保國家目標安全的科學與藝術。亦稱為「國家安全戰略」或「大戰略」。 （The art and science of developing and using the diplomatic, economic, and informational powers of a nation, together with its armed forces, during peace and war to secure national objectives. Also called national security strategy or grand strategy.）
軍事戰略 （military strategy）	使用國家的軍事武力，運用武力或武力威脅，以確保國家政策目標安全的科學與藝術。 （The art and science of employing the armed forces of a nation to secure the objectives of national policy by the application of force or the threat of force.）
戰術 （tactics）	在部隊彼此的關係下，對部隊的運用及適當的部署。 （The employment and ordered arrangement of forces in relation to each other.）

資料來源：《軍語辭典》（Dictionary of Military Terms），美國國防部（U. S. Department of efense）http://www.dtic.mil/doctrine/, 2005/2/6。

貳、美國國家戰略的觀念架構

　　美國學者考夫曼（Kaufman）、麥克凱垂克（McKitrick）、藍里（Leney）在其所著的《美國國家安全》（*U. S. National Security: A Framework for Analysis*）一書中，提出了一個國家安全政策的觀念架構，此觀念架構頗具學術的參考價值，其觀念如圖 13.4 所示。

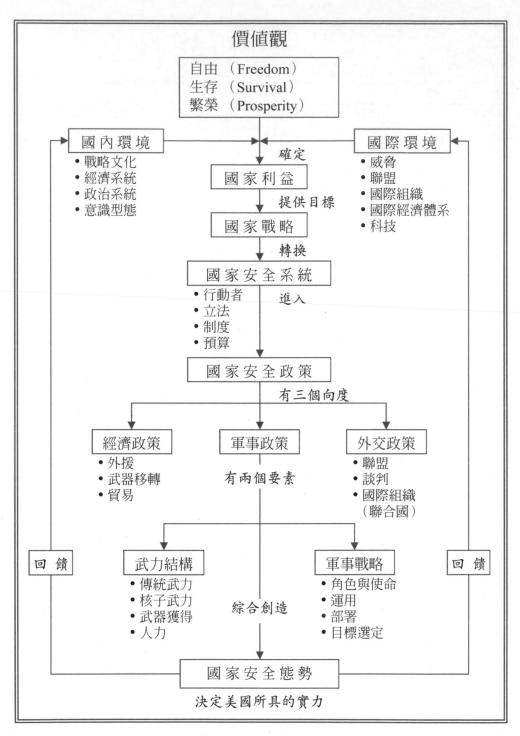

圖 13.4：美國國家安全政策的觀念架構

資料來源：改繪自：Daniel J. Kaufman, Jeffrey S. McKitrick, Thomas J. Leney, "Framework for Analyzing National Security Policy". *U.S. National Security: A Framework for Analysis,* Lexington, Mass., Lexington Books, 1985, p. 5.

參、小結

吾人根據美國的戰略觀念、美國「國家安全政策」的觀念架構，可歸納得到下列數點啓示：

1. 「國家戰略」亦稱「國家安全戰略」或「大戰略」。

2. 國家戰略之下已經不再是政、經、心、軍四略。依國家戰略之定義，對國力之運用係外交、經濟、資訊等力量，配合著軍事武力。依「國家安全政策的觀念架構」，則國家戰略包含有經濟、軍事、外交三大部分。

3. 從「國家安全政策的觀念架構」中可看出，美國國家安全戰略的決策前提爲：美國的「價值體系」。此體系之內含爲「自由」（Freedom）、「生存」（Survival）與「繁榮」（Prosperity），此價值體系是不可更改的、永恆的。

4. 在「國家安全政策的觀念架構」中可看出 SWOT 觀念的運用。

5. 從「國家安全政策的觀念架構」中可看出，美國安全政策是由價值體系（values）、國家利益（national interest）、國家戰略（national strategy）、國家安全系統（national security system）、國家安全政策（national security policy）、軍事政策（military police）、軍事戰略（military strategy）等系列性決策形成過程，以及其先後順序之間的演繹關係。

6. 換言之，美國國家安全政策的諸種作爲在捍衛美國的價值體系。此體系爲美國兩黨政治的共識。冷戰時期的美蘇對抗，其實就是價值體系的不同所導致。

7. 美國將採取「先制攻擊」策略對付現階段的外在威脅。

8. 美國將聯合友邦共同維持世界和平。

美國國家戰略的形成過程，可爲我國戰略思維之參考，以下是吾人的幾點看法：

1. 美國的國家戰略亦可稱「國際戰略」（international strategy），我國與美國的國情與實力不同，自不必如美國般肩負全球性的重責大任。

2. 美國有全國共識的價值體系但我國的政黨政治中最嚴重的差異就在於政黨之間沒有共識的前提，海峽兩岸的政治互動皆意識型態掛帥，這是我國政治長期不穩定的主要原因。

3. 換言之，我國的政黨由於彼此決策的前提不同（皆為意識型態導向），因而形成的決策必然不同。於是對執政權力的取得，在民主競爭的選舉中，處處可見衝突式的政黨互動，社會動亂因而產生。

4. 由於高層決策的紛擾，「目標」與「政策」是隨政黨政治而變動，因此對整個「國家戰略」、「軍事戰略」、「經濟戰略」等長程規劃均造成影響。

第四節　「國防資源」以及「國防資源管理」

壹、何謂國防資源與國防資源之分類

　　吾人已在本書第六章：「論資源分配」中，簡單介紹過資源的定義及其特性。本節將探討「國防資源」以及「國防資源管理」。

　　吾人認為現在或未來，直接或間接使用於軍事作戰的資源就是「國防資源」，這是國防資源「狹義」的說法。就「廣義」而言，國家所擁有的任何資源都是國防資源。

　　為便於討論，吾人採取狹義說法。如此，在平常時期可將「國防資源」與「國家資源」作區別，而在戰時則「國家資源」就是「國防資源」。

國防管理學院將國防資源分為四大類，此四大類分別是：

1. 人力資源；

2. 物力資源；

3. 財力資源；

4. 資訊資源。

貳、國防資源的「流量」與「存量」以及觀念的運用

國防資源包含有人力、物力、財力等，國防資源的現有狀態就是存量，而現有狀態隨時間的變化率則是流量。吾人以空軍的戰機為例，空軍現有戰機為 500 架（存量），戰時若每月損耗 10 架（負流量），補充 20 架（正流量），則戰機每月淨流入 10 架，如此不變，則一年後空軍的戰機將為 620 架。

在經濟學上將國民生產毛額（GNP）定義為：一個國家一年之內所增加的附加價值。換言之，GNP 是國家資源的一種流入，即國家資源為存量，GNP 就是流入量。

經濟學又將 GNP 扣除稅收定義為國民所得，也就是說 GNP 又可分為兩種流出：一為稅收，此成為政府部門的收入。另一則為國民所得，表一般國民的收入。

政府部門的財稅收入透過每年的預算，又分配到各個不同的部門。就國防部門而言，國防預算就是每年國家資源的流出，同時也是國防資源的流入。

參、軍事部門對國防資源的處理：國防資源管理

一、資源的需求、供給、獲得、分配與運用

軍事作戰必定要使用各種不同的資源，因此戰略規劃自必須先就軍事部門的資源作一分析，這種分析包含有資源的「需求」、「供給」、「獲得」、「分配」與「運用」。

「需求」：是指軍事部門針對敵情，為達到軍事目標，而產生對軍事資源的需要。

「供給」：是指更高的戰略階層，在其戰略構想下對軍事部門任務的指派以及資源的賦予。這種資源的賦予對軍事部門而言是一種資源的流入，也就是對軍事部門資源供給的來源。而對更高的戰略階層來說，則是對次一戰略階層的資源分配。吾人須知，資源的「需求」源自軍事部門的規劃，而資源的「供給」來自於更高階層對資源的分配，「需求」與「供給」兩者之間是有差距的。

「獲得」：是指軍事部門針對敵情，為達到軍事目標，實際得到的資源。

「分配」：是指在軍事戰略構想下，對獲得資源的處分。最重要是將資源分配到各個不同的軍種部門，也可以說是對次一階層戰略單位的資源供給。

「運用」：是指各部門對實際擁有資源的使用。

上述對資源觀念的分析，不僅使用於軍事戰略部門，也可使用於軍事部門的不同戰略階層。亦適用於其他各種不同性質的組織。

有關國家戰略階層以及軍事戰略階層對資源需求、供給、獲得與分配可以圖 13.5 表示之。

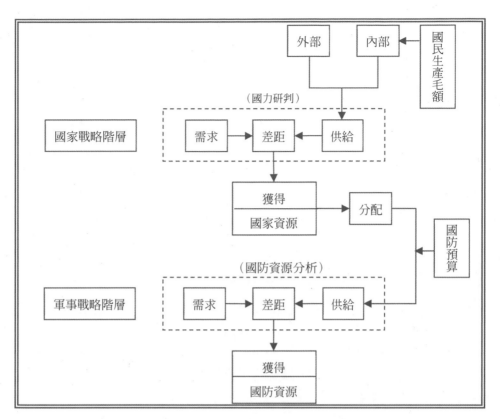

圖 13.5：國防資源供給與需求流程圖

資料來源：童兆陽、劉興岳，〈戰略管理與國防資源管理之整合模式〉《國防管理學院學報》，第十五卷第一期，民國 83 年 1 月，頁 7。

　　圖 13.5 中，國家戰略階層對資源的需求與供給的分析，即為「國力研判」，而其供給來源有二，即「內部來源」與「外部來源」。就內部來源而言，國民生產毛額即為一重要來源；而外部來源則來自於盟國的援助。

　　國家戰略階層透過國家預算，將獲得的資源作一分配。

　　軍事戰略階層對資源的需求與供給的分析，即為「國防資源分析」。國防資源的一個重要供給來源，就是國家預算中的國防預算。

二、軍事戰略部門對獲得資源之處理

　　軍事戰略部門對獲得資源之分配與運用，可以圖 13.6 表示之。

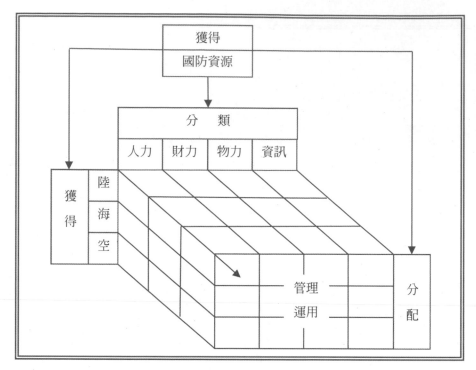

圖 13.6：軍事戰略部門對資源的獲得、分配與運用

資料來源：同圖 13.5。

　　圖 13.6 中之立體部分，含有三個面向：橫軸代表資源的分類，國防資源的分類概可分為人力、物力、財力、資訊等；縱軸代表資源的分配，國防資源被分配到陸、海、空等各軍種部門，成為各軍種部門的資源獲得，以為遂行各軍種戰略所需；另一座標軸代表資源的管理與運用，各軍種部門對資源運用的情形，就是「人力管理」、「物力管理」、「財力管理」、「資訊管理」等。

三、國防資源管理模式

　　圖 13.5 與圖 13.6 已將國家資源與國防資源的供需情形以及國防資源的獲得、分配與運用作了概略的探討。吾人亦可將圖 13.5 與圖 13.6 合併為一圖，以說明國防資源管理的整體觀念，吾人稱為「國防資源管理模式」，此模式可示之如圖 13.7。

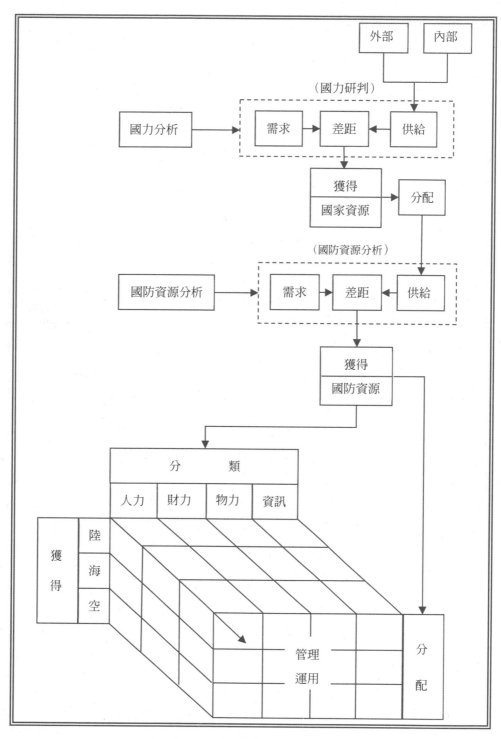

圖 13.7：國防資源管理模式

資料來源：同圖 13.5。

四、國防資源管理的程序

圖 13.7「國防資源管理模式」僅表達了資源的供給、需求、分配等概念。吾人依管理之程序將圖13.7改繪如圖13.8，可使國防資源管理的觀念更為清楚。

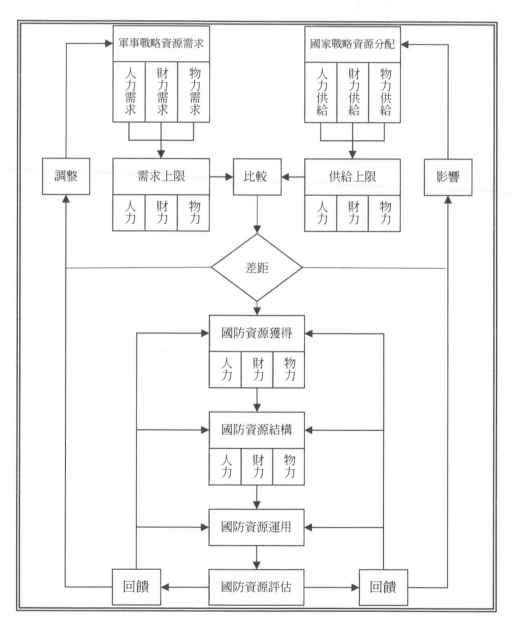

圖 13.8：國防資源管理程序

資料來源：修改自「國防資源管理程序圖」。劉興岳、蘇建勳，〈國防人力上限下兵力結構調整模式之研究〉《國防管理學院學報》，第二十卷第一期，民國 88 年 4 月。

　　圖 13.8 顯示了國防資源的供需、獲得、結構、運用、評估等程序。其中軍事部門依目標決定了資源需求的上限，國家戰略的資源分配決定了資源供給上限，當供需不相等時，軍事部門的兩項作為：調整需求或影響供給。

第五節　「國防資源管理」與「戰略管理」觀念之整合

壹、戰略管理模式之建構

　　吾人可將本書第五章之「組織策略管理系統圖」（圖 5.7）略作修改，並結合本章介紹之戰略觀念，而建構一「戰略管理之修訂模式」，並以圖 13.9 表示之。

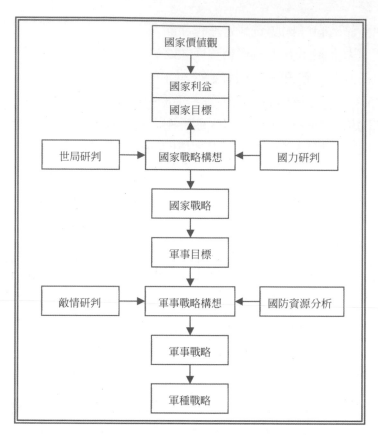

圖 13.9：戰略管理之修訂模式

資料來源：修改自「戰略管理模式」。童兆陽、劉興岳，〈戰略管理與國防
　　　　　資源管理之整合模式〉，《國防管理學院學報》，第十五卷第一
　　　　　期，民國 83 年 1 月，頁 8。

　　圖 13.9 中，吾人以「國家價值觀」作爲國家戰略之決策前提。而「國
家戰略構想」即是在國家戰略之「決策前提」、「世局研判」、「國力研
判」三個限制條件下，決定「國家利益」與「國家目標」，繼而形成「國家
戰略」，並賦予軍事部門「軍事目標」。

　　軍事部門的「軍事戰略構想」則在「軍事目標」、「敵情研判」、「國防
資源分析」三個限制條件下形成「軍事戰略」。依此模式，再進行「軍種戰
略構想」並形成「軍種戰略」。

　　吾人稱圖 13.9 爲「戰略管理模式」，因爲此模式係融合「組織策略管
理系統」的管理觀念與戰略觀念而成。（在「戰略管理模式」中，沒有繪

入「評估與控制」的功能，但在實際運作時不可缺少此功能。）

貳、戰略管理與國防資源管理之整合模式

至此，吾人以

圖 13.5 表達了國家資源與國防資源供給與需求流程；

圖 13.6 表達了軍事戰略部門對資源的獲得、分配與運用；

圖 13.7 表達了國防資源管理的整體觀（圖 13.5 與圖 13.6 的結合）；

圖 13.9 表達了戰略管理模式。

由是，可將圖 13.9「戰略管理模式」與圖 13.7「國防資源管理模式」再結合為更整體的觀念，吾人稱此為「戰略管理與國防資源管理之修訂整合模式」，並將此模式示之如圖 13.10。

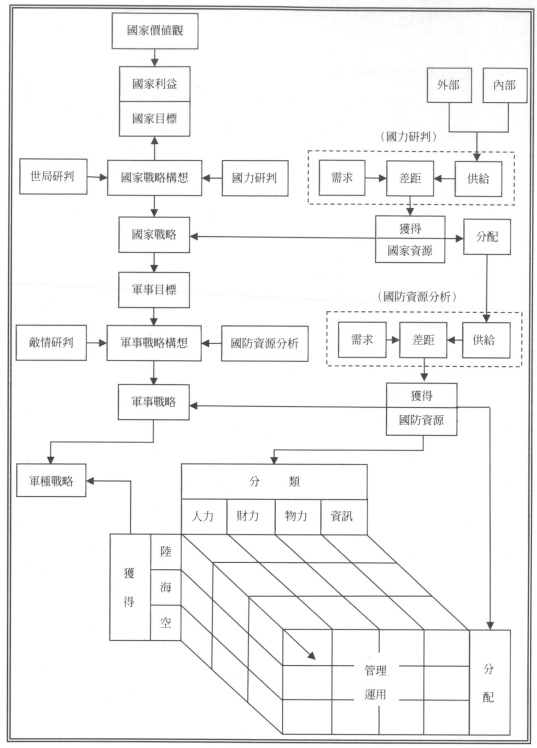

圖 13.10：戰略管理與國防資源管理之修訂整合模式

資料來源：修改自「戰略管理與國防資源管理之整合模式」。童兆陽、劉
　　　　　興岳，〈戰略管理與防資源管理之整合模式〉，《國防管理學院學
　　　　　報》，第十五卷第一期，民國 83 年 1 月，頁 8。

　　圖 13.10 中，左邊爲「戰略管理模式」，右邊則爲「國防資源管理模
式」，模式的內容茲不贅述。

參、國防資源管理之內涵

　　由以上的討論可知，國防資源管理的內涵包含有資源的供給、需求、
獲得、分配與運用等。而在資源的運用部分則包含有人力、物力、財力、
資訊等之管理。以上吾人稱之爲「廣義」的國防資源管理內涵。

　　同時，由以上的討論亦可知「廣義」國防資源管理的內涵中，資源的
供給、需求、獲得與分配，實際上是由軍事戰略主導，它是「戰略」定義
中「國力」或「武力」的建設。因此，這部分應屬軍事戰略的範圍。

　　是以，廣義的「國防資源管理」與「戰略管理」的內涵就有部分重
疊。故吾人認爲國防資源管理應取「狹義」的內涵，是指廣義「國防資源
管理」的「運用」部分，其內容爲：

　　1. 軍事人力管理；

　　2. 軍事物力管理；

　　3. 軍事財力管理；

　　4. 軍事資訊管理。

第六節　「國防資源管理」與「戰略規劃」之關係

壹、國防資源之「分配均衡」、「持續均衡」與「戰力持續」

一、國防資源之「分配均衡」

由以上的討論，吾人應知：

1. 軍事作戰必定會消耗資源。

2. 各種不同的組織所擁有的資源均是有限的。

是以，就任何組織而言，有關資源的運用就必須考慮兩個問題：一是如何使投入的各種資源為最少；另一則是在此最少的資源下，各種不同資源的組合（分配）情形，而且只有在這種組合下，資源才能發揮其最大的綜合效果（synergy effect）。

事實上對上述兩問題，吾人在本書第六章：「論資源分配」中，已提出了解決之道。也就是運用「邊際」觀念來調動組織各種的資源，在達到組織目標函數局部極大值的條件下，各種資源的組合就是組織的「最適資源分配」。這個狀態吾人亦可稱之為資源之「分配均衡」，組織資源的投入若低於此均衡點，將無法有效達成組織目標；超過此點，則不僅無法有效達成組織目標，且將造成資源浪費。

組織資源分配的觀念，當然也適用於軍事部門，在國防上為了反映整個的戰略構想，對於資源的分配，無論是對陸、海、空等軍種的資源賦予，或是人、財、物等資源的組合，都應有最適的分配，吾人稱之為國防資源之「分配均衡」。

是以，國防資源分配是軍事戰略的重要決策，戰略構想也就落實在資源的投入與結構上。

二、國防資源之「持續均衡」

除了上述國防資源分配之均衡外，在戰爭期間由於各種資源的損耗以及整補，戰略規劃還要考慮另一問題，即是國防資源持續與戰力持續。對這個問題的思維就必須使用「存量」與「流量」的觀念。

戰爭必會損耗資源，這種損耗即為流出之量；而對所需資源的補充則為流入之量。

戰爭期間國防資源之淨流量為正或零，表示國防資源的存量在持續增加或不變，此可稱之為國防資源「無限持續」。

戰爭期間國防資源之淨流量為負，表示國防資源的存量在持續減少，此可稱之為國防資源「有限持續」。

在「有限持續」下，國防資源由現有的存量，到資源耗盡所費的「時間」稱之為「國防資源持續」。

國防資源的損耗不僅會使國防資源減少，也會造成國防資源分配與結構的「失衡」。這說明了戰爭期間對各種資源的整補或資源之間的互換，不僅是對各種資源的補充，同時也要達到資源分配的均衡狀態。

在「有限持續」下，對各種資源的補充或互換，除了考慮資源的「分配均衡」外，還要考量國防資源的「持續均衡」。

所謂國防資源的「持續均衡」，就是在戰爭期間對各種資源的補充或互換，必須要使各種資源的持續時間能夠一致。例如，武器之持續為 5 年，而人力之持續為 10 年，此即為持續的不均衡，因為戰爭經過 5 年後，所有人力將無裝備可使用。

因此，所謂國防資源的「持續均衡」就是要使各種資源的持續能夠一致。

三、戰力持續

所謂「戰力持續」是指在作戰期間，各種國防資源配合發揮戰力之時間。

在國防資源為「無限持續」時，戰力亦為「無限持續」。

在國防資源為「有限持續」時：若各種資源之持續為均衡狀態（即各種資源持續一致），則國防資源持續，即為「戰力持續」；若各種資源之持續為不均衡狀態，則在各種資源之持續中，時間最短的一個持續為「戰力持續」。

例如，空軍的持續為 5 年，海軍為 8 年，陸軍為 10 年，此為國防資源持續的不均衡，而其中空軍持續的 5 年為最小，亦即戰力持續為 5 年。

因此，「戰力持續」為國防資源「持續均衡」觀念的延伸，作戰要盡

可能的延長我之戰力持續，也就是要延長國防資源持續均衡的時間。

貳、「國防資源管理」與「戰略規劃」之關係

由以上之探討，可得到下述結論：

1. 戰爭之勝敗不僅取決於國防資源存量之多寡，亦取決於國防資源「分配之均衡」與「持續之均衡」。
2. 戰略規劃要考量敵我雙方國防資源「分配」與「持續」之情形。
3. 戰略規劃要盡可能延長我之戰力持續，縮短敵之戰力持續。
4. 延長我戰力持續有內部方法與外部方法兩種，其外部方法為：
   - 爭取友邦支持；
   - 取之於敵。
5. 減少敵之戰力持續有內部方法與外部方法兩種，其外部方法為：
   - 阻止敵之盟邦支持；
   - 製造敵之敵國，使敵陷於兩面作戰，增加敵資源消耗之速度。

但上述兩種外部方法，其成功性均取決於外部因素配合的程度。

減少敵之戰力持續的內部方法不僅是消耗敵之國防資源，更重要是破壞敵國防資源的「分配均衡」與「持續均衡」，使達到「失衡」狀態，則可加速敵之失敗。

第七節　「國防預算」與「戰略規劃」之關係

戰略規劃包含有長、中、短程之規劃。預算則是以一年為期程，以金錢表示之短期施政計畫。簡言之，預算是戰略規劃之短程部分。

由圖 13.10：「戰略管理與國防資源管理整合模式」可知，影響軍事戰略構想的因素有三：

1. 軍事目標；

2. 敵情；

3. 國防資源。

依據圖 13.10，上述三因素相互之間的關係，可以圖 13.11 表示。

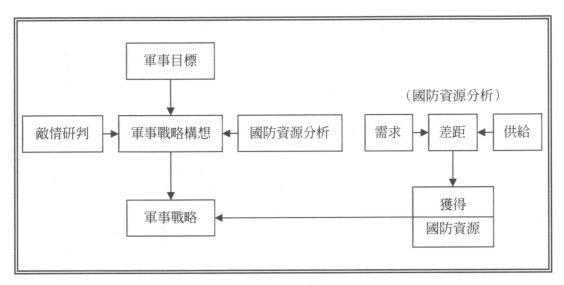

圖 13.11：影響軍事戰略構想的因素

資料來源：同圖 13.5，頁 13。

圖 13.11 中，吾人可知國防資源之獲得，為遂行軍事戰略所必需。且在下列二種情況下，會導致「軍事戰略」與「國防資源獲得」發生改變：

1. 軍事目標與國防資源供給發生改變時；

2. 敵情發生改變時。

上述「軍事戰略」與「國防資源獲得」之變動情形，吾人可以圖 13.12 表示。

第二篇

戰略篇

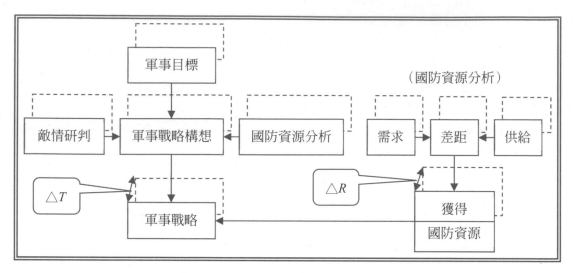

圖 13.12：軍事戰略與國防資源的變動

資料來源：同圖 13.5，頁 13。

　　圖 13.12 中，虛線部分代表變動前「軍事戰略」、「國防資源獲得」與其他各因素的狀態；實虛線部分代表變動後「軍事戰略」、「國防資源獲得」與其他各因素的狀態。

　　圖 13.12 中，由於軍事戰略改變，而導致所需國防資源與原有國防資源的差距可以 $\triangle R$ 表示之，改變所需之時間可以 $\triangle T$（單位：年）表示之。

　　亦即是，由於軍事戰略的改變，軍事決策部門如欲在 $\triangle T$ 後，增加（減少）$\triangle R$ 之資源，則自現在起每年需增加（減少）$\triangle R/\triangle T$ 之資源。如資源是以金錢表示，則 $\triangle R/\triangle T$ 就是「年度投（減）資費用」，這必須編列在每年之預算內。

　　另外，對現有之國防資源，如欲使其發揮效用，也必須有適當的投入。如人力資源的「人力維持費用」（如薪資）；物力資源的「物力維持費用」，如零附件、燃料等。

　　另外一種費用則為「作業維持」費用，此為國防部門推行各種行政業務與作戰演訓所需使用的費用。

　　「人力維持費用」、「物力維持費用」與「作業維持費用」這些稱之為「年度維持費用」，必須編列在每年之預算內。

　　換言之，

年度維持費用＝年度人力維持費用＋年度物力維持費用＋年度作業維持

費用

　　國防預算＝年度投資費用＋年度維持費用

　　由上述討論可知，國防預算與戰略規劃之關係爲：「國防預算是軍事戰略短期計畫的施行，國防預算的年度投（減）資費用則是軍事戰略的年度性（短程）改變的反映。」[10]

第八節　　「國防預算」與「國防資源管理」之關係

　　在本章的圖 13.6：「國防資源管理模式」中，可看出軍事部門對國防資源的處理過程。

　　吾人依據實務，將國家資源流往軍事部門以及形成爲國防預算的流程，以圖 13.13 表示之。

---

[10] 在實務上，我國國防部對國防預算的編列，依軍費結構性質區分爲「軍事投資」與「軍事維持」兩大類。

「軍事投資」包含武器裝備、軍事設施工程、科學研究及設備、非營業循環基金等。「軍事維持」則區分爲作業維持與人員維持兩項。

「作業維持」包括補給修護、教育訓練、作戰演訓、動員業務、勤務支援等，屬於推展業務及維持戰力之基本需求；人員維持爲國軍官兵、文職、聘雇人員法律義務必需之支出，包括薪資、保險、撫卹等。（以上請參見《中華民國八十五年國防報告書》，頁 114-15）

本文所提之觀念與國防實務略有不同。本文以爲教育與訓練爲提昇人力資源素質之所需，故列爲人力投資費用。

第二篇　戰略篇

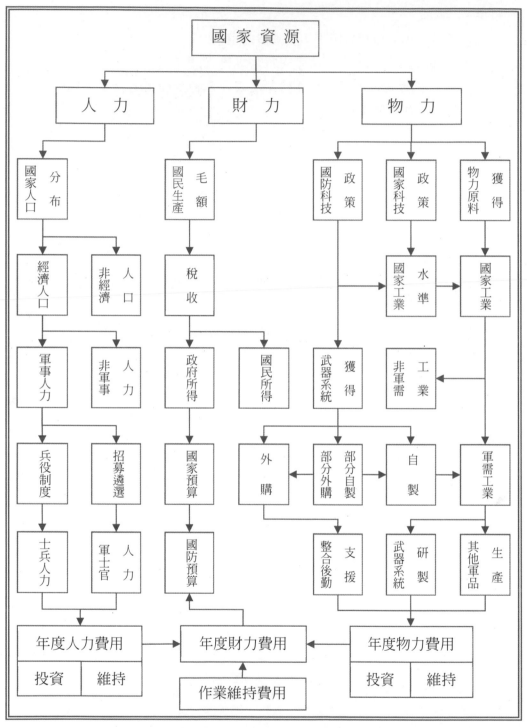

圖 13.13：國家資源、國防資源至國防預算之流程
資料來源：同圖 13.5，頁 14。

圖 13.13 中，將國家資源概分爲人力、財力、與物力三種。

在國家資源人力部分，顯示出國家人力流往軍事人力的過程。

在國家資源財力部分，顯示由國民生產毛額流向國防預算的過程。

在國家資源物力部分，則顯示由物力原料流向軍需工業的過程，以及國家科技政策、國防科技政策對物力資源流程的影響。

吾人將圖 13.13 中，軍事部門對獲得的人力、物力、財力等資源的運用，補充說明如下。

對軍事人力資源的運用每年所作的投入，由以上討論可知包含了：「年度投資費用」，如教育訓練；「年度維持費用」，如薪資。這兩項之和就構成了「年度人力費用」。

對軍事物力資源的運用，每年所作的投入，亦包含了：「年度投資費用」，如裝備購買，以及「年度維持費用」，如維修、零附件汰換。這兩項之和就構成了「年度物力費用」。

另外，則爲「年度作業維持費用」。

而「年度人力費用」、「年度物力費用」與「年度作業維持費用」三者之和就是「年度財力費用」，這就是軍事部門年度的資源需求，也是軍事部門每年編列預算的依據。

因此，國防資源中的「人力」、「物力」都與「財力」密切相關。

於是，吾人可歸納「國防預算」與「國防資源」的關係如下：

1. 年度人力費用＝年度人力投資費用＋年度人力維持費用
2. 年度物力費用＝年度物力投資費用＋年度物力維持費用
3. 年度財力費用＝年度投資費用＋年度維持費用（含年度作業維持費用）
4. 年度財力費用＝年度人力費用＋年度物力費用＋年度作業維持費用
5. 以年度財力費用（年度資源需求）爲編列國防預算（年度資源供給與獲得）之依據

由以上可知，國防資源雖可分人力、財力、物力等，但「人力資源」與「物力資源」皆將由「財力資源」來表示。亦即是，各種國防資源皆是經由財力資源始能獲得。每年的「年度投資費用」（人力與物力），即反映成爲年度增加的國防資源（$\triangle R\,[\Delta t=1]$）。

第九節 「國防財力長程獲得」與「國防資源分配」

壹、何謂「國防財力長程獲得」

吾人應知「國防預算」為軍事部門短期（1年）之財力獲得。

因此「國防財力長程獲得」是指軍事部門在長時期的財力獲得。「國防財力長程獲得」的時程與戰略規劃的時程相等，一般而言約為 10 年。如此，則一個長達 10 年的國防財力獲得，事實上就是未來 10 年國防預算的累積。

國防財力長程獲得為軍事戰略「建軍」可使用的國防資源，這也是吾人認為「國防財力長程獲得」的時程應等同「戰略規劃」時程的原因。而其重要性也是本文要特別探討的主因。

貳、國防預算未來發展趨勢預測與國防財力長程獲得預估

一、國防預算未來發展趨勢預測

（一）影響未來國防預算的因素

由前述國家資源、國防資源至國防預算之流程（圖 13.13）中，可看出影響未來國防預算的因素，有下列幾項：

1. 國家總體經濟成長趨勢：這項指標就是反映國家未來 GNP 的成長率，通常在政府的經建部門都會事先預測並對外公布。
2. 中央政府未來預算成長的趨勢。
3. 中央政府對未來預算分配的政策。
4. 與假想敵國的互動。
5. 上述諸因素的結果，則反映到國防預算的增加或減少。

（二）國防預算未來發展趨勢的預測方法

統計或一般計量方法，均發展有預測技術，這些均可用之於國防預算未來發展趨勢的預測，茲簡單列出數種方法如下：

1. 德菲法；
2. 經驗判斷法；

3. 迴歸模式；

4. 計量經濟模式；

5. 模擬模式；

6. 移動平滑模式；

7. 數學模式。[11]

二、國防財力長程獲得預估

　　吾人已知，國防財力長程獲得為未來每年國防預算的累積。因此，即可依國防預算未來的發展趨勢，來預估國防財力的長程獲得。茲以圖 13.14 說明之。

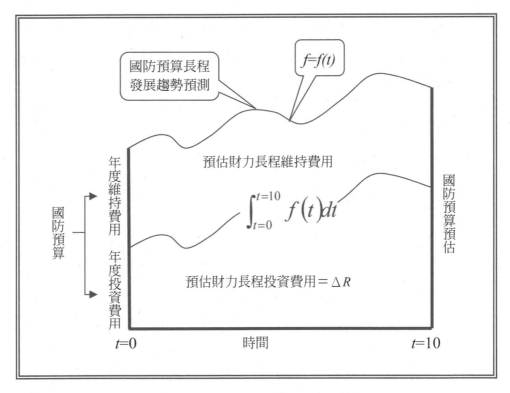

圖 13.14：國防財力長程獲得預估

資料來源：本研究。

---

[11] 劉立倫，頁 155。

圖 13.14 中，縱座標表國防預算，橫座標表時間（t 單位：年）。圖中之曲線表國防預算長程發展趨勢之預測，設爲函數 $f = f(t)$。

則自 $t = 0$ 至 $t = 10$（$\Delta t = 10$）之間的預估國防財力長程獲得的函數數式爲：

$$預估國防財力長程獲得 = \int_{t=0}^{t=10} f(t)dt \qquad （13.1）$$

式 13.1 之值，即爲圖 13.14 中，$f = f(t)$ 曲線以下所涵蓋的面積。

由於

國防預算＝年度投資費用＋年度維持費用

因此

預估國防財力長程獲得＝預估財力長程投資費用＋預估財力長程維持費用

其中，「預估財力長程投資費用」表國防預算中未來「年度投資費用」長程之累積；「預估財力長程維持費用」表國防預算中未來「年度維持費用」長程之累積。

其中，「預估財力長程投資費用」即爲戰略規劃長程需增加之資源〔$\triangle R$ (Δt=10)〕

是以，

$\triangle R$ (Δt=10)＝預估國防財力長程獲得－預估國防財力長程維持費用

由是，吾人可以預估軍事部門在第十年時累積的國防資源存量($R_{t=10}$)，其數量爲：

$R_{t=10} = R_{t=0} + \triangle R$ (Δt =10)

吾人已知「國防預算是軍事戰略短期計畫的施行，國防預算的年度投（減）資費用則是軍事戰略的年度性（短程）改變的反映。」而「預估財力長程投資費用」（$\triangle R$）爲戰略規劃長程需增加之資源，因此「預估財力長程投資費用」的獲得與分配就是軍事戰略規劃構想（長程）的反映。

上列數式，分別說明了：

1. 「國防財力長程獲得」與「國防預算」之關係；

2. 「國防財力長程獲得」與「國防資源」的關係。

三、國防財力長程獲得預估實例

吾人並擇一實例，說明「國防財力長程獲得預估」觀念的運用，此實例如圖 13.15 所示。

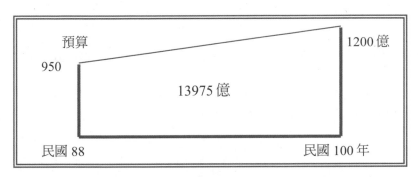

圖 13.15：陸軍財力長程獲得預估

資料來源：帥化民，〈民國一百年陸軍可用資源評估〉，陸軍八十七年度
第二次軍事學術研討會，《綜合報告》，陸軍總司令部主辦，
民國八十七年六月，頁 24。

圖 13.15 中，陸軍經研究結果認為在民國 88 年時，陸軍可使用財力資源為 950 億，此後逐年遞增，而到民國 100 年時可使用財力資源為 1200 億。則陸軍自民國 88 年至民國 100 年，所獲得資源即為圖中梯形面積部分，其總額約為 1.4 兆元。[12]

四、「國防財力長程獲得」與「軍事戰略」的關係

軍事戰略的長程規劃為「建軍構想」（參見本章，圖 13.3：國家戰略作為體系），國防財力長程獲得預估，就是建軍政策形成的重要依據，軍事戰略決策者依此進行「資源分配」、「軍事組織結構重新調整」以及「武器系統獲得」。

建軍構想中的軍事組織結構重新調整，就是如何分配「國防財力長程獲得」來形成其新的「兵力結構」，也就是將現在（$t = 0$）的兵力結構轉變轉換成 $t = 10$ 時的兵力結構。而所謂的「兵力結構」乃「人力結構」（編

---

[12] 帥化民，頁 24。

製）與「武器系統」（編裝）兩者的組合。

軍事組織結構重新調整的方法有：「穩定策略」、「擴張策略」、「裁減策略」、「裁撤策略」、「內部調整策略」以及「成立新單位」等。新的「兵力結構」乃是「軍事戰略構想」在「軍事目標」、「國防資源分析」、「敵情研判」三個限制條件下產生的結果。[13]

五、國防財力長程獲得、軍事戰略構想、兵力結構的決策流程

吾人可將上述國防財力長程獲得、國防資源存量、軍事戰略構想、兵力結構等系列的決策流程，以圖 13.16 表示。

---

[13] 參見本章，圖 **12.10**：戰略管理與國防資源管理整合模式。

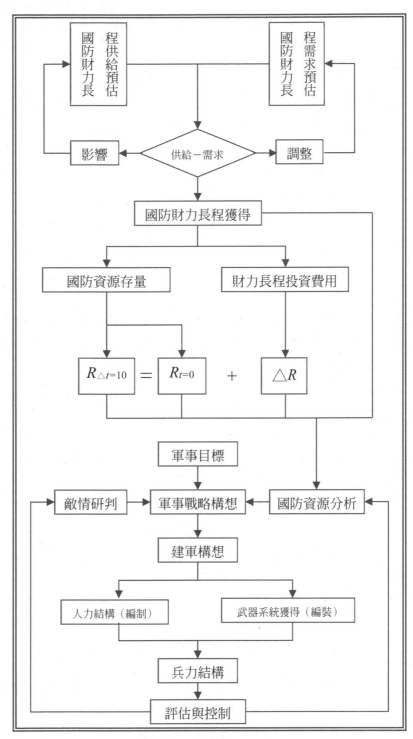

圖 13.16：財力長程獲得、國防資源存量、
軍事戰略構想與兵力結構之決策流程

資料來源：本研究。

447

茲將圖 13.16，並簡述如下：

1. 國防財力長程供給預估，係指從供給面預估政府高層可能分配給軍事部門的財力資源。

2. 國防財力長程需求預估，係指從軍事部門戰略構想的長程需求預估所需的財力資源。

3. 「國防財力長程供給」與「國防財力長程需求」不相等時，軍事部門的作為有二：一為影響政府高層，增加資源供給；一為調整軍事部門的資源需求。

4. 財力長程投資費用在於增加國防資源 $\triangle R$（$\Delta t=10$）。

5. $\triangle R$（$\Delta t=10$）亦為未來國防資源分配，將 $t=0$ 時的兵力結構，轉變為 $t=10$ 的兵力結構時可以使用的資源。

6. 「國防資源分析」的主要分析內涵有：
   · 國防財力長程獲得，此可轉換為軍事部門所需的各種非財力資源。
   · 現有國防資源（$R_{t=0}$），此為現時兵力結構使用的資源。
   · 未來可增加的國防資源，此為兵力結構轉變可使用的資源。
   · 未來的國防資源存量（$R_{t=10} = R_{t=0} + \triangle R(\Delta t=10)$），此為未來兵力結構使用的資源。

7. 建軍構想的兩大作為：「人力結構」與「武器系統」，兩者之組合為「兵力結構。」

第十節　小結

戰爭必定會消耗資源，而往往對資源的覬覦亦是導致戰爭的原因，因此戰略規劃就不能不考慮資源的獲得與管理，但是吾人從我國國防管理的實務中可發現，有關國防資源管理的論述實是寥寥無幾，民國 85 年以前，國防管理學院資源管理研究所的「國防資源管理」應該是國內大專院校唯一開設此課程的研究所。

本章的目的就在釐清「戰略管理」、「國防資源管理」、「戰略規劃」、「國防財力長程獲得」與「國防預算」等名詞之間的關係，並且發展「戰略管理與國防資源管理」的整合性模式，使國防實務的規劃者能一目了然，對整個觀念有清晰的瞭解。

　　吾人亦可在戰爭遂行時透過實際的觀察，從資源的使用情形來判斷敵軍的戰力持續，例如，德軍在二次世界大戰末期已在徵召十八歲以下的青少年入伍，就可判斷德國已面臨人力資源短缺的困境。

　　美國雷根總統與蘇聯的冷戰其實就是一場國家級別的資源拚鬥大戰，雷根總統的兩個經濟手段：一是壓低國際油價以減少蘇聯的國家收入；二是以發展星際大戰來引誘蘇聯增加軍費的支出。這兩個手段終於迫使蘇聯解體。

　　這兩個例子說明了資源管理是戰略規劃必須要考量的重要因素。

參考資料

中文書目

《國軍軍語辭典》（九十二年修訂本），國防部頒行，民國 93 年 3 月 15 日。

《國軍軍語辭典》，國防部民國六十二年印頒。

《華美軍語辭典（陸軍之部）上冊》，國防部民國五十九年印頒。

丁肇強，《軍事戰略》（台北：中央文物供應社，民國 73 年）。

岳天，〈泛論國防管理（續）〉，《國防雜誌》，第三卷第二期，民國 76 年。

帥化民，〈民國一百年陸軍可用資源評估〉，陸軍八十七年度第二次軍事學術研討會，陸軍總司令部主辦，民國八十七年六月。

國防部（編），《中華民國八十五年國防報告書》。

童兆陽、劉興岳，〈戰略管理與國防資源管理之整合模式〉，《國防管理學院學報》，第十五卷第一期，民國 83 年 1 月。

劉立倫，《國防財力管理》（台北：華泰文化，民國 89 年）。

劉興岳、蘇建勳，〈國防人力上限下兵力結構調整模式之研究〉，《國防管理學院學報》，第二十卷第一期，民國 88 年 4 月。

英文書目

Kaufman, Daniel J., Jeffrey S. McKitrick, Thomas J. Leney, "Framework for Analyzing National Security Policy". *U.S. National Security: A Framework for Analysis.* (Lexington, Mass., Lexington Books, 1985).

網際網路

《軍語辭典》（*Dictionary of Military Terms*），美國國防部（U. S. Department of Defense）。http://www.dtic.mil/doctrine/. 2/6/2005.

「美國國家安全戰略」（中文譯本）（*The National Security Strategy of the United States of America*），美國國務院（U.S. Department of State）國際信息局（Bureau of International Information Programs）。http://usinfo.state.gov/. 2/26/2005.

「美國國家安全戰略」（英文文件）（*The National Security Strategy of the United States of America*）. http://www.whitehouse.gov/.

第十四章　論國防人力資源管理

第一節　國防人力資源管理的內涵

吾人將國防人力資源管理之內涵，以圖 14.1 表示之。

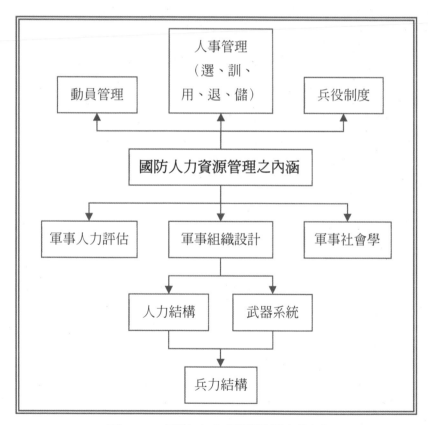

圖 14.1：國防人力資源管理之內涵

資料來源：修改自：劉興岳、張志成，〈軍事人力資源管理架構性之研究〉，《第三屆國防管理學術暨實務研討會論文集》，民國 84 年 6 月，頁 135，「軍事人力資源管理之整體性架構圖」。

茲將圖 14.1 中，國防人力資源管理之內涵，簡述如下。

人事管理：此包含有招募、遴選、任官、薪資、考評、訓練、昇遷、退休、福利、健保等。

動員管理：此為後備部隊之儲訓，以因應國家緊急狀況部隊動員之需。

兵役制度：此為平常時期，士兵人力之獲得。

軍事組織設計：此為國家武力的建構，包含有人力結構、武器系統以構成兵力結構。

軍事社會學：此為社會學及心理學等知識用之於部隊的管理與領導。

軍事人力評估：透過目標評估、組織評估、工作評估、人力評估等方法，使軍事人力資源得以有效運用。

由以上可知，國防人力資源管理的內涵包含甚廣，但本章探討的重點為：

1. 動員制度之源起與國防人力動員能量之探討；
2. 論平時常備兵力的服役年限；
3. 論國防人力結構最適模式；
4. 論軍官的晉升停年；
5. 國防人力評估。

第二節　動員制度之源起與國防人力動員能量之探討

壹、前言

本節改編自：劉興岳、侯玉祥，〈台澎防衛作戰人力動員能量之研究〉，《第七屆國防管理學術暨實務研討會論文集》，國防管理學院，民國 88 年 5 月。國防人力資源管理其內容應包含有一般企業組織之人力資源管理內容，並且因軍事組織之特色，而又應有一些與軍事有關的特定管理內容。

貳、近代國防人力徵兵制度與軍事動員之起源

一、「動員」之定義

美國軍語字典對「動員」（mobilization）一詞之定義為：

1. *戰時或其他緊急狀況時，將國家資源集結並組織起來以支援國家目標之舉措。*（The act of assembling and organizing national resources to support national objectives in time of war or other emergencies.）

2. *三軍部隊或部分部隊在國家準備作戰或面臨緊急狀況時，進入戰備狀態之過程。*（The process by which the Armed Forces or part of them are brought to a state of readiness for war or other national emergency.）

軍隊動員至少包含下列分類：

・選擇性動員（selective mobilization）；
・部分動員（partial mobilization）；
・完全動員（full mobilization）。
・全面動員（total mobilization）[1]

二、近代「徵兵制度」與「軍事動員」之開始

近代的「徵兵制度」與「軍隊動員」始於法國大革命時期。

1789 年 7 月 14 日，法國大革命爆發。1792 年 8 月，法國革命人士經由成男普選成立「國民公會」（National Convention）為制定新憲法的議會。同年 9 月，國民公會宣布廢除君主政體，改建共和。次年（1793）1 月，國民公會判決法王路易十六（Louis XVI）有罪，並於同月 21 日將法王送上斷頭台。

由於法國革命的混亂情勢，奧國（Austria）與普魯士（Prussia）遂在 1792 年 2 月 7 日，成立「普奧聯盟」（Austro-Prussian Alliance）（反法「第一次聯盟」(First Coalition)），並將軍隊開往靠近法國的邊界。皮得蒙王國（The Kingdom of Piedmont）隨後加入聯盟，普、奧結盟之目的無非是想乘法國的危亂，獲取政治利益。

1792 年 4 月 20 日，法國向奧國宣戰，「第一次聯盟戰爭」開始（War of

---

[1] U. S. Department of Defense, *Dictionary of Military Terms.*

the First Coalition, 1792-97）。同年，9 月 20 日瓦爾美之戰（Battle of Valmy）法軍擊退普奧聯軍。

　　1793 年 1 月 21 日，法王路易十六被處絞刑後英國（Great Britain）、荷蘭（Holland）、西班牙（Spain）等國隨即加入「第一次聯盟」（First Coalition）。1793 年 2 月 1 日法國遂向英、荷宣戰。同年 3 月國民公會第一次另外徵集了 30 萬軍隊參戰。

　　由於法國同時迎戰第一次聯盟諸國，戰況逐漸對法國不利，為了挽回劣勢贏得戰爭，1793 年 8 月 23 日國民公會通過了《全國皆兵法》（*Levée en Masse*），徵召全國未婚年齡在 18 至 25 歲男性入營服役。國民公會並任命工兵上尉加諾（Carnot）為陸軍部長負責訓練重建法軍，至 1794 年時，法國已有 80 萬大軍。

　　吾人應知，在法國大革命之前，歐洲各國軍事人力之獲得皆以「傭兵制度」（mercenary）為主[2]，軍隊的維持成本高，故各國軍隊的數量少。當時歐洲各國的軍隊大約在 8 萬人左右，普魯士的腓特烈大王有一支 20 萬的常備部隊就已經是歐洲的強國。法國在 1793 年因應情勢改用「徵兵制度」（conscription），使法國得以動員龐大數量的軍隊，也使得法國在「大革命時期」以及「拿破崙時期」能夠力敵歐洲聯軍。

　　這是近代首次實施「徵兵制度」以及「軍隊動員」的經過。

三、近代軍事人力動員「制度化」的開始

　　雖然，法國是近代最早實施徵兵制的國家，但吾人認為最早將軍隊動員「制度化」的卻是法國「大革命時期」時期的普魯士。

　　從 1789 年法國大革命爆發，歐洲就形成了一股反法的勢力，這股勢力始於 1792 年普奧成立的反法「第一次聯盟」，直到 1815 年拿破崙在滑鐵盧戰敗為止歐洲一共組成了七次反法聯盟。

　　1806 年 10 月 06 日俄、普魯士、英、瑞典等組成反法「第四次聯盟」（Fourth Coalition），第四次聯盟戰爭隨即展開。

　　在 1806 年的第四次聯盟戰爭中：10 月 14 日，「耶拿戰役」（Battle of Jena）拿破崙擊敗普魯士；同日，「奧爾斯泰戰役」（Battle of Auerstadt）法軍擊敗普魯士軍。10 月 26 日，拿破崙進入柏林。

---

[2] 參見本書第八章第四節：「啟蒙運動時期的戰略家」。

在 1807 年的戰爭中：「艾勞戰役」（Battle of Eylau）法、俄互有傷亡（2月 8 日）；「腓德南戰役」（Battle of Friedland），拿破崙擊敗俄軍（6 月 14日）。

1807 年 07 月 07 日拿破崙與俄皇亞歷山大一世（Alexander I, 1801-1825）簽訂「狄而西特條約」（Treaties of Tilsit），「第四次聯盟」瓦解。

「狄而西特條約」的內容對普魯士甚為苛刻，除了割地賠款外，其中一條為：普魯士常備兵不得超過 42,000 人。

由於「耶拿戰役」以及「狄而西特條約」的影響，普魯士在 1807 年至 1813 年間，在沙恩霍斯特（Scharnhorst）、克奈遜瑙（Gneisenau）和波恩（Boyen）等將軍的主導下進行了軍隊的改革。普魯士軍隊改革措施之一，在發展一套「後備軍人制度」（Krümpersystem）這個制度的實施必須能迴避「狄而西特條約」中常備兵員額限制的條件又要建立一支龐大的兵力。普魯士的作法是每次徵召 42,000 役男入營施以數個月嚴格的訓練，然後將之退伍還鄉轉為後備役。另又徵召役男入營，再加以訓練，又令之退伍。如此，在很短的時期普魯士就累積了 15 萬人的後備兵力。沙恩霍斯特實施的「後備軍人制度」演變成現代的「動員制度」。

由於沙恩霍斯特的推動，普王於 1813 年 2 月 9 日發布一項戰爭期間普遍性兵役義務的旨令。後來波恩擔任戰爭部長，在 1814 年 9 月 3 日獲普王批准頒布普遍兵役的法規。[3]

普魯士的後備軍人制度所累積的後備部隊成為普魯士元帥布魯赫爾（Marshal Gebhard von Blücher）在 1813 年的「萊比錫戰役」以及 1815 年「滑鐵盧戰役」中擊敗拿破崙的主力。

在拿破崙失敗後，普魯士仍然實施這種「徵兵制度」。這個制度終於在 1870-1871 年的「普法戰爭」中，發揮了作用。「普法戰爭」時，普魯士立刻動員了相當龐大的後備兵力，開赴戰場，而法國僅有少量職業性的常備部隊可供運用，這是法國戰敗的一個重要的原因。[4]

---

[3] "Prussian army during the Napoleonic wars." "conscription," *Encytclopedia Britannica*, 2003 Deluxe Edition. 辛達謨（譯），《德國史（上冊）》，頁 663、675。

[4] "Conscription, " *Encytclopedia Britannica*, 2003 Deluxe Edition.

四、兵役制度與軍隊動員之關係

由以上歷史的發展，吾人可發現兵役制度與動員的關係如下：

1. 「動員」的目的在使國家緊急狀況時能有足夠的兵力抵禦外來的侵略。

2. 運用「傭兵制度」來獲得人力，僅能建構國家的常備部隊。在「傭兵制度」下兵士與軍隊之間為契約關係，一旦契約結束，兵士則為自由之身，國家不能累積後備兵力。

3. 由「傭兵制度」建構國家的常備部隊，其成本高，數量少。故兩國交戰皆不敢投入太多兵力，且由於後備部隊的缺乏，亦無法投入太多兵力。這是法國大革命前，歐洲各國的作戰型態。

4. 「徵兵制度」的實施全民皆兵，兵源充足成本低，兵士服役期滿退伍還鄉轉為後備役故可儲存大量後備部隊。因此，國家平常養兵少（常備部隊），戰時動員多。是以，國家欲儲存後備兵力應付緊急之需則須採用「徵兵制度」。

參、近代徵兵制度在各國實施的情形

一、近代徵兵制度在歐洲各國實施的情形

17、18 世紀時普魯士、瑞士、俄國等以及其他歐洲國家已開始採用徵兵制度。19 世紀時以徵兵制度獲取兵力，幾乎為所有歐洲採用。以下為歐洲各主要國家採用徵兵制度的時間。

瑞典（Sweden）：1812 年；

普魯士與挪威（Norway）：1814 年；

西班牙（Spain）：1831 年；

丹麥（Denmark）：1849 年；

奧國：1868 年；

日本：1873 年；

俄國：1874 年。[5]

---

[5] LTC Dan Yock Hau, *Conscription And Force Transformation*.
Maj. Dip. Eng. Josef Prochazka, *Solutions for the Professionalization of the Armed Forces*.
Frederick W. Kagan and Robin Higham ed., *The Military History of Tsarist Russia*. p.142.

第二篇 戰略篇

法國在 1815 年拿破崙失敗後不再採行徵兵制度，幾年後又恢復使用，但在實行上有若干限制條件。1871 年普法戰爭後法國在 1872 年開始普遍性的國民服役制度。但制度的實行並不平等，有錢的人可以只服一年志願役，一些特殊的人如醫生、牧師以及在政府機關服務的人則可免服兵役。

　　一次大戰結束後，凡爾賽條約（Versailles Treaty）限制德國（Germany）的部隊不得超過 10 萬人。但希特勒（Adolf Hitler）在 1933 年執政後即違反此規定，在 1935 年制定的《軍事服務法》（*Military Service Law*）實施普遍性國民服役，18 歲的青年須加入勞工服務兵團六個月。19 歲時開始服兵役二年，二年現役後，轉為預備役，直到 35 歲為止。

　　西德在二次世界大戰後，於 1956 年重新實施選擇性的徵兵制度。

　　美國在內戰期間（1861-65）南軍與北軍都採用徵兵制度，內戰結束後改行志願役（volunteer）。

　　美國與英國是西方國家中僅有的，在和平時期不使用強制性徵兵制度的國家。在一次世界大戰時，英國在 1916 年，美國在 1917 年開始實施徵兵制度。但戰爭結束後兩國都放棄徵兵制度。直到二次世界大戰前，英國在 1939 年，美國在 1940 年，均恢復徵兵制度。但英國直到 1960 年始放棄和平時期的徵兵制改為志願役。美國在 1973 年放棄和平時期的徵兵制改為志願役。

　　日本在 1873 年開始實施選擇性徵兵制度，每年徵兵 15 萬人服役二年，二年期滿轉為後備役。日本在二次世界大戰後，僅維持小規模以志願役為主的自衛隊。

　　蘇聯在二次世界大戰後採用普遍性徵兵制度，18 歲的青年服兵役二年，二年現役後轉為預備役直到 35 歲為止。[6]

二、我國兵役制度的實施

　　國民政府於民國 22 年（1933）6 月 17 日首次頒布《兵役法》準備實施「徵兵制度」，民國 25 年（1936）3 月 1 日國民政府明令，《兵役法》開始實施。雖然一般人對國民政府大陸時期徵兵制度的執行頗有責難但兵役法實施後不久中日戰爭爆發，抗戰八年期間我國共動員兵力一千四百餘萬人，

---

[6] "Conscription, " *Encytclopedia Britannica*, 2003 Deluxe Edition.

有效的遏阻了日本的侵略。[7]

政府遷台初，台海局勢緊張為防衛台澎金馬，民國 39 年春至 40 年秋國防部即研究建立兵役及動員制度，經多次會商決定依國防部長郭寄嶠上將指示：以「精練常備軍」和「訓練後備軍」為立案原則。民國 40 年下半年，呈經行政院報請總統核准實施。[8]

民國 39 年革命實踐研究院軍官訓練班（後改為實踐學社）成立，白團成員擔任軍官訓練班教官，有關動員制度之策劃即由白團教官負責。[9]

民國 40 年 6 月 21 日，日本動員專家第四師團動員參謀山下耕君（易作仁）抵達台灣，當月底白團就積極展開策畫動員體制工作，主要由易作仁、喬本（大橋策郎）、徐正昌（富田正一郎）三人負責。[10]

民國 40 年，國防部特設動員局恢復成立師、團管區，並依軍事動員體制需要，按省行政區域分設台北、台中、台南、台東四個師管區。[11]

民國 40 年 8 月 7 日台灣首期徵兵一萬二千人。

民國 40 年 12 月 14 日立法院三讀通過《兵役法》，29 日總統明令公布《兵役法》。

民國 41 年 2 月實施復興省動員演習。

民國 43 年 2 月 23 日國防部實施春季動員演習（軍帖演習）。

政府建立兵役及動員制度的相關配套措施有：

民國 40 年 6 月 1 日，國軍《陸海空軍士兵退除役辦法》開始實施。

民國 41 年 10 月 27 日，實踐學社國防部「動員幹部班」第一期開學。

民國 43 年，政府為貫徹建軍政策發揮新陳代謝保持國軍精壯，經檢討有 7 萬人需離開軍中，蔣總統為期使彼等離營後獲得政府妥善照顧，指示行政院於 11 月 1 日創立「行政院國軍退除役官兵就業輔導委員會」統籌規畫辦理退除役官兵就業輔導及安置事宜，並任嚴家淦為主任委員。[12]

---

[7] 秦修好，頁 22、40。
[8] 秦修好，頁 557。
[9] 參見本書第十二章。
[10] 參見本書第十二章。
[11] 國防部後備司令部全球資訊網。
[12] 以上請參見本書第十二章：附錄 3。

三、中共兵役制度的實施過程

中共在建政初期的 1954 年一直實行志願兵役制，自願參軍的人員長期地在軍隊服務。

1955 年開始實行義務兵役制。1955 年 7 月 30 日第一屆全國人民代表大會第二次會議通過了中共第一部《兵役法》，中共人民解放軍開始實行義務兵役制。

1978 年起實行義務兵與志願兵相結合的制度。

1984 年 5 月 31 日，中共第六屆全國人民代表大會第二次會議審議通過了重新修訂的《中華人民共和國兵役法》。《兵役法》第二條規定：「中華人民共和國實行義務兵役制為主體的義務兵與志願兵相結合、民兵與預備役相結合的兵役制度。」

1998 年 12 月 29 日，第九屆全國人大常委會第六次會議審議通過了，《中華人民共和國兵役法修正案》。《兵役法修正案》對《兵役法》十一個條款進行了修改，新增加了三個條款。《新兵役法》刪掉了原《兵役法》中的「義務兵役制為主體」的法條，保留了「兩個結合」的基本制度，規定「中華人民共和國實行義務兵與志願兵相結合、民兵與預備役相結合的兵役制度」。新修訂的《兵役法》將陸、海、空軍義務兵服現役期限一律改為 2 年並取消了超期服役的規定。[13]

四、現今各國實施的兵役及動員制度

現今各國實施的兵役制度有三種：
- ·義務兵役制（徵兵制）；
- ·志願兵役制（募兵制）；
- ·義務兵與志願兵結合制（徵募結合制）。

根據對世界 145 個國家現行兵役制度的統計，64 個國家實行義務兵役制，54 個國家實行志願兵役制，27 個國家實行義務兵與志願兵相結合的兵役制度。[14]

各國動員制度，在動員方式上，大體分為兩種類型。

積儲型：以平時積儲戰力為主，主動完成戰爭準備，於開戰初期即能

---

[13] 〈歷史的變遷——中國的兵役制度〉，新華網。
[14] 〈20 世紀世界兵役制度發展變革的歷史思考〉，央視論壇。

對敵構成優勢兵力，採速戰速決之手段使敵國迅速喪失其抵抗力。採用此種類型的國家，過去以德、日為主。

擴張型：以戰時擴張為主，於開戰後一面作戰一面擴張戰力。採用此種類型的國家過去以美國為主。此種類型動員之實施必須具備幾種條件，如人力充裕、工業發達、資源豐富且地理位置優越易於爭取時間、空間。[15]

肆、戰時軍事人力動員能量之探討

國家對軍事人力的動員規劃主要是為未來戰爭作準備，除了在動員制度之設立外，也必須瞭解戰爭時所能動員的能量。誠如前述，美國將三軍動員分為四類：選擇性動員、部分動員、完全動員、全面動員，不同型式的外在威脅，動員的兵力數額也不同。

本處所指「戰時動員能量」乃為，國家面臨生存危機時所能動員軍事人力的最大數量，亦可說是國家「全面動員」或「總動員」時動員的兵力數量的上限。

國家在戰爭時，除了必須動用軍隊參與戰爭外，在後方也必須留有足夠的人力參與軍事工業與民生工業的生產。因此國家對軍事人力的能量必定有一限制，國家不可能無限制的增加軍事人力，因為軍事人力與投入工業生產的人力兩者之間必定有一比例的關係。投入太多的軍事人力，相對就減少了工業生產的人力其結果就影響了軍隊的後勤支援與作戰力。

因此，國家對軍事人力的建構不是兵力越多則戰力越強，對軍事人力的建構超過了某一均衡點，則軍事作戰的持續能力反而減少。由是，戰時動員能量也是規劃動員制度必須考量的，其直接影響就是國家準備儲存多少後備部隊。

然而，任何一個國家是很少有機會（當然也不願意）透過對外戰爭的方式來測試戰時動員的能量。唯一的方法就是從過去發生過的戰爭來分析，如此則第一次世界大戰與第二次世界大戰將是研究的最好樣本。尤其以第二次世界大戰資料將較以第一次世界大戰資料歸納的結果，其適用性要高些。

吾人整理第二次世界大戰期間各主要參戰國之動員資料，列之於附錄3

---

15 林秀欒，頁 277。

（本書後），並將分析結果列之於表14.1。

表 14.1：第二次世界大戰主要參戰國之人力分配情形（單位：百萬人）

參戰國	人口總數	戰時兵力最高總數	戰時勞動力總數（不含兵力）	戰時兵力最高總數占人口總數比例	投入兵力與勞動力比例
英國	47.63	4.76	17.12	10%	1:3.6
美國	140	11.42	61.38	8.16%	1:5.37
蘇俄	170	20	47.98	11.76%	1:2.4
德國	64.6	11.05	28.4（德國人） 7.5（外國人及戰俘）	17.1%	1:2.57（德國人） 1:3.25（含外國人及戰俘）
日本	77	7.5		9.74%	

附註：
1. 英國之總人口數、勞動力及兵力為 1943 年 6 月之資料，請參閱附錄 3 附件 1。
2. 美國之總人口數、勞動力及兵力，請參閱附錄 3 附件 2。
3. 蘇聯之總人口數、勞動力及兵力，請參閱附錄 3 附件 3。
4. 德國之總人口數、勞動力及兵力，請參閱附錄 3 附件 4 及附件 5。
5. 日本之總人口數及兵力，請參閱附錄 3 附件 6。
6. 上述數據，由於資料來源不同而有出入，尤以德國、蘇聯、日本之資料獲得不易。本文之分析以官方資料為主，次則參考軍事百科全書。

　　鈕先鍾（編著）《西洋全史（十八）第二次大戰》一書中附有二次大戰時美英德三國勞動力之比較，茲摘錄列於表 14.2。

表 14.2：美英德三國勞動力之比較（單位：百萬人）

國別	勞動力	1939	1940	1941	1942	1943	1944
美國	總勞動力	55.60	56.03	57.38	60.23	64.41	65.89
	軍隊	0.37	0.39	1.47	3.82	8.87	11.26
	平民	55.23	55.64	56.91	56.41	55.54	54.63
英國	總勞動力	19.74	20.68	21.33	22.06	22.29	22.01
	軍隊	0.48	2.27	3.38	4.09	4.76	4.97
	平民	19.27	18.40	17.95	17.97	17.50	17.02
德國	總勞動力	40.50	40.40	40.30	39.90	39.80	38.10
	軍隊	1.40	5.60	7.20	8.60	9.50	9.10
	平民	39.10	34.80	33.10	31.30	30.30	29.00

附註：
1. 勞動力指 14 歲以上的人力。
2. 平民勞力不包括外國勞工及戰俘在內。

資料來源：鈕先鍾（編著），《西洋全史（十八）第二次大戰》，頁 836。

　　吾人依表 14.2，將美英德三國兵力與勞動力比例之變動情形列之於表 14.3。

表 14.3：第二次大戰期間美英德三國兵力與勞動力比例之變動

國別	1939	1940	1941	1942	1943	1944
美國	1：149.2	1：142.7	1：38.7	1：14.76	1：6.26	1：4.85
英國	1：40.1	1：8.10	1：5.31	1：4.39	1：3.68	1：3.42
德國	1：27.93	1：6.21	1：4.6	1：3.64	1：3.19	1：3.19

　　由表 14.2 及 14.3 可知，隨戰爭之進行，投入的兵力越多，則可使用的勞動力越少。勞動力的缺乏終將影響前方作戰部隊的戰力持續，最後終將導使戰爭的失敗。

　　德國為在二次大戰末期為了解決兵力的不足，不得不將兵役年齡再度

降低，從 17 歲半降低到 16 歲。[16]且由於大量人員應徵入伍，致使勞動力嚴重缺乏，於是對被占領國的勞力大事掠奪，強迫外國勞力從事農工業生產，到 1944 年時外籍勞力高達 710 萬人，約占德國民用勞動力的 20%。勞工的工作時間，亦從每周的 48 小時提高到 60 小時。[17]

日本在第二次世界大戰末期，亦面臨到勞動力不足的情形。日本在 1944 年動員了朝鮮工人 2,848,224 人。從中國亦押送了 51,180 人到日本做工。[18]

因此，國家資源之多寡與運用實是影響戰爭勝敗的重要因素，軍事戰略在戰前逐行戰略規劃時必須審慎考慮國家的資源因素。

由表 14.1 可看出，在二次世界大戰末期德國、蘇聯、日本都面臨到人力不足的問題，英國在美國參戰後也接受了美國的大量軍援。基於台灣的戰略位置與英國的類似性，因此吾人以為我國應以英國在二次大戰的兵力投入以及與勞動力的比例，作為我國戰時兵力規劃的參考指標。

換言之，依表 14.1：「我國戰時全面動員對兵力的投入的最大上限，應該約為全國總人口數的10%；投入的兵力與勞動力的比例不可低於1：3.6 的比例。」

伍、我國戰時軍事人力動員能量的估算

依內政部編印《中華民國九十二年內政統計年報》之統計資料：「民國 92 年底臺閩地區總人口數為 22,605 千人，其中 15~64 歲者占 70.94%，65 歲以上者占 9.24%，而 0~14 歲人口占總人口數之 19.83%。」[19]

依上述資料，若令 15~64 歲之人口為戰時可運用的勞動力，則民國 92 年底的全國可用勞動力為 1,603.5 萬人。

若依兵力投入為全國總人口數的10%來估計，則戰時可投入兵力的最高上限為 226 萬人。

若依投入的兵力與勞動力的比例約為 1：3.6 來估算，則可投入的兵力為 348.6 萬人，此時可支援作戰的勞動力為 1,254.9 萬人。

---

[16] 揚緒，頁 87。
[17] 揚緒，頁 85。
[18] 依田熹家，《日本通史》，頁 350-51。
[19] 參見：《中華民國九十二年內政統計年報》，頁 24。

由上兩數據來看，顯然我國戰時投入的兵力最大上限應為 348.6 萬人。

依內政部編印《中華民國九十二年內政統計年報》，台灣地區男性人口的年齡分布情形如表 14.4。[20]

表 14.4：中華民國九十二年台灣地區男性人口的年齡分布情形（20 歲~49 歲）

年齡	20~24	25~29	30~34	35~39	40~44	45~49
人口數	1,009,252	963,898	918,811	957,162	968,820	875,021
累積數	1,009,252	1,973,150	2,891,961	3,749,123	4,717,943	5,592,964
本表之人口數，取自內政部編印《中華民國九十二年內政統計年報》。						

由表 14.4 可知，我國 92 年台灣地區 20~34 歲的男性已有 289.196 萬人，35~37 歲的男性約為 57.43 萬人（以內差法估算）。由是估算 25~37 歲的男性為 346.67 萬人，此數字已接近我國戰時兵力投入的最大上限。

在國防實務上，依國防部編《中華民國九十三年國防報告書》所言：「台澎地區列管後備軍人數，迄民國 93 年 11 月止計 330 餘萬人，年度選充人數可滿足動員需求。另為保持動員人力年輕精壯及結合未來作戰型態，研擬將義務役軍官、士官及士兵之除役年齡，由原來之 40 歲降低至 35 歲，未來列管後備軍人將減少 100 餘萬人，以轉用人力於經建發展與民防需求。」[21]

由上述可知，國軍列管之後備軍人 330 餘萬，加上 93 年底之國軍兵力為 33 萬 5 千餘人[22]，國軍目前規劃戰時可動員兵力約為 363.5 萬人。此數字超過本文之推算值（348.6 萬人）約 15 萬人。若以九十二年的勞動力為 1,603.5 萬人來估算，則戰時扣除動員的兵力 363.5 萬人，可使用勞動力為 1240 萬人。如此則投入兵力與勞動力之比為 1：3.41。

---

[20] 參見：《中華民國九十二年內政統計年報》，頁 38、39，表 2-4。
[21] 參見：《中華民國九十三年國防報告書》，第二十章：軍事動員。
[22] 中央社，3/11/2005。

吾人可將本文研究所得與國防部之兵力規劃情形作一比較如表 14.5 所示。

表 14.5：本研究與國防部戰時兵力動員規劃之比較

	戰時動員兵力	戰時可使用勞動力	動員兵力與勞動力比例	戰時服役年齡
本研究	348.6 萬人	1,255 萬人	1：3.6	20~37
國防部	363.5 萬人	1,240 萬人	1：3.4	20~40

註：本研究估測之戰時兵力投入與可使用勞動力，係依民國九十二年底臺閩地區人口統計資料，以 15~64 歲之人口為戰時可運用的勞動力，且依戰時投入的兵力與勞動力約為 1：3.6 的比例估算所得。國防部之兵力計畫數據則參考自國防部《中華民國九十三年國防報告書》。

依《中華民國九十三年國防報告書》所述，國防部研擬將義務役軍官、士官及士兵之除役年齡，由原來之 40 歲降低至 35 歲，未來列管後備軍人將減少 100 餘萬人。

陸、小結

由表 14.5 比較之結果可知，本文研究所得與國防部之實務數據十分接近的。但由於高科技武器系統的殺傷力大增，戰爭型態的演變，因此本文以二次大戰之資料作為兵力規劃的依據，其適用性顯然是有待商榷的，由是此數據只能作為兵力規劃的概估，必須透過管理評估與控制的過程始能獲得最適的兵力結構。本文將在本章第四節討論平常時期國防人力結構最適模式的建構方法。

第三節　論平時常備兵力的服役年限

壹、前言

本節改編自：劉興岳、鍾國華，〈軍事人力資源規劃之實務性研究〉，《第一屆國防管理學術暨實務研討會論文集》，國防管理學院，民國 82 年 3 月。

貳、國防人力的需求與供給

一、國防人力需求的定義

（一）人力需求：

組織為達成目標，因任務、工作等而衍生對「人力」的需要，稱之為「人力需求」。

（二）國防人力需求：

國防人力需求包含經常時期人力需求及戰時人力需求。

1. 經常時期人力需求：平時基於保障國家安全，直接從事軍事活動的人口。亦即是現役部隊。

2. 戰時人力需求：基於戰爭的需要，所需動員的人力。

二、國防人力供給的定義

人力供給：組織基於人力的需求，而必須獲得人力。能滿足組織人力需求的就是「人力供給」。

能滿足經常時期人力需求與戰時人力需求就是「國防人力供給」。

國防人力供給來源：經常時期人力獲得與戰時人力獲得均來自於國家人口分布中的役齡男子。國防人力亦是國家勞動力中的精華部分。

參、軍事士兵人力供給面之分析

一、台灣地區男性人口的分布情形

參見表 14.4，中華民國九十二年台灣地區男性人口的年齡分布情形（20歲~49歲）。

二、台灣地區80~90（民60~70年次）預判可徵役男人數概況

見表 14.6。

表 14.6：台灣地區 80~90（民 60~70 年次）預判可徵役男人數概況

年別	年次	年中人口（千人）	當年出生男子數	19歲男子存活預判數	19歲男子占總人口比率	當年可徵役男數	役男報到率
80	60	20,376	196,938	190,456	0.935%	149728	78.6%
81	61	20,511	188,312	182,414	0.89%	143406	78.6%
82	62	20,726	189,565	183,709	0.886%	144424	78.6%
83	63	20,900	183,850	178,328	0.853%	140194	78.2%
84	64	21,075	184,087	179,081	0.85%	140786	78.6%
85	65	21,248	218,659	213,286	1.00%	167677	78.6%
86	66	21,422	202,659	197,766	0.923%	155475	78.6%
87	67	21,597	213,155	208,303	0.964%	163759	78.6%
88	68	21,744	218,163	212,170	0.975%	166799	78.6%
89	69	21,954	212,399	206,757	0.94%	162544	78.6%
90	70	22,405	214,321	209,001	0.933%	164308	78.6%

附註：90 年總人口數爲內政部編印，《中華民國九十二年內政統計年報》實際數據。

資料來源：國防部編印，《中華民國八十一年國防報告書》，頁 91。內政部編印，《中華民國九十二年內政統計年報》。劉興岳、鍾國華，「軍事人力資源規劃之實務性研究」《第一屆國防管理學術暨實務研討會論文集》，國防管理學院，民國 82 年 3 月，頁 69，表16。（表 16 係依據經建會，「民國 75 年至 89 年人口推計」之數據）

表 14.6 中之當年可徵役男數，係由 19 歲男子存活預判數中體檢合格役男，扣除當年緩徵役男，再加上補徵其他年次役男，即為當年可徵役男數。[23]

由表 14.6 可計算得到民國 80~90 年 19 歲男子（此為及齡役男）占總人口比率平均約為 0.923%。每年役男報到率約為 78.6%。

各國及齡役男占總人口數之比例不一，表 14.7 為根據美國中央情報局數據計算之結果。

表 14.7：各重要國家及齡役男占總人口數之比例

國家	總人口數	及齡役男（reaching military age annually）	及齡役男占總人口數比例
法國	60,424,213（July 2004 est.）	394,413（2004 est.）	0.00653
德國	82,424,609（July 2004 est.）	484,837（2004 est.）	0.00588
日本	127,333,002（July 2004 est.）	700,931（2004 est.）	0.0055
南韓	48,598,175（July 2004 est.）	341,697（2004 est.）	0.00703
蘇俄	143,782,338（July 2004 est.）	1,262,339（2004 est.）	0.008779
美國	293,027,571（July 2004 est.）	2,124,164（2004 est.）	0.00725
台灣	22,749,838（July 2004 est.）	182,677（2004 est.）	0.00803
中共	1,298,847,624（July 2004 est.）	12,494,201（2004 est.）	0.0096
附註：本表中之總人口數與及齡役男數據，摘自：CIA, *The World Factbook*, http://www.cia.gov/cia/publications/factbook/geos/ch.html#People, 2005/4/17.			

表 14.7 顯示，各國及齡役男占總人口數之比例不同，表示各國人口的分布不同，其在統計學上的意含應由專家學者深入探討。

---

[23] 詳細數據可參閱：國防部（編印），《中華民國八十一年國防報告書》，頁 91。

三、我國每年國防人力供給預估

由表 14.6，吾人大致可瞭解我國國防人力供給之情形，軍事部門視人力需求可將台灣地區役齡男子徵集服役，若役期為一年可將 20 歲男子徵召入伍。若人力不足可將改為役期為二年，將 20 及 21 歲男子徵召入伍。因此吾人可發展每年國防人力供給預估簡式如下：

國防人力供給預估（士兵人力）
＝總人口數 × 役男人口百分比 × 役男報到比例 × 服役期限　　(14.1)

肆、我國國防人力需求變動之趨勢

我國的兵力員額是逐年在遞減中。

民國 58 年以前的兵力員額：60 萬；

民國 58 年至 63 年兵力員額：56 萬；

民國 71 年起實施精兵政策，兵力員額：52 萬；

民國 81 年至 84 年，實施兵力整建計畫，兵力員額：50 萬。[24]

民國 82 年 12 月 8 日，國防部頒布「十年兵力整建計畫」，預定分三階段推動國軍精簡計畫。[25]

第一階段預定至民國 85 年，兵力目標 46 萬人，官士兵比為 1：2：2。

第二階段預定至民國 89 年，兵力目標 43 萬人，官士兵比為 1：2.5：2。

第三階段預定至民國 92 年，兵力目標 40 萬人，官士兵比為 1：3：2。

至 92 年時兵力員額為 40 萬。官士兵比 1：3：2，士官編制員額須達 18 萬人。

然「十年兵力整建計畫」之推動，由於士官制度成效不佳等因素影響，國防部於 86 年度施政計畫報告中，將原規劃之官士兵比改為 1：2：2。[26]

民國 86 年 4 月，國防部修訂「十年兵力整建計畫」，另提出「精實案」，將原先規劃之期程提前至 90 年 6 月完成精簡，屆時國軍總員額將降至 40 萬

---

[24] 劉興岳、鍾國華，《軍事人力資源規劃之實務性研究》，頁 58。
[25] 林郁方，頁 2-8。
[26] 中國時報，四版，民國 85 年 4 月 23 日。

人官士兵比為 1：2：2。[27]

　　國防部長湯曜明於 92 年 9 月 1 日，提出新的裁軍政策時程，從 92 年起的 10 年內，國軍將實施兩階段「精進案」，總精簡員額 8 萬 5,000 人，是現有員額的 22%；至民國 101 年止，達成國軍總員額 30 萬人的目標。

　　湯曜明表示，「精進案」第一階段從民國 92 年到 96 年實施，以「精進組織、強化聯戰戰力」為主軸，精簡 4 萬 5,000 人，達成總員額 34 萬人目標。第二階段從 97 年到 101 年實施，以「軍事轉型、提升嚇阻能力」為主軸，精簡員額 4 萬人，達成總員額 30 萬人目標。

　　國防部長李傑 94 年 3 月 9 日在立法院報告「精進案」最新進展說，國軍為達兵力結構全面轉型目的，93 年 1 月起兩階段推動精進案，93 年底國軍員額就從 38 萬 5 千餘人，精簡到 33 萬 5000 餘人，預定 94 年年中可達 29 萬 6000 餘人精簡目標，達成第一階段「編現合一」目標。

　　國防部規劃之第二階段整備作業，預定 97 年將國軍總員額調降為 27 萬 5000 餘人。

　　國防部高層表示，為使 27 萬官、士、兵比例達 1：2：2 目標，第二階段精進目標以高層軍官為主，基層不會有太大變動，預估裁減目標，將官達 90 餘人、上校 600 餘人、中校 900 餘人。

　　至於兵役制度的規劃，國防部高層指出，根據後備兵源的考量，已排除推動「全募兵制」的規劃，未來仍採「徵募並行制」，需高科技、高素質的兵源，全數由招募獲得，另外維持 40% 比例的兵源採徵兵制。

　　為消化龐大數量的未役青年，役期將再縮短為六個月，在役男快速輪替要求下，入伍時，部隊僅施以用槍等基本訓練後，就轉服後備役「國民兵」。[28]

伍、國防士兵人力供需平衡的決定性因素：服役年限

　　由上述的探討，吾人可定義國防士兵人力需求如下：

　　國防士兵人力需求＝國防部戰略規劃所需之士兵人力　　　(14.2)

---

[27] 聯合報，四版，民國 86 年 2 月 23 日。
[28] 中央社，3/11/2005。

國防士兵人力需求的滿足皆來自於國防人力之供給，亦即是國防人力獲得的人力，即為社會供給的人力。換言之，國防人力需求必須等於國防人力供給，亦即如下式所示：

國防士兵人力需求＝國防士兵人力供給　　　　　　(14.3)

將式 14.1 代入式 14.3，可得

國防士兵人力需求
＝總人口數 × 役男人口百分比 × 役男報到比例 × 服役期限　(14.4)

式 14.4 中，國防人力需求取決於國防部門，其他如：總人口數、役男人口百分比、役男報到比例均為固定值。因此國防人力之獲得實與服役期限有關，或者可以說是士兵的服役年限決定在國防士兵人力需求，亦即是

士兵服役年限
＝國防士兵人力需求 ÷（總人口數 × 役男人口百分比 × 役男報到比）(14.5)

茲舉實例說明式 14.5 之運用。
依中央社在民國 94 年 3 月 11 日發布之消息：

> 國防部「精進案」第二階段整備作業，預定 97 年將國軍總員額調降為 27 萬 5000 餘人，官、士、兵比例達 1：2：2 目標。……
> 未來仍採「徵募並行制」，需高科技、高素質的兵源，全數由招募獲得，另外維持 40% 比例的兵源採徵兵制。……
> 為消化龐大數量的未役青年，役期將再縮短為六個月，在役男快速輪替要求下，入伍時，部隊僅施以用槍等基本訓練後，就轉服後備役「國民兵」……。

依上述政策資料，吾人可預測若採「徵兵制」時之士兵服役年限的計算如下：

民國 97 年士兵人力需求預估為：110,000 人（27 萬 5000 餘人 × 2 ÷ 5）

民國 97 年全國總人口數預估：民國 92 年人口數 × $(1+0.514\%)^5$

其中，0.514%為民國 90 年至 91 年的人口增加率，並以此數作為 92 年至 97 年的人口成長率。

民國 92 年人口數為 22,605（千人）。（參見《中華民國九十二年內政統計年報》，頁 24。）

民國 97 年全國總人口數預估＝22,605（千人）× $(1+0.514\%)^5$ ＝23,191（千人）

役男人口百分比：0.923%。

役男報到比例：78.6%。

依式 14.5 服役年限為：

$$110,000 ÷（23,191,000 × 0.923\% × 78.6\%）≒ 0.654 年 ≒ 7.85 月$$

上述數據顯示，國防部在民國 97 年時，依規劃的人力需求，若採「徵兵制」時士兵的服役年限應為 7.89 個月。

在這個服役年限下，服役期滿退伍的士兵等於將入伍的士兵，故屆齡役男皆能按時入營服役。若服役年限大於 7.89 個月，例如為一年，則屆齡役男必須等候有兵員空額時，始能入營服役。這段等待服役的時間，對役男而言不能就業或就學，無異是國家人力的損失，且將形成民怨。

陸、國防人力供需數式的功用

國防人力供需數式的功用為在已知國防士兵人力需求下，可判斷士兵服役年限，並進而作為國防部門決定採用徵兵制或募兵制之參考。

茲舉例說明。

一、對美國兵力供需之預測

依據表 14.7 美國中央情報局公布的資料，在 2004 年美國之總人口數為 293,027,571 人，及齡役男為 2,124,164 人。中共在 2004 年時之總人口數為 1,298,847,624 人，及齡役男為 12,494,201 人。

第二篇 戰略篇

依 2001 年《美國國防報告書》，美國在 2000 年之兵力爲 224.9 萬人（包含現役部隊及預備役部隊）[29]。設若官士兵比爲 1：3：2，則士兵人力需求爲 75 萬人。設若此兵力需求在 2004 年時沒有改變，則美國探徵兵制時，士兵之服役年限依式 14.5 約爲 0.45 年或約 5.4 個月，計算如下：

$$750{,}000 \div (2{,}124{,}164 \times 0.786) \fallingdotseq 0.45 \text{ 年} \fallingdotseq 5.4 \text{ 月}$$

二、對中共兵力供需之預測

依國防部編印《中華民國九十三年國防報告書》中共人民解放軍在 2003 年之兵力爲 223 萬人（不含人民武裝警察、預備部隊及民兵）[30]。設若官士兵比爲 1：3：2，則士兵人力需求爲 74.3 萬人。設若此兵力需求在 2004 年時沒有改變，則中共探徵兵制時，士兵之服役年限依式 15.5 約爲 0.076 年或約 0.91 個月，計算如下：

$$743{,}000 \div (12{,}494{,}201 \times 0.786) \fallingdotseq 0.076 \text{ 年} \fallingdotseq 0.91 \text{ 月}$$

上兩例中，皆假設官士兵比爲 1：3：2，其理由在現代化重視科技之軍隊，專業士官爲軍隊之主力，我國「十年兵力計畫」即以此比例爲規劃基礎。其二：役男的報到比率，係以我國的役男報到比率（0.786）作爲預估值。

上兩例說明美國與中共的軍事士兵人力的供需情形，以及探徵兵制時士兵的服役年限。兩例中美國的士兵服役年限約爲 5.4 月，中共則約爲 0.91 個月。

因此，這麼短的服役期限就能滿足軍隊的人力需求，可能是美國採用募兵制的原因，美國只有在南北戰爭與二次大戰期間實施徵兵制。[31]

中共在建政初期的 1954 年，一直實行志願兵役制，自願參軍的人員，長期地在軍隊服務。1955 年 7 月 30 日，第一屆全國人民代表大會第二次會

---

[29] 國防部（譯），《美國國防報告書》，頁 186，附錄 B。
[30] 國防部（譯），《美國國防報告書》，第三章。
[31] 參見：本章第一節。

議通過了中共第一部《兵役法》，中共人民解放軍開始實行義務兵役制。1978年開始至今（2005）實行義務兵與志願兵相結合的制度。[32]

這二個例子說明，各界常探討徵兵制（義務役）與募兵制（志願役）的優缺點時，實則兵力的供需情形為決策者決定採徵兵制、募兵制或是徵募混合制時，應該考慮的一個重要因素。

第四節　論國防人力結構最適模式

壹、前言

本節改編自：劉興岳、蘇建勳，〈國防人力上限下兵力結構調整模式之研究〉，《國防管理學院學報》，第二十卷第一期，民國88年4月。

貳、何謂「國防人力結構」與「國防人力結構最適模式」

筆者曾在本章第二節探討平時與戰時的兵力動員能量，本節將探討平時的國防人力最適結構模式。

所謂「國防人力結構」是指一國軍隊之陸海空三軍人數之比例與官士兵的配比，「國防人力結構」可更細分為陸海空三軍各自的官士兵配比。

所謂「國防人力結構最適模式」是指最少的人力投入與最適當的陸海空軍的組合與官士兵比例。

表14.8為日本防衛隊在1994年自衛隊的編制員額及現員情形，表14.9為計算後之陸海空自衛隊之官士兵比。

---

[32] 參見：本章第一節。

表 14.8：1994 年日本自衛隊的現員

區分隊別	陸上自衛隊	海上自衛隊	航空自衛隊	合計
幹部現員	22,470	9,065	8,782	40,317
准尉現員	3,713	979	881	5,573
士官現員	79,286	22,965	24,272	126,523
士兵現員	40,645	10,023	10,577	61,245
現員	146,114	43,032	44,512	233,658

附註：
1. 本表不含統合幕僚會議現員。
2. 本表為 1994.3.31 資料。
3. 1994 年日本自衛隊之編制員額（含統合幕僚會議）為 273,901 人，現員（含統合幕僚會議）為 233,818 人。補充率 85.4%。

資料來源：改編自：國防部史政編譯局（譯印），日本防衛廳，《1994 日本防衛白皮書》，國防部史政編譯局。民國 84 年 7 月，頁 358。

表 14.9：1994 年日本自衛隊現員的人力結構

區分隊別	陸上自衛隊官士兵比		海上自衛隊官士兵比		航空自衛隊官士兵比		陸海空官士兵比	
幹部	0.158	1	0.211	1	0.197	1	0.173	1
准尉	0.025	0.16	0.023	0.11	0.020	0.10	0.024	0.138
士官	0.543	3.44	0.534	2.53	0.545	2.77	0.541	3.127
士兵	0.278	1.76	0.233	1.10	0.238	1.21	0.262	1.514
現員	1		1		1		1	

區分隊別	陸上自衛隊	海上自衛隊	航空自衛隊	合　計
比率	0.625	0.184	0.190	1

附註：本表陸上自衛隊官士兵比有兩欄，一欄為幹部、准尉、士官、士兵占陸上自衛隊的比率；另一欄為幹部、准尉、士官、士兵與幹部之比例，亦即為幹部、准尉、士官、士兵比。其餘海上及航空亦同。

表 14.8 與表 14.9 顯示 1994 年日本自衛隊之兵力結構如下。

現員總數：233,658 人。

陸上自衛隊之比率：62.5%。

海上自衛隊之比率：18.4%。

航空自衛隊之比率：19%。

陸海空幹部、准尉、士官、士兵之比例：1：0.138：3.127：1.514。

陸上自衛隊幹部、准尉、士官、士兵之比例：1：0.16：3.44：1.76。
海上自衛隊幹部、准尉、士官、士兵之比例：1：0.11：2.53：1.10。
航空自衛隊幹部、准尉、士官、士兵之比例：1：0.10：2.77：1.21。

　　國防人力建構爲軍事戰略規劃之重點，其考慮因素有戰略目標、戰略環境、戰略資源等。又由於國家資源的有限性，因此人力建構務必作到最少的資源投入，同時在投入的各種資源中，又必須有一最適當的組合比例，此最適的組合可使資源的運用，發揮最大的「綜效」（synergy effect）。因此，最少的人力投入與最適當的陸海空軍的組合與官士兵比例稱之爲「國防人力結構最適模式」。

　　例如表 14.9 所顯示的日本自衛隊人力結構，是否爲最適模式？是否爲最少人力投入？是否有調整的必要？因此，如何建構「國防人力結構最適模式」，這是本節要探討的。

參、國防人力供給與需求的上限

　　有關國防資源管理的觀念在本書第十三章中已有詳細的討論，國防人力資源爲國防資源之一環，且爲國防資源管理中的次一層級。因此，吾人依圖 13.8「國防資源管理程序圖」，可將「國防人力資源管理程序」以圖 14.2 表示。

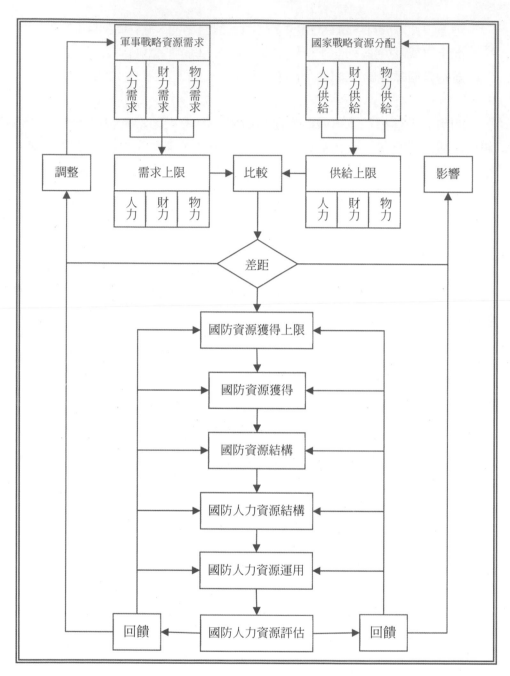

圖 14.2：國防人力資源管理程序

　　在圖 14.2 中，軍事戰略資源需求包含有人力需求、財力需求及物力需求。所謂「國防資源需求上限」為人力需求、財力需求及物力需求三者之

交集；換言之，「國防資源需求上限」也就是國防人力需求、國防財力需求及國防物力需求的上限。

　　例如在表 14.10 中，在需求數量之欄 A 中，規劃之人力需求為 30 萬人，財力需求（人員維持費用）可維持之人力為 40 萬人，物力需求可裝備之人力為 50 萬人。三者之交集為 30 萬人，則國防資源需求上限（人力、財力、物力）為 30 萬人。因此，財力需求與物力需求皆必須減少至維持 30 萬人力之需。在表 14.10 中之欄 B 與 C，人力、物力、財力三者之交集分別為 35 萬人及 45 萬人，此即為國防資源的需求上限。

表 14.10：國防資源需求上限之決定

資 源 類 別	需求數量		
	A	B	C
人力需求	30 萬人	45 萬人	65 萬人
財力需求（人員維持費用可維持之人力）	40 萬人	55 萬人	45 萬人
物力需求（可裝備之人力）	50 萬人	35 萬人	55 萬人
國防資源需求之上限（人力、財力、物力）	30 萬人	35 萬人	45 萬人

　　同理，「國防資源供給上限」亦為人力供給、財力供給及物力供給三者之交集。「國防資源供給上限」與「國防資源需求上限」有大於、等於、小於之關係。此可以圖 14.3 表示之。

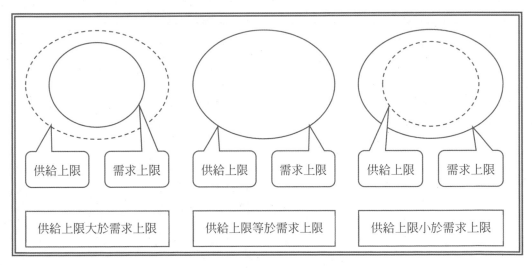

圖 14.3：國防資源供給上限與國防資源需求上限之關係

由圖 14.3 可知，國防資源之需求不可能超過國防資源供給上限，僅能等於或小於國防資源供給上限。因此，國防人力之獲得不可超過國防資源人力供給上限，僅能等於或小於國防人力資源供給上限。

一旦國防人力獲得的上限已決定，吾人即可進行國防人力分配，而建構國防人力結構。

肆、「國防人力結構最適模式」之建構

兵力結構之建構乃是將獲得的人力分配給陸海空三軍的軍官、士官以及士兵，因此可說是國防人力資源的分配。由是本書第六章「論資源分配」的觀念就可運用到兵力建構的實務上。

在「論資源分配」中，資源分配有三種情形：一為「資源供給＞資源需求」時的資源分配；二為「資源供給＝資源需求」時的資源分配；三為「資源供給＜資源需求」時的資源分配。國軍在平常時期的兵力建構顯然是「資源供給＝或＞資源需求」的。

吾人參考本書第六章「論資源分配」的觀念，依欲規劃的人力需求或現行的人力投入，按陸、海、空三軍種及官、士、兵等階級將其結構分為九個部分，如表 14.11 所示。

表 14.11：國軍人力結構

	陸軍	海軍	空軍	總和
軍官	X_{11}	X_{12}	X_{13}	$\sum\limits_{j=1}^{3} X_{1j}$
士官	X_{21}	X_{22}	X_{23}	$\sum\limits_{j=1}^{3} X_{2j}$
士兵	X_{31}	X_{32}	X_{33}	$\sum\limits_{j=1}^{3} X_{3j}$
總和	$\sum\limits_{i=1}^{3} X_{i1}$	$\sum\limits_{i=1}^{3} X_{i2}$	$\sum\limits_{i=1}^{3} X_{i3}$	$\sum\limits_{i=1}^{3}\sum\limits_{j=1}^{3} X_{ij}$

表 14.11 中：

X_{ij}：表人力之分配，$i = 1,2,3$ $j = 1,2,3$

X_{11}、X_{12}、X_{13}：分別表陸、海、空軍軍官之人數

X_{21}、X_{22}、X_{23}：分別表陸、海、空軍士官之人數

X_{31}、X_{32}、X_{33}：分別表陸、海、空軍士兵之人數

$$\sum_{i=1}^{3}\sum_{j=1}^{3}X_{ij}$$ ：表陸海空三軍總人數

$$\sum_{i=1}^{3}X_{i1}$$ ：表陸軍總人數

$$\sum_{i=1}^{3}X_{i2}$$ ：表海軍總人數

$$\sum_{i=1}^{3}X_{i3}$$ ：表空軍總人數

$$\sum_{j=1}^{3}X_{1j}$$ ：表陸海空三軍軍官之總人數

$$\sum_{j=1}^{3}X_{2j}$$ ：表陸海空三軍士官之總人數

$$\sum_{j=1}^{3}X_{3j}$$ ：表陸海空三軍士兵之總人數

表 14.11 中：

陸海空三軍之比例為：
$$\frac{\sum_{i=1}^{3}X_{i1}}{\sum_{i=1}^{3}\sum_{j=1}^{3}X_{ij}} = \frac{\sum_{i=1}^{3}X_{i2}}{\sum_{i=1}^{3}\sum_{j=1}^{3}X_{ij}} = \frac{\sum_{i=1}^{3}X_{i3}}{\sum_{i=1}^{3}\sum_{j=1}^{3}X_{ij}}$$

官士兵之比例為：
$$\frac{\sum_{j=1}^{3}X_{1j}}{\sum_{i=1}^{3}\sum_{j=1}^{3}X_{ij}} = \frac{\sum_{j=1}^{3}X_{2j}}{\sum_{i=1}^{3}\sum_{j=1}^{3}X_{ij}} = \frac{\sum_{j=1}^{3}X_{3j}}{\sum_{i=1}^{3}\sum_{j=1}^{3}X_{ij}}$$

由是，吾人令

Φ：表軍事目標函數

$$\varPhi = f\,(X_{ij})$$

$\partial\varPhi/\partial X_{ij}$：表 X_{ij} 對 $\varPhi$ 之邊際貢獻

　　吾人可整理第六章中「資源分配」的原則，並將之用於國防人力結構之建構。且由於國防人力之獲得不可超過國防資源人力供給上限，僅能等於或小於國防人力資源供給上限。由是軍事目標函數極值的必要條件為：

　　當「人力供給＞人力需求」時，目標函數極值的必要條件

$\forall\ \partial\varPhi/\partial X_{ij}=0$

　　當「人力供給＝人力需求」時，目標函數極值的必要條件

$\partial\varPhi/\partial X_{11}=\partial\varPhi/\partial X_{12}=\ldots=\partial\varPhi/\partial X_{33}\geq 0$

　　因此，吾人依本書圖 6.1 的觀念，將人力結構之建構流程，繪之於圖 14.4，圖 14.4 是依據圖 6.1 改繪而成，但不考慮圖 6.1 中供給小於需求部分。

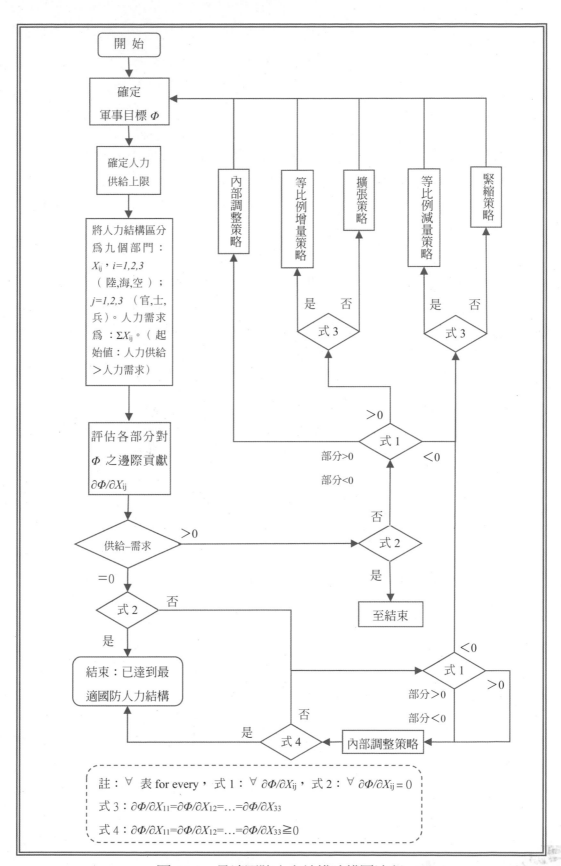

圖 14.4：最適國防人力結構建構圖流程

圖 14.4 中，國防人力分配的調整策略如下：

1. 「緊縮策略」：在「人力供給＞人力需求」、「人力供給＝人力需求」時，若 $\forall\ \partial f/\partial X_{ij}<0$，則應先減少 $\partial f/\partial X_{ij}$ 值最小部門的資源 $\triangle X_{ij}$。

2. 「等比例減量策略」：在「人力供給＞人力需求」時，若 $\partial f/\partial X_{11}=\partial f/\partial X_{12}=\ldots=\partial f/\partial X_{33}<0$，由於無法判斷 $\partial f/\partial X_{ij}$ 值之大小，可採等比例減少各部門人力。

3. 「擴張策略」：在「人力供給＞人力需求」時，若 $\forall\ \partial f/\partial X_{ij}>0$，則應先增加 $\partial f/\partial X_{ij}$ 值最大的人力 $\triangle X_{ij}$。

4. 「等比例增量策略」：在「人力供給＞人力需求」時，若 $\partial f/\partial X_{11}=\partial f/\partial X_{12}=\ldots=\partial f/\partial X_{33}>0$，可採等比例增加各部門人力。

5. 「內部調整策略」：在「人力供給＞人力需求」時，若 $\forall\ \partial f/\partial X_{ij}$ 部分 >0，部分 <0 時，可將 $\partial f/\partial X_{ij}$ 值最小的人力減少 $\triangle X_{ij}$，並將之轉投入到 $\partial f/\partial X_{ij}$ 值最大人力處。但在「人力供給＝人力需求」時，雖然 $\forall\ \partial f/\partial R_{i}>0$，由於無法增加人力需求，亦須採此策略。

依圖 14.4 之國防人力資源分配流程，可獲得「最適國防人力結構」如下。

（下列諸式中，X 之上標「o」表「optimal」）

最適人力投入為：$\displaystyle\sum_{i=1}^{3}\sum_{j=1}^{3}X_{ij}^{o}$

陸軍占全軍人力的最適比例為：$\dfrac{\displaystyle\sum_{i=1}^{3}X_{i1}^{o}}{\displaystyle\sum_{i=1}^{3}\sum_{j=1}^{3}X_{ij}^{o}}$

海軍占全軍人力的最適比例為：$\dfrac{\displaystyle\sum_{i=1}^{3}X_{i2}^{o}}{\displaystyle\sum_{i=1}^{3}\sum_{j=1}^{3}X_{ij}^{o}}$

空軍占全軍人力的最適比例為：$\dfrac{\sum\limits_{i=1}^{3} X_{i3}^{o}}{\sum\limits_{i=1}^{3}\sum\limits_{j=1}^{3} X_{ij}^{o}}$

陸海空全軍之最適比例為：$\dfrac{\sum\limits_{i=1}^{3} X_{i1}^{o}}{\sum\limits_{i=1}^{3}\sum\limits_{j=1}^{3} X_{ij}^{o}} = \dfrac{\sum\limits_{i=1}^{3} X_{i2}^{o}}{\sum\limits_{i=1}^{3}\sum\limits_{j=1}^{3} X_{ij}^{o}} = \dfrac{\sum\limits_{i=1}^{3} X_{i3}^{o}}{\sum\limits_{i=1}^{3}\sum\limits_{j=1}^{3} X_{ij}^{o}}$

軍官占全軍人力的最適比例為：$\dfrac{\sum\limits_{j=1}^{3} X_{1j}^{o}}{\sum\limits_{i=1}^{3}\sum\limits_{j=1}^{3} X_{ij}^{o}}$

士官占全軍人力的最適比例為：$\dfrac{\sum\limits_{j=1}^{3} X_{2j}^{o}}{\sum\limits_{i=1}^{3}\sum\limits_{j=1}^{3} X_{ij}^{o}}$

士兵占全軍人力的最適比例為：$\dfrac{\sum\limits_{j=1}^{3} X_{3j}^{o}}{\sum\limits_{i=1}^{3}\sum\limits_{j=1}^{3} X_{ij}^{o}}$

官士兵之最適比例為：$\dfrac{\sum\limits_{j=1}^{3} X_{1j}^{o}}{\sum\limits_{i=1}^{3}\sum\limits_{j=1}^{3} X_{ij}^{o}} = \dfrac{\sum\limits_{j=1}^{3} X_{2j}^{o}}{\sum\limits_{i=1}^{3}\sum\limits_{j=1}^{3} X_{ij}^{o}} = \dfrac{\sum\limits_{j=1}^{3} X_{3j}^{o}}{\sum\limits_{i=1}^{3}\sum\limits_{j=1}^{3} X_{ij}^{o}}$

　　本節「國防人力結構最適模式」建構之觀念，稍加思考，當知該模式亦可用於組織人力評估以及組織結構評估。

第五節　論軍官的晉升停年

壹、組織「晉升制度」之重要性

本節改編自：劉興岳、祁忠恕，〈流體動力學運用於國軍軍士官晉升之研究〉，《第三屆國防管理學院學術暨實務研討會論文集》，國防管理學院，民國 84 年 6 月。

社會中各種組織相互影響的結果，產生了組織間資源的流動。而組織的「薪資制度」與「晉升制度」是影響組織間人力資源流動的重要作用力。

「晉升制度」是指組織人力在人事管道中向上移動的規則，組織人力在人事管道中向上移動的「速度」就是組織人事制度的「晉升停年」。簡言之，「晉升停年」是組織成員向上晉級所需的時間。久任一職而沒有昇級，無異對組織成員是有負面的作用；短期而言影響員工的士氣，長期而言會造成人員的流動率。

組織人力在人事管道中的移動就好像「流體」（fluid）在管道中的流動一樣，而「流體力學」（Fluid Mechanics）是探討「流體」在管道中流動的情形。換言之，採用「類比」的方式，流體力學的某些觀念是可以運用到組織的晉升制度。

吾人以為「流體力學」中的「連續方程式」（continuity equation）最具有參考與實用的價值。

貳、流體力學「連續方程式」簡介

本處有關流體力學連續方程式之觀念，均參考自徐貴新、陳永銓、劉張源、徐瑞堂（編譯），《流體力學》，原著：Mott, *Applied Fluid Mechanics*, 4ed.

世上所有的物質均是以三種物理型態來存在，此三型態為固體（solid）、液體（liquid）、氣體（gas），其中液體與氣體統稱為流體。有關流體的連續方程式是以數學的方式來描述在一條流管內流體「質量流率」（mass of rate）的守恆原理。而所謂的質量流率為流體在單位時間內通過某

一面積的質量。[33]

　　圖 14.5 顯示流體在流管中的流動情形。

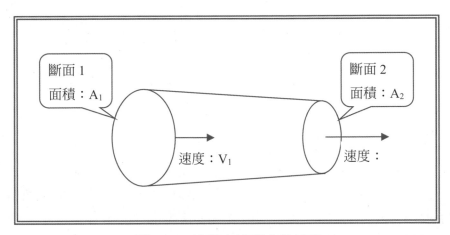

圖 14.5：流體在流管中的流動

　　圖 14.5 中，圓柱體為一流管，圓形部分為流管的斷面，其面積為 A；流體運動的平均速度為 V，其方向垂直於斷面。

　　設：

　　Q：為流體的體積流率（volume flow rate）。亦即為流體在單位時間流經該斷面的體積。

　　W：為重量流率（weight flow rate）。亦即為流體在單位時間流經該斷面的重量。

　　M：為質量流率（mass flow rate）。亦即為流體在單位時間流經該斷面的質量。

　　於是，

　　$Q = AV$

　　$W = \gamma Q$　　　γ 為流體的比重

　　$M = \rho Q$　　　ρ 為流體的密度

　　流管系統中，流體流動的速度計算是依連續原理。流體以等速流經斷

---

[33] 徐貴新、陳永銓、劉張源、徐瑞堂，《流體力學》，頁 210。

面 1 與斷面 2。亦即流體在一定時間中流過任何斷面的性質是固定的稱爲穩定流（stedy flow）。如果在兩斷面間沒有任何流體加入、儲存或移除，則在一定時間內，依「質量流率」（mass of rate）的守恆原理，流經斷面 2 的量與斷面 1 的量是相同的，此時可用質量流率來表示：

$M_1 = M_2$

由於，$M = \rho Q = \rho AV$

於是

$\rho_1 A_1 V_1 = \rho_2 A_2 V_2$　　　(14.6)

稱式 14.6 爲「連續方程式」（continuity equation）

在穩流系統中，用此方程式以表示兩個斷面間流體密度、流過面積和流動速度的關係，不論氣體或液體，對所有流體皆有效。

如果管路的流體爲液體，則必須考慮其具有不可壓縮性，則式 14.6 中 ρ_1 與 ρ_2 相等。

式 14.6 變爲

$A_1 V_1 = A_2 V_2$　　　(14.7)

因 $Q = AV$，而得

$Q_1 = Q_2$　　　　(14.8)

式 14.8 爲適用於液體的「連續方程式」，指在穩定流時任何斷面的體積流量必爲相等。

參、軍事組織結構之特色與晉升制度

軍事組織結構之特色有二：一爲類似金字塔型狀；二爲其基層少尉級軍官人力之獲得，均取自於外界，並自此一階一級往上晉升。而其高階軍皆由低階晉升，不從外昇招募。

國軍官之階級可分爲將官、校官與尉官等。

將官：一級上將、二級上將、中將、少將；

校官：上校、中校、少校；

尉官：上尉、中尉、少尉。

上述各官階之軍官欲晉升至高一階之官階時，必須經過之實職年資，稱爲「停年」，除晉升將官之各階停年是由國防部依據官額實際需要另外訂

定之，其餘各階晉任之停年資在民國 78 年時之規定如下：

少尉：一至二年；

中尉：三年；

上尉：四年；

少校：四年；

中校：四年。[34]

肆、「連續方程式」觀念在軍事組織晉升制度的運用

瞭解軍事組織的特色，則可將軍事組織視為一上窄下寬的圓柱管道，人力的晉升則好比液體在管道中流動。於是連續方程式的觀念就可用在組織的晉升制度。

在組織的人事管道中，若要人力向上流動能暢通無阻，吾人可視少尉昇中尉為一斷面，中尉昇上尉為一斷面，……，依次類推，則可視任一晉升之官階為一斷面，如此依國軍之官階層級共有十個斷面。

依式 15.8 在穩定流時，任何斷面的體積流量必為相等。也就是若要人力晉升順暢，則每年通過任一斷面的人力數量必須相等。於是，吾人令 Q 表每年通過任一斷面的人力數量，則

$$Q_1 = Q_2 = Q_3 = Q_4 = Q_5 = Q_6 = Q_7 = Q_8 = Q_9 = Q_{10} \quad (14.9)$$

其中 Q_1 為少尉晉升中尉的體積流量，也就是少尉每年應晉升為中尉的人數。其數量應為：少尉軍官人數 ÷ 少尉晉升停年。

於是吾人令，R 表軍官的階級，N 表軍官的人數，Y 表軍官晉升的停年。

則，R_1N_1：表少尉軍官人數

R_1Y_1：表少尉晉升停年

則，$Q_1 = R_1N_1/R_1Y_1$：表每年少尉應晉升為中尉的人數。

同理，

$Q_2 = R_2N_2/R_2Y_2$：表每年中尉應晉升為上尉的人數。

---

[34] 劉興岳、祁忠恕，「流體動力學運用於國軍軍士官晉升之研究」，頁 212。

$Q_3 = R_3N_3 / R_3Y_3$：表每年上尉應晉升為少校的人數。

……

……

$Q_9 = R_9N_9 / R_9Y_9$：表每年二級上將應晉升為一級上將的人數。

$Q_{10} = R_{10}N_{10} / R_{10}Y_{10}$：表每年一級上將應晉升的人數。

於是依式 14.9，吾人可得下式：

$$\frac{R_1N_1}{R_1Y_1} = \frac{R_2N_2}{R_2Y_2} = \cdots = \frac{R_9N_9}{R_9N_9} = \frac{R_{10}N_{10}}{R_{10}N_{10}} \qquad (14.10)$$

吾人稱式 14.10 為「軍事組織人力流動連續方程式」。式 14.10 表示每年各官階的晉升人皆應相等。

式 14.10 中，$R_{10}N_{10} \div R_{10}Y_{10}$ 為每年一級上將應晉升人數，$R_{10}Y_{10}$ 為一級上將的晉升停年。若停年屆滿，組織無更高官階可晉升，即表示需退役離開軍中。

式 14.10 顯示若要人力晉升暢通，則各階軍官的人數與晉升停年的比率必須相等。但式 14.10 中，各官階軍官人數為已知固定值，各階軍官之晉升停年由人力決策部門決定。因此，式 14.10 有無窮的組合。

例如設定 R_1Y_1 為 8 年，則可求得 R_2Y_2、R_3Y_3 ……等不同之晉升停年。

若設定 R_1Y_1 為 10 年，則可求得 R_2Y_2、R_3Y_3 ……等不同之晉升停年。

……

依次類推，其組合無窮。

因此，欲使式 14.10 僅有一組解，則勢必將各階軍官晉升停年依比率固定。於是，令

$$\sum_{i=1}^{10} R_iY_i = Y \qquad (14.11)$$

式 14.11 中，Y 為軍官從少尉任官依各階晉升停年晉升至一級上將時，所有官階晉升停年之和，亦即為一軍官在軍中服役之年限（依正常停年晉升，沒有被延誤）。例如，Y＝45，表示軍官在軍中可服務 45 年，則依式

14.10，就可求得在正常晉升時，各層官階的晉升停年。

換言之，決策部門決定了軍官在軍中服役之年限（式 14.11 之 Y 值），則依式 14.10 就可決定各階層軍官的晉升停年。

伍、「連續方程式」的運用與限制

一、軍校學生招生名額之決定

每年少尉晉升中尉的軍官人數表示須補充少尉的人數，這就決定了每年軍官學校的學生招生人數。

顯然每年軍官學校的學生招生人數是與少尉官軍官的晉升停年是相關的。

設若國軍的少尉編制為一萬人，晉升停年為一年時，則少尉任官的次年，就有一萬人須晉升為中尉軍官。於是軍官學校每年須畢業一萬名學生並晉升少尉以為補充，亦即是軍校每年至少要招募一萬名學生入學。

若國軍的少尉編制為一萬人，晉升停年為二年時，則每年有五千人須晉升為中尉軍官。則軍官學校每年須畢業五千名學生並晉升少尉，因此軍校每年至少要招募五千名學生入學。

這也證明了低階軍官較長的晉升停年不僅可使軍官晉升流暢，也緩和了軍校招生的壓力。

二、「連續方程式」的運用的限制

「連續方程式」運用的基本目的是要使得組織人力的晉升流暢，且假設各階軍官考績良好皆能按停年晉升。

因此，若依式 14.10 所示，在一金字塔式的組織結構中，低階軍官人數較多，則其晉升停年設計應較長；高階軍官人數較少，則其晉升停年設計應較短。是以，依「連續方程式」的晉升停年設計，會造成將級軍官晉升速度過快，不數年即到達退役年限。

人力決策部門可能因為高級將領培養不易（千軍易得，一將難求），而將其晉升停年延長，但此政策會造成人事管道的堵塞，使中低階軍官晉升不易，打擊中低階軍官士氣。

一種解決高級將領晉升的方法是對高級將領的晉升停年設計爲不採用「連續方程式」的觀念，而採類似「功績制」的方法。也就是對於有才幹的將官可破格晉升，且可久任一職；而對才能平庸的將官，則不受任官期限的限制，令其提前退役。

　　因此，「連續方程式」觀念的運用實取決於人力決策部門的政策考量。

　　本文提出「連續方程式」的觀念，可供人力晉升決策與軍校招生時之參考，此方程式特別適用於以「內昇制」爲主的軍事組織。

第六節　國防人力評估

壹、人力評估的依據

　　本節改編自：劉興岳、鍾國華，〈軍事人力評估之研究〉，《國防管理學院學報》，第十四卷第二期，民國 82 年 7 月。

　　從策略管理程序而言是先從事策略規劃，而管理評估與控制爲策略管理過程中的最後一程序，吾人於本書第五章已提出：

　　1. 策略管理整合模式（第五章：圖 5.1）；

　　2. 策略管理評估模式（第五章：圖 5.3）。

　　人力管理爲整體管理下之功能性管理，故上述各模式爲人力評估模式的上層架構，亦爲人力評估模式的理論依據。

貳、管理評估的方法

　　管理評估的方法如圖 14.6 所示。

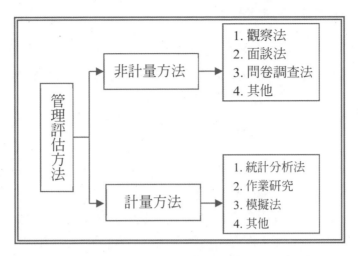

圖 14.6：管理評估的方法

資料來源：劉興岳、鍾國華，〈軍事人力評估之研究〉，《國防管理學院學
報》，第十四卷第二期，民國 82 年 7 月，頁 57。

參、人力評估的程序

組織之人力評估旨在探求組織之最小人力投入，組織之人力又與下列
因素密切相關：

1. 組織的目標；*2.* 組織的結構；*3.* 組織的工作量。

吾人依上述程序，可得人力評估的程序，如圖 14.7 所示。

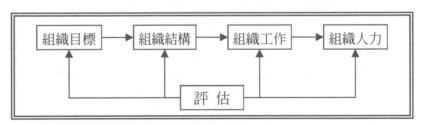

圖 14.7：人力評估程序

資料來源：修改自「人力評估架構圖」。劉興岳、鍾國華，〈軍事人力評估
之研究〉，《國防管理學院學報》，第十四卷第二期，民國 82 年 7
月，頁 57。

肆、人力評估的基本觀念

人力評估的基本觀念依組織運作的程序有四個層面，分別如下。

組織目標評估：就組織之目標作整體性的診斷，作為各級組織存廢、分併以及規模增減的依據。

組織結構評估：運用組織設計的原理、原則，評估各級組織之合理化程度與運作的效率。

組織工作評估：運用工作設計、工作方法改善等觀念，評估各級組織內職位與工作是否達到最簡化要求。

組織人力評估：運用動作時間研究、統計分析、工作抽樣、技術評估等工作衡量的觀念，評估各級組織人力運用的情形。

伍、國防人力評估實務

國防部訂頒之「國軍人力管理制度」對國軍人力評估有詳細規定，茲列舉並說明如下。

一、目標評估方面

1. 任務要為上級所核定；
2. 任務必須明確；
3. 任務賦予要為書面下達；
4. 所有任務要有職掌支援；
5. 為完成任務要訂有計畫及作業程序。[35]

吾人依前述「人力評估的基本觀念」，另補充若干如下：

1. 各級組織之設置，應以任務目標為依據，凡與目標無關的機構，應予裁撤。
2. 目標重複或相似之機構，應予裁撤或合併。
3. 依據「邊際分析」之觀念，吾人認為：
   · 對目標邊際貢獻為正值的組織可擴大其規模。
   · 對目標邊際貢獻為負值的組織應緊縮其規模。

---

[35] 國防部，〈國軍人力管理制度〉，頁 66。

二、組織評估方面

（一）統一指揮原則

　1. 組織應儘量簡單；

　2. 一個組織內同階層單位，應同一類名稱；

　3. 一個組織內各級人員，應明瞭向何人負責，並應明瞭何人向其負責；

　4. 一個主管所轄之單位，不應超過有效管理督導之能力；

　5. 距離、時間與布置，可視為管制與執行時應考慮之因素。

（二）同類任職原則

　1. 職責派定必須明確；

　2. 應避免職責之重複與分散；

　3. 相同之任務，應儘量編入相同之組織單位；

　4. 各級人員對其職責應充分瞭解。

（三）逐級授權原則

　1. 職責指派應同時授予適當之權力；

　2. 職責與權力應在最大可能限度，下授至執行工作人員。[36]

三、工作評估方面

　1. 本單位最主要之工作，是否耗時最多？

　2. 本單位各業務項目，是否均為職掌上所必須？

　3. 工作人員之技能、專長、學養，是否充分利用？

　4. 某工作人員所擔任之工作，是否與他人工作有所關連？

　5. 同工作一人能勝任者，是否分散由數人管理？

　6. 各人員之工作分配，是否均勻？是否與其專長能力相稱？[37]

　　工作評估之目的，在求取為達組織目標而應投入的最少工作量。可運用工作設計、工作方法研究等觀念，使組織的工作達到最簡化要求。

　　除上述方法外，吾人提出下列二點，以為補充：

　1. 工作設計必須是目標導向，任何工作必須與目標有關；

　2. 工作改善必須達到省時、省力、省錢的要求。

---

[36] 國防部，「國軍人力管理制度」，頁 67。
[37] 國防部，「國軍人力管理制度」，頁 15。

四、人力評估方面

工作評估旨在求取最簡化的工作量,而人力評估則在求取完成工作的最少人力投入。

吾人可運用時間動作研究、工作衡量等方法,以求取每人的標準工作時間,進而可獲得每人的標準工作量。

吾人求得每人的標準工作量,即可決定組織的人力需求,其方法如下:

人力需求＝組織總工作量÷每人標準工作量

組織的人力需求決定後,即可評估組織各部門人力運用情形,進而決定各部門人力應予精簡或增加。其方法為:

1. 單位現有人力大於評估後之單位人力需求,應精簡單位現有人力;
2. 單位現有人力小於評估後之單位人力需求,應增加單位現有人力。

陸、人力評估的原則

綜觀以上所述,吾人可歸納下列四項人力評估的原則:

1. 目標導向原則;
2. 組織精簡原則;
3. 工作簡化原則;
4. 人力節約原則。

第七節　結論

依據本章對國防人力資源的探討，吾人有下列數項結論：

在國軍軍官的晉升制度上：

運用「流體力學」的觀念，在軍事部門金字塔式的組織結構中，低階軍官人數較多則其晉升停年設計應較長；高階軍官人數較少，則其晉升停年設計應較短。

在國防人力結構上：

吾人在本章，運用資源管理的觀念建立了最適國防人力結構建構的流程，依據此流程可以建構國防部門海陸空三軍以及各軍種官士兵的最適比例組合，且此組合是國防部門人力資源最有效的使用組合。

在平時常備兵力的服役年限方面：

吾人建立了一個數學式子即：國防人力供給除以國防人力供給就等於常備兵的服役年限。按此數學式，台灣國防部在民國 97 年時依規劃的人力需求若採「徵兵制」時士兵的服役年限應為 7.89 個月。吾人根據此數學式亦可發現一個國家兵役制度的應該採取徵兵制或是募兵制實取決於國防人力的供給與需求。

在動員制度的設計方面：

若依投入的兵力與勞動力的比例約為 1：3.6 來估算，則台灣依民國 92 年的人口結構，台灣在戰時可投入的兵力上限為 348.6 萬人，此時可支援作戰的勞動力為 1,254.9 萬人。

台灣在防衛作戰時應採取的兵役制度：

台灣是一個島國地理面積不大，因此在面臨外國威脅時就不可能如地理面積大的國家有足夠的縱深，可以一邊徵兵一邊訓練，台灣必須平時就要積儲戰力完成戰爭準備，於開戰初期即能對敵構成優勢兵力，因此台灣必須採取「義務役徵兵制度」平時廣儲兵源，就這點而言，連美國都是這樣的建議。

參考資料

中文書目

中央社，3/11/2005。

中央社，民國 94 年 3 月 11 日。

中國時報，四版，民國 85 年 4 月 23 日。

內政部（編印），《中華民國九十二年內政統計年報》。

王曾才，《西洋近世史》（台北：正中，1999 臺初版）。

辛達謨（譯），《德國史（上冊）》（台北：國立編譯館，民 89 初版）。原著：Vogt, Martin ed.（弗格特）, *Deutsche Geschichte: von den Anfangen bis zur Wiedervereinigung.*

辛達謨（譯），《德國史（下冊）》（台北：國立編譯館，2001）。原著：Vogt, Martin ed.（弗格特）, *Deutsche Geschichte: von den Anfangen bis zur Wiedervereinigung.*

依田熹家，《日本通史》（台北：揚智，1995 初版）。

林秀欒，《各國總動員制度》（台北：正中，民國 65 年台二版）。

林明德，《日本史》（台北：三民，民國 78 年）。

林郁方，〈國軍兵力整建的原則〉，《國家政策雙週刊》，第 104 期，民國 84 年元月。

徐貴新、陳永銓、劉張源、徐瑞堂（編譯），《流體力學》（台北縣：高立圖書，民國 91 年）。原著：Mott, *Applied Fluid Mechanics*, 4ed.

秦修好，《中外兵役制度》，（台北：中央文物供應社，民國 72 年）。

國防部（編印），《中華民國九十三年國防報告書》。

國防部（編印），《中華民國八十一年國防報告書》。

國防部（譯），《美國國防報告書》（民 92 年 12 月出版）。

國防部，「國軍人力管理制度」。

國防部史政編譯局（譯印），日本防衛廳，《1994 日本防衛白皮書》，國防部史政編譯局。

揚緒（譯），《二十世紀德國經濟史》（北京：商務印書館，1984）。原著：Karl Hardach（哈達赫）（著），*Wirtschaftsgeschichte Deutschlands Im 20. Jahrhundert.*

鈕先鍾（編著），《西洋全史（十八）第二次大戰》（台北：燕京，民國 68 年）。

劉興岳、祁忠恕，〈流體動力學運用於國軍軍士官晉升之研究〉，《第三屆國防管理學院學術暨實務研討會論文集》，國防管理學院，民國 84 年 6 月。

劉興岳、張志成，〈軍事人力資源管理架構性之研究〉，《第三屆國防管理學術暨實務研討會論文集》，民國 84 年 6 月。

劉興岳、鍾國華，〈軍事人力評估之研究〉，《國防管理學院學報》，第十四卷第二期，民國 82 年 7 月。

劉興岳、鍾國華，〈軍事人力資源規劃之實務性研究〉，《第一屆國防管理學術暨實務研討會論文集》，國防管理學院，民國 82 年 3 月。

聯合報，四版，民國 86 年 2 月 23 日。

英文書目

"conscription," *Encytclopedia Britannica*, 2003 Deluxe Edition.

Kagan, Frederick W., and Robin Higham ed., *The Military History of Tsarist Russia.* (Palgrave, New York, 2002).

Margiotta, Franklin D. ed., *Brassey's Encyclopedia of Military History and Biography,* (Washington, Brassey's, 2000, 1st paper ed.).

網際網路

"Prussian army during the Napoleonic wars."
   http://web2.airmail.net/napoleon/Prussian_army.htm. 3/9/2005.

〈20 世紀世界兵役制度發展變革的歷史思考〉，央視論壇。
   http://bbs.cctv.com.cn/forumthread.jsp?id=5393044. 3/6/2005.

〈歷史的變遷—中國的兵役制度〉，新華網。http://www2.zzu.edu.cn/.
   11/19/2004.

British War Economy, *Part II. Period of the Anglo-French Alliance.*
   http://www.ibiblio.org/hyperwar/UN/UK/UK-Civil-WarEcon/. 3/19/2005.

CIA, *The World Factbook*.

　　http://www.cia.gov/cia/publications/factbook/geos/ch.html#People. 4/17/2005.

LTC Dan Yock Hau, *Conscription And Force Transformation*.

　　http://www.mindef.gov.sg/safti/pointer/back/journals/2003/Vol29_4/2.htm.
　　3/10/2005.

Maj. Dip. Eng. Josef Prochazka, *Solutions for the Professionalization of the Armed Forces*.

　　http://www.army.cz/mo/obrana_a_strategie/1-2001eng/prochazka.pdf.
　　3/11/2005.

U. S. Department of Defense, *Dictionary of Military Terms*.

　　http://www.dtic.mil/doctrine. 3/22/2005.

U.S. Library of Congress, *Germany Historical Background*.

　　http://countrystudies.us/germany/84.htm. 3/23/2005.

國防部後備司令部全球資訊網。

　　http://www.mnd.gov.tw/division/~defense/mil/afrc/history.htm. 3/22/2005.

第三篇

民主篇

本篇包含一章

第十五章　論民主國家之建立與運作

第一節　前言

　　本書第二篇的重點是討論「戰略」,特別著重在「軍事戰略」。然而「軍事戰略」果是富國強兵之道嗎?當然不是。軍事戰略之上還有政治戰略或國家戰略,那麼國家戰略是怎麼決定的?從系統化的學術體系而言,若吾人採取溯因(逆向演繹)的方式向更上一層探討,就會觸及到一個非常重要而且極其敏感的議題,特別是在傳統皇朝體制或者是威權專制政權的時期。國家究竟是怎麼成立的,掌握最高也是最大、最重要權力的執政者其權力源自於何處?它憑什麼能將權力加諸到吾等百姓身上?

　　因之,吾人將從管理面,從理性的思維面,並參考一些政治思想家在民主思想的論述來探討這個議題。這個議題除了它的重要性,它攸關吾等百姓的身家安全、國家的安危外,就個人從事學術研究的角度而言,企圖從軍事戰略更進一步往上推演,建立一個包含國家建立與運作的完整戰略與民主學術體系是吾人撰寫本章的動機。

第二節　政權合理化的學說之一：君權神授

壹、中國的君權神授說

　　君權神授（Divine right of kings）或稱「天授君權說」是古代中外各王權專制體制為了將政權的取得與行使合理化的最常用說法。古代以宗教來主導政治時期，君主為了鞏固自己的權力而提倡這種說法，即指自己是天命派遣至凡間來管治世人，是神在人間的代表，做為人民只可遵從君主的指示不能反抗。這個說法在世界各地都曾出現過，但在啟蒙時代後人們思想開始由宗教指導中釋放出來，使這個說法的相信者變得越來越少，在現代社會這個說法早已為不可信及無稽。[1]

　　中國早在夏商周三代的君主已提倡自己與天神有關，是由神賜天命，使他們統治天下的。例如湯在討伐夏朝桀時曾說：「格爾眾庶，悉聽朕言。非臺小子，敢行稱亂；有夏多罪，天命殛之……予惟聞汝眾言；夏氏有罪，予畏上帝，不敢不正……爾尚輔予一人，致天之罰，予其大賚汝。」[2]藉此替天行道增加統治的合理性。當時的君主亦要代人民向天進行祭祀，以示自己是天神派來統治大地的，而當時的統治者稱「天子」亦是這個原因。[3]

　　孟子也有類似君權神授的言論。《孟子・卷九萬章上》有段經文：

> 萬章曰：「堯以天下與舜，有諸？」
> 孟子曰：「否。天子不能以天下與人。」
> 「然則舜有天下也，孰與之？」
> 曰：「天與之。」……[4]

---

[1] 君權神授說，維基百科。
[2] 《尚書》，〈湯誓〉。
[3] 君權神授說，維基百科。
[4] 《孟子》，〈萬章上〉，第九章。詳細探討請參閱本書第十七章第五節對原儒的檢驗。

而秦始皇的玉璽上刻有「受命於天，既壽永昌」可看出秦始皇認為自己的權力由上天所賜。[5]

漢武帝時的董仲舒在其著作《春秋繁露》中，也闡釋了「君權神授」、「三綱五常」的觀念：

> 唯天子受命於天，天下受命於天子，一國則受命於君。君命順，則民有順命；君命逆，則民有逆命；故曰：一人有慶，兆民賴之。此之謂也。[6]

> 天子受命於天，諸侯受命於天子，子受命於父，臣妾受命於君，妻受命於夫，諸所受命者，其尊皆天也，雖謂受命於天亦可。[7]

中國第一位女皇帝武則天在篡唐為周的過程中，亦製造了她的大位是符合天意的輿論。天授元年（690）七月，僧法明等撰《大雲經》四卷，說武后是彌勒佛化身下凡，當取代唐朝應作為天下主人，武后下令頒行天下。是年九月侍御史傅游藝率關中百姓九百人上表，請改國號為周，賜皇帝姓武。於是百官及帝室宗戚、百姓、四夷酋長、沙門、道士共六萬餘人，亦上表請改國號。武后准所請，改唐為周，改元天授，加尊號聖神皇帝。[8]

貳、西方各國的君權神授說

在西方古埃及的法老（國王）也自稱為「太陽的兒子」，巴比倫的漢謨拉比王自稱為「月神的後裔」。基督教神學家奧古斯丁（Aurelius Augustinus, 354-430）最先用「理論」論證了上帝的存在，並進而論證「君權神授」為羅馬帝國的對內專制和對外侵略政策提供了理論根據。[9]

---

[5] 君權神授，百度百科。
[6] 董仲舒，《春秋繁露》，〈為人者天第四十一〉。詳細探討請參閱本書第十七章第二節儒家的盛與衰。
[7] 董仲舒，《春秋繁露》，〈順命第七十〉。詳細探討請參閱本書第十七章第二節儒家的盛與衰。
[8] 司馬光，《資治通鑑》，第二〇四卷。武則天，維基百科。
[9] 君權神授，百度百科。

奧古斯丁的一本對基督教教義闡釋的巨著《上帝之城》（*The City of God*），書中對上帝之城與地上之城（the City of Man）的描寫，無疑是當時混亂局面的反映。他說，「上帝的選民」才有資格成為上帝之城的居民，地上之城只能是「上帝的棄民」居住之所，但兩者都由上帝控制；地上之城的君主職位是上帝爲實現自己的目的而設立的；由誰登基爲王也受上帝的意志支配。奧古斯丁的論述奠定了中世紀西歐君權神授的理論基礎。[10]

中世紀歐洲各國皆與羅馬教皇合作，使其臣民相信其權力來自上帝。但自英國光榮革命與法國大革命後，人們已不相信這說法。在宗教改革早期，馬丁·路德在某程度上對此有認同；但是現今大部分新教教派也反對君權神授，這可能是因爲他們本身支持政教分離的立場。最早反對君權神授的新教宗派是再洗禮派。[11]

1598 年，蘇格蘭國王斯圖亞特王朝詹姆斯六世（James VI, 1566-1625）（後來兼任英格蘭國王）撰寫《自由君主的眞正法律》及《國王的天賦能力》，闡述了君權神授思想。[12]

法皇路易十四（Louis XIV, 1638-1715），自號太陽王（法語：le Roi Soleil）創立有史以來無與倫比的絕對君主制，積極宣傳君權神授與絕對君主。[13]

法皇路易十四在位時期正是歐洲的「科學革命」與「啓蒙運動」的年代，在此時之後歐洲各國民智大開，「君權神授」的思想在西方已逐漸式微。

第三節　政權合理化的學說之二：社會契約論

吾人綜覽一些西方政治思想的書籍將可發現，近代民主政治思想的兩個最重要的觀念就是「自然權利」（Natural Rights）（亦有譯爲「天賦人

---

[10] 君權神授，百度百科。
[11] 君權神授，百度百科。
[12] 君權神授，百度百科。
[13] 路易十四，百度百科。

權」），而另一個則是「社會契約論」（Social Contract Theory）。

「自然權利」源於拉丁文「jus natural」，中文習慣譯爲「天賦人權」，或稱爲不可剝奪的權利，是指自然界生物普遍固有的權利，並不由法律、信仰、習俗、文化或政府來賦予或改變，是不證自明並有普遍性。[14]

所謂的「社會契約論」意指國家與人民之間爲契約的關係，人民爲保護個人的權益乃共同約定建立一個超級的政治實體即「國家」，並賦予國家極大的權力，人民並約定服從國家的法律規定，但如若國家不能夠保障人民的權益時則可撤銷彼此的契約關係。

社會契約論指出國家的權力來自於全體人民，國家主權屬於全體人民，這個思想與君權神授的國家主權歸屬相反，也說明了君權神授只不過是個神話而已。

早在西元前三百多年，古希臘哲學家伊比鳩魯（Epicurus, 前 341-前 279）就已提出類似社會契約的說法。[15]近代自然權利與社會契約論的民主政治思想大概始於 17 世紀的啓蒙運動時期，但這些論述尚不足以構成完整體系，可是在此之後系統性的民主思想逐漸發展，一些思想家在論及國家成立的源起時使用了「社會契約論」的觀念。

吾人參考西方政治思想史的書籍，以及網路搜尋的資料，將這些 17 世紀早期的思想家臚列如下。

德國法學家阿爾雪修斯（Johannes Althusius, 1557-1638）的《系統政治學》（Systematic Politics, 1603）。阿爾雪修斯的政治學說係建立於其契約觀念上，他認爲人類社會的各種組織，自家庭、一切社團，及城市、省區至國家，皆由契約的自由組合而產生，此乃爲自然法之原則。所以在一個國家中，大體言之，有兩種契約，一爲社會契約，一爲政治契約。前者是說明每一社團在國家中的關係；後者說明人民與政府的關係。由社會契約的性質可以見出國家乃是由一連串的社團，漸次組合的大聯合，並非以個人爲單位所組成。[16]

荷蘭法學家格老秀斯（Hugo Grotius, 1583-1645）的《戰爭法與和平法》（The Law of War and Peace, 1625）。《戰爭法與和平法》是格老秀斯探討國際法的一本著作，他認爲國際法存在的前提是國家主權，所謂國家主權

---

[14] 自然權利，維基百科。
[15] 伊壁鳩魯學派，百度百科。
[16] 逯扶東，頁 225。

是指國家的最高統治權，即主權者行為不受別人意志或法律支配的權力。主權是一個國家統一的道德能力，它的最初來源是基於社會契約，但當人們訂立社會契約以後就應該絕對地服從主權者。在格勞秀斯看來，國家主權屬於一個人為好，因此，他反對人民主權，而主張君主主權。主權是國家存在的基礎，也是國家作為國際法主體的條件。[17]

　　荷蘭的哲學家和無神論者斯賓諾莎（Benedict de Spinoza, 1632-1677）的《神學政治論》（*Tractatus Theologico-Politicus*, 1670），這本書的主題是《聖經》批評與政治理論。[18]斯賓諾莎在《神學政治論》歸根究柢是要證明他的政治主張，即新興的政治哲學。他主張政治與教會分離，哲學與神學分離，它們各有其領域，應當互不侵犯。他倡導「社會契約說」和「天賦人權說」，主張人民應該有信仰自由和言論自由。按照斯賓諾莎的學說，只有民主政治才是最好的政治。他認為，人的心是不能由別人來安排的。信仰自由和言論自由是人民的天賦之權，這種權利是不能割讓的。[19]

　　以上所列法學家、政治哲學家的著作對天賦人權與社會契約都有論及，但這些著作並非專門以討論民主政治思想為主。真正對民主政治思想的影響最為深遠的當屬英國政治學家、哲學家湯瑪斯·霍布斯（Thomas Hobbes, 1588-1679）、英國思想家約翰·洛克（John Locke, 1632-1704）與法國思想家尚·雅克·盧梭（法語：Jean-Jacques Rousseau, 1712-1778）。

　　以下將對上述諸三位思想家的民主思維做簡單介紹。

第四節　霍布斯的政治思想

　　湯瑪斯·霍布斯英國政治學家、哲學家。英國理性主義傳統的奠基人，是近代第一個在自然法基礎上系統發展了國家契約學說的啟蒙思想家。[20]

---

[17] 胡果·格老秀斯，台灣word。
[18] 史賓諾沙，維基百科。
[19] 斯賓諾莎，〈《神學政治論》簡介〉，《黃花崗雜誌》，第二十六期。
[20] 湯瑪斯·霍布斯，MBA 智庫百科。

霍布斯的一生是處於科學革命的時代，他曾結識伽利略、培根、笛卡兒諸人，這對其思想大有影響。由於他對數學及物理的興趣，他認爲人及人類社會的一切現象都可用幾何的方法，由簡而繁，分析演繹而成爲系統的知識。所以他乃能以科學的眼光分析政治問題，將政治學納入機械科學中一部分，霍布斯是爲第一人。[21]

霍布斯於 1651 年出版的一本重要著作，全名爲《利維坦，或教會國家和市民國家的實質、形式、權力》（*Leviathan or The Matter, Form and Power of a Common Wealth Ecclesiastical and Civil*；又譯《巨靈》、《巨靈論》）。「利維坦」原爲《舊約聖經》中記載的一種怪獸，在此書中用來比喻強勢的國家。該書系統闡述了國家學說，探討了社會的結構，其中的人性論、社會契約論、以及國家的本質和作用等思想在西方產生了深遠影響，是西方著名和有影響力的政治哲學著作之一。[22]

《利維坦》全書分爲四部分，分別爲「論人」、「論國家」、「論基督教國家」、「論黑暗王國」。該書寫於英國內戰進行之時。在這書中霍布斯陳述他對社會基礎與政府合法性的看法。

霍布斯認爲在人類初始的社會是處於自然狀態，在自然狀態下的社會每個人都有爲所欲爲的自然權利（right of natural, 或 natural rights, 或 jus naturale），而人類的理性又會發展出自然法（law of natural, 或 natural law, 或 lex naturalis）來以爲約束。霍布斯對自然權利的解釋是：「自然權利，……乃是每個人所有的，爲保全他的生命，而使用自己的力量的自由。」[23]

霍布斯對「自然法」的定義是：「自然法乃是由理性所發現的箴規或通則，人用以禁止作有害於其生命或取去其自保生命的方法之事，並且禁止不作自以爲最能保全生命之事。」

由上述「自然權利」與「自然法」之定義，我們可看出兩者的不同：自然權利的基本性質乃是能爲與不爲的自由。而自然法的基本性質則是使人不能爲或不能不爲的限制。[24]

霍布斯又認爲在人類的自然狀態下，有一些人可能比別人更強壯或更聰明，但沒有一個會強壯到或聰明到不怕在暴力下死亡。當受到死亡威脅

---

[21] 逯扶東，頁 234、236。
[22] 利維坦（霍布斯），維基百科。
[23] 張翰書，頁 250-51。
[24] 張翰書，頁 252。

時，在自然狀態下的人必然會盡一切所能來保護他自己。[25]

在自然狀態下，每個人都需要世界上的每樣東西，也有拿取每樣東西的權力。但世界上的東西都是不足的，所以就有持續的，基於權力的「所有人對所有人的戰爭」。人生在自然狀態下是「孤獨、貧窮、齷齪、粗暴又短命」。[26]

自然狀態下的戰爭並非對人最有利的狀態。霍布斯認為人因為自利和對物質的欲求，會想要結束戰爭——「使人傾向於和平的熱忱其實是怕死，以及對於舒適生活之必要東西的慾求和殷勤獲取這些東西的盼望」。[27]

於是霍布斯提出了社會契約論，企圖將自然狀態下相互爭奪的社會轉換成為能保護每個人的「國家」。他認為社會要和平就必須要有社會契約。社會是一群人在一個威權之下，而每個人都將所有的自然權利交付給這威權，讓它來維持內部和平，和進行外部防禦，只保留自己免於一死的權利。這個主權，無論是君主制、貴族制或民主制（霍布斯較傾向君主制），都必須是一個「利維坦」，一個絕對的威權。[28]

透過社會契約而產生的主權或威權就是「國家」，也就是霍布斯所稱的「利維坦」或又稱為「巨靈」。

對霍布斯而言，法律就是要確保契約的執行。利維坦國家在防止人對人的攻擊以及保持國家的統合方面是有無限威權的。至於其他方面，國家是完全不管的。只要一個人不去傷害別人，國家主權是不會去干涉他的。[29]

霍布斯社會契約說的目的完全在於產生絕對至上的權力，人民在霍布斯設計的「巨靈」之下當然是毫無自由的，因為一切自然權利都已交給了國家主權者，只有國家的自由不再有人民的自由。[30]

霍布斯理論的出發點是由於人類的自私，自我保存是為最初的動機，乃至經過人為的契約造成機械的國家。他的觀點固然可以檢討，但是在那個時代，他仍不失為一大思想家。他的思維縝密，邏輯強固，層次清晰，逐步推理，這種科學萌芽時代的思想方法對以後政治學術的思維有很大的

---

[25] 利維坦（霍布斯），維基百科。
[26] 利維坦（霍布斯），維基百科。
[27] 利維坦（霍布斯），維基百科。
[28] 利維坦（霍布斯），維基百科。
[29] 利維坦（霍布斯），維基百科。
[30] 逯扶東，頁 245-46。

影響。他絕無迷信的將無限權力賦予國君，但不再是君權神授而是君權民授了！[31]

第五節　洛克的政治思想

壹、洛克的生平

　　約翰‧洛克是英國的哲學家，他也在社會契約理論上做出重要貢獻。他發展出了一套與霍布斯自然狀態不同的理論，主張政府只有在取得被統治者的同意，並且保障人民擁有生命、自由和財產的自然權利時其統治才有正當性。洛克相信只有在取得被統治者的同意時社會契約才會成立，如果缺乏了這種同意那麼人民便有推翻政府的權利。洛克將國家權力分爲立法權、行政權和對外權，並主張立法權與行政權的分立，行政權與對外權的統一；立法權是國家最高權力。[32]

　　洛克的思想對於後代政治哲學的發展產生巨大影響，並且被廣泛視爲是啓蒙時代最具影響力的思想家和自由主義者。他的著作也大大的影響了伏爾泰（Voltaire, 1694-1778）和盧梭（Jean-Jacques Rousseau, 1712-1778），以及許多蘇格蘭啓蒙運動的思想家和美國開國元勳。他的理論被反映在美國的獨立宣言上。[33]

貳、洛克的著作

　　洛克的著作如下：

（1689）《論寬容》—*A Letter Concerning Toleration*

（1689）《政府論》—*Two Treatises of Government*

（1690）《人類理解論》—*An Essay Concerning Human Understanding*

---

[31] 逸扶東，頁 247。
[32] 約翰‧洛克，維基百科。
[33] 約翰‧洛克，維基百科。

（1693）《教育漫話》—*Some Thoughts Concerning Education*

（1695）《聖經中體現出來的基督教的合理性》—*The Reasonableness of Christianity, as Delivered in the Scriptures*

（1695）《爲基督教合理性辯護》—*A Vindication of the Reasonableness of Christianity*[34]

1689 年到 1690 年洛克寫成兩部《政府論》（*Two Treatises of Government*）。而對民主政治思想影響最大的是 1690 年出版的第二部 *Second Treatise of Government*（中譯本《政府論次講》），在第二部中洛克則試圖替光榮革命辯護，提出了一套正當政府的理論，並且主張當政府違反這個理論時人們就有權推翻其政權。洛克還巧妙的暗示讀者當時英國的詹姆斯二世已經違反了這個理論。[35]

吾人參考由葉啓芳、瞿菊農（合譯）John Locke 的 *Second Treatise of Government*，唐山出版社出版的《政府論次講》，以及英文本 2017 年 Jonathan Bennett 出版 John Locke 的 *Second Treatise of Government*，將洛克的政治思想簡述如下。

洛克的《政府論次講》全書共十九章，吾人綜覽並歸納全書可知《政府論次講》有兩個重點，此兩個重點分別是：民主國家是如何成立的，以及民主國家政府的運作。

本節僅節錄書中的兩個重點並列述如下。

參、洛克的民主政治思想之一：民主國家是如何成立的

一、序文

洛克《政府論次講》的第一章就對當時的一切政府提出批判，同時也說明他爲什麼要寫《政府論次講》。洛克說：

> 所以，無論是誰，只要他舉不出正當理由來設想，世界上
> 的一切政府都只是強力和暴力的產物，人們生活在一起乃是

---

[34] 約翰・洛克，維基百科。
[35] 約翰・洛克，維基百科。

服從弱肉強食的野獸的法則，而不是服從其他法則，從而奠定了永久混亂、禍患、暴動、騷擾和叛亂的基礎，他就必須⋯⋯尋求另一種關於政府的產生、關於權力的起源和關於用來安排和明確誰享有這種權力的方法的說法。[36]

洛克又說：「為此目的，我提出我認為什麼是政治權力的意見，我想這樣做不會是不適當的。」[37]

並由此洛克展開了他一系列關於民主政府是如何產生的思維。

二、自然狀態、自然權利與自然法

洛克是和霍布斯一樣的從自然狀態（state of nature）開始了他的想法。他認為人類原來自然地處在一種完備無缺的自由狀態，他們在自然法（law of nature）的範圍內，按照他們認為合適的辦法，決定他們的行動和處理他們的財產和人身，而毋需得到任何人的許可或聽命於任何人的意志。[38]

洛克在《政府論次講》的第二章的開始就說：

> 為了正確地了解政治權力，並追溯它的起源，我們必須考究人類原來自然地處在什麼狀態。那是一種完備無缺的自由狀態，他們在自然法的範圍內，按照他們認為合適的辦法，決定他們的行動和處理他們的財產和人身，而毋需得到任何人的許可或聽命於任何人的意志。⋯⋯這也是一種平等的狀態，在這種狀態中，一切權力和管轄權都是相互的，沒有一個人享有多於別人的權力。（*It is also a state of equality, in which no-one has more power and authority than anyone else.*）極為明顯，同種和同等的人們既毫無差別地生來就享有自然的一切同樣的有利條件，能夠運用相同的身心能力，就應該人人平等，不存在從屬或受制關係，除非他們全體的主宰以某種方式昭示他的意志，將一人置於另一人之上，並以明確

---

[36] 葉啓芳、瞿菊農，頁 1、2。
[37] 葉啓芳、瞿菊農，頁 2。
[38] 葉啓芳、瞿菊農，頁 3。

的委任賦予他以不容懷疑的統轄權和主權。[39]

　　簡言之，洛克認爲在自然狀態下人類是自由的平等的。筆者認爲洛克的這段話就是「人生而自由平等」的最早由來。洛克所認爲的平等就是「就應該人人平等，不存在從屬或受制關係……」

　　筆者以爲所謂的「平等」就是沒有一個人有權力可以凌駕在另外一個人之上，而將他的意志加諸於其他的人要他遵循。

　　在自然狀態下社會秩序是怎麼維持的？洛克闡釋前面曾提過的「自然法」的概念，他說：

　　　　雖然這是自由的狀態（state of liberty），卻不是放任的狀態。在這個狀態中，雖然人有處理他的人身或財產的無限自由，（*It isn't a state of licence in which there are no constraints on how people behave. A man in that state is absolutely free to dispose of himself or his possessions.*）但是他並沒有毀滅自身或他所占有的任何生物的自由。自然狀態有一種應該爲人人所遵守的自然法對它起著支配作用；而理性，也就是自然法，教導著有意遵從理性的全人類：（*The state of nature is governed by a law that creates obligations for everyone. And reason, which is that law, teaches anyone who takes the trouble to consult it,*）人們既然都是平等和獨立的，任何人就不得侵害他人的生命、健康、自由或財產。（*That because we are all equal and independent, no-one ought to harm anyone else in his life, health, liberty, or possessions.*）[40]

　　洛克也舉一個例子說明甚麼是自然法中的「理性」。他說在自然狀態的社會裡每一個人都有權力去約束他人保護自己不受傷害，但是每個人必須以「理性」的態度執行自然法。

---

[39] 葉啓芳、瞿菊農，頁 3。John Locke, p. 3.
[40] 葉啓芳、瞿菊農，頁 4。John Locke, p. 4.

當他抓住一個罪犯時，卻沒有絕對或任意的權力，按照感情衝動或放縱不羈的意志來加以處置，而只能根據冷靜的理性和良心的指示，比照他所犯的罪行，對他施以懲處，盡量起到糾正和禁止的作用。[41]

　　在前一段中：「人們既然都是平等和獨立的，任何人就不得侵害他人的生命、健康、自由或財產。」而「生命、財產、自由（life, possessions, liberty.）」就是民主政治制度的最上層的核心概念——「自然權利」（natural rights），這個觀念在洛克的《政府論次講》中是不斷的、反復的被提出。
　　例如，在《政府論次講》的第七章洛克說：

　　前面已經論證，人們既生來就享有完全自由的權力，並和世界上其他任何人或許多人相等，不受控制地享受自然法的一切權利和利益，他就自然享有一種權力，不但可以保有他的所有物——即他的生命、自由和財產——不受其他人的損害和侵犯，……（*As I have shown, man was born with a right to perfect freedom, and with an uncontrolled enjoyment of all the rights and privileges of the law of nature, equally with any other man or men in the world. So he has by nature a power not only to preserve his property, that is, his life, liberty and possessions, against harm from other men,...*）[42]

三、戰爭狀態

　　在自然狀態下人們雖然應該是自由平等，無拘無束的生活，但現實狀況卻不是如此，總是會有些非理性的人因爲覬覦你的財產而傷害你的生命，或想剝奪你的自由將你置於他的掌控之下成爲他的奴隸，這時爲了保護自己，你就與那個想侵犯你的人處於「戰爭狀態」（state of war）。洛克說：

---

[41] 葉啓芳、瞿菊農，頁 5、6。
[42] 葉啓芳、瞿菊農，頁 51、52。John Locke, p. 28.

戰爭狀態是一種敵對的和毀滅的狀態。……我享有以毀滅
來威脅我的東西的權利，這是合理和正當的。……一個人可
以毀滅向他宣戰或對他的生命有敵意的人。……因為這種人
不受共同的理性法則的約束，除強力和暴力的法則之外，沒
有其他法則。[43]

因此凡是圖謀奴役我的人，便使他自己同我處於戰爭狀
態。（*So someone who tries to enslave me thereby puts himself into
a state of war with me.*）[44]

在討論過「戰爭狀態」後，洛克終於理出他論述的最重要結論：

避免這種戰爭狀態是人類組成社會和脫離自然狀態的一個
重要原因。因為如果人間有一種權威、一種權力，可以向其
訴請救濟，那麼戰爭狀態就不再繼續存在，糾紛就可以由那
個權力來裁決。[45]

避免戰爭狀態就是人們要脫離自然狀態而進入政治社會，也就是想成立
一個國家的主要原因。

四、由自然社會轉換為政治社會

洛克接著討論如何由自然社會轉換為政治社會（political society）。

洛克認為人們在自然社會中擁有保護自己生命、自由和財產的自然權
利，但是，人們由自然社會轉換為政治社會時就必須放棄原有的自然權
利，將所有有關保護自己權利的事項都授權交由政治社會來處理，由政治
社會來仲裁。他說：

但是，政治社會本身如果不具有保護所有物的權力，從而
可以處罰這個社會中一切人的犯罪行為，就不成其為政治社

---

[43] 葉啓芳、瞿菊農，頁 11。
[44] 葉啓芳、瞿菊農，頁 11、12。John Locke, p. 8.
[45] 葉啓芳、瞿菊農，頁 14。

會，也不能繼續存在：真正的和唯一的政治社會是，在這個
社會中，每一成員都放棄了這一自然權力，把所有他可以向
社會所建立的法律請求保護的事項都交由社會處理。於是每
一個別成員的一切私人判決都被排除，社會成了仲裁人，用
明確不變的法規來公正地和同等地對待一切當事人；通過那
些由社會授權來執行這些法規的人來判斷該社會成員之間可
能發生的關於任何權利問題的一切爭執，並以法律規定的刑
罰來處罰任何成員對社會的犯罪；這樣就容易辨別誰是和誰
不是共同處在一個政治社會中。[46]

洛克談到政府的成立時說：

處在自然狀態中的任何數量的人們，進入社會以組成一個
民族、一個國家，置於一個有最高統治權的政府之下；不然
就是任何人自己加入並參加一個已經成立的政府。[47]

當社會具有制定法律與對法律執行的機關時，人們便脫離自然狀態，
進入一個政治社會的狀態。

洛克認為國家成立的目的就是保護人民自然權利。國家具有制定法律
與執行法律的權力，由於國家的權力是源自於人民的委託與授權，因此國
家對任何事務的判決與執行就等同是人民自身做的判決與執行，而這也就
是公民社會的立法權和執行權的起源。

五、民主社會的建構：社會契約與少數服從多數

在之前的論述，洛克認為人們要脫離自然社會的戰爭狀態乃是人們要
成立國家的原因，接著洛克使用了兩個重要的觀念「社會契約」與「少數
服從多數」來論述政治社會的建構。洛克說：

人類天生都是自由、平等和獨立的，如不能得到本人的同

---

[46] 葉啓芳、瞿菊農，頁 51、52。
[47] 葉啓芳、瞿菊農，頁 53。

意就不能把任何人置於這種狀態之外（指「自然狀態」），使
受制於另一個人的政治權力。任何人放棄其自然自由並受制
於公民社會的種種限制的唯一的方法，是同其他人協議聯合
組成爲一個共同體（community），以謀他們彼此之間的舒
適、安全和和平的生活，以便安穩地享受他們的財產並且有
更大的保障來防止共同體以外任何人的侵犯。……當某些人
這樣地同意建立一個共同體或政府時，他們因此就立刻結合
起來並組成一個國家，那裡的大多數人享有替其餘的人作出
行動和決定的權利。[48]

洛克又說：

　無論人數多少都可以這樣做（洛克指就成立「國家」而
言），因爲它並不損及其餘的人的自由，後者（指未加入成
立國家者）仍然像以前一樣保有自然狀態中的自由。(*Any
number of men can do this, because it does no harm to the freedom
of the rest; they are left with the liberty of the state of nature, which
they had all along.*) [49]

　　由這段話很明白的可看出洛克認爲，只要大多數的人同意就可建立一
個國家，而且這樣做也不會影響到其他少數不同意組成國家的人的自由。
這個道理是很容易理解的，民主國家的目的在保護人民的權利，不是侵犯
其他人的權利。因此，這些少數人雖不想加入成立國家的行列，他仍然享
有在自然狀態下的自由，只是沒有受到國家的保護而已。吾人更深入的思
考這段話當知所謂的只要大多數的人同意就可建立一個國家，也就表示國
家的成立是具有百分之百的民意基礎，是獲得所有人的同意而成立的（這
裡所指的「所有的人」就是那些贊成成立國家的大多數人），這就是一種
「社會契約」。
　　洛克接著說，當人們成立一個共同體時，共同體內的少數人要服從多

---

[48] 葉啓芳、瞿菊農，頁 59。
[49] 葉啓芳、瞿菊農，頁 59。John Locke, p.32.

第三篇 民主篇

517

數人的決議：

> 要知道，任何共同體既然只能根據它的各個個人的同意而
> 行動，而它作為一個整體又必須行動一致，這就有必要使整
> 體的行動以較大的力量的意向為轉移，這個較大的力量就是
> 大多數人的同意。（*A unified single body can move in only one
> way, and that must be in the direction in which 'the greater force
> carries it, which is the consent of the majority'. Majoritarian rule
> is the only possibility for united action.*）如果不是這樣，它就不
> 可能作為一個整體、一個共同體，……所以人人都應根據這
> 一同意而受大多數人的約束。[50]

洛克又說：

> 假使在理性上不承認大多數的同意是全體的行為，並對每
> 一個人起約束的作用，那麼，只有每一個人的同意才算是全
> 體的行為；但是要取得這樣一種同意幾乎是不可能的。……
> 這種組織（洛克指少數人不接受「大多數人的決議」的國
> 家）將會使強大的利維坦（即「國家」）比最弱小的生物還
> 短命，使它在出生的這一天就夭亡；除非我們認為理性的動
> 物要求組織成為社會只是為了使它們解體，這是不能想像的
> 事。因為如果大多數不能替其餘的人作出決定，他們便不能
> 作為一個整體而行動，其結果只有立刻重新解體。[51]

　　洛克認為如果在成立政治社會後，少數人若在理性上不服從大多數人
的決議，並對每一個人起約束的作用，則這個國家在成立之初就注定會解
體，這應該不是人們當初想成立國家的目的。
　　按洛克的說法，國家是由全體人民的同意，透過全體人民的社會契約
而成立的，在成立之後國家的公共決策則是按少數服從多數的規則在進

---

[50] 葉啓芳、瞿菊農，頁 59。John Locke, p.32.
[51] 葉啓芳、瞿菊農，頁 60、61。

行。洛克最後的結論：

> 因此，開始組織並實際組成任何政治社會的，不過是一些
> 能夠服從大多數而進行結合並組成這種社會的自由人的同
> 意。這樣，而且只有這樣，才會或才能創立世上任何合法的
> 政府。[52]

換言之，當人們以社會契約的共識成立國家時他也承諾了「少數服從多數」的議政原則。

肆、洛克的民主政治思想之二：民主國家政府的運作

洛克《政府論次講》第一個部分是論民主國家如何建立的，其第二部分則是談民主國家政府的運作。洛克認為民主政治國家的三個最重要權力為立法權、執行權、外交權。洛克也談論到政府的瓦解以及人民有推翻政府的革命權力。

一、論國家的立法權、執行權

洛克認為立法權（legislative power）是全國最高的權力，但立法機關並不需要經常存在，可是執行機關必須是經常存在，且立法權與執行權（executive power）是分立的。

> 立法權是指享有權利來指導如何運用國家的力量以保障這
> 個社會及其成員的權力。由於那些必須經常加以執行和它們
> 的效力總是持續不斷的法律，可以在短期間內制定，因此，
> 立法機關既不是經常有工作可做，就沒有必要經常存在。[53]
> 但執行機關的經常存在卻是絕對必要的，因為並不經常需
> 要制定新的法律，而執行所制定的法律卻是經常需要的。當
> 立法機關把執行他們所制定的法律的權力交給別人之後，他

---

[52] 葉啓芳、瞿菊農，頁 61。
[53] 葉啓芳、瞿菊農，頁 90。

們認爲有必要時仍有權加以收回和處罰任何違法的不良行
政。[54]

　　但是，由於那些一時和在短期內制定的法律，具有經常持
續的效力，並且需要經常加以執行和注意，因此就需要有一
個經常存在的權力，負責執行被制定和繼續有效的法律；所
以立法權和執行權往往是分立的。[55]

洛克也提到立法代表是由選舉而產生的：

　　如果立法機關或它的任何部分是由人民選出的代表組成，
他們在一定期間充當代表，期滿後仍恢復臣民的普通地位，
而除非重新當選，就不能參與立法機關，那麼，這種選舉權
也必須由人民在指定時間或當他們被召集參加選舉立法機關
時行使。[56]

洛克也認爲：

　　召集立法機關的權力通常屬於執行機關，在時間上受兩項
之一的限制：或者是原來的組織法規定立法機關每隔一定期
間集會和行使職權，這樣的話，執行權只是從行政上發出指
令，要求依照正當形式進行選舉和集會；或者是根據情況或
公眾的要求需要修改舊法律或制定新法律，或有必要消除或
防止加於人民或威脅人民的任何障礙時，由執行權審慎決定
通過舉行新的選舉來召集他們。[57]

二、論政府的解體

　　洛克認爲無論是立法機關或是執行部門，只要它們的立法行爲或執行

---

[54] 葉啓芳、瞿菊農，頁 95。
[55] 葉啓芳、瞿菊農，頁 90。
[56] 葉啓芳、瞿菊農，頁 96。
[57] 葉啓芳、瞿菊農，頁 96。

部門的行政措施違背人民的委託就必須被解體，人民可以另組新的部門，這種情況又可以稱爲「革命」。

除了這種外來的顛覆（指受外國勢力入侵）以外，政府還會從內部解體：

第一，當立法機關變更的時候。……立法機關的組織法是社會的首要的和基本的行爲，……而這些法律是由人民的同意和委派所授權的一些人制定的……。如果任何一個人或更多的人未經人民的委派而擅自制定法律，他們制定的法律是並無權威的，因而人民沒有服從的義務；他們因此又擺脫從屬狀態，可以隨意爲自己組成一個新的立法機關……。[58]

還有另外一個途徑可以使這樣一個政府解體，那就是，如果握有最高執行權的人玩忽和放棄他的職責，以致業經制定的法律無從執行。這顯然是把一切都變成無政府狀態，因而實際上使政府解體。[59]

在這些和相類似的場合，如果政府被解體，人民就可以自由地自己建立一個新的立法機關，其人選或形式或者在這兩方面，都與原先的立法機關不同，根據他們認爲那種最有利於他門的安全和福利而定。[60]

三、政府經常變更是否有不利的影響

也許有人認爲政府動輒被解體則沒有一個政府會能夠維持很久。洛克的答覆是：

我對於這種說法的回答是：恰恰相反。人民並不像一些所想像的那樣易於擺脫他們的舊的組織形式。別人極難說服他們來改正他們業已習慣了的機構中的公認的缺點。如果存在著一些最初就產生的缺點或日積月累由腐敗所引起的一些偶

---

[58] 葉啓芳、瞿菊農，頁 132、133。
[59] 葉啓芳、瞿菊農，頁 135、136。
[60] 葉啓芳、瞿菊農，頁 136。

第三篇 民主篇

然的缺點，即使大家都見到有改變的機會，也不容易加以改變。[61]

四、民主國家人民仍然有自衛的權力

人民依社會契約成立國家但即便是在民主的體制之下洛克認為，人民自衛傷人或殺人還是合法的。

洛克又認為即使是在民主法治的社會，法律也無法無時無刻的保護人民，因此當人們受到侵犯時自衛傷人或殺人就是合法的。他說：

> 因此，雖然我不能因為一個竊賊偷了我的全部財產而傷害他，我只能訴諸法律，但是，當他著手搶我的馬或衣服的時候（指現行犯）我可以殺死他。這是因為，當為了保衛我而制定的法律不能對當時的暴力加以干預以保障我的生命，而生命一經喪失就無法補償時，我就可以進行自衛並享有戰爭的權利，即殺死侵犯者的自由，因為侵犯者不容許我有時間訴諸我們共同的裁判者或法律的判決來救助一個無可補償的損害。[62]

伍、洛克政治思想的重要與影響

以上即是洛克《政府論次講》的概述。

洛克的民主政治思想幾乎是終結了「君權神授說」，開啟了一個新的政治紀元。就在洛克發表《政府論次講》後的八十年，在1776年的7月4日，北美十三個英屬殖民地決定脫離英國而獨立，美利堅十三個聯合邦通過了由湯瑪斯‧傑佛遜（Thomas Jefferson, 1743-1826）為主要起草人的獨立宣言。

吾人摘錄宣言中的「序文」及「前言」兩部分如下。
《美國獨立宣言》

---

[61] 葉啓芳、瞿菊農，頁138、139。
[62] 葉啓芳、瞿菊農，頁12、13。

（United States Declaration of Independence）
一七七六年七月四日，大陸會議
美利堅十三個聯合邦一致通過的宣言

序文

　　在有關人類事務的發展過程中，當一個民族必須解除其和另一個民族之間的政治聯繫，並在世界各國之間依照自然法則和自然神明，取得獨立和平等的地位時，出於對人類公意的尊重，必須宣布他們不得不獨立的原因。

前言

　　我們認為下面這些真理是不言而喻的：人人生而平等，造物者賦予他們若干不可剝奪的權利，其中包括生命權、自由權和追求幸福的權利。為了保障這些權利，人類才在他們之間建立政府，而政府之正當權力，是經被治理者的同意而產生的。當任何形式的政府對這些目標具破壞作用時，人民便有權力改變或廢除它，以建立一個新的政府：其賴以奠基的原則，其組織權力的方式，務使人民認為唯有這樣才最可能獲得他們的安全和幸福。為了慎重起見，成立多年的政府，是不應當由於輕微和短暫的原因而予以變更的。過去的一切經驗也都說明，任何苦難，只要是尚能忍受，人類都寧願容忍，而無意為了本身的權益便廢除他們久已習慣了的政府。但是，當追逐同一目標的一連串濫用職權和強取豪奪發生，證明政府企圖把人民置於專制統治之下時，那麼人民就有權利，也有義務推翻這個政府，並為他們未來的安全建立新的保障。……（以下略）[63]

　　獨立宣言的「序文」主要在對世人宣告為什麼必須脫離英國而要獨立的原因，而「前言」部分在闡釋成立國家的理念。讀者諸君若將「前言」

---

[63] 獨立宣言，維基百科。

與《政府論次講》的內容作比較當知洛克思想的重要與影響之巨大。

陸、對洛克《政府論次講》的結論

吾人回顧洛克在《政府論次講》第一章的序文，洛克企圖：

> 尋求另一種關於政府的產生、關於權力的起源和關於用來安排和明確誰享有這種權力的方法的說法。[64]
>
> 為此目的，我提出我認為什麼是政治權力的意見，我想這樣做不會是不適當的。[65]

洛克終於達成了他的目的，理性而完整的構建一個合法政府成立的論述。

吾人認為洛克的民主政治思想建立的國家是「合理」與「合法」的。其「合理」在於以「自然權利」所推展出的一系列成立政治社會的理性思維；其「合法」在於全民以「社會契約論」賦予國家最大的權力，服從國家的法律就等同是服從自己的意志。沒有全民同意而成立的政府以及它所制定的法律都是非法的。

---

[64] 葉啓芳、瞿菊農，頁 2。
[65] 葉啓芳、瞿菊農，頁 2。

第六節 盧梭的政治思想

壹、盧梭的生平

尚‧雅克‧盧梭是啓蒙時代的瑞士裔法國思想家、哲學家、政治理論家和作曲家，與伏爾泰、孟德斯鳩合稱「法蘭西啓蒙運動三劍俠」。[66]

盧梭的主要著作有：

《論科學與藝術》（*Discourse on the Sciences and Arts*）（1749 年 7 月）。

《論人類不平等的起源和基礎》（*Discourse on the Origin and Basis of Inequality Among Men*），後被簡稱《論不平等》（1753 年）。

《社會契約論》（*The Social Contract*）（1762 年 4 月）

《愛彌兒》（*Émile: ou De l'éducation*）（1762 年 5 月）。

《山中來信》（*Lettres écrites de la montagne*）（1764 年）。

《懺悔錄》（*Confessions: Les Confessions*）。1765 年盧梭開始寫作到 1770 年 11 月方才完成，在盧梭死後四年出版。

1778 年 7 月 2 日，盧梭在巴黎東北邊的埃爾芒翁維爾 René de Girardin 的別墅散步時，因流血而死，享年 66 歲。[67]

1789 年 7 月 14 日，巴黎人民攻占巴士底監獄開啓了法國大革命的序幕。1791 年 12 月，制憲會議給大革命的象徵盧梭豎立雕像，題詞「自由的奠基人」。1794 年 10 月，國民公會決議將盧梭的遺骸遷葬於巴黎先賢祠。[68]

幾乎是舉世公認的，盧梭對整個世界影響最大的當是他的著作《社會契約論》（簡稱《社約論》），這本書與洛克的《政府論次講》可說是對傳統政治的君權體制敲響了喪鐘而開啓了現代的民主政治。

吾人又以爲西方社會能擺脫傳統的愚昧而邁入現代文明正是受到「科學革命」與「啓蒙運動」的影響。盧梭與洛克都是「啓蒙運動」時代的大思想家，他們質疑「君權神授」這個思想在思維邏輯上的合理性，進而發展出他們的民主政治思想。

---

[66] 尚-雅克‧盧梭，維基百科。
[67] 讓‧雅克‧盧梭，MBA 智庫百科。尚-雅克‧盧梭，維基百科。
[68] 讓‧雅克‧盧梭，MBA 智庫百科。

第三篇 民主篇

以下吾人參閱由徐百齊（譯）臺灣商務 1999 年出版的中譯本《社約論》（法語 *Du Contrat Social*，英語 *The Social Contract*），另亦參考由 Maurice Cranston 翻譯，Penguin 1968 年出版的英文版 *The Social Contract* 並將盧梭的政治思想依序概述如下。

貳、盧梭的《社約論》

一、前言

盧梭在《社約論》一開始就說：

> 人是生而自由的，但到處都受著束縛。（*Man was born free, and he is everywhere in chains.*）好些人自以爲是別人的主人，其實比起別人來，還是更大的奴隸。怎麼會變成這樣呢？我不知道。什麼能使之合法呢？這問題我想我能回答。[69]

盧梭又說：

> 人民被迫而服從，並服從著，那也好；但一旦能夠擺脫那束縛，且實行擺脫，那就更好；因爲如果人民憑捨去自由權的權利而重得自由，則不是回復自由是合法的，便是捨去自由是不合法的。
>
> 但社會秩序是個神聖的權利，而這神聖的權利又爲其他一切權利的基礎。可是這權利並非來自自然的，所以必然是根據契約的。（*And as it is not a natural right, it must be one founded on covenants.*）[70]

盧梭在《社約論》一開始就提出了他思維的前提「人是生而自由的」，人是被迫而服從，人們捨去自由是不合法的。

---

[69] 徐百齊，頁 3。Jean-Jacques Rousseau, p. 49.
[70] 徐百齊，頁 3、4。Jean-Jacques Rousseau, p. 50.

其後，盧梭提出「最強者的權利」的概念（筆者解讀所謂「最強者」實指「君主」或「獨裁者」）並認為這不過是些不可解的無意義的東西：

> 因為，如果強力能生權利，則結果隨原因而變，苟有更大的強力，便又可奪取其權利了。人們一到可不服從而無傷時，便可合法地不服從了。既然最強者永遠有權利，則人的行為只求為最強者便行了。[71]

這段說法隱含者君王的權力是靠強力獲得，如是則苟有更大的強力將之取代也是合法的。

二、社會契約（社約）與國家的組成

盧梭在對君主體制的批評後，他思維找出一個解決問題的方法：

> 問題是在找出一種團結，能以社會的全力保護每個分子的生命財產，同時每個分子一方面與全體相結合，一方面仍然可以只服從他自己並仍然和從前一樣自由。這是社會契約所給予解決的根本問題。（'How to find a form of association which will defend the person and goods of each member with the collective force of all, and under which each individual, while uniting himself with the others, obeys no one but himself, and remains as free as before.' This is the fundamental problem to which the social contract holds the solution.）[72]

盧梭對這個問題解決的方法就是「社會契約」，社會契約的目的是找出一個能保護每個分子的生命財產，與自由的方法。

> 這社會契約中的各條款是由該訂約行為的性質所決定的，稍加修改，便足使之失效。那些條款，雖從未曾正式發表，

---

[71] 徐百齊，頁 9。
[72] 徐百齊，頁 19。Jean-Jacques Rousseau, p. 60.

但它們是各處一樣，各處都加以默許和承認的。一旦社約
（即社會契約）破壞，每個分子，就回復其原來的權利和天
然的自由，至於他拋棄天然的自由而得到的社約上的自由，
則歸於消失。[73]

那些條款，正確地解釋起來，可歸納爲一條，即是：每個
分子連同他的權利都完全讓與於整個的社會。一則，因爲每
個分子都把自己完全讓與社會，則大家的條件都相同；因爲
大家的條件都相同，故無人能去定出條件，以損人利己。[74]

總之，每個人把自己讓與公共，就不是把自己讓與什麼
人；他對於每個分子，都可取得相同於他自己所許與他人的
權利，所以，他獲得相當於他所喪失的一切，並獲得更多的
力量以保護他所有的一切。[75]

盧梭社會契約可簡述爲：

我們每個人都把自身和一切的權力交給公共，受公共意志
（volonté générale/ general will）之最高的指揮，我們對於每
個分子都作爲全體之不可分的部分看待[76]（其後在本節會對
「公共意志」做更詳細說明）。

盧梭終於理出了國家的觀念，他說：

這種訂約的行爲，立即把訂約的個體結成一種精神的集
體。這集體是由所有到會的有發言權的分子組成的，並由是
獲得統一性、共同性，及其生命，和意志。這種集體，在古
代稱爲城市國家（cité/city），現在稱爲共和國
（république/republic）或政治社會（corps politique/body
politic）。這種共和國或政治社會，又由它的分子加以種種的

---

[73] 徐百齊，頁 20。
[74] 徐百齊，頁 20。
[75] 徐百齊，頁 20。
[76] 徐百齊，頁 20、21。

稱號：從其被動方面稱之爲「國家」（état/state）；從其主動
方面稱之爲「主權體」（souverain/sovereign）；和類似的團體
比較時，又稱之爲列強的「強」（puissance/power）。至於結
合的分子，集合地說來，稱爲「人民」（peuple/people），個
別地說來，就參加主權言，稱爲「公民」
（citoyens/citizens），就受治於國家的法律言，稱爲「國民」
（sujets/subjects）。[77]

於是，經由簽約全體個體的同意將「各個個體」團結成一個「集
體」，這個「集體」稱爲「政治社會」、「主權體」或「國家」，「各個
個體」稱爲「人民」或「國民」。

依盧梭之言，雖然沒有一項普遍的行爲促使每個個體來行使「社會契
約」的約定，但是

如果社約成立時，有人反對它，則他們的反對並不能使社
約無效，只能阻止他們自身之加入其中。他們因此成爲公民
中的外人。國家組成之後，居住即表示同意；居住於國家之
內，即表示服從主權體。[78]

換言之，只要沒有人反對社會契約而又居住在這個國家就表示「默
認」同意社會契約，因此經由「社會契約」成立的國家具有百分之百的民
意基礎。盧梭說：

只有一種法律，依其性質，必須一致同意。這便是社約，
因爲社會的結合是一切行爲中之最自願的行爲。每個人都是
生而自由的，都是自身的主人，無論什麼人，用什麼爲藉
口，如果不得他的同意，都不能使他服從。（*There is only one
law which by its nature requires unanimous assent. This is the
social pact: for civil association is the most voluntary act in the*

---

[77] 徐百齊，頁 20、21。
[78] 徐百齊，頁 138、139。

world; every man having been bore free and master of himself, no one else may under any pretext whatever subject him without his consent.）[79]

三、主權體

「主權體」（sovereign, or sovereign body）與「主權」（sovereignty）是盧梭在《社約論》所提出的兩個重要概念。盧梭認為主權體是：

> 訂約的個體結成一種精神的集體。這集體是由所有到會的有發言權的分子組成的，並由是獲得統一性、共同性，及其生命，和意志。這種集體，⋯⋯從其主動方面稱之為「主權體」（souverain/sovereign）；⋯⋯[80]

盧梭認為主權體不能做任何有違背原約（社會契約）的行為：

> 但是這種由神聖社約產生的政治社會或主權體，不能——即使對外也不能——約束它自己去做有損於原約的行為，例如，讓出它自己的任何部分或屈服於別的主權體之類。碰壞它所賴以存在的條款，便是毀滅自己；本身毀滅為無物，便不能產生物。[81]

盧梭又認為主權體是由各個分子組成，故主權體絕對不會做出傷害人民的事：

> 主權體，因為是純由各分子共同組成的，故沒有亦不能有什麼來違反他們的利益。（*It has not, nor could it have, any interest contrary to theirs;*）所以，主權體對於其人民不須有什

---

[79] 徐百齊，頁 138。Jean-Jacques Rousseau, p. 152.
[80] 徐百齊，頁 21、22。
[81] 徐百齊，頁 24。

麼保障，因爲團體決不願損害其一切分子的。[82]

四、公共意志

　　盧梭在之前簡述「社會契約」以及「主權體」與「主權」時多次使用了「公共意志」的概念，吾人以爲，「公共意志」實是盧梭在論述「主權體」時的核心概念，吾人又以爲如果沒有「公共意志」就等於是沒有民主的政治。

　　盧梭闡釋「個人意志（private will）」、「全體意志（will of all）」與「公共意志（general will）」如下：

> 　　全體意志（volonté de tous/will of all）和公共意志（volonté generale/general will）常有很大的區別，後者只考慮公共的利益（common interest）；前者則顧及私人的利益（private interest），不過是個別的意志之總和而已；但把這些個別意志中互相抵消的正反二面的意志除去，其餘下的（正面意志或反面意志）即代表公共意志。[83]

　　《社約論》的英譯者柯爾（G. D. H. Cole）將公共意志解釋爲「較多數的意志代表公共意志。」[84]

　　從上一段的說明吾人很難體會其內含。個人以爲用「集合論」（set theory）的方式來闡釋盧梭的觀念也許更爲簡捷清楚。

　　依「集合論」，吾人以爲「個人意志」是指主權體內各個個人的意志；「全體意志」是個人意志中元素的「聯集（union）」；而「公共意志」是個人意志中元素的「交集（intersection）」。

　　這裡使用的「元素」一詞是集合論的用語是指構成一個「集合」內的各成分、分子。

　　集合論的這個概念用之於「個人意志」則是指各個個體的私欲、需求、喜惡等因素（此即是集合論中的元素）形成的集合。

---

[82] 徐百齊，頁 24。Jean-Jacques Rousseau, p. 63.
[83] 徐百齊，頁 39、40。Jean-Jacques Rousseau, pp. 72, 73.
[84] 徐百齊，頁 39、40。

「全體意志」是個別意志中元素的「聯集」，是指這個集合（聯集）包含了所有「個人意志」的元素。

　　「公共意志」是個人意志中各種元素所形成的「交集」，是指這個集合內的元素同時存在於每個「個人意志」之中。這個「交集」的概念如果太學術化，則使用「共識」這個名詞也許雖不很嚴謹但較容易理解。

　　例如，「自然權利」中的「生命、財產、自由」是每個人的「個人意志」，而且也是所有各個人的共同期望，它就是各個「個人意志」的交集（共識），它就形成為「公共意志」。另外盧梭也認為「公共利益」是所有的或者是大部分個體所關切的，也是形成「公共意志」的重要因素。因此，當行使「社會契約」時，所有各個人意志的這些元素（生命、財產、自由）落入到「交集」（「公共意志」）之中。簡言之，筆者闡釋盧梭之意，公共意志就是主權體大多數人的意志。盧梭認為：

> 　　真的，各個個人，做了個人，每有其特有的意志，和公共意志（他以公民的資格具有的公共意志）相反或相異；他私人的利害所指示他的，亦許與公共的利害所指示的完全不同。[85]

　　這也就是說有些個人思維的元素就不會落入其他大多數入所形成的公共意志的這個交集中。對這點該如何處理，盧梭認為：

> 　　所以，社約為免為空泛的儀式，隱含著這麼的條款：任何人如不遵守公共的意志，得由全體迫其遵守之。(That whoever refuses to obey the general will shall be constrained to do so by the whole body.) 有了這條款，其餘條款就都能生效。這條款……它使政治機構運用，使政治行為公正合法，沒有了它，政治行為，則將流為荒謬專制，易陷於不堪的腐敗。[86]

---

[85] 徐百齊，頁 24。
[86] 徐百齊，頁 25。Jean-Jacques Rousseau, p. 64.

這也就是說「社會契約」隱含著「少數服從多數」這麼一個條款，這一條款是所有的各個分子在思考「社會契約」必須承認的。畢竟若無此條款，民主的政治社會政府是無法運作的。更何況如果國家公意的形成是「多數服從少數」那就回到專制政體了！

吾人若更深入的思考，多數決所形成的法律或政策其效力是否能及於主權體內各個人的自然權利——生命、財產與自由。也就是說法律或政策可以侵犯各個個體的生命、財產與自由嗎？吾人以爲這當然是不可能的，以「社會契約」所成立的國家，其目的之一就在保護人民的基本權利，因此政府政策當然不能違反此目的。這也是前面曾引述過的，盧梭認爲主權體不能做任何有違背原約（社會契約）的行爲。

在以上述盧梭的論述中，吾人將可看出公共意志的重要，也可以瞭解公共意志是如何產生的，依盧梭之言「公共意志即是由計算票數而得」。[87] 簡言之，公民投票就是公共意志的表示。盧梭在《社約論》中有一節「票決（The Suffrage）」對投票行爲有較詳細的說明，但吾人不在此引述。[88]

五、公民社會（Civil Society）的自由

公民社會就是人們依社會契約成立的國家，盧梭說國家成立後每個個體的行爲有一種改變：

> 人們在社約上所喪失的是自然的自由（natural liberty），和隨意所欲，取其所能的無限權利。他所獲得的是社會的自由（civil liberty），及其保有物的所有權。[89]

盧梭也認爲：

> 我們如能避免較量上的錯誤，必須把自然的自由，即受限於個人的力的自由（which has no limit but the physical power of the individual concerned.），和社會的自由，即受限於公共意

---

[87] 徐百齊，頁 139。
[88] 徐百齊，頁 137-140。Jean-Jacques Rousseau, pp. 151-154.
[89] 徐百齊，頁 26、27。

志的自由（which is limited by the general will.），加以區
別：……[90]

　　由以上盧梭之言當可瞭解人民的行為，由自然社會演進到公民社會所
產生的變化實是因為「自由」觀念的改變所導致。吾人由在上段敘述可知
盧梭提出兩種不同的「自由」概念：「社會的自由」以及「自然的自
由」。「自然的自由」是人們處於自然社會下的自由，是一種隨心所欲的
自由；「社會的自由」是在政治社會成立後應該有的自由，在政治社會裡
公民的自由不僅是受到由政治社會公共意志制定的法律的保護，同時也受
到政治社會法律的限制。

六、主權

　　有了「主權體」、「公共的意志」的概念當更容易瞭解何謂「主
權」。盧梭說：

　　　　如果國家是個精神的人，其生命是在於其各分子的結合，
　　又如果其最重要的關心是永保存它自己，那麼，它必定有普
　　遍的強迫的力，俾能推動及指揮各部分，以求最有利以整
　　體。自然給人以絕對的權力，以指揮他的肢體，社約亦給政
　　治的集體（指國家）以絕對的權力，以指揮它的分子；這種
　　權力，在公共的意志指導之下，即是我上面所說的主權
　　（sovereignty）。[91]

　　換言之，主權是主權體公共意志的展現，它賦於政治集體以絕對的權
力以指揮它的分子。
　　盧梭認為主權是不能讓渡，不能分割的：

　　　　我以為主權不過是公共意志的運用，所以它是永遠不能讓
　　渡的；主權體只是個集體，不能由他人代表的。權力是可以

---

[90] 徐百齊，頁 26、27。Jean-Jacques Rousseau, p. 65.
[91] 徐百齊，頁 42。

轉授的，但意志是不能轉授的。（*My argument, then, is that sovereignty, being nothing other than the exercise of the general will, can never be alienated; and that the sovereign, which is simply a collective being, cannot be represented by anyone but itself – power may be delegated, but the will cannot be.*）[92]

主權是不能分割的，其理由和不能讓渡的理由一樣；因爲意志或者是公共的，或者不是公共的；或者是人民全體的，或者只是一部分人的。在前種情形裡，所宣布的意志是主權之行爲，構成法律；在後種情形裡，它只是個別的意志，或是個官長的行爲！至多是個法令而已。（*Just as sovereignty is inalienable, it is for die same reason indivisible, for either the will is general* or it is not; either it is the will of the body of the people, or merely that of a part. In the first case, a declaration of will is an act of sovereignty and constitutes law; in the second case, it is only a declaration a particular will or an act of administration, it is at best a mere decree.*）。[93]

七、法律與立法者

由以上盧梭關於「主權是不能分割」的論述可知依盧梭之意爲：「主權體公共意志的宣示是主權之行爲，它構成法律。」[94]

盧梭認爲法律是理性的、正義的、公平的：

毫無疑問，一個普遍性的正義必源自於理性。從人性角度來說，若法律的自然正義缺乏任何的制裁是徒勞無益的。……故社會契約和法律須使權利和義務相關連，並使正義使用於全體。……在公民社會裡面所有的權利都由法律決定。[95]

---

[92] 徐百齊，頁 34。Jean-Jacques Rousseau, p. 69.
[93] 徐百齊，頁 36。Jean-Jacques Rousseau, p. 70.
[94] 徐百齊，頁 36。
[95] 徐百齊，頁 49。

盧梭又認爲法律的制定是考慮人民自身之事，而且制定的法律必是與公共意志相符合的。[96]盧梭又說：

　　　從這點看來，我們立即見到：立法是誰的職務這問題可不必再問了，因爲那是公共意志的法令，又不必問君主是否高於法律了，因爲他是國家的一分子；也不必問法律是否可以成爲不公正了，因爲人決不會對自己不公正的；也不必再問我們服從法律何以同時又能夠自由了，因爲法律不過是我們的意志之記錄而已。[97]

　　　我們更知道，法律是把意志之普遍性和事物之普遍性連結起來的，故個人（不問他一是誰）憑他自己的意志所下的命令都不成爲法律。[98]

　　盧梭也談到應該由誰來制定法律。

　　　法律實際上只不過是公民社會存在的條件。人民既受法律的約束，便應該是法律的制定者。制定社會規則的權利是屬於構成社會的人民。（*Laws are really nothing other than the conditions on which civil society exists. A people, since it is subject to laws, ought to be the author of them. the right of laying down the rules of society belongs only to those who form the society;*）[99]

　　盧梭又說：

　　　完善的立法應使個人的或個別的意志等於零；政府團體的意志應處於附屬的地位；故公共的或主權體的意志應始終占

---

[96] 徐百齊，頁 50。
[97] 徐百齊，頁 51。
[98] 徐百齊，頁 51。
[99] 徐百齊，頁 51。Jean-Jacques Rousseau, p. 83.

優勢並引導其他的。[100]

治人者不應兼立法，立法者不應兼治人。（*For just as he who has command over men must not have command over laws, neither must he who has command over laws have command over men;*）否則，立法者的激情只會持續地使他不公正，而偏頗的判斷將無可避免地破壞他立法的神聖性。[101]

最危險的事無過於私人的利益混入於公共的事務中，而政府之枉法，其爲害尚不及立法者之腐敗──這是個別的觀點所不能免的結果。[102]

故起草法律的人沒有亦不當有立法權；而人民縱使自願，亦不能自己剝奪其不可移讓的立法權，因爲依照原來的根本社約，只有公共的意志能約束個人，一個個別的意志是否合於公共的意志，應以人民之自由投票決定。這點我早已說過了，但也值得再提。[103]

吾人歸納盧梭有關「法律」的論述如下：

法律是理性的、正義的、公平的，是普遍性的。法律是公共意志的表示，要人民遵守法律人民就必須是法律的制定者，這個權力是不可轉讓的。法律保障全體公民的社會自由，公民在法律面前是一律平等的。

行政者不應兼立法，立法者不應兼行政。人們服從法律就是服從自己的意志。

八、政府通論

盧梭認爲政治社會必須行使兩個重要的權力：「立法權」與「行政權」。他說：

---

[100] 徐百齊，頁 82。
[101] 徐百齊，頁 54。Jean-Jacques Rousseau, p. 85.
[102] 徐百齊，頁 86。
[103] 徐百齊，頁 55。

每種自由的行為都是由兩個原因會合而生的：一為精神的原因，即是決定行為的意志；一是物質的原因，即是實行這意志的力。……政治的社會也有這同樣的動力；力和意志也是有區別的，意志即是立法權，力即是行政權。沒有它們二者的合作，即不能做什麼，亦不該做什麼。[104]

立法權是主權體意志的行使，它必定是屬於人民的，但行政權則不然：

我們已知道立法權屬於人民，亦只能屬於人民。在另一方面，很容易從剛才定下的原則看出，行政權是不能如立法權或主權般屬於大眾的，因為行政權完全是許多個別的行為，不在法律的權限之內，故亦不在主權的權限之內，蓋主權體的行為必為制定法律。（*Since executive power is exercised only in particular acts which are outside the province of law and therefore outside the province of the sovereign which can act only to make laws.*）[105]

行政權的行使就是「政府」（government）：

故公共的力必須有個動作的機關，使它集中在公共意志指導之下動作，成為國家與主權體之間的溝通工具（筆者加註：此處「國家」是指構成國家的「全體人民」），並為公家做事，亦如個人的身心為個人做事一樣。這便是國家為什麼需要有政府之原因，但是時常與主權體相混淆，其實政府只是主權體之行政者而已。[106]

盧梭又說：

那麼，什麼是政府呢？政府便是介於人民和主權體之間的

---

[104] 徐百齊，頁 75。
[105] 徐百齊，頁 75。Jean-Jacques Rousseau, p. 101.
[106] 徐百齊，頁 75、76。

中介體，使二者互相溝通，負著實施法律及維持自由——政治的自由和社會的自由——的責任。(*What, then, is the government? An intermediary body established between the subjects and the sovereign for their mutual communication, a body charged with the execution of the laws and the maintenance of freedom, both civil and political.*) [107]

盧梭認為主權體有約束政府的權力：

　　所以有些人說人民服從統治者（指「政府」）的行為不是個契約，這話是對的。那只是種委託，一種雇用，統治者是主權體任命的官吏，用主權體自己的名義，施行委託給他們的權力而已。主權體對於這種權力有任意加以限制、修改，或收回的權利，因為放棄這種權利，是和社會的性質不相容，違反了社會結合的目的。[108]

前面盧梭說人民服從統治者的行為不是契約行為，他又說：

　　基於最高主權是不能讓渡，亦不能加以限制的；因此主權體委任一個上級（指「政府」）來支配自己，這是很荒謬矛盾的。再則，很明顯的，這種人民與統治者之間訂的契約是一個別的行為；故不能成為法律，亦不能成為主權體的行為，所以是非法的。[109]
　　在國家中，只有一個契約就是結合的契約（社會契約），這契約是排斥第二個契約存在的。[110]

盧梭區別了主權體、政府、國家三者之間的關係。

---

[107] 徐百齊，頁 76。Jean-Jacques Rousseau, p. 102.
[108] 徐百齊，頁 76。
[109] 徐百齊，頁 126、127。
[110] 徐百齊，頁 127。

政治是有媒介力，以溝通全體對於全體，或主權體對於國
家的關係。主權體對於國家（筆者加註：此處「國家」應是
指構成國家的「全體人民」）的關係可看作連比例的前後二
項，而政府為中項。政府從主權體那裡得到它給與人民的命
令；國家欲得適當的平衡，如把各事都計及，則政府的權力
或效果須與人民——人民一方面是主權體，一方面是子民
——的權力或效果相等。[111]

依盧梭之言這三者的關係應如下所示：

主權體——→政府——→人民（又是主權體）

政府從主權體處取得的權力應與政府施加到人民的權力相符合。
盧梭也強調政府首長應依法行政。

國家和政府有個主要的區別：國家是獨自存在的，政府只
是依主權體存在的。故政府首領的意志應依公共的意志或法
律；其力量只是集中於他手中的公共的力量；當他想依他自
己的威權做任何絕對獨立的行為時，團結便開始鬆解了。如
果首長要使他自己的個別意志較活躍於主權體的意志，如果
他手裡的公共的力量只聽從他個別的意志，則將有兩種主權
體，一是法律上的，一是事實上的；這樣，社會的團結便立
即消散，政治的社會組織亦將瓦解了。[112]

吾人解讀上文若政府首長不依法行政，政府首長的個人意志凌駕在公
共意志之上，則等同是政府首長是事實上的主權體。
吾人整理盧梭有關政府論述的概念如下：
國家是全體人民依社會契約而組成的，全體人民的集合就是主權體。
政府是主權體委託而產生的。政府是主權體與人民之間的溝通中介，

---

111 徐百齊，頁 76。
112 徐百齊，頁 79。

政府是從主權體那裡獲得權力以管理人民。政府必須依法行政，它施加於人民的權力必須與它從主權體獲得的權力相符合。

主權體對於授給政府的權力有任意加以限制、修改，或收回的權利。

九、政府之組織

盧梭認為政府組織是由「法律之制定（the establishment of the law）」及「法律之施行（the execution of the law）」兩個要件產生的。

> 前一件，是，主權體宣告要依某某方式建立個政府；這件行為分明是個法律。（*By the first, the sovereign enacts that there shall be a body of the government established with such or such form; and it is clear that this act is a law.*）
>
> 後一件是，人民選派統治者，使其負責辦理已經建立的政府事宜。這項選派，是個個別的行為，分明不是個法律，只是法律之效果，和政府之作用而已。（*By the second, the people names the magistrates who are to be invested with the government thus established. Since this nomination is particular act, it is not a second law, but simple a sequel to the first and function of government.*）[113]
>
> 憑公共意志之一個簡單的行為，民主的政府便能實際設立，這是民主政體的獨有特點。嗣後，如果繼續採用這種政體，這臨時成立的政府（指「現在的政府」），就可繼續行使職權，或者可用主權體的名義，依法建立一新政府，以代替它。這樣運作的程序，是完全合法的。如欲依別的合法程序，組織政府，而同時不放棄以前所定的原則，是不可能的。[114]

---

[113] 徐百齊，頁 128。Jean-Jacques Rousseau, p. 145.
[114] 徐百齊，頁 129。

第三篇 民主篇

參、後記

　　盧梭的《社約論》十分冗長還有許多如：主權怎樣維持、怎樣防止政府篡權等等，吾人並未也無法一一詳述。以上僅節錄、簡述與闡釋盧梭的《社約論》最重要部分，應該會使讀者對盧梭的思想有大致的瞭解。

　　拿破崙曾說如果沒有盧梭的思想就不會產生法國大革命。

　　1789 年 7 月 14 日法國大革命爆發，同年 8 月 26 日，法國國民制憲議會發布《人權和公民權宣言》（法語：*Déclaration des Droits de l'Homme et du Citoyen*，簡稱《人權宣言》。[115]《人權宣言》受到美國的《獨立宣言》的影響，採用 18 世紀的啟蒙學說和自然權論，宣布自由、財產、安全和反抗壓迫是天賦不可剝奪的人權；肯定了言論、信仰、著作和出版自由，闡明了司法、行政、立法三權分立、法律面前人人平等、私有財產神聖不可侵犯等原則。[116]

　　茲節錄《人權宣言》的若干條文如下：

第一條　在權利方面，人們生來是自由平等的。只有在公共利益上面才顯出社會上的差別。

第二條　任何政治結合的目的都在於保存人自然的和不可動搖的權利。這些權利就是自由、財產、安全和反抗壓迫。

第三條　整個主權的本原主要是寄託於國民。任何團體、任何個人都不得行使主權所未明白授予的權力。

第四條　自由就是指有權從事一切無害於他人的行為。因此，各人自然權利的行使，只以保證社會上其他成員能享有同樣權利為限制。此等限制僅得由法律規定之。

第五條　法律僅有權禁止有害於社會的行為。凡未經法律禁止的行為即不得受到妨礙，而且任何人都不得被迫從事法律所未規定的行為。

第六條　法律是公共意志的表現。……在法律面前所有的公民都是平等的。

第十一條　自由傳達思想和意見是人類最寶貴的權利之一；因此，各個公民都有言論、著述和出版的自由，但在法律所規

---

[115] 法國大革命，維基百科。
[116] 人權和公民權宣言，維基百科。

定的情況下，應對濫用此項自由負擔責任。

第十七條 財產是神聖不可侵犯的權利，除非當合法認定的公共需
　　　　 要所顯然必需時，且在公平而預先賠償的條件下，任何
　　　　 人的財產不得受到剝奪。

　　1793 年 6 月 24 日，雅各賓派（Jacobin Club）通過的新憲法又作了進一
步的修改，宣布「社會的目的就是共同的幸福」，提出「主權在民」，並且
表示如果政府壓迫或侵犯人民的權利，人民就有反抗和起義的權利。[117]

　　試比較《社約論》與《人權宣言》就可知《人權宣言》幾乎是盧梭思
想的反映。

第七節　洛克與盧梭民主思想的歸納與闡釋

壹、洛克與盧梭有關政府與立法權思想的異同

　　從以上洛克與盧梭有關民主思想論述的探討吾人可發現兩人的思想各
有所長，筆者認為洛克與盧梭兩者的不同在於：

　　洛克民主思想的「人生而自由平等」與「自然權利」（天賦人權）是他
對民主思想最大的貢獻。

　　而盧梭對民主思想最大的貢獻就是他的《社約論》。

　　在人們以社會契約成立國家之後有關立法權與行政權的行使方面，洛
克與盧梭就有顯然的不同。

　　洛克將組成國家的全體人民的集合稱為共同體，同時他認為行使立法
權的代表是由全體人民選舉產生。就民主政治的實施來說，人民組成政黨
透過選舉制度就可取得立法與行政的權力，這種制度也稱為代議政治或間
接民主，在這種制度下，政黨也有可能同時掌控了立法權與行政權而成為
國家最有權力的組織，政黨的黨魁就是全國最有權力的個人。

　　換言之，洛克雖然認為立法權與執行權應該是分立的，洛克也不贊成

---

[117] 人權和公民權宣言，維基百科。

一人同時掌握立法權與行政權，但在政治制度的實務上這種情形就無可避免的發生了！

筆者認為就社會契約的觀念而言，盧梭的思想顯然來得較洛克精闢，為什麼呢？筆者以為盧梭的出生較洛克晚了近八十年，盧梭必然是看過洛克的《政府論次講》，他一定會觀察到這八十年來美國對民主制度的實施狀況，這使他能看到間接民主的缺點，這也是他撰寫《社約論》時的時空背景。

於是，盧梭在論及國家成立時提出了「主權體」、「共同意志」、「主權」等觀念，並認為「主權是主權體以共同意志制定法律的權力」、「主權是不可讓渡的」，人民既要受法律的約束便應該是法律的制定者，制定社會規則的權利是屬於構成社會的人民。在盧梭的觀念下政府不再是高高在上的統治機構，它是受全民委託而產生，它必須按照人民制定的法律行政，人民服從政府的管理也就是服從自己的意志，服從自己制定的法律。盧梭的觀念確實達到了立法權是國家最高的權力機關，立法權與行政權是分立的。

顯然盧梭是反對代議制度的間接民主，而主張主權體以共同意志制定法律的直接民主，而這個觀念是從他《社約論》的論述導引而來，他的觀念合乎邏輯的思維。

以上是筆者歸納洛克與盧梭的民主思想而得到的心得，以下是筆者的彙整歸納與闡釋。

貳、對洛克與盧梭民主思想的闡釋

一、放棄自然社會的自由換取政治社會下的自由

吾人從前述對洛克思想的探討中可發現，洛克思想最上層的觀念是「人生而自由平等」與「自然權利」，但洛克的這兩個觀念是起始於對自然社會的探討，洛克曾說：

> 真正的和唯一的政治社會是，在這個社會中，每一成員都
> 放棄了這一自然權力，把所有他可以向社會所建立的法律請

求保護的事項都交由社會處理。[118]

盧梭也認為：

> 人們在社約上所喪失的是自然的自由（natural liberty），
> 和隨意所欲，取其所能的無限權利。他所獲得的是社會的自
> 由（civil liberty），及其保有物的所有權。[119]

　　雖然洛克與盧梭都認為人們加入政治社會就必須放棄在自然社會中的自然權利或自由，並獲得在政治社會的公民權利，但筆者以為人們不可能放棄在自然權利中所謂的「生命」與「財產」，換言之，人們放棄的是自然權利中的「自由」以換取政治社會的「自由」，但是在洛克與盧梭的著作中，並沒有很清楚地說明什麼是政治社會的自由，這樣就很容易引起一般人的誤解而產生濫用「自由」的行為。
　　兩位英國哲學家對「自由」一詞提出了精闢的論述。
　　英國哲學家和經濟學家彌爾（John Stuart Mill, 1806-1873）在《論自由》（On Liberty）一書中認為，只要不涉及他人的利害，個人就有完全的行動自由，任何其他人和社會都不得干涉；只有當自己的言行危害他人利益時，個人才應接受社會的強制性懲罰。[120]
　　英國哲學家史賓賽（Herbert Spencer, 1820-1903）支持「平等自由定律」，他認為這是自由意志的基本的原則。他認為在不損害他人平等的自由（equal freedom）之限度內，每一個人可以依照自己的自由意志而自由行事。[121]

二、政治社會下的自由是指非侵犯性自由

　　筆者認為自然社會中自然權利所謂的「自由」是指人們為所欲為的行為，而這種為所欲為的行為就是自然社會中衝突與戰爭的來源。筆者將自

---

[118] 葉啟芳、瞿菊農，頁 51、52。
[119] 徐百齊，頁 26、27。
[120] 逯扶東，頁 478、479。張翰書，頁 512-520。
[121] 逯扶東，頁 488。張翰書，頁 564。赫伯特‧史賓賽，維基百科。

然權利中的自由區分為「侵犯性自由」與「非侵犯性自由」，前者指個人行為已影響到其他人的自由，後者指個人行為並未影響到其他人的自由。筆者認為當人們由自然社會進入政治社會時就必須放棄侵犯性自由而保留非侵犯性自由，如果人們不願放棄侵犯性自由就等於社會又回到自然狀態，而戰爭就是自然狀態的常態，如此就失去了成立國家的原意。筆者認為前兩位英國哲學家彌爾與史賓賽對自由的闡釋就是指非侵犯性自由，它必須受到國家法律保障。[122]

三、政治社會下的基本人權以及自由與平等

洛克曾說過：

> 人類天生都是自由、平等和獨立的，如不能得到本人的同
> 意就不能把任何人放置在這種狀態之外（指「自然狀
> 態」），使受制於另一個人的政治權力。[123]

這是洛克崇高的理想但也是注定達不到的，這就是他認為人們要進入政治社會的原因。筆者認為，按照洛克的想法，將自然社會「人生而自由平等」與「自然權利」兩個理念中「自由」的定義修改為「非侵犯性行為」，則政治社會的每個人都能夠不侵犯他人的自由，於是每個人就達到了一個平等的狀態，也就是沒有任何一個人可以凌駕在他人之上而強迫他人屈從他的個人意志。

換言之，洛克在自然社會中「人生而自由平等」的理念只有在政治社會中當人們放棄了非侵犯行為後才能達到人人在政治社會中的「平等」。

因此，筆者定義在民主的政治社會中

「基本人權」是**「生命、財產、非侵犯性自由」**。

---

122 劉興岳，〈從洛克與盧梭的政治思想推論：為何同婚公投侵犯「基本人權」〉？
123 葉啟芳、瞿菊農，頁 59。

四、政治社會下的衍生人權

但是基本人權並不能涵蓋人權的整個意義，有些人權的觀念如言論、集會結社、信仰、免於恐懼等自由，這些概念筆者以爲都是屬於上述基本人權中非侵犯性自由的衍生，故筆者稱它爲「衍生人權」。

筆者舉兩個例子說明什麼是非侵犯性自由。

其一，現今世界各國的社會對同性戀或同性婚姻有分歧的看法，有的贊成，有的反對。如果諸位認爲同性戀是一種非侵犯性自由，那它就是基本人權的一種，筆者認爲不但不能反對，還必須立法保障。

其二，傳統社會對性工作者多抱持歧視甚至敵視的態度，如果性工作是一種非侵犯性自由，則吾人的歧視或敵視已經侵犯到性工作者的基本人權。筆者以爲對性工作者不但要立法保障，還必須設立性工作專區確保他（她）們的工作權。

筆者認爲同性戀或性工作都是屬於非侵犯性的行爲，亦即是同性戀或性工作都是基本人權。[124]其他的如言論自由、新聞自由等等都是屬於衍生人權也都是基本人權。

在現今的民主社會中一般人們常會使用「自由」一詞嚴格來說它都應該是指「非侵犯性自由」，明顯的可以看出「自由」被很多的人當成是爲所欲爲的行爲。因此政治社會中的「**人權**」是「**基本人權**」加上「**衍生人權**」。

五、對社會契約的草擬：〈民主國家的基本人權與社會契約〉

在社會上，人們之間的交往爲了保障彼此的權益，互相簽訂文書的或口頭的約訂是十分普遍的現象。但洛克與盧梭兩位民主思想家所提出社會契約概念，卻與一般社會簽訂的契約並不是完全的相同，這兩位思想家並沒有將社會契約如一般社會簽訂的契約那樣形諸於文字。盧梭對社會契約有簡單的敘述，茲摘錄如右：

> 我們每個人都把自身和一切的權力交給公共，受公共意志
> 之最高的指揮，我們對於每個分子都作爲全體之不可分的部

---

[124] 劉興岳，〈從洛克與盧梭的政治思想推論：爲何同婚公投侵犯「基本人權」？〉

分看待。[125]

　　毫無疑問的，對於沒有文字表示只有觀念敘述的社會契約會造成有些大眾不能體會社會契約的真諦。因此筆者試圖依據上述洛克與盧梭的民主思想將「社會契約」的觀念草擬如下：

> 　　我們秉持人生而自由、平等的理念，並基於對我們基本人權的保護同意放棄個人的侵犯性自由，並成立國家。我們同意由全民公共意志制定法律，並服從國家的法律，我們同意賦予國家最大的權力來執行公權力。我們認知並同意必須遵循少數服從多數的原則，方能使上述制定的法律與各種公共政策順利推行。[126]

　　由於上述短文包含了「基本人權」與「社會契約」兩個觀念，故筆者稱此短文為〈**民主國家的基本人權與社會契約**〉或簡稱〈**基本人權與社約**〉。

六、對〈民主國家的基本人權與社會契約〉觀念的闡釋

　　筆者並認為上述〈基本人權與社約〉它隱含了有以下數種意義。

　　第一、〈基本人權與社約〉的成立是植基於所有的人們為了保障自己的基本權利，而約定組成政治社會也就是國家。換言之，〈基本人權與社約〉是政治社會內所有的人民與人民之間相互簽訂的約定，而不是人民與國家或政府所簽訂的條約，而國家正是這個約定下的產物。

　　第二、〈基本人權與社約〉的內涵是在政治社會國家內所有的人（百分之百）所同意的。按照洛克與盧梭的說法，任何一個人只要居住在這個國家的領土之內那就表示他同意了這個社會契約。盧梭說：

> 　　只有一種法律，依其性質，必須一致同意。這便是社約，因為社會的結合是一切行為中之最自願的行為。每個人都是

---

[125] 徐百齊，頁 20、21。
[126] 劉興岳，〈從洛克與盧梭的政治思想推論：為何同婚公投侵犯「基本人權」？〉

生而自由的，都是自身的主人，無論什麼人，用什麼爲藉
口，如果不得他的同意，都不能使他服從。[127]

盧梭又說：

　　如果社約成立時，有人反對它，則他們的反對並不能使社
約無效，只能阻止他們自身之加入其中。他們因此成爲公民
中的外人。國家組成之後，居住即表示同意；居住於國家之
內，即表示服從主權體。[128]

　　因此，任何一個人只要居住在這個國家的領土之內，他不同意〈基本
人權與社約〉也不會影響這個契約的實質性，只能表示他不是這個政治社
會（國家）的一分子，他也不能受到這個政治社會的保護。
　　第三、在〈基本人權與社約〉的短文：「**我們同意由全民公共意志制定
法律，並服從國家的法律。**」的這段文字之意義，爲了避免人們對於這段
文字產生誤解，筆者補充說明，由公共意志制定的法律不得違背〈基本人
權與社約〉產生的前提——基本人權。換言之，基本人權的三個要素——生
命、財產、非侵犯性自由——是不可以公共意志所制定法律來否認或修正
的。其原因之一：基本人權是〈基本人權與社約〉產生的前提，由公共意
志制定法律的概念是這個前提延伸的結果，由公共意志制定的法律否定了
基本人權是一種本末倒置思維邏輯的錯誤。其原因之二：社會契約是有百
分之百的民意，但公共意志卻不然。
　　第四、在〈基本人權與社約〉的短文中「**由全民公共意志制定法律**」
這段文字指的是由全民的公民投票的多數決定。換言之，立法機關的立法
代表只能制定法律條文，法律條文要成爲讓人們遵守的法律，就必須要經
過公民投票的同意。這就是盧梭所謂的「直接民主」，也是盧梭所說：

　　法律實際上只不過是公民社會存在的條件。人民既受法律
的約束，便應該是法律的制定者。制定社會規則的權利是屬

---

[127] 徐百齊，頁 138。Jean-Jacques Rousseau, p. 152.
[128] 徐百齊，頁 138、139。

第三篇 民主篇

於構成社會的人民。[129]

第五、因此，在〈基本人權與社約〉中：「我們同意由全民公共意志制定法律，並服從國家的法律，我們同意賦予國家最大的權力來執行公權力。」就隱含一個重要的意義：法律是由人民依公共意志決定的，人民服從法律就是服從人民的意志，人民做了侵犯性自由的行為時他就會受到法律的約束，這也是他同意的。於是，〈基本人權與社約〉就使得包含憲法在內的所有的法律都有了法理的依據。

七、基本人權是民主政治思維邏輯的公理

於是，經由上述的討論吾人就得到一個重要的觀念，「基本人權」具有下列兩個性質：

1. 它是民主思維最上層的前提，已經無法證明它是從何處推導而來。換言之，它是不證自明的。

2. 它是為所有人們認同的，任何人如果不承認這個前提他就不可能成為這政治社會（也就是國家）的一員。

也就是說，具備這兩個性質的基本人權已經不僅僅是民主政治的思維前提，而是它已經具備了演繹邏輯「公理」（axiom）的性質，或者說基本人權是民主思想具公理性質的前提。亦即是「基本人權」是民主思想的最上層觀念，所有民主政治在此觀念之下的概念都是由基本人權這個命題推導而出，當然按照演繹邏輯的法則，任何由此衍生的概念都不可以違反基本人權這個命題。

八、〈基本人權與社約〉是建構民主國家的基礎

因此筆者整合洛克與盧梭的思想，歸納出民主政治的思維邏輯。

這個邏輯是，人民基於對〈基本人權與社約〉的認同而成立國家，人民同意這個契約是基於它對人民基本人權的保障，人民依據〈基本人權與社約〉來制定法律，人民應該認知基本人權是不能被法律、信仰、習俗、文化或政府的意願來改變。公民投票是公共意志的表示，並依少數服從多

---

129 徐百齊，頁 51。Jean-Jacques Rousseau, p. 83.

數的原則，其主要作為是制定包括憲法在內所有的法律。

因此，〈基本人權與社約〉的確立就使得政治社會（國家）的成立合理化了，任何不是依據〈基本人權與社約〉這個觀念而成立的政府，都無法自圓其說將其政權的取得合理化，同時也因為執政者對其政權的取得無法合理化，政權的體制勢必是一個專制政權，傳統的皇權體制或者由槍桿子出政權的專制體制都是例子。歷史顯示，這種政體終將被一個更強而有力的政治團體取代，政權的更迭是必然的結果。

正如盧梭所說：

> 因為，如果強力能生權利，則結果隨原因而變，苟有更大的強力，便又可奪取其權利了。人們一到可不服從而無傷時，便可合法地不服從了。既然最強者永遠有權利，則人的行為只求為最強者便行了。[130]

於是，吾人可以得到一個結論，那就是：〈基本人權與社約〉是建構民主國家的基礎。

九、民主政治的主權體、主權、公共意志與法律

（一）主權體

「主權體」與「主權」是盧梭在《社約論》所提出的兩個重要概念。

盧梭認為主權體是：

> 訂約的個體結成一種精神的集體。這集體是由所有到會的有發言權的分子組成的，並由是獲得統一性、共同性，及其生命，和意志。這種集體，……從其主動方面稱之為「主權體」（souverain/sovereign）。[131]

筆者認為更明白的說，「民主國家的基本人權與社會契約」是建構民主國家的基礎，而簽訂這個條約的所有個體就是組成國家的全體人民，所

---

[130] 徐百齊，頁 9、10。
[131] 徐百齊，頁 21、22。

有個體所形成的集體就是「主權體」。

（二）公共意志與公民投票

　　《社約論》的英譯者柯爾將公共意志解釋爲「較多數的意志代表公共意志。」[132]簡言之，筆者闡釋盧梭之意，公共意志就是主權體中大多數人的意志。

　　依盧梭之言：

　　　　依照原來的根本社約，只有公共的意志能約束個人，一個
　　個別的意志是否合於公共的意志，應以人民之自由投票決
　　定。[133]

　　　　公共意志即是由計算票數而得。[134]

　　因此，公民投票就是表達公共意志的方法，筆者且認爲是唯一的方法。

（三）主權與法律

　　盧梭認爲：

　　　　社約亦給政治的集體（指國家、全體人民）以絕對的權
　　力，以指揮它的分子；這種權力，在公共的意志指導之下，
　　即是我上面所説的「主權」。[135]

　　　　主權體公共意志的宣示是主權之行爲，它構成法律。[136]

　　　　主權不過是公共意志的運用，所以它是永遠不能讓渡的；
　　主權體只是個集體，不能由他人代表的。權力是可以轉授
　　的，但意志是不能轉授的。[137]

　　　　法律實際上只不過是公民社會存在的條件。人民既受法律
　　的約束，便應該是法律的制定者。制定社會規則的權利是屬

---

[132] 徐百齊，頁 39、40。
[133] 徐百齊，頁 55。
[134] 徐百齊，頁 139。
[135] 徐百齊，頁 42。
[136] 徐百齊，頁 36。
[137] 徐百齊，頁 34。

於構成社會的人民。[138]

治人者不應兼立法，立法者不應兼治人。[139]

換言之，主權是主權體公共意志的表示，而公共意志最重要的功能就是制定法律。

盧梭又說：

但是，當全體人民爲全體人民制定規則時，那便只是考慮全體人民自身的事。……這裡，做出的法令與做法令者的公共意志是一樣的。這就是我稱的法律。[140]

故起草法律的人沒有亦不當有立法權，而人民縱使自願，亦不能自己剝奪其不可移讓的立法權，因爲依照原來的根本社約，只有公共的意志能約束個人，一個個別的意志是否合於公共的意志，應以人民之自由投票決定。[141]

盧梭還說：「凡未經人民親自批准的法律都是無效的——實際便不是法律。」[142]

參、對民主政治的總結：人民應該自己管理自己

洛克與盧梭都是民主政治的思想大師，但兩者是有不同的，洛克實施的是間接民主而盧梭則主張直接民主。直接民主與間接民主最大的不同在於，在間接民主之下人民放棄了自己管理自己的權力，而透過選舉制度將立法權與行政權全部交給了政黨，全體人民本是擁有國家主權的主權體，現在卻變成了一個被管理者，主權體必須服從政黨政治所制定的法律與管理制度，這些都與基本人權、社會契約的觀念是分歧的、矛盾的，違反了「人生而自由平等」的理念，在「人生而自由平等」的理念下人民只服從

---

[138] 徐百齊，頁 51。Jean-Jacques Rousseau, p. 83.
[139] 徐百齊，頁 54。Jean-Jacques Rousseau, p. 85.
[140] 徐百齊，頁 50。
[141] 徐百齊，頁 55。
[142] 徐百齊，頁 122。

主權體以公共意志制定的法律，也就是人民服從自己制定的法律。換言之，在直接民主下，主權體對主權的行使是透過主權體制定的法律來指揮政府，政府是為人民服務的。因此直接民主等同是人民自己來管理自己。換言之，在直接民主下行政、立法、司法的三權中，顯然立法權是凌駕在行政與司法權之上的，它不是三權分立的，而是一權獨大（立法權），兩權分立（行政權與司法權）的。

第八節　對實施直接民主之我見

　　以上筆者已經推導出直接民主的演繹邏輯架構，在本節中筆者要將直接民主的實施做更進一步的說明，筆者之說明如下。

壹、實施直接民主主權體應設立一位虛位元首

一、為什麼要設立虛位元首

　　直接民主的精髓在於主權體必須掌握國家立法的權力，筆者以為要達到這個目的就要有一個機制能將一盤散沙的全體人民組合起來，這個機制必須被賦予啟動公民投票的權力以使主權體表達共同意志制定法律，如果沒有這個機制，國家就會回到間接民主的代議制度。誰能做這件事呢？基於主權不能讓渡的原則，這個權力不能屬於行政部門，也不能屬於立法部門，這個職位的位階不能比主權體高，但也不能比主權體位階低，他的位階應該是與主權體平行的，這個職位也不能被賦具有行政的權力、立法的權力，也不能管轄行政部門、立法部門，筆者以為合乎這個職位只有一位，就是「虛位元首」。

二、什麼是虛位元首

　　盧梭在《社約論》曾提出「護民官」（Tribune）的概念，這個概念是筆

者提出設立「虛位元首」的啓發。盧梭說：

> 這種官，我稱爲「護民官」，是法律和立法權之維護者。
> 它有時維護主權體以抗政府，……；有時維持政府以抗人
> 民，……；有時又維持二者的均衡，……。[143]

盧梭又說：

> 這護民官不是國家之組成部分，故不是立法權或行政權；
> 但正因爲主權，其權力更大，因爲它雖不能做什麼事，卻能
> 阻止人做任何事。它是法律的維護者，比施行法律的首長，
> 或定立法律的主權體，還要神聖尊崇。……[144]
> 護民官只能節制行政權，只能維護法律，如果它篡奪行政
> 權或停止法律的施行，它便變爲暴君了。[145]

在直接民主的制度下，政府是國家與人民的中介，受主權體的委託而產生，因此政府已經不是國家的最高機構，行政首長也不是國家最高首長。國家實在有必要設置一個虛位元首，這個虛位元首他在名義上是主權體、國家的代表，但他沒有管理國事的權力，故是虛位的，他的位階與主權體是平行的所以他也不是主權體之上的長官，他雖不能做什麼事，但卻應該被授權能阻止執政的政府做任何事。虛位元首的概念與「護民官」的概念是類似的。

三、虛位元首的功能

虛位元首只能依憲法賦予的職權行事，憲法不會賦予虛位元首指揮或管理政府機關的權力，他不能指使行政、立法、司法等部門做什麼事，卻能阻止行政、立法、司法等部門做任何事。簡言之，虛位元首對行政、立法、司法等部門具有防止濫權的權力。

---

[143] 徐百齊，頁 155。
[144] 徐百齊，頁 155。
[145] 徐百齊，頁 156。

筆者認為虛位元首有以下三種功能：

他是國家與主權體的代表，是國家主權的象徵；他要代表主權體主持國家重要慶典；他要代表國家簽署與發布重要的命令與人員的任命。

由於直接民主的行使是主權體以共同意志來制定法律，但主權體不可能自己啓動來表達共同意志，因此虛位元首就必須具有啓動公民投票的權力。

虛位元首必須扮演「護民官」的角色，依盧梭之言，護民官「它雖不能做什麼事，卻能阻止人做任何事」，換言之，虛位元首必須具有糾舉、彈劾的權力，防止行政、立法、司法三個部門高級官員濫權違法，保護主權體的權益。

四、虛位元首的資格與產生

虛位元首為國家的代表地位崇高神聖，故他在道德學識上應有更高的標準，他最好具有成功的事業來證明他的能力，他應是德高望重證明他能服膺眾望。盧梭在《社約論》中提出另外兩種選擇行政官員的方法，就是「推選」（choice）與「抽籤」（lot）。盧梭說：

> 抽籤的選舉法在眞正的民治國家裡，實在很少弊病，因爲在那裡，人民的法律、財富是平等的，道德、才能，也是平等的，故何人當選是件不重要的事。但我已經說過，眞正的民治政治只是個理想而已。[146]

筆者認為虛位元首的產生應由具公信力的機構（例如大學院校）提名若干人選採用「推選」與「抽籤」兩者方式擇一產生。

貳、對直接民主立法制度設計的建議

一、代議制度的缺點

現今歐美各民主國家的政治制度實行的多是間接民主的代議制度，筆

---

[146] 徐百齊，頁142。

者以為代議制度有下述的缺點。

其一：在代議制度下透過選舉產生了立法代表，再由立法代表制定法律以國家之名頒布實施。筆者肯定這些立法代表的當選是獲得多數民意的支持，但筆者不敢肯定這些立法代表在當選之後他所制定的法律是否完全符合多數民意與公共利益，更遑論這些代表如果將個人利益、財團利益、政黨利益滲入到立法的機制就會激起社會的不滿與抗爭。香港在 2019 年 3 月 15 日開始的「反送中」運動，多年前台灣的「太陽花」運動都是例子。但是對這種不符合共同意志與公共利益的法律，主權體怎麼會同意要大家遵守這些法律，這不就是要多數人來服從少數的民意，這就是違反了當初國家成立時少數服從多數的原約（社會契約）。在極權國家有所謂的惡法亦法而且還要人民遵守，這種現象是不應該出現在民主國家的。換言之，立法代表所制定的法律只要它違背了民主政治社會的最上層的基本人權則這條法律就必須被修改而不應該遵守。

其二：在代議制度下無法保證選出的立法代表在道德上專業知識上能合乎立法者應該具有的水準。吾人回顧盧梭在討論「立法」時他說：

> 欲定出最適合於國民的法律，須有明察人們的一切情慾而不為所溺的上智。這上智要能明察人性，而又超乎人性……所以，只有天神才能給人法律了。[147]

他又說：

> 立法者，從各方面看來，都是國家的非常人。他的才識如此，他的職務亦如此。……它是一種個別的超越的，職務與人類國家的行政不相混合。治人者不應兼立法，立法者不應兼治人。否則，他所立的法適足以濟其私慾，促成其不義了。他的私慾必致破壞其工作之神聖。[148]

這些盧梭所描繪的理想立法代表是無法透過選舉制度產生的。

---

[147] 徐百齊，頁 53。
[148] 徐百齊，頁 54。

其三：代議制度下所制定的法律可能不具有時間上的持續性，這意思是一個政黨透過它的立法代表制定了法律，也有可能在政黨輪替後被其他政黨的立法代表否定，從而又制定了新的法律。

其四：當然代議制度最大的缺點是，整個立法的過程與立法的制定違背了民主的理念。換言之，就民主思想的學理而言，如果沒有辦法證明代議制度制定的法律代表多數的民意，也就是說代表人民的公共意志，就表示人民沒有服從這些法律的義務。

難怪盧梭說：「英國人自以為是自由，實則大錯；他們只有在選舉議院的議員時才是自由的，當議員一經選出他們便做了奴隸，不算什麼了！」[149]

所以盧梭認為起草法律的人沒有亦不當有立法權，一個個別的意志是否合於公共的意志，應以人民之自由投票決定。[150]凡未經人民親自批准的法律都是無效的——實際便不是法律。[151]

要怎麼才能證明立法代表的意志等同是共同意志呢？筆者以為除了公民投票外別無它法！這也就證明了代議制度立法代表的立法權實際上是侵犯了主權體的主權，也證明了間接民主是不符合民主思想的原旨，也應證了盧梭「主權是主權體以全民公投制定法律的權力」這句話邏輯的正確性。

二、立法代表的功能、資格與產生

按照盧梭的想法，立法代表只是主權體所委託擔任法律草案的擬定者，這些法律草案非經人民的同意不得成為正式法律。

立法代表制定的最重要草案是憲法的規劃，一般性的法案是在端正全國人民的行為，故立法代表的資格必須在學養與道德兩方面要高出一般人民，非任何人可擔任。

間接民主是用選舉方式產生立法代表，但選舉制度已經被證明並不能選賢與能，不但黑道背景的人士可以擔任立法代表，一般小民更負擔不起競選的花費，這就是台灣立法院曾被稱為「黑金政治」的原因。筆者認為立法代表應由具公信力的機構按行政區域提名若干人用抽籤的方式產生。

---

149 徐百齊，頁 122。
150 徐百齊，頁 55。
151 徐百齊，頁 122。

三、立法代表選擇的排他條款

洛克與盧梭皆認為，立法權為全國最高的權力而且是屬於全體人民，立法權與行政權是分立的，在現行的民主體制，行政權是由政黨透過選舉獲得行政權力。因此筆者認為政黨的黨員既有心服務國家行政事務，就不得擔任國家立法代表，排他條款其主要目的在防止政黨透過黨籍的立法代表影響立法權的行使。

第九節　對憲法修改之我見

壹、直接民主的實施必須修改間接民主制度下的憲法

毫無疑問的，若是要實施直接民主這牽涉到政府組織的變動，一個立即要做的事就是修改現行反應間接民主制度的憲法。憲政制度的設計必須反映民主思想的演繹邏輯，因此筆者提出對修改憲法的看法如下。

一、憲法是國家組織的律定與政府權力的來源

主權體依據〈基本人權與社約〉組成了國家後，主權體的公共意志所形成的法律中位階最高的法律就是憲法，主權體並將憲法賦予給國家使國家具有最大的權力，主權體並在憲法中明列國家政府組織的結構。盧梭說公共意志是由全民公投決定的，吾人應知除此之外別無他法。換言之，在民主的政治社會裡，除了主權體外沒有任何個體或群體（政黨）可以有權力形成法律賦予給國家。

如此由主權體所組成的國家就具有了如盧梭所言的「統一性、共同性，及其生命，和意志。」吾人應知公共意志是善良性，反映共同利益的，是以國家也必定是公平、正義的一個道德體。

由上述的探討吾人認為，憲法的位階是僅次於〈基本人權與社約〉而高於國家所有的法律。憲法是基於〈基本人權與社約〉而產生的，立憲的目的是要保護人權，憲法的制定違背了人權它就必須修訂。國家所有的法

律都源自於憲法，國家任何法律與憲法抵觸都是無效的。

二、憲法的結構

吾人從網路蒐尋美國、德國、法國的憲法可發現，民主國家的憲法對憲法的制定有以下的作法（本處所列國家憲法皆搜尋自網際網路）。民主國家的憲法在結構上包含下列四個部分：

第一部分：為什麼要成立國家；
第二部分：對基本人權的列舉；
第三部分：國家的名稱（國號）、國旗與國歌；
第四部分：國家的政府組織。

三、憲法的第一部分：為什麼要成立國家

此部分主要在闡釋基本人權與社會契約的概念。

例如美國《獨立宣言》的前言：

> 我們認為下面這些真理是不言而喻的：人人生而平等，造物者賦予他們若干不可剝奪的權利，其中包括生命權、自由權和追求幸福的權利。為了保障這些權利，人類才在他們之間建立政府，而政府之正當權力，是經被治理者的同意而產生的。

《法蘭西共和國憲法》的序言：（1958 年 9 月 28 日通過 1958 年 10 月 4 日公布）

> 法國人民莊嚴宣告，他們熱愛 1789 年的《人權和公民權宣言》所規定的，並由 1946 年憲法序言所確認和補充的人權和國家主權的原則。根據這些原則和人民自由決定的原則，共和國對那些表明願意同共和國結合的海外領地提供以自由、平等、博愛的共同理想為基礎的，並且為其民主發展而設計的新體制。

《德意志聯邦共和國基本法》的序言：

　　我德意志人民，認識到對上帝與人類所負之責任，願以
身為聯合歐洲中平等之一員致力於世界和平，依其制憲權力
制定本基本法。……各邦之德意志人民在其自由之自主決定
下，已完成德國之統一與自由。因此，本基本法適用於全體
德意志人民。

四、憲法的第二部分：對基本人權的列舉

　　美國的憲法將人民基本權利列在憲法的「權利法案」（美國憲法修正
案第一至第十條），其第一條修正案為「國會不得制定有關下列事項的法
律：確立一種宗教或禁止信教自由；剝奪言論自由或出版自由；或剝奪人
民和平集會及向政府要求伸冤的權利。」

　　《德意志聯邦共和國基本法》一開始就詳盡的敘述「基本權利」，一
共有十九條。吾人列舉前兩條如下：

第一條

一、人之尊嚴不可侵犯，尊重及保護此項尊嚴為所有國家機關之義
　　務。

二、因此，德意志人民承認不可侵犯與不可讓與之人權，為一切人類
　　社會以及世界和平與正義之基礎。

三、下列基本權利拘束立法、行政及司法而為直接有效之權利。

第二條

一、人人有自由發展其人格之權利，但以不侵害他人之權利或不違犯
　　憲政秩序或道德規範者為限。

二、人人有生命與身體之不可侵犯權。個人之自由不可侵犯。此等權
　　利唯根據法律始得干預之。

　　《法蘭西共和國憲法》在序言提有「自由、平等、博愛的共同理想」，
但沒有專門的條文詳盡列舉「基本人權」。

　　第三屆聯合國大會在 1948 年 12 月 10 日通過《世界人權宣言》
（Universal Declaration of Human Rights），列出了三十條每個人都應該享有
的人權，是國際社會第一次就人權作出的世界性宣言。《世界人權宣言》提

出，「人人生而自由，在尊嚴和權利上一律平等；人人都有資格享受本《宣言》所載的一切權利和自由，不論其種族、膚色、性別、語言、財產、宗教、政治或其他見解、國籍或社會出身、財產、出生或其他身分等任何區別。」[152]

《世界人權宣言》所提出權利和自由可分為公民權利和政治權利以及經濟、社會和文化權利兩大類。

其中，公民權利和政治權利包括：生命權、人身權、不受奴役和酷刑權、人格權、法律面前人人平等權、無罪推定權、財產所有權、婚姻家庭權、思想良心和宗教自由權、參政權和選舉權等等。

經濟、社會和文化權利包括：工作權、同工同酬權、休息和定期帶薪休假權、組織和參加工會權、受教育權、社會保障和享受適當生活水準權、參加文化生活權等等。[153]

五、憲法的第三部分：國家的名稱（國號）、國旗與國歌

（一）《法蘭西共和國憲法》1958 年憲法

第 2 條：

法蘭西為不可分割、非宗教的、民主的，並為社會服務的共和國。全體公民，不論血統、種族和宗教信仰的不同，在法律面前一律平等。法蘭西共和國尊重一切信仰。

國旗為藍、白、紅三色旗。

國歌為〈馬賽曲〉。

共和國的口號是：自由、平等、博愛。

共和國的原則是：民有、民治和民享的政府。

（二）《德意志聯邦共和國基本法》

第二十條：一、德意志聯邦共和國（Bundesrepublik Deutschland）為民主、社會之聯邦國家。

第二十二條：聯邦國旗為黑、紅、金三色。

---

[152] 人權，維基百科。
[153] 人權，維基百科。。

六、憲法的第四部分：國家的政府組織

西方民主國家的政府組織有三個重要的部門，即行政、立法與司法。憲法規範行政、立法與司法三部分的互動關係，而將政治制度區分為內閣制、總統制與雙首長制三種類型。

典型內閣制代表的國家就是英國，主要精神在於行政權與立法權合一；而總統制的代表國家當然是美國，其主要精神在於行政權與立法權的相互制衡；至於法國總統戴高樂在第五共和國所建立的雙首長制（又稱為半總統制），則行政權與立法權將視總統與總理在國會是否為同一政黨，如果係同一政黨則產生了總統制的精神，反之則類似內閣制的類型。[154]

但上述各種制度都是代議政治下的政府組織，代議政治的缺點已略述如前吾人不再贅述。吾人既然主張直接民主，因此就必須將直接民主下的國家政府組織與設計明文列入憲法。以下吾人將對直接民主下的國家政府組織提出個人的見解。

貳、直接民主下對憲法與國家政府組織的建議

以下是筆者對我國行使直接民主憲法的四個部分的建議。

第一部分：為什麼要成立國家。就此部分而言，筆者認為我國憲法的第一部分應該明示筆者所擬的〈民主國家的基本人權與社會契約〉，因為〈基本人權與社約〉的前提是具有公理性質的「基本人權」，由此可產生憲法的其它三個部分。

第二部分：對基本人權的列舉。筆者認為我國的憲法第二部分應該將「基本人權」與「衍生人權」做更詳細的羅列。

第三部分：國家的名稱（國號）、國旗與國歌。就此部分而言，國家既是經由主權體依據〈基本人權與社約〉而產生，當然國家的名稱、國旗與國歌都是由主權體以公民投票方式來決定或修改的。

第四部分：國家的政府組織。就此部分而言，筆者對國家的政府組織設計提出下列建議：

1. 改五權分立制為，一權獨大（立法權）兩權分立（行政權與司法權）制，廢除考試院改隸屬行政部門的教育部，國家政府的組織分

---

154 張進芳，〈內閣制V.S.總統制（上）〉。

563

第三篇 民主篇

為虛位元首、立法、行政、司法四部門。換言之,在直接民主之下的政府結構不是三權分立的。

2. 設國家虛位元首將監察院改隸屬虛位元首,俾使虛位元首扮演護民官角色保護主權體權益。

3. 立法部門的立法代表由具資格的人民依抽籤方式產生。立法代表只有草擬法律的權力,立法代表制定的法律必須經由公民投票始能成為正式的法律。

4. 行政部門由政黨透過選舉方式產生,經立法部門同意由虛位元首代表主權體任命。

5. 司法部門首長由司法部門內部依內部遴選或抽籤,經立法部門同意由虛位元首代表主權體任命。

參、直接民主之觀念與政府組織示意圖

對於本章將洛克與盧梭民主思想的理論、修正與整合而歸納出的直接民主觀念以及推導出政府組織的設計等,筆者以圖 **15.1** 表示之。

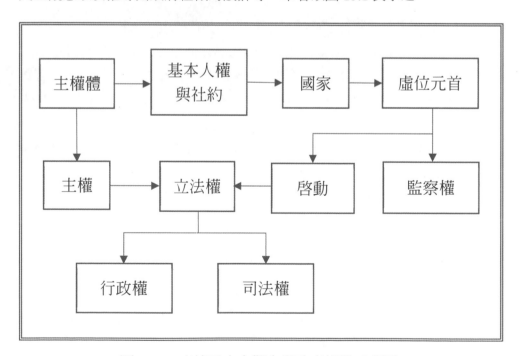

圖 15.1:直接民主之觀念與政府組織示意圖

第十節　結論

　　人類自從由群聚社會進而成立國家後就發展爲政治社會，也就產生了各種不同的政治組織、政治思想，翻閱中西的政治思想史就可發現政治學說是眾說紛紜，猶如進入政治思維的迷宮是非難斷。然而自從西方的科學革命後人類進入現代，理性是現代文明的特色，各種思想的產生或是源自於科學方法的運用或是各有創見，但其結果都必須受到科學方法的檢驗。

　　筆者自閱讀洛克的《政府論次講》與盧梭《社約論》後，始得以對民主思想有較深刻的瞭解，他們思維嚴謹論理清晰而且有崇高的理想，他們以自由平等的理念影響並改變了西方國家的政治制度，使無以數計的人們享受到洛克與盧梭思想的福澤。筆者以爲，若是要對洛克與盧梭思想有什麼挑剔那就是，對「自由」與「社會契約」兩名詞沒有詳盡的定義，以至於即使是現在的西方民主國家仍然有不少人民曲解其涵義而造成了社會的動盪不安。

　　筆者認爲，就盧梭直接民主的思想而言，憲法的制定是主權體的權力，而憲法的制定必須要反映民主思想的邏輯思維，因此在制定憲法時應該將「人生而自由平等」、「基本人權」、「社會契約」三者列爲憲法的首要，作爲其他等而其次的思維依據，並將相關名詞定義清楚。亦即是任何不是由此公理衍生的政治思想都是不合理的，都不是民主的思想。任何人如果承認筆者這段話是正確的，就表示我國現在的憲法確實是一種政治思想的反映，但反映的不是直接民主的政治思想。雖然台灣現在的社會是很自由的，但由於觀念的差異，台灣的社會也是很紛擾的，這就是筆者認爲現在《中華民國憲法》必須要修改的原因。

　　筆者本文旨在理出直接民主的思維邏輯，其觀念正確與否是需要被檢驗的，在沒有被檢驗之前本文也只是政治學術叢林的一篇文章而已，只能供做參考。但是，筆者很自信地認爲，以「基本人權」與「社會契約」作爲民主政治具公理性的前提，則以演繹邏輯規則推導出的結果必定是會被肯定的。

　　最後，即便是學術界及社會各界都對直接民主有了共識，筆者以爲還需要將直接民主的觀念推廣普及到全體人民，使「人生而自由平等」、「基

本人權」的理念成爲社會全民的普世價值，在沒有達到這點前，任何有關
修憲的議題只不過是政客們沒完沒了口水戰的話題，我全體人民依舊是被
政客操弄的對象，當然也就無法享受到洛克與盧梭民主思想的福澤。

參考資料

中文書目

《孟子》，〈萬章上〉，第九章。

《尚書》，〈湯誓〉。

司馬光〔北宋〕，《資治通鑑》，第二〇四卷。

徐百齊（譯），《社約論》，譯自：*Du contrat social*, 盧梭 Jean-Jacques Rousseau（著）（臺北市：臺灣商務，1999）。

張翰書（著），《西洋政治思想史》（臺北市：臺灣商務，1961）。

逯扶東（著），《西洋政治思想史》（臺北市：三民書局股份有限公司，1999）。

葉啓芳、瞿菊農（譯），《政府論次講》，譯自：*Second Treatise of Government*, 洛克 John Locke（著）（台北：唐山出版社，民國 75 年）。

董仲舒〔西漢〕，《春秋繁露》，〈爲人者天第四十一〉。

董仲舒〔西漢〕，《春秋繁露》，〈順命第七十〉。

外文書目

Rousseau, Jean-Jacques, *The Social Contract.* Translated and introduced by Maurice Cranston（London, Penguin Books, 1968）.

Locke, John, *Second Treatise of Government*（Jonathan Bennett, 2017）.

網際網路

人權，維基百科。https://zh.wikipedia.org/wiki/%E4%BA%BA%E6%9D%83. 1/2/2022.

人權和公民權宣言，維基百科。
https://zh.wikipedia.org/wiki/%E4%BA%BA%E6%9D%83%E5%92%8C%E5%85%AC%E6%B0%91%E6%9D%83%E5%AE%A3%E8%A8%80. 1/2/2022.

第三篇　民主篇

史賓諾沙，維基百科。

    https://zh.wikipedia.org/wiki/%E5%B7%B4%E9%AD%AF%E8%B5%AB%
C2%B7%E6%96%AF%E8%B3%93%E8%AB%BE%E8%8E%8E. 1/2/2022.

伊壁鳩魯學派，百度百科。

    https://baike.baidu.hk/item/%E4%BC%8A%E5%A3%81%E9%B3%A9%E9
%AD%AF%E5%AD%B8%E6%B4%BE/7474321. 1/2/2022.

湯瑪斯・霍布斯，MBA 智庫百科。http:// http://wiki.mbalib.com/wiki/湯瑪
    斯・霍布斯. 1/2/2022.

自然權利，維基百科。

    https://baike.baidu.hk/item/%E5%90%9B%E6%AC%8A%E7%A5%9E%E6%
8E%88/1156503. 1/2/2022.

利維坦（霍布斯），維基百科。https://zh.wikipedia.org/wiki/利維坦（霍布
    斯）. 1/2/2022.

君權神授，百度百科。

    https://baike.baidu.hk/item/%E5%90%9B%E6%AC%8A%E7%A5%9E%E6%
8E%88/1156503. 1/2/2022.

君權神授說，維基百科。

    https://zh.wikipedia.org/wiki/%E5%90%9B%E6%AC%8A%E7%A5%9E%E6
%8E%88%E8%AA%AA. 1/2/2022.

尚-雅克・盧梭，維基百科。

    https://zh.m.wikipedia.org/wiki/%E8%AE%A9-
%E9%9B%85%E5%85%8B%C2%B7%E5%8D%A2%E6%A2%AD.
    1/2/2022.

武則天，維基百科。

    https://zh.wikipedia.org/wiki/%E6%AD%A6%E5%88%99%E5%A4%A9.
    1/2/2022.

法國大革命，維基百科。

    https://zh.wikipedia.org/wiki/%E6%B3%95%E5%9B%BD%E5%A4%
A7%E9%9D%A9%E5%91%BD. 1/2/2022.

約翰・洛克，維基百科。

    https://zh.wikipedia.org/wiki/%E7%BA%A6%E7%BF%B0%C2%B7%E6%B
4%9B%E5%85%8B. 1/2/2022.

胡果・格老秀斯，台灣 word。http://www.twword.com/wiki/胡果·格老秀斯. 1/2/2022.

張進芳，〈內閣制Ｖ.Ｓ.總統制（上）〉。

http://enews.open2u.com.tw/~noupd/book_up/1218/6006.htm. 1/2/2022.

斯賓諾莎，〈神學政治論簡介〉，《黃花崗雜誌》第二十六期。

http://www.huanghuagang.org/hhgMagazine/issue26/hhg26-21.html.

路易十四，百度百科。

https://baike.baidu.hk/item/%E5%90%9B%E6%AC%8A%E7%A5%9E%E6%8E%88/1156503. 1/2/2022.

赫伯特・史賓賽，維基百科。

https://zh.wikipedia.org/wiki/%E8%B5%AB%E4%BC%AF%E7%89%B9%C2%B7%E6%96%AF%E5%AE%BE%E5%A1%9E. 1/2/2022.

劉興岳，〈從洛克與盧梭的政治思想推論：為何同婚公投侵犯「基本人權」？〉 The News Lens 關鍵評論網。

https://www.thenewslens.com/article/109808. 11/29/2018.

獨立宣言，維基百科。

https://zh.wikipedia.org/wiki/%E7%BE%8E%E5%9C%8B%E7%8D%A8%E7%AB%8B%E5%AE%A3%E8%A8%80. 1/2/2022.

讓・雅克・盧梭，MBA 智庫百科。wiki.mbalib.com/zh-tw/讓・雅克・盧梭. 1/2/2022.

第四篇

總結篇

本篇包含三章

第十六章　論蔣介石的軍事思想

第一節　前言

　　筆者在本書第七章中，將毛澤東的軍事思想列爲中國的兵學思想家之一，但並未將蔣介石列爲中國的兵學家，就這點而言是必須要有所交待的。筆者在第七章中也認爲，要論斷一個戰略家或軍事思想家必須從他的軍事著作或者是作戰功績來衡量，因此本章將要從蔣介石領兵作戰的過程以及他發表的軍事著作或相關軍事的言論，來探討蔣介石的軍事思想。

　　蔣介石的著作甚爲豐富，發表有專著、專書、演講、書告、文錄、別錄、談話、書面致詞等。在專書方面蔣介石發表有《西安半月記》、《中國之命運》,《蘇俄在中國》等書，在軍事方面蔣著有《剿匪手本》[1]以及《新剿匪手本》[2]兩書。蔣介石發表的文章或專書有文字稿，如《蔣總統集》、《蔣總統言論匯編》、《先總統蔣公全集》（三冊）、《先總統蔣公思想言論總集》、《蔣總統軍事思想大系》[3]等。以及一個專門的網站「中正文教基金會」（http://www.ccfd.org.tw/ccef001/index.php），該網站羅列有蔣介石所有的著作與談話，是研究蔣介石思想的一個很好的資料庫。

　　在軍事有關的著作方面，蔣介石著有《剿匪手本》與《新剿匪手本》，但這兩本書在出版的當時被列爲機密，所以在市面上很少看到有紙本出現，不過由於出版年代已久，現在網路上這兩本書已經有出售。蔣介石其他有關於軍事方面的言論大多是散布在其演講、訓詞或各種文告之中。《蔣

---

[1] 1933 年，蔣介石任中華民國國民政府委員會主席兼國民政府軍事委員會委員長時編著，闡述圍剿中國共產黨及中國工農紅軍的小冊子。

[2] 政府遷台後民國五十四年五月二十日頒發。

[3] 本書內容爲自黃埔建軍至民國 55 年（1966）4 月蔣介石有關國防、軍事之訓詞、專著、手令及書告等。全書共分 6 集，分裝 6 冊，民國 55 年（1966）10 月 31 日出版。

總統軍事思想大系》的編纂就是將所有蔣介石有關軍事方面的演講、書告、談話等文章彙集成的一本書。換言之，只有從蔣介石發表的公文書中理出他的用兵作戰思想。

在蔣介石所領導的軍事作戰方面，從最早的北伐與全國統一到抗日戰爭結束後的第二次國共內戰，其間尚有中原大戰以及江西井岡山的五次剿匪等。筆者以為，上述蔣介石所領導作戰中最重要的是最早的北伐與全國統一戰爭、抗日戰爭以及抗日戰爭結束後的第二次國共內戰，此三次戰爭論其作戰的規模與重要性對國家都產生了重大的影響。

因此，筆者在本章從下列兩方面探討蔣介石的軍事思想：

1. 從蔣介石著作中有關軍事方面的論述來探討他的軍事思想。
2. 從蔣介石領導作戰的過程中歸納出他的軍事思想，筆者分析的三個重要戰爭分別是：北伐戰爭與統一中國、抗日戰爭、第二次國共內戰。

第二節　從蔣介石發表的公文書歸納蔣介石的戰術思想

壹、從蔣介石民國13年對黃埔學生的演講說起

民國 13 年（1924）5 月 8 日，蔣介石在黃埔軍校講〈軍校的使命與革命的人生〉，這是蔣介石對黃埔一期學生的第一次演講，其內容摘要如下：

> 因為我們本黨的同志，照國內人口計算起來，沒有千分之一，而我們的反對黨，恰是有無數的黨員，所以我們要戰勝敵黨，非有以一當千的精神不可。……在此說明生命意義之先，有一句要緊話，請各位聽著：就是我們軍人的職分，是只有一個生死的「死」字，我們軍人的目的，亦只有一個「死」字，……古人說：「與其背義而生，則生不如死。」這一句話，是為一般人說的，一般人尚應如此，何況我們軍

人呢？……所以古人說：「死有重於泰山，有輕於鴻毛。」
如果我們的死，有如泰山的價值，死得其所，如為主義而
死，為救國救黨而死，那麼死又何足惜呢？……方才說的人
生觀，以本校長個人的觀念，得了兩句斷語，就是「生活的
目的，是增進我全體人類之生活；生命的意義，是創造其將
來繼續之生命」，請各位要記住這兩句話。

民國 14 年（1935）9 月至 11 月蔣介石率軍第二次東征，克復潮汕時致
軍校官生捷電，電曰：

> 各官長學生諸同志鑒：本軍支日克復潮汕，殘敵多來乞
> 降，亦有向閩邊潰退者，我各縱隊正在追擊中，期盡殲餘
> 孽，永除民害。此次本軍作戰，皆以少勝眾，如在海豐、河
> 婆等處，每以一營抵敵四五千人，昔我　先總理常望練成以
> 一當十之革命軍，今竟實現矣。……

民國 14 年（1925）11 月 10 日蔣介石在潮州對第一師第二第三兩團講
〈光大勝利成果改進部隊缺點〉：

> 這次打下東江，我們第一師的弟兄們努力殺賊，差不多以
> 一當十，總以少數打勝敵人的多數；從前　孫大元帥講：
> 「革命軍人，要以一當十，以十當百。」現在第一師的弟兄
> 算是做到了，　孫大元帥在天有靈，必定是瞑目含笑的。

民國 16 年（1927）9 月 20 日蔣介石第一次下野在溪口發表〈告別黃埔
軍校同學書〉：

> 回想本校開學的那天，　總理親來教導我們，說明開辦本
> 校唯一的希望，是重新創造革命的事業，成立理想上的革命
> 軍，挽救中國的危亡；就過去的歷史來看，已死的黃埔同
> 學，確無愧為 總理的信徒，因為他們確已做到了以一當十，
> 以一當百，不能成功，便當成仁的教訓。

貳、從蔣介石發表的公文書中摘錄重要的作戰思想

一、「以一當十，以十當百」、「以寡擊眾」的作戰思想

　　由前述所引各篇蔣介石的演講或訓詞中可看出，蔣介石在教導黃埔軍校的學生或者是領軍作戰時，最重要的兩個觀念是「以一當十，以十當百」，還有「不成功，便成仁」，而且蔣還強調這是孫總理親自的指導。這觀念不僅是出現在黃埔建軍與東征北伐之時發表的公文書，而且持續到抗日戰爭、國共內戰，一直到政府遷台之後還是不停的再三被強調。

　　於是筆者在「中正文教基金會」的網站中搜尋有關以「以一當十」的演講內容時發現到，有 58 篇蔣介石的公文書曾提及此觀念。此觀念最後一次出現是在民國 63 年（1974）6 月 16 日由行政院蔣院長經國在鳳山對陸軍軍官學校建校五十週年紀念講會中宣讀〈黃埔精神與革命大業的再推進〉：

> ……五十年來，中華民族的歷史，充滿了我們黃埔師生的肝膽血肉和大義純忱。黃埔師生，不但做到了「以一攻十，以一攻百」，更做到了「成功，則造出莊嚴華麗之國家，不成功，則拚一死，以殉吾黨之光輝主義」，其艱難百戰，英風往烈，實無日不在照耀著我們的心目肺腑。……[4]

　　筆者在「中正文教基金會」的網站中搜尋有關以「以寡擊眾」的演講內容時發現到，有 21 篇蔣介石的公文書曾使用此觀念。第一次出現在民國 22 年（1933）11 月 9 日，對第六師三十四團中央頒授榮譽旗儀式講〈完成安內攘外的使命〉，蔣說：「這一次三十四團在松口作戰，危困至五日之久，卒能以寡擊眾，打退土匪，安全回到黎川，使我們全體剿匪軍隊的精神爲之一振！」

　　「以寡擊眾」的觀念最後一次出現在蔣介石的〈中華民國六十一年國慶紀念告全國軍民同胞書〉：

---

[4] 民國 63 年時蔣介石因爲身體健康因素已經無法主持國家的重要大典，改由行政院蔣院長經國主持陸軍官校校慶典禮。

今天我們不止是已經有「不爲勢劫」、「不爲利誘」的精神和決心，政府與民眾更都具備了「自謀」、「自備」的意志和行動，北伐抗戰的孤立堅苦，固十百倍於今日，當日尚且能以寡擊眾，轉弱爲強。

二、「以眾擊寡」的思想

蔣介石也有「以眾擊寡」的觀念，這些觀念都是出現在政府遷到台灣以後的公開講詞中，但蔣介石「以眾擊寡」的觀念不是指在軍事武力上的，而是指在政治形勢上的。茲摘列如下：

- 反攻復國戰爭，在武力上爲「以寡擊眾」的革命戰爭！在人心上則爲「以眾擊寡」的政治戰爭！亦即「以天下之所順，攻親戚之所叛」的「以仁制暴」的戰爭！（民國48年：〈國防研究要旨〉）
- 反共革命戰爭，在武力的對比上，雖是以寡擊眾的戰爭，但在人心的對比上，實爲以眾擊寡的戰爭。（〈民國 49 年元旦告全國軍民同胞書〉）
- 反攻作戰在武力上要做到以寡擊眾，在政治上要做到以眾擊寡。（〈民國51年國慶紀念告全國軍民同胞書〉）
- 國父創導國民革命、自覆清、開國、護法、討逆諸役之後，中正繼之以北伐統一，剿共搗巢，與抗戰勝利以來，就都是在武力上以寡擊眾，在人心上以眾擊寡、以鎰戰銖來取勝的。（〈民國55年宣誓就任第四任總統致詞〉）
- 中興以人心爲本，共匪對大陸民族文化、人民生活方式的全面破壞，而我們乃以倫理、民主、科學的建設爲依歸，在人心上實爲以眾擊寡的見證。（〈民國62年元旦告全國軍民同胞書〉）

三、「不成功，即成仁」的作戰思想

另外，筆者在「中正文教基金會」的網站中搜尋有關以「不成功，即成仁」的演講內容時發現到，有 12 篇蔣介石的公文書曾使用此觀念。此觀念第一次出現在民國 22 年（1933）9 月 17 日對軍官團第三期學員講〈軍人精神教育之精義（二）〉蔣說：「如果人人有『不成功，即成仁』的志節，以此剿匪，何患匪禍之不能立平？……」最後一次出現在民國 36 年

（1947）6月5日，在軍官訓練團第三期研究班講〈國軍如何纔能完成剿匪救民的任務〉時說：「須知我們不作軍人則已，作了軍人，唯一的任務就是要消滅敵人，不許敵人存在，我們革命軍一貫的訓條，就是『不成功，即成仁』！」

筆者又在「中正文教基金會」的網站中搜尋有關以「不成功，便成仁」的演講內容時發現到，有 28 篇蔣介石的公文書曾使用此觀念。此觀念第一次出現在民國 22 年（1933）8 月 27 日對軍官訓練團第二期學員畢業講〈革命軍官必具的要素〉時：

> 你們現在要做　總理的信徒，要學我的精神，就要學我努力找這最快樂的兩件事情：一件就是成功，就是消滅敵人！一件就是成仁，就是決心給敵人打死！簡單講，就是　總理所教訓我們的「不成功，便成仁」這兩句話，希望大家刻刻不忘，並且時時努力，以求做到！……第二點、我們把「不成功，便成仁」的精神應用到戰術上，就可以得到最緊要的一個克敵致勝的要訣——「冒險犯難」。……我們作戰也是一樣，只要我們誠心研究，精心計劃，充分準備，再以「不成功，便成仁」的決心來冒奇險，犯大難，一定可以打破任何危難，獲得最後的勝利，成功非常的事業。

蔣介石在民國 23 年 7 月 25 日，出席廬山軍官團升旗典禮講〈軍事教育的基礎〉曾引用戚繼光的治兵觀念來闡釋「不成功，便成仁」的作戰思想，蔣說：

> 如果賊來，定要與他決戰，戰不過，便是死！從前好走了，如今沒處走，走的就要挐來照前說的連坐法處治！走是死，戰也是死，只是死裡揀便益，就是生路，如萬人不能一心，不能勝他，這便是死路了！這便是地獄了！賊來時，一齊守，務要守得住；萬一被賊進來了，就要一齊戰，務必要戰得他過，我們如今有這些勝他的道理，何怕他大舉？那時節，殺退了賊，成功了，升官蔭子，這便是生路了！這便是天堂了！

「戰不過，便是死」兩句話，就是我們現在所講的「不成功，即成仁」，我們必須時時有死的決心，「祗是死裡揀便益，就有生路」。

此觀念最後一次出現在〈民國 54 年元旦告全國軍民同胞書〉：

我們國民革命七十年傳統的革命精神──不畏強暴，不受威脅，不為任何魔力罪惡所屈服，只見正義，不見生死，以不成功便成仁的決心，擁護國家民族之利益，其不屈不撓、大無畏的民族精神，是無人可以置疑的！

對各級軍官和士兵來說，「不成功，即成仁」的後面還有一個重要的規定就是「連坐法」，這個連坐法約束各級軍官和士兵必須「不成功，即成仁」，否則必按照連坐法的規定處理也是死路一條，於是眾官兵就必須要與敵拼死奮鬥，這樣還有獲得勝利的機會。

四、「絕對服從命令」的作戰思想

筆者又在「中正文教基金會」的網站中搜尋有關於「打勝仗」的演講內容時發現到有 108 篇蔣介石的公文書出現指導全軍如何打勝仗的內容，這 108 篇公文書中蔣介石強調的一個特點就是「服從命令」。

- 大家要曉得，打仗祗要勇敢，不怕死，就能打勝仗的，你們大家尤其要曉得，打仗時不要脫離官長，千萬要聽指揮，服從命令，不要自由行動，否則我們就要給敵人打敗。（民國 15 年 10 月，〈北伐開始時期（五）〉）
- 我們要打勝仗，要完成革命，沒有別的方法，祗有服從上官命令。（民國 17 年，〈訓練士兵的基本方法〉）
- 只要你們能絕對聽從我統帥的命令，一定可以時時立於主動的地位；只要能時時立於主動的地位，就可以處處打勝仗！（民國 22 年 9 月 17 日，〈主動的精義與方法〉）
- 凡能服從命令的，一定打勝仗；那怕一時失敗，也還是勝利！因為終久可獲得最後的勝利！如果不能服從命令，一定要打敗仗，雖一

時僥倖獲勝，也還是失敗！因爲不服從命令的人終究要歸於失敗！因此我有一句口號「命令是生命的指南針！」（民國22年9月8日，〈黨政工作人員須知（二）〉）

· 只要大家能絕對服從革命的統帥，在一個最高命令之下，要我們守就守，要我們攻就攻，要我們退就退，要我們進就進，要我們生就生，要我們死就死，如果能夠如此共同一致，服從命令的話，一定可以有革命的戰術策略，可以戰勝一切，達到我們最後的目的！這就是我們革命軍人救國最要緊的一個條件！（民國23年7月13日，〈抵禦外侮與復興民族（上）〉）

五、「與陣地共存亡」的作戰思想

「與陣地共存亡」的作戰觀念大多出現抗日戰爭時期，蔣介石發表在下列的公文書中：

· 〈抗戰建國週年紀念告全國軍民書〉（民國27年7月7日）
· 〈抗戰檢討與必勝要訣（上）〉（民國27年1月11日）
· 〈抗戰檢討與必勝要訣（下）〉（民國27年1月12日）
· 〈發揚革命歷史的光榮保衛革命根據地的武漢〉（民國27年7月31日）
· 〈抗戰手本〉（民國28年）
· 〈我軍常德戰役之教訓與最後決勝之要道〉（民國32年12月7日）
· 〈第四次南嶽軍事會議訓詞（二）〉（民國33年2月14日）
· 〈膠東軍事檢討會議開幕致詞〉（民國36年10月19日）
（民國36年以後發表的演講不列舉）

參、蔣介石戰術思想的歸納

由以上吾人從蔣介石公文書中的摘錄，吾人可歸納出蔣介石作戰思想的重點是「以一當十，以十當百」、「不成功，即（便）成仁」、「絕對服從命令」、「與陣地共存亡」等，筆者稱這些用兵的觀念爲蔣介石「以寡擊眾」戰術思想的核心。認爲蔣介石「以寡擊眾」的戰術思想也並非筆者個人的創見，在國軍的高層之中就有不少的將領對「以寡擊眾」的戰術

思想做了許多的闡釋，例如某孫姓陸軍少將就寫了一篇文章〈論如何發場領袖以寡擊眾之革命戰術思想〉[5]。另在網際網路上可搜尋到更多有關蔣介石以寡擊眾戰術思想的文章。田震亞在他所著的《中國近代軍事思想》中也有類似的看法。[6]

　　以上是從蔣介石發表的文章和演講中來探討他的軍事思想，以下各節將從他領導的軍事作戰來歸納他的軍事思想。

第三節　論蔣介石領導北伐與統一全國時的軍事作戰構想

壹、前言

　　在前述第二節中，筆者是從蔣介石著作中有關軍事方面的論述來探討他的軍事思想。在本節以後，筆者將從蔣介石領導作戰的過程中歸納出他的軍事思想，筆者分析的三個重要戰爭分別是：北伐戰爭與統一中國、抗日戰爭、第二次國共內戰。在本節筆者要討論的就是蔣介石的北伐戰爭與統一全國。

貳、北伐戰爭的兩個階段

　　民國 15 年（1926）7 月 9 日，國民政府成立國民革命軍，由蔣介石擔任總司令在廣州誓師北伐開始，一直到民國 17 年（1928）6 月 8 日，國民革命軍光復京、津，北伐結束。12 月 29 日，張學良宣布東三省易幟，全國出現形式上統一局面。此次蔣介石在北伐與全國統一戰爭時的軍事思想大概屬於戰術、戰鬥層次。

　　北伐的目標是消滅軍閥，當時北方的軍閥分為三大派系：張作霖（奉

---

[5] 這本書在網路上可以搜尋得到，或者是在國家圖書館也可能可以借到。
[6] 田震亞，頁 218-22。

系)、吳佩孚（直系）與孫傳芳（五省聯軍司令）。北伐戰爭共分爲兩個階段，第一個階段是從民國 15 年（1926）7 月 9 日國民革命軍由廣州起兵，到民國 16 年（1927）3 月 23 日國民革命軍的江右軍攻克南京爲止。[7]第一階段作戰的目標是擊敗在長江以南的吳佩孚與孫傳芳。國民革命軍在這一階段的作戰有兩個特色，由於孫中山聯俄容共的政策，也就是說共產黨與蘇聯軍事顧問都參與了黃埔的建校與建軍，所以共產黨與蘇聯軍事顧問也都參與了第一個階段的北伐戰爭。

在第一個階段的北伐，國民革命軍攻克南京後，國內的政治情勢發生了巨大的變化，那就是民國 16 年（1927）4 月 12 日，蔣介石在上海發動「四一二事件」開始清黨，在這次事件中蔣介石清除了中國國民黨內所有的共產黨員並將蘇聯軍事顧問驅逐回國。4 月 18 日，蔣在南京另立南京國民政府，與武漢國民政府對峙，寧漢分裂。7 月 15 日，武漢國民政府領袖汪精衛召開「分共」會議，正式與中國共產黨決裂。8 月 14 日，蔣介石下野。8 月 19 日，武漢政府宣布遷都南京。9 月初，汪精衛親抵南京，寧漢合流。

民國 16 年（1927）12 月 3 日至 10 日，國民黨中央執行委員會在上海召開國民黨二屆四中全會預備會，會議的最後一天決定恢復蔣中正北伐軍總司令的職務。民國 17 年（1928）1 月 4 日，蔣中正到任，繼續領導北伐開始了第二個階段的北伐戰爭。

第二個階段的北伐戰爭起於民國 17 年（1928）4 月 7 日，蔣介石在徐州誓師北伐，這一次作戰的目標是擊敗北方的張作霖。9 日，各路北伐軍發起全線總攻。民國 17 年（1928）6 月 4 日，張作霖當夜撤離北京，退出山海關外，張的專列在到達瀋陽附近的皇姑屯時被日本關東軍埋下的炸藥炸毀，張作霖身負重傷，稍後死亡。6 月 8 日，國民革命軍開入北京。民國 17 年（1928）12 月 29 日張學良在東北通電東北易幟，宣布效忠南京中央政府，北伐至此宣布成功。

由以上的敘述可知，國民革命軍從民國 15 年（1926）7 月 9 日只有約 15 萬人的兵力在廣州誓師北伐，要對抗張作霖、吳佩孚、孫傳芳等三大軍閥合起來大約有 75 萬的兵力，在這種實力相差懸殊的狀況下國民革命軍只費時兩年半的時間，到民國 17 年（1928）12 月 29 日統一全國，毫無疑問的這不僅是在中國歷史，就是在世界的軍事歷史上都是一項奇蹟。

---

[7] 張憲文等，頁 564。

參、第一階段北伐戰爭的作戰構想

台灣國防部出版國民革命軍戰役史《北伐》一書對黃埔軍校的成立的記載是：「自民國十三年五月，陸軍軍官學校成立，校長為蔣中正先生，廖仲愷任學校之黨代表，除中國教官外，又聘蘇俄教官若干人，並以加倫（Galens）為之長。」[8]但《北伐》一書對蘇俄援助黃埔軍校的記載過於簡略，實際上蘇聯對黃埔軍校的建立除了派遣軍事顧問參與訓練以外另外還有經費、武器等相當多的支援。[9]

《北伐》一書對北伐開始時全盤野戰戰略指導敘述是：

> 蔣總司令分析當前情勢後，決定之野戰戰略指導為：
> 在此一情勢之下，國民黨的正當戰略當謀取國民軍的合作，勸馮玉祥退至西北以保全其武力，並建議與四川及貴州軍事當局獲致諒解，以防止唐繼堯軍從南方攻擊北伐軍。並與湖南之唐生智軍及江西若干軍事領袖訂立攻守同盟，而勸令參加北伐。……依此計畫，余深信北伐軍占領武漢當非困難，而北伐軍之第一層障礙可除去。
> 由上述野略指導之涵義，國民革命軍之戰略構想為：連絡川、黔各軍，使參加北伐，並誘使孫傳芳中立，以優勢兵力擊滅兵力南北分離之吳軍，攻取武漢；再對孫軍採取攻勢，以達各個擊滅之目的。[10]

諸多歷史記載認為北伐的成功是蔣介石採取遠交近攻的戰略：打倒吳佩孚，聯絡孫傳芳，不理張作霖。

但是根據當時的蘇聯顧問切列潘諾夫（Alexander I. Cherepanov）後來所寫的一本書記載，最早的北伐作戰計劃並不是如《北伐》一書所說。切列潘諾夫書中的記載是民國15年（1926）4月，蔣介石會同李濟深開始制定北伐進軍計畫，5月分完成，這是最早出現的北伐計畫。

當時在廣州的切列潘諾夫後來這樣寫道：

---

8 三軍大學戰史編纂委員會，《北伐》上冊，頁111。
9 有關蘇聯軍事顧問對黃埔軍校的支援請參閱本書第十一章第三節
10 三軍大學戰史編纂委員會，《北伐》上冊，頁131。

第一個計畫規定了進軍湖北，占領湖南和江西，以便占領贛州——吉安一線，向該省主要城市南昌挺進，進而在武昌與其他部隊會師。應派三個軍（六個師）攻入江西，四個軍（八個師）打湖南。

計畫制定者的意圖是要達到如下目的：一，集中國民革命軍的武裝力量，做到旗開得勝首戰告捷，並保證從其他各省給予必要的支援；二，與北方的國民軍，與江西的方本仁，與湖南的唐生智的達成協議。三，聯合孫傳芳，並聯合四川和貴州，從而削弱敵軍力量。

我們看到，在第一個計畫中為一些正確的主張打下了基礎，但是它有一個根本的缺陷：在這樣的戰略意圖下，勢必同時對吳佩孚、孫傳芳作戰。應當不使孫傳芳轉入進攻江西才好。而閩粵邊界方面對孫傳芳進攻的威脅是沒有防範的。[11]

因此，受聘為蔣介石軍事總顧問的加倫將軍返回後（加倫曾因病短暫離開廣州）的首要任務是證明對主要的敵人必須各個擊破。民國 15 年（1926）7 月 5 日，加倫在一份報告中指出：「計畫（指蔣介石與李濟深 5 月分完成的計畫）規定同時攻占湖南和江西兩省，準備派出大約十五個師出征，留在廣東的就不過六個師了。進攻湖南（孫傳芳）和江西（吳佩孚）的兵力幾乎是平均分配的，根據該作戰計畫第三軍和第四軍的第十師、第十二師應向湖南推進。」加倫又說：「從我來以後的最初日子起，我一直修改這個計畫，把戰爭局限在湖南省作為一項任務。經過多次會商，6 月 23 日我終於使他們同意修改計畫，放棄立刻向江西進軍。」[12]

這件事透露出一些端倪，那就是當加倫不在廣州時蔣介石與李濟深曾擬定了一個北伐的作戰計畫，這個計畫是將兵力分成為三部分，一部分留在廣州，另外兩部分分別攻擊江西的吳佩孚與湖南的孫傳芳。而這正是加倫所反對的他認為這種作戰的方法是用兩隻拳頭同時去打兩個敵人，這說

---

[11] 切列潘諾夫，頁 416。
[12] 切列潘諾夫，頁 416。

583

第四篇　總結篇

明了當時蔣介石與李濟深所擬作戰的戰術觀念是錯的。

因此,《北伐》一書記載對北伐開始時全盤野戰戰略指導是新的計畫,是李濟深根據加倫的主張所擬定的。加倫在民國 15 年(1926)6 月 23 日的軍事會議上報告了這個計劃。軍事行動的目的是打下武漢,占領吳佩孚的巢穴,然後與國民軍匯合。為了保障右翼不受孫傳芳的攻擊,有一路部隊留做主力的預備隊。[13]

民國 15 年(1926)7 月 9 日,國民革命軍的北伐行動正式開始。北伐軍從軍一級到師一級,幾乎都派有蘇聯顧問協助指揮和嚴格貫徹加倫制定的作戰計畫。總顧問加倫不僅親臨前線,而且多次乘飛機飛到敵軍陣地上空瞭解戰場情況。而加倫依靠的則是一個全部由蘇聯軍官和專業人員組成的參謀部,和既負責前線偵察,也直接參與轟炸敵軍的由蘇聯飛行人員組成的飛行小組。[14]正是按照加倫所制定的作戰計畫,北伐軍迅速奪取了湖南和湖北,進而占領了江西、福建和安徽的大部分地區。[15]

上述歷史的記載說明的一個事實那就是,當時國民革命軍的高級將領包含蔣介石在內,甚至於包含所有的軍閥將領在內,都缺乏了現代正規作戰的戰術思想——內線作戰——而內線作戰正是加倫將軍在北伐時使用的作戰觀念。[16]筆者以為這種戰術觀念在當時的雲南講武學堂、保定軍校以及日本的陸軍士官學校,或者是蔣介石曾經就讀的保定通國陸軍速成學堂都不曾教授過。

筆者的這種推測自是有其依據的,首先吾人必須要瞭解內線作戰與外線作戰的觀念到底是在什麼時候傳入到中國的。自從民國 16 年(1927)蔣介石在上海發動「四一二事件」以後國民革命軍的蘇聯顧問全部被驅逐回國,蔣介石將黃埔軍校從廣州遷到南京並改名為中央陸軍官校,蔣即著手進行建立一支現代化的軍隊,蔣介石當時則求助於德國提供技術協助和合格的教官。民國 22 年(1933)蔣介石向德國將軍賽克特(Von Seeckt)發出邀請,賽向蔣推薦法肯豪森(Von Falkenhausen)將軍。賽克特與法肯豪森兩位將軍於民國 23 年(1934)到達中國。賽克特與法肯豪森兩人開始對中

---

[13] 切列潘諾夫,頁 417。

[14] A·B·勃拉戈達托夫,《中國革命紀事(1925—1927)》,第 219-227 頁。

[15] 以上引自:〈蔣介石北伐背後的蘇聯力量:顧問加倫居功至偉〉。

[16] 有關內線作戰與外線作戰的觀念,請參閱本書第八章第四節「啟蒙運動時期的戰略家或軍事思想家」。

國的軍隊編制和軍事學校教育進行改革，現代的軍事戰術思想開始進入到南京中央陸軍軍校與陸軍大學。[17]法肯豪森在編列軍隊的同時注重提高軍官的軍事素養，培養他們現代化戰爭理念。他邀請各種兵科的德國顧問到中國擔任教官，把西方現代軍事理念（如縱深部署、內外線態勢、機動作戰、攻擊、防禦重點……等）帶到中國軍隊教育訓練中。民國 24 年（1935）到民國 26 年（1937）兩年中，中央軍校七期學生就接受到這種新觀念的教育訓練。[18]由上觀之，西方現代軍事理念是在民國24年由德國顧問引進到中國，因此筆者推測北伐時期中國的各高級將領不管是軍閥的，或者是國民革命軍的，都欠缺現代化的戰術思想，筆者的這種推測是很合理的。

民國17年（1928）4月7日開始的第二個階段北伐戰爭時，蔣介石聯合了馮玉祥的國民軍以及閻錫山的軍隊，合起來國民革命軍共有 40 餘個軍，70 萬人，當時，奉系張作霖的安國軍號稱百萬實則只有 60 萬人。國民革命軍的這次戰爭雖然沒有共產黨與蘇聯顧問的參與，但歷時只不過八個月，在 12 月 29 日張學良通電東北易幟，蔣介石統一了中國成為中國實質上的軍事強人。

肆、第一階段北伐戰爭成功的原因與結論

綜覽北伐的歷史，筆者認為在國民革命軍的東征與第一階段的北伐其成功的因素有三：一是黃埔軍校的訓練成功，部隊軍紀嚴明具有拋頭顱灑熱血的犧牲精神；二是國民革命軍主管政治工作的共產黨幹部成功的對工人與農人運動，使民心唾棄軍閥而擁戴國民革命軍；三是因為蘇聯軍事顧問們卓越的戰術思想。筆者以為尤以蘇聯軍事顧問的貢獻最大，沒有北伐第一階段的成功就不可能有第二階段的成功，所以余杰（大陸歷史學者後赴美定居）說：

---

[17] 有關德國顧問對中國軍隊的改革的情形請參閱：劉馥（F. F. Liu），《中國現代軍事史》第七章至第十章。
[18] 李玉等 10 人，頁 215。
筆者加註：應是指中央陸軍官校14、15期以後的學員都接受德國新式軍事科學的指導。

第四篇 總結篇

北伐是蔣介石誓師，卻是蘇聯將軍們打贏。

　　是加倫在用兵，而不是蔣介石，擊敗了北洋軍閥第二代戰力最強的吳佩孚和孫傳芳。就兩軍統帥而言，吳、孫雖然善戰，但跟新發於硎（磨刀石）的加倫相比，其軍事知識已經老化，加倫經歷一戰、蘇聯內戰以及對抗協約國干涉軍的作戰，而且更熟悉新一代的戰術和武器，這些素質吳、孫望塵莫及。[19]

　　但是在台灣與軍事有關的歷史書籍，大都將北伐的成功與統一全國的重要因素，歸諸於黃埔師生的犧牲奮鬥與蔣介石總司令的卓越領導，共產黨與蘇聯顧問在黃埔建校建軍的角色以及在第一階段的北伐時對於軍事作戰的貢獻等都被淡化了。在台灣軍方編的北伐戰史或者是白崇禧的回憶錄、自傳（當時白任北伐軍的副總參謀長代行總參謀長職權）幾乎都沒有提到這一段歷史，在蔣介石發表的公文書中只有兩處提及加倫的名字。

　　於是，這個如奇蹟般的軍事歷史資產就由當時身為國民革命軍總司令的蔣介石繼承，成為蔣介石一生志業中最重要的豐功偉績。

第四節　對八年抗日戰爭之我見

壹、前言

　　持續八年的對日抗戰對中國人而言是一場攸關民族存亡的聖戰，最後終於擊敗日本獲得勝利，這使得中國登上了世界四強之一，也廢除了不平等條約，洗刷了自滿清中葉以來中國這個民族受盡外國人的種種屈辱。蔣介石也成為世界級的人物，個人志業登上了最高峰。歷史與軍事學者多有討論八年抗戰的經過來稱許蔣介石的偉大，同時也表彰國軍官兵奮勇作戰的精神與慘烈為國犧牲的志節。但是在抗戰勝利之後不久國共第二次內戰

---

[19] 余杰，《顛倒的民國》，頁330。

爆發，結果在四年的時間蔣介石被共產黨擊潰而丟失了大陸撤退到台灣。這兩場戰爭都是由蔣介石主導，故其成敗之間必然是與蔣介石的軍事觀念有關聯的，畢竟蔣介石是兩場戰爭的實際直接領導者，但很少有學者從作戰的最上層如作戰規劃或軍事思想方面來探討這場戰爭的規劃經過，而這正是筆者在本節中所要探討的。

貳、我國八年抗日戰爭戰略、戰術構想的規劃

一、決定抗日戰爭大計的國防會議

我國對日抗戰的勝利，筆者以為有兩項文獻應該被視為國寶級文物：其一就是眾所周知的日本投降文書；其二就對日抗戰而言，國民政府必定會召開一個重要的軍事會議來討論抗戰的大計，這就是民國 26 年 8 月 7 日中國國民黨在南京召開的國防會議（以下簡稱「八七國防會議」），會議決定了抗日戰爭的大策方針，因此會議的紀錄也應該被列為國寶級的文獻，但可能是因為不明的原因，以至於到現在都未能看到最原始的會議記錄。

筆者將搜尋到的國防會議的議程資料列舉如下。

8 月 7 日

上午，國防會議正式召開。本次與會者包括中央軍政首長、各地方軍事將領如山西的閻錫山、廣西的白崇禧、四川的劉湘等地方實力派，凝聚了中央與地方共同抗戰決心。雖然中共方面也應蔣氏之邀，派代表朱德、周恩來與葉劍英前來南京共商大計，但三人於途中因鐵路損毀無法通行，延至 10 日才抵達，來不及參與聯席會議。蔣介石在開幕詞中報告，盧溝橋事變以來的軍事形勢、國共兩黨在盧山談判經過，軍政部長何應欽報告盧溝橋事變經過及處置情況。各有關方面報告空軍建設、防空、國防工事 重工業建設等。

晚，國防聯席會議開會，林森、汪精衛、張繼、居正、于右任、戴季陶、孫科、陳立夫、閻錫山、馮玉祥、何應欽、唐生智、陳調元等 41 人出席。蔣介石致詞稱，目前中國之情勢，乃是生死存亡的最後關頭，今天集合了全國各地高級將領，共同商討今後處置國防的計畫。

8 月 8 日

軍事委員會委員長蔣介石發表〈告抗戰全體將士書〉莊嚴宣告。

8月9日

中共代表周恩來、朱德、葉劍英飛抵南京，參加國防會議。

8月11日

中國國民黨中央政治委員會第五十一次會議；決議設置「國防最高會議」，撤銷中央執行委員會五屆二中全會議組織之「國防會議」，及五屆三中全會決議組織之「國防委員會」。

國防最高會議之職權，爲國防方針、國防經費及國家總動員事項之決定。

8月12日

中國國民黨中央執行委員會常務委員會第七十次會議議決，推蔣介石爲陸海空軍大元帥。

8月13日

淞滬戰爭爆發。

國防最高會議召開第一次會議，決定對日抗戰不採宣戰絕交方式，政府仍在首都南京，不遷都，指派張群爲國防最高會議祕書長。

8月16日

國防最高會議決議，由國民政府授權蔣介石爲陸、海、空三軍大元帥，統帥全國陸海空三軍對日作戰。蔣介石以中日尚未宣戰，不宜組織大本營，只擴充軍事委員會編制，設第一部至第六部及國家總動員設計委員會、後方勤務部、衛生勤務部等。

8月18日

蔣介石發表〈敵人戰略、政略的實況和我軍抗戰獲勝的要道〉一文，指出對付日軍速決的辦法，就要持久戰、消耗戰，以持久戰、消耗戰打破日軍速戰速決的企圖。

周恩來向蔣介石提出紅軍充任戰略的游擊支隊，在總的戰略方針下，執行獨立自主的游擊戰爭。蔣介石與何應欽同意八路軍充任戰略游擊支隊，執行只作側面作戰，不作正面作戰，協助友軍，擾亂與牽制敵人大部，並消滅敵人一部的作戰任務。[20]

---

[20] 韓信夫、姜克夫，《中華民國史大事記第八卷（1937-1939）》。
吳淑鳳等，《中華民國國史紀要（三）二十一年~三十年》。

二、劉斐對「八七國防會議」的回憶

　　誠如前述，到目前為止，八七國防會議當時的會議過程與記錄至今尚未對外公開。當初參加會議的高級將領在會後也都不曾就會議詳情對外發言，李宗仁與白崇禧的回憶錄也不曾談及此次會議內容。

　　多年前筆者在網路上看到一篇署名劉沉剛女士紀念她的父親劉斐將軍的文章，文中談到了許多有關「八七國防會議」的細節。劉斐出身桂系受到白崇禧的提拔，後赴日本軍校深造，是少數畢業於日本陸軍大學的中國高級軍官，也被認為是少數具有戰略素養的高級將領。民國 26 年 8 月 13 日，蔣介石召開了最高國防會議決定以軍事委員會為最高統帥部，劉斐被任命為第一部作戰組中將組長，劉斐曾參與「八七國防會議」，負責對日抗戰決策分析與建議。

　　其後筆者在台北國家圖書館搜尋到《劉斐將軍傳略》[21]一書，茲將該書中對抗日戰爭的相關記載摘錄如下。

　　劉斐出任作戰組長不久，日本帝國主義派到我國的侵略軍已達五十多萬，侵占了不少戰略重點。當時劉斐和作戰組的某些負責人，根據敵我基本情況，對敵我戰略方針分別進行了認真的研究和分析。他們認為：

> 　　日本帝國主義對中國的侵略，一貫採取的是蠶食政策和速戰速決的戰略方針。它其所以要採取這一方針，是因為他的兵備雖強，但人口少，資源不足；國土小，資源貧乏；國力弱，不利於長期作戰；而且，他是侵略者，侵略的不義戰爭是失道寡助的；同時，帝國主義國家之間又有許多矛盾，他若長期進行這種不義之戰爭，恐會引起第三國的干涉，所以，它只能採取速戰速決的戰略方針。至於我國，軍備雖然處於劣勢，但人口眾多，兵源充足；領土大，資源豐富；而且所進行的是反侵略的正義戰爭，有哀兵必勝，得道多助等有利條件，所以，利於採用持久消耗戰略。[22]
>
> 　　根據以上分析，劉斐和作戰部門的一些高參認為，我國的戰略方針應該是：針對敵人企圖使戰爭局部化的陰謀，盡可

---

[21] 王序平、劉沉剛，《劉斐將軍傳略》。
[22] 王序平、劉沉剛，頁 69-70。

第四篇　總結篇

能使戰爭全面化；針對敵人速戰速決的戰略方針，盡可能利用我地大物博，人口眾多等等有利條件，實施持久消耗戰略。這些意見，在最高統帥部（軍事委員會）得到許多高級將領的同意，於是就成為當時指導抗日戰爭正面戰場的基本戰略思想。[23]

淞滬戰役上海淪陷後，南京的防守問題便出乎意外的提前到來，蔣介石為了解決這個問題，民國 26 年 11 月中旬連續在他南京的陵園官邸會議室召開了三次高級幕僚會議。第一次會議大約是 11 月 14 日召開的，只有何應欽（參謀總長）、白崇禧（副參謀總長）、徐永昌（軍令部長）和劉斐（作戰組長）幾個人參加。[24]

會中劉斐直言道：

上海會戰後期，我方沒能貫徹持久消耗戰略精神，沒能適時調整戰線，保存部隊有生力量，而在敵陸海空軍便於協同作戰的長江三角洲膠著太久，本來是想藉此等待九國公約國家主持正義，出面制裁日本，但九國公約會議最後只發表了一個空洞的譴責日本的宣言，不僅於事無補，還使戰略做了政略的犧牲品，我軍因而陷於被動撤退，後果嚴重，這個教訓是否值得注意，請委座考慮。[25]

劉斐後來又發言：

但正因為「敵強我弱」所以敵人希望速戰速決，我軍則應堅持持久消耗戰略原則。上海一戰，對整個抗日戰爭來說當然是很必要的，也是很有價值的，但在達到一定目的之後，我們便須掌握時機做有計畫的撤退，即須堅持持久消耗戰略原則，不宜在一城一地的得失上爭勝負；要從全盤戰略著眼，同敵人展開全面而持久的戰爭。如果拖到日本侵略者對

---

[23] 王序平、劉沉剛，頁 70。
[24] 王序平、劉沉剛，頁 72。
[25] 王序平、劉沉剛，頁 72。

我國每一個縣均要派出一個連、甚至一個營的兵力來進行防守的話，那麼，即使它在戰術上取得某些勝利，但在整個戰爭上，它就非垮台不可。這些看法，是否正確，請委座和各位長官指示。[26]

以上是劉斐在南京陵園蔣介石召集高級將領開會議時的發言，表達他對抗日戰爭的作戰想法。

三、蔣介石在八年抗戰初的作戰構想的文告與演講

在抗日戰爭初始也就是在「八七國防會議」之後，民國 26 年 8 月 18 日蔣介石發表〈告抗戰全體將士書（二）〉文告：

> 我軍決戰獲勝之至道要術：倭寇要求「速戰速決」，我們就要堅持「持久戰」，「消耗戰」，以消滅其實力，挫折其士氣。我們要固守陣地，堅忍不退，注意縱深配備，多築工事，層層布防，處處據守，使敵不敢深入。

同日，蔣介石在〈敵人戰略攻略的實況和我軍抗戰獲勝的要道〉的演講中說到：

> 我軍應敵戰術原則：1、要以持久戰、消耗戰，打破敵人速戰速決之企圖。2、要站住主動，鎮靜防護，陷敵人於被動。3、要固守陣地，堅忍不退，以深溝高壘厚壁，粉碎敵人之進攻。……第一、倭寇要求速戰速決，我們就要持久戰消耗戰。……第三、我們要固守陣地，堅忍不退。

上述兩篇文告蔣介石宣示了我國抗日戰爭的基本觀念：「持久戰」、「消耗戰」。

其後在〈抗戰必勝的條件與要素〉（27.2.7.）蔣說：

---

[26] 王序平、劉沉剛，頁 73。

根據上面所說的，大家就可以知道我們這次抗戰，是以廣
大的土地，來和敵人決勝負；是以眾多的人口，來和敵人決
生死。本來戰爭的勝敗，就是決定於空間與時間，我們有了
敵人一時無法全部占領的廣大土地，就此空間的條件，已足
以制勝侵略的敵人。

　　這篇演講說明「廣大的土地，眾多的人口」是我國能戰勝日本最大的
優勢。

　　蔣介石的戰略思想其中尤以「以空間換取時間」為許多歷史學家所贊
同。「以空間換取時間」一詞最早的出現是蔣介石在〈南嶽軍事會議手訂
各項要則及第一期抗戰之總評〉（27.11.28.）的訓詞中，蔣說：「在戰略上
仍本持久消耗之目的，以空間換時間，實行節節抵抗之持久戰。」

　　以上所引，都是蔣介石在抗戰之初發表的訓詞或演講，由此可看出持
久戰與消耗戰是他最重要的抗日作戰思想。

四、蔣介石八年抗戰戰略構想的歸納

　　持久戰與消耗戰是蔣介石對日抗戰的核心觀念，但這個觀念根據蔣介
石的發表的公文書來說，又分為戰術性的與戰略性的兩種思維。

　　戰術性的持久戰與消耗戰見民國 26 年 8 月 18 日蔣介石〈告抗戰全體將
士書（二）〉的文告以及同日蔣介石在〈敵人戰略攻略的實況和我軍抗戰
獲勝的要道〉的演講。（茲不再述）

　　戰略性的持久戰與消耗戰見蔣介石在民國 27 年 11 月 28 日〈南嶽軍事
會議手訂各項要則及第一期抗戰之總評〉的訓詞。（茲不再述）

　　蔣介石對日抗戰的觀念，無論是持久戰與消耗戰或者是城市戰與陣地
戰等大多都偏向在戰術方面，此可由下列兩篇文告得知。

　　民國 26 年 10 月 29 日〈對左翼軍各將領訓話〉：

　　惟持久戰最應注意的，是要有與敵作持久陣地戰的心理，
我們有了這個信念，自然能固守陣地，自然能儘量運用陣地
戰術，我們決不要怕陣地被敵人突破，如果害怕起來，則陣
地失掉事小而精神上損失更大。……我們只要有一兵一卒，

守住一個陣地亦必與之堅持戰鬥，死守不動，沒有命令決不退卻。我們高級將領能在精神上勝過敵人，這就是我們武器勝過他的地方。……所以我們為要達到此一目的，我們祇有繼續的犧牲、死守陣地、繼續過去精神，陣地絕不輕易失去，能如此，才對得起我們的先烈，能如此，才對得起我們的國家！

民國 27 年 2 月 12 日，蔣介石手定將官訓練班課程畢，曰：「持久戰及防禦戰之原則，在於屢戰屢退，屢退屢戰，退時有準備，戰則分區試攻，覓得其弱點而力攻之。」[27]

民國 27 年 6 月 8 日，蔣介石說：「總之，有利則固守進攻，否則避戰，保持實力，與敵作持久戰為要。」[28]

抗日戰爭時蔣介石也使用了內線與外線的觀念不過他並沒有對內線與外線做詳細的說明，只有在兩處的演講和書告中出現。分別摘錄如下：

· 國軍作戰情形之檢討……國軍抗戰五年以來，已獲得餘裕時間，消耗敵人，增強我軍戰力，進而與盟邦並肩作戰，化內線為外線，在戰略及政略上，可謂已收莫大成果……〈抗戰形勢之綜合檢討〉（民國 31 年 8 月 22 日）

· 到了本月一日，我第三師即已攻占德山，……此時其他外圍友軍各部隊，也都已與城內守軍通訊聯絡，將我軍各增援部隊所在的地點，與當前敵我兩軍的行動告訴守城的余師長。這時候我軍已形成外線包圍的態勢，而敵人各師團部隊經我軍一個月來的節節抵抗，逐漸消耗，已經被我軍打得精疲力竭，難於支持，……〈我軍常德戰役之教訓與最後決勝之要道〉（民國 32 年 12 月 7 日）

由是筆者根據蔣介石的文告以及蔣介石領導抗戰的實際過程，歸納蔣介石的抗日戰爭的思想或戰法如下。

· 蔣介石以寡擊眾的戰術思想，如以一當十，以十當百；與敵人共存亡；絕對服從命令等貫穿了整個的八年抗戰。

---

[27] 《蔣中正總統五記，困勉記下》，卷四十七。
[28] 《蔣中正總統五記，困勉記下》，卷四十九。

· 持久戰與消耗戰是蔣介石對日抗戰的重要觀念，但無論是持久戰與消耗戰大多都偏向在戰術方面。

· 「城市戰」、「陣地戰」是蔣介石在抗日戰爭中最常用的戰法。淞滬戰役、南京保衛戰是典型的城市戰。

· 整個對日八年抗戰，蔣介石並沒有運用內線作戰與外線作戰的戰法。

參、八年抗日戰爭的另一種構想毛澤東的《論持久戰》

一、毛澤東《論持久戰》的摘要

毛澤東的抗日作戰觀念主要反映在民國 27 年（1938）5 月他所寫的一本書《論持久戰》，當時正值抗戰的第二年，一般大眾都有些悲觀的心理但毛澤東則認為最後勝利是中國的，毛並認為抗日戰爭是持久戰，[29]於是毛澤東就中國為什麼會獲勝，為什麼要採取持久戰做了一個長篇的論述。這篇論述在當時引起了很大的反響。茲摘錄毛澤東重要的抗日作戰觀念如下。

《論持久戰》摘要：

（1）中日戰爭既然是持久戰，最後勝利又將是屬於中國的，那麼，就可以合理地設想，這種持久戰，將具體地表現於三個階段之中。第一個階段，是敵之戰略進攻，我之戰略防禦的時期。第二個階段，是敵之戰略保守，我之準備反攻的時期。第三個階段，是我之戰略反攻、敵之戰略退卻的時期。三個階段的具體情況不能預斷，但依目前條件來看，戰爭趨勢中的某些大端是可以指出的。[30]

（2）第一階段我所採取的戰爭形式，主要的是運動戰，而以游擊戰和陣地戰輔助之。陣地戰雖在此階段之第一期，由於國民黨軍事當

---

[29] 毛澤東，《論持久戰》（五）。
[30] 毛澤東，《論持久戰》（三五）。
筆者加註，毛亦稱此三階段為：戰略防禦、戰略相持、戰略反攻三階段。

局的主觀錯誤把它放在主要地位，但從全階段看，仍然是輔助的。[31]

（3）第二階段，可以名之曰戰略的相持階段。此階段中我之作戰形式主要的是游擊戰，而以運動戰輔助之。[32]

（4）第三階段，是收復失地的反攻階段。這個階段，戰爭已不是戰略防禦，而將變為戰略反攻了，在現象上，並將表現為戰略進攻；已不是戰略內線，而將逐漸地變為戰略外線。……第三階段是持久戰的最後階段……。這個階段我所採取的主要戰爭形式仍將是運動戰，但是陣地戰將提到重要地位。[33]

（5）我們的戰略方針，應該是使用我們的主力在很長的變動不定的戰線上作戰。中國軍隊要勝利，必須在廣闊的戰場上進行高度的運動戰，迅速地前進和迅速地後退，迅速地集中和迅速地分散。這就是大規模的運動戰，而不是深溝高壘、層層設防、專靠防禦工事的陣地戰。這並不是說要放棄一切重要的軍事地點，對於這些地點，祗要有利，就應配置陣地戰。[34]

（6）抗日戰爭的作戰形式中，主要的是運動戰，其次就要算游擊戰了。我們說，整個戰爭中，運動戰是主要的，游擊戰是輔助的，說的是解決戰爭的命運，主要是依靠正規戰，尤其是其中的運動戰，游擊戰不能擔負這種解決戰爭命運的主要責任。但這不是說游擊戰在抗日戰爭中的戰略地位不重要。游擊戰在整個抗日戰爭中的戰略地位，僅僅次於運動戰，因為沒有游擊戰的輔助，也就不能戰勝敵人。[35]

（7）防禦的和攻擊的陣地戰，在中國今天的技術條件下，一般都不能執行，這也就是我們表現弱的地方。再則敵人又利用中國土地廣大一點，迴避我們的陣地設施。因此陣地戰就不能用為重要手段，更不待說用為主要手段。[36]

---

[31] 毛澤東，《論持久戰》（三六）。
[32] 毛澤東，《論持久戰》（三七）。
[33] 毛澤東，《論持久戰》（三八）。
[34] 毛澤東，《論持久戰》（六）。
[35] 毛澤東，《論持久戰》（九五）。
[36] 毛澤東，《論持久戰》（九六）。

第四篇
總結篇

（8）主觀指導的正確與否，影響到優勢劣勢和主動被動的變化，觀於強大之軍打敗仗、弱小之軍打勝仗的歷史事實而益信。中外歷史上這類事情是多得很的。……都是先以自己局部的優勢和主動，向著敵人局部的劣勢和被動，一戰而勝，再及其餘，各個擊破，全局因而轉成了優勢，轉成了主動。在原占優勢和主動之敵則反是。[37]

（9）外線速決的進攻戰之所謂外線，所謂速決，所謂進攻，與乎運動戰之所謂運動，在戰鬥形式上，主要地就是採用包圍和迂迴戰術，因而便須集中優勢兵力。所以，集中兵力，採用包圍迂迴戰術，是實施運動戰，即外線速決的進攻戰之必要條件。[38]

（10）抗日戰爭戰場作戰的基本方針，是外線速決的進攻戰。執行這個方針，有兵力的分散和集中、分進和合擊、攻擊和防禦、突擊和鉗制、包圍和迂迴、前進和後退種種的戰術或方法。[39]

（11）現在來研究抗日戰爭中的具體的戰略方針。怎樣具體地進行持久戰呢？這就是我們現在要討論的問題。我們的答覆是：在第一和第二階段，即敵之進攻和保守階段中，應該是戰略防禦中的戰役和戰鬥的進攻戰，戰略持久中的戰役和戰鬥的速決戰，戰略內線中的戰役和戰鬥的外線作戰。在第三階段中，應是戰略的反攻戰。[40]

（12）由於日本是帝國主義的強國，我們是半殖民地半封建的弱國，日本是採取戰略進攻方針的，我們則居於戰略防禦地位。日本企圖採取戰略的速決戰，我們則應自覺地採取戰略的持久戰。[41]

（13）然而在另一方面，則適得其反。日本雖強，但兵力不足。中國雖弱，但地大、人多、兵多。這裡就產生了兩個重要的結果。第一，敵以少兵臨大國，就祇能占領一部分大城市、大道和某些平地。由是，在其占領區域，則空出了廣大地面無法占領，這就給了中國游擊戰爭以廣大活動的地盤。……第二，敵以少

---

[37] 毛澤東，《論持久戰》（八二）。
[38] 毛澤東，《論持久戰》（一〇二）。
[39] 毛澤東，《論持久戰》（八六）。
[40] 毛澤東，《論持久戰》（七二）。
[41] 毛澤東，《論持久戰》（七三）。

兵臨多兵，便處於多兵的包圍中。敵分路向我進攻，敵處戰略外線，我處戰略內線，敵是戰略進攻，我是戰略防禦，看起來我是很不利的。然而我可以利用地廣和兵多兩個長處，不作死守的陣地戰，採用靈活的運動戰。於是敵之戰略作戰上的外線和進攻，在戰役和戰鬥的作戰上，就不得不變成內線和防禦。我之戰略作戰上的內線和防禦，在戰役和戰鬥的作戰上就變成了外線和進攻。……因此，在戰役和戰鬥的作戰上，我不但應以多兵打少兵，從外線打內線，還須採取速決戰的方針。……這樣，我之戰略的持久戰，到戰場作戰就變成速決戰了。敵之戰略的速決戰，經過許多戰役和戰鬥的敗仗，就不得不改為持久戰。[42]

（14）上述這樣的戰役和作戰方針，一句話說完，就是：「外線速決的進攻戰。」這對於我之戰略方針「內線持久的防禦戰」說來，是相反的；然而，又恰是實現這樣的戰略方針之必要的方針。如果戰役和戰鬥方針也同樣是「內線持久的防禦戰」，例如抗戰初起時期之所為，那就完全不適合敵小我大、敵強我弱這兩種情況，那就決然達不到戰略目的，達不到總的持久戰，而將為敵人所擊敗。[43]

（15）如果我們堅決地採取了戰場作戰的「外線速決的進攻戰」，就不但在戰場上改變著敵我之間的強弱優劣形勢，而且將逐漸地變化著總的形勢。在戰場上，因為我是進攻，敵是防禦；我是多兵處外線，敵是少兵處內線；我是速決，敵雖企圖持久待援，但不能由他作主；於是在敵人方面，強者就變成了弱者，劣勢變成了優勢；在打了許多這樣的勝仗之後，總的敵我形勢便將引起變化。這就是說，集合了許多戰場作戰的外線速決的進攻戰勝利以後，就逐漸地增強了自己，削弱了敵人，於是總的強弱優劣形勢，就不能不受其影響而發生變化。……那時，就是我們實行反攻驅敵出國的時機了。[44]

---

[42] 毛澤東，《論持久戰》（七四）。
[43] 毛澤東，《論持久戰》（七五）。
[44] 毛澤東，《論持久戰》（七六）。

（16）前頭說過，戰爭本質即戰爭目的，是保存自己，消滅敵人。然而達此目的戰爭形式，有運動戰、陣地戰、游擊戰三種，實現時的效果就有程度的不同，因而一般地有所謂消耗戰和殲滅戰之別。[45]

（17）我們首先可以說，抗日戰爭是消耗戰，同時又是殲滅戰。⋯⋯因此，戰役的殲滅戰是達到戰略的消耗戰目的的手段。在這點上說，殲滅戰就是消耗戰。中國之能夠進行持久戰，用殲滅達到消耗是主要的手段。[46]

（18）但達到戰略消耗的目的，還有戰役的消耗戰。大抵運動戰是執行殲滅任務的，陣地戰是執行消耗任務的，游擊戰是執行消耗任務同時又執行殲滅任務的，三者互有區別。在這點上說，殲滅戰不同於消耗戰。戰役的消耗戰，是輔助的，但也是持久作戰所需要的。[47]

（19）從理論上和需要上說來，中國在防禦階段中，應該利用運動戰之主要的殲滅性，游擊戰之部分的殲滅性，加上輔助性質的陣地戰之主要的消耗性和游擊戰之部分的消耗性，用以達到大量消耗敵人的戰略目的。在相持階段中，繼續利用游擊戰和運動戰的殲滅性和消耗性，再行大量地消耗敵人。所有這些，都是為了使戰局持久，逐漸地轉變敵我形勢，準備反攻的條件。戰略反攻時，繼續用殲滅達到消耗，以便最後地驅逐敵人。[48]

（20）抗日戰爭中的決戰問題應分為三類：一切有把握的戰役和戰鬥應堅決地進行決戰，一切無把握的戰役和戰鬥應避免決戰，賭國家命運的戰略決戰應根本避免。如果避免了戰略的決戰，雖然喪失若干土地，還有廣大的迴旋餘地⋯⋯。不決戰就須放棄土地，這是沒有疑問的，在無可避免的情況下（也僅僅是在這種情況下）祇好勇敢地放棄。情況到了這種時候，絲毫也不應留戀，這是以土地換時間的正確的政策。歷史上俄國以避免決

---

[45] 毛澤東，《論持久戰》（九七）。
[46] 毛澤東，《論持久戰》（九八）。
[47] 毛澤東，《論持久戰》（九九）。
[48] 毛澤東，《論持久戰》（一〇〇）。

戰，執行了勇敢的退卻，戰勝了威震一時的拿破崙。中國現在也應這樣幹。[49]

（21）我們主張一切有利條件下的決戰，不論是戰鬥的和大小戰役的，在這上面不容許任何的消極。……爲此目的，部分的相當大量的犧牲是必要的，避免任何犧牲的觀點是懦夫和恐日病患者的觀點，必須給以堅決的反對。[50]

（22）我想，即在戰略反攻階段的決戰亦然。那時雖然敵處劣勢，我處優勢，然而仍適用「執行有利決戰，避免不利決戰」的原則。……第一階段我處於某種程度的戰略被動，然在一切戰役上也應是主動的，爾後任何階段都是主動。我們是持久論和最後勝利論者，不是賭漢們那樣的孤注一擲論者。[51]

二、爲什麼要介紹毛澤東的《論持久戰》

以上是毛澤東《論持久戰》的摘要，有三個原因是筆者爲什麼用這麼多的篇幅來簡介毛澤東的《論持久戰》。

第一、《論持久戰》是一篇論述性的著作，毛澤東一開始就認爲中國對日本的戰爭必定會獲勝，戰勝日本必定要用持久戰，《論持久戰》就是在論證這兩個思維的必然性。由是毛澤東從當時「敵強我弱」的戰略態勢開始使用演繹邏輯的方式展開他的論述。使用演繹邏輯方式來撰寫軍事性的著作在當時的軍事將領包含蔣介石在內都不曾有過。換言之，就對日抗戰而言這是一篇值得一讀的著作。

第二、毛澤東的軍事思想已經獲得了很多國內外人士的肯定，他的軍事思想重要性是不需要筆者在這裡強調的，筆者認爲想要了解毛整體的軍事思想脈絡《論持久戰》是一定要好好鑽研的，瞭解《論持久戰》的內容就可推知毛澤東用兵作戰的基本觀念。例如，對日抗戰、國共第二次內戰，甚至從共產黨井岡山建立軍隊到民國 38 年建立政權，毛澤東都是面臨一個「敵強我弱」的戰略態勢，如何在「敵強我弱」的戰略態勢下用兵作戰，則用演繹邏輯撰寫的《論持久戰》是解讀毛澤東思想的最好資材。從

---

[49] 毛澤東，《論持久戰》（一〇六）。
[50] 毛澤東，《論持久戰》（一〇八）。
[51] 毛澤東，《論持久戰》（一一〇）。

共黨軍隊發展的過程可看出，共軍在面對政府軍時在戰略上採取的是守勢，而在戰術上採取的是內線作戰，一直到抗戰結束以後國共雙方的戰略態勢達到均衡狀態時，共黨才開始了戰略性的決戰。共軍在這段歷史過程的用兵構想與毛澤東《論持久戰》所述的觀念幾乎是相吻合的。

第三、對大多數台灣的讀者而言幾乎都知道國共的第二次內戰，且一定也知道政府撤退至台灣正是軍事失利的結果。國共內戰雙方的領導人就是蔣介石與毛澤東，本章對蔣介石的軍事思想探討甚多，但對毛澤東的軍事思想探討較少，想來一般讀者對毛澤東的軍事思想一定也所知不多，是以筆者認為必須要簡單介紹《論持久戰》的內容。因為筆者認為瞭解了《論持久戰》後，再將毛與蔣軍事思想作一比較幾乎就可知道蔣介石在國共內戰失敗的原因，在《論持久戰》中毛澤東多次闡釋了內線作戰與外線作戰的觀念，而這正是共軍在徐蚌會戰使用的戰法。但蔣介石身兼陸軍大學校長多年，而陸軍大學必定是有教授過「拿破崙戰史」與內線、外線作戰的觀念，但吾人從蔣介石發表的公文書中可發現，蔣介石對內線作戰與外線作戰的觀念幾乎是付諸闕如的。

肆、我國抗日戰爭三種戰略、戰術構想的比較

一、蔣介石與「八七國防會議」的持久戰與消耗戰觀念的比較

「持久戰」與「消耗戰」是我國在八年抗戰中對戰日本的最重要作戰觀念，這個觀念分別由下列三處提出：

一是民國 26 年 8 月 7 日中國國民黨在南京召開的「八七國防會議」。

二是民國 26 年 8 月 18 日蔣介石發表〈告抗戰全體將士書（二）〉以及同日蔣介石在〈敵人戰略攻略的實況和我軍抗戰獲勝的要道〉的兩篇文告。

三是民國 27 年 5 月毛澤東發表《論持久戰》一書。

但三者提出的同樣都是「持久戰」與「消耗戰」其內涵卻是大不相同。

蔣介石發表的持久戰與消耗戰其時間是在「八七國防會議」之後，讓人感到其觀念是出自於「八七國防會議」的議決，但蔣介石的持久戰與消耗戰與「八七國防會議」的決議是不相同的。根據當時作戰組長劉斐事後

的發言可發現「八七國防會議」的決議對日抗戰採用的是指戰略層級的持久戰與消耗戰，在戰術上不會在一城一地上與日軍爭勝負，而是利用廣大的空間稀釋日本的兵力。

但根據蔣介石發表的一些文告、演講可知，蔣介石所提的持久戰與消耗戰是屬於戰術層級的。[52]蔣介石強調犧牲奉獻精神在八年抗戰中與日本軍隊進行了二十二次的會戰，這等同是以國軍官兵的生命在戰役、戰鬥中與日軍進行人力消耗戰。換言之，蔣介石並沒有依照「八七國防會議」的決議去執行抗戰，而是打了一場個人思想的抗日大戰，因之筆者認為這就是「八七國防會議」的文件未能公布的原因。筆者認為「八七國防會議」與會的各高級將領可能憚於蔣介石的權威，自然不會透露會議的內容或發表回憶錄。共產黨見到蔣介石的抗戰方式也樂於坐觀虎鬥趁機壯大，當然也不會發表任何評論。但劉斐在民國 34 年（1945）辭去國防部參謀次長職務去到香港，民國38年（1949）8月從香港回歸大陸，之後自然無所顧忌就發表了不少他當蔣介石高級幕僚時的一些決策內幕。[53]

二、蔣介石與毛澤東的持久戰與消耗戰觀念比較

至於蔣介石與毛澤東的抗戰觀念兩者就有許多明顯的不同，茲列舉如下（以下將蔣介石、毛澤東分別簡稱蔣、毛）：

- 毛所提持久戰與消耗戰是抗日戰爭的大戰略，但蔣大多數文告視持久戰與消耗戰為抗日戰爭的戰術。
- 毛的《論持久戰》中，其軍隊組成包含了正規部隊與游擊部隊，蔣領導的是正規部隊，抗日戰爭開始後受到共黨游擊戰術的影響，蔣也整訓的一些正規部隊從事游擊戰。基本上當初的高級將領對遊擊戰多抱輕視的態度。
- 毛提出了三種作戰的方式及殲滅戰、游擊戰、陣地戰，蔣最常用的是城市戰與陣地戰。
- 毛認為達到戰略消耗之目的是藉由戰役的殲滅戰（參見前述「論持久戰摘要」(5)、(10)、(17)、(19)）。蔣在抗日戰爭的實施是在戰術上採取的是城市戰、陣地戰藉此逐次的消耗日軍兵力。

---

[52] 參見本節：蔣介石在八年抗戰初戰略構想的文告與演講。
[53] 在台灣除俞大維、白崇禧外有太多文武高官認為劉斐是共諜。

- 毛的《論持久戰》在戰略上或者是戰術上充分運用內線作戰與外線作戰的觀念。但蔣的對日作戰則看不出曾積極的使用這種戰法，在抗日戰爭時蔣只有少數幾篇文告提到內線與外線。由以上的分析可知毛確實把握住內線作戰的眞諦但蔣卻沒有。

- 毛以弱抵強的內線作戰觀念來自於他熟讀了中外的戰史。中國戰史如晉楚城濮之戰，楚漢成皋之戰，韓信破趙之戰，新漢昆陽之戰，袁曹官渡之戰，吳魏赤壁之戰，吳蜀彝陵之戰，秦晉淝水之戰等等；外國戰史如拿破崙的多數戰役，十月革命後的蘇聯內戰。這些都是以少擊眾，以劣勢對優勢而獲勝的例子。[54]

- 蔣則一直強調以寡擊眾的戰術思想，蔣是以我眾多之人力來消耗敵人的兵力，故可稱之爲「人力消耗戰」，於是在戰術上蔣的「人力消耗戰」與「持久戰」結合在一起就成爲「持久性的消耗戰」，最明顯的例子就是抗戰初始的「八一三淞滬會戰」，這次會戰蔣投入了七十萬部隊打了近三個月，犧牲了近四十萬兵力。「淞滬會戰」的規模可與國共二次內戰的「徐蚌會戰」相比，但「徐蚌會戰」是一次戰略性的決戰，在抗日戰爭的初始就打了這麼大規模的會戰，讓爾後很多的學術研究者在猜測蔣發動會戰的動機與企圖。這種規模的會戰以毛澤東的思想在未形成戰略優勢之前是絕對不會實施的（參見前述「論持久戰摘要」(13)、(20)）。

由以上筆者對蔣介石與毛澤東對日戰爭時的作戰思想分析，可以發現一個很有趣的現象，同樣是面臨到一個「敵強我弱」的戰略環境，必定是要發展出一套「以寡擊眾」的戰法，持久戰與消耗戰都是大家所認同的，但由以上的若干戰略環境前提所導出的戰略規劃，毛澤東與蔣介石顯然是不同的。實在不需要再去重複以上筆者的論述就可以得出一個結論，蔣介石軍事思想的思維邏輯是不如毛澤東的。

---

54 毛澤東，《論持久戰》（八二）。

伍、蔣介石領導抗日戰爭的不利後果之一

　　雖然蔣介石領導中國的抗日戰爭獲得了最後的勝利，證明了他的領導是成功的，但這並不表示這場戰爭中蔣介石的軍事思想是正確的，筆者認為在蔣介石戰術思想上至少導致了三個不利的後果。

　　第一是耗盡了國家的資源。

　　根據民國 36 年 3 月 1 日蔣介石對中央訓練團黨政班留京同學春季聯誼會講〈團結一致完成建國使命〉：

> 　　我們八年浴血抗戰，在前線，在後方，死傷了的軍民，至少已在一千萬人以上，我們全國同胞，受盡了無邊的痛苦，損失了無數的生命財產，抵抗暴力，維護正義，為民主自由而奮鬥犧牲。

　　這些重大的傷亡毫無疑問的，大多數是犧牲在日軍的蹂躪之下，但也有不少的軍民同胞是犧牲在蔣介石錯誤的決策，例如發生在民國 27 年（1938）6 月 9 日的黃河花園口決堤事件造成將近 90 萬平民死亡。

　　不僅是在人力上的巨大損失，作戰畢竟是要耗用財力，抗戰時期政府每年平均大概花費 60-65% 的國家總支出用於軍費。[55]中國戰爭雖然獲勝，但國民政府在戰爭末期已千瘡百孔，黨、政、軍各方面皆發生嚴重問題。國民政府可以說是獲得了皮洛士式勝利（Pyrrhic victory）這樣的結果，對戰後局勢，影響深遠。[56]因此，蔣介石的人力消耗戰在實質上就是國力消耗戰，八年的抗戰幾乎耗盡了國家的資源。

---

[55] 何應欽，見附表十二：「抗戰期間歷年軍費支出與國家總支出比較統計表」。

[56] 皮洛士式勝利指藉由毀滅性代價獲得的勝利，典故出自西元前 300 年前後的伊庇魯斯（Epirus）國王皮洛士（Pyrrhus），其與羅馬共和國戰爭，在兩次戰役中都取得了勝利。但自身傷亡無法補充，因此成了代價高昂的勝利。

本處引自：呂芳上，《中國抗日作戰時新編：軍事作戰》，頁 297。參見何智霖、蘇聖雄，「第七章後期重要戰役」。

陸、蔣介石領導抗日戰爭的不利後果之二

第二個不利後果是讓中國共產黨有壯大的機會。

國共第一次分裂後共黨一直面臨到蔣介石的清剿，共黨處處位於被動與挨打的局勢，到西安事變時共黨以抗日為號召迫使蔣介石放棄了「攘外必先安內」的政策，國共開始合作共同抗日，但事實共黨也企圖藉由這個機會來壯大自己。因此蔣介石面臨到一個兩難的局面，一方面他要對日抗戰，二方面要防止共黨坐大。但蔣介石發動的一個非常大規模的抗日戰爭終究還是給共黨乘勢坐大的機會。

民國 36 年 3 月 21 日，蔣介石在六屆三中全會講〈最近一年來軍事政治經濟外交之報告〉：

> 自從二十六年抗戰開始以來，共產黨即以奪取本黨政權為目標，埋頭準備八年之久。到了抗戰結束，他們一切軍事、政治、經濟、外交的準備，都有了相當的基礎，反之，我們經過八年苦戰，不僅軍隊疲憊，經濟衰竭，而且對於共產黨準備已經達到這樣的情形，亦沒有完全的認識，一直等到後來他在軍事、政治、和外交上對我們發動了兇猛的攻勢，然後才察覺其陰謀之毒辣，力量之雄厚，以及布置之週密！

民國 36 年 6 月 1 日蔣介石對軍官訓練團第三期研究班全體學員講〈國軍將領的恥辱和自反〉：

> 共匪敢用武力叛變的理由，及匪所認定我軍的缺點：（1）我軍經過八年抗戰，實力消耗；（2）高級軍官已成了軍閥，腐敗墮落，自保實力，不能緩急相救；（3）各級官長缺乏研究精神，學術荒疏，官兵生活脫節，軍心渙散。

柒、蔣介石領導抗日戰爭的不利後果之三

第三是讓處於德蘇戰爭險峻形勢中的蘇聯能反敗為勝，且在二次大戰後席捲東歐成為與西方抗衡的大國。

中日兩國的這場大戰獲利的不僅是中國共產黨，另外一個就是蘇聯。在處理對日對蘇的關係上，蔣介石最初期盼的是日蘇兩國首先開戰，但這個期盼始終沒有達到，所以蔣介石的外交政策考量只有兩個選擇：「聯蘇抗日」或「藉日制蘇」。幾經轉折之後在中日戰爭已經全面爆發，而能夠對華提供軍需等實質性援助的國家惟有蘇聯，無奈之中，蔣介石儘管內心糾結不已，最終還是同意蘇方的要求。民國 26 年（1937）8 月 21 日，中蘇簽訂了互不侵犯條約。[57]。當時俄國人是兩邊下注，民國 30 年（1941）4 月 2 日俄國又和日本簽訂互不侵犯協定，當然蘇聯得到了另外的好處：預料德國從西面攻擊時（德國在日蘇互不侵犯協定簽字兩個月之後，也就是 1941 年 6 月 22 日進攻蘇聯），蘇聯確保東鄰無事。可是兩個月之後，中蘇在赤塔舉行軍事祕密會議，會中討論的主題是：中蘇相互援助對抗日本。[58]

民國 29 年（1940）12 月底，史達林選派蘇聯將軍崔可夫（俄語：В. И. Чуйков）出使中國，擔任駐華武官成為蔣介石的軍事顧問。行前史達林召見崔可夫並對他說：

> 崔可夫同志，您的任務不僅是幫助蔣介石和他的將軍們學會使用我們送去的武器，而且要使蔣介石樹立戰勝日本侵略者的信心。……您的任務，我們駐中國全體人員的任務，是要緊緊捆住日本侵略者的雙手。只有日本侵略者的雙手被捆住以後，我們才能在德國侵略者一旦進攻我國時避免兩線作戰……[59]

可見史達林的大戰略是極力避免在東西方兩線作戰，史達林援助中國的最終目的是要中國來牽制日本。

1941 年 6 月蘇德戰爭爆發後，當時蘇聯面臨一個極險峻的情勢，此可由下列事件看出。

---

[57] 呂芳上，《戰爭的歷史與記憶（1）：和與戰》，頁 117。請參閱該書：鹿錫俊，〈蔣介石的對蘇考量與中國對日抗戰的發動：1930-1937〉
鹿錫俊，〈蔣介石與 1935 年中日蘇關係的轉折〉，《近代史研究》第三期，2009 年。
[58] 劉馥（F. F. Liu），頁 172-73。
[59] 崔可夫，頁 46。

蘇德戰爭爆發後，史達林曾經六次電請毛澤東出兵，牽制日本在遠東的兵力，使蘇聯避免陷入東西兩線作戰的被動境地；然而毛澤東從中國共產黨長遠利益出發，堅持的援蘇原則：八路軍只做戰略配合，不作戰役配合！[60]

1941 年 7 月 7 日，日本裕仁天皇批准了一個極機密的中國東北地區關東軍特別演習（「關特演」），動員了總兵力超過了 70 萬，準備攻勢行動摧毀遠東的蘇軍，蘇聯面臨著前所未有的東西兩線作戰的危機。最終日本在 1941 年 7 月至 8 月初放棄這個演習而改採南進政策，準備發動太平洋戰爭而取消。[61]

可見當時蘇聯面臨一個極危險的情勢，但史達林從一個布建在日本的高級間諜佐爾格（Richard Sorge）的密電中得知日本不會入侵蘇聯，佐爾格很自信的判斷：日本將會對英美宣戰，向東南亞方向進攻以便得到那裡的豐富自然資源；而不是向冰天雪地未開發的西伯利亞進攻。莫斯科方面對於佐爾格的情報格外重視，並且依據佐爾格的情報做出軍事調動：祕密的將原來部署在遠東的 11 個步兵師和坦克師共計 25 萬餘人調往莫斯科，參與莫斯科保衛戰。[62]

就在德國攻打史達林格勒時，德國派人要求日本進攻蘇聯，但這個要求被日本拒絕。蘇聯在莫斯科保衛戰反敗為勝後，又進行史達林格勒保衛戰，至 1943 年 1 月 31 日，德軍第 6 集團軍司令官保盧斯在絕望之下被迫投降，蘇軍完全殲滅了進攻史達林格勒的德軍第 6 集團軍，蘇軍根本扭轉了蘇德戰場的局勢。如同拿破崙入侵俄國的失敗一樣，德國入侵蘇聯也面臨到拿破崙同樣的命運。

史達林成功的避免東西戰場兩面作戰的策略，無疑的是他能反敗為勝的主要原因，中國在抗戰初期與蘇聯攜手抗日變成蘇聯在遠東政策的工具。俄國人深知中日必定戰鬥到底，也體會一句中國諺云「二虎相鬥必有一傷」的真義。蘇聯必然會因中日兩國中的任何一國或兩國之衰弱而坐收漁利。[63]歷史的發展也證實蘇聯確實是在中日戰爭中獲得了巨大的利益。

---

[60] 於傑，〈史達林六次電請毛澤東出兵援蘇內幕〉。
[61] 服部卓四郎，頁 118-122。
[62] 陳小雷，張紅霞，《潛伏：國際間諜高手檔案解密》。請參閱原書：〈改變歷史進程的間諜之王理查德·佐爾格〉。
[63] 劉馥（F. F. Liu），頁 253。

蔣緯國（總編）《抗日禦侮》中記載：「中國抗戰對盟軍的貢獻，為中國抗戰打亂了日本北進蘇聯的戰略部署。日本鑒於在中國使用兵力過大，故難以發動對蘇戰爭。蘇聯也因中國拖住日軍，得以西調遠東防備日本的精銳部隊抗擊德軍，這對歐洲戰局，有相當影響。此外，中國隊軍最大的貢獻是在中國戰場拖住了龐大的日軍，使其陷入『中國泥淖』（China Quagmire）。」[64]《抗日禦侮》的這段記載足證當時中國在對日抗戰是著重在戰略上，而不知中國在政略上實際上已被史達林利用了。中日兩國的高層領導者在政治上的謀略實不如史達林深謀遠慮。中國固然是戰勝國，但二戰之後盟軍也沒有因此而感激中國反而在雅爾達密約中將中國出賣了！

捌、本節結論

一直到現在，大多數的歷史或軍事學者在探討抗日戰爭或國共內戰時都是從許多戰役的進行過程中去分析戰爭的成敗或是對錯，很少有從作戰規劃的思想面來探討蔣介石的軍事思想。但軍事思想才是指導戰爭的最上層結構，才是決定了戰爭發生過程的最重要因素。軍事上有句話說「戰略的錯誤是不可能透過戰術的成功來彌補」，同樣的道理筆者認為軍事思想的錯誤必定導致戰略的錯誤。因此去分析二十二場大型會戰的勝敗得失是沒有意義的事，如果這些會戰是不應該進行的話。

筆者以為，如果蔣介石的戰術思想將持久性的國力消耗戰改變為劉斐等高級幕僚建議的空間消耗戰，或是如毛澤東《論持久戰》的構想，則八年抗戰的歷史過程將會全部改寫。八年抗戰中的二十二場大型會戰也就不會發生，而是以另外一種國力投入最少的形式進行，會被許多小型的運動戰來取代。只有這樣才能達到以空間換取時間，積小勝為大勝的目的，而這個目的是蔣介石在抗戰之初的宣示，但事實上始終沒有達到。

換言之，蔣介石若能改變他在八年抗戰時的思想，換一個投入國防資源最小的戰法，則蔣介石就可減少尋求外國的幫助避免在政略上受制於人。這種做法也可減少共軍乘勢坐大的機會。

吾人可以模擬設想，若是蘇聯在遠東的兵力被日本的關東軍有效的牽

---

[64] 蔣緯國，頁 298-299。步平、榮維木，頁 393-397。Rana Mitter, *Forgotten Ally: China's World War II, 1937-1945*, pp. 378-379. 本處引自：呂芳上，《中國抗日作戰時新編：軍事作戰》，頁 297。參見何智霖、蘇聖雄，「第七章後期重要戰役」。

第四篇 總結篇

制，而日本在華的兵力未被中國給牽制，日本就有可能在蘇德戰爭時主動的在遠東進攻蘇聯，如此非常可能的結果就是蘇聯被德國擊敗，則二次大戰的歷史絕對是要改寫的。而在這個模擬的過程中吾人也可看出，中國軍隊雖是弱小但其實扮演有舉足輕重的角色，但這個機會蔣介石並未充分的掌握與利用。二次大戰蘇聯若被德國擊敗，吾人也不能預測世界歷史會有什麼樣的發展，但是對中國是絕對有利的，因爲蘇聯如果戰敗的話那麼中國共產黨就絕對不可能卵翼在蘇聯之下成長，第二次國共內戰的歷史也必然是要改寫的。

筆者認爲以蔣介石當時的身分地位他是絕對不可能採取毛澤東在《論持久戰》的一些作戰思想來抗日，雖然毛的著作白崇禧等高級將領都非常讚賞，筆者也認爲蔣介石一定聽過《論持久戰》但他個人並沒有好好地解讀這本書。筆者的這種猜測自然有一定的理由，那就是抗日戰爭結束後第二次國共內戰爆發，蔣介石若是對毛澤東的用兵思想有些許的了解也許就不會嚐到敗戰的苦果。

第五節　蔣介石戰術思想的嚴苛考驗：徐蚌會戰

壹、前言

抗戰勝利後國共的衝突白熱化，國民政府軍展開第二次的剿共。民國35年（1946）6月，國共內戰由此正式開始。民國37年（1948）至民國38年（1949），國共之間的三大戰役政府軍戰敗，國民政府盡失長江以北土地，敗象已露。民國39年（1950）6月，國共大規模作戰行動基本結束，國民政府撤往台灣。

徐蚌會戰是國共三大會戰中最具關鍵性的一次戰役，本節筆者企圖使用企業管理個案研討的方法，從徐蚌會戰的整個過程中採用歸納法來探討毛澤東的軍事思想，並理出國共雙方的作戰觀念。

民國37年（1948）11月6日至民國38年（1949）1月10日，在以徐州爲中心，東起海州，西抵商丘，北自臨城（今薛城），南達淮河的廣大地

區發生的一次大規模國共內戰，共產黨方面稱爲「淮海戰役」（淮陰、海州），國民政府方面稱爲「徐蚌會戰」（徐州、蚌埠）。[65]

　　它的發動，起於共黨共軍華東野戰軍代司令兼代政委粟裕在「濟南戰役」（1948 年 9 月 16 日至 24 日，共軍華東野戰軍在濟南發動的一次戰役，共軍攻下濟南）快結束時向中央軍委「建議即進行淮海戰役。」[66]第二天，毛澤東立即爲中央軍委起草復電：「我們認爲舉行淮海戰役，甚爲必要。」[67]

貳、徐蚌會戰時的戰略態勢

一、徐蚌地區地理概況

　　徐州市，古稱彭城，位於江蘇省西北部。市境東接連雲港市、宿遷市，南界安徽省宿州市、淮北市，西北鄰山東省菏澤市、濟寧市，北達山東省棗莊市、臨沂市。京滬鐵路（原津浦鐵路）、隴海鐵路的交匯點。地處蘇魯皖三省交界，京杭運河貫穿全境，廢黃河、沂河、沭河、奎河等流經。

　　蚌埠市，安徽省重要樞紐城市，位於華北平原南端京滬鐵路（原津浦鐵路）和淮南鐵路的交匯點，淮河穿城而過，臨近鳳陽、宿州。北距徐州約 150 公里。

　　徐州地區的地理概圖。

---

[65] 《淮海戰役親歷記》，頁 1，前言。
[66] 《粟裕文選》第 2 卷，頁 571。
[67] 《毛澤東文集》第 5 卷，頁 157。

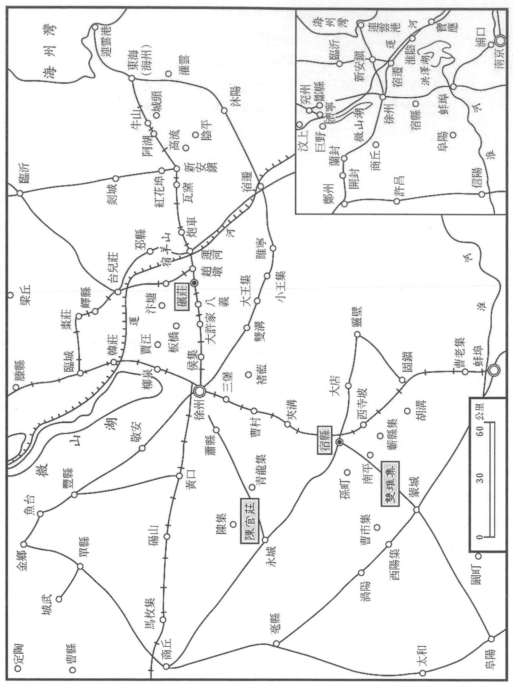

圖 16.1：徐州地區略圖

資料來源：改繪自：軍事科學院歷史研究部（編著），《中國人民共軍全國共
　　　　戰爭史》第四卷，附圖。

二、徐蚌會戰時的戰略態勢

民國 34 年（1945）8 月 15 日，日本投降。同年 8 月 14 日蔣介石以國民政府主席名義邀毛澤東東赴重慶進行和平談判，10 月 10 日雙方簽訂了《雙十協定》。談判期間共黨中央代理主席劉少奇在 9 月 19 日提出了「向北發展，向南防禦」的戰略方針力爭控制東北。在此方針下，共黨抽調主力部隊迅速進入東北。10 月 31 日，在東北成立了「東北入民自治軍總部」由林彪任總司令。12 月 28 日，中共黨中央給東北局發出了《建立鞏固的東北根據》的指示，要求把東北工作的重心放在「距離國民黨占領中心較遠的城市和廣大鄉村」。[68]

國共兩黨在重慶進行和平談判期間以及《雙十協定》簽訂之後，雙方仍然衝突不斷。民國 34 年（1945）9 月 10 日，閻錫山部隊與中共軍隊爆發「上黨戰役」開啓了國共內戰的序幕。接著在民國 34 年（1945）10 月間國共雙方又爆發了綏遠戰役、邯鄲戰役、津浦路戰役、山海關戰役。民國 34 年（1945）12 月 20 日，美國總統杜魯門派馬歇爾（George Catlett Marshall, Jr., 1945 年底至 1947 年來華）做爲總統特使來到中國調處國共軍事衝突。國共雙方召開會議，民國 35 年（1946）1 月 10 日國共雙方同意停戰。[69]雖然國共雙方同意停戰，但本質上攸關雙方的利益實無調解的可能，故衝突仍然不斷，形成打打談談的局面。[70]

民國 35 年（1946）6 月 26 日，政府軍動用 30 萬軍隊圍攻中原共區，國民政府向共黨各共區發動了全面進攻，國共內戰由此正式開始。[71]

全面內戰爆發時，國民政府在軍事上和經濟上都占有優勢。它有 430 萬軍隊，正規軍約 200 萬人擁有現代化的裝備。當時共軍只有 120 萬人，裝備是「小米加步槍」。[72]

國共內戰的第一年，共軍實施戰略防禦的策略（民國 35 年（1946）7 月至 36 年（1947）6 月）。此時期針對政府軍的全面攻勢，毛澤東在民國 35 年（1946）7 月 20 日爲中共中央起草了黨內指示〈以自衛戰爭粉碎蔣介石的進攻〉，9 月又爲中央軍委起草了黨內指示〈集中優勢兵力，各個殲滅敵人〉，

---

[68] 國防大學《戰史簡編》，《中國人民共軍戰史簡編》，頁 502-03。
[69] 國防大學《戰史簡編》，頁 506-11。
[70] 國防大學《戰史簡編》，頁 508-14。
[71] 國防大學《戰史簡編》，頁 517。1946 年 6 月 26 日國共戰爭開始，入民網。
[72] 國防大學《戰史簡編》，頁 517-18。

提出了打敗政府軍的軍事方針。當時共軍的戰略戰術是在戰略上實施防禦戰，在戰役戰鬥上要實施外線速決的進攻戰，不斷的消耗政府軍的有生力量。後來毛澤東把這些歸納為「以殲滅國民黨有生力量為主，而不是以保守地方為主的戰略方針」。[73]

國共內戰經過一年後情勢發生相當大的變化，政府軍的總兵力由戰爭開啟時的 430 萬人減少為 370 萬人，正規軍由 200 萬人減少為 150 萬人。共軍由開始時的 120 萬人，發展到 195 萬人，正規軍發展到 100 萬人以上。[74] 民國 36 年（1947）9 月 1 日，由毛澤東起草的中共中央對黨內指示〈解放戰爭第二年的戰略方針〉，這個指示規定共戰爭第二年的基本任務，是以主力打到國民黨區域，由內線作戰轉入外線作戰，也就是共軍開始由戰略防禦階段轉入戰略進攻階段。[75]（此階段自民國 36 年（1947）7 月至民國 37 年（1948）6 月。）

民國 36 年（1947）12 月 25 日，中共在陝北米脂縣楊家溝召開會議（史稱「十二月會議」），毛澤東在名為〈目前形勢和我們的任務〉的報告中提出「十大軍事原則」做為共軍的用兵指導。[76]中共並將毛澤東的「十大軍事原則」列為軍事教育中的必修課程，從民國 37 年（1948）開始在東北軍政大學、華東軍政大學、華北軍政大學的學習主要內容就是毛澤東的「十大軍事原則」。[77]毛澤東自認為就是以「十大軍事原則」在淮海戰役（徐蚌會戰）中打敗了國民政府的軍隊。

自民國 35 年（1946）到民國 37 年（1948）的兩年內戰中，政府軍被殲滅 264 萬人，雖經補充，其總兵力由內戰開始的 430 萬人，減少到 365 萬人，其中正規軍 198 萬入，能用於第一線的為 174 萬入。共軍總兵力由內戰開始的 120 餘萬人增加到 280 萬人。其正規軍由 61 萬人增加到 149 萬人。此時共軍已具有大規模作戰的能力，民國 37 年（1948）8 月時，共軍的作戰正式進入到戰略決戰階段。[78]

---

[73] 《毛澤東選集》第四卷，第 1377 頁。國防大學《戰史簡編》，頁 517-20。
[74] 國防大學《戰史簡編》，頁 558-59。
[75] 國防大學《戰史簡編》，頁 558-60。
[76] 《毛澤東選集》第四卷。本處引自：國防大學《戰史簡編》，頁 576-78。
[77] 參見本書第十一章第四節「中國共產黨從井岡山建軍到民國 38 年前的軍事教育發展」。
[78] 國防大學《戰史簡編》，頁 594-96。

民國 37 年（1948）11 月時，共軍不但在質量上取得優勢，而且在數量上也占有優勢，這時共軍大兵團、大殲滅戰和大城市攻堅的能力大大提高。不僅能在諸如豫東、遼瀋等野戰中殲滅政府軍的重兵集團，而且能在諸如濟南、錦州等攻堅戰中奪取堅固設防和重兵守備的大城市，並積累了打大規模殲滅戰和城市攻堅戰的經驗。[79]

　　相較於共軍的戰略逐漸由守而攻，在政府軍方面則逐漸由進攻轉爲防守。在民國 36 年（1947）國共內戰的第一年，政府軍受到共軍的反擊其兵力消耗甚大形勢步步惡化，因而由「全面進攻」改變爲「重點進攻」，再由「重點進攻」轉變爲「全面防禦」。隨著共軍之轉入「戰略進攻」把戰爭推向政府軍的統治區，政府軍在繼續遭受失敗的情況下被迫放棄「全面防禦」而採取「重點防禦」，企圖集中兵力固守各個戰略要點。[80]

　　民國 37 年（1948）9 月 12 日共軍在林彪指揮的華北野戰軍在東北發起了「遼瀋戰役」[81]，這次戰爭共歷時 52 天，至 11 月 2 日結束。共軍殲滅了政府軍「東北剿匪總司令部」、「東北剿匪錦州指揮所」共 47.2 萬人，攻占了東北全境。[82]

　　就在「遼瀋會戰」的同時，華東野戰軍遵照共黨中央軍委「以一部分兵力眞攻濟南，集中最大兵力於阻援與打援方向」的指示，在 9 月 16 日採取「攻濟打援」的方式進行了「濟南戰役」，至 24 日全殲政府軍 10 餘萬人。[83]

　　受到「遼瀋會戰」與「濟南戰役」失敗的影響，1948 年 10 月時，徐州與蚌埠就是政府軍集中兵力要固守的戰略要點，若這兩個城市失守直接影響到京畿的安全。

　　以上就是徐蚌會戰時的戰略態勢。

---

[79] 軍事科學院歷史研究部編著，頁 221-22。
[80] 國防大學《戰史簡編》，頁 483。
[81] 「遼瀋戰役」：民國 37 年（1948）9 月 12 日至 11 月 2 日，國民政府稱之爲「遼西會戰」，又稱「遼瀋會戰」。共產黨稱之爲「遼瀋戰役」。
[82] 國防大學《戰史簡編》，頁 600。
[83] 國防大學《戰史簡編》，頁 601。

參、徐蚌會戰時國共雙方的兵力部署

一、政府軍兵力部署

民國 37 年（1948）6 月 29 日，國民政府陸軍總司令部徐州司令部改爲「徐州剿匪總司令部」（簡稱「徐州剿總」），由劉峙任總司令，孫震爲副司令。李樹正爲參謀長。民國 37 年（1948）8 月 12 日，蔣介石特派馮治安、劉汝明爲徐州剿匪總司令部副總司令，11 月 10 日又任命杜聿明爲副總司令。加上李延年、韓德勤和孫震等，副總司令共六人。[84]

濟南戰役後，徐州剿總劉峙開始收縮兵力，至 10 月底徐州剿總共有七個兵團、一個綏靖區，總兵力（不含黃維的第 12 兵團）約 60 萬人。其兵力分布在以徐州爲中心的隴海和津浦兩條鐵路線交會處，企圖以攻勢防禦阻止共軍南下鞏固徐州以屏障南京。這一部署的特點是重兵密集便於機動，增援迅速。[85]

民國 37 年（1948）10 月底時徐州剿匪總司令部依據「徐蚌防衛隴海案」其兵力暨布署如下。

沿隴海鐵路由西向東駐防有：

第 2 兵團，邱清泉兵團；10 月中旬，駐碭山（位於商丘與徐州之間）、黃口（宿州）附近，以後依情況逐次向徐州靠攏。[86]

第 16 兵團，孫元良兵團；原駐鄭州，兵團奉劉峙命令 10 月 6 日撤離鄭州，11 月 6 日撤往蒙城改歸徐州剿總指揮。[87]該兵團原計畫東調至蚌埠擔任守淮的戰略預備兵團，但到會戰開始，黃百韜兵團被圍，該兵團臨時改向宿縣北調徐州，11 月 12 日，兵團到達徐州以南集結。[88]

第 13 兵團，李彌兵團；10 月 2 日，劉峙命李彌兵團在徐州以東曹八集地區集結待命並與新安鎮第七兵團聯繫。[89]

第 7 兵團，黃百韜兵團；駐連雲港附近的海州新安鎮。

津浦鐵路延線由北而南駐防有：

---

[84] 徐州剿匪總司令部，維基百科。
[85] 國防大學《戰史簡編》，頁 602。
[86] 《淮海戰役親歷記》，頁 301。
[87] 《淮海戰役親歷記》，頁 408、431。國防大學《戰史簡編》，頁 602。
[88] 《淮海戰役親歷記》，頁 77。
[89] 《淮海戰役親歷記》，頁 242-43。

第三綏靖區，馮治安司令官；駐防在徐州東北的韓莊、台兒莊、臨城、賈汪等地區。張克俠、何基灃爲副司令。[90]

第 6 兵團，李延年兵團；李延年民國 37 年（1948）春任第九綏靖區司令官駐海州，同年 6 月兼徐州剿總副總司令官。後國防部將第九綏靖區改爲第 6 兵團，李延年移駐蚌埠，民國 37 年（1948）10 月兼徐州剿總蚌埠指揮所主任兼第 6 兵團司令官。[91]

第 8 兵團，劉汝明兵團；原爲第四綏靖區，民國 37 年（1948）11 月 4 日由臨淮關移至蚌埠。民國 37 年（1948）11 月 15 日改爲第 8 兵團。[92]

另第 12 兵團，黃維兵團；歸國防部指揮，未明令歸「徐州剿總指揮」，民國 37 年（1948）9 月下旬編組完成駐地確山。11 月 8 日由駐馬店出發，按指定路線經正陽、阜楊、蒙城、宿縣向徐州東進，增援徐州。[93]

此時，徐州剿匪總司令部總共有七個兵團（含第 12 兵團）一個綏靖區總兵力約 80 萬人。

以上爲 10 月時徐州剿總的兵力部署。

二、共軍的兵力部署

共軍方面的兵力暨布署如下。

華東野戰軍（以下簡稱「華野」）司令員兼政委陳毅、副司令員粟裕，下轄十五個步兵縱隊、一個特種兵縱隊（一個縱隊相當於「軍」的兵力），約 36 萬人。華東野戰軍在濟南戰役之後大部分集結在津浦路徐州濟南段兩側休整，一部分位於蘇北宿遷地區。[94]

中原野戰軍（以下簡稱「中野」）劉伯承任司令員、鄧小平任政治委員，下轄七個縱隊另加豫皖蘇軍區、豫西軍區、陝南軍區、冀魯豫軍區和江淮軍區的地方部隊，總兵力約 15 萬餘人，大部分集結在徐州以西隴海鐵路鄭州附近之禹縣、襄城 葉縣、魯山地區休整，一部活動在豫南、鄂北地區，箝制白崇禧集團。[95]

---

[90] 《淮海戰役親歷記》，頁 134-36。國防大學《戰史簡編》，頁 602。
[91] 《淮海戰役親歷記》，頁 460-61。李延年，維基百科。
[92] 《淮海戰役親歷記》，頁 473、579。
[93] 《淮海戰役親歷記》，頁 485-87、599。
[94] 國防大學《戰史簡編》，頁 602。
[95] 《淮海戰役親歷記》，頁 1，前言。國防大學《戰史簡編》，頁 602。

肆、涂蚌會戰時國共雙方的戰略構想

一、政府軍的作戰構想

徐蚌會戰蔣介石及統帥部初期的戰略構想是:「以徐州爲中心,以現態勢西起碭山,東至連雲(港),北起臨城,南至蚌埠,構成十字形準備陣,實施內線作戰。」[96]由於這個防衛計劃置重兵於隴海鐵路碭山至連雲(港)段,筆者簡稱此計劃爲「徐蚌防衛隴海案」。

10月29日,何應欽於國防部召開作戰會議,提出「守江必守淮」的主張。但對「守淮」有兩種不同的意見。

第一種意見,主張「徐州剿總」除以一至兩個軍堅守徐州外,所有隴海路上的城市完全放棄,集中所有可以集中的兵力於徐州蚌埠之間津浦鐵路兩側,作攻勢防禦。無論共軍由平漢路、津浦路或取道蘇北南下,均集中全力尋找共軍決戰。爲了配合徐州方面的作戰,「華中剿總」(民國37年(1948)7月1日成立,總司令爲白崇禧)必須以黃維兵團向周家口進出。此案由於集中兵力於津浦鐵路徐州至蚌埠沿線,筆者稱爲「徐蚌防衛津浦案」。

第二種意見,主張退至淮河南岸憑河川防禦。此案由於集中兵力於淮河以南蚌埠地區,筆者稱爲「徐蚌防衛淮蚌案」。後研究結果,認爲退守淮河,則爾後不便於向平漢鐵路和蘇北方面機動,且共軍打通隴海路後向東西方向調動兵力,非常靈變,對我軍更爲不利,因此,會議採納了第一種意見。[97]

11月6日,蔣介石正式下達「徐蚌防衛津浦案」的命令,但這個命令下達爲時以晚,因爲徐蚌會戰於11月6日正式爆發以至命令未能執行。[98]因此,徐蚌會戰的作戰部署實施的是「徐蚌防衛隴海案」。

---

[96] 國防部史政編譯局,《國民革命軍戰役史》第5部《勘亂》〈勘亂前期〉(下)第5冊,第142頁。本處引自:軍事科學院歷史研究部編著,頁299-300。
[97] 《淮海戰役親歷記》,頁53、54。軍事科學院歷史研究部編著,頁239-40。
[98] 《淮海戰役親歷記》,頁10-11、53-54。

二、共軍的作戰構想

毛澤東在作出「舉行淮海戰役」的決策時，基本考慮是打一個較大的戰役，殲敵規模預計為「十幾個旅」，還不是戰略決戰性質的大規模戰役。毛澤東明確淮海戰役第一步作戰任務，就是要在「徐州剿總」劉峙集團的防禦體系中迅速分割、合圍、殲滅黃百韜兵團。這要求華野指戰員必須確立「敢於同敵人強大兵團作戰」的決心，不僅要一舉殲滅黃百韜兵團10餘萬兵力，同時還要有效牽制和堅決阻擊劉峙集團其他兵力的增援。[99]

關於淮海戰役的兵力部署，毛澤東指出：仍是堅持「攻濟打援」的原則，即以一半以上的兵力用於阻援與打援。阻援、打援部署不可放在正面，應在援敵的側面，即徐州的北面、西北面、南面，以造成共軍圍攻徐州的態勢，致使邱清泉、李彌兩兵團不敢以全力東援黃百韜兵團。[100]

毛澤東根據淮海戰場的敵情變化情況，敏銳地抓住政府軍在津浦鐵路徐蚌線一帶兵力空虛的弱點，決定進一步擴展中原野戰軍擔負的作戰任務，要求其乘勢向津浦鐵路出擊，發起作戰，以截斷津浦鐵路徐蚌段，這就是要攻占徐蚌段的宿縣。毛澤東在 10 月 22 日批准華東野戰軍上報的修改，淮海戰役部署的復電中指出，中原野戰軍主力應在「邱李兩兵團大量東援之際（指東援黃百韜兵團），舉行徐蚌作戰……使敵交通斷絕，陷劉峙全軍於孤立地位。」[101]

也就是在 11 月 6 日蔣介石發布「徐蚌防衛津浦案」之前，11 月上旬，粟裕、陳士榘、張震根據中共地下黨以及其他管道得知徐州剿總變更部署，企圖南撤。[102]。粟裕、陳士榘、張震認為「孤立徐州，切斷徐敵陸上退路，甚為必要，這樣可更有利於而後之渡江作戰」。11 月 5 日，陳毅、鄧小平，命令豫蘇皖軍區出動三個團兵力，從 11 月 7 日開始擊破津浦鐵路宿縣

---

[99] 《毛澤東軍事文集》第 5 卷，第 19 頁。本文引自：於化庭，〈淮海戰役中毛澤東的全域指導〉，人民網-中國共產黨新聞網。

[100] 軍事科學院歷史研究部編著，頁 246。

[101] 《毛澤東軍事文集》第 5 卷，第 118-119 頁。本文引自：於化庭，〈淮海戰役中毛澤東的全域指導〉，人民網-中國共產黨新聞網。

[102] 軍事科學院歷史研究部編著，頁 256-59。
應是執行「徐蚌防衛津浦案」，此地下黨員筆者判斷是國防部第三廳廳長郭汝瑰，事實上當時徐州剿總副總司令杜聿明就一直懷疑國防部主管作戰的郭汝瑰與共軍私下有聯繫，且面報當時的參謀總長顧祝同，但顧並未採信。參見：《淮海戰役親歷記》，頁 23-24。

南北地區。並於 11 月 8 日向中央軍委和陳毅、鄧小平及華東、中原局明確提出，抑留徐州劉峙集團將其殲滅於徐州及其周圍地區。此案符合中共中央軍委、毛澤東的謀劃，獲得高度重視並採納。[103]

共黨的這個計畫，簡言之，製造要進攻徐州的假象，牽制徐州劉總兵力，實際上是要殲滅黃百韜兵團，再占領宿縣，切斷津浦鐵路徐蚌段，阻絕徐州劉總各個兵團向南的退路，對徐州劉總完成一個大的包圍繼而擊潰徐州劉總布防在隴海線的各個兵團。

伍、徐蚌會戰的作戰過程

一、序戰

民國 37 年（1948）10 月初，蔣介石為了縮小作戰區域，集中兵力，固守戰略要點徐州，決心放棄鄭州，將鄭州指揮所撤銷，第 16 兵團（孫元良）改歸徐州劉總指揮，兵團奉劉峙命令 10 月 6 日撤離鄭州。[104]

10 月 25 日，共軍中野主力 4 個縱隊在華北軍區第 14 縱隊配合下發起鄭州戰役，這時政府軍的主力第 16 兵團（孫元良）已奉令向東撤走，留守的萬餘人被殲，鄭洲、開封很快被共軍占領。此時，中野主力已能夠機動使用於東線。[105]

二、碾莊戰役

毛澤東最初對淮海戰役的構想是首先殲滅第 7 兵團（黃百韜），此戰役即為「碾莊戰役」。碾莊鎮是隴海鐵路上的一站，地處江蘇省邳州市西部，西與徐州市相接距離 150 里（75 公里），京杭大運河也在碾莊鎮東呈南北走勢。（參見，圖：徐州地理略圖）

民國 37 年（1948）11 月 4 日，蔣介石派其參謀總長顧祝同到徐州「剿總」召開重要軍事會議。會議決定放棄海州，固守徐州。原決定第 7 兵團（黃百韜）於 11 月 5 日從新安鎮（現江蘇新沂縣）向徐州撤退，守備徐州

---

[103] 軍事科學院歷史研究部編著，頁 256-59。
[104] 《淮海戰役親歷記》，頁 431。
[105] 《淮海戰役親歷記》，頁 65。國防大學《戰史簡編》，頁 602。

東、南及飛機場。11月5日，劉峙下令將原定開往海州的第100軍改歸第7兵團（黃百韜）指揮。6日，劉峙又下令第9綏靖區所屬之第44軍西撤到新安鎮後改歸第7兵團指揮。如此，第7兵團下轄第25軍、第63軍、第64軍及新加入的第100軍、第44軍，共五個軍總兵力約12萬人。[106]

由於第7兵團（黃百韜）要掩護第9綏靖區主力第44軍西撤，必須等到第44軍到達之後才開始行動以至延誤了兩天才西撤。再加上黃百韜未重視通過運河的困難預先架設軍橋使部隊行動遲誤。這些延誤導致第7兵團無法早些撤往徐州而被共軍追上陷入困境。

6日午，當面共軍約7個縱隊主力，已迫近剡城以北，費縣以南迄台兒莊、棗莊、嶧縣地區，第7兵團（黃百韜）將側敵行動，局勢異常不利。7日黎明，該兵團才開始按第100軍、第64軍、兵團部、第25軍、第44軍順序向徐州前進。該兵團之第63軍8日在窰灣鎮強渡運河時被殲滅。第7兵團（黃百韜）被迫集聚於碾莊附近應戰。10日，第7兵團完全陷入包圍之中。[107]

11月8日，第三綏靖區（馮治安）副司令張克俠、何基灃率三個半師共兩萬餘人在徐州東北賈汪地區叛變投共，因馮帶領的西北軍部隊幾乎全數倒戈，馮治安隨即自請撤職。共軍山東兵團隨即順利南度運河，越過該部防區直插徐州以東地區，把原駐新安之黃百韜兵團西撤之路隔絕包圍。劉峙發現共軍多路向徐州逼近，判斷共軍將東西夾擊徐州，十分恐慌，當即改變原來撤至徐蚌兩側的計劃（「徐蚌防衛津浦案」），決定調第2、第13、第16三個兵團，星夜向徐州集中，堅守徐州。如此，則第13兵團（李彌）本是駐在徐州以東曹八集地區集結待命，並與新安鎮第7兵團聯繫，第13兵團撤回到徐州後等於是棄第7兵團於不顧，其駐地曹八集隨即被山東兵團占領。[108]

11月10日，蔣介石在南京官邸召開軍事會報，決定要解黃百韜兵團之圍。蔣介石顯然發現劉峙的能力無法勝任徐州剿總總司令一職，劉峙只顧徐州的安危，將三個兵團集中在徐州沒有去執行「徐蚌防衛津浦案」，於

---

[106] 《淮海戰役親歷記》，頁68、179-80。
[107] 《淮海戰役親歷記》，頁68、307。
[108] 《淮海戰役親歷記》，頁134、244-45。國防大學《戰史簡編》，頁604。

第四篇 總結篇

是蔣介石任命杜聿明爲徐州剿總副總司令，當晚杜聿明即帶必要的幕僚人員飛往徐州。[109]

11月11日，杜聿明決定救援黃百韜兵團解碾莊之圍，其部署要旨是，13日以：

1. 第2兵團（邱清泉）在隴海鐵路（不含）以南向東進攻。

2. 第13兵團（李彌）在隴海鐵路（含）以北向東進攻。[110]

11月11日時，共軍在碾莊戰役的作戰構想與布署是：

1. 華東野戰軍將第7兵團合圍於碾莊地區。爲全殲第7兵團，華野調整了部署，華野以山東兵團指揮第4、第6、第8、第9、第13縱隊及特縱炮兵大部攻殲敵第7兵團。

2. 華野以第7、第10、第11縱隊阻擊徐州東援的第2兵團及第13兵團，以蘇北兵團指揮第2、第12、魯中南縱隊和中原野戰軍第11縱隊由東南面逼近徐州，側擊東援之敵，以第1縱隊爲預備隊。

以上是共軍在碾莊戰役的作戰構想與布署。

政府軍第2兵團及第13兵團在東援第7兵團的作戰中，遭到共軍阻援部隊的頑強抵抗，每日只能前進1-2公里，以致於在第7兵團被殲滅前都無法趕到碾莊。

11月12日，共軍對第7兵團展開猛攻，20日攻占碾莊，22日全殲第7兵團。[111]

有關碾莊戰役失敗的原因，黃百韜自殺殉國前曾對第25軍副軍長楊廷宴（碾莊戰役戰後化妝逃脫）說：「我有三不解：一，我爲什麼那麼傻，要在新安鎮等待第44軍兩天；二，我在新安鎮等待兩天之久，爲什麼不知道在運河上架設軍橋；三，李彌兵團既然以後要向東進攻來援救我，爲什麼當初不在曹八集附近掩護我西撤。」[112]黃百韜遺言至少說出了碾莊戰役失敗的部分原因。

---

[109] 《淮海戰役親歷記》，頁 15-17。

[110] 《淮海戰役親歷記》，頁 244-45、307。

[111] 國防大學《戰史簡編》，頁 604。

[112] 《淮海戰役親歷記》，頁 58。軍事科學院歷史研究部編著，頁 295。
梅世雄、黃慶華，〈黃百韜自殺始末（4）〉。

三、宿縣攻防戰

宿縣即現在的宿州市和淮北市，北距徐州 75 公里，南距蚌埠 90 公里，是津浦鐵路徐州至蚌埠段的樞紐，也是徐州剿總通向京滬的門戶和重要補給基地，戰略地位極為重要。在隴海路被華野切斷後，津浦鐵路徐蚌段即成為徐州剿總與南京統帥部陸上聯繫的唯一通道，徐蚌線一旦切斷，即可置徐州劉峙集團糧彈兩缺欲退無路的絕境。[113]

劉峙、杜聿明深知宿縣戰略地位重要，卻未料到中野共軍會直取宿縣，以致在宿縣僅留有第 25 軍第 148 師及一個交通警察總隊又一個大隊共 1.3 萬人防守。[114]

民國 37 年（1948）10 月，第 6 兵團（李延年）在蚌埠成立時曾留有第 25 軍第 148 師（隸屬第 7 兵團）駐在宿縣。[115]11 月上旬，第 8 兵團（劉汝明）由碭山車運至蚌埠路經徐州時，劉峙面告劉汝明無論如何一定要留下一個師占領宿縣，接替第 25 軍第 148 師宿縣防務，俾該師歸建，以便加強第 7 兵團的實力，但劉汝明陽奉陰違並未實施。[116]

如前所述，在 10 月底 11 月初時，共軍已看出政府軍在津浦鐵路徐蚌線一帶兵力空虛的弱點，決定攻占宿縣，截斷津浦鐵路徐蚌段。中央軍委得知華野報告劉峙集團可能實施總撤退的消息後，9 日，立刻做出就地殲滅劉峙集團於徐州地區的決策。指示華東、中原野戰軍「應極力爭取在徐州附近殲滅敵人主力，勿使南竄」，發展了原來的作戰方針。[117]

11 月 10 日，陳毅、鄧小平當即指揮中野主力及華野第 3 和兩廣縱隊轉入徐蚌段作戰，其中以第 4 縱隊、華野第 3 縱隊和兩廣縱隊由西南面、冀魯豫軍區兩個獨立旅由西北面威脅徐州，以第 3 縱隊及第 9 縱隊一部攻擊宿縣，第 9 縱隊主力南下阻擊敵第 6、第 8 兵團北援，第 1 縱隊為預備隊。[118]

11 月 15 日夜，中野攻占宿縣，殲敵 1 個師（即第 25 軍第 148 師），切斷了政府軍徐州與蚌埠間的聯繫，完成了對徐州的戰略包圍。[119]

---

[113] 軍事科學院歷史研究部編著，頁 295。
[114] 軍事科學院歷史研究部編著，頁 295。
[115] 《淮海戰役親歷記》，頁 460。
[116] 《淮海戰役親歷記》，頁 464。
[117] 軍事科學院歷史研究部編著，頁 296。國防大學《戰史簡編》，頁 604。
[118] 國防大學《戰史簡編》，頁 604-05。
[119] 國防大學《戰史簡編》，頁 604-05。

宿縣被中野占領後，11 月 23 日，蔣介石電劉峙、杜聿明到南京開會，決定打通徐蚌段：徐州方面以第 16 兵團（孫元良）、第 2 兵團（邱清泉）兩兵團南下，向符離集攻擊；第 6、8、12 兵團北上向宿縣攻擊，企圖利用外線作戰的有利態勢，與黃維兵團南北夾擊，合殲當面共軍的主力於宿縣附近地區。（此時黃維兵團尚在雙堆集、澮河附近與共軍激戰中，未能參與此次夾擊任務。）[120]

從 11 月 25 日至 28 日，由徐州向南攻打的北線孫元良、邱清泉兩個兵團在共軍阻擊下，無法進展。南線兵團占領固鎮進出任橋後即告終止。[121]

在這種情勢下徐州剿總的「南北夾擊」計畫終於破產。而徐州的政府各軍也從此陷於孤立被動之勢。杜聿明最後不得不採取「放棄徐州率部西撤」，企圖轉移兵力於蒙城淮河之線，爭取主動作戰，避免被殲滅的命運。[122]

四、雙堆集戰役

雙堆集鎮隸屬於安徽省淮北市濉溪縣，東北與南坪鎮、宿州市（宿縣）接壤，西南與蒙城縣毗鄰，東南與蚌埠市懷遠縣毗鄰。地處澥河（在雙堆集之西南）、澮河（在雙堆集之東北）中游之間，更西南有北淝河、渦河（參見，圖 16.1：徐州地理略圖）。民國 37 年（1948）12 月 16 日黃維兵團在雙堆集被共軍全殲。

第 12 兵團（黃維）下轄第 10 軍、第 14 軍、第 18 軍、第 85 軍。第 85 軍於 11 月 21 日趕來蒙城與兵團會合。[123]

民國 37 年（1948）11 月 5 日黃維奉蔣介石電令，親率第 12 兵團的第 18 軍，快速縱隊和第 14 軍於 11 月 8 日由確山（駐馬店下之一個縣）出發，向西經正陽、新蔡、阜陽、蒙城、宿縣向徐州前進，其任務爲支援徐州剿總作戰。[124]

黃維兵團從駐馬店（位於河南省中部偏南。北臨漯河市、周口市，東鄰安徽省阜陽市）、確山到蒙城，需通過南汝河、洪河、潁河、西淝河、

---

[120] 《淮海戰役親歷記》，頁 261、580。
[121] 《淮海戰役親歷記》，頁 462。
[122] 《淮海戰役親歷記》，頁 261。
[123] 《淮海戰役親歷記》，頁 483-86、599-600。
[124] 《淮海戰役親歷記》，頁 494。軍事科學院歷史研究部編著，頁 298。

渦河、北淝河、澮河等多道河障。由於沿途中野、地方部隊和民兵一面扭擊、側擊、襲擾，一面破壞橋樑和大道，致使黃維兵團東進行動遲緩，且實力不斷受到損失。11月15日，該兵團主力才進抵阜陽地區。18日，該兵團主力進抵蒙城，即與共軍發生全面戰鬥。[125]

11月19日，第12兵團接到向宿縣前進的命令，主要是配合「南北夾擊」計劃打通徐蚌段，但黃維在蒙城附近與共軍戰鬥無法與南線兵團配合。20日，第12兵團先頭部隊到達澮河南岸地區。21日，第12兵團到達南坪集並向澮河北岸搜索。[126]

共軍為貫徹中央軍委「先打黃維」的決心，淮海前線總前委決定如下。

以中野第4、第9縱隊、豫皖蘇軍區獨立旅位於南坪集地區與黃維兵團保持接觸，並將該敵誘至澮河以北，利用澮河隔斷敵人。

第1、第2、第3、第6縱隊和剛歸建的第11縱隊，隱藏集結在澮河以南的曹市集、五溝集、孫瞳集、胡溝集一線，待黃維兵團在澮河處於半渡狀態時，分別由東西兩翼實施向心突擊，配合正面各縱隊，將敵包圍分割，各個殲滅。

華野第7縱隊和特縱炮兵一部歸中野指揮，參加殲滅黃維兵團的作戰。

以華東野戰軍第2、第6、第10、第11、第13縱隊，位於宿縣、西寺坡地區，阻擊李延年、劉汝明兩兵團北援，力爭殲其一部，保障中原野戰軍的側背安全。

第1、第3、第4、第8、第9、第12、魯中南、兩廣縱隊，及冀魯豫軍區獨立第1、第3旅，位於徐州以南夾溝至符離集之間，跨津浦路兩側，構築多道陣地，阻擊徐州之敵南援。[127]

11月20日，第12兵團（黃維）到達澮河南岸後急於渡過澮河迅速與李延年、劉汝明兩兵團靠攏，以擺脫孤軍突出的狀態。11月23日第12兵團在飛機、坦克的掩護下，分3路向南坪集地區、澮河北岸攻擊。共軍為恐黃維深入將其分割包圍，擔任正面阻擊的中野第4縱隊第10旅和第9縱一部與敵激戰竟日，當夜按原定計劃放棄南坪集，轉至徐家橋、朱口、伍家湖、半埠店。這時，第3縱隊位於孫町集；第1縱隊位於郭家集、界溝集；第2

125 軍事科學院歷史研究部編著，頁299-300。《淮海戰役親歷記》，頁580。
126 《淮海戰役親歷記》，頁580-81。
127 軍事科學院歷史研究部編著，頁308。

第四篇 總結篇

縱隊位於白沙集；第 6 縱隊並陝南軍區第 12 旅位於曹市集；第 11 縱隊位於胡溝集，布成了袋形陣地，只待黃維兵團在澮河處於半渡狀態時，兩翼向心突擊，將該兵團分割包圍於澮河南北，各個殲滅。[128]

中野的後撤行動，果真引起黃維的錯覺，以為先頭第 18 軍突擊成功，下令該軍主力經南坪集往北渡河，其他部隊陸續跟進。11 月 24 日中午，黃維兵團前出到忠義集、東平集，楊莊、七裡橋、朱口地區，「逐漸突入共軍之袋形陣地。」[129]

黃維發現兩翼有共軍的強大兵力隱蔽集結，自知中計。遂下令已過澮河的部隊迅速回撤。是日夜，第 18 軍退至雙堆集附近集結。第 10 軍撤回澮河南後即向雙堆集以西地區集結。第 14 軍在澮河南岸掩護兵團主力，第 85 軍一部位於南坪集以南，掩護第 10 軍撤退。[130]

中野乘黃維兵團各軍回撤之際，全線出擊，同時向以雙堆集為中心的地區猛攻過來。黃維兵團猝不及防，頓刻大亂。至 11 月 25 日晨，黃維兵團 4 個軍被合圍在宿縣西南東西不到 10 公里、南北 5 公里左右的雙堆集地區內。[131]

11 月 26 日，黃維決定於次日早晨集中第 18 軍第 11 師、第 118 師，第 10 軍第 18 師、第 85 軍第 110 師，共 4 個師齊頭並進，向雙堆集東南方向突圍。第 110 師師長廖運周原係共產黨地下黨員，擔心黃維突圍成功，立即設法派人潛往當面中野（第 6 縱隊）報告情況，並請求乘突圍之機舉行戰場起義。考慮到 4 個師齊頭並進，第 110 師被夾於中間，不利於起義行動，廖運周向黃維建議，將 4 個師改為梯次行動，如果第 110 師先攻擊得手，其他的師可迅速跟進，黃維採納了廖運周的建議。[132]

11 月 27 日拂曉前，廖運周率第 110 師師部和 2 個團，在共軍猛烈炮火掩護下，經中野第 6 縱隊等部讓開的陣地通道，迅速向指定地區開進。黃維以為第 110 師突圍成功，命令後續 3 個師，在坦克、飛機掩護下，於天亮後

---

[128] 軍事科學院歷史研究部編著，頁 308-09。
[129] 軍事科學院歷史研究部編著，頁 309。
[130] 軍事科學院歷史研究部編著，頁 309。
[131] 軍事科學院歷史研究部編著，頁 309。
[132] 軍事科學院歷史研究部編著，頁 311。

沿第 110 師路線突圍，當即遭到中野第 6 縱隊等部預伏的火力迎頭痛擊，折回雙堆集。廖運周率師起義成功，使黃維突圍計畫失敗。[133]

12 月 5 日 11 時 5 分，劉伯承、陳毅、鄧小平發布「總攻黃維的命令」。總攻部隊組成 3 個突擊集團，然後 3 個突擊集團合力總攻雙堆集。6 日下午 4 時 30 分，總攻擊開始。[134]

7 日，第 12 兵團副司令胡璉飛南京向蔣介石匯報並請示，蔣介石准第 12 兵團突圍。9 日，胡璉受命後飛回雙堆集。13 日，雙堆集方面戰鬥慘烈。15 日，黃維、胡璉決心率部突圍，黃昏後開始行動，結果黃維、吳紹周等被俘，胡璉逃出。16 日，第 12 兵團除少數人員外被全殲。[135]

五、陳官莊戰役

陳官莊位於徐州西南，永城市東北，永城市與青龍集之間。有公路往東北可到青龍集、徐州，西南可到永城市。（參見圖 16.1：徐州地理略圖）民國 37 年（1948）11 月 30 日，杜聿明自徐州率第 2 兵團（邱清泉）、第 13 兵團（李彌）、第 16 兵團（孫元良）向西南撤退，民國 38 年（1949）1 月 10 日在陳官莊遭共軍全殲。

自宿縣失守後，徐州剿總南北夾擊收復宿縣失敗。民國 37 年（1948）11 月 28 日，蔣介石令杜聿明到南京開會，決定停止南攻，放棄徐州，北線兵團向渦陽、蒙城前進，爾後解第 12 兵團（黃維）之圍。[136]

28 日晚，杜聿明召集孫元良、邱清泉、李彌三人開會，杜聿明說明蔣介石的決定後決定了撤退的概略布署，第一要撤到永城附近，第二要撤到孟城、渦陽、阜陽地區，以淮河為依託，再向共軍進攻，解黃維兵團之圍。29 日，杜聿明下達退卻命令。是日，劉峙離徐州到蚌埠。[137]

30 日，第 2 兵團開始佯攻後以迷惑共軍，然後全軍向西南撤退。

共軍方面雖然知道蔣介石要放棄徐州，但對杜聿明集團撤退的動向並不清楚。12 月 1 日拂曉前，華野前沿部隊及抵近徐州偵察的分隊同時報告，邱清泉兵團主力已向徐州西南開動。粟裕、陳士榘、張震得到報告後迅速

---

[133] 軍事科學院歷史研究部編著，頁 311。
[134] 軍事科學院歷史研究部編著，頁 317-18。
[135] 《淮海戰役親歷記》，頁 583-84。
[136] 《淮海戰役親歷記》，頁 581。
[137] 《淮海戰役親歷記》，頁 30-31、581。

下達追擊命令。[138]鑒於杜聿明集團向徐州西南方向撤退，而華野主力還在徐州南方及東南方向，有較晚的一天行程。粟裕、陳士榘、張震於 12 月 1 日上午時電示豫皖蘇軍區各個地方部隊，立即在碭山、夏邑、商丘、藍封線布置阻擊，阻延杜聿明集團向西南撤退，以待主力到達。[139]

1 日，粟裕、陳士榘、張震向中央軍委和劉伯承、陳毅、鄧小平及華東局報告了杜聿明集團撤退情況，其採取的戰法和追堵杜聿明集團的部署。按照粟裕、陳士榘、張震的決心部署華野第 12、第 1、第 4、第 9、第 8、第 3、第 10、第 2、第 11 等 11 個縱隊快速向永城急進。「務必盡力趕在敵入先頭，而截住其退路」。在 4 日時，華野在永城西南地區完全堵住了杜聿明集團的邱清泉、李彌、孫元良三個兵團的退路，並於 5 日形成了戰役合圍。[140]

12 月 2 日晚，邱、李，孫 3 個兵團到達孟集、青龍集、李石林、袁圩、洪河集地區，杜聿明決定就地整頓一天。12 月 3 日 10 時前後，各兵團部向永城前進。當各司令部尚未出發之際，杜聿明收到蔣介石空投的親筆信，令其改向濉溪口方向攻擊前進，協同李延年兵團，南北夾擊，以解黃維兵團之圍。[141]

先前，在 11 月 28 日時，蔣介石決定放棄徐州，杜聿明曾明確提出徐州三個兵團向渦陽、蒙城前進，爾後解第 12 兵團之圍。而現在蔣介石中途改變計劃向濉溪口方向攻擊前進，杜聿明乃召集各兵團司令官到指揮部商討決策，決定按蔣介石指示，4 日起由第 13、16 兵團在東、西、北三面掩護，第 2 兵團擔任向濉溪口方向攻擊。[142]

12 月 3 日午後，粟裕、陳士榘、張震發覺「杜聿明擬集力向東南楔進求與黃維會師」的企圖，決心集中全力對付杜聿明集團，乘其立足未穩，陣腳混亂之際在南面實施堵擊，在東、西、北三面實施突擊。[143]

雙方激戰數日，12 月 6 日，杜聿明集團被全部堵截在永城東北的陳官莊、青龍集、李石林地區，其和黃維兵團會合的企圖徹底失敗。[144]12 月 6 日

---

[138] 軍事科學院歷史研究部編著，頁 335。
[139] 軍事科學院歷史研究部編著，頁 335。
[140] 軍事科學院歷史研究部編著，頁 336-37。
[141] 《淮海戰役親歷記》，頁 33-35。
[142] 《淮海戰役親歷記》，頁 34-35。
[143] 《淮海戰役親歷記》，頁 338。
[144] 《淮海戰役親歷記》，頁 340。

夜晚，孫元良兵團單獨突圍，被全殲。孫元良隻身逃脫，退回包圍圈的約萬人。[145]

12 月 11 日中央軍委毛澤東指示華野、中野「於殲滅黃維兵團之後，留下杜聿明指揮之邱清泉、李彌、孫元良兵團之餘部，兩星期內不做最後殲滅之部署」。華野「整個就現地態勢休息若干天」。對杜聿明集團「只作防禦，不作攻擊」。全軍於 12 月 16 日起轉入戰場休整。[146]

民國 38 年（1949）1 月 2 日，中央軍委會同意華東野戰軍的建議下達了總攻擊命令。1 月 6 日，華野的 3 個突擊集團同時向杜聿明集團發起總攻。[147]10 日，杜聿明被俘，邱清泉自殺，李彌逃脫。杜聿明集團全部被殲。[148]

陸、徐蚌會戰的結束與國共雙方的戰損

陳官莊戰役後，民國 38 年（1949）1 月 10 日，劉峙在蚌埠召集第 6 兵團司令官李延年和第 8 兵團司令官劉汝明開會，決定放棄蚌埠，令第 6 兵團與第 8 兵團撤至長江以南。徐蚌會戰南線兵團行動結束。[149]

徐蚌會戰自民國 37（1948）年 11 月 6 日開始至民國 38 年（1949）1 月 10 日結束戰鬥，連續作戰 66 天。

徐州剿總被殲滅 5 個兵團部、22 個軍部、56 個師、1 個綏靖區，正規軍連同其他部隊共 55.5 萬人，其中被俘 32 萬餘人，被斃傷 17 萬餘人。政府軍將領被俘 124 人，被擊斃 6 人。

華野、中野共軍，計有：陣亡 2.5 萬餘人，負傷 9.8 萬餘人，失蹤 1.1 萬餘人。合計 13.6 萬餘人。[150]

---

[145] 《淮海戰役親歷記》，頁 583。
[146] 軍事科學院歷史研究部編著，頁 345-46。
[147] 軍事科學院歷史研究部編著，頁 357-59。
[148] 《淮海戰役親歷記》，頁 585。
[149] 《淮海戰役親歷記》，頁 478。
[150] 《淮海戰役親歷記》，頁 361-62。

第四篇

總結篇

第六節 蔣介石戰術思想的總結

壹、徐蚌會戰的歸納與總結

政府軍對徐蚌會戰的戰敗也做了檢討在《國民革命軍戰役史》一書中有的如下的記載：

> 故就戰力而言，雙方概略相等。但因會戰之初，國軍統帥部決策遲緩，致爲匪取得先制，自此戰場主動，操之於匪軍手中，繼而在戰略指導上屢屢發生錯誤，故爲匪軍所逞。加以統帥部與決策人員中滲有匪諜分子，使匪對國軍之一切計畫及行動，瞭若指掌，另有少數高級指揮官通匪投匪，使國軍常於緊要關頭處，變生肘腋，難以應付，此皆爲會戰失敗之主要原因。[151]

筆者認爲國防部上述的檢討失之過簡，並沒有指出最重要的原因，筆者根據徐蚌會戰的個案研討歸納所得，認爲國軍失敗的原因如下。

一、毛澤東農民革命的思想發揮功效

由本節的討論可知，在徐蚌會戰中國共雙方投入的兵力，共軍方面華野與中野兩個野戰軍投入總共 66 萬人左右；政府軍方面徐州剿匪總司令部總兵力約 80 萬人左右。在數字上共軍的兵力是略少於政府軍的，但其實不然，在遼西會戰與徐蚌會戰中民力幾乎全投向了共軍，徐蚌會戰中實際上形成了 300 萬對 80 萬，這些民力幫忙後勤運補、構築工事等，發揮很大的功用。[152]整個淮海戰役中，共軍共動員民工 543 萬人次，運送彈藥 1460 多萬斤，糧食 9 億 6 千萬斤。[153]

民國 14 年（1925）到民國 16 年（1927）時，毛澤東農民革命的思想初

---

[151] 國防部史政編譯局，《國民革命軍戰役史》第 5 部《勘亂》〈勘亂前期〉（下）第 5 冊（中華民國 78 年 11 月 30 日），頁 141、42。
[152] 《淮海戰役親歷記》，頁 363。
[153] 侯春奇，〈從戰略上看毛澤東是如何指揮三大戰役的（下）〉，中國共產黨新聞網。

部形成。1930 年他還發表〈星星之火，可以燎原〉來告訴當時的共黨幹部不要對政府軍隊的圍剿抱悲觀的看法。而在國共內戰時他的農民革命思想終於開花結果，燃起了燎原大火，農民全部倒向到共產黨。

二、共軍淮海戰役的規劃實是反映毛澤東軍事思想的十大軍事原則

本節的個案研討主要是企圖歸納出一些共軍作戰的原理、原則，然事實上筆者發現，就整體而言，共軍的作戰方法其實是反映毛澤東軍事思想的「十大軍事原則」。[154]

筆者以為「十大原則」中尤以第一條（**先打分散和孤立之敵，後打集中和強大之敵。**）最為重要。在軍事作戰之中最常見的現象就是「以大欺小，以強凌弱」，就作戰而言挑一個弱小的對手自然會有獲得勝利最大的把握，敵人軍事力量最小的方向就是我作戰部隊運動前進的方向。「十大原則」第一條，簡言之，用白話的說法就是「打仗首先要柿子挑軟的吃」，挑完最軟的柿子再挑次軟的柿子，這時次軟的柿子就成為最軟的柿子。依此類推，於是，毛的思想就變成了「不打沒把握的仗」、「打不過的仗就不打」、「打不過的仗就逃」。

如果讀者將十大軍事原則中的其他各條與第一條相比較，讀者將會發現十大軍事原則的整個觀念都是第一條觀念的延伸。在國共寧漢分裂之後共軍一直在向阻力最小，危險性最小的地方移動，無論是根據地的選擇，或者是撤退、轉進（如長征的路線）都是如此。國共內戰開始時為什麼共黨首先要搶占東北？徐蚌會戰為什麼要先打黃百韜兵團？這都是「十大原則」第一條的運用。雖然「十大軍事原則」是毛在民國 36 年（1947）發表的，但毛在共黨建軍初期就不曾和政府軍打過硬仗而是採取游擊戰。

三、從徐蚌會戰歸納闡釋內線作戰與外線作戰的觀念

內線作戰的觀念在本書中提到過多次，在徐蚌會戰中共軍也成熟地運用了這個觀念，這個觀念最早是腓特烈二世、拿破崙在使用，約米尼解讀並稱之為「內線作戰」，毛澤東將「內線作戰」與戰略的三個階段結合寫成《論持久戰》。其實這些兵家的觀念筆者以為都與《孫子兵法》的觀念是吻

---

[154] 有關毛澤東的十大軍事原則，請參閱本書的第七章第十節「毛澤東軍事思想簡介」。

合的，否則孫子也不會自古至今馳名中外，被譽之爲「兵聖」。筆者認爲有必要對內線作戰做更進一步的闡釋理出條理，以瞭解內線作戰產生的原因以及它的重要性，如此方能瞭解國軍是如何失敗的。

以下是筆者對內線作戰與外線作戰觀念的歸納：

- 筆者認爲《孫子兵法》中的〈謀攻第三〉所說：「**故用兵之法，十則圍之，五則攻之，倍則分之，敵則能戰之，少則能逃之，不若則能避之。故小敵之堅，大敵之擒也。**」勘稱是指導軍事作戰的至理名言或者是準則，筆者認爲這個準則的使用，無論是在戰略性規模的會戰或者是戰術性規模的戰役都是如此。

- 更白話一點說，《孫子兵法》的作戰準則就是：凡作戰無不是「**以大欺小，以強凌弱，打不過就跑。**」任何領兵作戰的軍人或者是沒有學過軍事的素人都應該知道，較對手有更強大的實力他獲勝的機率當然較高。換言之，戰道無他，「以眾擊寡」而已。

- 歷史顯示以寡擊眾而獲勝的戰爭也有但是例子很少且多是以奇襲致勝。

- 毛澤東在持久戰中將戰略態勢分爲「戰略優勢」、「戰略相持」與「戰略劣勢」。這個觀念很寫實的表達出交戰雙方所面臨戰爭情境。

- 在戰略優勢時可以進行戰略性規模的會戰，但在戰略相持和戰略劣勢時，按《孫子兵法》的準則應該避免。

- 兩軍交戰處在戰略劣勢的一方雖然不建議從事戰略性的會戰，但並不表示在戰術上也沒有任何作爲。相反的，在戰略上即便是處於劣勢也必須要設法在戰術上形塑出有利的態勢，來從事戰術性規模的作戰，取得戰術性作戰的勝利，積小勝爲大勝，從而扭轉戰略上的劣勢以達到戰略相持與戰略優勢，繼而可以進行戰略性的會戰。

- 如何在戰略的劣勢下營造出戰術上的優勢從事戰術性的作戰，這個觀念在《孫子兵法》中沒有談到，是西方啓蒙運動時產生的觀念：是「將道」，是藝術；是腓特烈二世與拿破崙作戰的成功之道，是他們從來不對外宣示的祕密；是約米尼解讀出來而聞名的，稱之爲「內線作戰」。而毛澤東悟出了內線作戰的真諦著書發表，並且在共黨的軍事學校教導高級軍官，並且在國共第二次內戰時使用此觀念取得了最後的勝利。

- 內線作戰是，在戰略上弱勢兵力對抗強勢兵力的戰術性作法，其要點

是在敵方強勢兵力未形成合圍前以速度、機動方式在戰術上對強勢兵力的弱小部分形成局部優勢或絕對優勢各個擊破（毛澤東將所謂的「形成局部優勢」改爲「形成絕對優勢」）。[155]相較於內線作戰的，稱之爲外線作戰是強勢兵力在戰略上對付弱勢兵力的作法，其觀念爲將兵力分進合擊，對弱勢兵力形成包圍並殲滅之。[156]在戰術上的內線作戰無論是形成局部優勢或者是各個擊破，在某種程度上都是一種戰術上的外線。

- 爲了營造戰術上的優勢，其手段有：圍點打援、阻援打點（這兩種做法拿破崙也經常使用）、中央位置等等。而在實際上作戰時部隊的機動、速度、分合等等作爲都是爲了避實擊虛取得勝利的必要作法。一旦在戰術上優勢的條件已經形成則立刻可對敵發動攻勢殲滅敵軍，繼之再去攻擊敵之另一弱小之部。

- 以上所言是指戰術性戰役的戰法，在從事戰略性會戰時應該如果進行，除了前所述使用戰略上的外線作戰外，根據徐蚌會戰的個案研討吾人可得到啓示：在啓動戰略性會戰時應該將此戰略態勢設法作一個戰略區隔，將之形成爲若干小的戰術態勢，而在此戰術態勢上，再視狀況首先選擇一個最弱的目標以內線方式或外線方式殲滅敵人再推而其次。在徐蚌會戰這麼一個大的戰略性會戰，共軍將之區隔爲四個戰術性戰役，分別是「碾莊戰役」、「宿縣攻防戰」、「雙堆集戰役」、「陳官莊戰役」。

- 吾人回顧徐蚌會戰政府軍失敗的幾個重要的戰役：「碾莊戰役」與「雙堆集戰役」共軍皆是使用「阻援打點」的內線作戰。這也是毛澤東十大軍事原則第四條的應用（集中絕對優勢兵力各個擊破……在全體上我們是劣勢，但在每一個局部上，在每一個具體戰役上，我們是絕對的優勢，這就保證了戰役的勝利）。在宿線攻防戰中，共軍先是採取外線作戰方式攻占宿線，然後阻止政府軍的反攻。在「陳官莊戰役」時由於大部政府軍已被殲滅，共軍使用則是外線戰術。

- 由以上對內線作戰與外線作戰的闡釋正如筆者所言，不管是戰略上或是戰術上在使用內線作戰與外線作戰都是《孫子兵法・謀攻第三》所

---

[155] 參見本章第四節「論持久戰摘要」(8)。
[156] 參見本書第八章第四節「啓蒙運動時期的戰略家或軍事思想家」。

揭示「以眾擊寡」準則的使用。

同時吾人從徐蚌會戰的個案分析中可看出共軍在運用「圍點打援」、「阻援打點」的戰法，再加上「圍點」、「打點」與「打援」、「阻援」四種方法配合「真真假假、虛虛實實」的欺敵謀略，交插混合使用，且隨時視戰情將「阻援打點」改變為「圍點打援」，或將「圍點打援」改變為「阻援打點」，使政府軍對共軍的戰法真假難斷，防不勝防，而一旦誤判就會導致戰事失利。由徐蚌會戰的過程可以看出，共軍隊對內線作戰與外線作戰戰法運用的純熟與靈活。

根據以上的歸納我們就可以瞭解到為什麼毛澤東會說；「我們的戰略是『以一當十』，我們的戰術是『以十當一』，這是我們制勝敵人的根本法則之一。」這句話的延伸就是毛澤東後來所說：「在戰略上要藐視敵人，在戰術上要重視敵人。」[157]同時由以上筆者在對內線作戰與外線作戰的闡釋中就可以瞭解，為何在第二次國共內戰之初政府軍以絕對的戰略優勢，而在其後四年中敗北的原因。

四、國民政府軍不知如何破解內線作戰

吾人從拿破崙的戰史可看出反法聯盟是如何破解拿破崙的內線作戰。

拿破崙與反法聯盟最後軍事敗北的二次戰役分別是：「萊比錫戰役」與「滑鐵盧戰役」。在「萊比錫戰役」時的反法聯軍對付拿破崙的策略是，盡可能的侵擾或擊潰拿破崙的各下屬部隊，在沒有形成絕對的兵力優勢前避免和拿破崙的主力部隊決戰。拿破崙在滑鐵盧戰役的失敗正是由於他的將軍未能成功阻隔普魯士軍隊，而普魯士軍隊也不和拿破崙的軍隊糾纏或與之戰鬥，竭力擺脫法軍奔向滑鐵盧戰場與威靈頓的軍隊會合，導致拿破崙在滑鐵盧失去了優勢而告失利。由此可知，反法聯軍在與拿破崙的互動過程中雖然屢屢敗戰卻也獲取了教訓，逐漸瞭解拿破崙的作戰觀念而發展出應因的對策，因而在「萊比錫戰役」與「滑鐵盧戰役」擊敗拿破崙。[158]

簡言之，內線作戰之要領是在「合圍」、「形成局部優勢或絕對優勢」

---

[157] 楊超、劉文耀，《毛澤東對中國革命道路的探索和周恩來的貢獻》。或參閱本書第十章第七節。
[158] 參見本書第八章第四節「啟蒙運動時期的戰略家或軍事思想家」，貳、拿破崙。

然後各個擊破。因此，在面對敵人施行內線作戰時，在敵人未完成合圍之前不能與之纏鬥，而必須迅速的脫離戰場向自己的主力移動靠攏。如此，則在我軍的整體戰略態勢上較之敵人還可維持戰略的優勢。

因此在徐蚌會戰的四個戰役中，政府軍應以內線作戰或外線作戰去主動攻擊共軍，否則也要避免被共軍使用內線作戰或外線作戰攻擊，是以當政府軍遭到共軍的內線攻擊時應該避免被共軍合圍而迅速的撤離戰場，但不幸的是政府軍都陷於與共軍的糾纏之中，蔣介石當然也不會知道共軍已將內線作戰「形成局部優勢各個擊破」的觀念修改為「形成絕對優勢各個擊破」，在此觀念下，一旦政府軍被共軍合圍就是注定面臨被全殲的結果。在徐蚌會戰中，當共軍將對政府軍形成包圍時，蔣介石不但沒有讓政府軍迅速脫離戰場反而派出更多的部隊去救援，這就使更多的政府軍落入共軍布下的陷阱，犧牲更多的人力。

在碾莊戰役，蔣介石要黃百韜掩護第 9 綏靖區主力第 44 軍西撤，導致黃百韜兵團無法早些撤往徐州，而被共軍追上在碾莊被殲滅，這是為了援救一個軍損失了一個兵團。杜聿明與邱清泉兵團、李彌兵團、孫元良兵團等三個兵團奉蔣介石命令救援黃維兵團而使得已經撤離徐州的邱、李、孫三個兵團在陳官莊遭共軍全殲。

五、城市戰、陣地戰與游擊戰、運動戰

蔣介石在民國 36 年 6 月 30 日在中央聯席會議講〈當前時局之檢討與本黨重要之決策〉時說：

> 講到軍事方面在去年一年中，我們剿共軍事可以說是戰無不勝攻無不克，因為我當時看到中共的軍事行動，以破壞交通為主要的任務，就判斷他的企圖是要廣正面的發展他們黨的組織和軍事的力量，因此我就決定要全力控制國內所有重要的都市和交通線，來分割匪軍的區域，限制匪軍活動，使他兵力不能集中，然後分區清剿。這個對策決定之後，一直執行到今天，可說完全成功。現在國內除了東北因國軍兵力不敷分配，只集中固守瀋陽、長春、永吉等幾個據點之外，在關內自今春延安克復以後，所有重要都市以及有機場設備

的城鎮，完全在國軍掌握之中，中共既不能保有一個重要的
都市，則其政治中心就無法建立，政治上自然不能號召，無
論在國內國外，也就不能發生任何影響了。

由這個講詞可知，基本上政府軍仍然是延續了抗日戰爭時正規軍作戰
的方法以「城市戰」、「陣地戰」為主，而解放軍的基本戰法則是運動戰、
游擊戰。

相較於政府軍以占領城市為主要的觀念但解放軍則不然。民國 36 年
（1947）3 月 18 日，在政府軍胡宗南攻進延安時，毛澤東、周恩來離開居住
十年的延安，開始轉戰陝北。臨行前，毛澤東對前來送行的西北野戰兵團
的領導幹部們說：「我軍打仗，不在一城一地的得失，而在於消滅敵人的
有生力量。存人失地，人地皆存；存地失人，人地皆失。」[159]這其實是毛澤
東「十大軍事原則」第三條的反映。「十大軍事原則」第三條是：「以殲滅
敵人有生力量為主要目標，不以保守或奪取城市和地方為主要目標，保守
或奪取城市和地方，是殲滅敵人有生力量的結果。」

民國 37 年（1948）下半年（即遼西會戰及徐蚌會戰時），政府軍的戰法
有了改變，杜聿明說：

> 自本年（1948）下半年以來，放棄全面防禦，變被動為主
> 動，改為「重點防禦」，並集中強大的機動兵團，以一定的
> 兵力堅守重要的戰略要點，吸引共軍攻擊，待其攻擊受頓挫
> 時，以強大的機動兵團由外線增援，包圍共軍配合守備兵團
> 內外夾擊消滅共軍。（這就是「遼西會戰」及「徐蚌會戰」
> 時政府軍的作戰構想）濟南的失陷已經證明我軍這一戰略戰
> 術不能成功，在現在的情況下也不可能與共軍決戰。[160]

雖然在民國 37 年（1948）時政府軍改採「重點防禦」的策略，但對這
個策略的實施其成效不是很好，其主要原因就是按照共軍對「十大軍事原
則」的運用，不論是依據第一條也好或是第三條也好，共軍都不會冒然去

---

[159] 存人失地，人地皆存，中國共產黨新聞網。.
[160] 《淮海戰役親歷記》，頁 4。

攻擊政府軍的戰略要點或城市，以至於政府軍很少能捕捉到共軍的主力。

換言之，政府軍總是將「城市」當成重要戰略據點構築工事來防守，這就很容易產生三個缺失：

一是備多力分，兵力稀釋，且隨者戰線延長，守備兵力不斷增加，機動兵力逐漸減少，其戰線太廣與兵力不足之間的矛盾日趨尖銳，政府軍的全面進攻終將到達頂點。[161]在徐蚌會戰時已可看出政府軍已經無法從其他戰區抽調兵力來支援杜聿明等的作戰。[162]

二是共軍以少數兵力佯作攻擊，就會牽制大部分駐防城市的政府軍。徐蚌會戰時碾莊戰役前，劉峙將三個兵團調回來守徐州就是例子，當時的共軍對徐州擺出要進攻的態勢，實際上是要殲滅黃百韜兵團。

三是若城市的守備薄弱就容易變成被攻擊的目標。依據「十大軍事原則」的第二條：「先取小城市、中等城市和廣大鄉村，後取大城市。」第八條：「在攻城問題上，一切敵人守備薄弱的據點和城市，堅決奪取之。」因此，徐蚌會戰時宿縣很快就被攻占了！

在蔣介石「不成功便不成仁」的觀念之下，城市戰與陣地戰只要是守不住其結果就是與陣地共存亡。在抗日戰爭或國共內戰的戰史中可發現，政府軍如若陷入困境，未經高層核准擅自撤退不僅被視為貪生怕死且要受軍法（連坐法）的追究。在抗日戰爭或國共內戰時有許多政府軍高級將領殉國的例子，茲不一一列舉。但共軍則不然，民國 35 年（1946）6 月 21 日，共軍中原軍區主力鑒於政府軍圍攻的部署已經就緒，大戰迫近，為了保存力量，爭取主動，請示黨中央准予突圍。黨中央於 6 月 23 日回電：「同意立即突圍，愈快愈好，不要有任何顧慮，生存第一，勝利第一。」[163]

簡言之，政府軍的城市戰與陣地戰輸給了毛澤東的游擊戰與運動戰，國共內戰一開始政府軍具有強大的兵力優勢，卻是始終無法使用外線作戰捕捉到共軍的主力。毛澤東最重要的創見就是將游擊戰提升到戰略的層次，而游擊戰正是一般正規部隊所忽略與輕視的。共軍在戰略劣勢的時候一直採取的是游擊戰，積小勝為大勝。直到戰略態勢轉為戰略相持、戰略優勢時才開始發動大規模戰略性的正規作戰。

---

[161] 國防大學《戰史簡編》，頁 531。
[162] 《淮海戰役親歷記》，頁 28。
[163] 國防大學《戰史簡編》，頁 521。

第四篇 總結篇

635

六、蔣介石對共軍的軍事思想一無所知

杜聿明分析國共內戰開始時政府軍的作戰思維與缺失時說:

> 自同共軍作戰以來,攻擊未能集中絕對優勢兵力,包圍消
> 滅共軍,反而形成處處薄弱、處處防禦、到處挨打的態勢。
> 防禦則是全面防禦,既不能堅守據點,又以不足的兵力增
> 援,恰恰為共軍在野戰中所消滅。[164]

由這段談話可知,政府軍初期的剿匪作戰顯然不是很成功。

民國36年(1947)6月時,國共內戰快一年了,蔣介石對軍官訓練團第
三期研究班全體學員演講說:

> 但是比較敵我的實力,無論就那一方面而言,我們都占有
> 絕對的優勢,……因此大家相信,共匪雖然決心叛亂,就實
> 力而言,我們一定有十分的把握,能將共匪消滅,這一點不
> 但各將領知之甚詳,就是全國民眾亦皆有此信念。可是剿匪
> 軍事,到現在已經荏苒一年了,我們不但尚未把共匪給消
> 滅,而且不能使剿匪軍事告一段落,這究竟是什麼緣故呢?
> [165]

他繼續又說:

> 最近我們在東北作戰,拿了共匪的三本小冊子,就是共匪
> 的《戰鬥手冊》、《目前的戰役問題》和共匪的《民兵戰法
> 二十種》。……我們讀了這幾個小冊子之後,對於共匪的戰
> 略戰術原則,就可瞭如指掌。如果這些小冊子早經發現,我
> 們就不至於不明敵人的戰法而打糊塗仗,共匪一定早已被我

---

[164] 《淮海戰役親歷記》,頁4。
[165] 蔣總統,〈國軍將領的恥辱和自反〉,民國36年6月1日對軍官訓練團第三期
研究班全體學員講。《蔣總統集》頁1603-04。

們消滅了。[166]

　　這幾個小冊子根據郝柏村的說法是,孫立人在東北作戰時虜獲自共軍作並呈交蔣介石。[167]但另有一說,《目前的戰役問題》係林彪、白天合著,由杜聿明獲得,從該小冊子的卷首通知日期看,該小冊子編纂時間應在民國 35 年(1946)10 月 14 日之前。[168]

　　由上述講話可看出,在國共內戰初期到徐蚌會戰的前一年,蔣介石及政府軍高級將領對毛澤東的思想都是一無所知的。但是共軍的高級幹部對毛澤東的思想卻是十分的熟悉的,正如前所述,從民國 37 年(1948)起共軍已陸續在東北軍政大學、華東軍政大學、華北軍政大學將毛澤東的「十大軍事原則」列爲授課內容。[169]

　　在上述所引用的講話中,蔣介石說他找到了剿匪的方法,他也要求各高級將領針對剿匪作戰能集思廣益提出建議,但實際上對剿匪作戰似乎效用不大。

　　另外根據杜聿明在《淮海戰役始末》的敘述,政府軍在民國 37 年(1948)6 月至 7 月的「豫東戰役」,始獲得了共軍的重要文件《目前的形勢和我們的任務》。[170]也就是說,政府軍在此時應該得到了毛澤東「十大軍事原則」的情資。這大概是在「遼瀋會戰」爆發的前三個月,「徐蚌會戰」爆發的前半年。但是吾人由蔣介石的講詞來看,蔣似乎還沒有看到這份文件。「遼瀋會戰」與「徐蚌會戰」政府軍慘敗的結果也顯示,蔣介石和政府軍的高級將領對毛澤東的軍事思想始終是沒有深入的理解或者是不瞭解。

　　在前一節討論對日作戰時,筆者就推斷蔣介石整個對日作戰的構想沒有按照「八七國防會議」軍事幕僚提供的建議,而是打了一場以自己的軍

---

[166] 蔣總統,〈國軍將領的恥辱和自反〉,民國 36 年 6 月 1 日對軍官訓練團第三期研究班全體學員講。《蔣總統集》頁 1603-04。

[167] 郝柏村,《蔣公日記 1945～1949:從巔峰到谷底的五年》,頁 263。〈解讀《蔣公日記》〉1947 年 5 月 22 日。

[168] 林彪、白天著,《目前的戰役問題》。

[169] 請參閱本書第十一章第四節「國共分裂後共軍的軍事教育與訓練」。

[170] 這是毛澤東在中共中央 1947 年 12 月 25 日至 28 日在陝北米脂縣楊家溝召集的會議上的報告。「十大軍事原則」即出自此報告的內容。
　　《淮海戰役親歷記》,頁 4。

事思想爲主的抗日戰爭。在這一次徐蚌會戰的個案分析中也可看出蔣介石對內線作戰與外線作戰觀念的欠缺，這說明他並沒有重用陸軍大學畢業的學官來當他的軍事幕僚，這些陸軍大學畢業的學官對現代的作戰觀念應該是非常清楚的，簡言之，蔣介石又是打了一場以他自己軍事思想爲主的國共第二次內戰。

七、共軍高級幹部軍事素養普遍較高的原因

在蔣介石的文告或演講中可看出，蔣介石經常的譴責國軍高級將不從事軍事學術的研究，從徐蚌會戰的個案分析也可看出共軍高級幹部的軍事素養普遍較國軍高級將領爲高。（當時掌握軍隊實權的高級將領大多出自廣州的黃埔軍校，畢業自黃埔一期至六期。）蔣介石曾說在東北作戰時曾拿了共匪的三本小冊子，其中之一是《目前的戰役問題》，該書是 1947 年初，白天根據林彪的「一點兩面三三制」戰術撰寫，經林彪修正批准後，即以司令部的名義印發部隊作教材。

以下摘錄《目前的戰役問題》中〈甲 集中優勢兵力〉與〈乙 作戰方向和部署〉兩段提供讀者參考。[171]

甲 集中優勢兵力

（一）敵人的兵力大、物資多、裝備強、訓練久，規定了我軍不能採取消耗戰（包括擊潰戰），只能採取殲滅戰。但殲滅戰首先需要集中優勢；而集中優勢既受兵力對比的限制，又受技術水平和組織水平的限制。由於這些限制，我軍不能在全國或全東北集中優勢；也經常不能在大型戰役集中優勢：要集中優勢，唯有在小型戰役解決問題。這又規定了我軍不能採取戰略殲滅戰，也經常不能採取大型戰役殲滅戰，只能採取小型戰役殲滅戰。然而戰役上的集中優勢，只能通過戰術上的集中優勢來具體實現。假若戰術上沒有主攻方向，沒有強大的突擊拳頭，沒有突破一點、打開全局的戰法，那麼戰役上的集中優勢就被平均分散了。集中優勢的標

---

[171] 林彪、白天著，《目前的戰役問題》。

準，戰役上是四、五倍，戰術上在主攻方向自然大於戰役上
的倍數，更要著重使用五、六倍。

乙 作戰方向和部署

（二）一點兩面（多面）是我軍為了清算一面平行而提出
的作戰方向和部署的原則，違背了這個原則，即使集中優
勢，還是不能殲滅敵人，也不一定擊潰敵人，並且一點的作
戰方向和兩面（多面）的作戰部署是不可分割的。因為一點
是使用一把後勁最大的尖刀（不是寬刀），從敵人的弱點
（一般不是從要點）直刺進去（不是橫砍過去），保證打垮
敵人、擴張戰果。然而單是組織這樣的主攻方向還不夠，必
須兩面（多面）所有的刀尖都針對著一點，同時並進，才能
最大限地使用兵力和發揚火力。所以沒有兩面（多面）就不
會有徹底集中的一點；反之沒有一點也不會有完全配合的兩
面（多面）。因為沒有針對著一點的求心運動，縱然採取包
圍迂迴，縱然使用強大的突擊拳頭於敵人的側背（一般只鉗
制正面），還是不能最有效地扯緊絞索，勒斷喉管。

林彪與白天的合著反映出，共軍在面臨到強大政府軍時的作戰觀念與
戰法就是在小型戰役上形成絕對的優勢，如同切香腸般一段一段的切割國
軍。坦言之，包含蔣介石在內的國軍高級將領都寫不出有這種分量的著
作。

筆者以為，共軍高級幹部的軍事素養普遍較國軍高級將領為高，究其
原因筆者以為有三。

第一、毫無疑問的，蔣介石對軍事教育是十分重視的，他自己也曾兼
任陸軍官校與陸軍大學校長若干年，而陸軍大學對現代軍事思想必定是有
傳授的，但為何這些畢業的學官未發揮作用讓人費解？筆者以為，究其原
因乃是蔣介石個人因素所導致，蔣介石並沒有受過高等的軍事教育，其軍
事學歷是畢業於前清的保定通國陸軍速成學堂（即保定軍官學校前身），
而後蔣介石赴日畢業於日本的振武學校，但蔣介石卻自稱畢業於日本的陸
軍士官學校。雖然說英雄莫問出身，蔣介石後來也一直擔任國家的重要職
務，但其軍事思想並未因其歷練而有所增進，蔣介石沒有留下可以傳世的
著作，終其一生在他的公文書中可看出他一直在強調以寡擊眾的軍事思

想。吾人從蔣介石帶兵作戰的過程中可發現，蔣介石過於強調階級服從以至於國軍軍官除了聽從命令以外，在軍事思維上是沒有發揮的餘地，這點不僅是在大陸時期如此，甚至於在政府遷台以後也是如此。換言之，國軍各級幹部的軍事思維被蔣介石的思想給制約了！

第二、共黨自從落腳到井岡山建軍後就十分注重軍事教育與訓練的問題，高級幹部要到臨時的軍事學校或訓練機構去授課。共軍的「十六字訣」戰術與游擊戰術觀念都是在那個時候發展出來的。而在其後，共軍軍事學校的發展成長過程中，高級領導幹部大多都要充當重要的授課者或者是軍事學校的領導者。[172]毛澤東的《論持久戰》、「十大戰爭原則」等都是在共軍軍校傳授給共軍高級幹部的，透過教育體制，共軍將高級幹部的軍事思想給統一了。

第三、筆者認為國共雙方在高層決策制定與形成的不同，也導致決策品質的差異。共黨採取的是「民主集中制」，諸如「八七會議」（該會議確定了中國共產黨武裝奪取政權的總方針）、「遵義會議」（該會議確立了毛澤東的農民革命路線）、「洛川會議」（會議通過了《中國共產黨抗日救國十大綱領》）等等，共黨的重要決策幾乎都是透過集體會議的方式來形成的；而國民政府的重要決策是由蔣介石獨斷專行產生。民主集中制的形式是一種集體決策，在高級幹部的辯證過程中高級幹部們逐漸形成了共識。

貳、蔣介石錯誤的戰術思想導致徐蚌會戰的失敗並丟掉了大陸

因此筆者從徐蚌會戰的個案研討歸納認為，蔣介石指揮徐蚌會戰的失敗其原因有四，並也因此丟失了大陸。

第一，蔣介石以寡擊眾的戰術思想是錯誤的。

第二，蔣介石也不是很瞭解現代軍事戰術的內線作戰與外線作戰。更簡單的說，蔣介石在第二次國共內戰初期擁有絕對的戰略優勢，但是在戰術觀念上不瞭解什麼是內線作戰，終導致全盤皆輸。

第三，蔣介石身為國家的領導處理的國事含蓋有政略、戰略、戰術等

---

172 請參閱本書：第十一章「我國軍官養成教育的發展」，第四節「國共分裂後共軍的軍事教育與訓練」。

方面但從蔣介石發表的文告中可看出蔣分不出政略、戰略、戰術之間的層級性以及彼此之間的演繹關係。

第四，整個中國的下層社會農民與工人在抗戰勝利之後，在國共第二次內戰期間幾乎全部倒向到共產黨。

上述四點，蔣介石作戰觀念的偏差就具體表現在戰場的實踐上。

在國共內戰期間，依據國軍戰史的記載，從民國 34 年（1945）秋之後，找不出一件曾殲滅共軍一個師以上的戰例，但國軍每次失敗的例子幾乎都是師或軍級的單位被共軍所完全包圍，打到最後被吃掉。在遼西會戰、徐蚌會戰中，國軍都是被包圍，援軍解圍失敗，最後被殲滅，作戰經過成為公式化。[173]

第七節　論蔣介石的指揮與領導

在上一節的分析可知，蔣介石徐蚌會戰以及大陸丟失的主要原因是在於他錯誤的軍事思想，在本節中要來探討蔣介石失敗的次要原因，也就是蔣介石的指揮與領導。

壹、蔣介石的指揮與領導

蔣介石與毛澤東在國共內戰期間都是國共兩軍的主要指揮者，但兩人的領導作風卻大不相同。

民國 36 年 10 月 6 日，時蔣介石在北平軍事會議講〈一年來剿匪軍事之經過與高級將領應注意之事項〉，他說：

> 現在要講到過去一年來國軍剿匪的經過。過去一年剿匪的軍事，可以分作兩個時期來說明。第一個時期是從去年八月到今年四月，這個時期的軍事是由國防部參謀本部指導的。

---

[173] 陳培雄，頁 397。

第二個時期是從今年五月到現在，重要戰役都由我親自來指揮。

從這段講話中可以看出，蔣介石自民國 36 年 5 月就實際的介入指揮對匪軍作戰。

國共戰爭再次開戰以來，蔣介石在南京黃埔路的官邸每日早晚兩次舉行「官邸作戰會報」，參加的有國防部次長林蔚文，參謀次長劉斐，第三廳廳長郭汝瑰等。蔣介石的「官邸作戰會報」是在官邸的地圖室舉行。開始時，由第三廳長郭汝瑰報告前線戰況，隨問左右有什麼意見。最後，蔣介石即以口頭作出指示，侍參人員根據他的指示草擬電令，以「中正手啓」或「中正侍參」的電文發出。此種方式以最高統帥指揮前線部隊，往往因為時差的原因不能捕捉敵軍的主力，並且使各級指揮機構失卻主動性而陷於麻痺狀態，失掉了它固有的機能與活力。但白崇禧的國防部長辦公室近在咫尺蔣介石竟不邀他參加會報，白對對官邸作戰會報非常的不滿。[174]

如果官邸作戰會報在下午九時舉行，蔣介石的手令或能於次日送達前線有關單位——因為快速行動的共軍在一夜強行軍之後已經遠在原來位置數十里之外，手令已不能執行。有一個像這樣越級指揮的實例是：一位即將對被包圍之敵予以痛擊的兵團司令，同時接到三個相互牴觸的命令（分別來自蔣介石、參謀總長、和他的頂頭上司）。在嚴懲的威脅下，他被迫放棄攻擊而去執行蔣介石援救擔任次要任務的友軍，而更糟的是當他的部隊到指定地點時，包圍友軍的敵人已經離去。[175]

在蔣身邊負責作戰事務的國防部三廳廳長郭汝瑰幾十年後寫道：由於當時通信不發達，戰場情況千變萬化，蔣雖是根據前方的報告作指示，下達命令，可是命令下來，情況已經變化，而軍師長因怕受軍法審判，有時明知蔣的指令有錯也要執行。而白崇禧當時就批評道，蔣「*遠離前方，情報不確，判斷往往錯誤*」，認為國民黨軍隊的失利為蔣軍事干預的結果。何應欽則批評部隊用人，團長以上皆由蔣親自決定，完全不經國防部評判會議審定，故而造成軍事失利。[176]

---

[174] 程思遠，頁 247。劉馥（F. F. Liu），頁 288-89。
[175] 劉馥（F. F. Liu），頁 288-89。
[176] 高華，頁 63、64。

民國 36 年（1947）年 7 月 22 日，魏德邁飛抵南京，他來華的主要目的是來調查國民黨失敗的原因。7 月 24 日，白崇禧約魏德邁到南京私宅晚餐，白崇禧與魏德邁對當時的軍事形勢做了長談，白崇禧說：「一年來的作戰經過說明了蔣介石在軍事上指揮無能，……蔣介石以最高統帥指揮到軍級甚至師級部隊，使指揮系統不能發揮其應有的效用。」[177]

　　白崇禧又說：

> 　　蔣介石的戰略思想，偏重防禦作戰。以有限的兵力，平均分布於廣大戰區，殊不知兵力愈分則愈弱，戰線越拉就就越長，共軍針對國民黨軍隊此一弱點，因而發展其「以面制線，斷線孤點」的戰術，隨時集中優勢兵力，消滅國軍孤立的據點，以達到各個擊破的目的。戰局發展至此，因由蔣氏獨負其責。[178]

　　對於白、何等人的上述批評，蔣完全拒絕。民國 37 年（1948）8 月 7 日，蔣在日記中加以辯駁：

> 　　近日何、白之言行態度，謂一切軍事失利由於余直接指揮部隊所致，而歸咎於余一人，試問余曾否以正式命令指揮某一部隊作戰？惟因前方將領逕電請示，余身為統帥不得不露督導責任。

　　蔣並責斥何應欽與白崇禧互相唱和：「不知負責，不知立信，而反於此時局勢嚴重，人心彷徨之際，意作是想，是誠萬料所不及者。」[179]

　　以上是一些國軍高級將領對蔣介石直接指揮作戰的批評，以下是毛澤東對作戰指揮的探討 4。

---

[177] 郝柏村在《蔣公日記 1945～1949：從巔峰到谷底的五年》中亦寫到「最高統帥直接指揮到軍、師」。

[178] 程思遠，頁 248-49。

[179] 高華，頁 64。

貳、毛澤東的指揮與領導

　　民國36年（1947）3月國民黨軍隊進攻延安。在新中國成立後不久，毛澤東曾說過：「胡宗南進攻延安以後，在陝北，我和周恩來、任弼時同志在兩個窯洞指揮了全國的戰爭。」三大戰役決戰時，中共中央已集中在河北西柏坡，那時軍事上的問題，主要是由毛澤東和周恩來商量解決。毛澤東是掛帥的，周恩來參與決策，並具體組織實施。兩人經過研究確定對策後，多數由毛澤東起草文電，少數由周恩來起草，而所有軍事方面的文電都經周恩來簽發。發出時大抵是兩種情況：一種，比較多的是在文電上由毛澤東或周恩來批有「劉、朱、任閱後發」，經三人圈閱後發出；另一種，軍情特別緊迫時，就批有「發後送劉、朱、任閱」。[180]

　　雖然國共內戰時的三大戰役中，共軍的重要決策都是由毛澤東、周恩來所決定的，但是他們也會接受其他高幹的意見。

　　民國36年（1947）12月，中共中央根據戰略形勢作出分兵南進的戰略決策，決定從中原戰場上抽出一部分兵力渡江南下，以調動中原戰場上的國民黨主力部隊。對此，粟裕通過對中原戰場敵我雙方軍事、政治、經濟、社會、地理等得失利弊的認真分析，三次向毛澤東和中央軍委斗膽直陳，應在中原戰場上集中兵力打大仗的建議。粟裕的三次「斗膽直陳」引起了毛澤東的高度重視。經過共黨中央研究決定，在保持既定戰略方針不變前提下，採納了粟裕的建議，這個重大決策構成了淮海戰役的最初藍圖。[181]

　　淮海戰役正式發動前一個多月中，毛澤東和中央軍委同華東、中原兩大野戰軍的指揮員反復磋商，認真聽取戰區指揮員們的意見擇善而從，並根據不斷變化著的戰爭形勢及時地調整作戰部署，作出切合實際的戰略決策。[182]

　　毛澤東也不會實際上去指揮前線司令員的作戰。淮海戰役開始毛澤東就致電粟裕等，表示完全同意他們的部署，放手讓粟裕指揮，沒有硬性規定任務，基本上打成什麼算什麼。毛澤東特別指出：

---

[180] 金沖及，〈三大戰略決戰中的毛澤東和蔣介石〉，中共中央黨史和文獻研究院。
[181] 侯春奇，〈從戰略上看毛澤東是如何指揮三大戰役的（下）〉。
[182] 侯春奇，〈從戰略上看毛澤東是如何指揮三大戰役的（下）〉。

望你們堅決執行，非有特別重大變化，不要改變計劃，愈堅決愈能勝利。在此方針下，由你們機斷專行，不要事事請示，但將戰況及意見每日或每兩日或每三日報告一次。[183]

《孫子兵法・形篇》中說：「故善戰者，立於不敗之地，而不失敵之敗也。是故，勝兵先勝而後求戰，敗兵先戰而後求勝。」一個是「勝而後求戰」，一個是「戰而後求勝」，這兩句話最能說明毛澤東與蔣介石兩人軍事思想的不同。

參、蔣介石從來未曾也不允許檢討他的軍事思想與軍事失敗的責任

國共內戰國民政府軍失敗後對失敗的原因當然也會有所檢討。

民國37年（1948）8月3日至7日，蔣介石在南京召開軍事檢討會，他說：

> 本人經過很長一段時間勞心焦思的反省和廢寢忘食的檢討，已經找出了兩年軍事失敗的根本原因：一是高級幹部對國民黨的主義心理動搖，信心喪失；二是高級將領精神頹廢，生活腐化；三是國軍對共匪的戰法缺乏研究，不能做到取匪之長，補我之短。[184]

民國38年國民政府遷往台灣，對大陸棄守的原因也有所檢討。

民國39年1月5日蔣介石在革命實踐研究院講〈國軍失敗的原因及雪恥復國的急務〉時說：

> 今天檢討會中，大家曾經想到各方面的問題，但是對於失敗的真原因，並未加以徹底研究。大家也提到軍隊腐敗，政

---

[183] 侯春奇，〈從戰略上看毛澤東是如何指揮三大戰役的（下）〉。
毛澤東，《論持久戰》（五）。

[184] 蔣總統，〈改造官兵心理加強精神武裝〉，中華民國37年8月3日。蔣總統集，頁1632-34。

第四篇　總結篇

治貪污，但這些只是失敗時候的各種現象，而不是促成失敗的根本原因。……據我研究的結果，我們所以失敗，第一在於制度沒有建立；第二在於組織之不健全。

就制度言，我們所以失敗，最重要的還是因為軍隊監察制度沒有確立的結果。自從黨代表制取消，政治部改成部隊長的幕僚機關以後，軍隊的監察即無從實施，同時因為政工人事的不健全，故政訓工作亦完全失敗。

除了制度以外，我認為我們失敗的另一個原因，就是我們組織不健全。我觀察共匪的戰術，並無特別高明之處，本無消滅我們的可能。……但是到了現在，不滿一年，大陸上的軍隊幾乎徹底為共匪所消滅，這是誰也料不到的。這在戰術上究竟作何解釋呢？共匪慣用的戰術，除了滲透包圍游擊原則之外，並無其他新奇的伎倆，然而他們何以能制勝呢？這完全由於我們的黨務、政治、社會、軍事各種組織都不健全，共匪看透了我們各種弱點的所在，於是採行他政治軍事各種滲透的戰術，……打進到我們的組織內部，使我們本身無端驚擾，自行崩潰，所以他能蹈瑕抵隙，獲得這樣意外的勝利。因此我們的失敗，並不關於敵之強大，而實由於我之怯弱，我們不要把共匪看得怎樣屬害，而應歸咎於我們自己不行。

從上述兩次的檢討會來探討大陸失利的原因，有高級幹部對國民黨的主義心理動搖，信心喪失；另是高級將領精神頹廢，生活腐化；三是國軍對共匪的戰法缺乏研究，不能做到取匪之長，補我之短。或者是制度沒有建立；組織之不健全等，但就是沒有檢討蔣介石的軍事思想。

蔣介石自述，自民國 36 年 5 月就實際指揮對共軍作戰，而蔣介石所指揮的戰役全部面臨到一個被全殲的結果，蔣介石毫無疑問的必須要負起全部的敗戰責任，而這個失敗最重要的是他軍事思想的錯誤所導致，但蔣介石卻將戰敗的責任歸諸於其他的因素，而這些其他的因素筆者以為僅是軍事失利的次要因素。在民國 39 年 1 月 5 日革命實踐研究院開會時，毛澤東與林彪所寫的軍事方面的論述蔣介石應該都已經看過了，蔣介石對這個因素都避而不談，而大多數的國軍將領或是不知道有共軍這些軍事思想的論

著（當時凡是與匪有關的書籍都是禁書），或是在當時的威權體制下都噤聲不語，檢討會就這麼交代過去了！

肆、蔣介石的領導權術是軍事失敗的次要原因

雖然在本章的探討中筆者認為，蔣介石的軍事思想是錯誤的、是貧乏的，蔣介石的領導統御是專權的，但蔣介石自民國 17 年北伐統一全國後一直到民國 64 年逝世為止，即便其中經過三次的下野，但他始終都掌握著中國最高的政治與軍事權力。因此，蔣介石必然有過人之處才能維繫其權力於不墜，黃埔一期的學生賀衷寒認為，蔣介石的領導統御權術在於緊握著三種權力絕不放手他人，這三種權力就是：情治、金權與軍權。

由是，筆者依據本章的討論可歸納出蔣介石的兩點個人特質，這兩點個人特質是：

  1. 蔣介石錯誤的與貧乏的軍事思想。
  2. 蔣介石有極強烈的權力慾望，這由蔣介石緊握權力近半個世紀可以看出。

根據上述兩點個人特質以及蔣介石緊握著三種權力不放的事實，就可以推導出下列的結論：

- 蔣介石為了保持他絕對的政治與軍事權力，他最重要的是防止第二個軍事強人的產生，甚至置軍事作戰的勝負於不顧也不用人才只用庸才。
- 蔣介石無法如同毛澤東那樣以軍事思想在作戰時指導各高級將領，只好不斷訴諸於絕對服從以及以寡擊眾的戰術思想。
- 蔣介石的用人原則有二：唯忠、唯誠，這也是國軍高級將領的軍事素養無法提升的一個原因。
- 情治、金權與官位是蔣介石用人的紅蘿蔔與棍棒，情治也是壓制異議人士的手段。蔣介石必須要能夠強而有力的掌控黨政軍才能維繫自己的政治權力，異議人士是必須被壓制的。
- 蔣介石領軍作戰獨攬戰爭勝利的成果，卻將敗戰之責歸諸於各高級將領或其他原因。
- 蔣介石透過他任用文武親信的著作以及利用媒體，不斷的扭曲歷史將自己塑造成為民族英雄世界偉人。蔣介石透過他任用的文武親信

發表文章將自己形塑爲大思想家。

· 蔣介石在其生命的晚年逐漸地將權力轉移給他的兒子蔣經國，蔣經國也能隨其父後塵行使政治權力，然而蔣經國逝世後就沒有這麼一個強而有力的繼任人選，終於使蔣介石建立的專權體制崩解。

· 蔣介石領導統御權術幾乎就是西方馬基維里《君王論》的翻版。

對以上的結論筆者認爲是不須再多舉例說明，由上述諸多的推導筆者認爲，這些蔣介石的領導統御權術也是導使他軍事失敗的原因。

第八節　蔣介石軍事思想的總結

壹、蔣介石的軍事戰術思想應該是受到孫中山訓詞的影響

蔣介石曾有短暫的時間參與推翻滿清的革命。蔣在日本時由陳其美介紹加入同盟會，參與反清革命活動。武昌起義後，蔣介石和張群等即趁日輪返回中國，10月30日抵上海；11月3日陳其美奪取上海，並爲攻占南京聚集力量。蔣奉陳其美委派，任敢死隊隊長，參加11月4日光復浙江之役。民國2年（1913）蔣介石加入中華革命黨。

因此，筆者認爲根據蔣介石當時的經歷想來，他對孫中山發動的十次革命必然有深刻的認知，革命黨人反抗清政府的犧牲奮鬥應該深深的影響到蔣介石的軍事思維。蔣介石後來跟隨孫中山開辦了黃埔軍校並擔任黃埔軍校的校長，孫中山是一個政治家，是一個有政治抱負的理想家，但他並不是一個軍事思想家，筆者以爲孫中山在黃埔軍校第一期開學時的講詞對蔣介石的影響非常的大。

孫中山在黃埔第一期開學時講的第一個重點就是革命軍人是要能「以寡擊眾」的。他說：

> 當時衝鋒隊的人有武器的不過三百人（指黃花崗的起義），所打的敵人不止三萬人。革命黨只用三百人便敢打三萬多敵人，這就是革命黨的見識。革命黨的見識，都是敢用

一個人去打一百個人的。

　　在我們革命黨，主張用一個人打一百人，用一百人打一萬人。在他們受過軍事教育的人看起來，以為這是古今中外戰術中沒有的道理，如何可以成功呢？這個道理我們不必深辯，只要看後來中國革命推翻滿清是誰做成的呢？

　　孫中山在黃埔第一期開學時講的第二個重點就是革命軍人是要能夠「不怕死，捨身成仁」、「以死為幸福」。他說：

　　這種用一個人去打一百個人的本領，是靠什麼為主呢？……簡單的說，就是要用先烈做標準，要學先烈的行為，像他們一樣捨身成仁，犧牲一切權利，專心去救國。像這個樣子，才能夠變成一個不怕死的革命軍人。革命黨的資格，就是要不怕死。……我敢說革命黨的精神沒有別的祕訣，祕訣就在不怕死。……要死了之後便能夠成仁取義。明白了這種道理，便能夠說死是我們所歡迎的，遇到了敵人的槍炮子彈，能夠速死更是我們所歡迎的。有了這種大勇氣和大決心，我們便能夠用一個人去打一百個人。……我們的觀念，要死才以為是幸福，……所以敢用一個人去打一百個人，所以敢於屢次發難來革命，所以革命能夠成功。……如果人人都能夠以死為幸福，便能夠一百人打一萬人，用一萬人打一百萬人。

　　孫中山上述講話的內容在蔣介石的演講中處處都可以看得到，蔣介石一直認為他是孫中山的繼承人，因此他也繼承了孫中山的革命思想，當初的黨軍也稱為國民革命軍。蔣介石「以寡擊眾」的思想從東征北伐開始一直持續到抗日戰爭、國共內戰，蔣介石撤往台灣後此觀念還繼續出現在他的訓詞中。

貳、蔣介石的戰術思想的形成是錯誤的類比

孫中山在黃埔第一期開學時也說：

> 在戰術中有沒有這個道理呢？有沒有一個人打一百個人的
> 成例呢？依我看起來，無論古今中外，都沒有這種戰術。普
> 通的戰術用一個人去打一個人，便以為了不得。古時的兵法
> 都說是倍則攻之，十則圍之。

這表示孫中山也認為所謂「以寡擊眾」的思想並不合乎兵學的原理，
但孫中山還是強調這個觀念是因為，孫中山從事的是革命事業而不是一個
與清政府在軍事上的鬥爭。孫中山想要推翻這麼一個龐大的滿清帝國自然
沒有辦法形成以強大的兵力與之抗衡，換言之，只有用「以寡擊眾」的起
義方式，以革命烈士的犧牲來喚起龐大百姓的注意與覺醒，故其革命起義
在政治上的意涵與成效實大於軍事上的企圖與犧牲。歷史顯示孫中山的革
命是歷經了十次的失敗，十次革命的失敗的代價是成功的累積了政治動員
的號召力。

就正規部隊的作戰而言，如果有十次的失敗則這個軍隊就必定會付出
慘痛的代價，而且會在軍事歷史上留下難堪的記錄。不幸的是蔣介石就犯
了這種錯誤，蔣介石在民國 17 年統一了中國，但他還是認為他領導的是國
民革命軍而且一直強調了革命的思想，直到退守台灣還是如此。

從學術研究的科學方法來說，戰史是研究軍事思想的一種最重要的方
法。如果讀者對科學方法的運用有所了解，當應該知道蔣介石戰術思想到
底犯了什麼錯誤。簡言之，就是將軍事戰史的特例當為通例，將革命軍之
戰道當成了正規軍的作戰模式，這在歸納邏輯而言是不當的類比，以偏概
全的思維錯誤。

參、蔣介石的戰術思想為何不能形成整體性的軍事思想

歸納法與演繹法的交互運用是構成學術體系的不二法則。歸納法是從
自然現象或社會現象中理出一個通則或原則，然後再運用演繹的方式將這
個通則或原則向上發展（溯因法）或向下發展（演繹法）以形成一個體

系。這個體系只要能合理的解釋自然現象和社會現象，它就能獲得社會大眾或者是學術界的認同而成為一套整體的思想。[185]

換言之，蔣介石「以寡擊眾」的戰術思想由於不是軍事作戰的通則，也就無法通過演繹的方式形成一個軍事思想的整體體系。但蔣介石自從到台灣以後確實有心想建立一個軍事思想的大架構，民國51年1月15日，蔣介石主持陸軍、海軍、空軍指揮參謀大學研究班第一期畢業典禮講〈軍事哲學、科學、與藝術的意義和效用〉，在這次演講中蔣介石顯然企圖建立一個軍事哲學、軍事科學與軍事藝術的體系。筆者對哲學與藝術並沒有深刻的研究，但顯然的，蔣介石提到了軍事科學，筆者認為蔣介石對科學或軍事科學的瞭解也不是很深入，自然的他「以寡擊眾」的戰術思想，也就無法用演繹邏輯來形成一套體系。

肆、蔣介石與毛澤東軍事思想的比較

筆者在本書的第七章中探討了毛澤東的軍事思想，在本章中筆者也探討了蔣介石的軍事思想，因此吾人可將兩者的軍事思想比較而以表 16.1 表示之。

表 16.1：蔣介石與毛澤東軍事思想的比較

戰略的層級	蔣介石的軍事思想	毛澤東的軍事思想
戰術	自黃埔建軍一直到退守台灣都是一再強調「以寡擊眾」「以一當十，以十當百」的戰術思想。 作戰觀念以「城市戰」與「陣地戰」為主。 江西剿匪時頒發有「剿匪手本」。來台後頒發有「新剿匪手本」、「十大戰爭原	井岡山時期發表「十六字訣」的游擊戰術。（也有認為是朱德最早提出。） 國共內戰時期發表「十大戰爭原則」。 在戰術上是「以十當一」；在戰術上要重視敵人；在戰術上是速決戰。（特性：運動戰、速決戰、殲滅戰。） 無論是戰略優勢或戰略劣勢，在戰術上總是採運動戰，集中優勢兵力，或是「阻援打點」殲滅敵

---

[185] 有關科學研究的觀念，請參閱本書第二章「科學方法在社會科學學術研究的運用」。

第四篇

總結篇

	則」。 對內線作戰與外線作戰沒有什麼研究。 戰術上也強調了「持久戰」與「消耗戰」。	軍有生力量；或是「圍點打援」消耗敵兵力。若無法形成絕對優勢，則撤退、轉進、化整為零，避免正面衝突，放棄城鎮據點，保持有形戰力（留人不留地）。 戰術上以殲滅戰達到戰略消耗的目的。 對內線作戰與外線作戰有深刻的研究。
戰略	抗日戰爭初期提出了「持久戰」與「消耗戰」的戰略觀念，但沒有發表戰略性的軍事論述。	抗日戰爭初期發表《論持久戰》。 在戰略上要「以一當十」；在戰略上要藐視敵人；在戰略上是持久戰。 在戰略劣勢時，採戰略防禦。在戰略劣勢轉為戰略優勢時，則由戰略防禦伺機轉為戰略相持、戰略反攻。
大戰略	自民國16年的「四一二事件」開始就放棄了農民與工人。蔣介石的政權以掌握社會的中、高層為主。	共黨政權以掌握社會低層的農民與工人為主。 以階級鬥爭、土地改革為手段將農民運動發展為「農民革命」。 在抗日戰爭期間由「農民革命」演變為「人民戰爭」。

伍、本章總結

　　毫無疑問的，蔣介石在中國的歷史和世界的歷史上必定有其一席之地，其歷史的功與過必須由史學家去評定。本章旨在探討蔣介石的軍事思想，經由本章的分析筆者得到一個結論，蔣介石無論在軍事的論述方面，或者是領導軍隊作戰方面，都沒有足以流傳後世讓人稱佩的事蹟，他反而在世界軍事歷史上留下了一個記錄──喪失國家領土最多的三軍統帥。

　　以下摘錄田震亞著《中國近代軍事思想》一書中對蔣介石軍事思想的簡評。本章即以此簡評作為結束。

蔣介石終身居於國軍之最高統帥。從理論上言，他應該在軍事理論上有所建樹。但由其遺著中，讀者不難發現就數量言，其軍事著作足可以與近代任何一位偉大的戰略學相媲美。但若就內容言，在邏輯與系統上，缺乏高度的分析力與說服力。其早期之講詞，多數對有關戰場情況之講評與訓示。遷台後，既沒有戰爭，軍隊得以加強訓練，蔣氏個人常親蒞高級軍事學校，闡述其個人對現代戰爭、軍事訓練及戰略、戰術之觀點，企圖在軍事哲學和戰略戰術上作有系統之解釋，以建立一些普遍的軍事原則。但概括言之，他所竭力闡明者，仍不出傳統的軍事理論。[186]

　　總括言之，雖然蔣氏和他領導的國軍在很長一段時期處於抄襲外國的階段，未能及早建立一支現代化之軍隊，甚至其個人軍事思想也無驚人創意，以致未能領導國軍在長期戰爭中脫穎而出。大陸失守後，偏居臺島，除加強軍事訓練外，一籌莫展，以致鬱鬱而終。但他對中國軍事現代化仍不無貢獻。在經過長期美援，及本身艱苦努力，終使國軍臻於成熟。[187]

---

[186] 田震亞，頁 249。
[187] 田震亞，頁 250。

參考資料

中文書目

〈改變歷史進程的間諜之王理查德—佐爾格〉。

《毛澤東軍事文集》第 5 卷，軍事科學出版社、中央文獻出版社，1993 年版。

《毛澤東選集》第四卷。

《淮海戰役親歷記》（北京：中國文史出版社，1996）。

《粟裕文選》第 2 卷（軍事科學出版社，2004）。

〔日〕服部卓四郎（著），張玉祥等（譯），《大東亞戰爭全史》（上卷）（北京：世界知識出版社 2016）。

〔蘇〕A·B·勃拉戈達托夫（著），李輝（譯），《中國革命紀事（1925—1927）》（北京：三聯書店，1982）。

〔蘇〕В. И. ЧУЙКОВ 崔可夫（著），賴銘傳（譯），《在中國的使命——一個軍事顧問的筆記 1940-1942》（北京：解放軍出版社，2012）。

〔蘇〕切列潘諾夫（著），《中國國民革命的北伐——一個駐華軍事顧問的簡記》（北京：中國社會科學出版社，1981 年 5 月）。

三軍大學戰史編纂委員會，《北伐》上冊，《國民革命軍戰役史》第二部（國防部史政編譯局，中華民國八十二年三月一日）。

中共中央文獻研究室編，《毛澤東傳（1893-1949）》。

中共中央文獻研究室編，《朱德年譜》（北京：人民出版社，1986）。

毛澤東，《論持久戰》。

王序平、劉沉剛（著），《劉斐將軍傳略》（湖北：湖北人民出版社，1987）。

田震亞（著），《中國近代軍事思想》（台北：台灣商務印書館，1992 年 2 月初版）。

何應欽（著），《日軍侵華八年抗戰史》（台北：黎明文化事業公司，民國 71 年 9 月）。

余杰（著），《顛倒的民國》（台北：大是文化有限公司，2019）。

吳淑鳳等（編著），《中華民國國史紀要（三）二十一年~三十年》（臺北市：國史館，民國 105 年）。

呂芳上（主編），《中國抗日作戰時新編：軍事作戰》（台北：國史館，2015）。

呂芳上（編著），《戰爭的歷史與記憶（1）：和與戰》（台北：國史館，2015）。

李玉等 10 人（合著），《重探抗戰史（一）：從抗日大戰略的形成到武漢會戰（1931-1938）》（台北：聯經經出版公司，2015）。

步平、榮維木主編，《中華民族抗日戰爭全史》（北京：中國青年出版社，2010）。

軍事科學院歷史研究部（編著），《中國人民共軍全國共戰爭史》第四卷（北京：軍事科學出版社，1997）。

郝柏村，《蔣公日記 1945～1949：從巔峰到谷底的五年》（臺北：天下文化出版社，2010）。

高華著，《歷史學的境界》（桂林：廣西師範大學出版社，2015 年 11 月）。

國防大學《戰史簡編》編寫組，《中國人民共軍戰史簡編》（北京：共軍出版社，2001）。

國防部史政編譯局，《國民革命軍戰役史》第 5 部《勘亂》〈勘亂前期〉（下）第 5 冊（中華民國 78 年 11 月 30 日）。

張憲文等（著），《中華民國史》第一卷（南京：南京大學出版社，2005）。

陳小雷，張紅霞（編著），《潛伏：國際間諜高手檔案解密》（北京：金城出版社，2011）。

陳培雄（著），《毛澤東戰爭藝術》（台北：新高地文化事業有限公司，1996 初版）。

鹿錫俊，〈蔣介石對蘇考量與中國對日抗戰的發動：1930-1937〉。

鹿錫俊，〈蔣介石與 1935 年中日蘇關係的轉折〉，《近代史研究》第三期，2009。

程思遠著，《白崇禧傳》（臺北：曉園出版社，1989）。

劉馥（F. F. Liu）1951 年（著）；梅寅生民國 75 年（譯），《中國現代軍事史》（臺北，東大圖書公司，民國 75 年 4 月）。

蔣緯國總編，《抗日禦侮》第 10 卷（臺北：黎明文化公司，1978）。

第四篇　總結篇

蔣總統，〈改造官兵心理加強精神武裝〉，《蔣總統集》中華民國 37 年 8 月 3 日。

蔣總統，〈國軍將領的恥辱和自反〉，民國 36 年 6 月 1 日對軍官訓練團第三期研究班全體學員講。

韓信夫、姜克夫（主編），《中華民國史大事記（1937-1939）》第八卷（北京：中華書局，2011）。

西文書目

Mitter, Rana. *Forgotten Ally: China's World War II, 1937-1945* (Boston: Houghton Mifflin Harcourt, 2013).

網際網路

〈蔣介石北伐背後的蘇聯力量：顧問加侖居功至偉〉。https://kknews.cc/zh-tw/news/59amg98.html. 9/22/2015.

《蔣中正總統五記·困勉記下》，卷四十七，民國二十七年二月至三月。中正文教基金會。

　http://www.ccfd.org.tw/ccef001/index.php?option=com_content&view=article&id=3561:2016-07-07-09-39-57&catid=465&Itemid=259. 1/5/2022.

《蔣中正總統五記·困勉記下》，卷四十九，民國二十七年二月至三月。中正文教基金會。

　http://www.ccfd.org.tw/ccef001/index.php?option=com_content&view=article&id=3561:2016-07-07-09-39-57&catid=465&Itemid=259. 1/5/2022.

1946 年 6 月 26 日國共戰爭開始，入民網。

　http://news.sohu.com/20090626/n264766038.shtml?edjn8. 5/14/2020.

毛澤東，〈中國社會各階級的分析〉（一九二五年十二月一日）。 中文馬克思主義文庫。 https://www.marxists.org/chinese/maozedong/marxist.org-chinese-mao-19251201.htm. 1/8/2022.

存人失地，人地皆存，中國共產黨新聞網。http://www.81.cn/big5/jsdj/2017-06/15/content_7640343.htm. 6/16/2020.

李延年，維基百科。

　https://zh.wikipedia.org/wiki/%E6%9D%8E%E5%BB%B6%E5%B9%B4_(%E6%B0%91%E5%9B%BD. 5/16/2020.

於化庭，〈淮海戰役中毛澤東的全域指導〉，人民網-中國共產黨新聞網。
http://dangshi.people.com.cn/BIG5/n1/2020/0110/c85037-31542425.html.
1/10/2020.

於傑，〈史達林六次電請毛澤東出兵援蘇內幕〉。
https://kknews.cc/history/lqjn8xb.html. 5/10/2021.）

林彪、白天著，《目前的戰役問題》。https://zhuanlan.zhihu.com/p/336435951.
3/22/2021.

金沖及，〈三大戰略決戰中的毛澤東和蔣介石〉，中共中央黨史和文獻研究
院。
https://www.dswxyjy.org.cn/BIG5/n1/2019/0625/c427594-31187683.html.
1/8/2022.

侯春奇，〈從戰略上看毛澤東是如何指揮三大戰役的（下）〉，中國共產黨新
聞網，2018 年 02 月 12 日。
http://dangshi.people.com.cn/BIG5/n1/2018/0212/c85037-29820297.html.
1/8/2022.

徐州剿匪總司令部，維基百科。
https://zh.wikipedia.org/wiki/%E5%BE%90%E5%B7%9E%E5%89%E5
%8C%AA%E7%B8%BD%E5%8F%B8%E4%BB%A4%E9%83%A8.
5/17/2020.

梅世雄、黃慶華，〈黃百韜自殺始末（4）〉，中國共產黨新聞網。
http://dangshi.people.com.cn/BIG5/85038/9604226.html. 5/19/2020.

楊超、劉文耀，〈毛澤東對中國革命道路的探索和周恩來的貢獻〉，中國共
產黨新聞網。
http://cpc.people.com.cn/BIG5/69112/75843/75873/5167087.html. 1/8/2022.

第十七章　對儒家思想的批判

第一節　前言

　　儒家思想是中國文化極重要的部分也是中國文明的特色，但是儒家思想顯然是與西方現代文明的政治思想是不同的，吾人認爲且是不相容的。儒家思想是中國傳統封建社會的產物，吾人簡單歸納儒家思想的精髓是「仁」、「忠」與「孝」，它與現代西方「自由」「平等」的民主思想是完全不同的思維方式。因此吾人若要構建現代民主的國家就將發現，儒家思想與民主政治是無法並行不悖的。

　　吾人既然是主張推行直接民主的政治制度，就不希望儒家思想來阻礙民主政治政治的發展。以下是吾人對儒家思想的批判。

第二節　儒家的盛與衰

壹、儒家的興起

　　春秋戰國是一個諸侯交相征伐的大動盪時代，也是中國學術思想大放異彩的時代，在這個適者生存，不勝則亡的亂世，講究富國強兵的法家、兵家受到各國重視，莫不在朝爲官。反倒是主張修齊治平大道理的孔丘（前 551-前 479），遊走各國卻沒受到重用，終其一生只能當個教育家。

　　孔丘死後約二百八十年到了漢朝時儒家開始自谷底翻揚。

　　漢高帝六年（前 201）：

> 帝悉去秦苛儀，法爲簡易。群臣飲酒爭功，醉，或妄呼，拔劍擊柱，帝益厭之。叔孫通說上曰：「夫儒者難與進取，可與守成。臣願徵魯諸生，與臣弟子共起朝儀。」……上曰：「可試爲之，令易知，度吾所能行者爲之！」[1]

高帝令叔孫通至魯國徵魯生三十餘人及其弟子百餘人演習朝會禮儀，高帝觀後甚爲滿意，下令群臣練習。

漢高帝七年：

> 冬，十月，長樂宮成，諸侯群臣皆朝賀。……莫不振恐肅敬。……諸侯坐殿上，皆伏，抑首；以尊卑次起上壽。……無敢讙嘩失禮者。……於是帝曰：「吾乃今日知爲皇帝之貴也！」乃拜叔孫通爲太常，賜金五百斤。[2]

漢高帝六年及七年時，劉邦只是用儒生來制訂朝廷禮儀。高帝十一年（前 195）五月，劉邦開始重視儒學，他要陸賈（高帝重臣，對早期儒學之發展有重要貢獻）編《新語》細說秦所以失天下，劉邦所以得天下之原因。[3]

之後，又過了半個世紀，在漢武帝元光元年（前 134），儒家終於登上了中國學術思想體系的峰頂。

武帝登基之初就貶斥法家、縱橫家，想推展儒學。他繼位的那年，建元元年（前 140），冬十月，詔丞相、御史、……諸侯相舉賢良方正直言極諫之士。丞相綰奏：「所舉賢良，或治申（不害）、商（鞅）、韓非、蘇秦、張儀之言，亂國政，請皆罷。」奏可。[4]但當時太皇竇太后好黃（帝）、老（子）言，不悅儒術，認爲儒者文多質少。是以武帝對儒學之推行也不很積極。

建平六年（前 135）五月，太皇太后崩。武帝啓用喜好儒術的田蚡爲相。

---

1 司馬光，《資治通鑑》，卷第十一。
2 司馬光，《資治通鑑》，卷第十一。
3 司馬光，《資治通鑑》，卷第十一。
4 班固，《漢書》，卷六，〈武帝紀第六〉。

次年，元光元年（前 134），五月，武帝又下詔舉賢良且要親覽。[5]董仲舒針對武帝提出的三個徵詢，上三篇策論作答，因首篇專談「天人關係」，故稱〈天人三策〉，或稱〈舉賢良對策〉。[6]

董仲舒〈天人三策〉的要點如下：

> 臣謹案《春秋》之中，視前世已行之事，以觀天人相與之際，甚可畏也。國家將有失道之敗，而天乃先出災害以譴告之，不知自省，又出怪異以警懼之，尚不知變，而傷敗乃至。以此見天心之仁愛人君而欲止其亂也。[7]

> 《春秋》大一統者，天下之常經，古今之通誼也。今師異道，人異論，百家殊方，指意不同，是以上無以持一統，法制數變，下不知所。臣愚以爲諸不在《六藝》之科、孔子之術者，皆絕其道，勿使並進，邪辟之說滅息，然後統紀可一而法度可明，民知所從矣！[8]

簡言之，董仲舒「天人三策」的重點是「天人感應」、「大一統論」、「獨尊儒術，罷黜百家」。

董仲舒在其著作《春秋繁露》中，又闡釋了「君權神授」、「三綱五常」的觀念。[9]

> 爲生不能爲人，爲人者，天也，人之人本於天，天亦人之曾祖父也，此人之所以乃上類天也。[10]

> 唯天子受命於天，天下受命於天子，一國則受命於君。君

---

[5] 班固，《漢書》，卷六，〈武帝紀第六〉。

[6] 《資治通鑑》，卷第十一，記載董仲舒的《舉賢良對策》是在建元元年。

[7] 班固，《漢書》，〈董仲舒傳〉。

[8] 班固，《漢書》，〈董仲舒傳〉。

[9] 三綱：「君爲臣綱、夫爲妻綱、夫爲子綱」。五常：「仁、義、禮、智、信」。當時董仲舒提出的「三綱五常」只是概念，此概念正式形成文字是在東漢時。東漢章帝建初四年（79），朝廷召開白虎觀會議，會議結論作成「白虎議奏」，由班固寫成《白虎通義》，簡稱《白虎通》，正式定三綱之說，宋代朱熹始聯用三綱五常。請參閱：〈三綱五常〉、〈白虎通義〉，維基百科。

[10] 董仲舒，《春秋繁露》，〈爲人者天第四十一〉。

命順，則民有順命；君命逆，則民有逆命；故曰：一人有慶，兆民賴之。此之謂也。[11]

天子受命於天，諸侯受命於天子，子受命於父，臣妾受命於君，妻受命於夫，諸所受命者，其尊皆天也，雖謂受命於天亦可。[12]

董仲舒以「天人感應」、「君權神授」將中國傳統皇位權力的來源與權力的行使在學術上讓它合理化；「大一統論」、「獨尊儒術，罷黜百家」將中國的學術思想定於一尊；並以「三綱五常」律定了封建社會不同階級之間的行為互動模式。

董仲舒的策論受到了重視，漢武帝採納他「獨尊儒術」的建議使儒家登上了學術的頂峰，影響中國社會有二千年之久！

貳、儒家影響力的擴張

隋朝時對官吏的選用採行「科舉制度」，使儒家的影響力更加擴張。

中國的官制自曹魏創九品中正之制，歷兩晉、南北朝皆以九品中正制為任官的方法，遂造成「上品無寒門，下品無世族」的情況，門第成為朝廷任官的標準，政府的高級職位都被世族所把持，世族在政治、經濟、社會上都有很大的勢力，可以與君主抗衡。隋文帝即位後，欲加強君主權勢以鞏固統一的政權，遂廢除九品中正之制，而代以科舉制度。[13]

隋書記載：

隋文帝開皇二年（582）正月，詔舉賢良。七年（587）正月，制諸州歲貢三人。[14]

開皇十八年（598）七月，詔京官五品已上，總管、刺史，以志行修謹、清平幹濟二科舉人。[15]

---

[11] 董仲舒，《春秋繁露》，〈為人者天第四十一〉。
[12] 董仲舒，《春秋繁露》，〈順命第七十〉。
[13] 王仁壽，頁 17。
[14] 魏徵等，《隋書》，卷一，〈帝紀第一〉。
[15] 魏徵等，《隋書》，卷二，〈帝紀第二〉。

大業五年（609）六月，詔諸郡學業該通才藝優洽、膂力
驍壯超絕等倫、在官勤奮堪理政事、立性正直不避強禦四科
舉人。[16]

史書又記，煬帝大業中時設進士科。因此，咸認為中國的科舉始於隋
朝，成為此後 1300 多年歷朝各代的人才選拔制度。一直到清光緒三十一年
（1905）七月，清政府正式下詔停止鄉會試，廢除科舉考試。

科舉取士本是一個公平、公正的考選制度，現今政府選用文官所採行
的高等考試與普通考試雖然名稱不同，但實質上就是科舉制度。

但中國傳統的科舉制度其考試內容完全以儒家思想為主，所謂「半部
論語治天下」，一般學子若想獲取功名，晉身宦途，無不勤讀四書五經。從
而使得科舉變成為儒生量身打造的制度，在這種制度下產生的官吏，吾人
可稱之為「儒吏」。科舉制度也把中國人的思想侷限在儒家的框架之中，當
然也限制了中國人思想的創造力。

除了科舉制度的實施外，歷代皇朝一致地把孔孟推上學術聖殿的寶
座。各朝各代都有祭孔大典，歷代帝王對孔子上了不同的封號，明世宗嘉
靖九年（1530）封孔子為「至聖先師」且延用至今。各地孔廟尊孔子為
「至聖」，孟子為「亞聖」。此後中國不論是朝代更替，社會的變動，儒學
始終是屹立不搖。

參、盛極而衰的儒家

經過中國歷朝歷代長期的將儒家思想社會化過程，儒學已被認為是中
國最重要的文化資產，儒學的一些觀念已內化成多數中國人的人格特質，
其實這才是各朝帝王所期望的，「孔教」或「儒教」已成為多數中國人的信
仰。

中國歷代皇朝莫不思「萬世，萬世，萬萬世」。各朝的皇帝莫不想「萬
歲，萬歲，萬萬歲」。可惜的是天子受命於天，享盡天下榮華富貴，其壽祚
卻等同尋常百姓，不能與天齊，這就是天意吧！即令是備受恩寵，享譽二
千多年的儒家也面臨到思想破產的危機！

---

[16] 魏徵等，《隋書》，卷三，〈帝紀第三〉。

時在清朝中葉，西力東漸，鴉片戰爭敲響了皇朝的喪鐘！改革派歷經三次圖強的努力仍然阻擋不住守舊的勢力。毫無疑問的，大臣權貴們貪戀權勢，抱殘守缺，朝廷施政無法抵擋西方入侵，不能平息社會不滿，是王朝滅亡的主要原因。

清末，光緒三十一年（1905），清政府正式下詔停止鄉會試，廢除科舉考試。這對儒家來說無異是一重挫，這意味著青年學子不必再死背經書，思想解放了！

1912 年，民國成立。民國元年 2 月 12 日（清宣統三年十二月二十五日），宣統皇帝宣布退位。中國的政治制度走向共和，舊的君權體制結束。對儒家而言，失去了皇權的寵愛與保護就意味著它必須面臨各種挑戰，因為繼春秋戰國之後又一個思想上百花齊放，百鳥爭鳴的時代開始了！

第三節　批判儒家與傳統的「新文化運動」

壹、「新文化運動」產生的時空背景

清末的義和團事件引起了八國聯軍之役。辛丑議和後，慈禧終於改變先意，贊同改革，在光緒二十六年（1900）十二月逃抵西安時，便下詔變法，凡是以前康梁所提的維新主張，都次第予以頒行。（變法的具體內容，請參閱本書第九章表 9.3。）其中包含廢除科舉以及命各省選派留學生出洋肄業。

這些出洋的留學生有胡適、陳獨秀、李大釗、蔡元培、魯迅等，他們受到西方文化的薰陶，回國後在「新文化運動」時發揮了重大的影響。

民國成立後，以孫中山為臨時大總統的南京臨時政府，本「**盡掃專制之流毒，確定共和，以達革命之宗旨**」之精神，即以教育先行，立即著手教育文化的改革。民國元年（1912）初，南京臨時政府頒布了一系列禁止纏足，廢除跪拜禮，停止小學、中學讀經等文化改革政令。[17]

---

[17] 張憲文，頁 453-54。

民國元年 3 月 12 日，袁世凱在北京接任了中華民國臨時大總統。袁世凱從民國 2 年（1913）8 月鎮壓二次革命，到民國 3 年（1914）1 月解散國會，5 月廢除《中華民國臨時約法》改責任內閣制爲總統制。袁世凱通過種種措施，將軍政大權完全集中到個人手中，初步形成了專制獨裁統治。

袁世凱此後便一步一步地爲帝制做準備工作。首先，恢復帝制時代的官秩名稱。其次，起用前清官吏，恢復封建官場禮儀。再次，宣導祀孔祭天，製造復辟帝制氛圍。[18]

袁世凱深知要恢復帝制，還要作好思想輿論的準備。他利用民國建立後各地守舊勢力的尊孔活動，給各地孔教會組織以各種形式的支持與扶植。民國元年（1912）9 月 20 日，袁世凱下令「尊崇倫常」，維護孔孟禮教。袁世凱還發布尊孔令，稱孔子爲「萬世師表」，其學說「放之四海而皆準」，令各地討論恢復祀孔典禮。同時公開恢復清朝的種種祀孔規定。[19]民國 4 年（1915）1 月 22 日袁世凱制訂《教育綱要》，強調尊孔讀經。

民國 4 年 12 月 31 日，袁世凱正式稱帝，建立「中華帝國」，改民國 5 年爲洪憲元年。12 月 25 日，蔡鍔、唐繼堯等在雲南宣布起義，發動護國戰爭，討伐袁世凱。貴州、廣西相繼回應。袁世凱被迫於民國 5 年（1916）3 月 22 日宣布取消帝制，恢復「中華民國」年號。當年 6 月 6 日，袁世凱因尿毒症不治病逝於北京。

袁氏復辟帝制失敗後，在教育界先進分子的強烈要求和堅決呼籲下，教育總長范源濂表示要「切實實行民國元年所發表的教育方針」。

民國 5 年（1916）10 月 9 日，教育部頒布法令刪去了「讀經」的規定及有關內容。民國 6 年（1917）憲法審議會又在憲法中取消了「國民教育以孔子教育爲修身大計」的條文，從而基本上恢復了民國元年（1912）制定的教育制度和教育政策。[20]

但保守派還是不遺餘力企圖恢復儒家的影響力。

早在光緒二十二年秋（1896），《時務報》在上海創刊，康有爲、梁啓超透過該報向社會推行「孔教」。

從民國元年（1912）到民國 5 年（1916）保守派作了許多的活動：在上海發起成立「孔教會」；上書參眾兩院，請定「孔教」爲國教；要求將讀經

---

[18] 張憲文，頁 153-54。
[19] 張憲文，頁 154。
[20] 張憲文，頁 456-57。

定爲學校課程；要求將孔教「編入憲法」，祀孔行拜跪禮。

上述種種，代表北洋政府時期守舊勢力企圖恢復舊傳統的努力。這自然不被受西方文化薰陶以及痛恨舊傳統人士的認同，一場批判舊思想的文化大戰於焉展開，這就是「新文化運動」。

貳、「新文化運動」的時程與名稱的產生

時間是從民國 4 年（1915）陳獨秀創辦《青年雜誌》（次年改名爲《新青年》）開始，經過民國 8 年（1919）的「五四運動」，到民國 10 年（1921）《新青年》成爲中國共產黨的理論宣傳刊物爲止。此期間《新青年》雜誌刊登系列的文章批判中國舊社會、舊傳統、舊思維，倡導西方「科學」與「民主」的思想和新文學，掀起了波瀾壯闊的新思潮運動，稱爲「新文化運動」。

以往多認爲「新文化運動」一詞是孫中山於民國 9 年（1920）1 月 29 日〈致海外國民黨同志函〉中最早提出來的。實際上，民國 8 年（1919）12 月出版的《新青年》第 7 卷 1 號上，陳獨秀已多次提及「新文化運動」。民國 9 年（1920）3 月 20 日，陳獨秀在上海青年會 25 周年紀念會上以〈新文化運動是什麼〉爲題發表演說。演講稿隨即同題發表於 4 月出版的《新青年》第 7 卷第 5 號上。陳獨秀在演講中提到「新文化運動這個名詞現在很流行」。周策縱由此推斷：「新文化運動」這一名詞，大約在「五四運動」之後半年內逐漸得以流行的。[21]

參、《新青年》的創刊與終刊

民國 4 年（1915）夏，從日本回到上海的陳獨秀在 9 月 15 日創辦《青年雜誌》。次年 9 月，自第 2 卷起更名爲《新青年》（副題 *La Jeunesse*）。《新青年》由陳獨秀自任總編輯，雜誌每月出刊一號，每 6 號爲一卷。自民國 4 年 9 月 15 日創刊號至民國 11 年（1922）7 月終刊，共出 9 卷 54 號。[22]

《新青年》初由陳獨秀主編，刊登投稿。民國 6 年（1917）1 月，蔡元

---

[21] 王奇生，〈新文化是如何「運動」起來的（二）〉。
[22] 新青年，維基百科。

培就任北京大學校長，蔡元培聘陳獨秀爲北京大學文科學長並教授文學，陳獨秀將《新青年》遷到北京，編委會改組由陳獨秀、錢玄同、高一涵、胡適、李大釗、沈依默以及魯迅輪流編輯。自民國 7 年（1918）後，該刊物改爲同仁刊物不接受來稿。[23]

民國 6 年（1917），俄國十月革命後，《新青年》成爲宣傳共產主義的刊物之一。[24]

民國 11 年（1922）7 月《新青年》終刊，中共爲借《新青年》的影響力於民國 12 年（1923）6 月 15 日再刊《新青年》改爲季刊，由瞿秋白主持。後因人力物力困難，民國 15 年（1926）第 5 號後，終刊。[25]

肆、「新文化運動」時期對舊傳統的批判

《青年雜誌》第 1 卷第 1 號，創刊號首篇，陳獨秀發表〈敬告青年〉一文：「國人而欲脫蒙昧時代，羞爲淺化之民也，則急起直追，當以科學與人權並重。」這說明《青年雜誌》發行的宗旨是宣導「科學」與「民主」思想。

民國 3、4 年（1914、15）正是袁世凱圖謀稱帝之時，高一涵、陳獨秀、易白沙、李大釗、胡適、吳虞、魯迅等人從民國 4 年（1915）至民國 14 年（1925）的十年間，在《新青年》陸續刊登文章對專制政體、舊傳統、儒家思想展開猛烈的抨擊，見表 17.1。

表 17.1：新文化運動期間對傳統中國的之批判

作 者	原 載 文 章	內 容
高一涵	〈民約與邦本〉 1915 年 11 月 15 日，《青年雜誌》第 1 卷 3 號。	往古政治思想，以人民爲國家而生；近世政治思想，以國家爲人民而設。
陳獨秀	〈吾人最後之覺悟〉 1916 年 2 月 15 日，《青年雜誌》第 1 卷 6 號。	反對專制政體，批判傳統倫理。
易白沙	〈孔子平議〉上篇	對孔子展開系統性的批判，最

---

[23] 新青年，維基百科。
[24] 新青年，維基百科。
[25] 新青年，維基百科。

易白沙	1916 年 2 月 15 日，《青年雜誌》第 1 卷 6 號。 〈孔子平議〉下篇 1916 年 9 月 1 日，《新青年》第 2 卷 1 號。	早提出「打倒孔家店」主張。
李大釗	〈青春〉 1916 年 9 月 1 日，《新青年》第 2 卷 1 號。	青年之自覺，一在沖決過去歷史之網羅，破壞陳腐學說之囹圄，勿令僵屍枯骨，束縛現在活潑潑地之我。一在脫絕浮世虛僞之機械生活，以特立獨行之我，立於行健不息之大機軸。
陳獨秀	〈駁康有爲致總統總理書〉 1916 年 10 月 1 日，《新青年》第 2 卷 4 號。	駁康有爲電請政府拜孔尊教。
陳獨秀	〈憲法與孔教〉 1916 年 11 月 1 日，《新青年》第 2 卷 3 號。	反對孔教入憲。
陳獨秀	〈孔子之道與現代生活〉 1916 年 12 月 1 日，《新青年》2 卷 4 號。	孔子之道不能適用於現代生活。
陳獨秀	〈袁世凱復活〉 1916 年 12 月 1 日，《新青年》第 2 卷 4 號。	肉體袁世凱已死，而精神之袁世凱固猶活潑潑地生存於吾國也。
胡適	〈文學改良芻議〉 1917 年 1 月 1 日，《新青年》第 2 卷 5 號。	推廣白話文，打破舊思想及推動文學改革爲目標。
李大釗	〈孔子與憲法〉 1917 年 1 月 30 日，《甲寅》日刊，署名：守常。	抨擊康有爲在 1916 年 8 月召開的國會上，提出定孔教爲國教並載入憲法，在憲法草案中規定「國民教育以孔子之道維修深大本」的提案。
吳虞	〈家族制度爲專制主義之根據論〉 1917 年 2 月 1 日，《新青年》第 2 卷 6 號。	顧至於今日，歐洲脫離宗法社會已久，而吾國終顚頓于宗法社會之中而不能前進。推原其故，實家族制度爲之梗也。
陳獨秀	〈文學革命論〉 1917 年 2 月 1 日，《新青年》第 2 卷 6 號。	認爲中國社會黑暗的根源是「盤踞吾人根深柢固之倫理、道德、文學、藝術諸端」，單

		獨的政治革命不能生效，需要先進行倫理道德革命，主張改文言文爲白話文。
李大釗	〈自然的倫理觀與孔子〉1917 年 2 月 4 日，《甲寅》日刊，署名：守常。	余既絕對排斥以孔道規定於憲法之主張，乃更進而略述自然的倫理觀，以判孔子於中國今日之社會，其價值果何若者。
陳獨秀	〈舊思想與國體問題〉1917 年 5 月 1 日，《新青年》第 3 卷 3 號。	要鞏固共和，非先將國民腦子裡所有反對共和的舊思想，一一洗刷乾淨不可。
吳虞	〈儒家主張階級制度之害〉1917 年 6 月 1 日，《新青年》第 3 卷 4 號。	抨擊孔教的階級制度：「孔氏主尊卑貴賤之階級制度，由天尊地卑演而爲君尊臣卑，父尊子卑，夫尊婦卑，官尊民卑。尊卑既嚴，貴賤逐別。」「儒教不革命，儒學不轉輪，吾國遂無新思想、新學說，何以造新國民？」
陳獨秀	〈復辟與尊孔〉1917 年 8 月 1 日，《新青年》第 3 卷 6 號。	孔教與共和乃絕對兩不相容之物，存其一必廢其一。
魯迅	〈狂人日記〉1918 年 5 月 15 日，《新青年》第 4 卷 5 號。	以一個「狂人」的所見所聞，指出中國文化的朽壞。
陳獨秀	〈偶像破壞論〉1918 年 8 月 15 日，《新青年》第 5 卷 2 號。	吾人信仰，當以眞實的、合理的爲標準；宗教上，政治上，道德上，自古相傳的虛榮，欺人不合理的信仰，都算是偶像，都應該破壞！
魯迅	〈我之節烈觀〉1918 年 8 月 15 日，《新青年》第 5 卷 2 號。	我依據以上的事實和理由，要斷定節烈這事是：極難，極苦，不願身受，然而不利自他，無益社會國家，於人生將來又毫無意義的行爲，現在已經失了存在的生命和價值。
陳獨秀	〈本志罪案之答辯書〉1919 年 1 月 15 日，《新青年》第 6 卷 1 號。	針對社會對《新青年》破壞孔教，破壞舊倫理（忠、孝、節），破壞舊文學，破壞舊政治等罪項之答辯。提出擁護

		「德莫克拉西」（Democracy）和「賽因斯」（Science）兩位先生的口號。
吳虞	〈吃人與禮教〉 1919 年 11 月 1 日，《新青年》第 6 卷 6 號。	到了如今，我們應該覺悟：我們不是為君主而生的！不是為聖賢而生的！也不是為綱常禮教而生的！什麼「文節公」呀，「忠烈公」呀，都是那些吃人的人設圈套，來騙我們的！我們如今應該明白了！吃人的就是講禮教的！講禮教的就是吃人的呀！
魯迅	〈我們現在怎樣做父親〉 1919 年 11 月 1 日，《新青年》第 6 卷 6 號。	我作這一篇文的本意，其實是想研究怎樣改革家庭；又因為中國親權重，父權更重，所以尤想對於從來認為神聖不可侵犯的父子問題，發表一點意見。總而言之：只是革命要革到老子身上罷了。
胡適	〈吳虞文錄・序〉 1921 年 6 月 16 日。	胡適寫道：「我給各位中國少年介紹這位『四川省只手打孔家店』的老英雄——吳又陵先生！」胡適在序中首次提出「打孔店」。其實際含義是要打倒孔子、儒學、後儒和禮教。
魯迅	〈十四年的「讀經」〉 1925 年 11 月 27 日，《猛進》週刊第三十九期。	「還有，歐戰時候的參戰，我們不是常常自負的麼？但可曾用《論語》感化過德國兵？用《易經》咒翻了潛水艇呢？」本文在抨擊 1925 年 11 月 2 日，由章士釗主持的教育部部務會議議決，小學自初小四年級起開始讀經。

資料來源：搜尋並整理自網際網路。
註：本表僅列舉部分批判性文章，並按發表日期先後順序排列。

第四篇 總結篇

669

伍、新舊思想的激戰

　　陳獨秀等人在《新青年》對中國傳統社會批判的猛烈炮火，但這種離經叛道的言論，自然遭惹保守人士的不滿，當時對新文化運動攻擊最猛烈的是《東方雜誌》。

　　民國7年（1918）9月15日，陳獨秀在《新青年》第5卷3號發表〈質問東方雜誌記者〉一文，駁斥了《東方雜誌》對新文化運動的污蔑和攻擊。

　　民國8年（1919）3月18日，林紓在《公言報》發表〈致蔡鶴卿太史書〉攻擊新文化運動。

　　陳獨秀在民國8年1月15日，《新青年》第6卷1號針對外界的評擊發表〈本志罪案之答辯書〉：

> 這第二種人對於本志的主張，是根本上立在反對的地位了。他們所非難本志的，無非是破壞孔教，破壞禮法，破壞國粹，破壞貞節，破壞舊倫理（忠、孝、節），破壞舊藝術（中國戲），破壞舊宗教（鬼神），破壞舊文學，破壞舊政治（特權人治），這幾條罪案。
>
> 這幾條罪案，本社同仁當然直認不諱。但是追本溯源，本志同仁本來無罪，只因為擁護那德莫克拉西（Democracy）和賽因斯（Science）兩位先生，才犯了這幾條滔天的大罪。要擁護那德先生，便不得不反對孔教、禮法、貞節、舊倫理、舊政治。要擁護那賽先生，便不得不反對舊藝術、舊宗教。要擁護德先生又要擁護賽先生，便不得不反對國粹和舊文學。大家平心細想，本志除了擁護德、賽兩先生之外，還有別項罪案沒有呢？若是沒有，請你們不用專門非難本志，要有氣力、有膽量來反對德、賽兩先生，才算是好漢，才算是根本的辦法。

　　《東方雜誌》與《新青年》的相互激辯經過大眾媒體的報導反而提昇了《新青年》的知名度，民國八年（1919）起雜誌的銷售日漸旺盛。[26]

---

[26] 新青年，維基百科。

陸、《新青年》的轉向與「新文化運動」的終結

民國 8 年（1919）的「五四運動」陳獨秀是主要的領導人之一，這個運動也使「新文化運動」演變成全國性的風潮。

但「五四運動」後《新青年》發表的文章逐漸偏離了原有的宗旨。

先是，受到 1917 年俄國十月革命的影響，陳獨秀和李大釗等開始研究馬克思主義，《新青年》雜誌也開始宣傳社會主義。[27]

民國 7 年（1918）10 月 15 日，《新青年》第 5 卷 5 號發表李大釗的〈庶民的勝利〉和〈布爾什維主義的勝利〉（實際出版時間為 1919 年 1 月）。

當時的毛澤東看到了〈布爾什維主義的勝利〉這篇論文受到很大的影響，從那時起就對社會（共產）主義理論關切，將讀書的範圍擴及至馬克思、恩格斯、列寧等人的著作。[28]

同年，12 月 22 日陳獨秀、李大釗等在北京創辦《每週評論》。

民國 8 年（1919）4 月 6 日，《每週評論》第 16 號在「名著」欄內刊登署名舍（成舍我）用白話文翻譯的《共產黨宣言》第二章〈無產者與共產黨人〉最後部分，主要是十條綱領的全文。[29]

同年 4 月 20 日，在《每週評論》第 18 期上面，李大釗再次介紹《共產黨宣言》，他說，今天我們要談共產主義：「惟其中有一段歷史不可不知道的：即馬克斯曾手草過一篇共產主義宣言。」[30]

同年 5 月《新青年》第 6 卷 5 號，即「馬克思研究號」，刊載李大釗的〈我的馬克思主義觀〉（實際出版時間在 1919 年 9 月）。

這些文章的刊載使得《新青年》內部的編輯群因為理念的不同而產生分裂。

民國 8 年（1919）7 月 20 日，胡適在《每週評論》第 31 期上發表〈多研究些問題，少談些主義〉。8 月 17 日，李大釗在該刊第 35 期上發表了針鋒相對的〈再論問題與主義〉。

民國 9 年（1920）2 月中旬，陳獨秀因風化問題被北京大學解職，前往上海。

---

[27] 陳獨秀，維基百科。
[28] 松本一男，頁 3。本處引自：陳培雄，頁 47。
[29] 李權興、任慶海，《共產黨宣言》。
[30] 李權興、任慶海，《共產黨宣言》。

第四篇　總結篇

民國 9 年末，胡適提出《新青年》應「聲明不談政治」，遭到了陳獨秀、李大釗、魯迅等人的反對。

民國 10 年（1921）1 月 22 日，胡適寫信給北京同仁李大釗、魯迅、錢玄同、陶孟和高一涵等人，再次聲明其主張，指責《新青年》「差不多成了 *Soviet Russia* 的中譯本。」並給陳望道去信表示反對「將《新青年》作宣傳共產主義之用」。《新青年》內部開始分裂。胡適主張另創哲學文學雜誌，將馬列理論分裂出《新青年》，同時將編輯部移回北京。但陳獨秀依舊堅持己見，並取消了北京的編輯部。[31]

民國 10 年（1921）7 月，中國共產黨第一次全國代表大會在上海召開。陳獨秀沒有出席但被選為中央局書記。[32]

中國共產黨成立後《新青年》成為中共的理論宣傳刊物。9 月，陳獨秀再任主編，只出一期後停刊。民國 11 年（1922）7 月，又出一期（9 卷 6 期）終刊。[33]

從上述過程可知在民國 10 年（1921）時，由於《新青年》宣導的主題已偏向共產主義「新文化運動」也逐漸步入尾聲。

柒、「新文化運動」的影響

從「新文化運動」的內涵來看，它倡導西方的「科學」與「民主」，有人認為這是中國的啟蒙運動；它主張的「新文學與白話文」運動，有人認為這是中國的文藝復興運動。但吾人認為當時推動「新文化運動」的學者，只是因為在西方留學而看到西方國家政治制度的表象，吾人懷疑他們是否徹底瞭解西方「科學」與「民主」的真諦？吾人從陳獨秀等人在《新青年》發表的文章來看他們對「科學」的推展只是一句口號而已，並沒有更深的見解。在宣揚「民主」思想時也沒有談到洛克與盧梭的相關著作。但即使如此已對當時民智未開的中國社會造成重大的衝擊。

短短幾年的「新文化運動」到現在（2022）已經過了有近百多年，評估它對中國的影響，吾人認為它是一個成功的中國式文藝復興運動，一個不甚成功的中國式啟蒙運動。對前者而言，毫無疑問的是遍地開花，果實

---

[31] 新青年，維基百科。
[32] 陳獨秀，維基百科。
[33] 新青年，維基百科。

纍纍。對後者而言，現階段海峽兩岸的政府，僅在節日時紀念「五四運動」，而在施政上「德先生」距離落地生根尚有距離。

第四節　解讀孔孟

壹、儒學簡介

從上述二節的敘述當可知道，影響中國社會既深、且廣、且久的儒家受到「新文化運動」重重的狙擊幾乎是還手無力。吾人以為要公平客觀的評論儒家，就必須對儒家有一個整體的瞭解。

吾人稱孔孟為「原儒」，而「儒學」則是師尊孔孟思想而發展出的學術體系，投入這個體系並從事學術研究的稱之為「儒者」。因此「儒學」是「原儒」以及後世無數儒者近二千年的學術發展而成。這個學術體系自成一派，一般稱之為「儒家」。本章的重點主要就是在批判「原儒」與「儒家」。

儒家的學術經典是「四書」與「五經」。「四書」包含有《大學》、《中庸》、《論語》、《孟子》，五經是《詩》、《書》、《禮》、《易》、《春秋》。

《大學》據傳為曾子所作。有經一章、傳十章。經一章為孔子之言，曾子述之。傳十章為曾子對經一章的闡釋。《大學》為儒家入門必讀，故列為「四書」之首。

《中庸》是孔門傳授心法，子思（孔子孫，受學於曾子）恐其久了會有差錯，乃筆之於書並傳授予孟子。

《論語》是孔子學生記載孔子與弟子問對的一本書，其內容包含有道德、修身、政治、教育等，是儒家最重要的一本書。

《孟子》是記載孟子與其弟子言行的一本書。孟子師承子思，但其思想較孔子進取，與孔子並稱孔孟。南宋時朱熹將《孟子》列為「四書」之一。

漢唐以前是「五經」的時代，南宋時朱熹編輯《四書集注》，此後各朝皆以「四書」為科舉考試的範圍，「四書」地位乃逐漸凌駕在「五經」之

上。[34]

　　按理說，有二千年歷史的儒家應是經典沉深，籍載浩瀚，但無數的後世儒者被壓在「至聖」、「亞聖」的聖威之下，學術研究只是對孔孟思想的詮釋、詮釋、再詮釋，而不敢逾越。是以整個儒學體系其實只是一堆詮釋品的堆積，沉澱在原儒的框缸內，沒有產生什麼石破天驚超越原儒的大作。[35]

　　因此，想瞭解儒家必須先從解讀孔孟著手。

貳、剖析《論語》

　　吾人細讀《論語》，其經文看似零散，但可感覺到孔子胸有成竹，信心滿滿的侃侃而談，所以孔子講道的背後必定有一個體系作為導引。用現代學術用語來說，應該有一個簡單的模式來操控複雜的想法，這才是做學術研究所追求的。孔子自己也說：「賜也，女以予為多學而識之者與？」子貢對曰：「然，非與？」孔子接著說：「非也，予一以貫之。」[36]只不過孔子從來也沒有把這個一以貫之的「道」說清楚講明白。

　　吾人參考三民書局《新譯四書讀本》（該書採朱熹《四書集注》）從剖析《論語》著手，期能對孔子的思想有所瞭解。

　　《論語》從〈學而第一〉到〈堯曰第二十〉共二十篇，每篇各有若干章。每章經文長短不一，短的不滿十字，長的有數百字，一共有 499 章。

　　分析 499 章經文可發現，其中有 222 章經文的內容是記載孔子對弟子或政治人物的評論、孔子的生活細節、孔子談朝廷的禮儀等。個人認為這 222 章經文與孔子的思想無關，不須細讀可以刪除。

　　繼之，吾人分析剩餘的 277 章經文的內涵，可歸納如下：

　　與「仁」有關的經文有 42 章。

　　與「政」有關的經文，包含政事、君臣互動、如何使民等有 47 章。

　　與「學」有關的經文，包含教育、選才、因材施教等有 31 章。

　　與「孝」有關的經文有 11 章。

---

[34] 四書五經，維基百科。

[35] 南宋時的儒學有「十三經」，其經文不過 65 萬字，而關於它們的注解高達三億左右，為原文的四五百倍。參見〈十三經〉，維基百科。

[36] 《論語》，〈衛靈公第十五〉，第二章。

其他經文有146章，其內涵有道、禮、恭、君子、小人、信、義、知、德、利、忠恕、友、勇、祭禮等。

參、從《論語》中理出孔子的思想

經上述歸納分析，吾人發現在《論語》眾多的議題中，「仁」是被討論最多且是最重要的。

於是吾人將與「仁」相關的重要經文提列如表 17.2。

表 17.2：論語中與「仁」有關重要經文

（102）有子曰：「其爲人也孝弟，而好犯上者，鮮矣。不好犯上，而好作亂者，未之有也。君子務本，本立而道生。孝弟也者，其爲仁之本與？」
（106）子曰：「弟子入則孝，出則弟，謹而信，泛愛眾，而親仁。行有餘力，則以學文。」
（403）子曰：「唯仁者，能好人，能惡人。」
（404）子曰：「苟志於仁矣，無惡也。」
（405）子曰：「富與貴，是人之所欲也，不以其道得之，不處也。貧與賤，是人之所惡也，不以其道得之，不去也。君子去仁，惡乎成名？君子無終食之間違仁，造次必於是，顛沛必於是。」
（406）子曰：「我未見好仁者，惡不仁者。好仁者，無以尚之；惡不仁者，其爲仁矣，不使不仁者加乎其身。有能一日用其力於仁矣乎？我未見力不足者。蓋有之矣，我未之見也！」
（407）子曰：「人之過也，各於其黨。觀過，斯知仁矣。」
（505）或曰：「雍也，仁而不佞。」子曰：「焉用佞？禦人以口給，屢憎於人。不知其仁，焉用佞？」
（620）樊遲問知，子曰：「務民之義，敬鬼神而遠之，可謂知矣。」問仁，曰：「仁者先難而後獲，可謂仁矣。」
（621）子曰：「知者樂水，仁者樂山。知者動，仁者靜。知者樂，仁者壽。」
（624）宰我問曰：「仁者雖告之曰：『井有仁焉』，其從之也？」子曰：「何爲其然也？君子可逝也，不可陷也。可欺也，不可罔也。」
（706）子曰：「志於道，據於德，依於仁、游於藝。」
（729）子曰：「仁遠乎哉？我欲仁，斯仁至矣！」
（733）子曰：「若聖與仁，則吾豈敢？抑爲之不厭，誨之不倦。則可謂云爾已矣！」公西華曰：「正唯弟子不能學也！」

（807）曾子曰：「士不可以不弘毅，任重而道遠。仁以爲己任，不亦重乎！死而後已，不亦遠乎！」
（928）子曰：「知者不惑，仁者不憂，勇者不懼。」
（1201）顏淵問仁。子曰：「克己復禮爲仁。一日克己復禮，天下歸仁焉。爲仁由己，而由人乎哉？」顏淵曰：「請問其目？」子曰：「非禮勿視，非禮勿聽，非禮勿言，非禮勿動。」顏淵曰：「回雖不敏，請事斯語矣！」
（1203）司馬牛問仁。子曰：「仁者，其言也訒。」曰：「其言也訒，斯謂之仁已乎？」子曰：「爲之難，言之得無訒乎？」
（1222）樊遲問仁，子曰：「愛人。」問知，子曰：「知人。」樊遲未達。子曰：「舉直措諸枉，能使枉者直。」樊遲退，見子夏曰：「鄉也吾見於夫子而問知，子曰：『舉直措諸枉，能使枉者直。』何謂也？」子夏曰：「富哉言乎！舜有天下，選於眾，舉皋陶，不仁者遠矣；湯有天下，選於眾，舉伊尹，不仁者遠矣。」
（1319）樊遲問仁。子曰：「居處恭，執事敬，與人忠。雖之夷狄，不可棄也。」
（1327）子曰：「剛毅木訥，近仁。」
（1402）「克、伐、怨、欲，不行焉，可以爲仁矣？」子曰：「可以爲難矣，仁則吾不知也。」
（1405）子曰：「有德者必有言，有言者不必有德。仁者必有勇，勇者不必有仁。」
（1407）子曰：「君子而不仁者有矣夫！未有小人而仁者也！」
（1430）子曰：「君子道者三，我無能焉：仁者不憂，智者不惑，勇者不懼。」子貢曰：「夫子自道也！」
（1508）子曰：「志士仁人，無求生以害仁，有殺身以成仁。」
（1509）子貢問爲仁，子曰：「工欲善其事，必先利其器。居是邦也，事其大夫之賢者，友其士之仁者。」
（1706）子張問仁於孔子，孔子曰：「能行五者於天下，爲仁矣。」「請問之？」曰：「恭、寬、信、敏、惠。恭則不侮，寬則得眾，信則人任焉，敏則有功，惠則足以使人。」
（1708）子曰：「由也，女聞六言六蔽矣乎？」對曰：「未也。」「居，吾語女：好仁不好學，其蔽也愚；好知不好學，其蔽也蕩；好信不好學，其蔽也賊；好直不好學，其蔽也絞；好勇不好學，其蔽也亂；好剛不好學，其蔽也狂。」
（1717）子曰：「巧言令色，鮮矣仁。」（或見學而第一（三），103）
註：每章經文前括弧內的數字表該經文的篇與章。如（1708）表陽貨第十七第八章。

吾人從表 17.2 中，可歸納出下列幾點：

· 《論語》中沒有經文對「仁」字下一明確的定義，其實這也是中國古
籍的通病。對一個未曾明確定義的名詞就會產生各自解釋各說各話
的空間，同時也不能由此名詞演繹得到下一層級的觀念。

· 從表 17.2 所列各章經文中可看出，右列各項行為：孝、弟（102），
信（106），不憂（928）、克己復禮（1201），愛人（1222），恭、
敬、忠（1319）勇（1405），恭、寬、信、敏、惠（1706），都是
「仁」的表現。

由是，吾人可得結論：「仁」是孔子思想中的核心觀念。

肆、孔子思想的核心觀念

在《論語》中，吾人只能從行為面來窺測「仁」的意義，毋寧是《論
語》的一個缺憾。但在《中庸》與《孟子》中，吾人找到了孔子對「仁」
的明確說明。

　　　哀公問政。子曰：「……仁者，人也。親親為大；義者，
　　宜也，尊賢為大。親親之殺，尊賢之等，禮之所生
　　也。……」[37]
　　　孟子曰：「仁也者，人也。合而言之，道也。」[38]

「仁者，人也。」「仁」是做人的道理，是人的本性。「仁也者，人也。
合而言之，道也。」於是孔子所謂的一以貫之的「道」就是「仁」。「仁」
字作如是的解釋則表 17.2 中各章經文的道理大致就通了！

　　換言之，「仁」是孔子思維的「前提」，他由此出發而開展出一個體
系。吾人先不討論這個「前提」的正確與否，順著他的思路，繼續探討。

　　吾人再分析表 17.2 中各種合乎「仁」的行為，其共同的特點就是一個
「善」字。換言之，孔子認為人的本性是善良的，人的行為也應該是善良
的。吾人將「仁」說的更白話些，孔子所說的「仁」就是「善心」與「善

---

[37] 《中庸》，第二十章。
[38] 《孟子》，〈盡心下〉，第十六章。

第四篇　總結篇

行」。通篇《論語》就是要教誨德化，凡為「人」者要「當好人，做好事。」這個「人」字當然是廣義的，上至帝王將相、王公貴族，下至平民百姓、販夫走卒，凡是「人」就當行「仁」。

伍、《論語》的整體觀念架構

吾人若能瞭解孔子思想的核心觀念，就很容易推敲出《論語》的整體觀念架構。

其實無須再從《論語》各篇經文的歸納著手，在《中庸》裡個人認為有一段經文幾乎已經表達了《論語》的整體觀念。

> 哀公問政。子曰：「……天下之達道五，所以行之者三。
> 曰君臣也，父子也，夫婦也，昆弟也，朋友之交也，五者天
> 下之達道也：知、仁、勇三者，天下之達德也。……」[39]

這段話明確指出社會的倫理關係有五種，而知、仁、勇就是社會關係互動的基礎。對這段經文，吾人承認在當時社會有「君臣、父子……」等五達道的倫理現象，但對「知、仁、勇」三達德卻有不同的看法。吾人以為：

1. 「知」是後天學習而得，並非人人皆能具備，不應列為三達德之中。
2. 在《論語》中，孔子曾說過「仁者必勇」（見表 17.2，1405）。換言之，三達德僅存「仁」而已。

因此，孔子在《中庸》第二十章說的話應該改為：

> 天下之達道五，所以行之者一。曰君臣也，父子也，夫婦
> 也，昆弟也，朋友之交也，五者天下之達道也：仁者，天下
> 之達德也。

吾人以為上列修改後的文字就是《論語》的整體觀念架構。吾人將此觀念繪之如圖 17.1 所示。

---

[39] 《中庸》，第二十章。

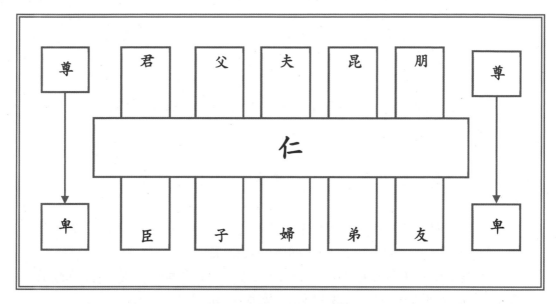

圖 17.1：《論語》的整體觀念架構

　　不需要對圖 17.1 作太多的解釋，且看下列引自《大學》、《論語》及《孟子》中的經文，就會瞭解圖 17.1 的大意。

　　　齊景公問政於孔子。孔子對曰：「君君、臣臣、父父、子子。」[40]

　　　定公問曰：「君使臣，臣事君，如之何？」孔子對曰：「君使臣以禮，臣事君以忠。」[41]

　　　爲人君，止於仁；爲人臣，止於敬；爲人子，止於孝；爲人父，止於慈；與國人交，止於信。[42]

　　　故君子不出家而成教於國：孝者，所以事君也；弟者，所以事長也；慈者，所以使眾也。[43]

　　　爲人臣者懷仁義以事其君；爲人子者懷仁義以事其父；爲人弟者懷仁義以事其兄；是君臣、父子、兄弟去利，懷仁義

---

[40] 《論語》，〈顏淵第十二〉，第十一章。
[41] 《論語》，〈八佾第三〉，第十九章。
[42] 《大學》，〈經一章〉。
[43] 《大學》，〈傳二章〉。

第四篇
總結篇

以相接也。[44]

　　子謂子產：「有君子之道四焉：其行也恭，其事上也敬，
其養民也惠，其使民也義。」[45]

　　《論語》的整體觀念架構就是將「仁」的觀念運用到五達道上。也就
是

**　　君仁臣忠、父慈子孝、兄友弟恭、夫義婦隨、朋友互信**

　　吾人當知上述五達道中，「君、父、兄、夫」爲五達道中的「尊位」
者；「臣、子、弟、婦」爲五達道中的「卑位」者。

　　五達道中的「朋友」之間也有尊卑之分，不是平等的。「朋友」間的尊
卑就反映在彼此的官位、學識、財富、家世、年齡上。

　　在當時的社會互動中，上述「忠、慈、孝、友、恭、義、隨、信」皆
是「仁」在五達道中因社會階級尊卑不同而應有的行爲表現，與對該行爲
的用語。這些名詞就是儒家一直再三強調，且反覆出現在儒學的論述中。

　　簡言之，《論語》的整體觀念是：

**　　尊卑相往，行之以仁。上以仁待下，下以仁事上**

　　是故，孔子一以貫之的「道」唯「仁」而已。

　　吾人以爲《論語》中，除了論「學」以外，圖 17.1 的架構已能闡釋大
部分孔子的思想。

　　只不過對孔子的「道」，各有各的解讀，圖 17.1 是個人從《大學》、《論
語》及《孟子》的經文歸納而得。列一段經文參考：

　　子曰：「參乎！吾道一以貫之。」曾子曰：「唯。」子
出，門人問曰：「何謂也？」曾子曰：「夫子之道，忠恕而已
矣！」[46]

---

[44] 《孟子》，〈告子下〉，第四章。
[45] 《論語》，〈公冶長第五〉，第六章。
[46] 《論語》，〈里仁第四〉，第十五章。

此處的「忠恕」就是「仁」的行為。

第五節　對原儒的檢驗

壹、體檢原儒所使用的方法

吾人將運用現代的科學方法來體檢原儒。

以下將對「邏輯」、「科學方法」、「方法學」(methodology)、「科學」等相關觀念作簡單的介紹，詳細的介紹，請參考本書第二章：「科學方法在社會科學學術研究的運用」。

吾人已在本書第二章中提及，在社會科學中找不到類似自然科學那種放諸四海的定理或理論，因此幾乎不須長篇論述就可知傳統中國在推行儒學時犯的錯，那就是把儒家經文當作是必然性的定理看待！

貳、對《大學》的批判

《大學》被認為是儒家的入門之學，是經緯國政之學，其精髓就在〈經一章〉，〈經一章〉之後從〈傳一章〉到〈傳十章〉皆在闡釋〈經一章〉的經文。吾人將〈經一章〉中最重要的經文，列之如下：

> 古之欲明明德於天下者，先治其國；欲治其國者，先齊其家；欲齊其家者，先修其身；欲修其身者，先正其心；欲正其心者，先誠其意；欲誠其意者，先致其知；致知在格物。物格而後知至，知至而後意誠，意誠而後心正，心正而後身修，身修而後家齊，家齊而後國治，國治而後天下平。
>
> 自天子以至於庶人，壹是皆以修身為本。其本亂而末治者否矣。其所厚者薄，而其所薄者厚，未之有也。

這段經文中的八個重要名詞：「格物、致知、誠意、正心、修身、齊

家、治國、平天下」在中國幾乎大部分的人都讀過。將這八個名詞串連在其先後之間作一推演由「格物、致知」而得到「治國、平天下」的經文大部分中國人或是儒者都認為是順理成章的名言鐵律，重要的文化遺產。

但今人讀《大學》總是有些質疑：一是〈經一章〉似乎僅是個理想，在現實社會中能否落實！中國歷代朝政不就是治、亂交參，吾人甚至認為亂世多於治世，天下太平者幾希！二是〈經一章〉各名詞之間是否有「物格而後知至，知至而後意誠，……家齊而後國治，國治而後天下平。」的演繹關係。因此，吾人是否可得一結論見諸中國歷史天下太平者幾希是以《大學》所言不實。

吾人若是瞭解「自然科學」與「社會科學」最大的不同就知道，《大學》〈經一章〉的問題所在。換言之，〈經一章〉中最重要八個名詞之間的關係不是「必然的」而是「或然的」、「可能的」。

因此，《大學》〈經一章〉的經文要改寫為：

物格而後可能知至，知至而後可能意誠，意誠而後可能心正，心正而後可能身修，身修而後可能家齊，家齊而後可能國治，國治而後可能天下平。

不過經這麼修改，〈經一章〉的經文就是說了等於沒說，一點學術價值都沒有了！

「推論」是常人思維時經常使用的，儒學也需要推論，但儒學中將「或然性的前提或結論」當成「必然性前提或結論」的情形實在太多，從孔子「仁者人也」（這是「或然性的前提」）的命題到《大學》〈經一章〉的經文，以及在《四書》中隨處可見。由於這種推論的方式始作俑者是孔子，吾人稱之為「孔氏邏輯」。

吾人發現通篇儒學都是在傳道行仁行善，「孔氏邏輯」的形式就是從一個「善」的前提一定會推導出「善」的結論，也就是「善有善果」。一般人都認為行善是好事就信之當然奉行不悔。但事實上卻不盡然如此，「善有善果」中的「善果」只是個可能而已，是個「或然性的結論」。證諸中國歷史，除了堯、舜、文、武、周公外，莫不是「竊國者侯，竊天下者王」，至於「竊國、竊天下」之道，可說是極盡卑鄙無恥陰狠之至！簡直就是「惡行報之以富貴」，怎麼說也不像「自天子以至於庶人，壹是皆以修身為本。

其本亂而末治者否矣。其所厚者薄，而其所薄者厚，未之有也。」

吾人回歸到對《大學》的批判。

在《大學》〈經一章〉中，就「家齊而後國治」這句經文而言，在中國歷史上就經不起驗證。

唐宗、漢武是中國歷史上最著名的二個盛世，且看唐太宗與漢武帝是如何齊家的。唐太宗弒兄、殺弟、迫父讓位，還占了弟弟的妻子；漢武帝立子弗陵為太子，在太子即位前武帝為避免未來太后干政而將弗陵生母殺了。這就是二位明君的齊家之道。

類似例子，不勝枚舉。是以，吾人可歸納得一結論：「家齊而後國治」這經文不是必然的。至於治國之道，在傳統中國的朝堂「整肅異己，收回兵權」為第一要務，腥風血雨的權力鬥爭沒完沒了，不到大權完全掌控就不要妄圖推動國事，遑論天下太平。

其次，我國歷代在朝為官的大臣，有「忠」、「奸」之分，但無論「忠」、「奸」莫不皆是飽讀詩書經綸滿腹。這不就說明一點，讀聖賢書未必盡作聖賢事，足證「格物、致知」與「誠意、正心、修身」之間沒有必然的關聯。

以上所言，還不是《大學》〈經一章〉最大的錯誤。

〈經一章〉最大的錯誤是，將「格物、致知」這二個定義不清的「空虛」名詞當成整段經文的前提，但由這個空虛的前提如何能導出「治國、平天下」的大道理？

實在不須再去引述歷代大儒對「格物、致知」的詮釋，否則吾人也不會以「虛言」稱之，吾人需要的是具體的方法，即「如何格物，才能致知」。大哉！中國人自孔孟到現在二千年了，無數儒者的耕耘，格來格去，格進格出，卻換來一個「虛言」的評語，口氣狂妄至極，不給個交待是不行的！吾人又不是什麼天縱英明如牛頓（Isaac Newton）、愛因斯坦（Albert Einstein）之流，但猶如張無忌（金庸小說《倚天屠龍記》主角）莫名其妙的找到《九陰真經》，好像探礦者突如其來的挖掘了寶藏，就這麼在大學（University）裡（不是《大學》）找到了，是一個洋玩意，「格物者『科學方法』也！致知者『科學』也！」本文對《大學》體檢所使用的不就是「科學方法」？真的是「禮失求諸野；大學之道，藏諸西夷。」難怪魯迅讀了十四年的經書說：「還有，歐戰時候的參戰，我們不是常常自負的麼？

683

但可曾用《論語》感化過德國兵,用《易經》咒翻了潛水艇呢?」[47]

以下舉二個現代「大學之道」的例子。

比爾‧蓋茨(Bill Gates)1955 年 10 月出生在美國西雅圖,曾就讀於西雅圖私立湖濱中學,1973 年進入哈佛大學。大三時輟學與同窗保羅‧艾倫(Gardner Allen)一起創辦了微軟公司,推出了 DOS 和 WINDOWS,成為世界首富。

馬克‧艾略特‧祖克柏(Mark Elliot Zuckerberg)1984 年 5 月 14 日出生於美國紐約州白原市。2002 年 9 月進入哈佛大學,2004 年 2 月在哈佛大學宿舍發起了「臉書」(Facebook),也成為世界最有錢的年輕人之一。

這二個人從進小學啟蒙開始大學還沒念完,總共才受了十多年教育,比魯迅十四年讀經的時間還短,二十出頭就發了大財,學校教的是什麼?不就是「格物、致知」麼?可見西方的「格物、致知」是絕對勝過歷史悠久的《大學》之道。

現代的「大學之道」就是「物格而後(可能)知至,知至而後(可能)創新,創新而後(可能)民富,民富而後(可能)國強。」西方「科學革命」的結果就是「民富國強」,否則如何能動搖我大清帝國?可見洋鬼子的「格物、致知」絕非空言虛語。

因此,《大學》〈經一章〉所言果真是「治國、平天下」的鐵律,其學術價值就會功高牛頓、愛因斯坦震驚全球,中外學者該爭相引用,外國政治家當熟記奉行才是!但吾人端看現今世界流行趨勢,中國菜與中國功夫才是老外豎大拇指的最愛。

寫到這裡不禁要大罵,四千年歷史的華夏之邦,雄據東亞的泱泱大國,何以到了近代不但沒有平天下反而給天下平了?淪落至此,誰之過與!

看來這個被列為四書之首的《大學》是可以扔到字紙簍去了!

參、孔子思想的最大缺失

吾人已對《論語》整體觀念有大致的瞭解,我們現代人讀《論語》當然不應該將之視為當然,照單全收,但不論是想在雞蛋裡挑骨頭還是想如

---

[47] 見魯迅,〈十四年的「讀經」〉。

「新文化運動」要打倒孔老二、拆除孔家店，都要有一套讓人信服的說法。

　　吾人以爲孔子思想上的最大缺陷，就是《論語》整體架構的不周全性。這種架構上的不周全性是：

> 　孔子思想的核心是凡爲人者，當行仁道。但若不行仁道，
> 「上不以仁待下，下不以仁事上」則將如何！孔子就沒有清
> 　楚交待。

　　孔子也說過：「道二：仁與不仁而已矣。」[48]由這句話很明顯的可以看出，孔子整體思想不周全性的原因就在於，孔子「仁者人也」的思維前提對整個中國傳統社會現象只有部分的解釋力，由這個或然性的前提如何能導出一個全面含蓋的必然性結論。

　　孔子言論通篇重點就是一個「仁」字，而對「不仁」的部分就輕輕帶過了！吾人認爲「仁者人也」只是道德性的訴求，儒家卻將之當成物理性的、普遍性的定律來處理，由此推導出的觀念定然是禁不起檢驗，批判孔子從這處著手，那孔子的徒弟必是無力反應的。回顧「新文化運動」與保守派思想激戰的過程，雙方攻防策略的差異不就是如此。

　　吾人將《論語》中對不行仁道者的處理經文，列之如表 17.3。

表 17.3：《論語》中對「不行仁道」有關的經文

（103）子曰：「巧言令色，鮮矣仁。」（或見陽貨第十七（十七），1717）
（108）子曰：「君子不重則不威，學則不固，主忠信，毋友不如己者，過則勿憚改。」
（303）子曰：「人而不仁，如禮何？人而不仁，如樂何？」
（326）子曰：「居上不寬，爲禮不敬，臨喪不哀，吾何以觀之哉？」
（402）子曰：「不仁者，不可以久處約，不可以長處樂。仁者安仁；智者利仁。」
（409）子曰：「士志於道，而恥惡衣惡食者，未足與議也！」
（525）子曰：「巧言、令色、足恭，左丘明恥之，丘亦恥之。匿怨而友其人，左丘明恥之，丘亦恥之。」

---

[48] 參見：《孟子》，〈離婁上〉，第二章。

總結篇

（810）	子曰：「好勇疾貧，亂也。人而不仁，疾之已甚，亂也。」
（813）	子曰：「篤信好學，守死善道。危邦不入，亂邦不居。天下有道則現，無道則隱。邦有道，貧且賤焉，恥也；邦無道，富且貴焉，恥也。」
（1116）	季氏富於周公，而求也爲之聚斂而附益之。子曰：「非吾徒也，小子鳴鼓而攻之，可也。」
（1401）	憲問恥。子曰：「邦有道穀，邦無道穀，恥也。」
（1403）	子曰：「邦有道，危言危行；邦無道，危行言遜。」
（1446）	原壤夷俟，子曰：「幼而不遜悌，長而無述焉，老而不死，是爲賊。」以杖叩其脛。
（1539）	子曰：「道不同，不相爲謀。」
（1713）	子曰：「鄉原，德之賊也！」
（1903）	子夏之門人問交與子張，子張曰：「子夏云何？」對曰：「子夏曰：『可者與之，其不可者拒之。』」子張曰：「異乎吾所聞：『君子尊賢而容眾，嘉善而矜不能。』我之大賢與，於人何所不容？我之不賢與，人將拒我，如之何其拒人也？」

　　表 17.3 是吾人將《論語》中，有關「不行仁道」經文的摘錄。吾人可看出上述經文大多與「朋友」、「君主」有關，且其處置之道是溫和的。

　　吾人繼續從五達道中的「君、父、友、妻」等四個面向，將孔子思想的缺失分析如下。

一、孔子對不仁朋友的看法

　　孔子一直企圖德化社會的人際關係，將「仁」的觀念用之於「朋友」交往，但卻不如預期也不盡符合社會事實。

　　中國社會朋友之間的往來，初次見面從握手寒暄那一刻起，就在相互探底。底牌揭露，尊卑立判，交往態度隨之改變。

　　更重要是必須瞭解在傳統中國社會的五達道，「尊卑」關係會隨時空改變的。英雄不論出身低，賤民也會當皇帝。不知主從易位，就不懂應對進退，輕則交友不成，再者惹禍上身，重則腦袋搬家，呂后誘殺韓信就是例子。

　　朋友之間既有尊卑之分，又要以「仁」相待，一般凡人大概都作不到。從表 17.3 中可看出，孔子對「不行仁道」的朋友，其處置就是不相往來，如「道不同，不相爲謀」、「毋友不如己者」，最重的也就是以仗輕擊他

老友原壤的小腿了！（見表17.3（1446））

二、孔子對不仁父親的看法

摘錄一段《孔子家語》中「小棰則待過，大杖則逃走」的記事：

> 曾子耘瓜，誤斬其根。曾晳（曾子的父親）怒建大杖以擊其背，曾子仆地而不知人，久之有頃，乃蘇，欣然而起，進於曾晳曰：「嚮也參得罪於大人，大人用力教，參得無疾乎。」退而就房，援琴而歌，欲令曾晳而聞之，知其體康也。孔子聞之而怒，告門弟子曰：「參來勿內。」曾參自以爲無罪，使人請於孔子。子曰：「汝不聞乎，昔瞽瞍有子曰舜，舜之事瞽瞍，欲使之未嘗不在於側，索而殺之，未嘗可得，小棰則待過，大杖則逃走，故瞽瞍不犯不父之罪，而舜不失烝烝之孝，今參事父委身以待暴怒，殪而不避，既身死而陷父於不義，其不孝孰大焉？汝非天子之民也，殺天子之民，其罪奚若？」曾參聞之曰：「參罪大矣。」遂造孔子而謝過。[49]

這段記載說明曾子是讀死書的愚孝，也顯現中國傳統社會體罰行爲是一種常規。吾人以爲大杖要走是對的，免得萬一受了傷或被打死會使曾父後悔。若曾父打死曾子而無悔恨，非人與！更何況曾子的父親曾晳是孔子的早期弟子，是孔門弟子七十二賢之一，他痛打兒子的行爲對「父慈子孝」的經訓眞是莫大的諷刺。[50]

吾人以爲不論如何，打傷人，打死人，曾父都該負起應有的責任，但孔子的考量是曾子身死會陷父於不義，且使曾父受法律制裁。在《論語》中已有孔子贊同父子相互隱過的經文[51]，《孔子家語》這段記載又顯示孔子以隱瞞父親的過失，來維護父親名譽，而使曾子博取「孝」名，這著實有些虛僞。孔子沒有譴責曾父的不仁道，卻大罵曾子，傳統社會

---

49 王肅，《孔子家語》，卷第四，〈六本第十五〉。
50 曾晳，百度百科。
51 參見，《論語》，〈子路第十三〉，第十八章。或本章表 **16.3**，1318。

第
四
篇

總
結
篇

的父親在家裡眞的是可以爲所欲爲了！

　　「新文化運動」時吳虞就是因爲與父親關係不好雙方還曾對簿公堂，吳虞因此怒而批孔了！[52]魯迅寫短文〈我們現在怎樣做父親〉[53]想對於從來認爲神聖不可侵犯的父權發表意見，魯迅眞的是革命革到老子身上了！看來，孔子對「孝」的觀念是：「父可以不父，子不能不子。」

三、孔子對不仁君上的看法

　　從表 17.3 中，對不仁君主的爲臣之道，孔子的說法是「危邦不入，亂邦不居。天下有道則現，無道則隱。」、「邦有道，危言危行；邦無道，危行言遜。」幾條經文就輕鬆帶過了！

　　春秋時代肆意妄爲的昏君、暴君定也不少，孔子自己曾說過「苛政猛於虎。」[54]、「志士仁人，無求生以害仁，有殺身以成仁。」[55]的話，吾人當然不會要求孔子犧牲生命去面對苛政，但竟然口不誅，筆不伐，這就枉負大思想家、大道德家的聖名了！

四、孔子對「夫妻」與「女子」的看法

　　至若是，五達道之一的「夫妻」關係在《論語》中好像「妻子」是不存在似的，幾乎沒有「夫妻」相處之道的經文。僅在〈季氏第十六〉有段經文如下：

> 邦君之妻，君稱之曰「夫人」，夫人自稱曰「小童」。邦人稱之曰「君夫人」，稱諸異邦曰「寡小君」。異邦人稱之亦曰「君夫人」。[56]

　　這段經文只是說明「妻子」該如何稱呼，是唯一出現「妻子」的經文。

---

[52] 吳虞，〈家族制度爲專制主義之根據論〉。
[53] 魯迅，〈我們現在怎樣做父親〉。
[54] 《禮記》，〈檀弓（下）〉。
[55] 《論語》，〈衛靈公第十五〉，第八章。
[56] 《論語》，〈季氏第十六〉，第十四章。

基本上孔子對「女子」是輕蔑的，完全沒有待之以「仁」，且看下列二段經文：

> 子曰：「唯女子與小人爲難養也。近之則不孫，遠之則怨。」[57]

這段經文明顯將「女子」與「小人」等同視之。

> 舜有臣五人，而天下治，武王曰：「予有亂（治）臣十人。」孔子曰：「『才難』，不其然乎？唐虞之際，於斯爲盛，有婦人焉，九人而已。三分天下有其二，以服事殷、周之德，其可謂至德也已矣。」[58]

這段經文，竟然將武王的治臣十人，說成只有九人，其中一位因爲是婦人，所以不列入計算，可見孔子對女人的藐視。

肆、孟子思想的特點與檢驗

孟子師承孔門，其思想脫不了孔子的框架，但他較孔子更爲進取，他挑戰君權體制，說了些孔子不敢說的話。也難怪孟子——這位孔子的第四代（或第五代？）弟子——會超越曾子被稱爲亞聖了！

一、孟子是「君權神授」觀念的認同者

漢武帝時的董仲舒並不是中國最早提出「君權神授」的儒者，事實上在他之前孟子也有類似的言論。《孟子》萬章上有段經文：

> 萬章曰：「堯以天下與舜，有諸？」
> 孟子曰：「否。天子不能以天下與人。」
> 「然則舜有天下也，孰與之？」

---

57 《論語》，〈陽貨第十七〉，第二十五章。
58 《論語》，〈泰伯第八〉，第二十章。

曰：「天與之。」

「天與之者，諄諄然命之乎？」

曰：「否。天不言，以行與事示之而已矣。」

曰：「以行與事示之者，如之何？」

曰：「天子能薦人於天，不能使天與之天下；諸侯能薦人於天子，不能使天子與之諸侯；大夫能薦人於諸侯，不能使諸侯與之大夫。昔者堯薦舜於天，而天受之，暴之於民而民受之。故曰：『天不言，以行與事示之而已矣。』」

曰：「敢問『薦之於天，而天受之；暴之於民，而民受之』，如何？」

曰：「使之主祭，而百神享之，是天受之；使之主事而事治，百姓安之，是民受之也。天與之，人與之，故曰：『天子不能以天下與人。』……」[59]

　　這段經文的第四句話「曰：『天與之。』」顯示孟子是認同「君權神授」的。[60]但吾人以為，除非孟子是老天在凡世的代言人，否則這個命題的產生讓人覺得毫無緣由。其中「昔者堯薦舜於天，而天受之，暴之於民而民受之。故曰：『天不言，以行與事示之而已矣。』」這句話也禁不起推敲，中國古時的帝位禪讓也只有堯舜禹三位而已，如將此三者的大位獲得解釋為「天與之」，那以後數百位皇帝的繼承該如何解釋？況且「天受之，暴之於民而民受之。」若天受之，暴之於民，而民是否能拒絕之。因此，後段經文都是在為「天與之」命題的牽強辯論。

二、孟子主張對暴君有反抗的權力

　　孟子曰：「仁也者，人也。合而言之，道也。」[61]這是典型的孔門思想。

　　孟子曰：「民為貴，社稷次之，君為輕。」[62]這段經文衍生

---

[59] 《孟子》，〈萬章上〉，第五章。
[60] 薩孟武，頁154。
[61] 《孟子》，〈盡心下〉，第十六章。
[62] 《孟子》，〈盡心下〉，第十四章。

出中國最重要的民本思想。

　　孟子告齊宣王曰：「君之視臣如手足，則臣視君如腹心；君之視臣如犬馬，則臣視君如國人；君之視臣如土芥，則臣視君如寇讎。」[63] 這段經文說明孟子認為「君不君，則臣不臣。」

　　齊宣王問曰：「湯放桀，武王伐紂，有諸？」孟子對曰：「於傳有之。」

　　曰：「臣弒其君，可乎？」

　　曰：「賊仁者謂之賊，賊義者謂之殘，殘賊之人謂之一夫．聞誅一夫紂矣，未聞弒君也！」[64]

　　當著齊宣王回這種驚心動魄的話，不得不佩服孟子的膽識與齊宣王的胸襟。明朝朱元璋看了這經文直說要殺了孟子，並刪除《孟子》中對君權不利的經文。以後的儒者就通權達變，不會再說這種會掉腦袋的話。

　　從《孟子》中，似乎可以感到孟子的「浩然之氣」，以及「自反而縮，雖千萬人，吾往矣！」的精神，這較諸孔子「志士仁人，無求生以害仁，有殺身以成仁。」[65] 顯然孟子的思想進取多了！

三、孟子對「孝」的看法

　　孟子對「孝」的觀念，也超越了孔子，不過他的觀念是會讓現代人感到奇怪的，且看《孟子》〈盡心上〉第三十五章。

　　桃應問曰：「舜為天子，皋陶為士（獄官），瞽瞍（舜父）殺人，則如之何？」

　　孟子曰：「執之而已矣。」

　　「然則舜不禁與？」

　　曰：「夫舜惡得而禁之？夫有所受之也。」

　　「然則舜如之何？」

　　曰：「舜視棄天下猶棄敝蹝也。竊負而逃，遵海濱而處，

---

63 《孟子》，〈離婁下〉，第三章。
64 《孟子》，〈梁惠王下〉，第八章。
65 《論語》，〈衛靈公第十五〉，第八章。

第四篇　總結篇

> 終身訢然，樂而忘天下。」

儒家不是說「學而優則仕」，「士當以天下爲己任」麼？孔子是「爲
父隱過」，孟子則認爲（似乎是建議）舜會放棄天子大位帶著殺人的父親
「竊負而逃，遵海濱而處」。這不就是天子帶頭犯法，而且還「終身訢
然，樂而忘天下」。萬一那天被繼任天子捉了回來，再欣欣然雙雙坐牢。
這「犯法救父」的想法確實讓現代人感到奇怪。

伍、《四書》經文上的瑕疵

吾人已經提出孔子思想架構上的最大缺陷，就是《論語》整體架構的
不周全性。原儒思想的缺失當然也反映在「四書」的經文上。吾人將「四
書」思維有瑕疵的經文列如表 17.4。

表 17.4：《四書》中有瑕疵的經文

哀公問政。子曰：「⋯⋯仁者，人也。親親爲大；義者，宜也，尊賢爲大。親親之殺，尊賢之等，禮之所生也。⋯⋯」（《中庸》，第二十章） 「仁者，人也。」對社會現象僅有部分解釋能力，使用的是歸納邏輯，卻犯了以偏蓋全的錯誤，也就是將局部現象或少數個案當成通例。如現代有人謂「學歷無用論」，就是將少數未曾向學而有成就的企業家個案，而推演出「學歷無用論」，而否定了更多通過學習而有成就的企業家。也與子曰：「道二：仁與不仁而已矣。」相矛盾。
孟子曰：「仁也者，人也。合而言之，道也。」（《孟子》，盡心下，第十六章） 評語同上。
唯天下至誠，爲能盡其性；能盡其性，則能盡人之性；能盡人之性，則能盡物之性；能盡物之性，則可以贊天地之化育；可以贊天地之化育，則可以與天地參矣。（《中庸》，第二十二章） 這是典型的孔氏邏輯推論。
其次致曲，曲能有誠；誠則形，形則著，著則明，明則動，動則變，變則化；唯天下至誠，爲能化。（《中庸》，第二十三章） 這是典型的孔氏邏輯推論。
故至誠無息；不息則久，久則徵。徵則悠遠，悠遠則博厚，博厚則高明。博厚所以載物也，高明所以覆物也，悠久所以成物也。博厚配地，高明配天，悠久無疆。如此者，不見而章，不動而變，無爲而成。（《中

庸》，第二十六章）

這是典型的孔氏邏輯推論。

唯天下至誠，爲能經綸天下之大經，立天下之大本，知天地之化育。夫焉有所倚？（《中庸》，第三十二章）

此段僅能代表個人的看法。

（101）子曰：「學而時習之，不亦說乎？有朋自遠方來，不亦樂乎？人不知而不慍，不亦君子乎？」

此段僅能代表孔子個人的看法。

（201）子曰：「爲政以德。譬如北辰，居其所，而眾星拱之。」

孔子個人的理想，不可能放諸四海而皆準。

（601）子曰：「雍也，可使南面。」仲弓問子桑伯子，子曰：「可也，簡。」仲弓曰：「居敬而行簡，以臨其民，不亦可乎？居簡而行簡，無乃太簡乎？」子曰：「雍之言然。」

此段經文不可能放諸四海而皆準。

（609）子曰：「賢哉，回也！一簞食，一瓢飲，在陋巷，人不堪其憂，回也不改其樂。賢哉回也！」

此段僅能是孔子個人的看法。

（616）子曰：「質勝文則野，文勝質則史。文質彬彬，然後君子。」

此段僅能是孔子個人的看法。

（621）子曰：「智者樂水，仁者樂山。智者動，仁者靜。智者樂，仁者壽。」

此段是孔子個人一廂情願的看法。

（802）子曰：「恭而無禮則勞，慎而無禮則葸，勇而無禮則亂，直而無禮則絞。君子篤於親，則民興於仁；故舊不遺，則民不偷。」

此段是孔子個人一廂情願的看法。

（809）子曰：「民可使由之；不可使知之。」

此段被認爲是愚弄人民，於是有人認爲孔子原意應是：子曰：「民可，使由之；不可，使知之。」

（1101）子曰：「先進於禮樂，野人也。後進於禮樂，君子也。如用之，則吾從先進。」

此段歷代注家解說紛紜。

（1201）顏淵問仁。子曰：「克己復禮爲仁。一日克己復禮，天下歸仁焉。爲仁由己，而由人乎哉？」顏淵曰：「請問其目？」子曰：「非禮勿視，非禮勿聽，非禮勿言，非禮勿動。」顏淵曰：「回雖不敏，請事斯語矣。」

找幾個案例就可推翻「克己復禮爲仁。一日克己復禮，天下歸仁焉。」這段經文。

693

（1217）季康子問政於孔子。孔子對曰：「政者正也。子帥以正，孰敢不正？」

此段是孔子個人一廂情願的看法，使用的是歸納邏輯，卻犯了以偏蓋全的錯誤。此段經文不可能放諸四海而皆準。

（1303）子曰：「野哉！由也。君子於其所不知，蓋闕如也。名不正，則言不順；言不順，則事不成；事不成，則禮樂不興；禮樂不興，則刑罰不中；刑罰不中，則民無所措手足。故君子名之必可言也，言之必可行也。君子於其言，無所苟而已矣。」

這是典型的孔氏思維邏輯。

（1306）子曰：「其身正，不令而行；其身不正，雖令不從。」

此段是孔子個人一廂情願的看法。

（1313）子曰：「苟正其身矣，於從政乎何有？不能正其身，如正人何？」

此段是孔子個人一廂情願的看法。

（1318）葉公語孔子曰：「吾黨有直躬者，其父攘羊，而子證之。」孔子曰：「吾黨之直者異於是，父為子隱，子為父隱，直在其中矣。」

這段經文顯示孔子贊成父子相互隱過，而當時的葉公就不以為然。

（1401）憲問恥。子曰：「邦有道穀；邦無道穀，恥也。」

後世儒者在朝為官，「邦無道穀」者，比比皆是。

（1403）子曰：「士而懷居，不足以為士矣。」

此段是孔子個人一廂情願的看法。

（1405）子曰：「有德者必有言，有言者不必有德。仁者必有勇，勇者不必有仁。」

隨處都可找到推翻此段經文的例子。

（1444）子曰：「上好禮，則民易使也。」

此段是孔子個人一廂情願的看法。

（1504）子曰：「無為而治者，其舜也與？夫何為哉？恭己正南面而已矣。」

個案豈能當通例？此是孔子個人一廂情願的看法，企圖將舜的治國理念用之春秋時代就不可能，在後世的歷史中也找不到。

（1508）子曰：「志士仁人，無求生以害仁，有殺身以成仁。」

不可能放諸四海而皆準。只要在志士仁人中找到幾個為求生而害仁的例子，此段經文就被推翻了！

（1534）子曰：「民之與仁也，甚與水火。水火，吾見蹈而死者矣，未見蹈仁而死者也。」

不當類比，與（1508）「志士仁人，無求生以害仁，有殺身以成仁。」相矛盾。

（1611）孔子曰：「『見善如不及、見不善如探湯，』吾見其人矣，吾聞其語矣！『隱居以求其志、行義以達其道。』吾聞其語矣，未見其人

> 也！」
> 「見善如不及、見不善如探湯。」
> 此段是孔子個人一廂情願的看法。

　　從表 17.4 中，應該可看出吾人對《四書》經文的批判策略。

　　誠如本書前所言，現今的科學中只有「自然科學」才會產生「普遍性定律」，而「社會科學」所產生的大多是「或然性定律」。而原儒的「孔氏邏輯」在思維上犯的最大錯誤誠如前述，就是將「或然性的前提或結論」當成「必然性前提或結論」。

　　因此，用孔氏邏輯寫成的經文自然經不起現代方法學的檢驗，所得到的評語就是表 17.4 中：

　　「這是典型的孔氏邏輯推論。」

　　「使用的是歸納邏輯，卻犯了以偏蓋全的錯誤，也就是將局部現象或少數個案當成通例。」

　　「不可能放諸四海而皆準。」

　　「隨處都可找到推翻此段經文的例子。」

　　「此段是孔子個人的看法。」

第六節　對原儒的總評

壹、孔子思想的歸納

　　吾人綜觀《論語》一書可將的孔子思想簡化如下：

・「仁」為孔子思想的中心。

・將「仁」融入到五達道中。

・對五達道之討論，其重點在「君臣」關係，次則為「父子」關係，簡言之就是「忠」與「孝」。至於其他的「兄弟、夫妻、朋友」等之互動，幾乎很少論及。

貳、孔子思想的缺失

依本文的歸納可看出，孔子思想的缺失：

· 「仁者，人也。」的錯誤前提導致思想整體架構的不周全。

· 對婦女的輕視。

· 由於思想整體架構上的不周全導致在五達道的關係互動中，對尊位者（特別是「君」與「父」）的不仁不義幾乎是默認存在，而沒有言詞的譴責。簡言之，就是鼓勵行仁，卻包庇不仁。

換言之，缺少孔孟聖人經文對「不仁」行為的約束，豈不是助長了尊位者的惡行歪風。於是傳統中國社會「君」、「父」的「仁」與「不仁」是隨心所欲的，行「仁」是守聖人之大經；行「不仁」也是遵聖人之不言。

《論語》中，對「君不君、父不父、兄不兄、夫不夫」這種悖德的倫常現象，卑位者應如何應對？「臣是否仍然要忠於君；子是否仍然要盡孝道；弟是否仍須恭敬；妻是否仍須聽從」等等，孔子不知是思慮不周，還是有所顧忌都避而不談，沒出現在經文裡。

難道孔子看不出這種社會現象麼？當然不是，孔子不就說過：「道二：仁與不仁而已矣。」[66]何以在《論語》裡孔子對這種情形熟視無睹，還是孔子超級理想的思以「仁德」來感化惡人？確實讓人費解！

參、孔子思想的總結

吾人對孔子思想的總結是：

經文名詞的定義不清。

邏輯觀念的欠缺。

整體架構的不周全。

肆、對孔子的歷史定位

綜理本節所述，吾人對孔子的歷史總評與定位如下：

倡導善心善行，善有善報的道德家。

---

[66] 參見：《孟子》，〈離婁上〉，第二章。

維護君權體制，力行仁政的政治家。

主張安貧樂道的經濟家。

德化尊卑社會的倫理家。

缺少批判精神，孔氏邏輯的思想家。

有教無類的教育家。

在上述的定位中，可以看出吾人對孔子的歷史總評與定位。吾人以為孔子的思想無論是政治家、經濟家、倫理家、思想家等，就現在的社會現況以及從學術研究的角度來看都是有爭議的。孔子令人稱道的是倡導善行的道德家以及中國最早的教育家。

第七節　對儒家的批判

為什麼對原儒作了批判，也對孔孟作了歷史定位，還要再批判儒家。其原因是「原儒」與「儒家」是不能畫上等號的，所以必須分開來處理。

吾人將原儒與後世儒家區分如下：

原儒孔孟是待在冷宮不折不扣言行合一的道德家、教育家。

但孔家店徒子徒孫太多，就不能保證後世學子個個都能入孔廟當聖人。吾人將後世儒家又分兩類：「愚忠儒」與「權變儒」。

曾參就是典型的「愚忠儒」（忠於夫子「仁者人也」的理念）。這些人入了官場是朝廷清官，是百姓的父母官。這些儒官力搏惡勢力卻還要奏議朝政，忠言逆耳總是有口碑但不討喜。在政治清明時還有些作為但遇到昏暴的君主下場多半不好。

另外一種則是不當二臣的「愚忠儒」。例如：明初燕王朱棣以「清君側」為名與建文皇帝爭奪皇位，建文皇帝兵敗自焚而死（一說逃脫失蹤），方孝孺是當時的大儒也是建文皇帝的重臣，由於拒絕替燕王寫繼任皇位的詔文被處磔刑並誅十族。

與「愚忠儒」相反的一類則是向政權靠攏為君主服務的「權變儒」。這

些人讀的是聖賢書，掛的是夫子的招牌，其生存之道則是周旋善惡，阿諛諂媚，承順逢迎，是解決問題的高手，官場的得意者。

但所謂人在宦海，身不由己。「愚忠儒」與「權變儒」的命運都取決於聖上的恩寵。「愚忠儒」與「權變儒」其功過歷史上也有定位。但他們俱是孔家店的一分子，都是尊奉君命行事，是以必須共同概括承受影響中國傳統社會的責任。

以下是吾人對對儒家的批判。

壹、向政治靠攏的儒家

到底中國歷史的改朝換代，新的皇朝是怎麼取代了舊皇朝？吾人作了個簡單的統計，主要的有武力推翻、篡位、自行稱帝等。套句毛澤東的話就是「槍桿子出政權」，劉邦不也說他是自馬背上得天下。因此，改朝換代沒什麼「道統」或「法統」，不是「革命」就是「造反」。二者有何不同，成王敗寇，成功的「造反」就是「革命」；失敗的「革命」就是「造反」。得到天下後，自會有董仲舒之流通權達變的儒者說什麼「君權神授」、「順天應人」、「聞誅一夫矣，未聞弒君也！」將新朝的權力合理化，正統化了！因此，中國歷代皇權那個會不重用儒家？

但受到重用的儒家一旦進入政治的染缸，要想不受到污染是不可能的！要與政治掛勾就得通權達變！

由是，依董氏的言論，中國歷史的朝代輪替是天意，是常態，是「君不君」則「彼可取而代之」（項羽言），「大丈夫當如是也」（劉邦言），如此，儒者豈不是明言忠君，實則不反對造反，且暗中介入權力鬥爭甚至鼓動造反。

有沒有搞錯！沒錯，這不只是推論，是確有其事。吾人不信位居朝廷的高官（不要忘了朝廷大臣多是飽讀經書的）對於皇位與權力之爭奪能置身事外。

王莽篡漢就是例子。王莽當時就是虛偽的儒者，曾師事沛郡陳參學習《禮經》，在篡位前刻意巴結當時著名的儒者大司徒孔光，他的篡位也得到儒生的擁戴。

君若再不信，可查查當年袁世凱稱帝時有多少儒者參與登基盛事。或者翻翻中國歷史，看有多少大臣在改朝換代之際，參與朝廷的權力傾軋。

貳、偏離原儒為君權服務的儒家

儒家取得君權的信任重用，自必須與君權密切配合。為兼顧實際，儒家就權通聖意，應變孔孟，選擇性的運用原儒思想。反正，《論語》有 499 條經文，從格物致知到修齊治平，貨色齊全，如同現代餐飲的 buffet（自助餐），菜色齊全，樣樣都有，任君選用。熟識經文，就可隨心所欲的迴避不利，攫取有用（就這點而言，到了現代還是如此。）只要合乎上旨，冠上「子曰」，就可奉天承運，詔告天下。

於是，後世儒者就不斷的將原儒思想作了微調。

吾人已知，孔子思想的精髓是：「尊卑相往，行之以仁。上以仁待下，下以仁事上。」

吾人已知，孔子思想的缺失是避談「上不以仁待下」，也避談「下不以仁事上」。

到了董仲舒，則是：「君為臣綱，父為子綱，夫為妻綱。」這已有了尊卑之間的主從關係與「順從」的意涵。

而後，「忠」與「孝」慢慢成為傳統中國社會的教條。也就是「君不君，但臣不能不臣；父不父，但子不能不子。」將孔子「以仁相待」的「仁」字雙向道變成「上可待下不仁，但下須事上以仁」的「仁」字單行道。

最後演變成傳統中國社會絕對服從的「君要臣死，臣不得不死；父要子亡，子不得不亡」。這句話不就是認為君父有賜死臣子的權力（這真是可怕），它雖然沒有出現在儒學的論述中，吾人肯定孔夫子是不會贊同的。但掌控全國思想的儒家，並沒有因它的不妥而加以駁斥，因為任三歲孩童也知這必定是違逆聖意會有文字獄的！

於是，中國的皇帝享有為所欲為的絕對權力，而父親就是家庭裡的小皇帝。

英國歷史學家阿克頓勛爵（Lord Acton, 1834-1902）1887 年在一封給友人 Mandell Creighton 的信件寫到：「一切權力導致腐敗，絕對的權力導致絕對的腐敗。偉大的人幾乎都是壞人……。」（Power tends to corrupt and absolute power corrupts absolutely. Great men are almost always bad men,...）這已成為西方政治的經典名言。阿克頓勛爵不僅熟識西方政治的權力運作，

他的話用之於中國的政治現象也是入木三分。[67]

　　義大利人馬基維里（Machiavelli）寫了《君王論》（*The Prince*），這也是西方政治學的經典。書中，馬基維里說明了君王不僅要塑造自己神聖、莊嚴、道德的形象，又要能為國家利益肆行邪惡之事，當然在君主政治之下，所謂的國家利益其實也就是個人利益。

　　馬基維里的《君王論》忠實的反映君主政治的眞實面與黑暗面，他認為君王的目標是善良的，但達到目標的方法可以是非道德的。這本書已成為古代西方許多君主所必讀，而且誠摯奉行書中所言。證諸歷史，古今中外的君王，不具這種特質也就無法雄才大略（有關馬基維里的介紹請參閱本書第八章）。

　　但看孔子論「政」的經文：

　　　　爲政以德。譬如北辰，居其所，而眾星共之。[68]

　　　　道之以政，齊之以刑，民免而無恥；導之以德，齊之以禮，有恥且格。[69]

　　　　政者，正也。子帥以正，孰敢不正？[70]

　　試將上述經文與阿克頓勛爵的諺語以及《君王論》內涵來比較顯然西方的觀念務實多了！

　　即使在近代，吾人都可看到中國政治人物如何被塑造包裝成道德無瑕疵的「偉人」，偉人的言語就是聖經、法令、規定，須熟記奉行。而偉人陰晦的一面以及他錯誤的觀念都略而不論。

　　看來孔子這些論「政」的經文只是《論語》buffet 供桌上的樣品菜，是給看的，不是給吃的！是「權變儒」用來寫文章，呼口號，歌功頌德用的！

　　以上所言是儒學為君權服務的一種形式。簡言之，「以學術思想鞏固領導中心。」

---

[67] 本文引自：John Dalberg-Acton, 1st Baron Acton, Wikipedia.
[68] 《論語》，〈爲政第二〉，第一章。
[69] 《論語》，〈爲政第二〉，第三章。
[70] 《論語》，〈顏淵第十二〉，第十七章。

參、儒家是中國傳統社會禮儀制度的總設計師

吾人已知「君權神授」與「仁」、「忠」、「孝」的思想是儒家受專制王朝重用的原因，因此儒家回饋君權的政治使命就是要塑造一個「儒化」的社會。所謂「儒化」就是將「仁」、「忠」、「孝」的思想普及成爲整個社會的行爲模式。

這個政治使命的任務分工是：

- 君主是整個社會的主宰，社會制度的形成必須合乎他的意念（聖意）。
- 儒家主持社會禮儀制度的總規劃。
- 儒學提供了社會化過程的學理依據。
- 爲儒生量身打造的科舉制度負責官僚體制人才培訓。
- 官僚體制的各層級儒吏負責社會化過程的任務執行。

達成這個政治使命的策略如下：

- 設立一個行爲模式的標竿，將孔子、孟子推上「至聖」、「亞聖」的寶座，成爲凡人景仰與模仿的對象。
- 儒學的思想壟斷與獨占，是學子晉身仕途的必讀。
- 設計一個「儒化」的禮儀制度，將「仁」、「忠」、「孝」的理念行爲化，形式化。
- 運用紅蘿蔔與棍子理論在德化社會的過程中，對行爲的獎勵、增強、處罰、消除。
- 逐步將「仁」、「忠」、「孝」理念內化成爲社會普遍的人格特質。

瞭解上述策略作爲就會發現，中國社會某些傳統的形成是其來有因的，例如：「三十六孝」、「貞節牌坊」、「孝悌楷模」等都是對行爲的增強；「亂臣賊子」、「大逆不孝」則是對某種行爲的言論制裁。

在爲時數千年，鋪天蓋地的推展下，一個以「儒」爲中心特有的中國社會結構終於形成了！

肆、扭曲人性的中國傳統禮教

中國傳統社會，禮教森嚴，但卻又不具對等性，在在顯示是「下以禮事上」。但要「上以仁待下」簡直如同是乞者卑微的跪求，端看尊位者是否

「人」者「仁」也！要下位者「其行也恭，其事上也敬」容易；要上位者「其養民也惠，其使民也義」困難。《禮記》〈曲禮上〉中記載「禮不下庶人，刑不上大夫」，這句話就反應出封建社會尊卑階層的不對等待遇。

就連輯定《四書集注》的朱熹也曾給皇帝上奏書說：

> 凡有獄訟，必先論其尊卑、上下、長幼、親疏之分，而後
> 聽其曲直之辭。凡以下犯上，以卑凌尊者，雖直不右；其不
> 直者，罪加凡人之坐。[71]

連這位有學養的大儒對下位者都是如此的倨傲，更不要說一般的儒吏了！

在禮教長期的制約下使得中國人有三種不同的人格：

在最上位者，高傲自大，肆意妄行，權變陰沉。

在最下位者，畏縮拘謹，唯諾服從，但在上位者的庇佑下，還可以衣食無缺。一旦離開上位獨立生活就無所適從，是故雖沒有自信，沒有自我，卻還必須認命適應。

在中位者，則是兼具上位與下位的雙重人格，是仰頭上望一副嘴臉，低頭下看又一副嘴臉，這種人多是官僚體制中的儒吏。

柏楊的著作《醜陋的中國人》以及書中所提的「醬缸文化」應該是以上述中、上階層的中國人為樣本而描述的。傳統社會被「新文化運動」以「吃人的禮教」來形容，不是沒緣由的！

傳統社會的中國沒有個人的個性，只有以忠孝、服從為主的群性。在社會中突出的個人必是被群體排斥、孤立的對象。中國傳統社會有仁君，有暴君；慈父少，嚴父多；女人地位如小人。在社會儒化工程完成後，「忠」、「孝」內化成為一般草民的人格特質，這時對暴君的忠，對嚴父的孝，就是欣然順理，而不再是因畏懼的勉強行為！

君權體制與儒家思想的配合，使中國傳統社會變成一個超級穩定的結構，確實是有利於皇朝政權的延續。但這是以犧牲百姓的自尊、自信、自由為代價，將中國人的人性、人格扭曲、壓抑在「仁者人也」的前提與原儒的教條下而換來的！

---

[71] 《戊申延和奏札一》，本處引自〈朱熹〉，維基百科。

整個中國社會的思想被儒化了！被僵化了！整個中國社會被制約了！被馴化了，更難聽的說法是被奴化了！君主的目的也就達到了！

伍、阻斷中國科學發展的儒家

吾人在對孔孟進行了嚴苛的批評時，已可看出儒家思想缺少科學的精神，吾人現可直言儒家阻斷了中國的科學發展。而這正是千多年後使中國成為二流民族，淪為次殖民地的主要原因。

吾人應知，科學發展的源頭在「邏輯」，由「邏輯」而產生「科學方法」，由「科學方法」而產生「科學」。

邏輯的二種推論方式：歸納與演繹，無論中西，自古皆有。

中國是有科學的，但中國的科學是經驗之學。中國的草藥與中醫還有許多的發明都是來自經驗，這是歸納法的運用。中國的古書也使用了「演繹」的觀念，但包含《四書》在內中國的古籍中就很少將一個名詞作明確的定義，而這卻是現代邏輯推論所必須的。中國的邏輯觀念是凌亂的出現在古籍裡，沒有將邏輯作專門的研究而形成系統之學。

簡言之，中國傳統的科學是以「歸納」為主，而缺少「演繹」的半個科學，西方則是「歸納」與「演繹」並用。因此，中國傳統的科學在探討自然現象與社會現象中的關聯性以及因果關係上，就是「知其然不知其所以然。」

中國科學的落後儒家是要負責任的，罪魁禍首就是漢武帝與董仲舒。中國最早的邏輯家是墨子與荀子，但被漢武帝與董仲舒的「罷黜百家」這麼一搞，原本可能茁壯成蔭導出「邏輯」的顯學，但其結果是被連根都給刨了！這當然也阻斷了「科學方法」與「科學」的發展。

後世儒者把經文弄得像放諸四海而皆準，行之萬世而不變的物理定理要社會全民遵行，民可使由之，不可使知之！久而久之，中國人念書就只知背誦，遑論創造、發明了！中國原本早就發明了火藥，但千百年來奉「孔氏邏輯」為圭臬，掌管中國學術與教育的儒家，傾全國之力，費千年之功，怎麼也演繹不出造火炮的原理。

吾人用現代的方法學來體檢原儒確實是勝之不武。然而，吾等現代人還要像古人般不明其理的熟讀死背經文，豈不是今不如古了！

陸、缺乏批判精神的儒家

　　觀諸四千年中國歷史，不包含五代十國、南北朝在內就換了二十多個朝代。在改朝換代之際也是大變動、大混亂之時，鮮有不人頭落地，生民塗炭，百姓能苟全性命都不容易。

　　中國歷史也顯示歷代皇朝更迭的共同現象，就是興起、興盛、衰敗、衰亡，接著後朝取代了新朝。每個朝代的施政是治亂交替，政治混亂總是皇朝滅亡的主要原因，而導致政治混亂的原因當然歸之於當朝皇帝的昏庸與否！

　　因此，如何能撥亂反正建立一個長治久安永續經營的政治制度，不僅悠關百姓的生命、生計，更應是研究政治學術的責任。但二千年來居中國學術思想牛耳的儒家，是否對上述政治的異象與亂象曾有過深思？答案肯定是沒有的，否則這些現象就不應該反覆出現了二千年之久。

　　科舉出身的儒吏在儒家學術思想上不會逾越原儒的框架，在朝廷議政又不敢違逆聖意，因此，基本上吾人認為儒家學術是缺乏批判精神的。儒家學術不敢批判朝政甚至連自我批判或接受他人批判的精神都沒有，漢武帝獨尊儒術就是關閉了對儒學自我的批判大門。而以四書五經為主的科舉制度，逾越孔孟言論不就是毀了自我的大好前程？

第八節　對儒家思想批判的總結

　　我國傳統封建的形成，如同班固所說：「古者天子建國，諸侯立家，自卿大夫以至於庶人，各有等差，是以民服事其上而下無覬覦。」[72]由君王對公、侯、伯、子、男等爵位的分封，形成一個上層階層，而在中下層社會又有士、農、工、商等階層。社會階層尊卑既定，繼則必須律定社會的行為規範，這就是儒家思想產生的時空背景。在這種環境下，整個儒家思想除了反覆再三強調「仁」、「忠」、「孝」外，莘莘學子不會接受到思想方法

---

[72] 司馬光，《資治通鑑》，卷第十八。

的訓練，培養不出獨立思考的能力，更不可能有批判的精神，當然不要寄望能產生什麼大思想家、大科學家。

董仲舒的「君權神授」是儒家思想的最上層學理，但從現代社會科學的觀點來看，由「天人感應」的現象而產生「君權神授」的命題幾乎就是天方夜譚的神話。也就是說，只要否定了這個前提，「三綱五常」就不存在，儒家的思想體系也就解體了！

中國歷史的發展到了近代，「儒家」與「皇權體制」已經被證明，無能力因應外在環境的衝擊與整個社會的變化。時代的變遷，也改變了整個社會的結構，傳統社會尊卑的階級已逐漸被「平權」觀念取代。孔子所說的「五達道」，「君主」已不存在了，夫妻、男女、兄弟、朋友都已經平等了！傳統的「父權」也應該重新定位它的「威權性」。換言之，將四書五經中與「尊卑」有關的經文全部拿掉，則原本述而不作、思維零散的孔孟經書就支離破碎所剩無幾了！現代人還要「讀經」，豈不是看不出它已根朽枝枯，危樓將傾，卻還要在斷垣殘壁中尋些有用的，這是撿拾破爛，怎是治學之道？

吾人以為，在儒家學術的研究投入越多，耗時越久，也跳不出孔孟的的手掌心，只不過是原地踏步的在作虛功！新文化運動要拆孔廟、打倒孔家店，自是有它的道理，不大破大立如何能發展新的思想與制度？

新文化運動的訴求是「民主」與「科學」，它的前提是「自由」與「平等」，它落實到政治制度的精神是「法治」。肯定專權體制的儒家，從來就沒有「民主」、「自由」、「平等」、「法治」的觀念。事實上翻遍包含《論語》、《孟子》在內的「四書五經」，就找不到「自由」、「平等」、「民主」等字句。任何企圖在儒家思想中理出「自由」、「平等」、「民主」的觀念就是沒有受過邏輯訓練的辯術。因此吾人十分贊同陳獨秀所言：

> 要擁護那德先生，便不得不反對孔教、禮法、貞節、舊倫理、舊政治。要擁護那賽先生，便不得不反對舊藝術、舊宗教。要擁護德先生又要擁護賽先生，便不得不反對國粹和舊文學。[73]

---

[73] 陳獨秀，〈本志罪案之答辯書〉。

吳稚暉也說：「國學大盛，政治無不腐敗。……非再把它丟在毛廁裡三十年，……把中國站住了，再整理什麼國故，毫不嫌遲。」[74]

由本章對儒家思想的批判可知，爲何中國的皇權體制能維持數千年，而儒家經書也是固若磐石一成不變，其原因就是在政治上有思想牢籠，在學術上缺乏反省與批判的精神。子曰：「鄉愿，德之賊也。」[75]從學術批判的角度而言，儒家本身就是社會最大的「鄉愿」。因此當西方在十五世紀開始驚天動地的大變動、大成長時，處廟堂之高的儒家還在戀棧權力的滋味，居天下之最的君主還在紫禁城內做天朝大夢，最後遇到外力入侵卻驚慌失措到要義和團來拯救國難。吾人回顧滿清中葉以後喪權辱國的歷史，難道舉國奉爲圭臬號稱可以「治國、平天下」的儒家，一點責任都沒有麼？

吾人認爲依照現代的學術要求來看，除非儒家學者能讓人對爭議有信服的回應，社會就應將這們學術暫時擱置等候釐清才是。吾人不願苛用「將儒家學術丟進資源回收筒」的語言來誣衊儒家，充其量儒家只是中國古時諸子百家的一家而已！

因此儒學與諸子百家要用之於現代就必須被檢驗，否則就該安靜地躺在國家圖書館的古籍典藏室。任何人都有選擇「讀」或「不讀」經書的自由，但凡企圖將儒家經典如同往昔送下凡世，儒化社會，奴化百姓，就必須要有爭議再生，讓孔孟再度受到批判，再次受傷的心理準備！

吾人的總結是：民主國家的建立以及要邁入一個新的政治社會就必須與傳統斷奶，必須將「人生而自由、平等」、「基本人權」、「社會契約」等理念融入國家的教育系統，以形成新的、普遍的社會價值觀！

---

[74] 《吳稚暉先生選集》，上冊。
[75] 《論語》，〈陽貨第十七〉，第十三章。

參考資料

中文書目

《大學》，〈傳二章〉。

《大學》，〈經一章〉。

《中庸》，第二十章。

《戊申延和奏札一》。

《吳稚暉先生選集》，上冊。

《孟子》，〈告子下〉，第四章。

《孟子》，〈梁惠王下〉，第八章。

《孟子》，〈萬章上〉，第五章。

《孟子》，〈盡心下〉，第十六章。

《孟子》，〈盡心下〉，第十四章。

《孟子》，〈離婁上〉，第二章。

《孟子》，〈離婁下〉，第三章。

《論語》，〈八佾第三〉，第十九章。

《論語》，〈子路第十三〉，第十八章。

《論語》，〈公冶長第五〉，第六章。

《論語》，〈里仁第四〉，第十五章。

《論語》，〈季氏第十六〉，第十四章。

《論語》，〈爲政第二〉，第一章。

《論語》，〈爲政第二〉，第三章。

《論語》，〈泰伯第八〉，第二十章。

《論語》，〈陽貨第十七〉，第二十五章。

《論語》，〈陽貨第十七〉，第十三章。

《論語》，〈衛靈公第十五〉，第二章。

《論語》，〈衛靈公第十五〉，第八章。

《論語》，〈顏淵第十二〉，第十一章。

《論語》，〈顏淵第十二〉，第十七章。

《禮記》，〈檀弓（下）〉。

王仁壽，《隋唐史》（臺北，三民書局，民國 75 年初版）。

王肅〔曹魏〕（注），《孔子家語》，卷第四，〈六本第十五〉。

司馬光〔北宋〕，《資治通鑑》，卷第十一。

司馬光〔北宋〕，《資治通鑑》，卷第十八。

吳虞，〈家族制度為專制主義之根據論〉，《新青年》，第 2 卷 6 號，1917 年 2 月 1 日。

松本一男，《毛澤東評傳》。

班固〔東漢〕，《漢書》，〈董仲舒傳〉。

班固〔東漢〕，《漢書》，卷六，〈武帝紀第六〉。

張憲文等（著），《中華民國史》〈第一卷〉（南京：南京大學出版社，2005）。

陳培雄，《毛澤東戰爭藝術》（台北：新高地出版社，1996）。

陳獨秀，〈本志罪案之答辯書〉，《新青年》，第 6 卷 1 號，民國 8 年 1 月 15 日。

董仲舒〔西漢〕，《春秋繁露》，〈為人者天第四十一〉。

董仲舒〔西漢〕，《春秋繁露》，〈順命第七十〉。

魯迅，〈十四年的「讀經」〉，《猛進》週刊，第三十九期，1925 年 11 月 27 日。

魯迅，〈我們現在怎樣做父親〉，《新青年》，第 6 卷 6 號，1919 年 11 月 1 日。

薩孟武，《西洋政治思想史》（台北：三民書局，民國 75 年）。

魏徵等〔唐〕，《隋書》，卷一，〈帝紀第一〉。

魏徵等〔唐〕，《隋書》，卷二，〈帝紀第二〉。

魏徵等〔唐〕，《隋書》，卷三，〈帝紀第三〉。

網際網路

John Dalberg-Acton, 1st Baron Acton, Wikipedia.
　　http://en.wikiquote.org/wiki/John_Dalberg-Acton,_1st_Baron_Acton.
　　1/20/2022.

十三經，維基百科。
　　https://zh.wikipedia.org/wiki/%E5%8D%81%E4%B8%89%E7%BB%8F.
　　1/21/2022.

三綱五常，維基百科。

https://zh.wikipedia.org/wiki/%E4%B8%89%E7%BA%B2%E4%BA%94%E5%B8%B8. 1/21/2022.

王奇生，〈新文化是如何「運動」起來的（二）〉，《近代史研究》第 1 期（2007 年）。https://read01.com/zh-mo/ePdAQ3y.html#.Yelimf5By5c. 1/21/2022.

四書五經，維基百科。

https://zh.wikipedia.org/wiki/%E5%9B%9B%E4%B9%A6%E4%BA%94%E7%BB%8F. 1/21/2022.

白虎通義，維基百科。

https://zh.wikipedia.org/wiki/%E7%99%BD%E8%99%8E%E9%80%9A. 1/21/2022.

朱熹，維基百科。https://zh.wikipedia.org/wiki/%E6%9C%B1%E7%86%B9. 1/21/2022.

李權興、任慶海，《共產黨宣言》中譯史話。中國共產黨新聞網。http://dangshi.people.com.cn/BIG5/n1/2018/0607/c85037-30041136.html. 1/21/2022.

陳獨秀，維基百科。

https://zh.wikipedia.org/wiki/%E9%99%88%E7%8B%AC%E7%A7%80. 1/21/2022.

曾晢，百度百科。http://baike.baidu.com/view/1016832.htm. 1/21/2022.

新青年，維基百科。

https://zh.wikipedia.org/wiki/%E6%96%B0%E9%9D%92%E5%B9%B4. 1/21/2022.

第十八章　全書總結

第一節　對本書重要觀念的回顧

在本書即將結束之時筆者將本書的重要觀念依序臚列如下。

1、科學方法的介紹

筆者介紹了四種科學方法：「演繹法」、「歸納法」、「類比法」與「溯因法」，這四種方法就是筆者撰寫本書最常用的方法。筆者也討論了戰略學術的研究策略以及如何建構戰略學術理論系統（圖 **2.8**）。（詳細內容請參見本書第二章。）

2、企業策略管理SWOT模式的運用

筆者綜整企業管理上策略管理的 SWOT 模式而得到了「策略管理整合模式」（圖 5.1），這個模式不僅可使用於企業管理也可使用於一般性的組織，筆者在其後會將這個模式用到軍事戰略上。（詳細內容請參見本書第五章。）

3、企業管理一般權變理論之運用

筆者運用盧丹斯與史蒂華「一般權變管理理論」建立了「目標效能函數」（式 4.5 與式 4.6），筆者並且運用「目標效能函數」將軍事與企業上所有的可行策略以及中國傳統的兵學、《三國演義》、《水滸傳》還有《三十六計》等以「謀略」見長的觀念都可推導而得，且將上述觀念用空間的坐標方式來表示。這種以數學的方式來推演並表達一個管理理論與戰略、謀略的觀念應該是在管理學術上的一個創舉。（詳細內容請參見本書第四章。）

4、論組織的資源分配

筆者定義一個組織的目標函數如下（式 6.1）

$f = f(R_1, R_2, ..., R_n)$，$n$ 是有限的

並運用微積分第一階偏導數求函數極值的方法而得到組織資源的分配，其基本觀念是：當 $\partial f/\partial R_i$ 為正值時，應增加 R_i 的投入；當 $\partial f/\partial R_i$ 為負值時，應減少 R_i 的投入。運用這種方法來調整各種資源的投入，直到所有資源的 $\partial f/\partial R_i$ 均為零時，則已獲得目標函數的局部極大值。並且將組織「最適資源結構」的流程繪之如圖 6.1。在組織做資源分配時，筆者亦提出了組織短程和長程的資源分配策略。筆者亦提出促進社會資源有效運用的必要條件。（詳細內容請參見本書第六章。）

5、論西方之興起與清廷的覆亡過程

筆者認為，西方之興起始於十六世紀中至十七世紀後半的「科學革命」，與十八世紀的「啟蒙運動」。這兩個重大改革也帶動西方產生了商業革命、政治革命、工業革命，整個進化過程的最後結果導致了西方的興起與世界的歐化。在亞洲的日本，自明治天皇以後力圖改革全盤西化，終於使日本擠身於亞洲的強權。但當時的滿清政府雖然光緒皇帝力圖革新，卻遭到慈禧太后以及守舊大臣對權勢貪戀的阻撓，終至在辛亥革命時被推翻。（詳細內容請參見本書第九章。）

6、中國兵學家的簡介

筆者將「武經七書」的作者孫武、吳起、呂尚、司馬穰苴、張良、尉繚子、李靖等我國古時重要兵學家的生平及其著作的內容做了簡介。在近代毛澤東在與國民政府的鬥爭中獲得了勝利，其軍事思想也受到重視，是以筆者也將毛澤東的生平與軍事思想做了簡單的介紹。（詳細內容請參見本書第七章。）

7、西方重要的戰略家與政治家簡介

筆者將西方重要戰略家與政治家的簡介按時間劃分為四個時期，此四時期為：

‧啟蒙運動前的戰略家或政治家；

‧啟蒙運動時期的戰略家或政治家；

‧工業革命至第二次世界大戰時期的戰略家或政治家；

‧第二次世界大戰後戰略學術研究的發展情形。

　　這種階段的劃分主要是，由於西方的科學革命後武器系統不斷地發展導致於戰爭型態的改變，因此不論是政治家或軍事家必定要能了解這種的改變，才能在政治軍事的鬥爭中獲取勝利且在歷史上留名。（詳細內容請參見本書第八章。）

8、清朝陸軍武力演變及現代化過程

　　清朝的正規部隊初為八旗及綠營，但八旗由於貪圖享逸疏練騎射，而綠營則因待遇微薄乃兼習手藝或做小貿幫貼，以致後來兩者都逐漸衰退無力禦敵。太平天國時期朝廷乃啟用鄉勇進剿洪秀全的太平軍。當時李鴻章的淮軍受到常勝軍的影響乃開始將淮軍西化，後來成為清廷陸海軍建設的重臣，但不幸甲午戰爭時，李鴻章建設的陸軍與海軍都遭日本擊敗，清廷乃派袁世凱重建新軍。袁世凱在小站練兵並在保定設立初級講武學堂，但袁世凱私心太重，藉練兵的機會將清廷的軍隊當作私人軍隊在訓練。滿清本以八旗起家但後來軍權旁落，也是清朝滅亡的一個原因。（詳細內容請參見本書第十章。）

9、黃埔軍校的建立過程

　　黃埔軍校成立的兩個因素，一是孫中山想要建立一支軍隊脫離困在廣東的窘境，二是當時新成立的蘇俄希望在中國找到一個合作的對象，以扶植當時剛成立的中國共產黨。民國 13 年 1 月國民黨召開第一次全國代表大會，確立了「聯俄、容共、扶助農工」三大政策，會議期間孫中山下令籌辦黃埔陸軍軍官學校。黃埔陸軍軍官學校成立後，蘇俄在軍事上援助孫中山有三種方式：一是派遣軍事顧問，二是財務的援助，三是武器的援助。但這一段蘇聯援助黃埔軍校成立的過程，中國國民黨與共產黨雙方都不太願意提及。（詳細內容請參見本書第十一章。）

10、論軍事戰略與國防資源管理

筆者期望達到下述目的：

· 釐清「戰略管理」與「國防資源管理」兩者之關係；

· 發展「戰略管理與國防資源管理」的整合性模式；

· 釐清「戰略規劃」、「國防資源管理」、「國防財力長程獲得」與「國防預算」四者之間關係。

筆者發展出下列的成果：

· 建構了「國防資源供給與需求流程圖」（圖 13.5）。

· 建構了「軍事戰略部門對資源的獲得、分配與運用圖」（圖 13.6）

· 將圖 13.5 與圖 13.6 合併為一圖，以說明國防資源管理的整體觀念，建構了「國防資源管理模式」（圖 13.7）。

· 筆者將本書第五章之「組織策略管理系統圖」（圖 5.7）略作修改，並結合本章介紹之戰略觀念，而建構一「戰略管理之修訂模式」（圖 13.9）。

· 筆者將圖 13.5、圖 13.6、圖 13.7、圖 13.9 整合而建構了「戰略管理與國防資源管理之修訂整合模式」（圖 13.10）。

· 最後，筆者依據實務將國家資源流往軍事部門以及形成為國防預算的流程以「國家資源、國防資源至國防預算之流程圖」表示（圖 13.13）。

· 圖 13.10 與圖 13.13 是將戰略管理與國防資源管理，以及國家資源、國防資源而形成國防預算流程，最簡單的、最清晰的架構性表示。（詳細內容請參見本書第十三章。）

11、論國防人力資源管理

在論及國防人力資源管理時筆者討論了下列諸種觀念：

· 動員制度之源起與國防人力動員能量之探討。

· 論平時常備兵力的服役年限。

· 建構了「國防人力結構最適模式」（圖 **14.4**）並用以表示最適國防人力結構建構流程。

· 筆者以流體力學「連續方程式」的觀念探討軍官的晉升停年。

· 討論國防人力評估的方法。（詳細內容請參見本書第十四章。）

12、對內線作戰觀念的闡釋

筆者綜整《孫子兵法·謀攻第三》，腓特烈二世與拿破崙戰史，毛澤東的《論持久戰》以及「徐蚌會戰」戰史之歸納，對內線作戰與外線作戰的觀念作了詳細的闡釋，筆者且認為，直至目前為止這個詮釋也是一個創舉。（細內容請參閱本書第十六章第六節「蔣介石戰術思想的總結」。）

13、論蔣介石的軍事思想

筆者從蔣介石的文告、訓詞、演講等歸納蔣介石的軍事思想如下：

· 蔣介石的以寡擊眾的戰術思想是錯誤的。

· 蔣介石也幾乎是不瞭解現代軍事戰術的內線作戰與外線作戰。

· 蔣介石身為國家的領導處理的國事含蓋有政略、戰略、戰術等方面，但從蔣介石發表的文告中可看出，蔣分不出政略、戰略、戰術之間的層級性以及彼此之間的演繹關係。

· 蔣介石對國家的治理者重於社會的上層結構，而對於下層的農民工人並不重視，以至於整個中國的下層社會農民與工人在抗戰勝利之後，在國共第二次內戰期間幾乎全部倒向到共產黨。

筆者從蔣介石領導的北伐與統一中國、抗日戰爭與徐蚌會戰等歸納蔣介石的戰略構想如下：

· 綜覽北伐的歷史，筆者認為在國民革命軍的東征與第一階段的北伐，其成功的因素有三：一是黃埔軍校的訓練成功，部隊軍紀嚴明具有拋頭顱灑熱血的犧牲精神；二是國民革命軍主管政治工作的共產黨幹部成功的對工人與農人運動使民心唾棄軍閥而擁戴國民革命軍；三是因為蘇聯軍事顧問們卓越的戰術思想。

· 蔣介石以寡擊眾的戰術思想貫穿了整個的八年抗戰。持久戰與消耗戰是蔣介石對日抗戰的核心觀念，但這個觀念根據實際作戰的過程來看，蔣介石使用的是戰術性的持久戰與消耗戰。從中日戰爭的二十二場會戰可看出，蔣介石打是以人力犧牲為主的持久戰與消耗戰，並不是以空間換取時間的運動消耗戰，這使得蔣介石的八年抗戰幾乎耗盡了國家的資源。

· 蔣介石的軍事思想在徐蚌會戰中受到嚴苛的考驗，被共軍以內線戰術與外線戰術全殲，四年的第二次國共內戰蔣介石丟失了大陸。

（詳細內容請參見本書第十六章。）

14、直接民主的政治思想的論述

· 筆者將洛克民主思想中的自然權利——生命、財產與自由中的「自由」改爲「非侵犯自由」則可定義生命、財產與非侵犯性自由爲現代民主國家的「基本人權」。

· 洛克認爲「就應該人人平等，不存在從屬或受制關係……」，筆者以爲所謂的「平等」就是沒有一個人有權力可以凌駕在另外一個人之上，而將他的意志加諸於其他的人要他遵循。因此，只有當構成國家的全體人民都承諾放棄了侵犯性的自由，則在民主政治的社會才可以達到人人平等的理想。

· 盧梭的「社會契約」可簡述爲：「我們每個人都把自身和一切的權力交給公共，受公共意志之最高的指揮，我們對於每個分子都作爲全體之不可分的部分看待。」

· 將基本人權與社會契約兩個觀念結合，可以用〈民主國家的基本人權與社會契約〉來表示，全文如下：

> 我們秉持人生而自由、平等的理念，並基於對我們基本人權的保護同意放棄個人的侵犯性自由，並成立國家。我們同意由全民公共意志制定法律，並服從國家的法律，我們同意賦予國家最大的權力來執行公權力。我們認知並同意必須遵循少數服從多數的原則，方能使上述制定的法律與各種公共政策順利推行。

· 因此，「基本人權」是民主思想具公理性質的前提，〈民主國家的基本人權與社會契約〉是建構民主國家的基礎。

· 基於上述的理念，主權體唯有行使直接民主，主權體必須掌握立法權才能達到人民自己管理自己，人民服從自己制定的法律。將立法權讓與政黨政治的間接民主，就是主權體將自己的主權讓渡給政黨成爲一個被管理者。

· 因此，主權體需要設立一個代表主權體的虛位元首以行使直接民主。

· 因此，我國的現行憲法就必須修改成爲一個直接民主的憲法。

· 如此，則主權體制定憲法中的國號、國旗與國歌以及代表主權體的虛位元首，就是全體國民的政治圖騰。（詳細內容請參見本書第十五章。）

15、對儒家思想的批判

· 西方興起的兩個重要因素是科學革命與啓蒙運動。
· 中國的衰落是因為皇權體制與儒家思想長期的占有中國的政治空間，兩者皆不思改革以至於在滿清末年使整個國家成為西方的次殖民地。
· 儒家思想的精隨在「仁」、「忠」、「孝」，缺乏現代民主社會「自由」與「平等」的政治理念。
· 因此若要實施民主政治，則儒家思想的經典就只能保存置放在國家圖書館的典藏室，不應該成為國家教育的文化基本教材來儒化國民。（更詳細內容請參見本書第十七章。）

第二節　直接民主政府的組織架構兼論對軍事部門的掌控

壹、直接民主政府的組織與國防管理的架構

　　筆者已建構得到「基本人權」的概念且也提出了〈民主國家的基本人權與社會契約〉，並且據此理念提出了修改我國憲法的若干建議，最後筆者將上述觀念整合導出「直接民主之觀念與政府組織示意圖」並以圖15.1表示之，這是直接民主的最上層觀念。其次，本書的定名既為《戰略與民主》，換言之，在「民主」之下的另外一個層次就是「戰略」。而對「戰略」觀念的表達，筆者也建構了「戰略管理與國防資源管理之修訂整合模式」（圖 13.10）。於是，筆者就可以將「直接民主之觀念與政府組織示意圖」（圖 **15.1**）與「戰略管理與國防資源管理之修訂整合模式」（圖

13.10）結合在一起而以下圖表示。

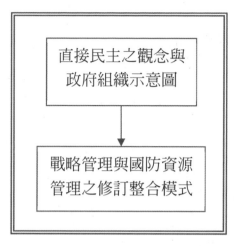

圖 18.1：戰略與民主的架構圖

　　圖 **18.1** 既反映了直接民主的觀念而且也反映了戰略管理的觀念，兩者的層次性也表示出戰略管理必須要服從民主政府的節制，圖 **18.1** 的構成正是本書討論的結果與全書的架構。

貳、論直接民主政府對軍事部門的掌控

一、直接民主與間接民主對軍事部門管理的不同

　　在間接民主的制度下，政黨透過了選舉制度可以取得行政權與立法權，政黨的黨魁也變成行政部門的最高主官甚至是國家的元首，於是行政部門對軍事部門就可達到完全的掌控。但這種制度有一個缺點就是在政黨輪替的時候，由於行政部門首長的變換而導致於影響到軍事部門的管理，諸如軍事政策的調整，軍隊高級人事主管的更迭等等，這樣很容易導致國防長程規劃的不穩定性與欠缺執行的持續性，正所謂「*其人存，則其政舉；其人亡，則其政息*」。而且政黨如果是長期執政則對軍事部門的影響會更大，執政黨牢牢的控制了軍隊就容易造成政權與軍權相互的掛鉤，就導使軍隊對政黨的認同而忘了軍隊是國家的軍隊。歷史上如袁世凱和蔣介石，都是久任軍職而藉軍事教育與部隊訓練來掌握軍隊，使國家軍隊私有

化或黨有化，終於演變成為一個軍事強人。

在直接民主的制度下主權體掌握了立法權，但是政府的實際管理仍然是屬於行政部門，為了避免上述行政部門對軍事部門實際管理的一些缺失，主權體在執行立法權時就必須要對軍事部門做更多的掌控，其目的就在確實地讓軍隊國家化。

二、直接民主政府對軍事部門的掌控

筆者在本書第五章第二節曾提出高階管理對中低階管理者的掌控方法有四，此四方法為：

- 目標指派；
- 資源賦予；
- 政策指導；
- 人事任免。

筆者認為，此四種方法也可使用於直接民主政府對軍事部門的掌控與管理。換言之，主權體也可以透過立法權運用上列四種方式來管理控制軍事部門。其作法簡述如下：

- 軍隊是國家的軍隊，應該是向主權體效忠，所以軍隊的最高首長是國家的虛位元首。
- 主權體為因應國家戰略規劃之立法需要，應設置國家軍事事務的決策支援機制，可成立一個委員會，取名如「軍事事務決策支援委員會」，編制軍事專家與戰略研究學者等組成，或藉聽證會、專案研究來討論國家未來建軍的發展，規劃軍隊建設的長程目標、方向與軍隊建立的規模，臺澎防衛作戰的構想等等，作為立法機構法律制定與建立武裝部隊的參考。
- 主權體可以運用國防預算以及法律的制定做為政策，以進行對國防部門的管理。更重要的是，主權體應該要掌握國防部門的人事權，特別是高級將領的任用權與調動權，或對行政部門軍隊管理的同意權。主權體應該藉軍事首長職位的輪調防止軍事首長久任一職。
- 主權體可以制定法律與政策，全面提升軍官的素質，特別是高級將領的素質。例如立法部門可以制定法律要求軍隊晉升上校級軍官必須具有碩士的資格。

- 主權體也可以制定政策來規範軍事院校養成教育的內容，諸如專業學識與思想品德的形塑（責任、榮譽、國家）。確實在軍事教育的訓練上達到軍隊國家化，軍隊需效忠國家（主權體）效忠虛位元首。
- 主權體可以藉聽證會等方式來瞭解軍事昇造教育的課程設計與教學內容。
- 主權體應制定政策來改造國防部與參謀本部，為提升高級參謀人員的素質必須仿效第二次世界大戰前德國參謀本部的做法，必定是戰爭學院最優秀的軍官才能到國防部和參謀本部擔任高級參謀軍官。
- 主權體在制定上述各種政策與制度後再交由行政部門來執行和實施。

以上的各種作為都是主權體使用立法權以行使國家資源分配、政策的形成與人事制度等來掌控國防部門，基本上就是要達到軍隊國家化的目的，提升國家軍隊的戰力，確實落實保衛臺澎金馬的國家安全目標。

而上述種種目標都是間接民主時無法達成的，因為在政黨輪替的選舉制度之下有兩個原因會影響立法部門的決策品質：其一是立法代表的素質無法提升；第二是受到選舉制度的影響，立法代表不可能也不願意做長程的規劃。而政黨參加選舉的目的都在於取得執政權，選舉時很多的競選支票都可能是一種口號而已。

第三節　對建構現代化民主國家的展望

吾人從歷史的演進可以看出，原本落後東方的西方國家在十五世紀時開始超越東方諸國而變成了一個現代化富強的國家，這些西方列強甚至向外發展、侵略與殖民而成為強權或霸權。究其原因，誠如本書第九章所言，西方之興起始於兩個改革：其一為「科學革命」；其二為「啟蒙運動」。科學革命使得西方國家變成了一個科技大國、工業大國、商業大國、軍事大國，這也使得西方國家能以船堅砲利殖民全世界。啟蒙運動使西方國家在整個社會、文化、政治制度發生了驚天動地的變化，而演變成為現

代的民主國家。

在中國的滿清皇朝曾經推動了三次維新運動但都沒有成功，終於無法抵擋西方的衝擊而走向滅亡，1911 年一個新的共和國產生。

民國 4 年（1915）陳獨秀創辦《青年雜誌》（次年改名爲《新青年》）開始，經過民國 8 年（1919）的「五四運動」，到民國 10 年（1921）《新青年》成爲中國共產黨的理論宣傳刊物爲止。此期間《新青年》雜誌刊登系列的文章批判中國舊社會、舊傳統、舊思維，倡導西方「科學」與「民主」的思想和新文學，掀起了波瀾壯闊的新思潮運動，稱爲「新文化運動」。筆者以爲，新文化運動所倡導的，其實就是中國版本的西方科學革命（賽先生）與啓蒙運動（德先生）。[1]

時至今日，從新文化運動開始到現在已經過了一百多年，到底這個運動對中國的現代化有多少影響，筆者認爲中國版的科學革命確實是有一些成效，但中國版的啓蒙運動嚴格講是失敗的，因爲新文化運動號召的「德先生」並沒有使得中國在社會、文化和政治制度上導向翻天覆地的改革。歷史顯示在政治上，海峽兩岸的中國，除了臺灣在民國 89 年（2000）的政黨輪替，民進黨執政後才變成一個真正民主的國家，在此之前兩岸都還是專制的政體。筆者認爲，在專制與皇權政體下的社會與文化等名詞都必須加上「鳥籠」兩個字來形容。從近代歷史的演進來看，中國版的啓蒙運動沒有成功主要還是由於中國自家天下變成黨天下後，執政的政黨企圖如同家天下一樣的搞萬年執政，自然不允許社會、文化的改革，特別是政治制度的改革。

毫無疑問的，西方終是從落後東方而至超越了東方，解讀這段歷史筆者認爲，使得西方進入到現代的不是那些政治家、軍事家而是科學家與思想家，但是思想的革命在中國就是被皇權體制與儒家思想給閹割了！

因此，海峽兩岸的中國人如果要建立一個現代化的民主國家，就必須開啓第二次的「新文化運動」，開啓再一次的思想革命，但這次的新文化運動重點不是在「賽先生」而是在「德先生」，應該將「人生而自由平等」、「基本人權」等觀念在社會上使之普遍化，必待這些觀念深植人心變成人人嚮往且尊崇的普世價值才能結合「社會契約」，進入到現代化的民主國家！

---

[1] 有關新文化運動的過程與影響，請參閱本書第十七章第三節。

附錄

附錄1　目標效能函數的推導*

壹、一個環境變數下的目標效能函數

　　吾人將第四章式 4.2 簡化，令其只有一個環境變數，亦即是將式 4.2 改寫爲

$$\Phi = f(E) \qquad (1)$$

　　則對 E 而言有 E_m 存在，E_m 對管理目標之達成最爲有利。然而吾人實際面臨的環境爲 E_a。且 E_a 與 E_m 之間有差距存在，則目標效能函數之值將隨 E_a 與 E_m 間距離之增加而減少，其圖形類似圖 1 所示。

---

*附錄 1 對「目標效能函數」進行推導，亦可參見作者以下之論文：
劉興岳，《空間概念下的權變理論及其在策略管理上應用之研究》（台北：金榜圖書，民國 77 年。）（本書爲作者副教授升等論文，未對外發售。）
劉興岳，〈空間概念在權變理論上之應用——目標效能函數之建立〉，《國防管理學院學報》，第九卷第二期，民 77 年 6 月。

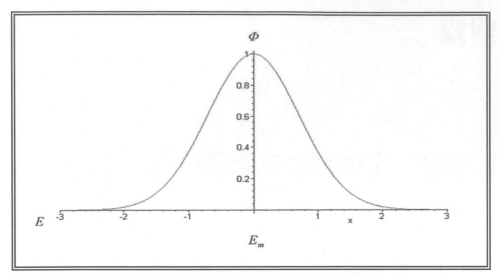

圖1：一個環境變數下的目標效能函數圖

圖 1 中水平軸線為 E 軸，垂直軸線為 Φ 軸。當 E_a 與 E_m 之距離愈遠，則 Φ 值愈小；當 E_a 與 E_m 之距離愈近，則 Φ 值愈大；當 E_a 等於 E_m 時，Φ 值為最大。吾人將 Φ 之極大值定為 1，此一極大值位於 E_m 處。則圖 1 之數式為：

$$f = \exp\left\{-\left[b\left(E_a - E_m\right)\right]^2\right\} \qquad (2)$$

目標效能函數類似式 2 所示，是以

$$\Phi \approx \exp\left\{-\left[b\left(E_a - E_m\right)\right]^2\right\} \qquad (3)$$

式 2 為指數函數其形式為：

$$y = \exp\left\{-\left(ax\right)^2\right\} \qquad (4)$$

此函數之定義域（domain of function）為($-\infty$，∞)，其值域（range of function）為(0，1)。此函數自 0 遞增至 1，然後自 1 遞減至 0，它對稱於 y 軸，以及當 a 值愈大時，漸近地接近 x 軸愈快。

圖 2 為式 4 在不同 a 值時所繪之圖形。

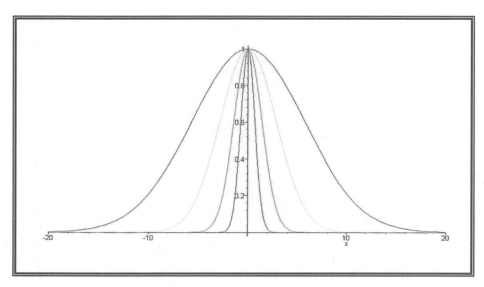

圖 2：函數 $y = \exp\{-(ax)^2\}$ 在不同 a 值時之圖形

註：a 值由內而外分別是 1.0、0.50、0.25、0.125

在圖 2 中，a 值之增加會使得 y 值向 x 軸接近愈快，a 值趨近於 0 時，不論 x 值之大小，y 值趨近於 1（近似水平線）。

貳、單項環境變數與管理變數下的目標效能函數

吾人將第四章式 4.2 簡化，令其只有一個環境變數與一個管理變數，亦即是將式 4.2 改寫為

$$\Phi = f(E, M) \qquad (5)$$

式 5 中，Φ 必定有一極大值存在，且此極大值必定落於 E 與 M 構成之平面上的某點，根據本章的討論可知此點的位置在 (E_m, M_m) 處。Φ 值將隨 (E_a, M_a) 與 (E_m, M_m) 距離之增加而減少，其情形類似圖 3 所示。

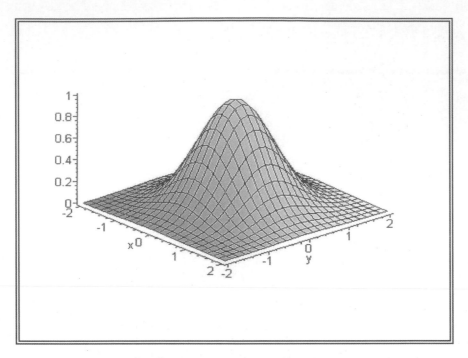

圖 3：一個環境變數與一個管理變數下的目標效能函數

圖 3 之數式為

$$f(E, M) = \exp\left\{-\left[b(E_a - E_m)\right]^2\right\} \exp\left\{-\left[d(M_a - M_m)\right]^2\right\} \quad (6)$$

目標效能函數類似圖 3 所示，亦即是

$$\Phi \approx \exp\left\{-\left[b(E_a - E_m)\right]^2\right\} \exp\left\{-\left[d(M_a - M_m)\right]^2\right\} \quad (7)$$

　　式 7 即為單項環境變數與管理變數之目標效能函數。圖 1 與圖 3 即是令式 4 以及式 6 中之 b 與 a 皆等於 1，以電腦繪製而成。

參、單項環境變數與管理變數下目標效能函數的等值線

　　圖 3 之圖形類似一座山，目標效能函數之值猶如山之高度。吾人可將目標效能函數之等值線，如同等高線般投影在 (E, M) 平面，並繪如圖 4。

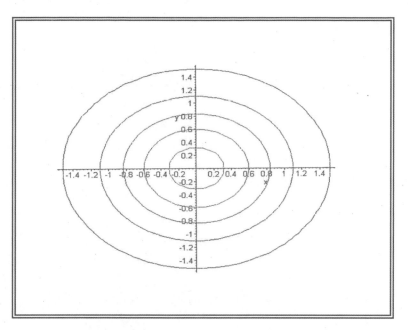

圖4：單項環境變數與管理變數下目標效能函數的等值線

圖 4 中，圖心處之值為 1，亦即為目標效能函數(E_m, M_m)所在之處，(E_a, M_a)與(E_m, M_m)之距離愈遠，則 Φ 值遞減。

肆、多項環境變數與管理變數下的目標效能函數

單項環境變數與管理變數下的目標效能函數已如式 7 所示，式 7 係吾人依據「目標效能函數之值隨(E_a, M_a)與(E_m, M_m)兩點距離之增加而遞減」之推論而得來。吾人即可將此觀念推廣到一多維的管理空間上。

吾人回到式 4.3

$$\Phi = f(\underset{\sim}{E}, \underset{\sim}{M}) \qquad (4.3)$$

$$\underset{\sim}{E} = \{\ E_{ij}\ |\ i \in N \text{，} j \in R \text{，} R \text{為實數(real number)}\ \}$$

$$\underset{\sim}{M} = \{\ M_{ij}\ |\ i = 1,2,3,...,n \text{，} n \text{是有限的，} j \in R\ \}$$

附
錄

725

在這個管理空間中：

最佳環境與最佳管理的位置為　　　　　　(E_m, M_m)

實際環境與實際管理的位置為　　　　　　(E_a, M_a)

此兩者之距離為　　　　　　　　　　　　$|(E_a, M_a) - (E_m, M_m)|$

此兩者距離之長度為

$$\sqrt{\sum_{i \in N}(E_{ia} - E_{im})^2 + \sum_{i=1}^{n}(M_{ia} - M_{im})^2}$$

加上權數後，其距離長度為

$$\sqrt{\sum_{i \in N}[\mu_i(E_{ia} - E_{im})]^2 + \sum_{i=1}^{n}[\lambda_i(M_{ia} - M_{im})]^2}$$

則目標效能函數為

$$\Phi \approx \exp\left\{ -\sum_{i \in N}[\mu_i(E_{ia} - E_{im})]^2 - \sum_{i=1}^{n}[\lambda_i(M_{ia} - M_{im})]^2 \right\} \qquad (8)$$

吾人將式 8 寫成通式，則式 8 為

$$\Phi = E\left(|E_a - E_m|\right) M\left(|M_a - M_m|\right) \qquad (9)$$

式中，

$$E\left(|E_a - E_m|\right) \approx \exp\left\{ -\sum_{i \in N}[\mu_i(E_{ia} - E_{im})]^2 \right\}$$

$$M\left(|M_a - M_m|\right) \approx \exp\left\{ -\sum_{i=1}^{n}[\lambda_i(M_{ia} - M_{im})]^2 \right\}$$

式 9 即為靜態狀況下不考慮時間因素及管理定位時之目標效能函數。

伍、靜態狀況下考慮管理定位時之目標效能函數

吾人已定義 $E_{\sim p}$ 為「認知環境」（見第四章第三節：**定義** 11），認知環境在空間中的位置以 E_p 表示，其座標為 $(E_{1p}, E_{2p}, ..., E_{ip})$，$i \in N$。

吾人並定義 $M_{\sim p}$ 為「認知管理」（見第四章第三節：**定義** 13），其在管理空間中的位置為 M_p，而座標則為 $(M_{1p}, M_{2p}, ..., M_{np})$，$n$ 是有限的。

吾人又定義「管理定位」為管理者企圖使 $\left| (E_p, M_p) - (E_a, M_a) \right|$ 之值減少的一種管理作為（見第四章第三節：**定義** 14）。

吾人即可推導靜態狀況下考慮管理定位時之目標效能函數。

吾人已導得靜態狀況下不考慮管理定位時之目標效能函數如式 8 所示。

式中，實際環境與實際管理的位置為： $\qquad\qquad (E_a, M_a)$

依認知環境與認知管理之定義，兩者在管理空間之位置為：(E_p, M_p)

(E_a, M_a) 與 (E_p, M_p) 之距離為：

$$\left| (E_p, M_p) - (E_a, M_a) \right|$$

此距離之長度為（不計算第 n 個管理因素）：

$$\sqrt{\sum_{i \in N} \left[\mu_i (E_{ia} - E_{im}) \right]^2 + \sum_{i=1}^{n-1} \left[\lambda_i (M_{ia} - M_{im}) \right]^2}$$

管理定位即為企圖使 $\left| (E_p, M_p) - (E_a, M_a) \right|$ 之值減少的管理作為。由是，吾人令第 n 個管理因素 (M_n) 表管理定位。「最佳管理定位」即為當 $\left| (E_p, M_p) - (E_a, M_a) \right|$ 之值為零時之管理作為。亦即是令 M_{nm} 表最佳管理定位，則 M_{nm} 為 $\left| (E_p, M_p) - (E_a, M_a) \right| = 0$ 時，M_{nj} 之位置。

而實際之管理定位為：
$$M_{na} = \left| (E_p, M_p) - (E_a, M_a) \right|$$

M_{na} 與 M_{nm} 之距離為：
$$\left| M_{na} - M_{nm} \right| = \left| (E_p, M_p) - (E_a, M_a) \right|$$

亦即，
$$\sqrt{(M_{na} - M_{nm})^2} = \sqrt{\sum_{i \in N} (E_{ip} - E_{ia})^2 + \sum_{i=1}^{n-1} (M_{ip} - M_{ia})^2}$$

將式 8 中第第 n 個管理因素提出，則

$$\Phi \approx$$
$$\exp\left\{ -\sum_{i \in N} [\mu_i (E_{ia} - E_{im})]^2 - \sum_{i=1}^{n-1} [\lambda_i (M_{ia} - M_{im})]^2 - [\lambda_i (M_{na} - M_{nm})]^2 \right\}$$
(10)

將管理定位之距離 $\sqrt{\sum_{i \in N} (E_{ip} - E_{ia})^2 + \sum_{i=1}^{n-1} (M_{ip} - M_{ia})^2}$ 代入式 10 中之

$(M_{na} - M_{nm})$ 項，則可得

$$\Phi \approx$$
$$\exp\left\{ -\sum_{i \in N} [\mu_i (E_{ia} - E_{im})]^2 - \lambda_n^2 \sum_{i \in N} (E_{ip} - E_{ia})^2 - \sum_{i=1}^{n-1} [\lambda_i (M_{ia} - M_{im})]^2 - \lambda_n^2 \sum_{i=1}^{n-1} (M_{ip} - M_{ia})^2 \right\}$$
(11)

　　式 11 即為第四章第三節式 4.4 靜態狀況下考慮管理定位時之目標效能函數。

附錄2　拿破崙時期大事記（1792-1815）

年	月	日	大　事　記
1789	07	14	群眾攻陷巴士底（Bastille）監獄，釋放囚犯，「法國大革命」（French Revolution, 1789-99）開始。
1792	02	07	普奧聯盟（Austro-Prussian Alliance）成立。皮得蒙王國（The Kingdom of Piedmont）隨後加入聯盟。「第一次聯盟」（First Coalition）。
	04	20	法國向奧國宣戰。「第一次聯盟戰爭」開始（War of the First Coalition, 1792-97）。
	08		法國革命人士經由成男普選成立「國民公會」（National Convention）爲制定新憲法的議會。
	09		國民公會宣布廢除君主政體，改建共和。
	09	20	瓦爾美之戰（Battle of Valmy），法軍擊退普奧聯軍。
1793	01	21	國民公會判決法王路易十六（Louis XVI）有罪，並於21日將法王送上斷頭臺。其後，英國（Great Britain）、荷蘭（Holland）、西班牙（Spain）等國加入「第一次聯盟」。
	02	01	法國向英、荷宣戰。7日，法國向西班牙宣戰。
	08	23	公安委員會（Committee of Public Safety）通過《全國皆兵法》（Levée en Masse）。國民公會並任命工兵上尉加諾（Carnot）爲陸軍部長，負責訓練，重建法軍。至1794年時，法國已有80萬大軍。
1795	04	16	普、法簽訂巴塞爾和約（Peace of Basel），普魯士退出「第一次聯盟」。隨後，西班牙亦退出。
1796	03	01	法國督政府任命拿破崙爲義大利軍（Army of Italy）指揮官。
	04	10	拿破崙進攻皮得蒙王國，迎戰奧國與皮得蒙聯軍。4月12日「蒙特諾特戰役」（Battle of Montenotte）拿破崙擊敗奧軍。
	04	14	4月14、15日，「德果戰役」（Battle of Dego）拿破崙擊退奧國標留將軍（General Pierre Beaulieu），占領德果

			（Dego）。
	04	21	「蒙多維戰役」（Battle of Mondovi）拿破崙擊敗皮得蒙將軍柯利（Baron Colli）。
	05	15	5月10日「洛狄戰役」（Battle of Lodi）拿破崙大敗奧軍後，進入米蘭（Milan），皮得蒙向法國請和。
	08	03	「羅納圖戰役」（Battle of Lonato）拿破崙擊敗奧將柯士達諾維琪（General Qusdanovich）。
	08	05	「加士地良戰役」（Battle of Castiglione）拿破崙擊敗奧將吳爾姆索（General Dagobert Wurmser）。
	09	08	「巴塞諾戰役」（Battle of Bassano）法將奧格略（Augereau）與墨西納（Masséna）擊敗吳爾姆索。
	11	12	「可地洛戰役」（Battle of Caldiero），拿破崙被奧將阿文齊（Alvintzy）擊敗（此為拿破崙第一次敗績）。
	11	15	15-17日，「阿科拉戰役」（Battle of Arcola）拿破崙擊敗阿文齊。
1797	01	14	「立伏利戰役」（Battle of Rivoli）拿破崙擊敗奧將阿文齊。
	10	17	奧國與法國簽訂「坎波·福米奧條約」（Treaty of Campo Formio）。 「第一次聯盟」瓦解。
1798	04	12	法督政府任命拿破崙為東方軍團（The Army of the Orient）指揮官。
	05	19	拿破崙自土倫（Toulon）啟航遠征埃及（Egypt）。
	07	02	法軍攻下亞歷山大里亞港（Alexandria），向開羅（Cairo）進軍。
	07	21	「金字塔戰役」（Battle of Pyramids）法軍擊敗埃及軍隊。
	07	22	法軍占領開羅。
	08	01	「尼羅河口海戰」（Battle of the Nile）英納爾遜將軍（Horatio Nelson）在亞歷山大里亞港擊敗法國海軍。
	12	24	俄、英締結同盟，反法「第二次聯盟」（Second Coalition, 1798-1802）成立。奧國、那不勒斯（Naples）、葡萄牙（Portugal）、土耳其（Turkey）等國加入。
1799	01	31	拿破崙率軍北上進軍敘利亞（Syria）。
	04	17	「塔包山戰役」（Battle of Mount Tabor）拿破崙擊退奧托曼土耳其（Ottoman Empire）軍。
	07	25	「亞布基爾戰役」（Battle of Aboukir）拿破崙擊敗土軍。

	08	23	拿破崙啓程自埃及回法國，10 月 16 日拿破崙返抵法國巴黎。
	11	09	拿破崙發動政變，推翻督政府。
	12	25	建立執政府，拿破崙任第一執政（First Consul）。
	06	09	「蒙特比羅戰役」（Battle of Montebello）拿破崙在義大利擊敗奧軍。
1800	06	14	「馬崙哥戰役」（Battle of Marengo），拿破崙在義大利擊敗奧國美拉斯將軍（Melas）。
	12	03	「霍亨林登戰役」（Battle of Hohenlinden）法將摩里奧（Moreau）在日耳曼霍亨林登擊敗奧將約翰大公（Archduke John）。奧國求和。
1801	02	09	法國與奧國簽訂「盧內維里條約」（Treaty of Luneville）。
	04	02	拿破崙爲削弱英國商業，號召各國「武裝中立」（Armed Neutrality），俄國、丹麥、瑞典及普魯士等加入，皆反對在波羅的海行使交戰國權利。英國反對武裝中立，4 月 2 日「哥本哈根海戰」（Battle of Copenhagen）英海軍納爾遜將軍擊敗丹麥海軍。
1802	03	27	法國與英國簽訂「亞眠條約」（Treaty of Amiens），「第二次聯盟」瓦解。
	08	02	拿破崙任終身第一執政（Consul for Life）。
1803	05		英、法再度交惡，英國向法國宣戰。
1804	05	18	拿破崙稱帝爲拿破崙一世（Napoleon I, Emperor of the French）。
1805	04	11	英、俄締結聯盟。8 月 9 日，奧國加入聯盟。隨後瑞典亦加入。「第三次聯盟」（Third Coalition）成立。
	10	17	「烏耳木戰役」（Battle of Ulm）拿破崙擊敗奧將馬克（General Mack von Leiberick）。
	10	21	「特拉法加海戰」（Battle of Trafalgar），英將納爾遜（Nelson）殲滅法國與西班牙之聯合艦隊。
	12	02	「奧斯特里茲戰役」（Battle of Austerliz），拿破崙再敗奧、俄聯軍。
	12	04	奧皇法蘭西斯一世（Emperor FrancisI, 1768-1835）同意無條件投降。
	12	26	法國與奧國簽訂「皮瑞斯堡條約」（Treaty of Pressburg），奧國割讓日耳曼及義大利土地與法國，「第三次聯盟」瓦解。
1806	10	06	俄、普魯士、英、瑞典等組成「第四次聯盟」（Fourth Coalition）

	10	14	「耶拿戰役」（Battle of Jena）拿破崙擊敗普魯士。同日,「奧爾斯泰戰役」（Battle of Auerstadt）法軍將領戴沃特（Davout）擊敗普軍。
	10	26	拿破崙進入柏林。
	11		拿破崙禁英貨在轄區出售,「大陸系統」（Continental System）開始。
1807	02	08	「艾勞戰役」（Battle of Eylau）,法、俄互有傷亡。
	06	14	「腓德南戰役」（Battle of Friedland）,拿破崙擊敗俄軍。
	07	07	拿破崙與俄皇亞歷山大一世（Alexander I, 1801-1825）簽訂「狄而西特條約」（Treaty of Tilsit）,「第四次聯盟」瓦解。
1808	03		法軍入侵西班牙,「半島戰爭」（The Peninsular War, 1808-14）開始。法軍為威列斯勒（Arthur Wellesley, 1769-1852）（後被封為威靈頓公爵,Duke of Wellington）所率領的英、葡、西聯軍所困,有三十萬兵力被牽制。
1809	04	09	英、奧成立「第五次聯盟」（Fifth Coalition）。奧國向法國宣戰。
	04	19	19-20兩日,「阿本斯堡戰役」（Battle of Abensberg）拿破崙擊敗奧軍。
	04	21	「蘭休特戰役」（Battle of Landeshut）拿破崙擊敗奧軍。
	04	22	「厄克茂爾戰役」（Battle of Eckmhlü）拿破崙擊敗奧軍。
	04	23	「瑞提斯本戰役」（Battle of Ratisbon）拿破崙擊敗奧軍。
	05	21	21-22兩日,「阿斯品·艾斯林戰役」（Battle of Aspern-Essling）奧國查理大公擊敗拿破崙。
	07	05	「瓦格拉木戰役」（Battle of Wagram）,法國擊敗奧軍。
	10	14	法國與奧國簽訂「敘昂布魯條約」（Treaty of Schönbrunn）,「第五次聯盟」瓦解。拿破崙獨霸中歐。
1810	12	31	俄皇亞歷山大一世退出「大陸系統」,讓英國產品輸入,並對法國產品課重稅,法、俄關係惡化。
1812	06	20	俄、英、西班牙、葡萄牙（Portugal）成立「第六次聯盟」（Sixth Coalition）。
	06	24	拿破崙率軍六十餘萬,入侵俄國,俄國採取堅壁清野作法,逐次撤退,避免決戰。
	07	22	「沙拉曼卡戰役」,威靈頓擊敗法將馬蒙特

			（Marmont）。
	08	12	威靈頓進入馬德里（Madrid）。法軍在西班牙半島戰爭大勢已去。
	09	14	拿破崙進入莫斯科（Moscow），俄人放火燒城，使成廢墟，拿破崙擬與俄皇休戰，為俄所拒。
	10	19	法軍撤退，但天寒且酷，法軍人馬凍餒，補給破壞，且遭俄軍及哥薩克人（Cossacks）攻擊，軍紀崩潰，大軍土崩瓦解，損折五十餘萬。
1813			2 月至 3 月，普、奧、瑞典，加入了俄、英、西班牙、葡萄牙（Portugal）所成立的「第六次聯盟」。
	06	21	威靈頓在半島戰爭決定性的「維多利奧戰役」（Battle of Vittorio）中擊敗西班牙國王約瑟夫（King Joseph）。
	10		16 至 19 日，號稱「民族戰爭」（Battle of Nations）的「萊比錫戰役」（Battle of Leipzig），普魯士聯軍擊敗拿破崙近二十萬大軍。
1814	03	31	聯軍占領巴黎。
	04	6	拿破崙宣布退位，流亡厄爾巴島（Elba）。
		10	威靈頓在「土侖斯戰役」（Battle of Toulouse）中擊退法將蘇特（Soult）。半島戰爭結束。
1815	03	20	拿破崙返回巴黎，開始其「百日復辟」（3 月 20 日至 6 月 29 日）
	03	25	普、英、奧、俄、瑞典等組成「第七次聯盟」（Seventh Coalition）。
	06	18	「滑鐵盧戰役」（Battle of Waterloo），威靈頓公爵率聯軍擊敗拿破崙。
	06	22	拿破崙第二次退位。
	07	15	拿破崙被放逐至聖赫拿島（St. Helena）。

資料來源：鄧元忠，《西洋近代文化史》（台北：五南，民國 82 年初版），頁 287-9、309-12。

王曾才，《西洋近世史》（台北：正中，1999 臺初版），頁 349-90。

吳圳義，《法國史》（台北：三民，民國 90 年初版），頁 239-65。

李則芬，《中外戰爭全史（九）》（台北：黎明文化，民國 74 年初版），頁 192-94、219-349。

Trevor N. Dupuy, *The Harper Encyclopedia of Military History*, 4th ed., (New York, Harper Collins, 1993), pp. 741-58, 798-841.

Gunther Rothenberg, *The Naploeonic Wars*, (London, Cassell, 1999),

附錄

pp. 10-13.

Byron Farwell, *The Encyclopedia of Nineteenth-Century Land Warfare*, (New York, W.W. Norton, 2001, 1st ed.), pp. 591-93.

Franklin D. Margiotta ed., *Brassey's Encyclopedia of Military History and Biography*, (Washington, Brassey's, 2000, 1st paper ed.), pp. 685-90.

附錄3　附件1～6

附件 1

摘錄自：*British War Economy*：Statistical Summary

（MANPOWER）

(a) Total Population of Great Britain

			Thousands
	1939	1940	1944
TOTAL	46,466	46,889	47,627
0-13	9,231	9,187	9,239
M. 14-64 F. 14-59	31,293	32,281	32,386
M. 65 and over F. 60 and over	5,312	5,421	6,002
MALES	22,332	22,632	22,975
0-13	4,672	4,656	4,698
14-64	15,887	16,168	16,261
65 and over	1,773	1,808	2,016
FEMALES	24,134	24,257	24,652
0-13	4,559	4,531	4,541
14-59	16,036	16,113	16,125
60 and over	3,539	3,613	3,986

NOTE:

(1) The figures have been given for Great Britain only, to correspond as closely as possible with the tables given elsewhere showing the distribution of manpower by industry. It should be

noted however that in the manpower tables the figures for the Armed Forces include an unknown number of recruits from outside Great Britain (mainly from Northern Ireland and Eire) who are not included in the total population figures above.

(2) The figures for 1939 exclude men serving overseas in the Armed Forces and Merchant Navy (estimated at between 200,000 and 250,000). From 1940 onwards all members of the Armed Forces and Merchant Navy are included, whether at home or overseas. Prisoners of war in enemy hands are included in 1944, but are mainly excluded from earlier figures.

Source: Central Statistical Office

(*b*) *Distribution of Labour Force of Working Age in Great Britain*

Thousands

	June 1939	June 1940	June 1943
Working Population:			
Total	19,570	20,676	22,286
Men	14,656	15,104	15,302
Women	5,094	5,572	7,254
Armed Forces:			
Total	480	2,273	4,762
Men	480	2,218	4,300
Women	—	55	462
Civil Defence, N.F.S. and Police:			
Total	80	3454	323
Men	80	292	253
Women	—	53	70
Group I Industries:			
Total	3,106	3,559	5,233
Men	2,600	2,885	3,305
Women	506	674	1,928
Group II Industries:			
Total	4,683	4,618	5,027
Men	4,096	3,902	3,686
Women	587	716	1,341

Group III Industries:

Total	13,131	9,236	6,861
Men	6,387	5,373	3,430
Women	3,744	3,863	3,431

Registered Insured Unemployed:

Total	1,270	645	60
Men	1,013	434	44
Women	257	211	16

Ex-Service men and women not yet in employment:

Total	—	—	20
Men	—	—	13
Women	—	—	7

NOTE:

(1) The figures include men aged 14-64 and women aged 14-59, excluding those in private domestic service. Part-time women workers are included, two being counted as one unit. The figures refer to Great Britain only except for the Armed Forces, which include an unknown number of volunteers from Northern Ireland, Eire, etc.

(2) Group I covers metal manufacture, engineering, motors, aircraft and other vehicles, shipbuilding and ship-repairing, metal goods manufacture, chemicals, explosives, oils etc.
Group II covers agriculture, mining, national and local government services, gas, water and electricity supply, transport and shipping.
Group III covers food, drink and tobacco, textiles, clothing and other manufactures, building and civil engineering, distribution trades, commerce, banking and other services.

Source: Ministry of Labour and National Service and Central Statistical Office

資料來源：*British War Economy*, "Part II. Period of the Anglo-French Alliance", http://www.ibiblio.org/hyperwar/UN/UK/UK-Civil-WarEcon/, 3/1/2005.

　　依據上述英國官方統計資料可知，英國在 1944 年時之人口總數為 47.63 百萬，1943 年 6 月戰時兵力最高總數 4.76 百萬，戰時勞動力總數（不含兵力）為 17.12 百萬（Group 1、Group 2、Group 3 之

附錄

總和）。經計算可知戰時兵力最高總數占人口總數比例為 10%，投入兵力與勞動力比例為 1：3.6。

附件 2

美國第二次世界大戰時兵力動員（單位：百萬）

區分	1939	1941	1945
人口總數 a	132	133	140
動員兵力（萬）b	3.7	1.62	11.42
動員勞力（萬）			
工業勞力 c	45.75	50.33	52.82
農業勞力 d	9.61	9.10	8.58

資料來源：林秀巒，《各國總動員制度》（台北：正中，民國 65 年台二版），
　　　　　頁 11。

依據上述統計資料可知，美國在 1945 年時之人口總數為 140 百萬，1945 年戰時兵力最高總數 11.42 百萬，戰時勞動力總數（不含兵力）61.38 百萬。計算可知戰時兵力最高總數占人口總數之比例為 8.16%，投入兵力與勞動力比例為 1：5.37。

附件 3

第二次世界大戰各國總人口數及動員人數

國家	總人口數（百萬）	動員人數（千）
軸心國（Axis Powers）		
Bulgaria	7	60
Finland	4	80
German	85	14,000
Hungary	9.2	100
Italy	43.6	4,500
Japan	71	7,400
Romania	20	260
Thailand	16	150
同盟國（Allied Powers）		
Albania	2	50
Australia	9	50
Belgium	8	60
Brazil	3	200
Britain	48	4,200
Canada	11	100
China	700	8,000
Denmark	4	50
Ethiopia	30	100
France	41	6,000
Greece	7	140
Iran	26	300
Iraq	4.5	100
Netherlands	8.7	100
New Zealand	1.8	60
Norway	2.9	50
Poland	33	300
South Africa	10	50
Soviet Union	170	20,000
United States	130	16,000
Yugoslavia	15.4	500

資料來源：Franklin D. Margiotta (ed.), *Brassey's Encyclopedia of Military History and Biography,* 1st paper ed., (Brassey's, Washington, 2000). p. 1099.

附錄

蘇聯在第二次世界大戰動員的勞動力（不含兵力）為員工41.5百萬人，專家 6.48 百萬人，合計 47.98 百萬人。（林秀欒，《各國總動員制度》（台北：正中，民國 65 年台二版），附表 56。）

依上述資料顯示，蘇聯在第二次世界大戰時人口為 170 百萬人，投入兵力為 20 百萬人，勞動力為 47.98 百萬人。

計算可知戰時兵力占人口總數之比例為 11.76%，投入兵力與勞動力比例為 1：2.4。

附件 4

節錄自： "Germany Historical Background"

Source: U.S. Library of Congress

http://countrystudies.us/germany/84.htm

2005/3/23

Since the first unification of Germany in 1871 to form the German Empire, the population and territorial expanse of Germany have fluctuated considerably, chiefly as a result of gains and losses in war. At the time of its founding, the empire was home to some 41 million people, most of whom lived in villages or small towns. As industrialization and urbanization accelerated over the next forty years, the population increased significantly to 64.6 million, according to the 1910 census. About two-thirds of this population lived in towns with more than 2,000 inhabitants, and the number of large cities had grown from eight in 1871 to eighty-four in 1910. Stimulating population growth were improvements in sanitary and working conditions and in medicine. Another significant source of growth was an influx of immigrants from Eastern Europe, who came to Germany to work on farms and in mines and factories. This wave of immigrants, the first of several groups that would swell Germany's population in the succeeding decades, helped compensate for the millions of Germans who left their country in search of a better life, many of whom went to the United States.

At the outbreak of World War I in 1914, the population of Germany had reached about 68 million. A major demographic catastrophe, the war claimed 2.8 million lives and caused a steep decline in the birth rate. In addition, the 1919 Treaty of Versailles awarded territories containing approximately 7 million German inhabitants to the victors and to newly independent or reconstituted countries in Eastern Europe.

In the 1930s, during the regime of Adolf Hitler, a period of expansion added both territory and population to the Third Reich. Following the annexation of Austria in 1938 and the Sudetenland (part of Czechoslovakia) in 1939, German territory and population encompassed 586,126 square kilometers and 79.7 million people, according to the 1939 census. The census found that women still outnumbered men (40.4 million to 38.7 million), despite a leveling trend in the interwar period.

The carnage of World War II surpassed that of World War I. German war losses alone were estimated at 7 million, about half of whom died in battle. Ruined, defeated, and divided into zones of occupation, a much smaller Germany emerged in 1945 with a population about the same as in 1910. In the immediate postwar period, however, more than 12 million persons--expelled Germans and displaced persons--immigrated to Germany or used the country as a transit point en route to other destinations, adding to the population.

附錄

附件 5

表：1939 年至 1944 年德意志勞力總動員（包含奧地利、蘇臺德區〔Sudetenland〕及默爾迪〔Malmedy〕地區）（單位：百萬人）

	勞 力				防 衛 軍			總德國人數	總共勞力人數	總共積極勞力
	德 國 人			外國人及戰俘	總共徵召	累積損失	積極參與			
	男	女	總共							
1939（五月）	24.5	14.6	39.1	0.3	1.4	—	1.4	40.5	39.4	40.8
1940－	20.4	14.4	34.8	1.2	5.7	0.1	5.6	40.5	36.0	41.6
1941－	19.0	14.1	33.1	3.0	7.4	0.2	7.2	40.5	36.1	43.3
1942－	16.9	14.4	31.3	4.2	9.4	0.8	8.6	40.7	35.5	44.1
1943－	15.5	14.8	30.3	6.3	11.2	1.7	9.5	41.5	36.6	46.1
1944－	14.2	14.8	29.0	7.1	12.4	3.3	9.1	41.4	36.1	45.2
1944（九月底）	13.5	14.9	28.4	7.5	13.0	3.9	9.1	41.4	35.9	45.0

資料來源：辛達謨（譯），《德國史（下冊）》（台北：國立編譯館，2001），頁 1334。原著：Vogt, Martin ed.（弗格特）, *Deutsche Geschichte: von den Anfangen bis zur Wiedervereinigung.*

依據附件 3 及附件 4 之資料，德國在 1945 年時之人口總數爲 64.6 百萬，1944 年 9 月戰時兵力最高總數爲 13 百萬，累積損失爲 3.9 百萬，積極參與之兵力爲 9.1 百萬，戰時勞動力總數爲（不含兵力）28.4 百萬，外國人及戰俘爲 7.5 百萬。

吾人將 1944 年 9 月，累積損失之半數與積極參與之兵力之和（11.05 百萬）作爲 1944 年投入之平均兵力。

　　依以上數據估算，德國在 1944 年平均兵力占總人口總數之比例爲17.1%，投入平均兵力與德國人勞動力比例爲 1：2.57。投入平均兵力與全國勞動力（含外國人及戰俘）之比例爲 1：3.25。

附件 6

第二次世界大戰期間，日本總人口數與兵力之投入：

・總人口數資料：

　　1. 1940 年爲 72.54 百萬，1945 年爲 71.998 百萬。(Warren S. Thompson, *Population and Progress in the Far East*, The University of Chicago Press, Chicago, 1959, p.54.)

　　2. 根據「經濟安定本部」調查，昭和十九年（1944）全國人口數爲72.473 百萬。（林明德，《日本史》（台北：三民，民國 78 年），頁379。

・兵力投入資料：

　　戰前常備兵力 38 萬人，戰時最高總動員兵力 750 萬人。全部軍事服役人力占日本國內總人口（77 百萬）9.75%。男子勞動人口數 23 百萬。

資料來源：林秀巒，《各國總動員制度》（台北：正中，民國 65 年台二版），附表 52。

國家圖書館出版品預行編目資料

戰略與民主／劉興岳著. ─初版.─臺中市：白象
文化事業有限公司，2023.1
　　面；　公分
　ISBN 978-626-7189-97-9（平裝）

1. CST：學術研究　2. CST：文集
078　　　　　　　　　　　　111019289

戰略與民主

作　　　者　劉興岳
校　　　對　劉興岳、林金郎
發 行 人　張輝潭
出版發行　白象文化事業有限公司
　　　　　　412台中市大里區科技路1號8樓之2（台中軟體園區）
　　　　　　出版專線：（04）2496-5995　　傳真：（04）2496-9901
　　　　　　401台中市東區和平街228巷44號（經銷部）
　　　　　　購書專線：（04）2220-8589　　傳真：（04）2220-8505
專案主編　黃麗穎
出版編印　林榮威、陳逸儒、黃麗穎、水邊、陳婷婷、李婕
設計創意　張禮南、何佳諠
經紀企劃　張輝潭、徐錦淳、廖書湘
經銷推廣　李莉吟、莊博亞、劉育姍、林政泓
行銷宣傳　黃姿虹、沈若瑜
營運管理　林金郎、曾千熏
印　　　刷　基盛印刷工場
初版一刷　2023 年 1 月
定　　　價　900 元